Qt 5.12 实战

朱晨冰　李建英　著

清华大学出版社
北　京

内 容 简 介

Qt 是一个跨平台 C++图形用户界面应用程序开发框架，既可以开发 GUI 程序，也可以开发非 GUI 程序，比如控制台工具和服务器等，在软件工业界有广泛的应用。本书配套示例源码、开发环境与答疑服务。

本书分为 15 章，内容包括 Qt 概述、开发环境、编程基础、对话框程序设计、控件设计、数据库编程、调用 Windows 动态链接库、使用 Linux 静态库和共享库、文件编程、菜单栏/工具栏和状态栏、图形编程、多线程编程、多媒体编程、网络编程、应用程序发布。

本书既适合 Qt 编程初学者、Qt 跨平台应用开发人员阅读，也适合作为高等院校和培训学校相关专业的教材。

图书在版编目（CIP）数据

Qt 5.12 实战/朱晨冰，李建英著. —北京：清华大学出版社，2020.10（2023.3 重印）

ISBN 978-7-302-56477-5

Ⅰ. ①Q… Ⅱ. ①朱… ②李… Ⅲ. ①软件工具－程序设计－高等学校－教材 Ⅳ. ①TP311.561

中国版本图书馆 CIP 数据核字（2020）第 178142 号

责任编辑：夏毓彦
封面设计：王 翔
责任校对：闫秀华
责任印制：沈 露

出版发行：清华大学出版社
网 址：http://www.tup.com.cn，http://www.wqbook.com
地 址：北京清华大学学研大厦 A 座 **邮 编：**100084
社 总 机：010-010-83470000 **邮 购：**010-62786544
投稿与读者服务：010-62776969，c-service@tup.tsinghua.edu.cn
质量反馈：010-62772015，zhiliang@tup.tsinghua.edu.cn
印 装 者：三河市龙大印装有限公司
经 销：全国新华书店
开 本：190mm×260mm **印 张：**31 **字 数：**794 千字
版 次：2020 年 11 月第 1 版 **印 次：**2023 年 3 月第 4 次印刷
定 价：119.00 元

产品编号：086355-01

前　　言

Qt 作为一个跨平台的开源 C++应用程序开发框架，在国内外有非常广泛的应用，尤其是面向军工、嵌入式、自主可控的信息安全行业，Qt 是个必不可少的编程工具。所以，掌握 Qt 的开发技能对于 C/C++开发者显得尤为重要，因为很多商业软件都要求能在多个操作系统下运行。

本书以 Qt 5.12.2 版本为开发平台，循序渐进地介绍 Qt 开发应用程序的常用技术，包括在 Windows 和 Linux 下的 Qt 开发环境的搭建、单步调试功能的使用、应用程序的基本架构、信号与槽工作机制、Qt 绘图、对话框编程、常用界面组件编程、文件读写、Windows 和 Linux 下的库的创建和使用、绘图、数据库、多线程、网络和多媒体等模块的使用。每个编程主题都精心设计了完整的实例程序，并且步骤详细，有助于读者快速上手。通过阅读本书，大家可以了解 Qt 开发应用程序所需的基本技术。

Qt 应用程序既可以在 VC 2017 下开发，也可以在 Qt Creator 下开发。考虑到读者可能跨平台开发，大部分示例都是在 Qt Creator 下开发的，版本是 Qt 5.12 自带的 Qt Creator 4.8。编程开发仅仅了解理论是不够的，只有上机调试后才能深刻理解，Qt 更是如此。为了照顾初学者，本书的每个实例步骤讲解得非常详细，从建立项目到运行项目都提供丰富的注释。另外，本书的所有实例和资源都可以免费下载。

本书讲述 Qt 开发最基本的、必须掌握的内容，既有 Windows 下的 Qt 开发，也有 Linux 下的 Qt 开发，可以说一线开发会碰到的问题在本书中基本都有所涉及。限于篇幅，没有加入 C++语言的介绍，需要读者具备一定的 C/C++语言知识。

Qt 在当前 C++跨平台编程领域已居霸主地位，希望大家能够通过本书的学习打好 Qt 开发的基础，早日成为 Qt 高手。

示例源码与开发环境下载

本书配套源代码与开发环境，可用微信扫描右侧二维码获取，可按扫描后的页面提示，填写自己的邮箱，把链接转发到邮箱中下载。如果下载有问题，请联系 booksaga@163.com，邮件主题为“Qt 5.12 实战”。

技术支持邮箱

本书技术支持邮箱为 booksaga@163.com。读者在阅读本书中发现问题，可以直接邮件联系，邮件主题务必写“Qt 5.12 实战”。

虽然我们非常用心地编写本书，但是疏漏之处在所难免，希望读者不吝指教。

作　者

2020 年 8 月

目　　录

第 1 章 Qt 概述

1.1 Qt 简介

Qt 是一个 1991 年由 Haavard Nord 和 Eirik Chambe-Eng 开发的跨平台 C++图形用户界面应用程序开发框架。发展至今，它既可以开发 GUI 程序，也可以开发非 GUI 程序，比如控制台工具和服务器。Qt 同 Linux 上的 Motif、Openwin、GTK 等图形界面库和 Windows 平台上的 MFC、OWL、VCL、ATL 是同类型的，与其他用户开发界面的软件相比，Qt 更容易使用和学习。

Qt 是一个跨平台的 C++应用程序框架，支持 Windows、Linux、Mac OS X、Android、iOS、Windows Phone、嵌入式系统等。也就是说，Qt 可以同时支持桌面应用程序开发、嵌入式开发和移动开发，覆盖了现有的所有主流平台。开发者只需要编写一次代码，而后在发布到不同平台之前重新编译即可。

Qt 不仅仅是一个 GUI 库，除了可以创建漂亮的界面，还有很多其他组件。例如，开发者不再需要研究 STL，不再需要 C++的头文件，也不再需要去找解析 XML、连接数据库、Socket 的各种第三方库，因为这些组件已经内置在 Qt 中了。

Qt 是应用程序开发的一站式解决方案！Qt 虽然庞大，封装层次较深，但是速度并不慢，虽不及 MFC，但比 Java、C#要快。Qt 程序在运行前最终会编译成本地计算机的可执行代码，而不是依托虚拟机来运行。Qt 的工具家族丰富，目前包括 Qt Creator、QtEmbedded、Qt Designer 快速开发工具、Qt Linguist 国际化工具等。

Qt 非常适合跨平台开发领域，是 C++程序员要掌握的第二主流开发工具（第一要掌握的主流开发工具是 Visual C++）。Qt 的最新版本可以从官网（https://www.qt.io/）上下载，作者在编写本书时的最新版本是 Qt 5.12。

1.2 发展历程

- 1991 年 Haavard Nord 和 Eirik Chambe-Eng 开始开发支持 X11 和 Windows 的 Qt。

- 1994 年 Qt Company 成立。
- 1996 年 KDE 项目由 Matthias Ettrich 创建（Matthias 现为诺基亚公司开发 Qt 框架）。
- 1998 年 4 月 5 日 Trolltech 的程序员在 5 天之内将 Netscape 5.0 从 Motif 移植到 Qt 上。
- 1998 年 4 月 7 日 KDE Free Qt 基金会成立。
- 1998 年 7 月 9 日 Qt 1.40 发布。
- 1998 年 7 月 12 日 KDE 1.0 发布。
- 1999 年 3 月 4 日 QPL 1.0 发布。
- 1999 年 3 月 12 日 Qt 1.44 发布。
- 1999 年 6 月 25 日 Qt 2.0 发布。
- 1999 年 9 月 13 日 KDE 1.1.2 发布。
- 2000 年 3 月 20 日嵌入式 Qt 发布。
- 2000 年 9 月 6 日 Qt 2.2 发布。
- 2000 年 10 月 5 日 Qt 2.2.1 发布。
- 2000 年 10 月 30 日 Qt/Embedded 开始使用 GPL。
- 2000 年 9 月 4 日 Qt free edition 开始使用 GPL。
- 2008 年诺基亚（Nokia）从 Trolltech 公司收购 Qt，并增加 LGPL 的授权模式。
- 2011 年 Digia 从诺基亚收购了 Qt 的商业版权，从此 Qt on Mobile 由诺基亚负责，Qt Commercial 由 Digia 负责。
- 2012 年 9 月 9 日作为非核心资产剥离计划的一部分，诺基亚公司宣布将 Qt 软件业务出售给芬兰 IT 服务公司 Digia。
- 2013 年 7 月 3 日，Digia 公司 Qt 开发团队在其官方博客上宣布 Qt 5.1 正式版发布。
- 2013 年 12 月 11 日，Digia 公司 Qt 开发团队宣布 Qt 5.2 正式版发布。
- 2014 年 4 月，Digia 公司 Qt 开发团队宣布 Qt Creator 3.1.0 正式版发布。
- 2014 年 5 月 20 日，Digia 公司 Qt 开发团队宣布 Qt 5.3 正式版发布。

1.3 Qt 的优点

Qt 是一个跨平台的 C++图形用户界面应用程序的框架，给应用程序开发者提供了构建艺术级图形用户界面所需的功能。Qt 很容易扩展，并且允许引用组件进行编程。与 GTK、KDE、MFC、OWL、VCL、ATL 一样，Qt 也是一款图形界面库。Qt 的优点如下：

（1）优良的跨平台特性。Qt 支持 Microsoft Windows、Linux、Solaris、SunOS、HP-UX、Digital UNIX（OSF/1，Tru64）、Irix、FreeBSD、BSD/OS、SCO、AIX、OS390、QNX 等操作系统。

（2）面向对象的程序设计。Qt 的良好封装机制使得模块化程度非常高，可重用性较好，对于用户开发来说非常方便。Qt 提供了一种称为信号/槽（Signal/Slot）的安全机制来替代回调（Callback）机制，使得各个组件之间的协同工作变得十分简单。

（3）丰富的 API。Qt 包括 250 多个 C++类，还提供基于模板的 collections、serialization、file、I/O device、directory management、date/time 类。

（4）支持 2D/3D 图形渲染，支持 OpenGL。

（5）大量的开发文档。

1.4 Qt 和 MFC 的比较

在当今基于 C++的图形界面开发领域，能与 Qt 相抗衡的只有 MFC。MFC 是微软公司的基础类库，自然得天独厚，比如开发深层次的 Windows 应用远超 Qt，但 Qt 也有杀手锏，那就是跨平台。这两点大家一目了然，下面我们再来比较一下它们的其他特点。

（1）开发速度

就整体而言，MFC 可能会快捷一些，因为 Windows 平台的开发工具大多很智能，因为立足于 Windows 的开发人群很广，从菜鸟到专业人士（开发人员一多，技术参考就多，周围可以咨询问题的人就多）。相比较而言，Qt 基于 Linux，可用的开发工具不多，而且这些工具大都比较专业，多是第三方的产品，加上这些工具的集成度不高，支持的第三方库也没有支持 MFC 的第三方库多，因而从这一点看 MFC 略胜一筹。不过，Qt 自从被诺基亚公司收购后，官方发布了跨平台集成开发环境 Qt Creator，之后的走向就不好说。总体感觉就是 Qt Creator 和 VS 差距比较大，还需要改进。

从库本身来说，Qt 集成的功能比 MFC 庞大，而且使用的封装技术（信号/槽）倍受赞许，比如 Qt Script 为 Qt 提供了嵌入式脚本，Qt 界面库支持 CSS，所以 Qt 构建出来的界面比 MFC 要好，且实现过程也比较容易。为了降低使用 Windows SDK 开发的难度以及提高使用 Windows SDK 开发的效率，MFC 采用的是浅层封装（最新的 2008 sp1 加入了 BCG 的高级界面库，可能有所改善）Windows SDK。这个方面相比而言，Qt 库比 MFC 优秀。不过，这两个库久经考验，稳定性都很高，几乎没有什么 Bug。

（2）运行效率

MFC 采用浅层封装，运行效率比较高，加上 VC 对 Windows 进行了针对性的优化，因而整体性能是比较高的，但是如果加入第三方库就不敢保证整体的高性能了。Qt 库比较庞大，封装层次较深，所以运行效率比 MFC 低，不过在如今主流计算机系统的配置下人们不太会介意这点性能差别了。

（3）应用范围

如今 Windows 的普及率无人能及，MFC 的使用人数自然较多，相比而言，Qt 主要是 Linux 下的开发人员在使用。MFC 不支持嵌入式开发（主要是指手机平台）；而 Qt 有对应的支持模块，虽然被 Java 碾压，但是还有使用空间。

（4）学习难度

Qt 的封装方式比较明晰，和系统隔离得比较好，学习门槛不高。MFC 较难精通，因为深入开发之后还需要了解 SDK，否则开发出的程序比较初级。

（5）伪对象 vs 真对象

归根结底，Qt 和 MFC 的差异在于其设计的差异。MFC 的根本目的是让开发者调用封装好的、用 C 语言编写的 Windows API。但是，这绝非好的面向对象的程序设计模式，因为在很多场合，我们必须提供一个包含 15 个结构成员的 C 语言的 struct（结构类型），但是其中只有一个结构成员是我们需要使用的，或者必须用在调用函数中使用参数的方式来获得我们需要的结构成员。MFC 还有许多让人摸不着头脑的地方，比如函数名就没有任何连续性，假设要创建一个 graphical 类，直到调用 creat()以后才会被创建；对于 dialogs 类，必须要等到调用 OnInitDialog()才能创建实例对象，奇怪的是到了 views，创建该类的函数名竟然成了 OnInitUpdate()。使用 VC/MFC 中的库函数调用总是要十分小心，不如 Qt 可以顾名思义。

（6）消息循环

MFC 是事件驱动的架构，必须对任何操作对应的特定消息做出响应。Windows 中应用程序发送的信息数以千计，遗憾的是要厘清这些纷繁芜杂的消息很困难，通过参考这方面的文档资料并不能很好地解决这些问题。

Qt 的消息机制建立在 SIGNAL()发送和 SLOT()接收的基础上。这个机制是对象间建立联系的核心机制。利用 SIGNAL()可以传递任何参数，它的功能非常强大，可以直接传递信号给 SLOT()，因此可以清楚地理解要发生的事情。一个类所发送的信号数量通常非常少（4 个或者 5 个），相关的帮助文档资料也非常齐全，这会让我们觉得一切尽在掌握之中。信号/槽机制类似于 Java 中的 listener 机制，不过这种机制更加轻量级，功能更齐全。

（7）创建界面

MFC 无法创建大小动态可变的子窗口，必须重新手动修改代码来改变窗口的位置（这恰好解释了为什么 Windows 里的对话框 dialog 是不可以改变的），这个问题在软件进行多语言化版本设计时更加严重，因为许多国家或地区在表达相同意思时可能需要更长的词汇和句子，软件开发者必须对每种语言的版本重新修改软件。

在 Qt 中，界面需要的任何设计都可以手动编写出来，因为它很简单：为了得到一个按钮（button），可以将代码写为“button = new PushButton("buttonName", MyParentName);”，如果想在按下某个按钮以后调用某段执行代码，则可以编写为“connect(button, SIGNAL(clicked()), qApp, SLOT(action()));”。Qt 拥有非常简单而又不失强大的设计机制，不使用它实在可惜。

Qt 还提供了一个图形用户工具—— Qt Designer，可以让我们完成许多在 MFC 中不可能完成的任务，比如用预先填好的内容生成列表视图（listview）、在每个页签（tab）上使用不同的视图（view）。

Qt Designer 生成的代码可阅读、可理解，单独放在一个文件中。在编程的同时，我们可以随心所欲地多次重新生成用户界面，而不用将控件拖放到设计严格限定的位置，因为可以通过设计机制更完美地组织这些控件。

（8）帮助文档

用户选择图形开发环境的时候，帮助文档是否周全是左右用户选择图形开发环境的重要因素。Visual 开发环境的帮助文档 MSDN（需要单独购买）非常庞大，有 10 个 CD-ROM 之大，涵盖内容广泛，但难免有泥沙俱下、主题模糊、关键信息不突出的遗憾。MSDN 的链接设计也很糟糕，通过链接很难从一个类跳转到它的父类、子类或者相关的类。例如，搜索一个关键字，不管是否直接关联，只要包含这个关键字的信息统统都会搜索出来。

Qt 的文档设计得相当优秀，可以到 https://doc.qt.io/上一睹芳容。Qt 的文档完备且详细地覆盖了 Qt 的方方面面，然而文档的整体容量竟然仅有 18MB。其中每一个类和方法都被详尽描述，巨细靡遗，举例充实。通过 Trolltech 公司提供的链接或者是 Qt Assistant 工具可以方便地从一个类或者方法跳转到其他的类。文档还包含了一个初学者教程和一些典型应用的例子，同时还提供了 FAQ 和邮件列表，方便用户通过用户群或 Internet 来查阅。如果购买了授权，在一天之内就会得到 Trolltech 公司的技术支持。实际上，Qt 优秀的帮助文档使得寻求外部帮助的机会大大减少。Trolltech 公司的宗旨之一是：有如此优秀的 Qt 产品及其帮助文档，其他外部的技术支持就是多余的。

总之，MSDN 用熟了也很好用、很全面，相关的背景知识、例子都能找到，而且网上还有丰富的范例程序可以参考。同样地，仅凭 Qt 的帮助文档不足以解决所有问题。

（9）Unicode 编码

使用 MFC，如果要显示 Unicode 编码的字符，在编译链接时就必须用到特殊的参数（还要改变可执行文件执行的入口），必须在每个 string 前面加上 T，将 char 修改成 TCHAR，每个字符串处理函数（strcpy()、strdup()、strcat()等）都要改变成其他的字符串处理函数名。更令人恼火的是，支持 Unicode 的软件竟然不能和不支持 Unicode 编码的 DLL 一起工作。这是一个很严重的问题，但是我们别无选择。

使用 Qt，字符串用 QString 类来处理，QString 类与生俱来就采用 Unicode 编码，因而不需要改变任何东西：不需要在编译/链接时增添参数，不需要修改代码，只需要使用 QString 类即可。QString 类功能强大、应用广泛，也不用担心 Unicode 问题。QString 类提供了转换为 char *和 UTF8 的函数。MFC 的 CString 类设计相比于 Qt 的 QString 类设计有着巨大的不同，CString 类以 char *为基础提供的功能很少，它的特点是当需要 char *类型时可以直接使用 CString 类。乍看起来这好像是优点，实质上有很大缺陷，特别是可以直接修改 char *内容而不用更新类，在转变为 Unicode 时会遭遇到很大的麻烦（CString 类随编译选项可以是 Unicode 版）。相反，QString 类在内部以 Unicode 编码方式来存储字符串，需要时提供 char *功能，实际上很少用到 char *，因为整个 Qt 的 API 用文本的方式响应 QString 参数。QString 还附带了许多其他的功能，比如自动分享 QString 的内容。总之 QString 是一个非常强大的类，需要用到它的地方很多。

（10）支持软件的多语种功能

MFC 可以支持软件的多语种功能，需要将每一个语种的字符串放在一个字符串表中，在代码中需要之处调用 LoadString(IDENTIFIET)，然后把这些字符串资源转化到 DLL 中，这些字符串对应到所需要的语言，改变图形界面，再通过程序调用这个 DLL。整个过程非常烦琐，可谓牵一发而动全身。

Qt 支持软件多语种的方式有所不同，只需要将字符串置于函数 tr()中，可以直接在代码中改变字符串的引用。Qt Linguist（Qt 的一个工具）能够提取所有待翻译的字符串并按照对应语种的用户界面显示出来，非常适合进行用户界面的多语种翻译。它的功能齐全，可以通过查询字典数据显示出对应语种的字符串内容，正确显示出 Unicode 编码，以快捷方式检测出未翻译的字符串，检测字符串修改的情况等。这个工具甚至可以提供给没有任何编程经验的翻译人员用于翻译软件的用户界面。该软件的发布遵循 GPL 版权规则，可以由开发者根据具体的开发需求来修改。翻译之后的文档保存在 XML 中，符合软件复用的原则。由此可见，为软件增加一种新的语言版本仅仅是用 Qt Linguist 工具生成一个新的文件而已。

（11）资源问题

使用 MFC 时，一部分开发过程要依靠“资源”（Resource），在很多的案例中开发者都必须使用它们。这样会导致如下后果：除了 Visual Studio，很难使用其他的工具来完成开发。资源编辑器仅有有限的功能，比如通过 Dialog 编辑器不能改变所有的属性。

Qt 并没有资源的概念，解决了 MFC 所遇到的问题。Qt 提供了一个界面设计器，以可视化的方式来设计界面，并把设计后生成的代码存储到一个脚本文件中。

（12）价格

用户一旦购买了 Visual Studio，就将免费获得 MFC SDK。Qt 在 UNIX 上可以免费获得遵守 GPL 版权规则的版本，现在也可以免费获得 Windows 平台上的 GPL 版本。如果要开发不公开源代码的软件，则必须购买 Qt 的授权。在特定平台下，每个开发者都可购买一个永久性授权，并可获得一年的技术支持。

（13）发布

在发布基于 MFC 的软件时，必须依靠存储在客户计算机上的 MFC，但是这是不安全的，同样是 MFC42.dll，基于相同的库可得到 3 个不同的版本。因而需要检查是否拥有正确的 MFC42.dll 版本，如果版本不对，就升级它。但是，升级 MFC42.dll 会改变很多软件的行为。这让开发者感觉很不好，如果在安装软件以后导致用户的计算机死机了，该怎么办呢？

Qt 没有这个风险，因为 Qt 压根就没有“升级整个系统”的概念。不过，开发的软件若不是基于同一个版本的 Qt 来运行的，则会有潜在的问题。

1.5 Qt 的主要应用领域

Qt 使用的语言是 C++，所以 C++能做的领域 Qt 都适合，并且 Qt 还支持手机平台的软件开发，所以应用场合非常广。Qt 常见的应用领域有军工软件行业（在国内这是第一大应用领域）、游戏（比如极品飞车）、服务端开发、数字图像处理、虚拟现实仿真（比如 Google 地球）、嵌入式系统界面、跨平台开发等。

总之，学好 C++和 Qt，走遍天下都不怕。下面列举一些 Qt 成功开发的著名软件。

- 3DSlicer：用于可视化和医学图像计算的免费开源软件。
- AcetoneISO：镜像文件挂载软件。
- Adobe Photoshop Album：图像组织应用程序。

- Arora：跨平台的开源网页浏览器。
- Autodesk MotionBuilder：三维角色动画软件。
- Autodesk Maya：3D 建模和动画软件。
- Avidemux：为多用途视频编辑和处理而设计的自由软件。
- Avogadro：高级分子编辑器。
- Battle.net：暴雪公司开发的游戏对战平台。
- BOUML：免费的统一建模语言工具箱。
- Bitcoin：比特币。
- chmcreator：开源的 chm 开发工具。
- CineFX：一款跨平台、开源、免费的影片剪辑、特效与合成套装。
- CoCoA：交换代数计算软件。
- Dash Express：支持 Internet 的个人导航设备。
- DAZ Studio：三维图形演示/动画应用程序。
- Doxygen：API 文件产生器。
- EAGLE：印刷电路板设计工具。
- EiskaltDC++：使用直接连接协议的程序。
- Emergent：神经网络模拟器。
- eva：Linux 版 QQ 聊天软件。
- FreeCAD：自由开源的三维实体通用设计软件（CAD/CAE）。
- FreeMat：自由开源的数值计算环境和编程语言。
- Full Tilt Poker：最流行的在线扑克程序之一。
- Gadu-Gadu：实时通信软件。
- Gambas：基于 Basic 解释器的自由开发环境。
- GoldenDict：开源的字典软件。
- Google 地球（Google Earth）：三维虚拟地图软件。
- GNS：Cisco 网络模拟器。
- 刺猬大作战：基于百战天虫的开源游戏。
- Ipe：自由的矢量图形编辑器。
- ISE Webpack：用于 Windows 和 Linux 系统的自由开源的 EDA 工具，由 Xilinx 开发。
- Kadu：使用 Gadu-Gadu 协议的即时通信软件。
- KDELibs：一个许多 KDE 程序都使用的共享库，如 Amarok、K3b、KDevelop、KOffice 等。
- KeePassX：用于微软 Windows 的开源密码管理器。
- Launchy：开放源代码的快捷启动器。
- LMMS：开放源代码的音乐编辑软件。
- LyX：使用 Qt 制作界面的 LaTeX 软件。
- Mathematica：该软件的 Linux 和 Windows 版本使用 Qt 制作图形用户界面（GUI）。
- Maxwell Render：帮助从计算机三维模型数据生成照片级真实感图像的软件包。
- Mixxx：跨平台的开放源代码 DJ 混音软件。

- MuseScore：WYSIWYG 的乐谱编辑器。
- MythTV：开源的数字视频录制软件。
- PDFedit：自由的 PDF 编辑器。
- Psi：XMPP 网络协议的实时通信软件。
- qBittorrent：自由的 BitTorrent P2P 客户端。
- QCad：用于二维设计及绘图的 CAD 软件。
- QSvn：适用于 Linux、UNIX、Mac OS X 和 Windows 的图形用户界面 Subversion 客户端。
- Opera：著名的网页浏览器。
- Qt Creator：诺基亚的 Qt 程序集成开发环境。
- Qterm：跨平台的 BBS 软件。
- Quantum GIS：自由的桌面 GIS。
- Quassel IRC：跨平台的 IRC 客户端。
- RealFlow：面向三维工业的流体与动力学模拟器。
- Recoll：桌面搜索工具。
- Scribus：桌面排版软件。
- Skype：使用人数众多的基于 P2P 的一款 VOIP 聊天软件。
- SMPlayer：跨平台多媒体播放器。
- Stellarium：一款天文学的自由软件。
- TeamSpeak：跨平台的音效通信软件。
- Texmaker：跨平台的开放源代码 LaTeX 编辑器。
- VirtualBox：虚拟机软件。
- VisIt：一个开源的交互式并行可视化与图形分析工具，用于查看科学数据。
- VLC 多媒体播放器：体积小巧、功能强大的开源媒体播放器。
- WordPress：基于 Qt 的 Maemo 和 Symbian。
- Xconfig：Linux 的内核配置工具。
- 咪咕音乐：中国移动倾力打造的正版音乐播放器。
- WPS Office：金山软件公司推出的办公软件。
- 极品飞车：韩国 Gameloft 游戏公司出品的著名赛车类游戏。

1.6 Qt 的版本

Qt 可以分为商业版和免费版。商业版又分为专业版和企业版。Qt 免费版是 Qt 的非商业版本，是开源的，可以免费下载，遵循 GPLv3 版权协议。对于学习者来说，使用免费版即可。

Qt 5.12 LTS（长期支持版本）于 2018 年 12 月 6 日正式发布，官方提供为期三年的支持。自 Qt 5.9.7 发布以来，官方一直专注于提升软件的质量，修复了 2000 多个 bug；若从 Qt 5.6.3 算起，则已经修复 5000 多个 bug。当然这只是开始，官方通过定期发布补丁，持续提升 Qt 5.12 软件的质量。

和其他主要版本一样，Qt 5.12 LTS 也包含了许多新特性。下面看一下其中的几个亮点。

（1）新的模块和平台

Qt 5.12 完全支持 Qt for Python，让 Python 开发者可以使用各种 Qt API。Qt for Python 源自多年来一直在 qt-project.org 上托管的 PySide 项目，把大多数 Qt C++的 API 开放给 Python 开发者使用。简而言之，Python 开发者现在可以创建复杂的图形化应用程序和用户界面。这是 Python 开发者的福音。

学过 MFC 开发的人都知道 MFC 可以生成 ActiveX 控件，然后放到网页中使用。Qt 目前也有这样的功能，Qt 5.12 包含了 Qt for WebAssembly 的第二个技术预览版。使用 Qt for WebAssembly，我们可以编译 Qt 应用程序，而后在任何现代的 Web 浏览器中运行。Qt for WebAssembly 仍被标记为技术预览版，它的功能非常强大。现在的开发工具都支持网页插件，Qt 正在努力地追赶 MFC。

除了支持 Python 和 WebAssembly 这两个新平台之外，Qt 5.12 还完全支持两个原来的技术预览模块：

- Qt Remote Objects：使 Qt 进程之间的通信变得天衣无缝。它允许将 QObject 的属性、信号和槽暴露给另一个进程，且这两个进程可以运行在不同设备上。
- Qt WebGL Streaming Plugin：另一个现在完全支持的插件，允许我们通过网络将应用程序的用户界面以流的方式传输到任何现代浏览器上。

（2）Qt QML 和 Qt Quick

在新版本中，对 QML 中的 JavaScript 引擎进行了一些重大改进。它从兼容 ECMAScript 5 升级到现在完全支持 ECMAScript 7，同时也方便了第三方 JavaScript 库的集成。它还支持 ECMAScript 模块，可以从 C ++和 QML / JS 加载。

在 Qt Quick 中还添加了一种 Item View，即 TableView，它比之前 QQC1 中的实现更高效，并填补了 View 控件中最后一项重要的空白。Qt Quick Controls 2 中的许多控件还扩充了新方法和新功能。

Qt 5.11 的 Pointer Handlers 现在改名为 Input Handlers，已经正式发布，并成为 Qt Quick 中的重要功能。过去使用 MouseArea 或 TouchArea 模块实现复杂交互时非常困难，Input Handlers 模块简化了复杂触摸交互的设计。另外，Input Handlers 还添加了两个新的 Input Handlers，用于悬停和拖动项目。

Qt Quick 现在支持预生成的 distance field textures。这些纹理包含在字形（glyph）中，并用于在 Qt Quick 中渲染文本，在编译时预生成它们有助于提高应用程序的启动性能，尤其是在低端嵌入式设备上。

（3）Qt Core 和 Qt Network

Qt Core 获得了对 CBOR（简明二进制对象展现）的支持，这是一种类似于 JSON 的二进制格式，但 CBOR 允许更多的数据类型和提供更多的灵活性。

新颁布的 Qt 改进了 QRegularExpression，以支持通配符匹配，现在可以弃用旧的 QRegExp 类了。

在 Qt Network 中，添加了 DTLS over UDP 的支持。在 MAC OS 和 iOS 上，通过 TransportSecurity 后端可以支持 ALPN 和 HTTP/2，并且在通用 SSL 后端中添加了 PKCS＃8 支持。

（4）Qt GUI 和 Widgets

在 Windows 上，Qt 现在支持 Windows UI 自动化，允许基于 Qt 的 UWP 应用程序与各种可用的可编程 UI 控件工具进行交互。Qt 使用统一的 Windows Pointer Input Messages（在 Windows 8 或更高版本中支持）替换了平板电脑、触摸屏、触摸板或鼠标中的输入实现部分。现在新增了一些硬件的支持，如 MS Surface 系列中的 screen digitizer，因而不再需要定制驱动来支持 MS Surface 系列了。

新版本 Qt 为 QGradient 添加了许多预定义的渐变（参考 https://webgradients.com/）。QImage 支持 RGBA64 图像格式，每个颜色通道 16 位。这些信息可以从 PNG 或 TIFF 的文件中读取，并上传到 OpenGL，或从 OpenGL 中获取。

最后，新版本 Qt 还修复了 Qt Widgets 中的大量 bug。

（5）其他更新

Virtual keyboard 支持 13 种额外的键盘布局以及 MyScript 手写识别功能，带有一个公共扩展 API，允许开发者用于定义自己的布局。

Qt Location 包含一个升级的 MapBox 插件和几个小的 API 增强功能，且已将 Qt WebEngine 升级到 Chromium 69，并有客户端证书的支持。

Qt for Automation 更新了新版的 KNX 和 MQTT 模块，支持最新版本的协议，作为技术预览版本，添加了对 OPC/UA 的支持。

另外，Qt 3D Studio 2.2 Studio 也将基于 Qt 5.12 LTS。

最后，Qt 5.12 还附带了 Qt Creator 4.8。

总而言之，Qt 5.12 值得你学习和拥有！

第 2 章

搭建Qt 5.12开发环境

2.1 搭建 Windows 下的 Qt 开发环境

当前，Windows 下的 Qt 开发方式主要有以下两种。

（1）基于 MSVC 编译器

这种开发方式使用 MSVC 编译器，这个编译器在安装 VC2017 时就一同安装了。程序编辑器的选择可以根据开发者自己的喜好。一种是使用 VC2017 作为程序编辑器，此时需要安装用于 VC2017 的 Qt 插件，之后才能调用 Qt SDK 来进行软件的开发。这是一种简单的方法，我们只需要进行少量的修改甚至不做修改就可以开始软件的开发和调试，这种方式简称为 VC+Qt 开发方式。另外一种就是选择使用 Qt Creator 作为程序编辑器，这种开发方式需要另外配置调试器（需要单独安装微软 CDB 调试器）。CDB 是微软的调试器（Debugging Tools for Windows），需要手工下载和安装，这一点比较麻烦。

（2）基于 GCC 编译器

这种开发方式的优点是不需要安装 VC2017，采用和 Linux 下同样的编译器（Linux 下的编译器肯定是 GCC）。这种方式简称为 Qt Creator+GCC+GDB 方式，学过 Linux 的人都知道（如果没有学过，可以参考笔者的另一本书《Linux C/C++一线开发实践》），GCC 和 GDB 分别是 Linux 下的编译器和调试器，它们都无法直接在 Windows 下使用，需要安装一个 Linux 环境模拟器 MinGW（Minimalist GNU on Windows）。这种方式比较小众，通常是 Linux 狂人喜欢使用的方式。

至于选择上述哪种开发方式，视个人喜好而定。本书大部分章节使用的是 VC2017 中的 MSVC 编译器，再搭配 Qt Creator 程序编辑器，只有在学 C++语言时使用的是 GCC 编译器。另外，练习安装不同开发方式的系统时选择安装在虚拟机中会更好，因为一种开发方式练习完毕，就可以把系统恢复到没有安装这种开发方式之前，再开始另外一种开发方式的安装，也就是说从“干净”的系统环境开始练习新的开发方式。

2.1.1 搭建基于 MSVC 编译器的开发环境

1. 安装 VC2017

VC2017 既可以在线安装，也可以离线安装，离线安装时要先下载几十吉字节的安装包。关于 VC2017 的安装可以参考笔者的另外一本书《Visual C++ 2017 从入门到精通》，这里不再赘述。

如果本机不能上网，可以采用离线安装。离线版安装前先要安装.NET 4.6 或以上的.NET 框架，可以在百度上通过搜索关键字“.net framework 4.6.2”来找到.NET 4.6 框架，如图 2-1 所示。

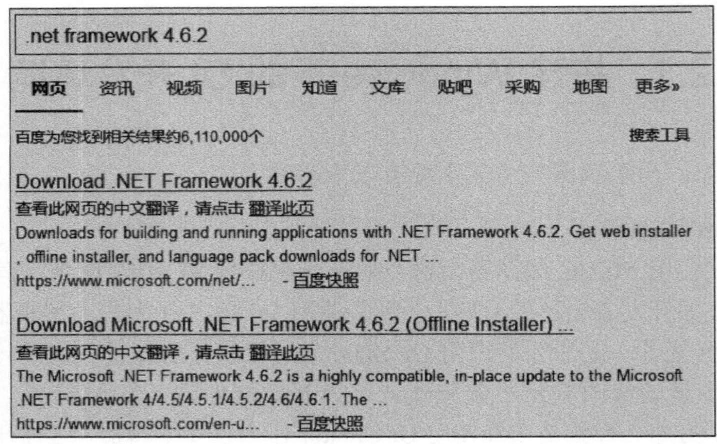

图 2-1

第二个搜索结果就是离线版本.NET，从微软官网上下载安装文件，安装文件的文件名是 NDP462-KB3151800-x86-x64-AllOS-ENU。直接双击安装文件进行安装，稍等片刻即可安装完成（见图 2-2）。

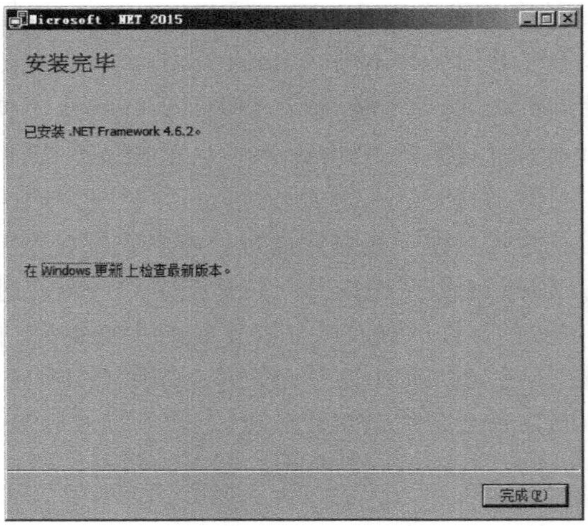

图 2-2

单击“完成”按钮，结束安装。接下来即可开始离线安装离线版的 VC2017 了。安装 VC2017 时，有两个步骤，第一步是选中“使用 C++的桌面开发”，第二步是选中“对 C++的 Window XP 支持”和“用于 x86 和 x64 的 Visual C++ MFC”，然后单击“安装”按钮，如图 2-3 所示。

稍等片刻即可安装完成。安装完 VC2017 后，下一步是下载和安装 Qt 5.12.2（Qt 开发包）。

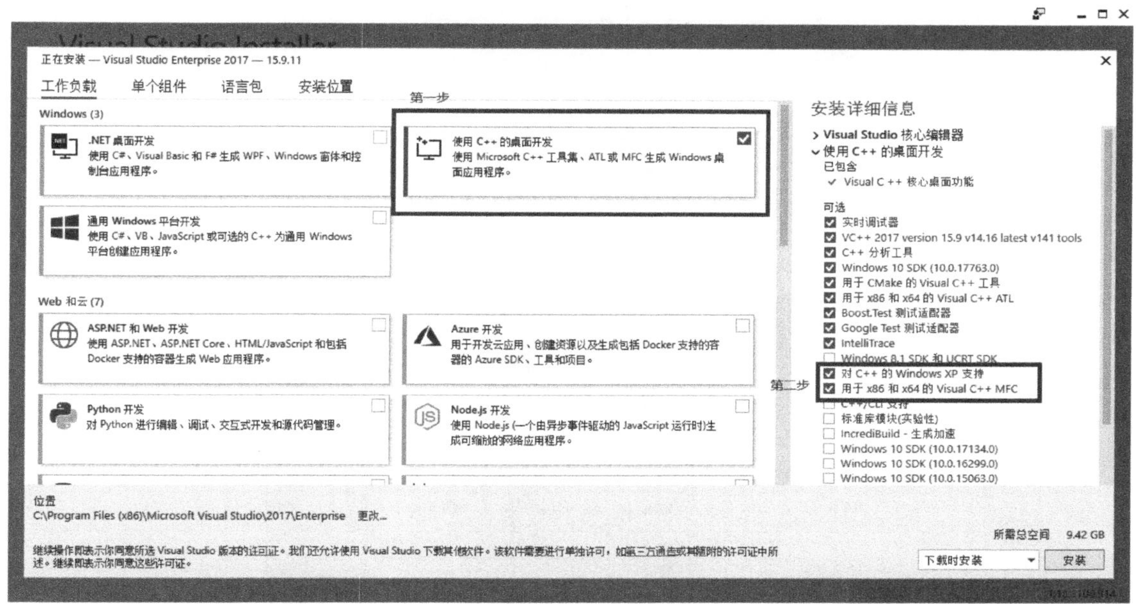

图 2-3

2. 下载和安装控制台调试器 CDB

CDB（Microsoft Console Debugger）是微软公司 Windows SDK 套件中的一款命令行调试工具。我们后面会在 Qt Creator 下调试程序，由于集成开发环境 Qt Creator 4.8 不自带调试器，因此需要为这个集成开发环境安装和配置调试器，否则无法进行单步调试。

Qt Creator 4.8 本身不带有编译器和调试器。Windows 平台有两套编译器和调试器可供 Qt Creator 4.8 使用：一套是 MinGW 系列，是 Windows 下最小化的 Linux 模拟平台，包含编译器 GCC 和调试器 GDB（这两个工具都是 Linux 下的著名软件）；另外一套使用 MSVC 编译器和 CDB 调试器（微软旗下的产品，MSVC 编译器在安装 VC2017 后就有了，而 CDB 要另外下载安装，它是包含在 Windows SDK 工具套件中的一个小工具）。由于 GDB 调试功能不如 CDB，因此本书使用 Qt Creator +MSVC+CDB 的组合，当然在使用 Qt Creator 时才采用这种组合，笔者更倾向于使用 VC2017 直接开发 Qt 程序，毕竟 VC2017 比 Qt Creator 强大得多。

建议 CDB 在 Qt 安装之前就先装好，这样可以让 Qt 在安装的时候能自动探测到。下面介绍 CDB 的下载和安装。CDB 属于 Windows SDK Kits 中的一个小工具，因此我们可以下载 Windows SDK Kits，然后进行选择安装。Windows SDK Kits 的下载地址是：

https://developer.microsoft.com/en-US/windows/downloads/windows-10-sdk

在网页上找到如图 2-4 所示的内容。

单击链接“DOWNLOAD THE .ISO>”开始下载，下载得到的是一个 iso 文件，文件名是 18362.1.190318-1202.19h1_release_WindowsSDK.iso。然后把这个文件加载到虚拟光驱中，双击虚拟光盘根目录下的 WinSDKSetup.exe 开始安装。第一个安装界面如图 2-5 所示。

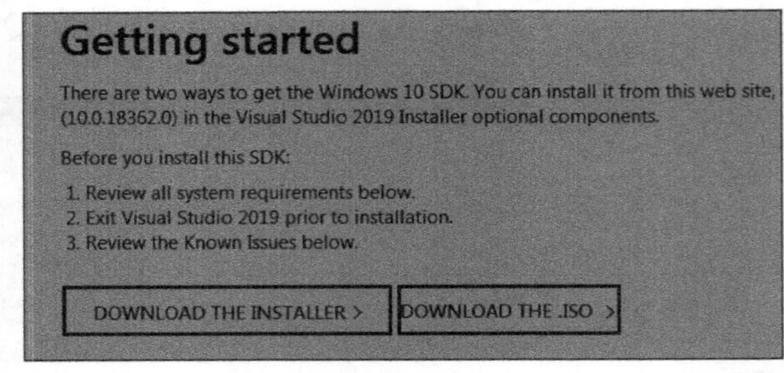

图 2-4

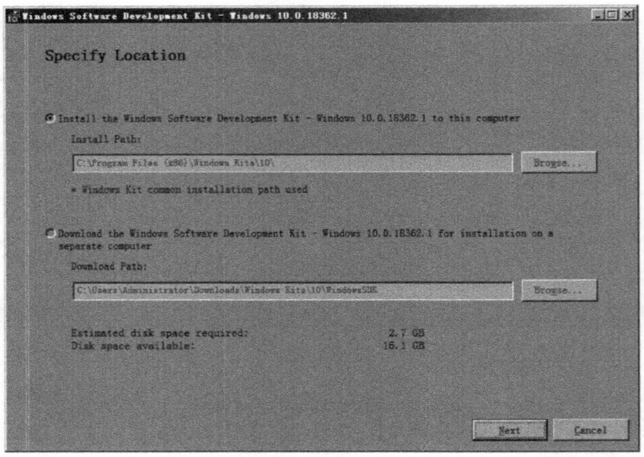

图 2-5

使用默认选项，直接单击 Next 按钮。出现图 2-6 所示的对话框，勾选第一个复选项即可，其他不必选。

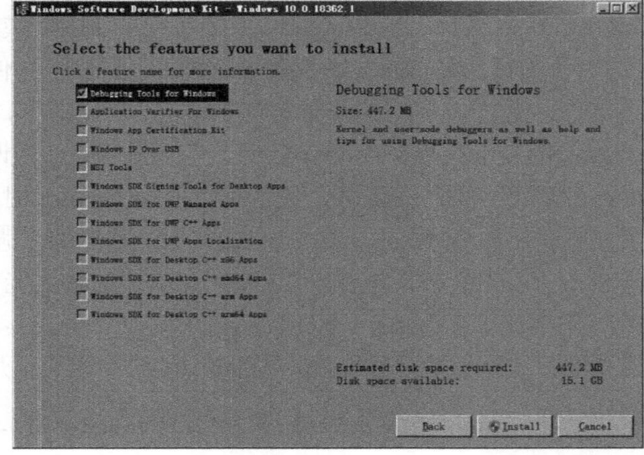

图 2-6

然后单击 Install 按钮开始安装。稍等片刻即可安装完成。

有人可能会说，Qt Creator 怎么这么麻烦？其实其他平台也是如此，都需要第三方的编译器和调试器，具体见表 2-1。

表 2-1　各平台的编译器和调试器

平　台	编　译　器	调　试　器
Linux	GCC，ICC	GDB，LLDB（实验性质）
UNIX	GCC，ICC	GDB
macOS	GCC，Clang	LLDB，FSF GDB（experimental）
Windows/MinGW	GCC	GDB
Windows/MSVC	Microsoft Visual C++ Compiler	Debugging Tools for Windows/CDB

当然，如果不准备单步调试，那么不为 Qt Creator 4.8 配置调试器也可以进行编译和运行，但是开发大型程序没有调试器就是自寻烦恼。

3. 下载和安装 Qt 5.12.2

准备工作完成了，下面可以让 Qt 正式登场了。在撰写本书时，Qt 的最新版本是 5.12.2，可以到以下两个地址下载：

- https://download.qt.io/archive/qt/
- http://download.qt-project.org/official_releases/qt/

Qt 从 5.7 版开始支持 VC2017，如果项目没有特殊要求，建议使用 Qt 5 系列进行开发。在 VC 中开发 Qt 程序需要安装 Qt 的 VC 插件（Qt Add-In），在 VC2017 之前 Qt 插件有单独的离线安装包，但在 VC2017 中 Qt 插件只能在线安装了，我们可以通过 VC2017 的主菜单（“工具→扩展和更新”）来进行安装。如果不能联网，又想用较高的 VC+Qt 版本进行开发，可以选择 VC2013 和 Qt 5.8 的组合，这个版本的离线 Qt 插件安装包还是有的。

不过，Qt 的版本更新得比较快，一般的更新形式为新增一些类或停止维护一些类。如果不是为了维护用旧版本编写的程序，或者计算机配置实在较低，笔者建议选用最新版本的 Qt 进行程序开发。目前的最新 Qt 版本为 5.12.2，后续章节中的示例程序都是在该版本下编译和运行的。当然，示例程序中的大部分代码也可以在 Qt 稍低的版本上运行。

Qt 的一个最大优势是跨平台，它可以在 Windows、MacOS 和 Linux 上开发和运行，对于初学者而言，建议一开始在 Windows 平台上开发，因为方便得多。笔者所使用的操作系统是 Windows 7，下载下来的 Qt 安装文件为 qt-opensource-windows-x86-5.12.2.exe。

再次提醒读者，在安装 Qt 5.12.2 之前，确保已经安装好 VC2017。直接双击 qt-opensource-windows-x86-5.12.2.exe 文件开始安装，显示出欢迎界面，如图 2-7 所示。

单击 Next 按钮，出现 Qt Account 界面，提示要输入 Qt 账号（可以到官网上去注册），如果没有账号，就单击 Skip 按钮，继续单击 Next 按钮，出现“安装文件夹”对话框后，设置好 Qt 要安装在哪个路径下，这里安装在 C:\Qt\Qt5.12.2，如图 2-8 所示。需要注意的是，安装路径不能有空格或中文。

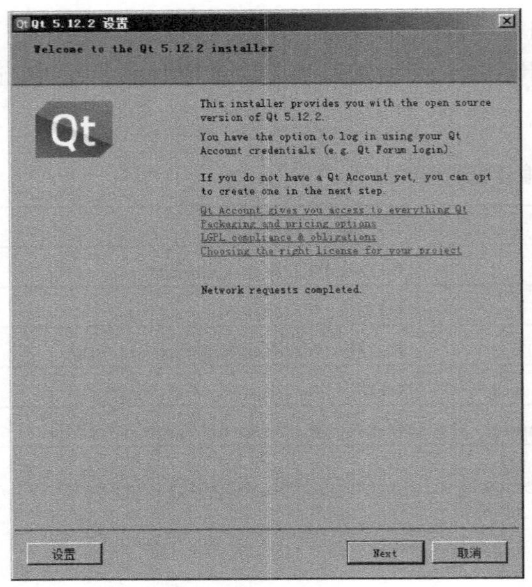

图 2-7

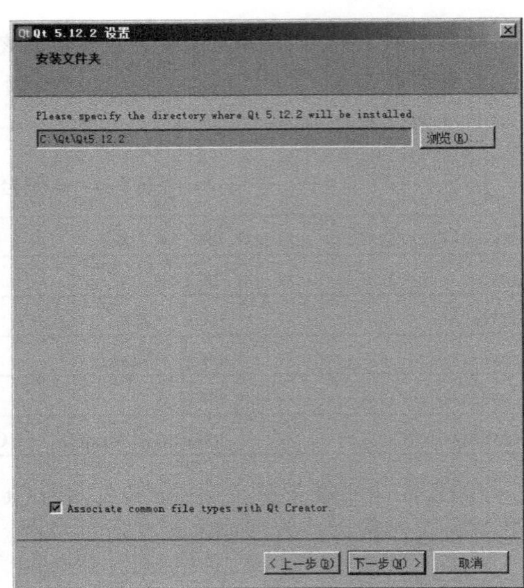

图 2-8

Qt 5.12.2 安装时会把 Qt Creator（开发 Qt 程序的 IDE）也自动安装好，如果要让 Qt 开发对应的常见文件类型关联到 Qt Creator（双击这些文件，即会用 Qt Creator 打开），那么在图 2-8 中就要勾选左下角的复选项。继续单击“下一步”按钮，出现“选择组件”对话框。选择要安装的组件，这里选择 MSVC 2017 64-bit 和 Qt Creator 4.8.2 CDB Debugger，如图 2-9 所示。

接着单击“下一步”按钮，后面几步也是一直单击“下一步”按钮。然后开始正式安装，稍等片刻即可安装完成，如图 2-10 所示。

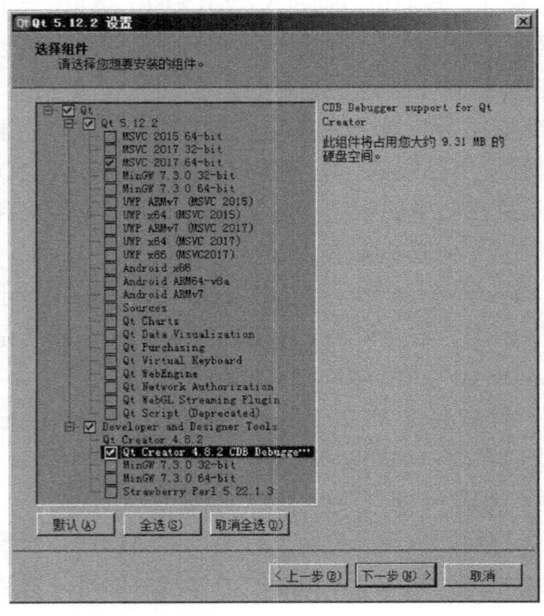

图 2-9

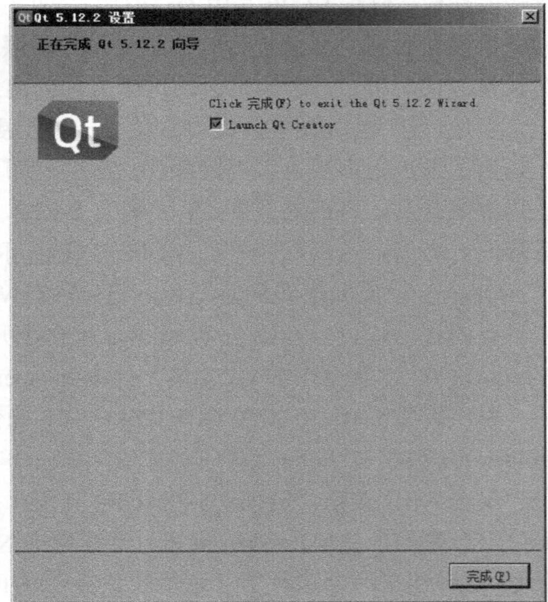

图 2-10

如果勾选 Launch Qt Creator，那么该对话框关闭后会启动 Qt Creator。保持默认选中状态，然后单击“完成”按钮，此时将启动 Qt Creator，如图 2-11 所示。

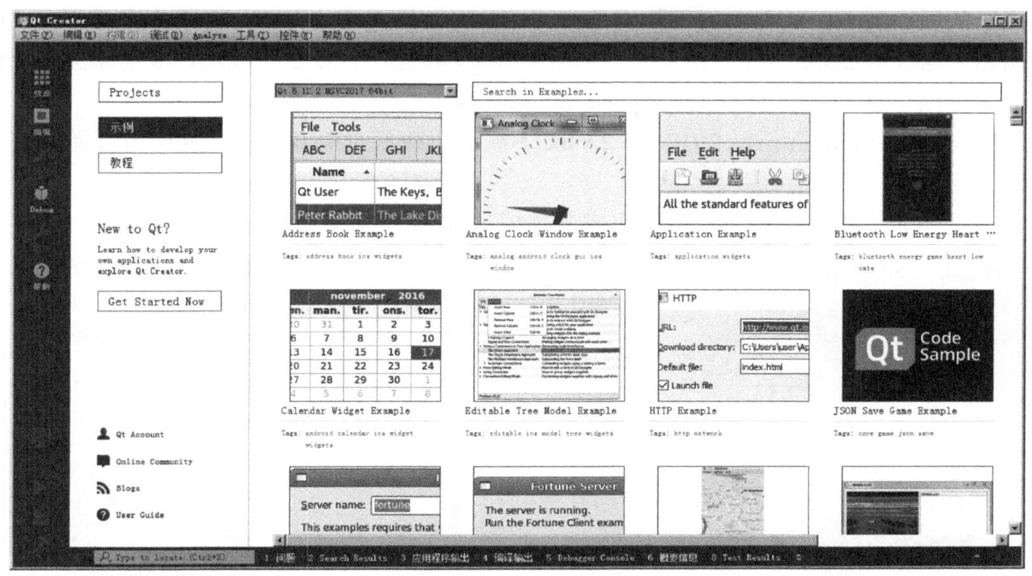

图 2-11

至此，Qt 5.12.2 安装成功。

4. 配置 Qt 环境变量

在环境变量 Path 的末尾添加 C:\Qt\Qt5.12.2\5.12.2\msVC2017_64\bin，如图 2-12 所示。

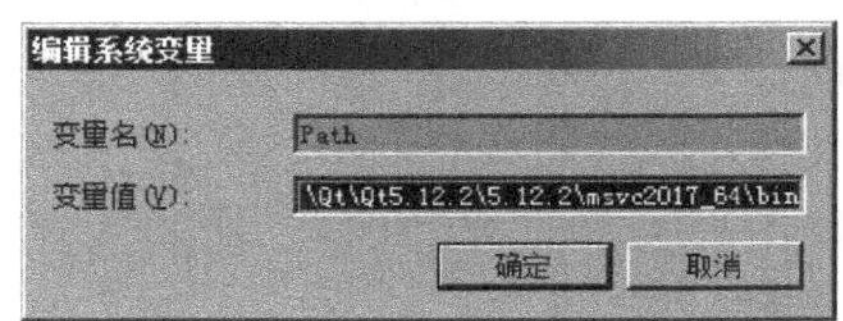

图 2-12

前面的几步都是基础步骤，无论是用 VC2017 开发 Qt 还是用 Qt Creator 开发 Qt 都需要完成这 3 步曲，“安装 CDB 调试器”就是为 Qt Creator 提供调试功能。下面我们分别搭建两种集成开发环境。

5. 在 VC2017 中开发（VC+Qt）

首先强烈建议大家（尤其是初学者）使用 VC2017 来开发 Qt 程序。既然要在 VC2017 下开发 Qt，那么首先就要安装好 VC2017，关于 VC2017 的安装和使用可以参考笔者在清华大学出版社出版的《Visual C++ 2017 从入门到精通》，它是学习 VC++ 2017 开发工具的红宝书。

6. 安装 VC2017 的 Qt 插件（离线方式）

要用 VC2017 开发 Qt 程序，除了 VC2017 和 Qt 本身外，还需要用一个桥梁架在两者之间，这就是 VC2017 的 Qt 插件。可以认为它是一个小软件，需要进行安装，分为离线安装和在线安装两种。

离线安装方式适合于不能联网的计算机上，有些企业的计算机是不能联网的，所以只能采用这种安装方式，先从其他地方下载插件包，然后复制到计算机上再进行安装。

以前利用 VC 开发 Qt 的时候，官方会针对不同的 VC 版本发布相应的 Qt 插件，这次也不例外。这里我们选择 2.2.2 版本的插件，虽然有更高的版本插件，但建议不要选择太高的版本，因为太高的版本对 VC2017 的内部版本要求比较高，如果安装的 VC2017 版本不是很高，则安装会出错（笔者从 2.3.2 插件开始安装，一路降低版本试错到 2.2.2 才成功，希望各位不要再走弯路）。官网下载网址为 https://download.qt.io/official_releases/vsaddin/2.2.2/。

选择文件 qt-vsaddin-msvc2017-2.3.2.vsix 下载，下载后直接双击该文件即可开始安装，如图 2-13 所示。

单击“安装”按钮，稍等片刻即可安装完成，如图 2-14 所示。

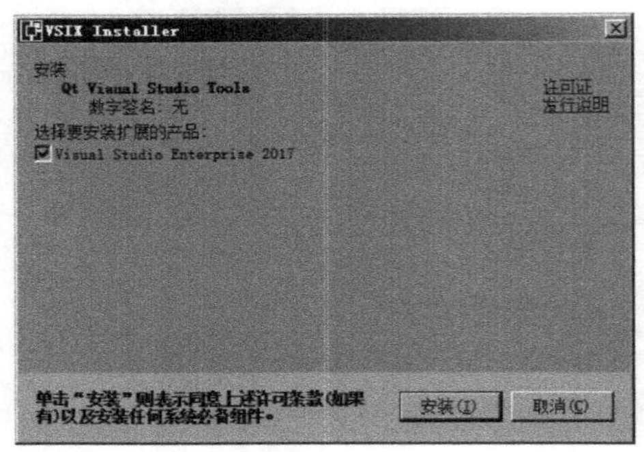

图 2-13

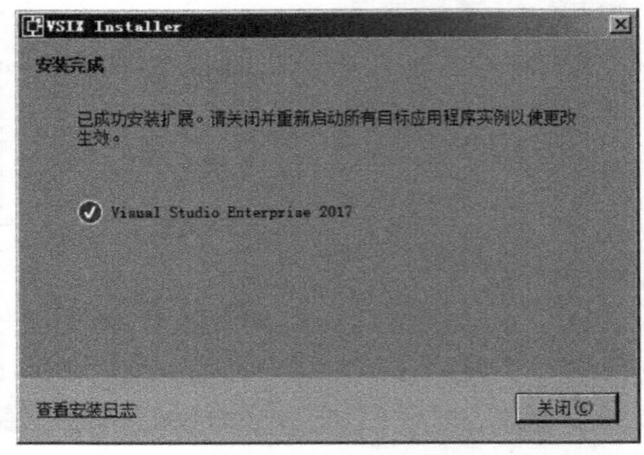

图 2-14

单击“关闭”按钮，插件安装成功。此时我们启动 VC2017，可以在主菜单上看到一个名为“Qt VS Tools”的菜单，如图 2-15 所示。

为何要安装高版本呢？因为低版本的 VC2017（比如内部版本 15.3.3）虽然可以装上 Qt 插件 2.2.2 的版本，但是如果本机联网，经常会自动升级到 2.3.2 版本，低版本的 VC2017 还不支持高版本的 Qt 插件，导致下次启动 VC2017 时提示插件加载失败。故而建议大家一开始就使用高版本的 VC2017，比如从官网下载离线版的 VC2017。注意，不联网的计算机不存在此问题。

7. 安装 VC2017 的 Qt 插件（在线方式）

对于很多可以联网的计算机而言，在线安装更为简单，具体步骤如下：

（1）打开 VC2017，依次单击主菜单的菜单选项“工具→扩展和更新”，如图 2-16 所示。

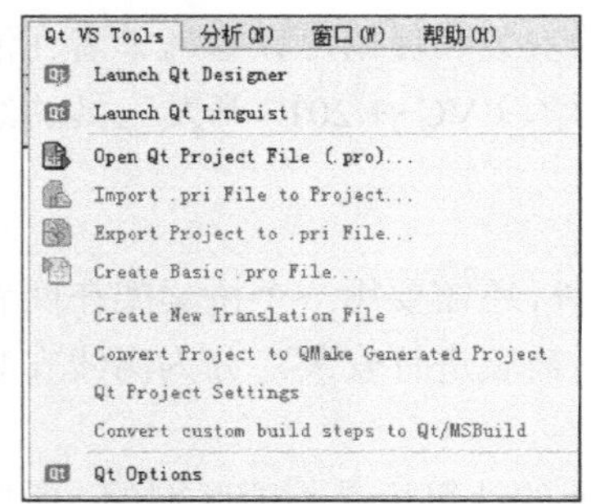

图 2-15

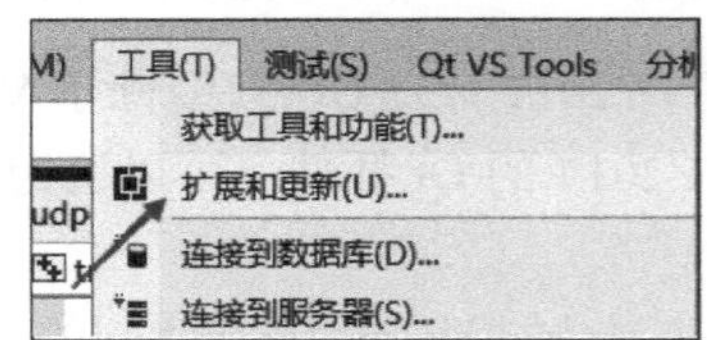

图 2-16

（2）在新出现的对话框上选择“联机”选项，并搜索关键字“QT”，选择对应的版本，单击“下载”按钮，如图 2-17 所示。

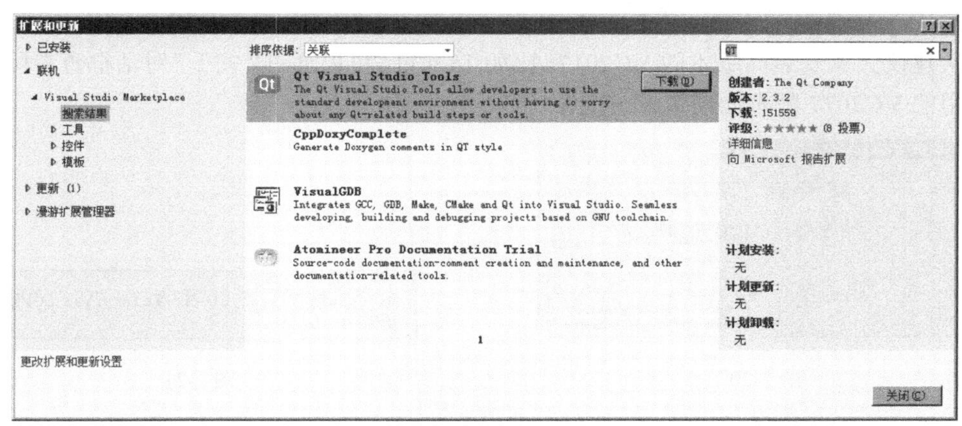

图 2-17

搜索出来的插件版本是 2.3.2，这个版本在某些 VC2107（内部版本比较低）上安装是不成功的。大家可以试试，如果失败，就先卸载（卸载方法见后文），然后用离线方式（前文有介绍）安装，记得先下载较低版本的插件（比如 2.2.2）再安装。

后续的安装步骤与离线安装方式的步骤相同，即关闭 VC2017 后就会出现安装提示框，如图 2-18 所示。

单击“修改”按钮开始正式安装。安装完毕后，再次打开 VC2017，就会发现主菜单栏上有 Qt VS Tools 了，如图 2-19 所示。

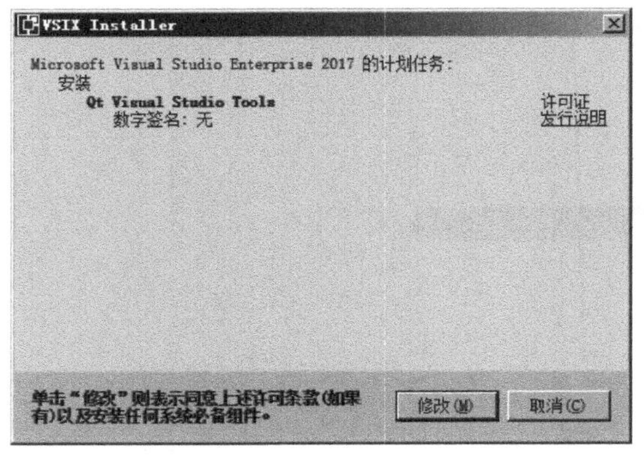

图 2-18

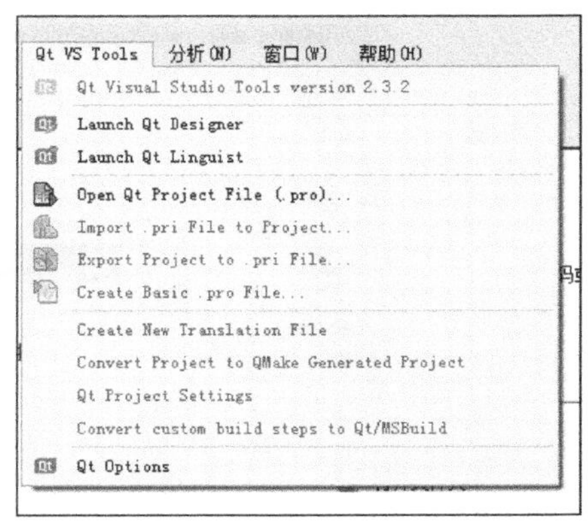

图 2-19

其实离线或在线方式都是先下载，只是在线方式是 VC 帮我们找出最新版本来下载，而离线方式是我们自己从官网选择合适的版本下载，下载下来之后安装和设置都一样。

8. 配置插件选项

前面我们安装好了 VC 的 Qt 插件，现在离使用还差最后一步了，就是告诉插件我们 Qt 安装的路径。打开 VC2017，依次单击主菜单的菜单选项“Qt VS Tools→Qt Options”，在新出现的 Qt Options 对话框上单击 Add 按钮，然后在出现的 Add New Qt Version 对话框中选择 msvc2017_64 文件夹的路径（我们在前面安装 Qt 的时候是安装在 C 盘），如图 2-20 所示。

至此，Qt 插件配置完成，重启 VC。

再次建议大家安装高版本的 VC2017，比如 15.9.11，可以通过“关于”对话框查看版本号，笔者使用的 VC2017 版本如图 2-21 所示。

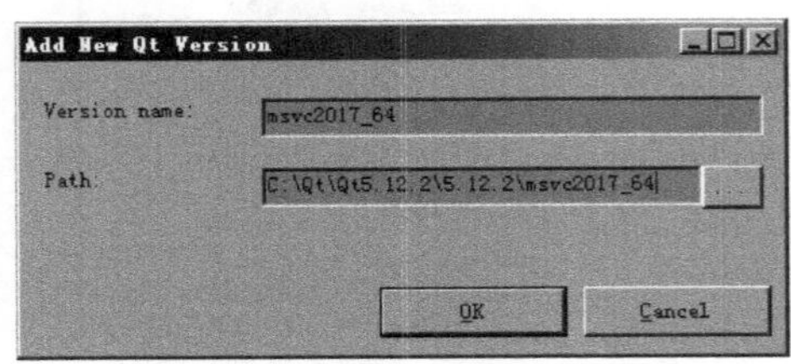

图 2-20

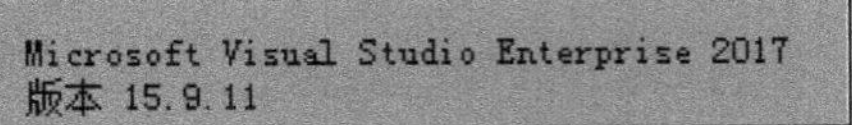

图 2-21

9. 第一个 VC 开发的 Qt 5.12.2 程序

此时重新启动 VC2017 应该就可以开发 Qt 程序了，如果启动 VC2017 之后还是找不到 Qt 插件，建议删除插件后再次安装。下面我们在 VC2017 中新建一个 Qt 项目，以测试环境是否安装正常。

【例 2.1】 第一个 VC 开发 Qt 图形界面（GUI）程序

（1）启动 VC2017，如果安装的是 2.2.2 版本的 Qt 插件，则依次单击主菜单的菜单选项“文件→新建→项目”，在“新建项目”对话框的左侧展开 Visual C++，选中 Qt，然后在右侧选择 Qt GUI Application，如图 2-22 所示。

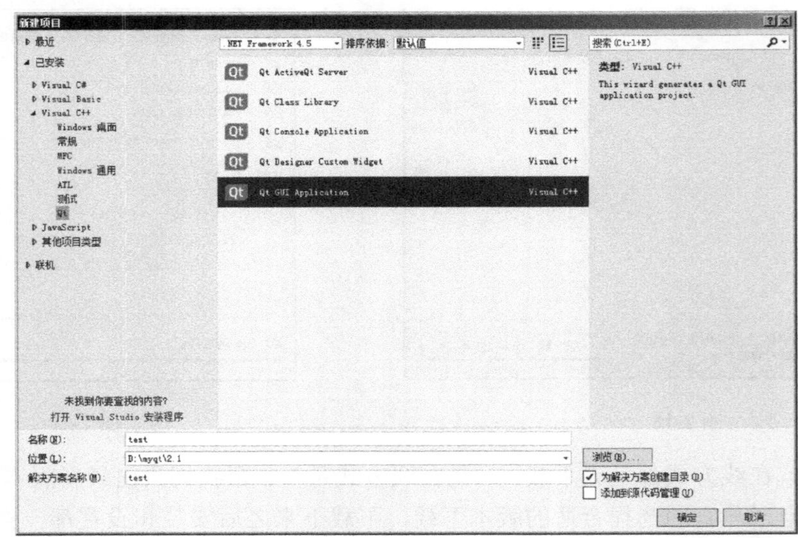

图 2-22

如果安装的是 2.3.2 版本的 Qt 插件，则在左侧选中“测试”，然后在右侧选择 Qt GUI Application，如图 2-23 所示。

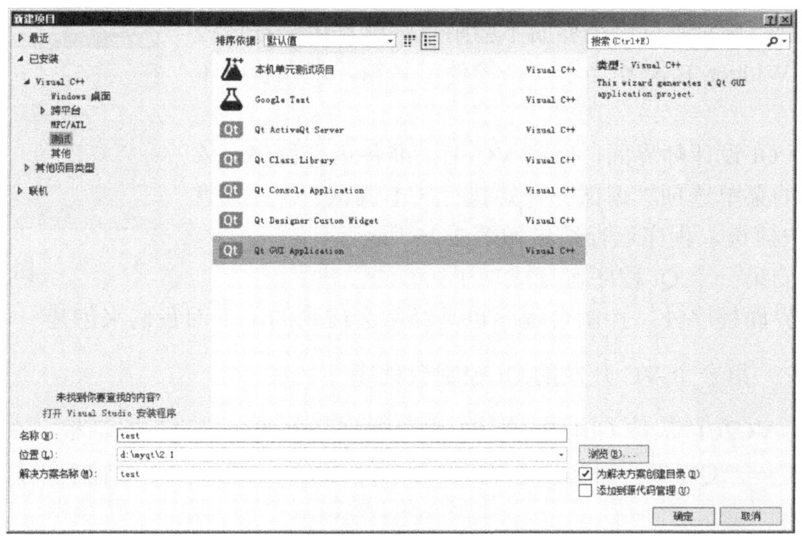

图 2-23

输入名称和位置，单击“确定”按钮，后面一路保持默认设置，都直接单击“下一步”按钮，最后单击“完成”按钮，此时会自动打开代码编辑窗口，并且在解决方案视图中可以看到为我们创建的文件，比如两个 cpp 文件、一个 h 文件、一个 ui 文件，如图 2-24 所示。

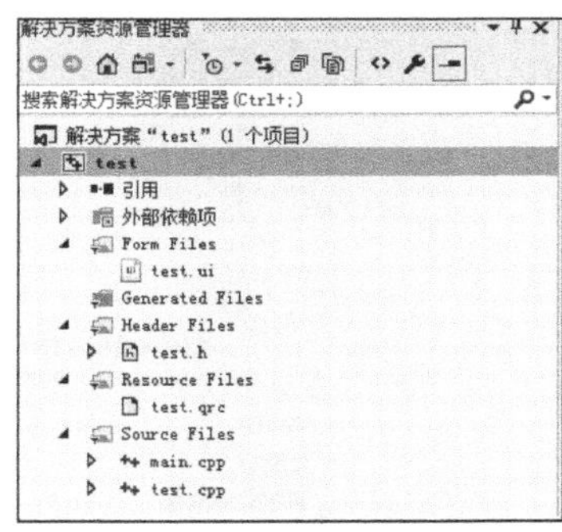

图 2-24

上述 3 种类型的文件是我们经常要打交道的：cpp 和 h 类型的文件是用来编写代码的；ui 类型的文件是用来存放 Qt 界面元素的，双击该文件，即可打开一个界面设计器，我们可以在其中执行拖放控件、添加菜单等可视化界面设计的操作。双击 test.ui 文件，会出现 Qt 的设计师界面，如图 2-25 所示。

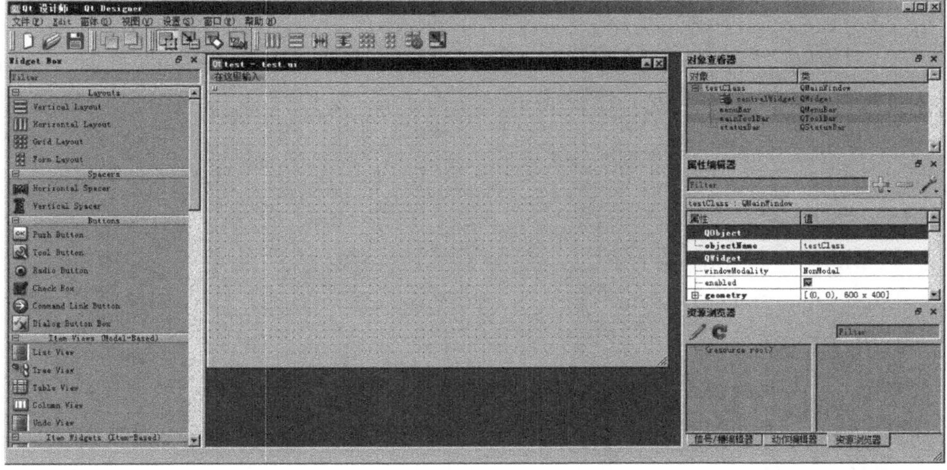

图 2-25

学过 VC 或 C#的人对这个界面不会陌生，就是用来拖放控件的。左边的 Widget Box 相当于一个控件工具箱，现在暂时不用去管它。

（2）关掉 Qt 设计师界面，回到 VC 上，准备运行程序，依次单击主菜单的菜单选项“调试→开始执行（不调试）”，或直接按 Ctrl+F5 快捷键，程序运行结果如图 2-26 所示。

图 2-26

至此，我们第一个 Qt 程序运行成功了。

除了图形界面程序外，控制台程序也是经常会碰到的，下面我们来创建一个控制台程序。

【例 2.2】 第一个 VC 开发的 Qt 控制台程序

（1）启动 VC2017，按 Ctrl+Shift+F5 快捷键打开“新建项目”对话框。在该对话框的左侧展开 Visual C++→Qt，在右侧选择 Qt Console Application，然后在下方输入项目名称和路径，如图 2-27 所示。

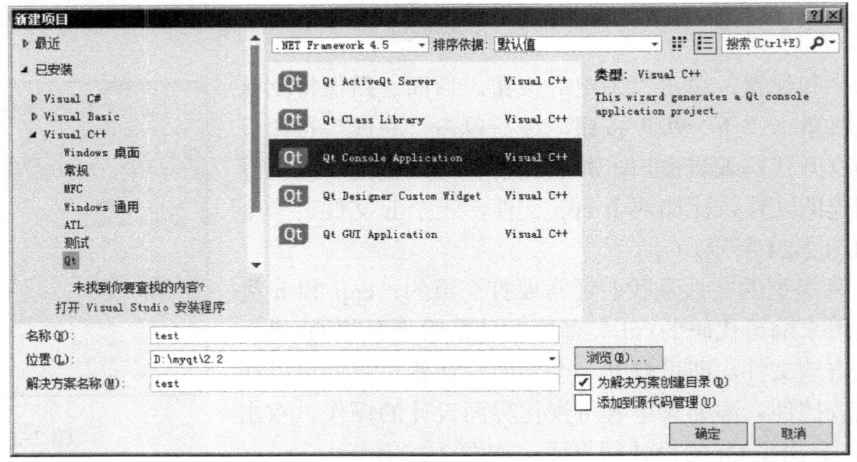

图 2-27

单击“确定”按钮。后面一路单击 Next 按钮，最后一步单击 Finish 按钮。此时一个 main.cpp 文件就创建好了，里面自动生成了几行代码：

```
#include <QtCore/QCoreApplication>      //注释1
int main(int argc, char *argv[])
{
    QCoreApplication  a(argc, argv);    //注释2
    return a.exec();                    //注释3
}
```

- 注释 1：这一行包含了 QCoreApplication 类的定义。
- 注释 2：在每一个使用 Qt 的应用程序中都必须使用一个 QCoreApplication 对象。QCoreApplication 管理了应用程序各种各样的资源，比如默认的字体和光标。QCoreApplication 继承自 QObject，而 QObject 就是 Qt 中最基本的基类，也就是 Qt 的根基。

- 注释 3：QCoreApplication 最重要的函数是 exec()，这个函数会开启主事件循环并且进入阻塞状态。

现在我们在 return 语句前添加一行打印语句：

```
printf("hello world from qt,谢谢大家");
```

（2）保存项目，按 Ctrl+F5 快捷键或依次单击主菜单的菜单选项“调试→开始执行（不调试）”，运行结果如图 2-28 所示。

图 2-28

10. 在 VC2017 中使用单步调试功能

前面通过两个小例子可以证明 VC2017 编译和运行 Qt 程序是正常的。下面我们来验证调试功能。

单步调试功能是软件开发（尤其是大型软件开发）必不可少的，也是专业的开发工具必须提供的功能。使用过 VC 工具开发 Windows 程序的人经常会用到单步调试，开发 Qt 程序也不例外。

在 VC2017 下单步调试 Qt 程序的快捷键和单步调试 Windows 程序是一样的，比如最常用的调试运行快捷键 F5、单步（不进函数）快捷键 F10 和单步（进函数）快捷键 F11，如果要在某行代码设置断点，则可使用快捷键 F9 或者使用鼠标进行设置。这里简单介绍一下单步调试功能，主要是为了验证 VC2017 对于 Qt 程序的调试器是否正常。下面我们通过一个控制台程序来验证单步调试。

【例 2.3】　通过控制台程序来验证 VC2017 的单步调试

（1）启动 VC2107，新建一个 Qt 控制台程序，项目名是 test。

（2）我们准备定义一个全局函数 test，然后在 main 函数中调用该函数，打开 main.cpp，添加如下代码：

```
#include <QtCore/QCoreApplication>

void test()
{
    puts("hello world\n");
}

int main(int argc, char *argv[])
{
    QCoreApplication a(argc, argv);
    test(); //调用 test，这里将设个断点
    return a.exec();
}
```

我们把光标定位到 main 函数中的“test();”那一行，然后按 F9 键，此时该行开头将出现一个小红圈，如图 2-29 所示。这就意味着，当程序进入调试模式时执行到该行语句之处将暂停。也可以直接用鼠标单击这一行语句所处的位置，小红圈就会出现。这个就是设置断点（程序运行的中断点）的过程。

下面我们按 F5 键开始调试程序，稍等片刻，可以发现程序运行到断点处就停住了，而且小红圈中间出现了一个箭头，如图 2-30 所示。

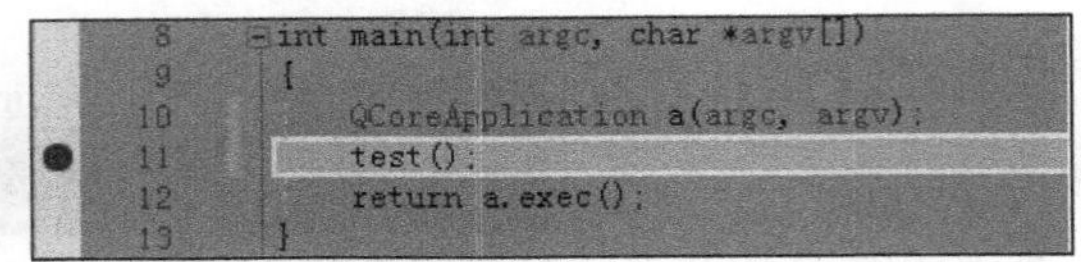

图 2-29

图 2-30

此时按 F11 键，开始单步调试，如果碰到函数，就会进入函数（小箭头到 test 函数的第一行处了），如图 2-31 所示。

这就说明单步调试正常。下面我们按 F10 键，可以发现程序继续单步往下运行，单步运行到 puts 函数的时候，在控制台输出窗口中出现了"hello world"的输出，如图 2-32 所示。

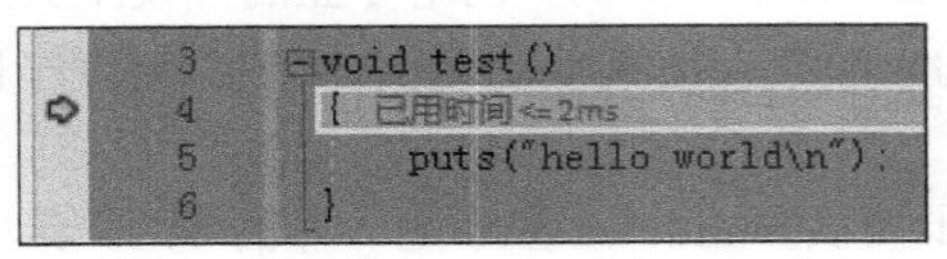

图 2-31

图 2-32

> **注　意**
>
> 快捷键 F10 也是用于单步调试的，但碰到函数时不会进入函数体内进行单步运行，而是把函数调用语句作为一个单步语句一次执行完，而后继续执行函数调用语句后续的程序语句，英文表示这种调试方式就是 Step Over。

如果不再想单步调试，可以按 F5 键全速执行，直接执行到下一个断点。如果没有下一个断点，则执行到程序结束。

通过这个小例子，我们验证了 VC2017 单步调试 Qt，调试器功能一切正常。

11. 卸载 Qt 5.12.2

下面简单提一下 VC2017 的 Qt 插件的卸载。为何要学习卸载呢？这是因为安装了较高版本的 Qt 插件，可能会不成功，需要先卸载高版本的插件，再安装低版本的插件。卸载的方式是启动 VC2017，然后依次单击主菜单的菜单选项"工具→扩展和更新"，在"扩展和更新"对话框上找到 Qt 插件，如图 2-33 所示。

单击"卸载"按钮，告诉 VC2017 这个插件不要了，登记一下，然后关闭对话框，再关闭 VC2017。关闭 VC2017 的时候，卸载才真正开始，如图 2-34 所示。单击"修改"按钮开始卸载。卸载完毕后，再次启动 VC2017，可以发现菜单栏上没有 Qt VS Tools 菜单选项了。

12. 在 Qt Creator 4.8.2 中开发（Qt Creator+MSVC+CDB）

或许某些人不喜欢用 VC ，那么也可以用另外一个官方出品的 Qt 开发利器 Qt Creator。在安装 Qt 5.12.2 的时候，系统已经自动帮我们安装了 Qt Creator 4.8.2，如图 2-35 所示。

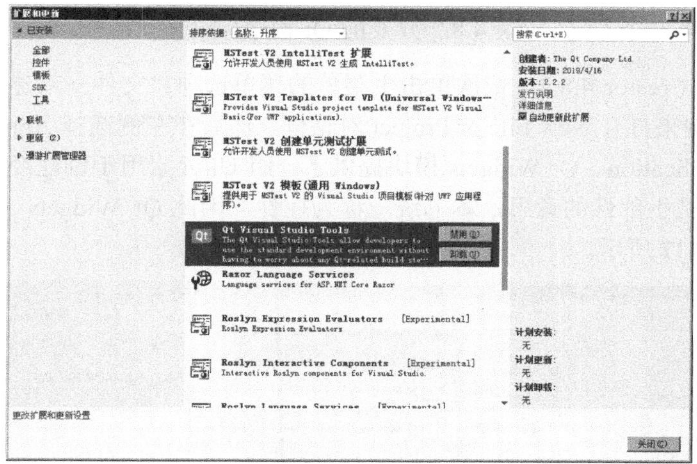

图 2-33

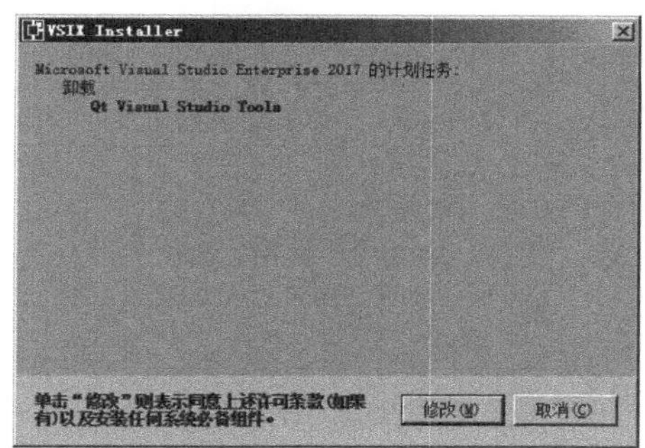

图 2-34

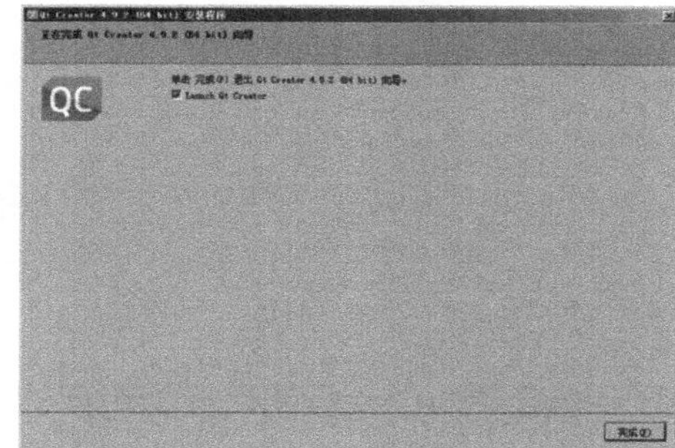

图 2-35

依次单击选项“开始→Qt5.12.2→Qt Creator 4.8.2 (Enterprise)”来启动它。打开后主界面如图 2-36 所示。

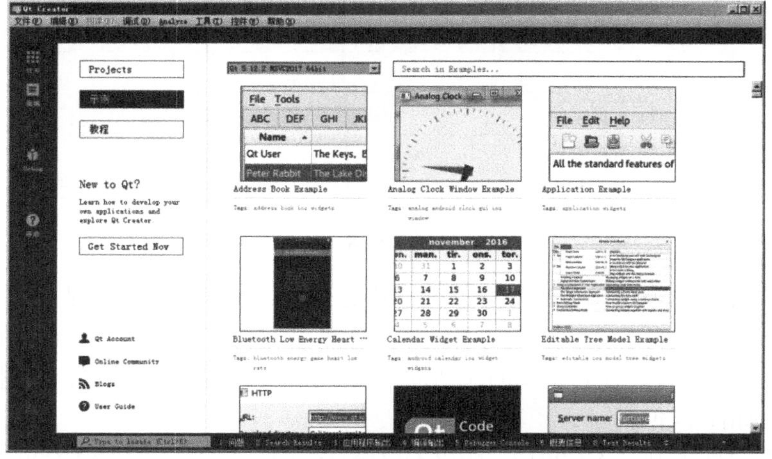

图 2-36

下面我们用 Qt Creator 新建一个图形界面程序。

【例 2.4】 第一个 Qt Creator 4.8.2 开发的 Qt 程序

（1）启动 Qt Creator 4.8.2，依次单击主菜单的菜单选项“文件→新建文件或项目”或直接按 Ctrl+N 快捷键来打开 New File or Project 对话框，然后在左侧选择 Application，在右侧选择 Qt Widgets Application。Qt Widgets 模块提供了一组 UI 元素用于创建经典的桌面风格的用户界面，Widgets 是小部件的意思，本书统一称为控件，因此 Qt Widgets Application 称为 Qt 控件程序，如图 2-37 所示。

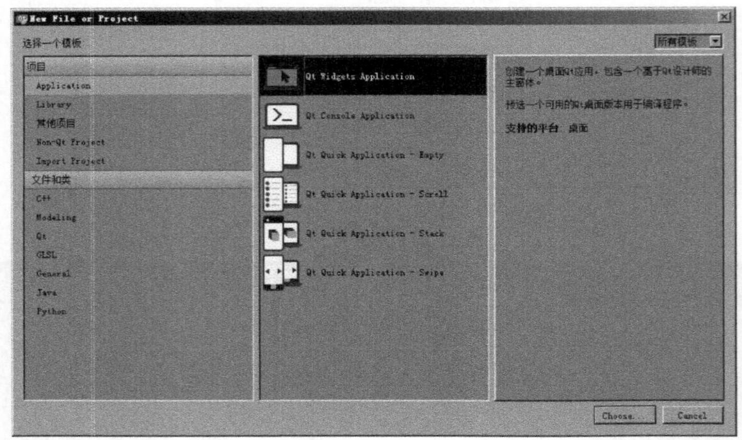

图 2-37

然后单击 Choose…按钮，在新出现的对话框上设置项目名称和路径，如图 2-38 所示。

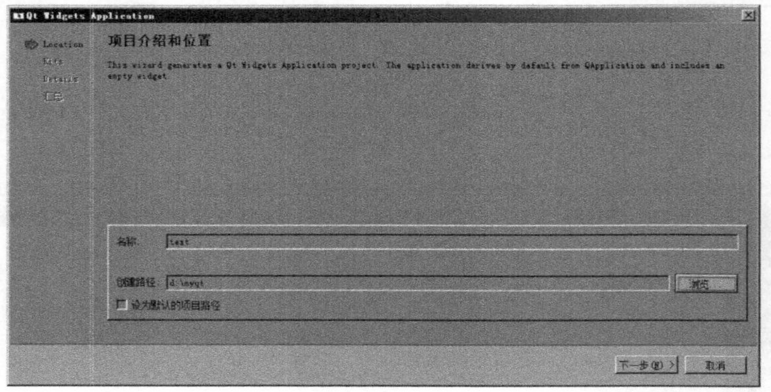

图 2-38

这个路径和目录必须预先创建好，否则不让进行下一步操作，这也是 Qt Creator 有些“弱智”的地方，居然不会自动帮我们创建目录。由此可见 VC 成为世界第一的 IDE 不无道理，细节决定成败。继续下一步，在新出现的对话框中显示出 Qt 开发工具包已经自动探测到了，我们不需要去选择，如图 2-39 所示。

因为我们在前面安装了 VC2017，所以 Qt Creator 向导让用一个 MSVC2017 的编译器，注意 Qt Creator 本身不带编译器，所以新建项目的时候要选择一个。直接单击“下一步”按钮，在出现的对话框中显示类信息，如图 2-40 所示。

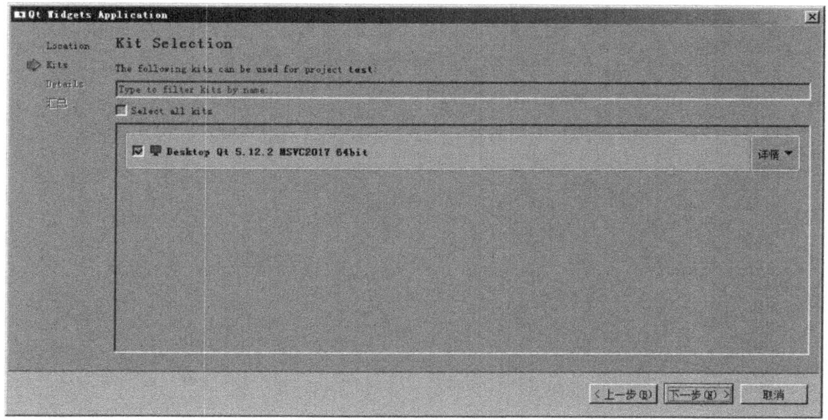

图 2-39

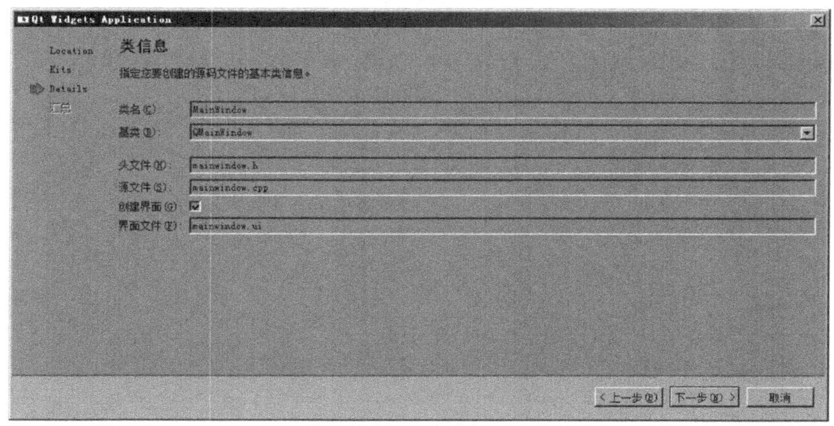

图 2-40

图 2-41

Qt 程序一般是由头文件、cpp 源文件和.ui 界面文件组成的，前两者大家都熟悉，就是存放代码的文件，ui 文件则是用于可视化界面设计的，比如拖放控件等。单击"下一步"按钮，再单击"完成"按钮，向导结束，编辑代码窗口自动出现。

（2）保存项目，准备运行，按快捷键 Ctrl+R 或依次单击主菜单的菜单选项"构建→运行"，运行结果如图 2-41 所示。

上面的例子比较简单，我们没有做过多解释，主要目的是测试 Qt5 的开发功能是否工作正常。趁热打铁，下面我们来看一个稍微复杂点的例子，拖一个编辑框控件到主窗口上，并对代码做一些说明。

【例 2.5】 带有编辑框的 Qt 程序

（1）启动 Qt Creator 4.8.2，依次单击主菜单的菜单选项"文件→新建文件或项目"或直接按 Ctrl+N 快捷键来打开 New File or Project 对话框，然后在左侧选择 Application，在右侧选择 Qt Widgets Application，如图 2-42 所示。

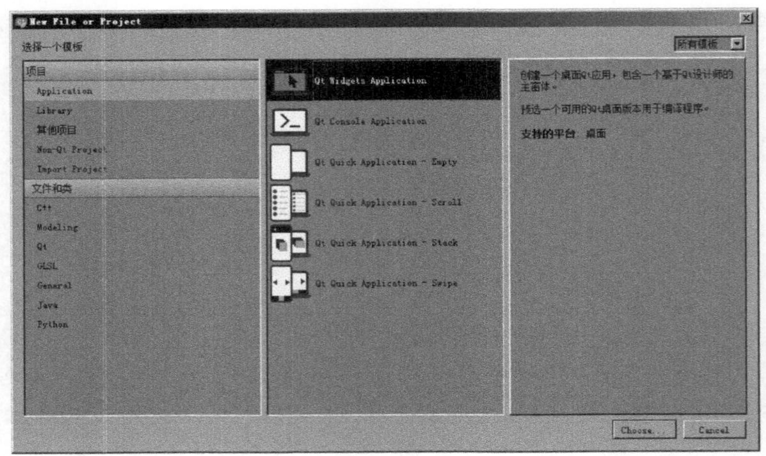

图 2-42

单击 Choose 按钮，进入下一步，设置项目名称和路径，如图 2-43 所示。

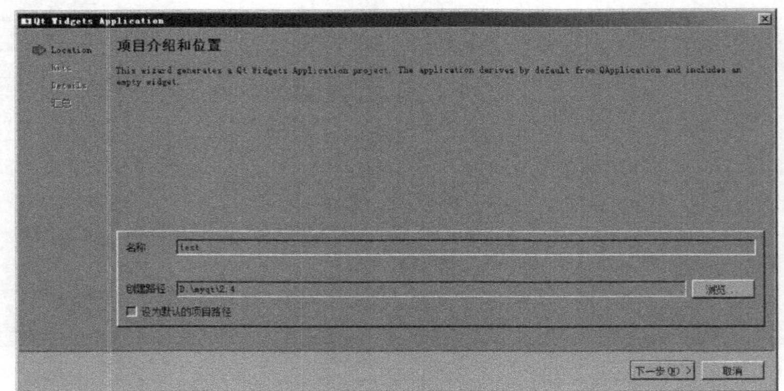

图 2-43

注意，路径和目录要预先创建好。然后跟随向导进入下一步，直到在“类信息”对话框上输入类名为 Notepad，并选择 QMainWindow 作为基准类，如图 2-44 所示。

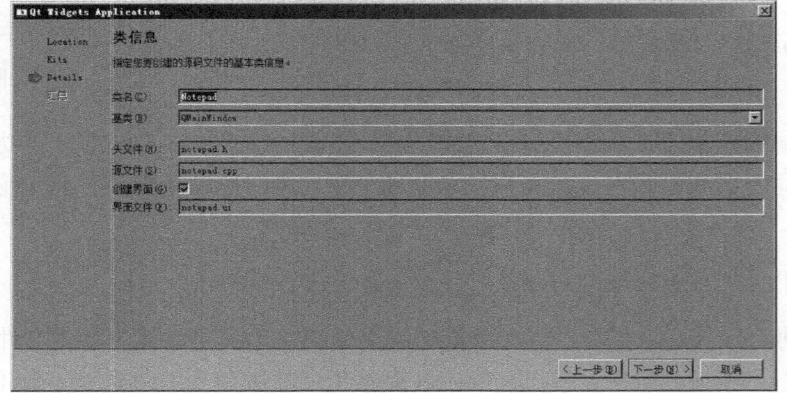

图 2-44

然后单击“下一步”按钮，出现汇总对话框，如图 2-45 所示。

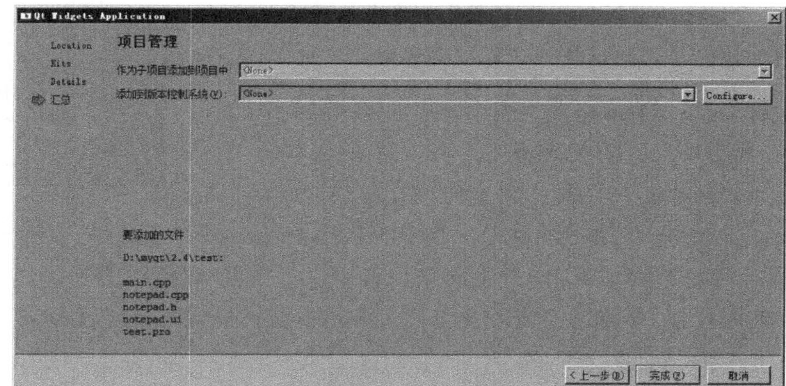

图 2-45

在该对话框上可以看到要添加的文件。其中，main.cpp 表示本程序的主源代码文件；notepad.cpp 表示类 Notepad 的源代码文件；notepad.h 表示类 Notepad 的头文件；notepad.ui 表示 UI 表单文件，用于可视化界面设计；test.pro 是项目文件，存放项目配置信息。最后，单击“完成”按钮来关闭对话框。随后，向导自动帮我们创建这些文件。

（2）我们在“项目”视图双击 main.cpp 文件以打开该文件，编辑视图内即可看到这个文件的源码了：

```
#include "notepad.h"
#include <QApplication>                              //行2

int main(int argc, char *argv[])
{
    QApplication a(argc, argv);                      //行6
    Notepad w;                                       //行7
    w.show();                                        //行8

    return a.exec();                                 //行10
}
```

- 第 2 行：所有 Qt 程序都要包含头文件 QApplication。
- 第 6 行：创建一个 QApplication 对象。这个对象管理应用程序的资源，这对于运行任何使用 Qt Widgets（控件）的 Qt 程序都是必需的，对于不使用 Qt 控件的 GUI 应用程序，可以改用 QGuiApplication。
- 第 7 行：创建记事本对象。Notepad 类是向导为我们生成的，相当于一个主窗口，包含控件元素。控件类似 VC/C#编程中的控件和窗口，常见的有文本编辑、滚动条、标签和按钮等。控件也可以是其他控件的容器，例如对话框或主应用程序窗口。
- 第 8 行：这一行在屏幕上显示记事本主窗口。注意，我们的记事本类 Notepad 继承自 QMainWindow，相当于一个容器，上面还可以包含其他几种类型的控件。默认情况下，控件不可见，函数 show 使控件可见。

- 第 10 行：这一行使 QApplication 对象进入其事件循环。当 Qt 应用程序运行时，会生成事件并将事件发送到应用程序的控件。常见的事件有鼠标按下和键盘按键。

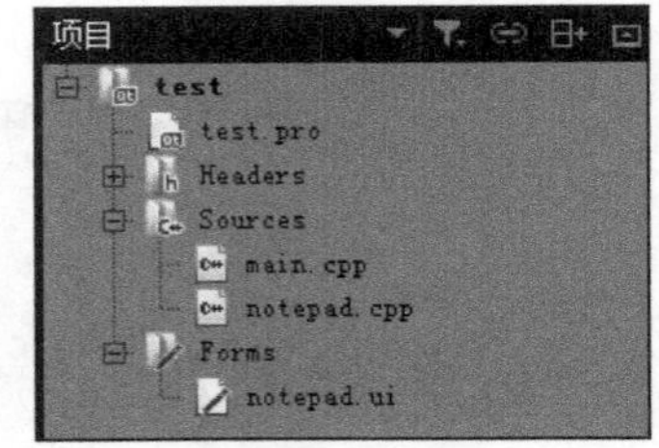

图 2-46

（3）界面设计。向导以 xml 格式生成用户界面定义 notepad.ui，这个文件可以在项目视图里的 Forms 下看到，如图 2-46 所示。

当我们双击 notepad.ui 文件时，它会自动在集成 Qt 设计器中打开，如图 2-47 所示。左边是工具箱，其中有很多控件，可以把它们拖动到右边的表单（VC 中称为对话框）上。当我们构建应用程序时，Qt Creator 会启动 Qt 用户界面编译器（UIC），它读取.ui 文件（本项目里就是 notepad.ui）并创建相应的 C++头文件（ui_notepad.h）。

向导创建的主窗口有自己的布局，我们可以在这个主窗口上添加菜单栏、停靠控件、工具栏和状态栏等。工具栏下方和状态栏上方之间的中心区域通常称为客户端，客户端可以被任何类型的控件占用，我们可以从工具箱里把控件拖到主窗口中。

图 2-47

下面我们把控件添加到主窗口中：

双击“项目”视图中的 notepad.ui 文件，启动 Qt 界面设计器。

将文本编辑框（Text Edit）控件拖放到表单中。

在工具栏上单击垂直布局（或按快捷键 Ctrl+L），如图 2-48 所示。

图 2-48

设置垂直布局后，可以发现文本编辑框充满了整个主窗口的客户区。

按快捷键 Ctrl+S 来保存我们所做的设计。

notepad.ui 其实是一个 xml 文本文件，如果对 notepad.ui 好奇，可以看看它的具体内容，我们在项目视图上右击 notepad.ui，在弹出的快捷菜单中依次选择“用...打开→普通文本编辑器”菜单选项，此时会在右边的编辑窗口中显示出 notepad.ui 的内容，很明显它是 xml 文件，内容如下：

```
<?xml version="1.0" encoding="UTF-8"?>
<ui version="4.0">
 <class>Notepad</class>
 <widget class="QMainWindow" name="Notepad">
  <property name="geometry">
   <rect>
    <x>0</x>
    <y>0</y>
    <width>400</width>
    <height>300</height>
   </rect>
  …
```

以下这行包含 XML 声明，指定文档中使用的 XML 版本和字符编码：

```
<?xml version="1.0" encoding="UTF-8"?>
```

文件的其余部分定义了记事本控件的 UI 元素。用户界面文件与记事本类的头文件和源文件一起使用。

（4）理解头文件。我们在 Qt Creator 中打开 notepad.h 头文件：

```
#ifndef NOTEPAD_H
#define NOTEPAD_H

#include <QMainWindow>
namespace Ui {
   class Notepad;      //声明 Ui 命名空间中的记事本类
}

class Notepad : public QMainWindow
{
   Q_OBJECT

   public:
      explicit Notepad(QWidget *parent = nullptr);
      ~Notepad();

   private:
      Ui::Notepad *ui;
};

#endif // NOTEPAD_H
```

因为 Notepad 类是本程序的主窗口，且继承自 QMainWindow 类，所以开头要包含头文件 QMainWindow：

```
#include <QMainWindow>
```

这里要介绍一下宏 Q_OBJECT，只有继承了 QObject 类的类，才具有信号槽的能力（信号槽在后面的章节会具体讲到，信号就是 VC 编程中的消息，槽就是消息处理函数）。所以，为了使用信号槽，必须继承 QObject 类。凡是 QObject 子类（不管是直接子类还是间接子类），都应该在第一行代码中写上 Q_OBJECT。不管是不是使用信号槽，都应该添加这个宏。这个宏的展开将为我们的类提供信号槽机制、国际化机制以及不基于 C++ RTTI 的反射能力。觉得不需要使用信号槽就不需要添加这个宏是错误的，因为其他很多操作都依赖于这个宏。

下面再来看看关键字 explicit，该关键字用来修饰构造函数。在 Windows 下编写程序的时候基本上没有碰到这个关键字，那么这个关键字是做什么用的呢？关键字 explicit 可以禁止"单参数构造函数"被用于自动类型转换。光看这一句似乎不太容易明白，下面举个简单的例子。

```
#include <iostream>
using namespace std;
class Test
{
    public:
        Test(int a)
        {
          m_data = a;
        }
        void show()
        {
           cout << "m_data = " << m_data << endl;
        }
        private:
           int m_data;
    };
    void main(void)
    {
       Test t = 2;   // 将一个常量赋给了一个对象
       t.show();
     }
```

编译能够通过，执行结果为 m_data = 2。为什么会这样呢？原来 C++通过隐式转换构造了一个临时对象 Test(2)，将它赋给了 t（这里调用了默认的构造函数，而不是重载的"="，因为这是在对象创建的时候）。如果给构造函数加上关键字 explicit，构造函数就变成了 explicit Test(int a)，再次编译，编译器就会报错。这时只能显式地使用构造函数 Test t = Test(2)。

（4）保存项目并运行，然后可以在编辑框中输入一些文本信息，运行结果如图 2-49 所示。

图 2-49

13. 在 Qt Creator 中使用单步调试功能

前面我们安装了调试器 CDB，Qt Creator 4.8.2 能自动检测到。我们重新启动 Qt Creator 4.8.2，依次单击主菜单的菜单选项“工具→选项”来打开选项对话框，在左边选择 Kits，然后在右边“构建套件（Kit）”页面中把滚动条往下拉一些，可以看到调试器旁边已经自动检测到 CDB 了，如图 2-50 所示。

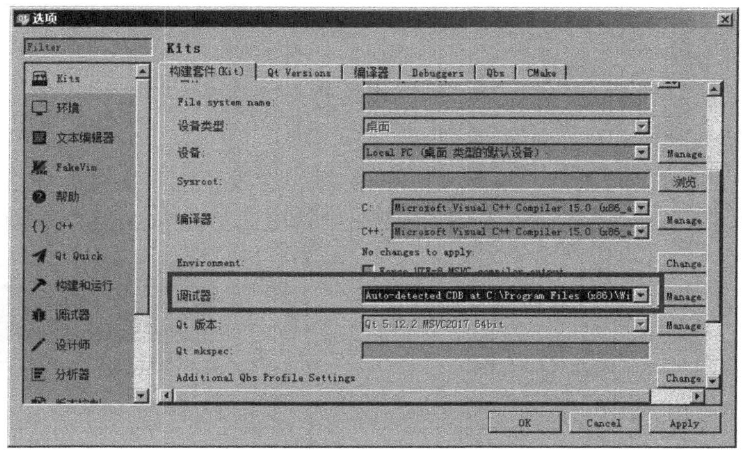

图 2-50

那到底能不能进行单步调试呢？我们用一个小例子来验证一下。

【例 2.6】 通过控制台程序来验证 Qt Creator 4.8.2 的单步调试

（1）启动 Qt Creator 4.8.2，新建一个控制台项目，项目名为 test。

（2）我们准备定义一个全局函数 test，然后在 main 函数中调用该函数，打开 main.cpp，添加代码如下：

```
#include <QtCore/QCoreApplication>

void test()
{
    puts("hello world\n");
}

int main(int argc, char *argv[])
{
    QCoreApplication a(argc, argv);
    test(); //调用 test，这里将设个断点
    return a.exec();
}
```

我们把光标定位到 main 函数中的“test();”那一行，然后按 F9 键，此时该行开头将出现一个小红圈（设置断点），如图 2-51 所示。

这就意味着，当程序进入调试模式时将执行到该行处暂停。也可以直接用鼠标设置断点。

下面我们按 F5 键开始调试程序，稍等片刻，可以发现程序运行到断点处就停住了，而且小红圈中间出现了一个黄色小箭头，如图 2-52 所示。

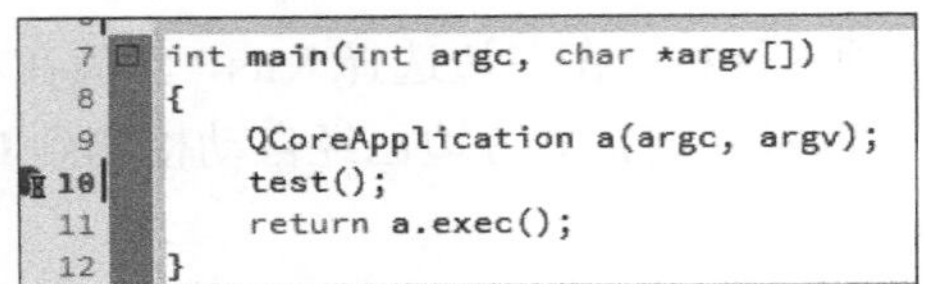

图 2-51

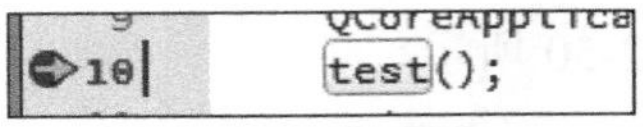

图 2-52

此时按 F11 键，开始单步调试，如果碰到函数，就会进入函数体内部，可以发现小箭头到 test 函数内的第一行语句处，如图 2-53 所示。

这就说明单步调试功能正常。接下来按 F10 键，会发现程序继续单步往下执行，当单步执行完 puts 函数时，就会发现在控制台输出窗口中输出了“hello world”，如图 2-54 所示。

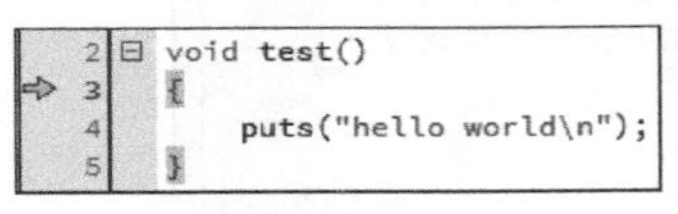

图 2-53

图 2-54

通过这个小例子，我们验证了 Qt Creator 4.8.2 单步调试功能。这个过程看似很顺利、很简单，但是只要上述步骤随便错了一个次序就会走进黑暗的胡同。

2.1.2　搭建基于 GCC 编译器的开发环境

选择这种开发环境就是和 VC 完全脱钩了，因此要准备一台没有安装 VC 版本的计算机。双击下载好的安装文件 qt-opensource-windows-x86-5.12.2，然后单击“下一步”按钮。安装路径依旧使用默认值，如图 2-55 所示。

然后单击“下一步”按钮，此时将出现“选择组件”对话框。勾选“Qt 5.12.2”并展开，然后取消对前 3 个子选项（MSVC 开头的）的勾选，如图 2-56 所示。

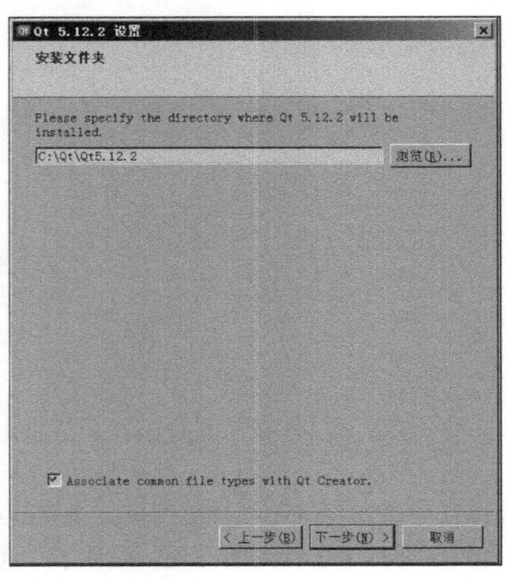

图 2-55

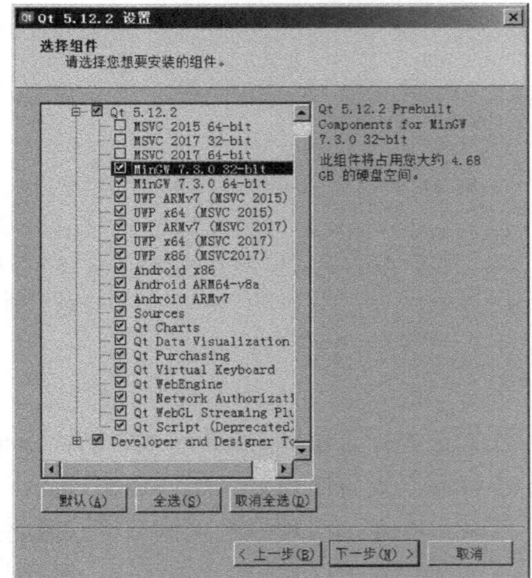

图 2-56

注意，“MiniGW 7.3.0 32-bit”和“MiniGW 7.3.0 64-bit”一定要勾选上，因为这两个组件模拟了 Linux 程序运行所需的系统环境，使得 GCC 和 GDB 可以在其上运行，这两个组件同时还提供了编译器 GCC 和调试器 GDB。

随后就一直单击“下一步”按钮，直到安装完成。安装完毕后，我们来验证一下。

【例 2.7】　验证测试 Qt Creator+GCC+GDB 开发环境

启动 Qt Creator，然后新建一个 Widgets 项目，在选择开发工具的时候会出现两个已经安装的工具（32 位和 64 位两个版本），如图 2-57 所示。

因为笔者的 Windows 7 是 64 位的，所以选择第二个 64 位的 MinGW。然后单击“下一步”按钮，直到完成。最后按 Ctrl+R 快捷键运行项目，结果如图 2-58 所示。

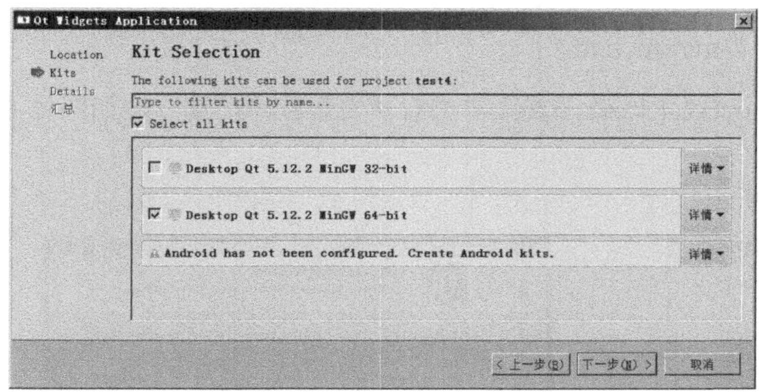

图 2-57

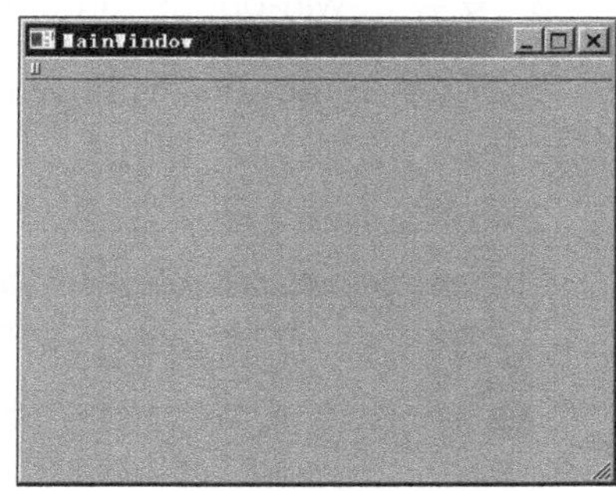

图 2-58

2.1.3　部署 Qt 4.7.4 开发环境

刚进入公司的人往往会被安排从事维护老项目的工作，而老项目不少是用老版本的 Qt 开发的，比如 Qt 4.7.4。为了照顾这些老项目，我们介绍一下在 Windows 下的 Qt 4.7.4 开发环境。当然，这部分内容不会介绍很多，只是为了让大家快速上手。

1. 下载 IDE 和开发包

这里我们使用 Qt Creator 2.4.1 这个 IDE 来开发 Qt 4 的程序。总共需要下载两个软件，一个是 qt-creator-win-opensource-2.4.1.exe，另外一个是基于 MinGW（用于 Windows 的 GNU 开发环境）的 Qt 4.7.4 开发库 qt-win-opensource-4.7.4-mingw.exe。这两个软件都可以从官网下载，下载地址为 http://download.qt.io/archive/qt/4.7/。

2. 安装 Qt Creator

软件下载下来之后，先安装 qt-creator-win-opensource-2.4.1.exe，安装过程和普通 Windows 程序安装过程一样简单。直接双击安装文件启动安装程序，第一步如图 2-59 所示。

一路单击 Next 按钮，到了确定安装路径的时候，要注意安装路径不能有空格或中文，如图 2-60 所示。

稍等片刻即可安装完毕。

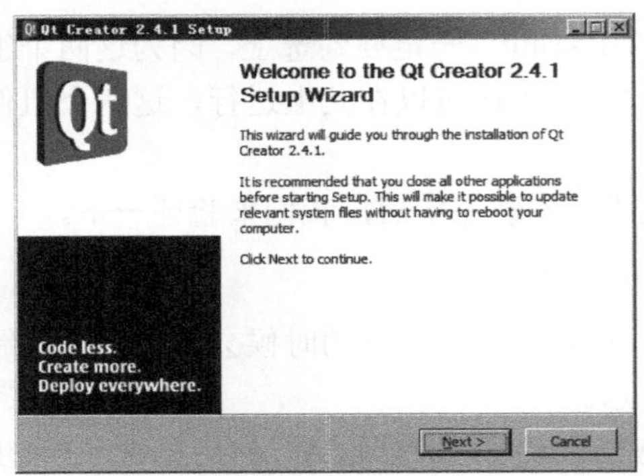

图 2-59

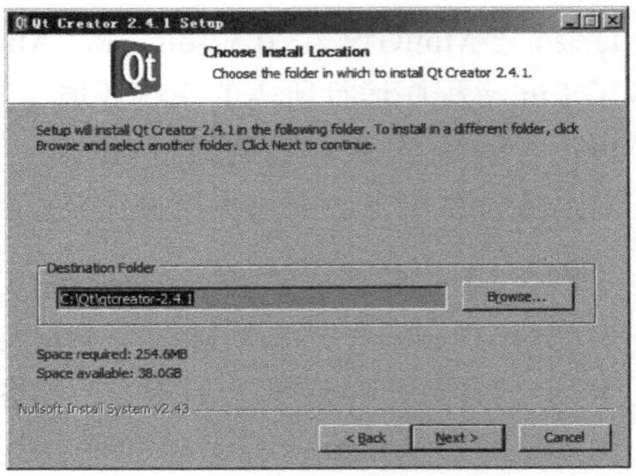

图 2-60

3. 安装 qt-win-opensource-4.7.4-mingw.exe

接着安装 qt-creator-win-opensource-2.4.1.exe，直接双击启动安装程序，第一步如图 2-61 所示。

一路单击 Next 按钮，如图 2-62 所示。

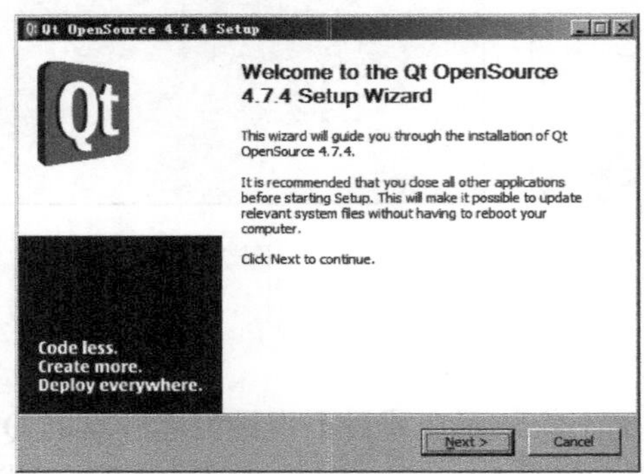

图 2-61

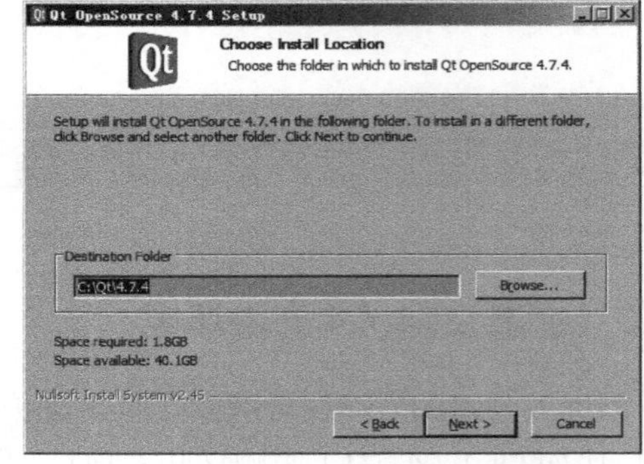

图 2-62

继续一路单击 Next 按钮，到了安装 MinGW 时，需要确定已经安装的 MinGW 路径，前面已经安装了 MinGW，因此不需要重新安装。这里修改 MinGW 所在的路径，如图 2-63 所示。

单击 Install 按钮，稍等片刻即可安装完成，如图 2-64 所示。

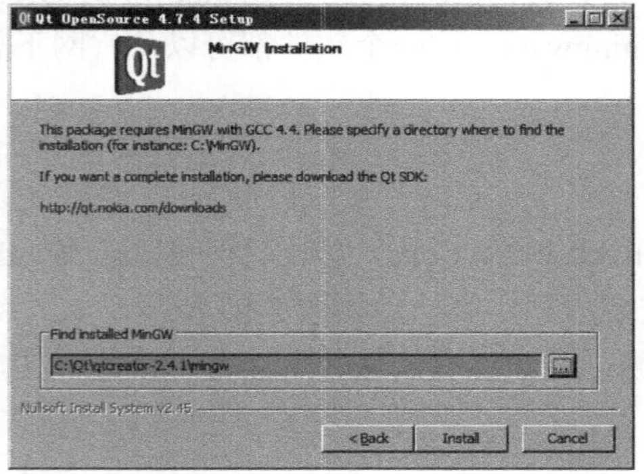

图 2-63

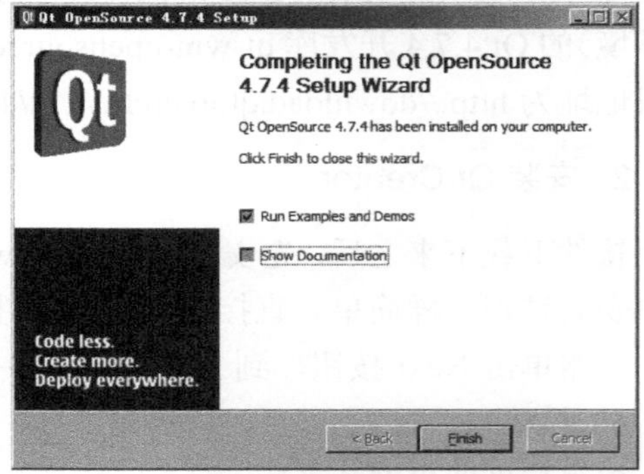

图 2-64

单击 Finish 按钮，Demo 例子就开始运行了，如图 2-65 所示。

至此，Qt 4 开发环境安装成功。

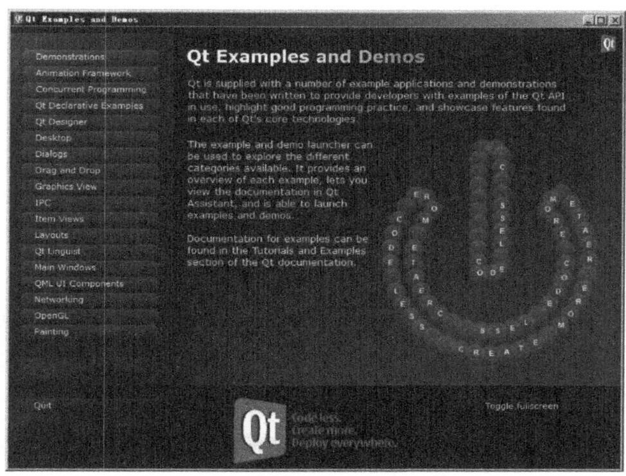

图 2-65

4. 为 Qt Creator 关联 Qt

启动 Qt Creator，依次单击主菜单的菜单选项“工具→选项→构建和运行→Qt 版本→手动设置→添加”，而后添加 C:\Qt\4.7.4\bin\中的 qmake.exe 文件即可，如图 2-66 所示。

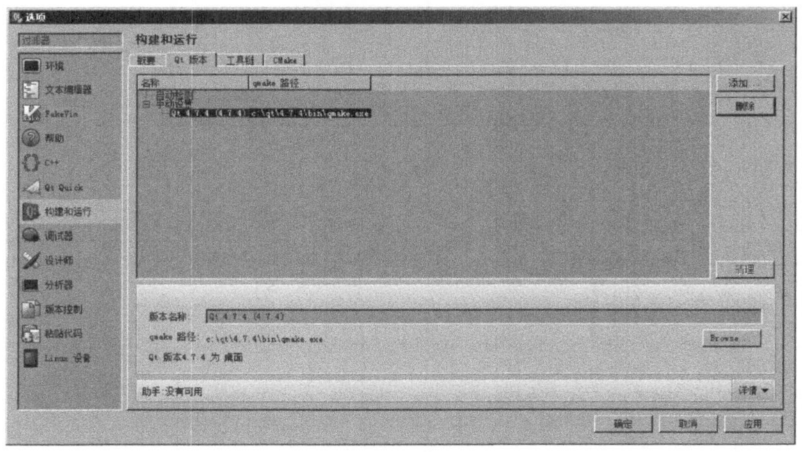

图 2-66

最后单击“确定”按钮。

5. 第一个 Qt 4.7 控制台程序

通常把在控制台（命令行窗口）中运行的程序称为 Qt 控制台应用程序，而拥有图形界面的 Qt 程序称为 Qt quick 应用程序。控制台应用程序很简单，相信大家学习 C 语言的时候已经用得很熟练，这里就不再赘述了。很多 C 语言书上开头都会有一个“Hello World”程序，它的代码通常是这样的：

```
#include "stdio.h"
int main()
{
   printf("Hello World");
   return 0;
}
```

下面我们也来编写一个 Qt 版本的“Hello World”控制台程序，作为第一个 Qt 4 程序。这个程序很简单，就是在命令行窗口中显示一段文本“Hello World”。

【例 2.8】　第一个 Qt 4 控制台程序

（1）启动 Qt Creator 2.4，依次单击主菜单的菜单选项“文件→新建文件或项目”，或直接按快捷键 Ctrl +N，弹出“新建”对话框。在该对话框的左侧选择“其他项目”，在右侧选中“Qt4 控制台应用”，如图 2-67 所示。

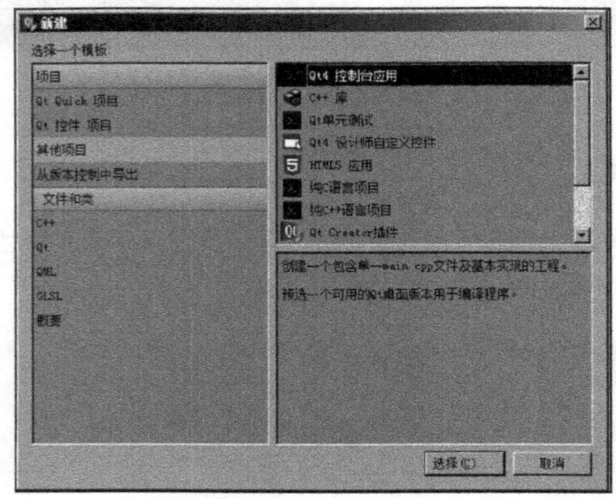

图 2-67

（2）单击“选择”按钮，然后在新出现的对话框中输入项目名称和路径（即项目名称和路径。注意，Qt 软件中前后翻译不一致，其实工程就是指项目），如图 2-68 所示。如前文所述，路径必须是已经存在的路径。

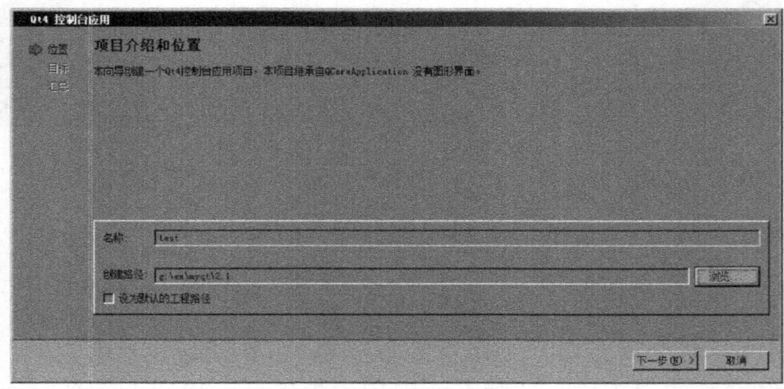

图 2-68

单击“下一步”按钮，保持默认设置，如图 2-69 所示。

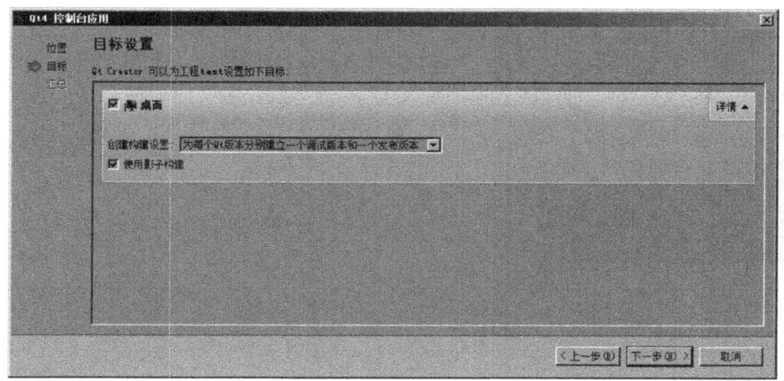

图 2-69

继续单击“下一步”按钮，在新出现的项目管理对话框中保持默认设置，最后单击“完成”按钮。此时会出现代码编辑窗口，里面已经为我们写好了几行程序代码：

```
#include <QtCore/QCoreApplication>

int main(int argc, char *argv[])
{
    QCoreApplication a(argc, argv);
    return a.exec();
}
```

是不是比较熟悉？有 main 函数，就知道程序的入口点了。

此时程序是可以运行的（按 Ctrl+R 快捷键），但是没有任何输出。下面我们添加一条打印语句，代码如下：

```
#include <QtCore/QCoreApplication>

#include <QTextStream>
static QTextStream cout(stdout, QIODevice::WriteOnly);

int main(int argc, char *argv[])
{
    QCoreApplication a(argc, argv);

    cout << "Hello World." << endl;
    return a.exec();
}
```

（3）保存项目并运行（按 Ctrl+R 快捷键），结果如图 2-70 所示。

第一个 Qt 4 控制台程序就完成了。

在进入界面程序开发之前，先介绍一下 Qt Quick。它是一种用 qml 语言开发的库，集成了很多绚丽的 UI 开发元素，能自动转化为 C++语言，非常适用于开发 APP 和嵌入式设备等要求界面冲击感强的应用。Qt Quick 利用一种类似 JavaScript 的 qml 语言进行开发，代码看上去就是 JSON 字符串的应用，对于 C++水平不高的人来说是一项福利。

【例 2.9】　第一个 Qt 4 界面程序

新建一个 Qt Quick 程序，一路保持默认设置，运行结果如图 2-71 所示。

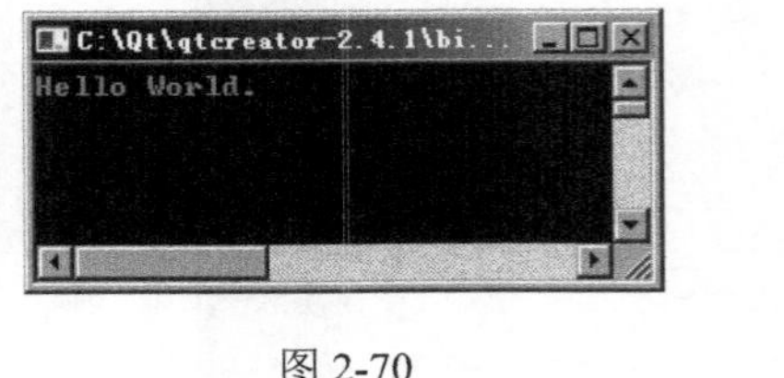

图 2-70

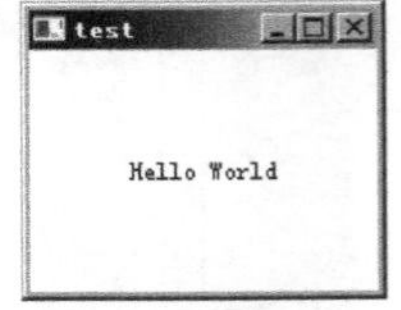

图 2-71

2.2　搭建 Linux 下的 Qt 开发环境

Qt 最大的特点就是跨平台，在 Linux 下开发 Qt 程序也是一线开发中的常事，所以要学会在 Linux 下搭建 Qt 开发环境。本章我们将在 CentOS 7 下搭建 Qt 开发环境。建议初学者在虚拟机中安装 CentOS 7，安装完毕后做好快照，这样即使安装 Qt 失败，也能恢复到 CentOS 7 刚安装完的状态。

2.2.1　准备虚拟机 Linux

要开发 Linux 程序，前提是需要一个 Linux 操作系统。通常在公司中都会有一台专门的 Linux 服务器供大家使用，自己学习时则不需要这样，可以使用虚拟机软件（比如 VMware）来安装一个虚拟机中的 Linux 操作系统。

VMware 是大名鼎鼎的虚拟机软件，通常分为两种版本：工作站版本 VMware Workstation 和服务器客户机版本 VMware vSphere。这两种软件都可以在其中安装操作系统作为虚拟机操作系统，但笔者用得较多的是工作站版本，供单人在本机使用。VMware vSphere 通常用于企业环境，供多个人远程使用。通常，我们把自己真实 PC 上安装的操作系统叫宿主机系统，VMware 中安装的操作系统叫虚拟机系统。

1. 在 VMware 下安装 Linux

要开发 Linux 程序，往往先要在虚拟机中安装 Linux 操作系统，然后在这个虚拟机的 Linux 系统中编程和调试 Linux 程序，也可以在宿主机系统（比如 Windows）中进行编写程序，然后传到 Linux 中进行编译。有了虚拟机的 Linux 系统，开发的灵活性比较大。实际上，不少一线开发项目师都是在 Windows 下阅读和编辑程序代码，然后放到 Linux 环境中编译和运行，这种开发方式的效率还不低！

这里我们采用的虚拟机软件是 VMware Workstation 12。在安装之前要准备 Linux 安装映像文件，可以从网上直接下载 Linux 操作系统的 ISO 文件，也可以通过 UltraISO 等软件从 Linux 系统光盘制作一个 ISO 文件，制作方法是在菜单上选择“工具→制作光盘映像文件”。

建议直接从网上下载一个 ISO 文件，笔者就从乌班图官网（ubuntu.com/）下载了一个 64 位的 ISO，下载下来的文件是 ubuntu-18.04.3-desktop-amd64，文件大小大概有 2GB。用其他

Linux 发行版本也可以，如 Redhat、Debian、Fedora 等，不过建议大家和笔者选择的 Linux 发行版本一样，尤其是初学者。

ISO 文件准备好了以后，就可以通过 VMware 来安装 Linux 了。打开 VMware Workstation，然后参照下面几个步骤操作即可。

（1）在 VMware Workstation（笔者采用的版本：12.5.7 build-5813279）上选择菜单“文件→新建虚拟机”，如图 2-72 所示。

（2）单击“下一步”按钮，出现“安装客户机操作系统”对话框，选中“稍后安装操作系统”单选按钮，如图 2-73 所示。

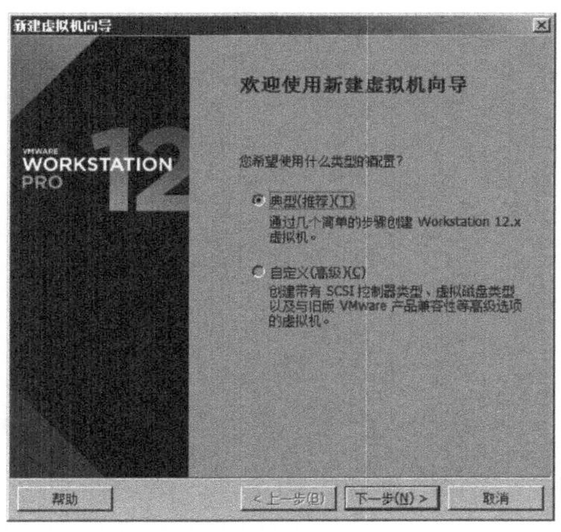

图 2-72

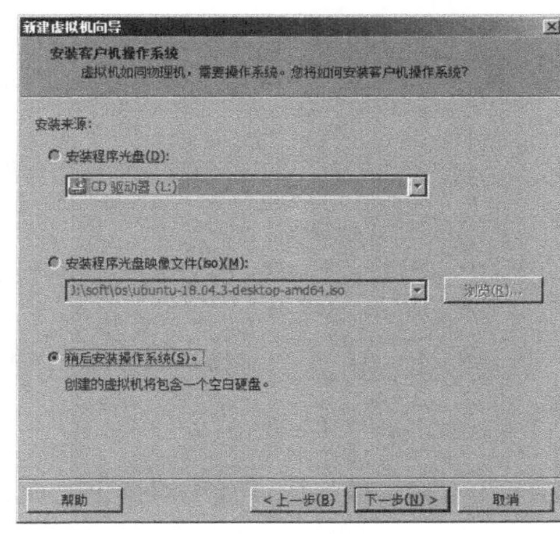

图 2-73

（3）单击“下一步”按钮，出现“选择客户机操作系统”界面，选择客户机操作系统为 Linux、版本为“Ubuntu 64 位”，如图 2-74 所示。

（4）单击“下一步”按钮，出现“命名虚拟机”界面，在这里输入虚拟机名称为 ubuntu-1804，位置为 E:\vm，如图 2-75 所示。

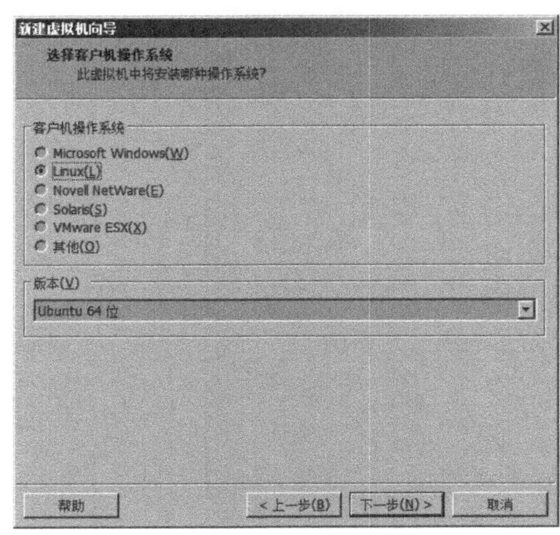

图 2-74

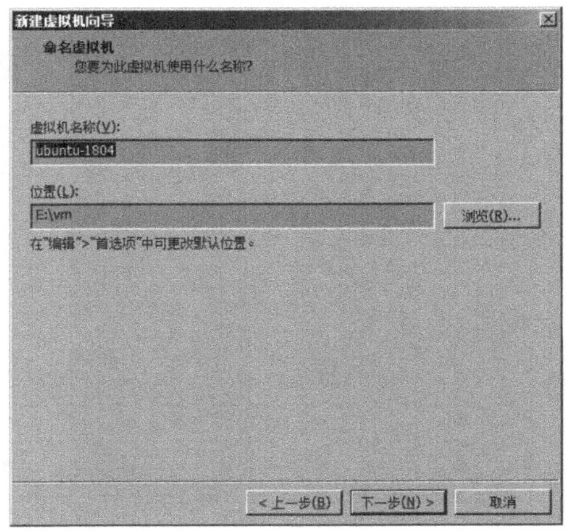

图 2-75

注意，要确保选择的磁盘容量大一些，比如有空闲空间 30 多吉字节（GB）。然后单击“下一步”按钮，出现“指定磁盘容量”界面，保持默认设置，如图 2-76 所示。

（5）单击“下一步”按钮，出现“已准备好创建虚拟机”界面，在该界面上单击“完成”按钮，此时将重新回到 VMware 的 ubuntu-1804 界面中，再单击“编辑虚拟机设置”选项，如图 2-77 所示。

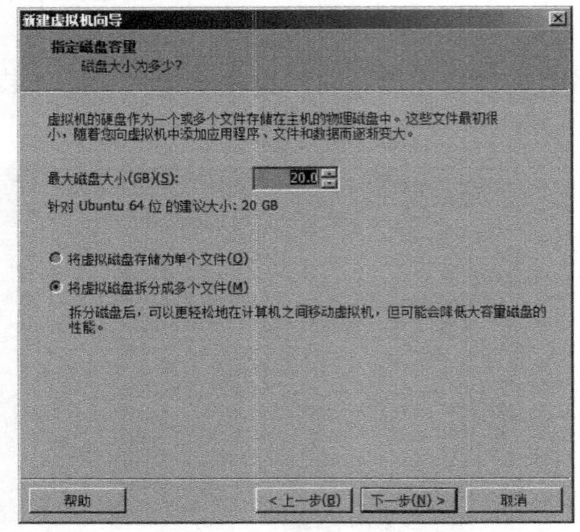

图 2-76

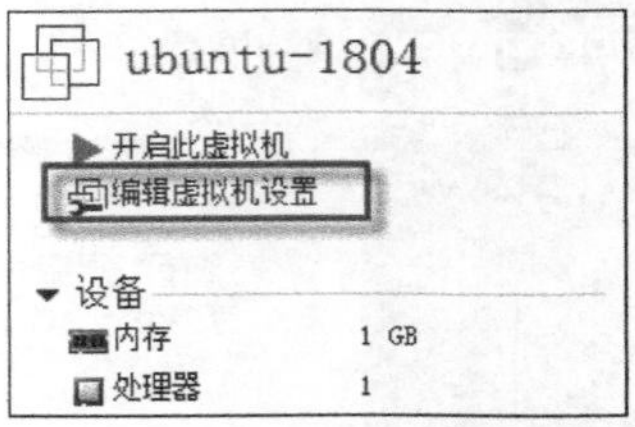

图 2-77

（6）出现“虚拟机设置”对话框，在该对话框上选择“硬件”选项卡，然后在左边设备列表里选择 CD/DVD（SATA），接着在右边“连接”选项组中选中“使用 ISO 映像文件”单选按钮，单击“浏览”按钮，选择磁盘上的 ubuntu-18.04.3-desktop-amd64.iso，如图 2-78 所示。

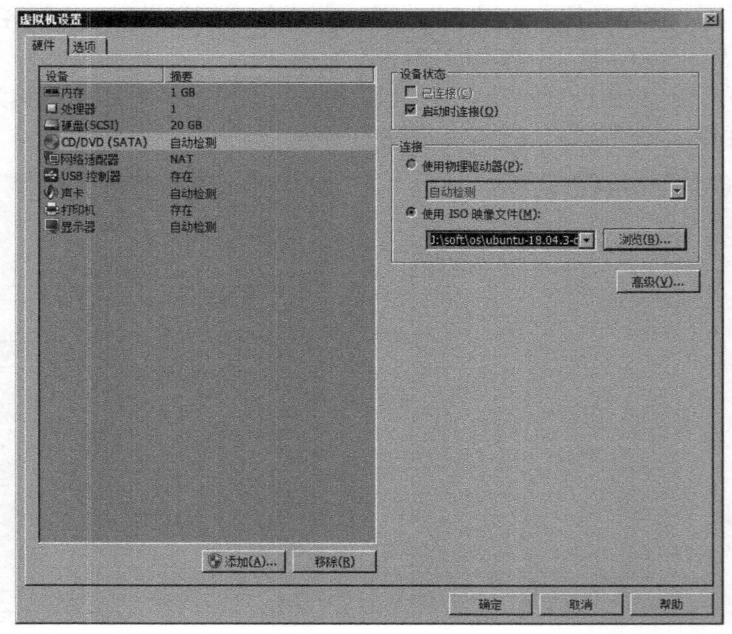

图 2-78

建议把内存调整为 2GB（如果计算机中的物理内存足够大），单击图 2-78 中的“内存”即可出现调节按钮。然后单击“确定”按钮，重新回到 VMware 的 ubuntu-1804 界面中，此时单击“开启此虚拟机”选项，而后就会正式开始安装（密码暂设为 123456），安装过程如图 2-79～图 2-85 所示。

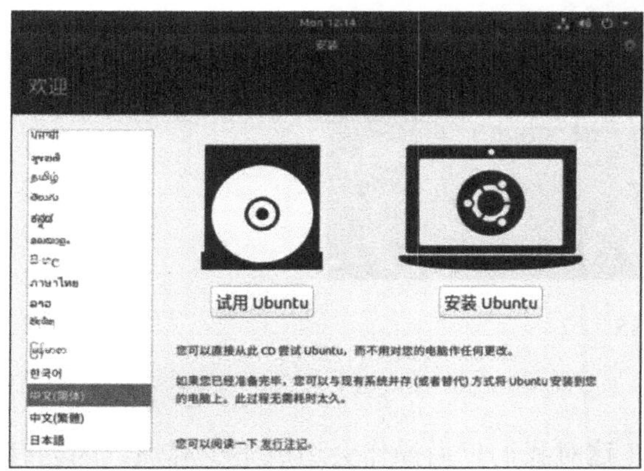

图 2-79

图 2-80

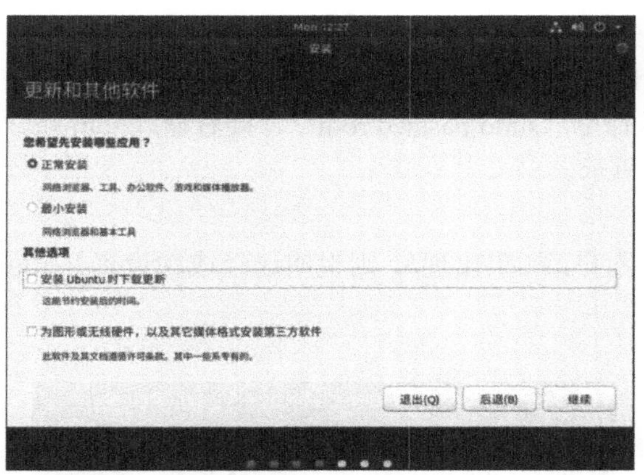

图 2-81

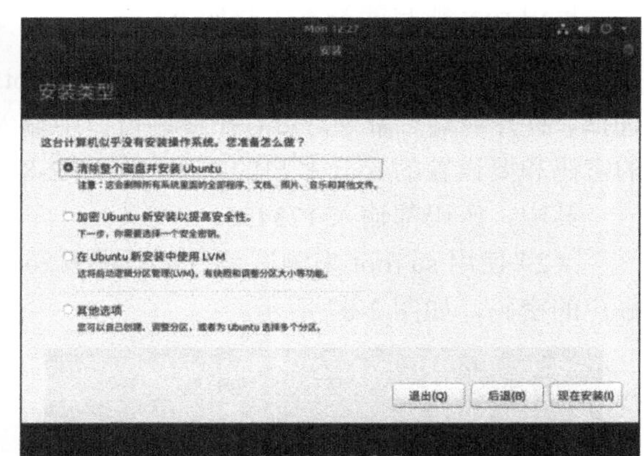

图 2-82

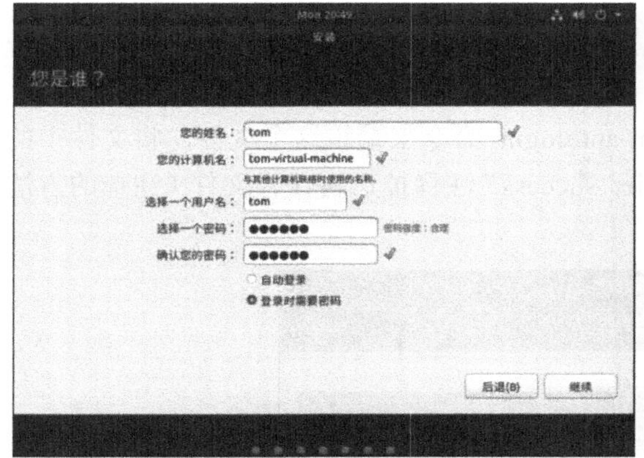

图 2-83

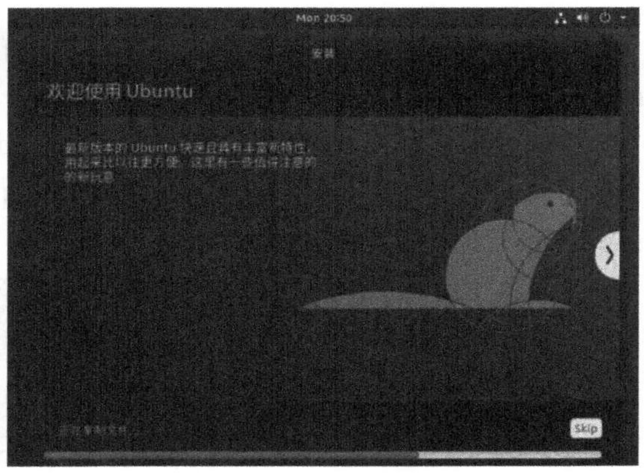

图 2-84

图 2-85

2. 启用 root 账户

刚安装好的 ubutun18 是不启用 root 账号的，这对我们以后操作会造成不少麻烦，因为有权限的问题。对于学习者自己的本机系统而言，完全可以使用 root 账户登录并操作系统。

启用 root 账户的基本步骤如下：

（1）使用命令 sudo passwd root 设置 root 的密码。在桌面上右击，在弹出的快捷菜单中选择“打开终端”命令，然后在终端窗口中输入命令“sudo passwd root”，接着输入 tom 账户的密码和要设置的 root 账户的密码，如图 2-86 所示。

其中，密码都输入 123456。

（2）使用 su root 来测试是否可以进入 root 账户，如果出现#，则说明已经成功设置好 root 账户的密码，如图 2-87 所示。

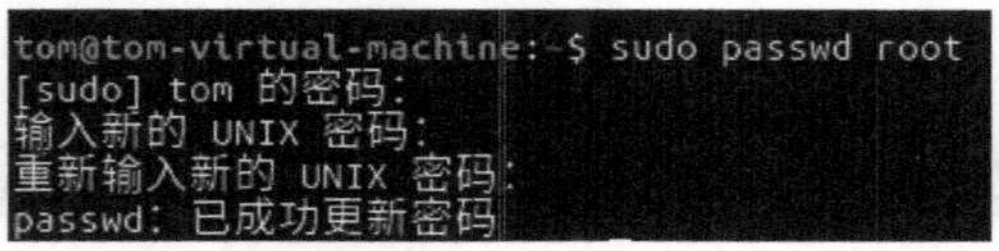

```
tom@tom-virtual-machine:~$ sudo passwd root
[sudo] tom 的密码:
输入新的 UNIX 密码:
重新输入新的 UNIX 密码:
passwd: 已成功更新密码
```

图 2-86

```
tom@tom-virtual-machine:~$ su root
密码:
root@tom-virtual-machine:/home/tom#
```

图 2-87

其中，密码输入 123456，这个密码是我们上一步为 root 账户设置的密码。现在我们处于 root 权限下，可以修改一些文件了。

（3）进入/etc/pam.d/目录，使用 gedit gdm-autologin 命令来编辑这个文件，将文件中的“auth required pam_succeed_if.so user != root quiet_success”注释掉后再保存文件（注释的方法是在该行开头添加#），如图 2-88 所示。

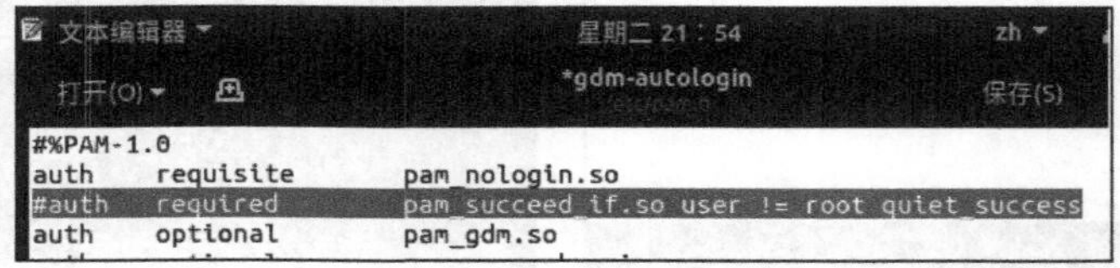

图 2-88

用同样的方法编辑文件/etc/pam.d/gdm-autologin，将这个文件中的“auth required pam_succeed_if.so user != root quiet_success”注释掉后再保存文件，如图 2-89 所示。

图 2-89

（4）编辑文件/root/.profile，将这个文件的最后一行修改为“tty -s && mesg n || true”，也就是在 mesg 前面添加“tty -s &&”。然后保存文件退出编辑器，如图 2-90 所示。

（5）在终端窗口输入 reboot 命令重启系统。

（6）重启进入系统后，出现的登录界面如图 2-91 所示。

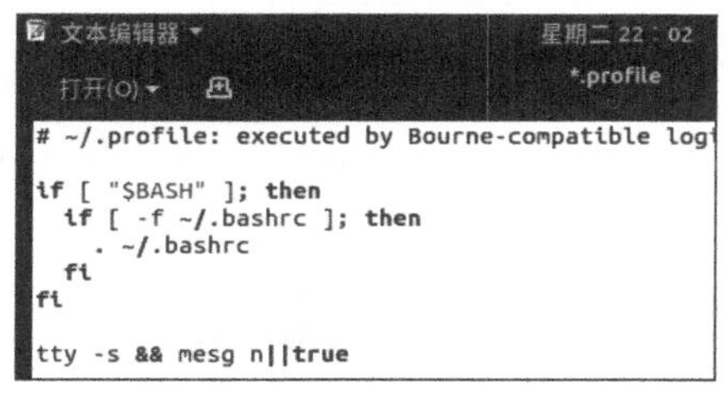

图 2-90

图 2-91

单击“未列出”，然后在出现的用户名中输入 root，并单击“下一步”按钮，如图 2-92 所示。再输入密码 123456，就可以进入系统了。然后打开一个终端，可以看到命令提示符是#，并且@前面是 root，如图 2-93 所示。

图 2-92

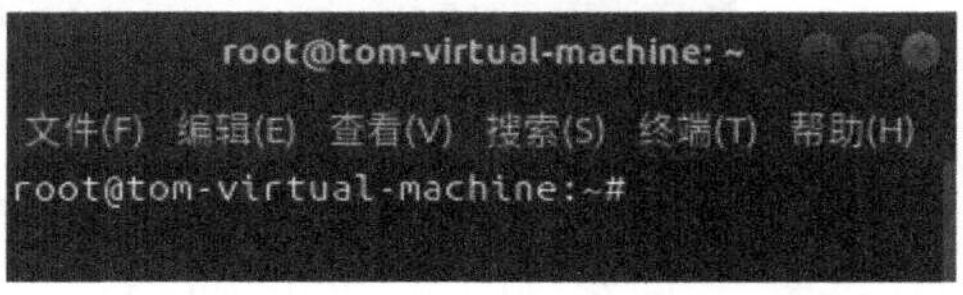

图 2-93

3. 安装 VMware Tools

VMware Tools 是 VMware workstation 软件的一个小工具，安装了这个小工具后，可以方便宿主机和虚拟机之间的信息交互，比如相互复制粘贴数据、相互拖放文件。建议把这个工具安装在 root 账户下。

图 2-94

在 VMware 中，依次单击菜单选项“虚拟机→安装 VMware tools”，1 秒后虚拟机 Ubuntu 桌面上会出现一个光驱的图标，如图 2-94 所示。

右击这个图标打开它，把该虚拟光盘里的“VMwareTools10.1.6-5214329.tar.gz”复制到主目录中（直接拖放到“主目录”中即可），如图 2-95 所示。

图 2-95

进入主目录，在空白处右击，启动终端程序，在终端窗口中输入 tar 解压缩命令进行文件的解压缩，如图 2-96 所示。

```
tar xzvf VMwareTools-10.1.6-5214329.tar.gz
```

图 2-96

进入目录 vmware-tools-distrib，并执行脚本文件 vmware-install.pl 就开始安装了，如图 2-97 所示。

```
root@tom-virtual-machine:~# cd vmware-tools-distrib/
root@tom-virtual-machine:~/vmware-tools-distrib# ls
bin  caf  doc  etc  FILES  INSTALL  installer  lib  vgauth  vmware-install.pl
root@tom-virtual-machine:~/vmware-tools-distrib# ./vmware-install.pl
```

图 2-97

安装过程会询问一些问题，在第一个问题处输入“yes”，其他保持默认设置，按回车键即可。当出现“what is the location of the "ifconfig" program on your machine?”时直接输入“yes”，再按回车键。当出现如图 2-98 所示的提示信息时就表示安装成功了。

图 2-98

此时重启系统，复制一个 Windows 下的文件，再粘贴到虚拟机 Ubuntu 中，发现可以粘贴进去就表示安装和设置成功了。

4. 调整分辨率

刚安装完的虚拟机 Ubuntu 的分辨率默认只有 800×600，这使得虚拟机的窗口很小。我们需要调整分辨率。

在桌面上右击，在弹出的快捷菜单中选择“更换背景”命令，弹出来的窗口就会最大化，此时很不好操作，因此双击窗口的标题栏，让窗口处于非最大化状态，然后在左边打开下拉列表，选择“设备”选项，就可以看到“分辨率”，如图 2-99 所示。

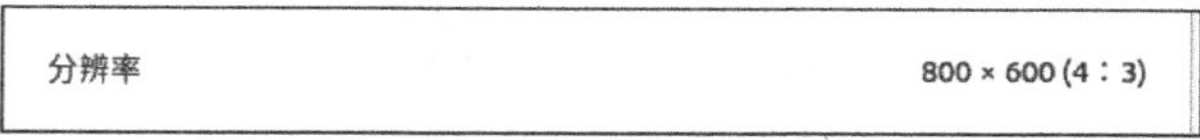

图 2-99

我们可以根据自己的显示器设置一个合适的分辨率。单击“800×600（4:3）”，此时会弹出来竖条窗口，上面有一个滑动按钮，用鼠标控制滑到合适的分辨率，然后单击右上方的“应用”按钮。笔者选择的是“1440×900”分辨率。

5. 设置禁止锁屏

如果用户在 5 分钟内没有任何操作，刚安装完的 Ubuntu 18.04 将恢复到登录界面，这个过程叫锁屏。此时要进入系统就要再次输入账户和密码，非常烦琐。对于学习开发而言，为了避免这种烦琐的反复登录，我们可以设置禁止锁屏。具体的设置步骤如下：

（1）打开设置。单击在桌面右上角的向下箭头，这个小箭头比较小，它位于关机按钮右边，如图 2-100 所示。

此时会出现一个下拉窗口，单击左下方的扳手图标，如图 2-101 所示。

图 2-100　　　图 2-101

随后将出现设置窗口。注意，该窗口出现时将自动显示上一次关闭该窗口时的子页面，如果是子页面，我们要先回到设置的主页面，可以单击左上角的后退按钮，以确保看到左上角有“设置”二字，这就说明是设置窗口的主页面了，如图 2-102 所示。

（2）选择电源，设置“从不”。在设置窗口的左边列表中选择“电源”，然后在右边“节电”的“空白屏幕（B）”中选择“从不”，如图 2-103 所示，这样就不会自动锁屏了。

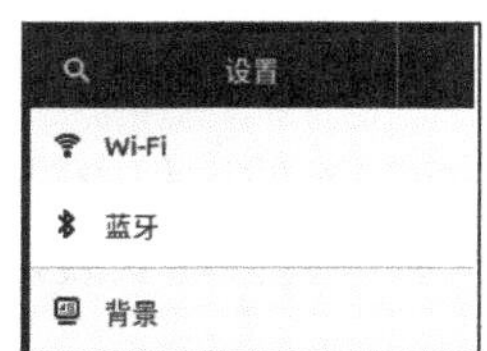

图 2-102　　　图 2-103

当然也可以设置一个较长的时间，这样比较平衡，既能省电又不会频繁锁屏，毕竟默认的 5 分钟相对而言有点太短了。

最后关闭设置窗口。

2.2.2　下载 Qt 5.12.2

基本的安装和设置已经完成了，下面可以让 Qt 正式登场了。在编写本书的时候，Qt 的最新版本是 5.12.2。可以到以下两个地址下载 Qt 5.12.2：

https://download.qt.io/archive/qt/

http://download.qt-project.org/official_releases/qt/5.12/5.12.2/

进到网页后选中 qt-opensource-linux-x64-5.12.2.run，然后开始下载，大概有 1.36GB，稍等片刻即可下载完成，下载下来的文件是 qt-opensource-linux-x64-5.12.2.run。

如果下载下来的文件存放到 Windows 中，下一步还需要把它存放到虚拟机 Ubuntu 中去。在虚拟机的桌面上，单击左边工具栏第三个按钮来打开文件资源管理器，如图 2-104 所示。

在新出现的文件资源管理器窗口中单击左边的“主目录”，然后单击右上角查询图标旁的排列图标，如图 2-105 所示。

这样操作主要是可以在窗口中留出更多空白区域以方便我们新建文件夹。在空白处新建文件夹，并将这个文件夹命名为 soft，然后用鼠标双击之，进入这个文件夹，然后把前面下载到 Windows 下的 qt-opensource-linux-x64-5.12.2.run 文件复制并粘贴到该文件夹中。注意，粘贴进度条即使消失了，也要稍等一会才能真正完成粘贴操作。操作一切正常的话，选中该文件后，它的右下角会显示出 1.5GB，如图 2-106 所示。

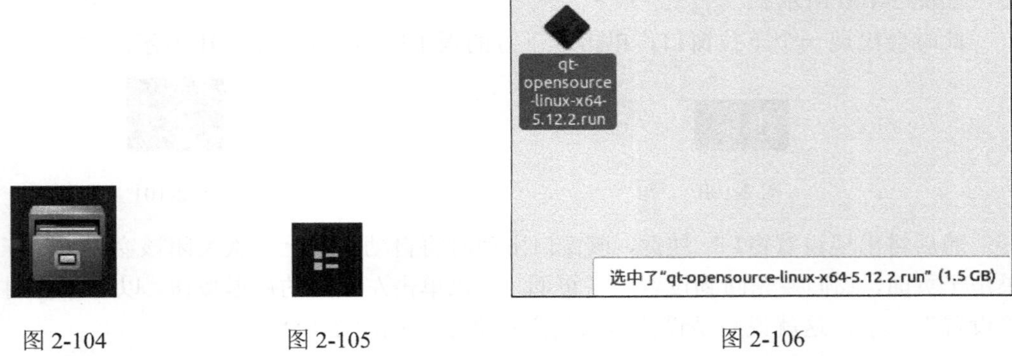

图 2-104　　图 2-105　　图 2-106

这样，下载下来的 Qt 安装包就复制粘贴到虚拟机 Ubuntu 中了。

2.2.3 下载安装依赖包

在安装前，我们先要联网安装一些依赖性软件包，免得安装 Qt 的过程中提示这个找不到那个找不到。在终端窗口中，依次输入如下命令，每个命令输入后都会自动安装，如果有询问，就采用默认值。

```
apt-get install build-essential
apt-get install build-essential
apt-get install libqt4dev
apt-get install g++
apt-get install libx11-dev libxext-dev libxtst-dev
apt-get install xlibmesa-gl-dev libglu1-mesa-dev
```

2.2.4 安装 Qt

依赖包安装完毕后，就可以开始安装 Qt 了。打开终端窗口，进入到/root/soft 下，然后为文件 qt-opensource-linux-x64-5.12.2.run 添加执行权限：

```
[root@localhost soft]#chmod +x qt-opensource-linux-x86-5.4.1.run
```

添加执行权限后，就可以开始安装 Qt 5.12 了。继续运行命令：

```
[root@localhost soft]# ./qt-opensource-linux-x64-5.12.2.run
```

然后就会出现安装向导窗口，如图 2-107 所示。

单击 Next 按钮，在下一个界面上选中 I accept the service terms，然后单击 Skip 按钮，再单击“下一步”按钮，进入“安装文件夹”界面，保持默认设置，安装到/opt/Qt5.12.2 路径下，如图 2-108 所示。

然后单击 Next 按钮，出现“选择组件”界面，选中“Qt 5.12.2”，如图 2-109 所示。其中，第二项 Developer and Designer Tools 主要是安装 Qt Creator 这个集成开发软件。

再单击“下一步”按钮，出现协议界面，选中下方的第一个选项，如图 2-110 所示。

再单击“下一步”按钮，出现“已做好安装准备”对话框，单击“安装”按钮，就开始漫长的安装，等安装完成，单击“完成”按钮退出即可。

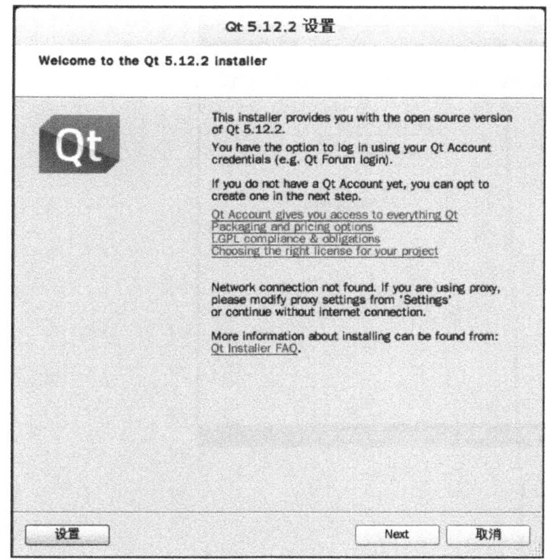

图 2-107

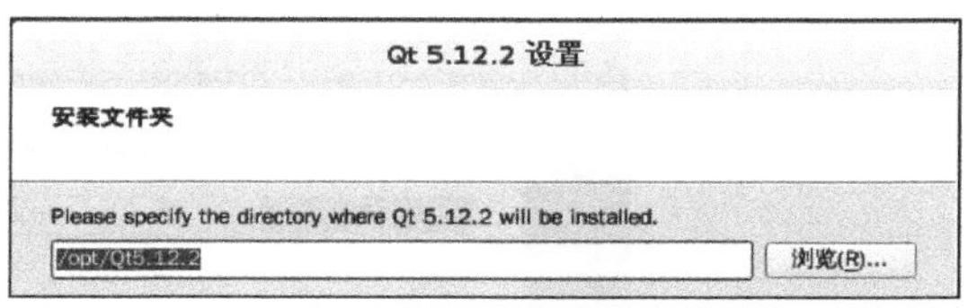

图 2-108

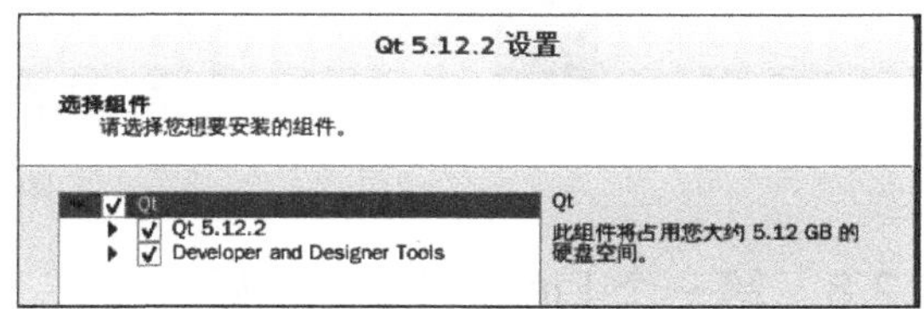

图 2-109

I have read and agree to the terms contained in the license agreements.

图 2-110

2.2.5　配置环境变量

在终端中执行命令“gedit /etc/bash.bashrc”，然后在文件末尾添加如下内容：

```
export QTDIR=/opt/Qt5.12.2/5.12.2/gcc_64
export PATH=$QTDIR/bin:/opt/Qt5.12.2/Tools/Qt Creator/bin:$PATH
export LD_LIBRARY_PATH=$QTDIR/lib:$LD_LIBRARY_PATH
```

然后保存、关闭 gedit 软件。保存之后需要在终端命令行中执行 source 命令（source/etc/profile）使环境变量生效。

设置了环境变量后，在终端窗口中输入Qt Creator就可以启动Qt Creator这个开发软件了，而不用进入/opt/Qt5.12.2/Tools/Qt Creator/bin 目录后执行命令./Qt Creator。

2.2.6 验证是否安装成功

在终端窗口中执行命令“qmake –version”，如果出现如下信息就表示安装成功：

```
QMake version 3.1
Using Qt version 5.12.2 in /opt/Qt5.12.2/5.12.2/gcc_64/lib
```

2.2.7 启动 Qt Creator

在 Linux 下开发 Qt 程序，集成开发工具基本上就是 Qt Creator。打开终端窗口，然后输入命令“Qt Creator”，稍等一会就会出现主窗口，如图 2-111 所示。

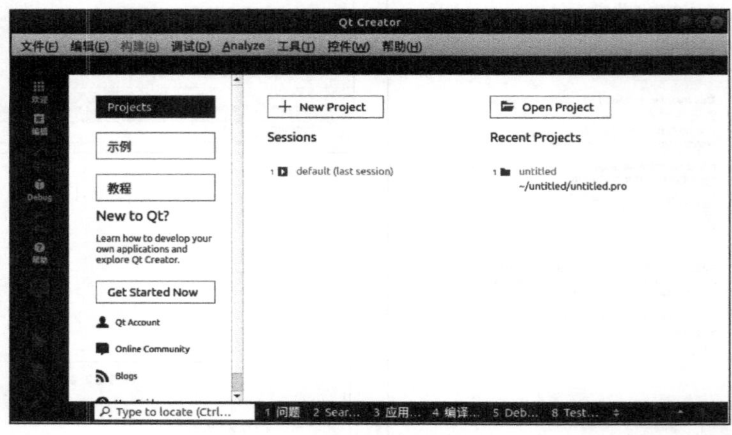

图 2-111

2.2.8 第一个 Linux 下的 Qt 程序

相信大家到这会儿有点激动了，迫不及待地要新建项目文件。我们在前面已经介绍过新建项目的过程，这里不再赘述。不过，第一次运行项目不会那么顺利，我们先来看下面的例子。

【例 2.10】 Linux 下的第一个 Qt 程序

（1）在虚拟机 Ubuntu 的终端窗口中输入命令“Qt Creator”来启动 Qt Creator。在 Qt Creator 主界面上，依次单击主菜单的菜单选项“文件→新建文件或项目”，随后显示出 New File or Project 对话框，在该对话框上选中 Qt Widgets Application 选项，如图 2-112 所示。

然后单击右下角的“Choose...”按钮，出现“项目介绍和位置”设置界面，输入名称 test，保持默认路径，如图 2-113 所示。

如果要更改路径，则要确保所选择的目标目录已经存在。这一点是 Qt Creator 不如 VC 的地方。（Qt Creator 居然不会自动新建目录！）

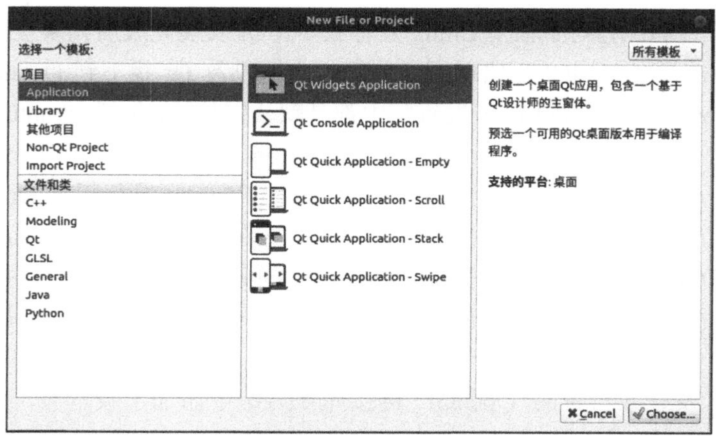

图 2-112

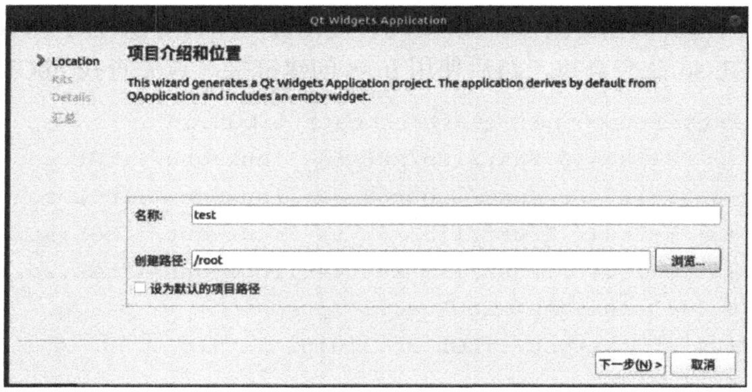

图 2-113

后面一直单击“下一步”按钮即可，直到最后单击“完成”按钮，如图 2-114 所示。

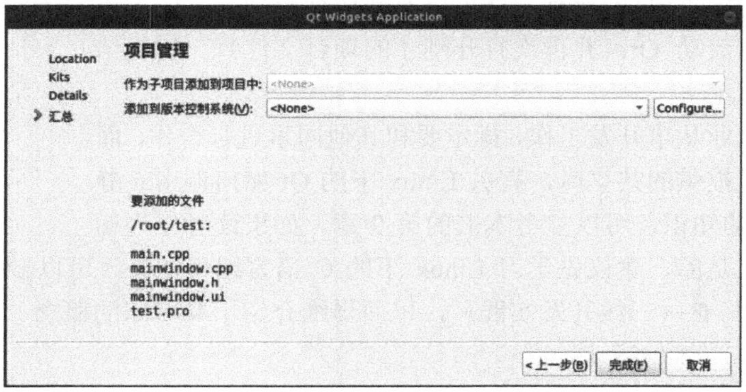

图 2-114

这样一个 MainWindow 程序框架就建立起来了。

（2）按快捷键 Ctrl+R 运行项目，此时发现问题，报错，如图 2-115 所示。

图 2-115

这个问题具有普遍性！对于很多 Linux 发行版本，Qt 安装完成后如果直接编译或者运行项目，就会出现“cannot find -lGL”错误提示信息，这是因为 Qt 找不到 OpenGL 的动态链接库（libGL.so）。OpenGL 在大部分 Linux 发行版中都是默认安装的，包括 Ubuntu、CentOS 等 Linux 发行版，找不到时一般都是路径不对。

Qt 默认在/usr/lib/目录下查找动态链接库，但是很多 Linux 发行版将 OpenGL 链接库存放在其他目录。例如，笔者使用的是 CentOS 7，它的 OpenGL 链接库位于/usr/lib64/目录；而对于 Ubuntu，它的 OpenGL 链接库位于/usr/lib/i386-linux-gnu/mesa/目录。只要把 libGL.so 复制到/usr/lib/目录，或者在/usr/lib/目录下为 libGL.so 创建一个链接，就能解决问题。显然第二种办法更好。

另外，Linux 发行版自带的 OpenGL 链接库在后缀中添加了版本号，例如 libGL.so.1、libGL.so.1.2.0、libGL.so.1.3.1 等，但是 Qt 在链接阶段查找的 OpenGL 链接库是不带版本号的。

总而言之，我们需要在/usr/lib/目录下为 OpenGL 链接库创建一个链接，并去掉版本号。

如果不知道当前 Linux 系统中 libGL.so 的具体路径，那么可以使用 locate libGL.so 命令或 find /usr -name libGL.so 命令查找，然后使用 ln -s 创建链接。首先查找 libGL.so：

```
 root@tom-virtual-machine:~/soft# locate libGL.so
/snap/gnome-3-28-1804/67/usr/lib/x86_64-linux-gnu/libGL.so.1
/snap/gnome-3-28-1804/67/usr/lib/x86_64-linux-gnu/libGL.so.1.0.0
/snap/gnome-3-28-1804/71/usr/lib/x86_64-linux-gnu/libGL.so.1
/snap/gnome-3-28-1804/71/usr/lib/x86_64-linux-gnu/libGL.so.1.0.0
/usr/lib/x86_64-linux-gnu/libGL.so.1
/usr/lib/x86_64-linux-gnu/libGL.so.1.0.0
```

把最后一个链接到/usr/lib/libGL.so：

```
ln -s /usr/lib/x86_64-linux-gnu/libGL.so.1 /usr/lib/libGL.so
```

此后，按快捷键 Ctrl+R 运行，就可以发现运行成功了（如果还不行，就尝试重新启动 Qt，并再次打开刚才的项目文件）。运行结果如图 2-116 所示。

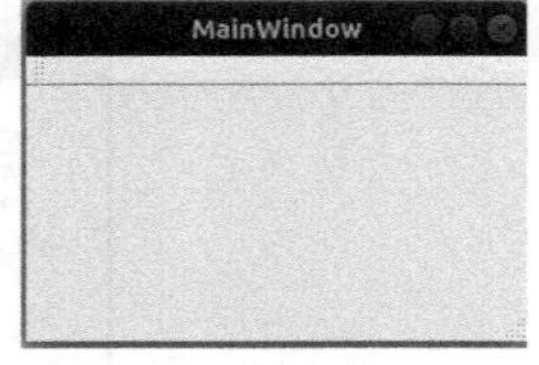

图 2-116

如果在一线企业从事开发工作，肯定要和其他同事进行合作，而且需要调用其他人提供的共享库，有关 Linux 下的 Qt 如何调用.a 静态库和.so 共享库的知识，可以参考本书的第 9 章。如果读者作为初学者而不知道什么是库，建议先学习 Linux 下的 C 语言编程知识（可以参考清华大学出版社出版的《Linux C 与 C++一线开发实践》，里面详细介绍了共享库的概念、创建和使用）。

2.2.9 做个快照

前面我们把 Linux 下的 Qt 环境搭建起来了，为了保持劳动成果，可以用 VMware 软件做个快照，一旦系统出现故障，就可以恢复到做快照时的状态，建议养成这样一个良好的习惯。

2.3　Qt Creator 的一些小技巧

2.3.1　添加删除行的快捷键

我们在 VC 中经常使用快捷键 Ctrl+L（不区分字母大小写）来删除某一行，非常方便。如果想在 Qt Creator 中也使用 Ctrl+L 来删除某行，可以先进行设置。启动 Qt Creator，依次单击主菜单的菜单选项“工具→选项”，然后在“选项”对话框的左边选择“环境”，在右边选择“键盘”，然后在“Keyboard Shortcuts”下的编辑框中输入 delete，此时将自动搜索到 DeleteLine，如图 2-117 所示。

单击 DeleteLine，然后单击下方的 Record 按钮，此时可以开始录制用户要设置的快捷键，同时按下 Ctrl+L 组合键，然后单击 Stop Recording 按钮来停止记录。随后 Ctrl+L 将出现在 Key Sequence 旁边的编辑框中，不过下方会出现一行红字，提示和跳转行的快捷键冲突了，我们把跳转行的快捷键改为 Ctrl+G 即可。最后单击 Apply 按钮，删除行的快捷键就设置完毕了。

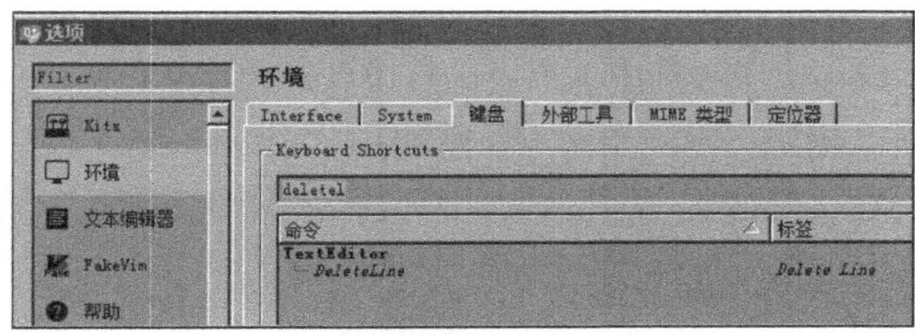

图 2-117

2.3.2　改变编辑器的颜色

默认情况下，编辑器的背景色是白的，使用时间久了很刺眼。我们可以通过改变颜色来缓解。启动 Qt Creator 4.8.2，依次单击主菜单的菜单选项“工具→选项”，在“选项”对话框的左边选择“文本编辑器”，如图 2-118 所示。

图 2-118

Qt 4.7 也类似，依次单击主菜单的菜单选项“工具→选项”，在“选项”对话框的左边选择“文本编辑器”，在右边设置字体和颜色，如图 2-119 所示。

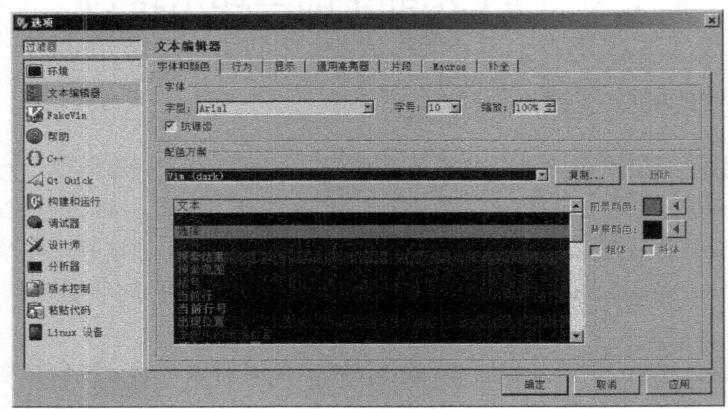

图 2-119

2.3.3 设置默认的构建套件

打开“选项”对话框，在左边选中 Kits，在右边设置构建套件（Kit），如图 2-120 所示。然后单击“设置为默认”按钮，最后单击 OK 按钮。

图 2-120

第 3 章

Qt编程基础

Qt（发音为“cute”，而不是“cu tee”）是一个跨平台框架，通常用作图形工具包，不过它在创建命令行（CLI）应用程序方面非常出色。它可以运行在 3 个主要的桌面操作系统（Windows、Linux 和 Mac）以及移动设备操作系统（如 Symbian、Android 和 iOS 等）上。

Qt 5 与 Qt 4 最大的区别之一是底层架构修改了。Qt 5 引入了模块化的概念，将众多功能细分到几个模块之中。Qt 4 也有模块的概念，不过是一种很粗略的划分，而 Qt 5 则更加细化。这里对 Qt5 的模块做一个简单的介绍，以便于大家根据需要的功能找到正确的模块。

Qt 5 模块分为 Essentials Modules 和 Add-on Modules 两部分。前者是基础模块，在所有平台上都可用；后者是扩展模块，建立在基础模块的基础之上，在能够运行 Qt 的平台之上可以酌情引入。

Qt 基础模块分为以下几个：

（1）Qt Core，提供核心的非 GUI 功能，所有模块都需要这个模块。这个模块的类包括动画框架、定时器、各个容器类、时间日期类、事件、IO、JSON、插件机制、智能指针、图形（矩形、路径等）、线程、XML 等。所有这些类都可以通过#include <QtCore>头文件来引入。

（2）Qt GUI，提供 GUI 程序的基本功能，包括与窗口系统的集成、事件处理、OpenGL 和 OpenGL ES 集成、2D 图像、字体、拖放等。这些类一般由 Qt 用户界面类在内部使用，当然也可以用于访问底层的 OpenGL ES 图像 API。Qt GUI 模块提供的是所有图形用户界面程序都需要的通用功能。

（3）Qt Multimedia，提供视频、音频、收音机以及摄像头等功能。这些类可以通过#include <QtMultimedia>引入，需要在 pro 文件中添加 QT += multimedia。

（4）Qt Network，提供跨平台的网络功能。这些类可以通过#include <QtNetwork>引入，需要在 pro 文件中添加 QT += network。

（5）Qt QML，提供了供 QML（一种脚本语言，也提供了 JavaScript 的交互机制）使用的 C++ API。这些类可以通过#include <QtQml>引入，需要在 pro 文件中添加 QT += qml。

（6）Qt Quick，允许在 Qt/C++程序中嵌入 Qt Quick（一种基于 Qt 的高度动画的用户界面，适合于移动平台开发）。这些类可以通过#include <QQuickView>引入，需要在 pro 文件中添加 QT += quick。

（7）Qt SQL，允许使用 SQL 访问数据库。这些类可以通过#include <QtSql>引入，需要在 pro 文件中添加 QT += sql。

（8）Qt Test，提供 Qt 程序的单元测试功能。这些类可以通过#include <QtTest>引入，需要在 pro 文件中添加 QT += testlib。

（9）Qt WebKit，基于 WebKit2 的实现以及一套全新的 QML API（顺便说一下，Qt 4.8 附带的是 Qt WebKit 2.2）。

Qt 扩展模块分为以下几个：

（1）Qt 3D，提供声明式语法，在 Qt 程序中可以简单地嵌入 3D 图像。Qt 3D 为 Qt Quick 添加了 3D 内容渲染。Qt 3D 提供了 QML 和 C++两套 API，用于开发 3D 程序。

（2）Qt Bluetooth，提供用于访问蓝牙无线设备的 C++和 QML API。

（3）Qt Contacts，用于访问地址簿或者联系人数据库的 C++和 QML API。

（4）Qt Concurrent，封装了底层线程技术的类库，方便开发多线程程序。

（5）Qt D-Bus，这是一个仅供 UNIX 平台使用的类库，用于利用 D-Bus 协议进行进程间交互。

（6）Qt Graphical Effects，提供了一系列用于实现图像特效的类，比如模糊、锐化等。

（7）Qt Image Formats，支持图片格式的一系列插件，包括 TIFF、MNG、TGA 和 WBMP。

（8）Qt JS Backend，没有公开的 API，从 V8 JavaScript 引擎移植而来。这个模块仅供 QtQml 模块内部使用。

（9）Qt Location，提供定位机制、地图和导航技术、位置搜索等功能的 QML 和 C++ API。

（10）Qt OpenGL，方便在 Qt 应用程序中使用 OpenGL。该模块仅仅为了便于程序从 Qt 4 移植到 Qt 5 才保留下来，如果需要在新的 Qt 5 程序中使用 OpenGL 相关技术，需要使用 Qt GUI 模块中的 QOpenGL。

（11）Qt Organizer，使用 QML 和 C++ API 访问组织事件（Organizer Event）。Organizer API 是 Personal Information Management API 的一部分，用于访问 Calendar 信息。通过 Organizer API 可以实现从日历数据库访问日历时间、导入 iCalendar 事件或者将自己的事件导出到 iCalendar。

（12）Qt Print Support，提供了对打印功能的支持。

（13）Qt Publish and Subscribe，为应用程序提供了对项目值的读取、导航、订阅等功能。

（14）Qt Quick，从 Qt 4 移植过来的 QtDeclarative 模块，用于提供与 Qt 4 的兼容。如果需要开发新的程序，需要使用 Qt Quick 模块。

（15）Qt Script，提供脚本化机制。这也是为了提供与 Qt 4 的兼容性，如果要使用脚本化支持，请使用 QtQml 模块的 QJS*类。

（16）Qt Script Tools，为使用 Qt Script 模块的应用程序提供的额外组件。

（17）Qt Sensors，提供访问各类传感器的 QML 和 C++接口。

（18）Qt Service Framework，提供客户端发现其他设备的服务。Qt Service Framework 为在不同平台上发现、实现和访问服务定义了一套统一的机制。

（19）Qt SVG，提供渲染和创建 SVG 文件的功能。

（20）Qt System Info，提供的一套 API，用于发现系统相关的信息，比如电池使用量、锁屏、硬件特性等。

（21）Qt Tools，提供了方便 Qt 开发的工具，包括 Qt CLucene、Qt Designer、Qt Help 以及 Qt UI Tools。

（22）Qt Versit，提供了对 Versit API 的支持。Versit API 是 Personal Information Management API 的一部分，用于 QContacts 和 vCard 以及 QOrganizerItems 和 iCalendar 之间的相互转换。

（23）Qt Wayland，仅用于 Linux 平台，用于替代 QWS，包括 Qt Compositor API（Server）和 Wayland 平台插件（Client）。

这里需要强调一点，由于 Qt 的扩展模块并不是 Qt 必须安装的部分，因此 Qt 在未来版本中可能会提供更多的扩展模块。

Qt 俨然使得 C++具有抗衡 Java 的能力。本章并不涉及 Qt 界面设计的具体内容，而是注重介绍 Qt 编程的通用基础知识，而这些知识在以后使用 Qt 的时候经常会碰到。

3.1　Qt 基本数据类型

Qt 基本数据类型定义在#include <QtGlobal>中，如表 3-1 所示。

表 3-1　Qt 基本数据类型

类型名称	说　明	备　注
qint8	signed char	有符号 8 位整数
qint16	signed short	有符号 16 位整数类型
qint32	signed short	有符号 32 位整数类型
qptrdiff	qint32 或 qint64	根据系统类型不同而不同，32 位系统为 qint32，64 位系统为 qint64
qreal	double 或 float	除非配置了-qreal float 选项，否则默认为 double
quint8	unsigned char	无符号 8 位整数类型
quint16	unsigned short	无符号 16 位整数类型
quint32	unsigned int	无符号 32 位整数类型
quint64	unsigned long long int 或 unsigned __int64	无符号 64 位整数类型，Windows 中定义为 unsigned __int64
quintptr	quint32 或 quint64	根据系统类型不同而不同，32 位系统为 quint32，64 位系统为 quint64
qulonglong	unsigned long long int 或 unsigned __int64	Windows 中定义为 unsigned __int64
uchar	unsigned char	无符号字符类型
uint	unsigned int	无符号整数类型
ulong	unsigned long	无符号长整数类型
ushort	unsigned short	无符号短整数类型

我们分别挑几个类型来使用一下，并看看它们占用多少字节。

【例 3.1】 查看各个数据类型

（1）打开 Qt Creator 4.8.2，新建一个控制台项目，项目名为 test。

（2）在 main.cpp 中输入如下代码：

```
#include <QCoreApplication>
#include <QtGlobal>

int main(int argc, char *argv[])
{
    qint8 m;
    QCoreApplication a(argc, argv);
    printf("sizeof(uchar)=%d B\n",sizeof(uchar));
    printf("sizeof(qint8)=%d B\n",sizeof(m));
    printf("sizeof(quint8)=%d B\n",sizeof(quint8));
    printf("sizeof(ushort)=%d B\n",sizeof(ushort));
    printf("sizeof(qint16)=%d B\n",sizeof(qint16));
    printf("sizeof(qint32)=%d B\n",sizeof(qint32));
    printf("sizeof(quint32)=%d B\n",sizeof(quint32));
    printf("sizeof(ulong)=%d B\n",sizeof(ulong));
    printf("sizeof(qulonglong)=%d B\n",sizeof(qulonglong));

    return a.exec();
}
```

其中，B 表示字节（Byte）的意思。

（3）按 Ctrl+R 快捷键运行项目，结果如图 3-1 所示。

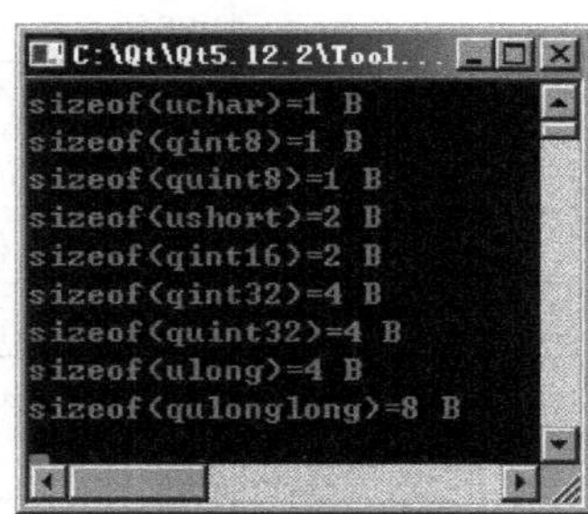

图 3-1

3.2 字节数组类 QByteArray

字节数组类 QByteArray 提供一个字节数组，用于存储原始字节。使用 QByteArray 类比使用 char *更方便。该类在串口通信中经常被使用，因为串口通信数据都是一个一个的 8 位字节流。

3.2.1　初始化

通常有两种方法可以初始化 QByteArray 类的对象。

第一种方法是通过 const char *将其传递给构造函数。例如，以下代码创建一个大小为 5 个字节的字节数组，数据为“Hello”：

```
QByteArray ba("Hello");
```

虽然我们定义了 5 个字节长度的字节数组对象，索引范围从 0 到 4，但是系统自动会在字节数组对象结尾添加一个'\0'字符，这是为了某些场合使用方便。所以，我们在索引 5 的位置可以得到字符数据'\0'，比如：

```
    QByteArray ba1("Hello");
    if('\0'==ba1[5])
       printf("ba1[5]=\'\\0\'\n");    //这行会输出
```

第二种方法是使用 resize()设置数组的大小，并初始化每个数组元素。

```
QByteArray ba;
ba.resize(6);
ba[0] = 0x3c;
ba[1] = 0xb8;
ba[2] = 0x64;
ba[3] = 0x18;
ba[4] = 0xca;
```

QByteArray 类使用从 0 开始的索引值，就像 C++数组一样。在调用 resize()后，新分配的字节具有未定义的值。要将所有字节设置为特定值，可以调用 fill()函数，该函数的原型声明如下：

```
QByteArray &QByteArray::fill(char ch, int size = -1)
```

其中，参数 ch 是要给字节数组设置的字符；size 如果不是-1，就表示重新要为字节数组开辟的空间大小。比如：

```
QByteArray ba("Istambul");
ba.fill('o');
// ba == "oooooooo"
ba.fill('X', 2);
// ba == "XX"
```

第一次调用 fill()函数后，ba 所有空间的内容都是字符 o 了；第二次调用 fill()函数后，因为 fill()函数的第二个参数 size 是 2，所以会重新调整 ba 的空间大小，变为 2 个字节，而且内容重新设置为"XX"。

3.2.2 访问某个元素

访问 QByteArray 类对象中的某个元素主要有 4 种方式，分别为[]、at()、data[]和 constData[]。其中，[]和 data[]方式为可读可写，at()和 constData[]方式仅为可读。如果只是进行读操作，则通过 at()和 constData[]方式的访问速度最快，因为避免了复制处理。

at()可以比 operator []()更快，就是因为前者不会发生深层复制。

【例 3.2】 访问 QByteArray 类对象中的单个数据

（1）启动 Qt Creator 4.8.2，新建一个控制台项目，项目名为 test。

（2）在 main.cpp 中输入如下代码：

```
#include <QCoreApplication>
#include <qDebug>
int main(int argc, char *argv[])
{
    QCoreApplication a(argc, argv);
    QByteArray ba1("Hello");
    if('\0'==ba1[5])
        printf("ba1[5]=\'\\0\'\n");

    QByteArray ba;
    ba.resize(6);
    ba[0] = 0x3c;
    ba[1] = 0xb8;
    ba[2] = 0x64;
    ba[3] = 0x18;
    ba[4] = 0xca;
    ba.data()[5] = 0x31;
    qDebug()<<"[]"<<ba[2]; //[] d
    qDebug()<<"at()"<<ba.at(2); //at() d
    qDebug()<<"data()"<<ba.data()[2]; //data() d
    qDebug()<<"constData()"<<ba.constData()[2]; //constData() d
    qDebug()<<"constData()"<<ba.constData()[5]; //constData() 1

    return a.exec();
}
```

qDebug()会输出 ba[2]对应的字符，ASCII 码为 0x64 的字符是'd'。

（3）按 Ctrl+R 快捷键运行项目，结果如图 3-2 所示。

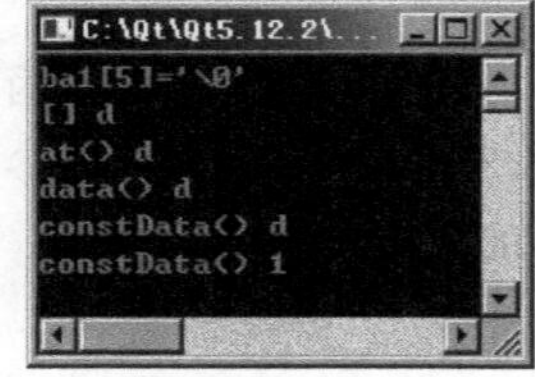

图 3-2

3.2.3 截取子字符串

要一次提取多个字节，可使用函数 left()、right()或 mid()。

（1）函数 left()返回从索引 0 位置开始、长度为 len 的子字节数组，该函数的原型声明如下：

```
QByteArray left(int len)
```

其中，参数 len 表示从数组左边开始要截取的字节数组的长度，如果 len 大于原来整个字节数组的长度，则返回整个字节数组。下列代码演示了函数 left()函数的使用：

```
QByteArray x("Pineapple");
QByteArray y = x.left(4);
// y == "Pine"
```

（2）函数 right()用来获取从字节数组最后一个字节数据开始，向前面截取 len 个字节并返回截取的子字节数组。该函数的原型声明如下：

```
QByteArray right(int len)
```

其中，参数 len 表示从右边开始要截取的子字节数组的长度，如果 len 大于原来整个字节数组的长度，则返回整个字节数组。下列代码演示了函数 right()函数的使用：

```
QByteArray x("Pineapple");
QByteArray y = x.right(5);
// y == "apple"
```

（3）函数 mid()返回从指定索引位置开始，向右边（即后面）长度为 len 的子字节数组。该函数的原型声明如下：

```
QByteArray mid(int pos, int len = -1)
```

其中，参数 pos 表示开始截取的索引，索引值从 0 开始；len 表示要截取的子字节数组的长度，如果 len 为-1（默认值）或 pos+len 大于原字节数组的长度，则返回从 pos 开始一直到右边剩下的全部字节数组。下列代码演示了函数 mid()函数的使用：

```
QByteArray x("Five pineapples");
QByteArray y = x.mid(5, 4);     // y == "pine"
QByteArray z = x.mid(5);        // z == "pineapples"
```

3.2.4 获取字节数组的大小

可以用成员函数 size、length 和 count 来获取字节数组的大小。除了名字不同，这 3 个函数是等同的，函数的原型声明如下：

```
int size();
int length();
int count();
```

这 3 个函数返回字节数组中的字节数。Size()函数的用法如下：

```
QByteArray ba("Hello");
int n = ba.size();          // n == 5
```

执行后，n 等于 5。可见，size()并不包含字符串末尾自动添加的'\0'。另外，如果以字符串形式初始化，中间有'\0'，则 size()不会统计'\0'及其后面的字符。

```
QByteArray ba2("He\0llo");
int n = ba2.size();          // n == 2
```

执行后，n 等于 2。通过 resize 分配空间，然后通过逐个赋值来进行初始化的话，中间某个字节数据是'\0'，并不会被 size()函数截断。比如：

```
    QByteArray ba3;
    ba3.resize(6);
    ba3[0] = 0x3c;
    ba3[1] = '\0';
    ba3[2] = 0x64;
    ba3[3] = 0x18;
    ba3[4] = 0xca;
    ba3.data()[5] = 0x31;
    n = ba3.size();  //n == 6
```

3.2.5 数据转换与处理

从串口读取到的 QByteArray 数据一般需要进行提取和解析，此时就需要将 QByteArray 数据转换为各种类型的数据。常用的转换包括：

（1）转为 Hex，用于显示十六进制，这点在调试时特别有用，因为大多 HEX 码是没有字符显示的，如 0x00、0x20 等。

（2）转为不同进制数值并显示，如二进制、八进制、十进制和十六进制等数值。

（3）转为整数类型、浮点类型等的数据类型。

（4）字母大小写进行转换。

（5）转为字符串类型。

1. Hex 转换（十六进制转换）

QByteArray 类的公有静态函数 QByteArray::fromHex 可以把十六进制编码的数据转换为字符（char）类型的数据，并存储到 QByteArray 类对象中。该函数的原型声明如下：

```
QByteArray fromHex(const QByteArray &hexEncoded)
```

其中，参数 hexEncoded 是十六进制编码的字节数组。由于该函数并不检查参数的有效性，因此遇到非十六进制数据则直接略过，然后继续处理剩余的数据。下列代码演示了 fromHex()函数的使用：

```
QByteArray text = QByteArray::fromHex("517420697320677265617421");
text.data();            // returns "Qt is great!"
```

字符 '5' 和 '1'为一组，转为十六进制数据 0x51，0x51 对应的十进制数据是 81，ASCII 码为 81 的字符是'Q'。

与 fromHex()相逆的函数是 toHex()，该函数将字节数组中十六进制的数值编码转化为字符，它的原型声明如下：

```
QByteArray toHex()
```

下列代码演示了 toHex()函数的使用：

```
QByteArray ba;
ba.resize(3);
ba[0] = 0x30;
ba[1] = 0x31;
ba[2] = 0x32;
qDebug() << ba.toHex(); //return "303132"
```

索引为 0 的字节数据为 0x30，直接转为两个字符'3'和'0'。

2. 数值转换与输出

尽管 QByteArray 类是一个集合，但也可以作为一个特殊形式的数值来用，其灵活的转换格式可大大方便各种格式数据转换与显示的需求，如显示二进制和十六进制、显示科学记数和指定小数位的数值。QByteArray 类的公有静态函数 number 可以完成这些功能。该函数可以将某个整数转为某种进制的字符数组，函数 number 的原型声明如下：

```
QByteArray number(int n, int base = 10)
```

其中，参数 n 是要转变的整数；base 是要进行转换的进制，进制取值范围为 2 到 36，即从二进制到三十六进制。该函数返回整数 n 对应的 base 进制的字符数组。下列代码演示了 number()函数的使用：

```
int n = 63;
qDebug()<<QByteArray::number(n);              // returns "63"
qDebug()<<QByteArray::number(n, 16);          // returns "3f"
qDebug()<<QByteArray::number(n, 16).toUpper(); // returns "3F"
qDebug()<<QByteArray::number(n, 2);           // returns "111111"
qDebug()<<QByteArray::number(n, 8);           // returns "77"
```

与此公有静态函数功能类似的公有函数是 setNum()，该函数也是将某个整数转为某种进制的字符数组，函数的原型声明如下：

```
QByteArray & setNum(int n, int base = 10)
```

其中，参数 n 是要转变的整数；base 是要进行转换的进制，进制取值范围为 2 到 36，即从二进制到三十六进制。该函数返回整数 n 对应的 base 进制的字符数组。下列代码演示了 setNum()函数的使用：

```
QByteArray ba;
int n = 63;
ba.setNum(n);              // ba == "63"
```

```
ba.setNum(n, 16);          // ba == "3f"
```

因为不是静态函数，所以要用对象来调用。此外，根据 setNum()函数第一个参数的类型，setNum()函数可以有多种版本，比如：

```
QByteArray &QByteArray::setNum(ushort n, int base = 10)
QByteArray &QByteArray::setNum(short n, int base = 10)
QByteArray &QByteArray::setNum(uint n, int base = 10)
QByteArray &QByteArray::setNum(qlonglong n, int base = 10)
```

用法类似，只是 n 的取值范围不同。

除了整数之外，还能把数值按指定格式和小数位转换输出，所调用的函数依旧是 number()，只不过参数形式变了：

```
QByteArray number(double n, char f = 'g', int prec = 6)
```

其中，参数 n 是要进行转换的实数；f 表示转换格式，取值如下：

- e：采用指数法表示实数，此时实数的格式如[-]9.9e[+|-]999。
- E：格式同 e，不过 E 要大写。
- f：普通小数表示法，此时格式如[-]9.9。
- g：使用 e 或 f 格式，第三个参数表示有效数字位的个数。
- G：使用 E 或 f 格式，第三个参数表示有效数字位的个数。

当参数 f 为'e'、'E'或'f '时，prec 表示十进制小数点后小数部分的位数；当 f 为'g'或'G'时，prec 表示有效数字位数的最大数目。注意，小数位要四舍五入。

【例 3.3】 实数转为字节数组

（1）启动 Qt Creator 4.8.2，新建一个控制台项目，项目名为 test。

（2）在 main.cpp 中输入如下代码：

```
#include <QCoreApplication>
#include <qDebug>

int main(int argc, char *argv[])
{
    QCoreApplication a(argc, argv);

    QByteArray ba1 = QByteArray::number(12345.6, 'E', 3);
    QByteArray ba2 = QByteArray::number(12345.6, 'e', 3);
    QByteArray ba3 = QByteArray::number(12345.6, 'f', 3);
    QByteArray ba4 = QByteArray::number(12345.6, 'g', 3);
    QByteArray ba5 = QByteArray::number(12345.6, 'G', 3);
    qDebug()<<ba1;
    qDebug()<<ba2;
    qDebug()<<ba3;
```

```
    qDebug()<<ba4;
    qDebug()<<ba5;

    return a.exec();
}
```

我们分别使用了 5 种格式将实数 12345.6 转换为字节数组，最后输出结果。

（3）按 Ctrl+R 快捷键运行项目，结果如图 3-3 所示。

图 3-3

3.2.6 字母大小写的转换

QByteArray 类对象若为带大小写字母的字符串，可调用函数 toUpper()和 toLower()实现字母大小写的转换。函数 toUpper()的原型声明如下：

```
QByteArray toUpper()
```

函数很简单，没有参数，直接返回转换成大写字母后的字节数组。在转换过程中，碰到已经是大写的字母就忽略。用法举例如下：

```
QByteArray x("Qt by THE QT COMPANY");
 QByteArray y = x.toUpper();
 // y == "QT BY THE QT COMPANY"
```

函数 toLower()也很简单，它的原型声明如下：

```
QByteArray toLower()
```

返回转换成小写字母后的字节数组。在转换过程中，碰到已经是小写的字母就忽略。用法举例如下：

```
 QByteArray x("Qt by THE QT COMPANY");
 QByteArray y = x.toLower();
 // y == "qt by the qt company"
```

除了字母大小写的转换，QByteArray 类还提供了判断是大写字母还是小写字母的成员函数 isUpper 和 isLower。其中，isLower()函数的原型声明如下：

```
bool isLower()
```

如果字节数组中只包含小写字母则返回 true，否则返回 false。

3.2.7 字符串数值转为各类数值

QByteArray 类对象的字符若都为数值，则可通过 to**函数（也称为方法）转为各种类型的数据，示例如下：

```
QByteArray strInt("1234");
bool ok0;
```

```
qDebug() << strInt.toInt();          // return 1234

// return 4660, 默认是把 strInt 的内容作为十六进制数的1234,因而对应的十进制数值为4660
qDebug() << strInt.toInt(&ok0,16);

QByteArray string("1234.56");
bool ok1;
qDebug() << string.toInt();                    // return 0, 小数均视为0
qDebug() << string.toInt(&ok1,16);             // return 0, 小数均视为0
qDebug() << string.toFloat();                  // return 1234.56
qDebug() << string.toDouble();                 // return 1234.56

QByteArray str("FF");
bool ok2;
qDebug() << str.toInt(&ok2, 16);      // return 255, ok2 == true
qDebug() << str.toInt(&ok2, 10);      // return 0, ok == false, 转为十进制失败
```

3.2.8　QByteArray 与 char*互转

成员函数 data 可以返回指向字节数组中存储数据的指针。该函数的原型声明如下：

```
char  *data();
```

该指针可用于访问和修改组成数组的元素。可以指定具体访问字节数组中的某一个，比如 ba.data()[0]表示访问第 0 个。

如果要把 char*转为 QString，可以直接作为参数传入 QByteArray 类的构造函数中：

```
char* pt;
QByteArray byte(str);
```

我们来看一个小例子。

【例 3.4】　返回 char*并打印内容。

（1）启动 Qt Creator 4.8.2，新建一个控制台项目，项目名为 test。

（2）在 test.cpp 中输入如下代码：

```
#include <QCoreApplication>
#include <iostream>
#include <QDebug>
using namespace std;
int main(int argc, char *argv[])
{
    QCoreApplication a(argc, argv);

    QByteArray ba("Hello world");
    char *data = ba.data(); //返回一个指向字节数组 ba 的指针，指向第一个字符
```

```
    qDebug() << ba.data();  //打印整个字符
    while (*data)
    {
        cout << "[" << *data << "], ";
        ++data;
    }

    return a.exec();
}
```

（3）按 Ctrl+R 快捷键运行项目，结果如图 3-4 所示。

图 3-4

3.2.9　QByteArray 与 std::string 互转

string 是 C++标准库中的字符串类型。QByteArray 类提供的成员函数 toStdString()可以将字节数组转为 string。该函数的原型声明如下：

```
std::string toStdString();
```

与该函数相反的函数是静态成员函数 fromStdString()，它将 string 数据转为字节数组，该函数的原型声明如下：

```
[static] QByteArray QByteArray::fromStdString(const std::string &str);
```

其中，参数 str 是要转换的 string 字符串。函数返回转换后的字节数组。注意，转换的是 str 的一份备份，转换过程并不会影响 str 本身的内容。

3.2.10　与字符串 QString 互转

QString 是 Qt 的字符串类，QByteArray 是 byte 的数组。它们之间也可以互转。

QByteArray 与 QString 互转极为简单，二者在本质上是类似的，都是连续存储的，区别是前者可以存储无法显示的字符，后者只存储可显示的字符。如 QByteArray 类对象可以存储 0x00-0x19，而 QString 类对象只能存储如 0x30 等可显示字符（0x20-0x7E）。有关可显示字符，可参见 ASCII 表，相信大家在学习 C 语言时都了解过了。

String 转 QByteArray 的代码如下：

```
QString str=QString("hello world!");
QByteArray arr = str.toLatin1();
```

QByteArray 转 QString 的代码如下：

```
QByteArray arr("hello world!");
QString str = arr;
```

下面再看一下 QByteArray 转为 QString 示例：

```
QByteArray ba("abc123");
QString str = ba;
//或 str.prepend(ba);
```

```
    qDebug()<<str ;
    //输出: "abc123"
```

QString 转为 QByteArray 示例：

```
    QString str("abc123");
    QByteArray ba = str.toLatin1();
    qDebug()<<ba;
    //输出: "abc123"
```

3.2.11 QByteArray 与自定义结构体之间的转化

在 Socket 网络编程中，网络数据一般是 uchar 类型（最好是用 uchar 来传输，避免莫名其妙的错误，另外用 char 类型也可以），在 Qt 中则可以使用 QByteArray 类。QByteArray 类在 QSocket 共享库中，根据 C++中 char*数据与结构体之间的映射可以实现结构体与 QByteArray 的转化。下面来看一段代码：

```
#include <QByteArray>
#include <QDebug>
#include <stdlib.h>

typedef struct Header{
    int channel;
    int type;
}Headr;

typedef struct Msg{
    Header header;
    char content[128];
    friend QDebug operator << (QDebug os, Msg msg){
        os << "(" << " channel:" << msg.header.channel << " type:" <<
msg.header.type
           << " content:" << msg.content << " )";
        return os;
    }
}Msg;

typedef struct PeerMsg{
    PeerMsg(const int &ip, const int &por){
        ipV4 = ip;
        port = por;
    }
    int ipV4;
    int port;
    friend QDebug operator << (QDebug os, PeerMsg msg){
        os << "( " << " ipV4:" << QString::number(msg.ipV4)
           << " port:" << QString::number(msg.port)
```

```
            << " )";
        return os;
    }
}PeerMsg;

int main(void)
{
    Msg msg;
    msg.header.channel = 1001;
    msg.header.type = 1;
    strcpy(msg.content, "ABCDEFG");

    qDebug() << msg;

    QByteArray array;
    array.append((char*)&msg, sizeof(msg)); //把结构体转为 QByteArray
    Msg *getMsg = (Msg*)array.data();
    qDebug() << *getMsg;

    QByteArray totalByte;
    PeerMsg peerMsg(123456, 10086);
    totalByte.append((char*)&peerMsg, sizeof(PeerMsg));
    totalByte.append(array, array.size());

    PeerMsg *getByte = (PeerMsg*)totalByte.data();//把 QByteArray 转为结构体
    qDebug() << *getByte;
    QByteArray contentmsg = totalByte.right(totalByte.size() -
sizeof(*getByte));
    Msg *getMsg2 = (Msg*)contentmsg.data();
    qDebug() << *getMsg2;

    return 0;
}
```

上面这段程序的运行结果如下：

```
( channel: 1001  type: 1  content: ABCDEFG  )
( channel: 1001  type: 1  content: ABCDEFG  )
(  ipV4: "123456"  port: "10086"  )
( channel: 1001  type: 1  content: ABCDEFG  )
```

3.2.12　判断是否为空

可以使用函数 isEmpty()来判断字节数组是否为空，即 size 是否为 0。函数 isEmpty()的原型声明如下：

```
bool isEmpty();
```

如果字节数组的 size 为 0，则返回 true，否则返回 false。

下列代码演示 isEmpty()函数的使用：

```
QByteArray().isEmpty();          // returns true
QByteArray("").isEmpty();        // returns true
QByteArray("abc").isEmpty();     // returns false
```

3.2.13 向前搜索和向后搜索

函数 indexOf()返回该字节数组中第一次出现字节数组 ba 的索引位置，从索引位置向前搜索。该函数的原型声明如下：

```
int indexOf(const QByteArray &ba, int from = 0);
```

其中，参数 ba 为要查找的目标字节数组 ba，找到 ba 就返回索引值；from 表示开始搜索位置对应的索引值，默认从索引值为 0 的位置开始搜索。如果找到 ba，则返回第一次出现 ba 所在位置对应的索引值，如果没有找到，则返回-1。注意，所谓向前搜索，就是朝着索引值增大的方向搜索，即在数组中从左到右搜索。

下列代码演示了这个函数的使用方法：

```
QByteArray x("sticky question");
QByteArray y("sti");
x.indexOf(y);            // returns 0
x.indexOf(y, 1);         // returns 10
x.indexOf(y, 10);        // returns 10
x.indexOf(y, 11);        // returns -1
```

indexOf()还可以搜索 char*和 QString 类型的数据，函数的原型声明如下：

```
int  indexOf(const char *str, int from = 0);
int  indexOf(const QString &str, int from = 0);
```

此外，还有以某个字符为搜索对象的函数声明形式：

```
int  indexOf(char ch, int from = 0);
```

使用示例如下：

```
QByteArray ba("ABCBA");
ba.indexOf("B");          // returns 1
ba.indexOf("B", 1);       // returns 1
ba.indexOf("B", 2);       // returns 3
ba.indexOf("X");          // returns -1
```

indexOf()函数是向前搜索，另外还有一个函数 lastIndexOf()是向后搜索，该函数的原型声明如下：

```
int lastIndexOf(const QByteArray &ba, int from = -1);
```

3.2.14 插入

函数 insert()可以在某个索引位置上插入字节数组，该函数的原型声明如下：

```
QByteArray & insert(int i, const QByteArray &ba);
```

其中，i 为要插入的索引位置；ba 为要插进去的字节数组对象。使用示例如下：

```
QByteArray ba("Meal");
ba.insert(1, QByteArray("ontr"));
// ba == "Montreal"
```

此外，也可以在某个位置插入一个或多个字符，有两个函数，这两个函数的原型声明如下：

```
QByteArray & QByteArray::insert(int i, char ch);
QByteArray & insert(int i, int count, char ch);
```

其中，i 为要插入的索引位置；count 是要插入的字符个数，其实就是 count 个 ch；ch 为要插入的字符。

另外，还有一种重载形式，就是插入 char*类型的数据，有两种函数的原型声明形式：

```
QByteArray & insert(int i, const char *str);
QByteArray & QByteArray::insert(int i, const char *str, int len);
```

第一种形式不带长度，插入全部 str；第二种形式带长度 len，len 表示 str 中的 len 个字节。

此外，Qt 还提供了 prepend()函数，该函数在原字符串开头插入另一个字符串。

3.3　字符类 QChar

3.3.1　QChar 的编码

QChar 类是 Qt 中用于表示一个字符的类，实现在 QtCore 共享库中。QChar 类的内部用两个字节的 Unicode 编码来表示一个字符。

我们知道，char 类型是 C/C++中内置的类型，用字节来解析内存的信息。比如：

```
char gemfield='g';
```

gemfield 标记的这块内存的大小就是一个字节，存储的信息就是 01100111（即 103，103 是字符'g'的 ASCII 码值。又比如：

```
char gemfield='汉';
```

gemfield 标记的这块内存的大小依然是一个字节，存储的信息是 0xBA，这是因为在 Windows 系统中汉字是以 GBK 编码来存储的，“汉”这个字的编码是 0xBABA，因为 char 只有一个字节，所以就只把低字节存储过来。

Qchar 类是 Qt 处理字符的基本类型，是对 Unicode 字符的封装。QChar 类使用 2 个字节的内存，在其内部维护了一个 unsigned short 类型的内存（大多数的编译工具也会把它当作 unsigned short 类型）。使用的是 ucs-2 标准。

QChar 类封装一个 char 类型是相当容易理解的，char 类型作为 QChar 的构造参数时会被转换为 unsigned short，继而可被 QChar 接管。

QChar 类封装一个 unsigned short 类型也是容易理解的，比如：

```
QChar gemfield=0x6C49; //0x6C49是"汉"字的 Unicode 编码
```

Qt 内部使用的是 Unicode 表，所以 gemfield 可以被成功解析出“汉”这个字。而下面这种情况是 QChar 类不能处理的：

```
QChar gemfield = '汉';
```

Windows 上的“汉”（以及其他中文字符）采用的编码是 GBK 编码，值为 0xBABA。QChar 维护的 unsigned short 内存上的信息便是 0xBABA，但这个值并不是 Unicode 编码（Unicode 表中的'汉'对应的编码值是 0x6C49），所以解析不了。但是，QChar 可以通过 Unicode()函数返回一个字符的 Unicode 编码。关于 Unicode 编码知识，我们将在后续章节进行介绍。

3.3.2 Qchar 类的接口

1. QChar 类的构造函数

QChar 类提供了多个不同原型的构造函数（即具有不同的函数声明形式），以方便不同场合下使用。

```
QChar();                    // 构造一个空字符，即'\0'
QChar(char ch);             // 由字符数据 ch 构造
QChar(uchar ch);            // 由无符号字符数据 ch 构造
QChar(ushort code);         // 由无符号短整型数据 code 构造，code 是 Unicode 编码
QChar(short code);          // 由短整型数据 code 构造，code 是 Unicode 编码
QChar(uint code);           // 由无符号整型数据 code 构造，code 是 Unicode 编码
QChar(int code);            // 由整型数据 code 构造，code 是 Unicode 编码
```

2. QChar 类的字符判断

QChar 类提供了很多成员函数，可以对字符的类型进行判断，比如：

```
bool isDigit() const;            // 判断是否是十进制数字（'0' - '9'）
bool isLetter() const;           // 判断是否是字母
bool isNumber() const;           // 判断是否是数字，包括正负号、小数点等
bool isLetterOrNumber();         // 判断是否是字母或数字
bool isLower() const;            // 判断是否是小写字母
bool isUpper() const;            // 判断是否是大写字母
bool isNull() const;             // 判断是否是空字符'\0'
bool isPrint() const;            // 判断是否是可打印字符
bool isSpace() const;            // 判断是否是分隔符，包括空格等
```

3. QChar 类的数据转换

QChar 类提供了一些成员函数用于数据的转换，比如：

```
char toAscii() const;                // 得到字符的 ASCII 码
QChar toLower() const;               // 转换成小写字母
QChar toUpper() const;               // 转换成大写字母
ushort unicode() const;              // 得到 Unicode 编码
```

注意，这几个函数都不会改变对象自身的内容，转换的结果通过返回值反映出来（即基于复制内容的转换）。

4. QChar 类的字符比较

Qt 中定义了一些与 QChar 类相关的比较运算符，比如：

```
bool operator != (QChar c1, QChar c2);          // 判断 c1 是否不等于 c2
bool operator < (QChar c1, QChar c2);           // 判断 c1 是否小于 c2
bool operator <= (QChar c1, QChar c2);          // 判断 c1 是否小于等于 c2
bool operator == (QChar c1, QChar c2);          // 判断 c1 是否等于 c2
bool operator > (QChar c1, QChar c2);           // 判断 c1 是否大于 c2
bool operator >= (QChar c1, QChar c2);          // 判断 c1 是否大于等于 c2
```

5. QChar 类与 char 类型的相互转化

QChar 转换为 char，可以利用下列 2 个成员函数：

```
char  toLatin1();
char  toAscii();
```

比如：

```
char ch;
qchar qch;
ch = qch.toLatin1();
```

char 转换为 QChar，可以利用下列 2 个成员（构造）函数：

```
QChar(char ch);
QChar (uchar ch);
```

3.4　字符串类 QString

之所以把 QString 类单独拿出来，是因为字符串是很常用的一种数据类型，在很多语言中（比如 JavaScript）都是把 string 作为一种与 int 等一样的基本数据类型来实现的。

每一个 GUI 程序都需要字符串，这些字符串可以用作界面上的提示语，也可以用作一般的数据类型。C++语言提供了两种字符串的实现：C 风格的字符串，以'\0'结尾；C++中的 std::string，即标准模板库中的字符串类。Qt 提供了自己的字符串类：QString。QString 类以 16 位 Unicode 进行编码。我们平常用的 ASCII 等一些编码集都作为 Unicode 编码的子集。关于 Unicode 编码的问题，我们会在稍后章节详细说明。

在使用 QString 类对象的时候，我们不需要担心内存分配以及关于'\0'结尾的这些注意事项。QString 类会解决这些问题。通常，我们可以把 QString 类对象看作是一个 QChar 的向量。另外，与 C 风格的字符串不同，QString 类对象中间可以包含'\0'符号，它的 length()函数会返回整个字符串的长度，而不仅仅是从开始字符到'\0'字符为止的字符串长度。

QString 类在 Qt 的各种数据转换中可谓举足轻重，熟悉 QString 类的用法对于 Qt 编程而言真的是如虎添翼。QString 是 Qt 编程中常用的类，除了用作数字量的输入输出之外，QString 类还有很多其他功能，熟悉这些常见的功能有助于灵活地实现字符串的处理。

QString 类存储字符串采用的是 Unicode 码，每一个字符都是一个 16 位的 QChar 类对象，而不是 8 位的 char 类型字符，所以 QString 类用于处理中文字符没有问题，而且一个汉字算作一个字符。

3.4.1 Qstring 类的特点

作为后起之秀，QString 类有如下特点：

（1）采用 Unicode 编码，所以一个 QChar 类对象占用两个字节。

（2）使用隐式共享技术来节省内存和减少不必要的数据备份。

（3）跨平台使用，不用考虑字符串的平台兼容性。

（4）QString 类直接支持字符串和数字之间的相互转换。

（5）QString 类直接支持字符串之间的大小比较（按照字典顺序）。

（6）QString 类直接支持不同编码下的字符串转换。

（7）QString 类直接支持 std::string 和 std::wstring 之间的相互转换。

（8）QString 类直接支持正则表达式的使用。

3.4.2 Qstring 类的常用操作

QString 类的常用操作包括字符串类对象的构造、字符串的追加、字符串的组合、字符串的插入及替换、查找字符获取索引、字符串的提取、把字符串转换为其他类型、字符串的比较、判断字符串是否存在、字符串的分隔、空白字符串的过滤、字符串中字母大小写的切换、判断字符串中是否以某个子字符串开始或结束、获取字符串的长度等。这些常用操作都有常用接口相对应。下面简单了解一下常用的 10 类接口。

```
//初始化
QString();
QString(const QChar * unicode, int size = -1);
QString(QChar ch);
QString(int size, QChar ch);
QString(const QString & other);
QString(const char * str);
QString & operator=(const char * str);

//增加
QString & append(const QString &str);
```

```
    QString & append(const QChar *str, int len);
    QString & append(QChar ch);
    QString & prepend(const QString &str);
    QString & prepend(QChar ch);
    void push_back(const QString &str);
    void push_back(QChar ch);
    void push_front(const QString &str);
    void push_front(QChar ch);
    QString & insert(int position, const QString &str);
    QString & insert(int position, const QChar *unicode, int size);
    QString & insert(int position, QChar ch);
    QString & operator+=(const QString &str);
    QString & operator+=(QChar ch);

    //删除
    void clear();
    void chop(int n);
    QString & remove(int position, int n);
    QString & remove(QChar ch, Qt::CaseSensitivity cs = Qt::CaseSensitive);
    QString & remove(const QString &str, Qt::caseSensitivity cs =
Qt::CaseSensitive);

    //修改
    QString & fill(QChar ch, int size = -1);
    QString & replace(int position, int n, const QString &after);
    QString & replace(int position, int n, const QChar *unicode, int size);
    QString & replace(int position, int n, QChar after);
    QString & replace(const QString &before, const QString &after,
Qt::CaseSensitivity cs);
    QString & replace(QChar ch, const QString &after, Qt::CaseSensitivity cs);
    QString & replace(QChar before, QChar after, Qt::CaseSensitivity);
    void truncate(int position);
    QString trimmed();
    QString & operator+=(const QString &other);
    QString & operator+=(QChar ch);

    //查询
    bool contains(const QString &str, Qt::CaseSensitivity cs);
    bool contains(QChar ch, Qt::CaseSensitivity cs);
    bool endsWith(const QString &s, Qt::CaseSensitivity cs);
    bool endsWith(QChar c, Qt::CaseSensitivity cs);
    int  indexOf(const QString &str, int from, Qt::CaseSensitivity cs);
    int  indexOf(QChar ch, int from, Qt::CaseSensitivity cs);
    int lastIndexOf(const QString &str, int from, Qt::CaseSensitivity cs);
    int lastIndexOf(QChar ch, int from, Qt::CaseSensitivity cs);
```

```
    bool startsWith(const QString &s, Qt::CaseSensitivity cs);
    bool startsWith(QChar ch, Qt::CaseSensitivity cs);

    //遍历
    const_iterator cbegin();
    const_iterator cend();
    const QChar at(int position) const;
    QCharRef operator[](int position);
    const QChar operator[](int position) const;

    //子字符串
    QString left(int n);
    QString mid(int position, int n);
    QString right(int n);
    QStringList split(const QString &sep, SplitBehavior behavior,
Qt::CaseSensitivity cs);
    QStringList split(QChar sep, SplitBehavior behavior, Qt::CaseSensitivity cs);

    //格式化
    QString asprintf(const char *cformat, ...);
    QString QString::arg(const QString &a, int fieldWidth = 0, QChar fillChar =
QLatin1Char(' '));

    //比较
    int compare(const QString &other, Qt::CaseSensitivity cs);
    int localeAwareCompare(const QString &other);
    bool operator==(const char *other);
    bool operator<(const char *other);
    bool operator<=(const char *other);
    bool operator>(const char *other);
    bool operator>=(const char *other);

    //
    //转换
    //
    //数字转换
    QString & setNum(int n, int base = 10);
    QString & setNum(uint n, int base = 10);
    QString & setNum(long n, int base = 10);
    QString & setNum(ulong n, int base = 10);
    QString & setNum(qlonglong n, int base = 10);
    QString & setNum(qulonglong n, int base = 10);
    QString & setNum(short n, int base = 10);
    QString & setNum(ushort n, int base = 10);
    QString & setNum(double n, char format = 'g', int precision = 6);
    QString & setNum(float n, char format = 'g', int precision = 6);
```

```
short       toShort(bool * ok = 0, int base = 10) const;
int         toInt(bool * ok = 0, int base = 10) const;
long        toLong(bool * ok = 0, int base = 10) const;
qlonglong   toLongLong(bool * ok = 0, int base = 10) const;
ushort      toUShort(bool * ok = 0, int base = 10) const;
uint        toUInt(bool * ok = 0, int base = 10) const;
ulong       toULong(bool * ok = 0, int base = 10) const;
qulonglong  toULongLong(bool * ok = 0, int base = 10) const;
float       toFloat(bool * ok = 0) const;
double      toDouble(bool * ok = 0) const;
QString     QString::number(long n, int base = 10);
QString     QString::number(double n, char format = 'g', int precision = 6);
QString     QString::number(ulong n, int base = 10);
QString     QString::number(int n, int base = 10);
QString     QString::number(uint n, int base = 10);
QString     QString::number(qlonglong n, int base = 10);
QString     QString::number(qulonglong n, int base = 10);

//编码转换
QString & setRawData(const QChar * unicode, int size);
QString & setUnicode(const QChar * unicode, int size);
QString & setUtf16(const ushort * unicode, int size);
QByteArray       toUtf8() const;
QVector<uint>    toUcs4() const;
std::string      toStdString() const;
std::wstring     toStdWString() const;
int              toWCharArray(wchar_t * array) const;
const QChar *    unicode() const;
const ushort *   utf16() const;
QString          QString::fromRawData(const QChar * unicode, int size);
QString          QString::fromStdString(const std::string & str);
QString          QString::fromStdWString(const std::wstring & str);
QString          QString::fromUcs4(const uint * unicode, int size = -1);
QString          QString::fromUtf8(const char * str, int size = -1);
QString          QString::fromUtf8(const QByteArray & str);
QString          QString::fromUtf16(const ushort * unicode, int size = -1);
QString          QString::fromWCharArray(const wchar_t * string, int size =
-1);

//字母大小写转换
QString toLower() const;
QString toUpper() const;
```

1. 初始化

通常有两种方法可以初始化 QString 类的对象。

第一种方法是通过构造函数。QString 类的构造函数较多，通常有如下几种用法：

```
//使用 QChar 数组中长度为 size 个的字符来构造字符串，即初始化
QString ( const QChar * unicode, int size );
QString ( const QChar * unicode ); //使用 QChar 数组构造 QString，结尾以'\0'结束
QString ( QChar ch ); //使用一个 QChar 字符来构造 QString
QString ( int size, QChar ch ); //使用 size 个 ch 字符来构造 QString
QString ( const QLatin1String & str ); //使用**单字节编码**的 str 构造 QString
QString ( const QString & other ); //使用其他 QString 引用构造新的 QString
QString ( const char * str );        //使用字符串常量构造 QString
QString ( const QByteArray & ba ); //使用字节数组构造 QString
```

例如，以下代码创建一个长度为 5 的字符串，内容为“Hello”：

```
QString str("Hello");
```

效果等同于直接赋值：

```
QString str = "Hello";
```

又比如：

```
static const QChar data[4] = { 0x0055, 0x006e, 0x10e3, 0x03a3 };
// 使用了构造函数 QString ( const QChar * unicode, int size );
QString str(data, 4);
```

第二种方法是使用 resize()设置字符串的大小，并初始化字符数组中的每个元素。比如：

```
QString str;
str.resize(4);
str[0] = QChar('U');
str[1] = QChar('n');
str[2] = QChar(0x10e3);
str[3] = QChar(0x03a3);
```

QString 类的索引值从 0 开始，和 C++的数组一样。调用 resize()函数后，新分配的字节具有未定义的值。要将所有字节设置为同一个特定值，可以调用 fill()函数，该函数的原型声明如下：

```
QString::fill ( QChar ch, int size = -1 );
```

其中，ch 是要填充的字符；size 是要填充的字符个数，即填充 size 个 ch 字符。比如：

```
    QString str = "Berlin";
    str.fill('z');
    // str == "zzzzzz"
```

```
    str.fill('A', 2);
    // str == "AA"
```

关于 QString 类有几点需要了解清楚：

（1）QString 类存储的字符串中的字符默认采用的是 Unicode 编码

比如有如下代码：

```
QString str = "你好";
```

str 变量中存储的数据采用的是 Unicode 编码格式，接收方如果解析成乱码，就要想想两方的编码格式采用的是否都是 Unicode。如果不是，就需要用 QTextCodec 类来执行转码操作。

（2）来自 char*的数据，默认被当作 UTF-8 编码格式

最常用的就是传入一个 const char*（字符串常量），例如：

```
QString str = "hello";
```

Qt 默认将来自 char*的字符串视为 UTF-8 编码格式，因此在转换过程中会在内部自动调用 fromUtf8()函数进行 char*→QString 的转换。

（3）用 QChar 数组构建的 QString 类对象会进行深度复制

因为 Unicode 编码格式是用双字节存储一个字符，所以 QString 类中存储着一个个的 16 位 QChar 字符（16 位即为 2 个字节，16 bits =2 bytes），每个 QChar 字符对应着一个 Unicode 4.0 字符。如果字符的编码大于 65536，就要用两个 QChar 存储这个字符。例如：

```
static const QChar data[4] = {0x0055, 0x006e, 0x10e3, 0x03a3};
QString str(data,4);
```

用 QChar 数组来构建 QString 类对象是采用深度复制（Deep Copy）的方式，意思就是说 QString 类对象会完整复制一份 QChar 数组的数据。

QString 类对象复制 QChar 的数据时采用深度复制，意味着增加了系统开销。如果不想如此，则可以使用 fromRawData()函数，该函数的原型声明如下：

```
QString QString::fromRawData(const QChar *unicode, int size);
```

参数 unicode 用于构造字符串的 QChar 数组，并不会进行复制；size 表示在 unicode 中从左开始截取的长度。下列代码演示 fromRawData()函数的使用：

```
QRegularExpression pattern("\u00A4");
static const QChar unicode[] = {0x005A, 0x007F, 0x00A4, 0x0060,0x1009, 0x0020,
0x0020};
int size = sizeof(unicode) / sizeof(QChar);
QString str = QString::fromRawData(unicode, size);
if (str.contains(pattern) {
    // ...
}
```

2. 访问某个元素

和 3.2.2 节讲述的访问 QByteArray 类对象中某个元素的方式类似，访问 QString 类对象中的某个元素采用类似的 4 种主要方式，分别为[]、at()、data[]和 constData[]。其中，[]和 data[]方式为可读可写，at()和 constData[]方式仅为可读。如果只是进行读操作，则采用 at()和 constData[]方式的访问速度最快，因为避免了复制操作。

at()方式比 operator []()方式快，因为前者不会进行深度复制操作。总之，如果仅仅是读取 QString 类对象中的字符，那么调用 at()函数更快。函数 at()的原型声明如下：

```
QChar QString::at(int position);
```

返回 position 索引处的字符，如果 position 的值超过字符串的长度就返回 0。比如：

```
const QString string( "abcdefgh" );
QChar ch = string.at( 4 );
// ch == 'e'
QString str;
  for (int i = 0; i < str.size(); ++i) {
     if (str.at(i) >= QChar('a') && str.at(i) <= QChar('f'))
        qDebug() << "Found character in range [a-f]";
  }
```

更直观的方法是用操作符[]，它们的声明形式如下：

```
const QChar operator[] (int position) const;
const QChar operator[] (uint position) const;
```

事实上，通过[]操作符得到的字符可以被修改，要用到另外两个重载的[]操作符：

```
QCharRef operator[] (int position);
QCharRef operator[] (uint position);
```

返回的 QCharRef 类是一个辅助类，对这个类的对象进行修改会修改到原字符串。

下列代码演示了 data[]的使用：

```
 QString str = "World";
 int n = str.size();          // n == 5
 str.data()[0];             // returns 'W'
 str.data()[4];             // returns 'd'
```

3. 赋值运算

通过赋值运算符（=）可以给 QString 类对象赋值，比如：

```
QString str = "abc";
```

4. 获取长度

QString 类的成员函数 count()、size()和 length()都会返回字符串中的字符个数，这 3 个函数是相同的，但是要注意，字符串中如果有汉字，那么一个汉字只算一个字符。下列代码演示了这 3 个函数的使用：

```
QString str1="NI 好"
N=str1.count()   //N=3
N=str1.size()    //N=3
N=str1.length()  //N=3
```

5. 字母大小写的转换

QString 类的成员函数 toUpper()会将字符串内的字母全部转换为大写形式，toLower()则会将字符串内的字母全部转换为小写形式，比如：

```
QString str1="Hello, World", str2;
str2=str1.toUpper(); //str1="HELLO,WORLD"
str2=str1.toLower(); //str1="hello, world"
```

6. 移除字符

成员函数 remove()可以移除字符串中一个或多个字符，该函数的原型声明如下：

```
QString &remove(int position, int n);
```

其中，参数 position 表示要被移除字符的起始索引位置；n 表示要移除字符的个数。该函数返回的是移除字符后字符串的引用。

```
QString test = "hello,china";
QString tmp = test.remove(2, 4);     //从索引值为2的字符开始，移除4个字符
qDebug() << "test = " << test;       //输出 hechina
qDebug() << "tmp = " << tmp;         //输出 hechina
```

又比如：

```
QString s = "Montreal";
s.remove(1, 4);
// s == "Meal"
```

7. 添加字符串

QString 类的成员函数 append()在字符串的后面添加字符串，而成员函数 prepend()在字符串的前面添加字符串，比如：

```
QString str1="卖", str2="拐";
QString str3=str1;
str1.append (str2) ; //str1="卖拐"
str3.prepend (str2) ; //str3="拐卖"
```

与 Java 语言中的 String 类类似，QString 类也重载了+和+=运算符。这两个运算符可以把两个字符串连接到一起，这和 Java 语言中 String 类的操作一样。QString 类可以自动对占用内存空间进行扩充，因而这种连接操作非常迅速。这两个运算符的使用方法如下：

```
QString str = "User: " ;
str += userName + "/n" ;
```

8. 去掉空格

QString 类的成员函数 trimmed()会去掉字符串首尾的空格，而成员函数 simplified()不仅会去掉字符串首尾的空格，中间连续的空格也用一个空格符来替换。比如：

```
QString str1=" Are you OK? ", str2;
str2=str1.trimmed () ; //str1="Are you OK? "
str2=str1.simplified(); //str1="Are you OK?"
```

又比如：

```
QString str1 = "  Welcome  \t  to  \n  you!   ";
QString str2 = "  Welcome  \t  to  \n  you!   ";
str1 = str1.trimmed();      // str1 = " Welcome \t to \n you! "
str2 = str2.simplified();     // str2 = " Welcome to you ! "
```

9. 查找子字符串

QString 类的成员函数 indexOf()在自身字符串内查找参数 str 指定的字符串所出现的位置。indexOf()函数的原型声明如下：

```
int indexOf (const QString &str, int from = 0 , Qt::CaseSensitivity cs =
Qt::CaseSensitive);
```

在自身字符串内查找参数 str 指定的字符串所出现的位置，参数 from 指定开始查找的位置；参数 cs 指定是否区分字母大小写，默认是区分字母大小写的（Qt::CaseSensitive）。如果找到 str 指定的字符串，则返回该字符串在所查找字符串中第一次出现的位置，即索引值，如果没有找到，则返回-1。注意，所谓向前查找，就是朝着索引值增大的方向查找，即从左到右进行查找。

另外，函数 lastIndexOf()用于查找某个字符串最后出现的位置，相当于从字符串末尾开始朝字符串头部方向查找，即从右到左进行查找。比如：

```
QString str1="G:\Qt5Book\QT5.9Study\qw.cpp";
N=str1.indexOf("5.9");  // N=13
N=str1.lastIndexOf("\\"); //N=21
```

"\" 是转义字符，如果要查找 "\"，则需要输入 "\\"。

又比如：

```
QString x = "sticky question" ;
QString y = "sti" ;
x.indexOf(y);                // returns 0
x.indexOf(y, 1);             // returns 10
x.indexOf(y, 10);            // returns 10
x.indexOf(y, 11);            // returns -1
```

更强大的查找函数是 find()，该函数的原型声明如下：

```
int  find(const QRegExp & rx, int index = 0);
```

从位置 index 开始，找到常量正则表达式 rx 第一次出现的位置。如果 index 为-1，则从最后一个字符开始查找，如果是-2，则从倒数第二个字符开始查找，以此类推。函数返回 rx 第一次出现的位置，如果没有被找到 rx，则返回-1。比如：

```
QString string( "bananas" );
int i = string.find( QRegExp("an"), 0 );    // i == 1
```

10. 判读字符串是否为空

成员函数 isNull()和 isEmpty()都是用于判读字符串是否为空，但是稍有差别。如果是一个空字符串，只有"\0"，isNull()则返回 false，而 isEmpty()返回的是 true；只有未赋值的字符串，isNull()才返回 true。比如：

```
QString str1, str2="";
N=str1.isNull () ;        // N=true，未赋值字符串变量
N=str2.isNull () ;        // N=false，只有"\0"的字符串也不是 Null
N=str1.isEmpty();         // N=true
N=str2.isEmpty();         // N=true
```

QString 类对象只要赋值，就会在字符串的末尾自动加上"\0"。如果只是要判断字符串内容是否为空，常用 isEmpty()函数。

11. 判断是否包含某个字符串

函数 contains()用于判断字符串内是否包含某个字符串，可指定是否要区分字母大小写。比如：

```
QString str1="d:\zcbBook\QT5.12Study\qw.cpp";
N=str1.contains (".cpp", Qt::CaseInsensitive) ; // N=true，不区分字母大小写
N=str1.contains (".CPP", Qt::CaseSensitive) ;   // N=false，区分字母大小写
```

12. 判断是否以某个字符串开头或结尾

函数 startsWith()用于判断是否以某个字符串开头，函数 endsWith()用于判断是否以某个字符串结束。比如：

```
QString str1= "d:\zcbBook\QT5.12Study\qw.cpp";
// N=true，不区分字母大小写
bool N=str1.endsWith (".cpp", Qt::CaseInsensitive) ;
N=str1.endsWith (".CPP", Qt::CaseSensitive) ; // N=false，区分字母大小写
N=str1.startsWith ("g: ") ; // N=true，默认为不区分字母大小写
```

又比如：

```
if  (url.startsWith("http:" ) && url.endsWith(".png" ))
{
}
```

等价于：

```
if  (url.left(5) == "http:"  && url.right(4) == ".png" )
{
}
```

不过，前者要比后者更加清楚简洁，并且性能也更快一些。

13. 截取子字符串

函数 left()表示从字符串中截取左边多少个字符。函数 right()表示从字符串中截取右边多少个字符。注意，一个汉字被当作一个字符。比如：

```
QString str2, str1="学生姓名,男,1990-3-4,汉族,江苏";
N=str1.indexOf (",") ;              // N=4，第一个","出现的位置
str2=str1.left (N) ;                //str2="学生姓名"
N=str1.lastIndexOf (",") ;          // N=18，最后一个逗号的位置
str2=str1.right (str1.size()-N-1); //str2="江苏"，提取最后一个逗号之后的字符串

QString x = "Pineapple" ;
QString y = x.left(4);              // y == "Pine"
```

函数 mid()也可以用来截取子字符串，该函数的原型声明如下：

```
QString mid(int position, int n = -1);
```

mid()函数接收两个参数，第一个是起始位置，第二个是截取子字符串的长度。如果省略第二个参数，则会从字符串起始位置截取到末尾。比如：

```
    QString x  = "Nine pineapples" ;
    QString y  = x .mid(5, 4);              // y  == "pine"
    QString z  = x .mid(5);                 // z  == "pineapples"
```

注　意

left()、right()和 mid()三个函数并不会去修改 QString 类对象自身，而是返回一个临时对象供调用者使用。

另外，函数 section()也可以用来截取子字符串，截取功能更为强大，它的功能是从字符串中提取以 sep 作为分隔符、从 start 开始到 end 结束的子字符串。该函数的原型声明如下：

```
    QString section (const QString &sep, int start, int end = -1, SectionFlags
flags = SectionDefault);
```

比如：

```
    QString str2, str1="学生姓名,男,1990-1-8,汉族,山东";
    str2=str1.section (",",0,0); // str2="学生姓名",  第1段的编号为 0
    str2=str1.section (",",1,1}; // str2="男"
    str2=str1.section (",",0,1}; // str2="学生姓名, 男"
    str2=str1.section (",",4,4); // str2="山东"
```

14. 格式化打印

C 语言中用 printf()函数进行格式化输出，QString 类提供了一个 sprintf()成员函数来实现相同的功能，比如：

```
    str.sprintf("%s %.1f%%" , "perfect competition" , 100.0);
```

这句代码将输出“perfect competition 100.0%”，同 C 语言的 printf()一样。又比如：

```
    QString str;
    str.sprintf("%s","Welcome ");                       //str = "Welcome "
    str.sprintf("%s"," to you! ");                      //str = " to you! "
    str.sprintf("%s %s","Welcome "," to you! ");   //str = "Welcome  to you! ";
```

Qt 还提供了另一种方便的字符串组合方式，即 QString::arg()函数，此函数的重载形式可以用于处理很多数据类型。此外，一些重载具有额外的参数，用于对字段的宽度、数字基数或者浮点精度进行控制。相对于 QString::sprintf()，QString::arg()是一个比较好的解决方案，因为它的类型安全，完全支持 Unicode，并且允许改变"\n"参数的顺序。例如：

```
    QString str;
    str = QString("%1 was born in %2.").arg("Joy").arg(1993);
    //str =  "Joy was born in 1993."
```

其中："%1"被替换为"Joy"，"%2"被替换为"1993"。又比如：

```
    str = QString("%1 %2 (%3s-%4s)").arg("permissive").arg("society").arg(1950).
arg(1970);
```

在这句程序代码中，%1、%2、%3、%4 作为占位符，将被后面的 arg()函数中的内容依次替换，比如%1 将被替换成 permissive，%2 将被替换成 society，%3 将被替换成 1950，%4 将被替换成 1970。最后，这句程序代码的输出为“permissive society (1950s-1970s)”，arg()函数与 sprintf()函数相比，前者是类型安全的，同时它也接收多种数据类型作为参数，因此建议使用 arg()函数而不是传统的 sprintf()函数。

15. 将字符串类型转换成其他基本数据类型

与 QByteArray 类类似，一系列的 to 函数可以将字符串转换成其他的基本数据类型的数据，例如 toInt()、toDouble()、toLong()等。这些函数都接收一个 bool 指针作为参数，函数结束之后将根据是否转换成功设置为 true 或者 false。比如：

```
bool  ok;
double  d = str.toDouble(&ok);
if (ok)
{
    // do something...
} else  {
    // do something...
}
```

16. 字符串的比较

静态成员函数 compare()可以用来比较两个字符串。函数的原型声明如下：

```
int  compare(const QString & s1, const QString & s2);
```

对 s1 和 s2 进行词典比较，如果 s1 小于、等于或者大于 s2，则返回小于、等于或者大于 0 的整数。比如：

```
int a = QString::compare( "def", "abc" );   // a > 0
int b = QString::compare( "abc", "def" );   // b < 0
int c = QString::compare(" abc", "abc" );   // c == 0
```

这个比较是基于字符 Unicode 值大小的，并且非常快。如果要对用户界面的字符串进行比较，则请考虑使用 QString::localeAwareCompare()成员函数。

除了用函数进行比较外，还可以使用 operator<()、operator<=()、operator==()、operator>()、operator>=()和 operator!=这 6 个运算符进行比较。它们的原型声明如下：

```
bool operator<(const char *s1, const QString &s2);
bool operator<=(const char *s1, const QString &s2);
bool operator==(const QString &s1, const QString &s2);
bool operator>(const QString &s1, const QString &s2);
bool operator>=(const QString &s1, const QString &s2);
bool operator!=(const QString &s1, const QString &s2);
```

17. 清空

成员函数 clear()可用于清空一个 QString 类对象的内容（即字符串），使之成为空字符串。该函数的原型声明如下：

```
void clear();
```

18. 截断字符串

成员函数 truncate()可用于截断 QString 类对象的内容，也就是去掉指定位置后的所有内容，函数的原型声明如下：

```
void truncate(int position);
```

从位置 position 处截断。注意，位置是从索引值 0 开始的。

成员函数 chop()可用于截掉 QString 类对象最后的若干个字符，该函数的原型声明如下：

```
void chop(int n);
```

该函数截掉最后的 n 个字符。

19. char *和 QString 互转

将 char *类型的 C 语言风格的字符串转换成 QString 类的对象也是很常见的需求，我们可以调用函数 QLatin1String()来进行转换：

```
char *c_str = "123456789";
QString string = QString(QLatin1String(c_str));
```

或者使用构造函数法：

```
char * c_str ="hello!";
QString str(c_str);   // Qt5
QString str = QString::fromUtf8(ch));    //  针对 Qt4
```

另外，还可以调用函数 fromAscii()等。

为了将 QString 类的对象转成 char *字符串，需要进行两步操作，首先调用函数 toAscii()获得一个 QByteArray 类的对象，然后调用它的 data()或者 constData()函数，例如：

```
    printf("User: %s/n" , str.toAscii().data());
```

为了方便使用，Qt 提供了一个宏 qPrintable()，等价于 toAscii().constData()，例如：

```
    printf("User: %s/n" , qPrintable(str));
```

再比如：

```
// QString 转 QByteArray
QByteArray sr = strQ.toLocal8Bit();
int len = sr.length();
char* buf = new char[len+2];
buf[len] = buf[len+1] = 0;

// QByteArray 转 char*
strcpy(buf,sr.data());
```

也可以不先转换为 QByteArray 类的对象，而是通过复制函数来转换，比如：

```
QString str("hello world!");
const char* std_str = str.toStdString().data();
char buf[4096] = {0};
strcpy(buf, std_str);
```

20. std::string 和 QString 互转

QString 类的 toStdString 函数使用中文时会乱码，需要调用函数 tolocal8Bit()进行转化。

（1）std::string 转为 QString（全英文字符）

```
std::string s = "hello world";
QString qs = QString::fromStdString(s);
```

（2）std::string 转为 QString（中文字符）

```
std::string s = "hello 世界";
QString qs = QString::fromLocal8Bit(s.data());
```

（3）QString 转为 std::string（全英文字符）

```
QString qs = "coder";
std::string s = qs.toStdString();
```

（4）QString 转为 std::string（中文字符）

```
QString qs = "你好, world";
QByteArray cdata = qs.toLocal8Bit();
std::string s = std::string(cdata);
```

21. 数字和 QString 互转

使用 static 的函数 number()可以把数字转换成字符串。例如：

```
    QString str = QString::number(54.3);
```

也可以使用非 static 函数 setNum()来实现相同的目的：

```
    QString str;
    str.setNum(54.3);
```

上面是把浮点数转为字符串，下面是将整数类型（int）转为 QString 类的字符串对象：

```
int d = 18;
QString qs = QString::number(d);
```

QString 转为 int：

```
QString qs = "123";
int d = qs.toInt();
```

3.5 列表类 QList

QList 类以列表形态存储并管理其中的列表元素，并支持基于快速索引的数据存取，也可以进行快速的数据删除操作。QList 类对象表示为一组指向被存储元素的数组。元素个数小于

1000 的 QList 类对象能够实现在链表中间的快速插入和查找操作。此外，由于 QList 类在链表两端都预先分配了内存，因此实现链表前后端的添加操作都很快（这两个成员函数为 prepend()和 append()）。

QList 是一种表示链表的模板类，是 Qt 的一种泛型容器类。它以链表方式存储一组数据（即列表中的元素），并能对这组数据进行快速索引，同时提供了快速插入和删除等操作。

QList 类、QLinkedList 类和 QVector 类提供的操作极其相似。对大多数操作来说，我们用 QList 类就可以了。QList 类的成员函数是基于索引来实现的，因此用起来比 QLinkedList 类更方便（QLinkedList 类的成员函数是基于迭代器来实现的）。QList 类比 QVector 类更快，这是由它们在内存中的存储方式所决定的。

注　意
对于尺寸比指针大的共享类，使用 QVector 类会更好。

QList 类提供了一系列添加、移动、删除元素操作的成员函数：insert()、replace()、removeAt()、swap()。此外，它还提供了一些便于操作的成员函数：append()、prepend()、removeFirst()、removeLast()。

1. 初始化

QList 类以链表形式存储一组元素，默认时为空链表，可以使用<<操作符添加元素：

```
QList<QString> list;
list << "one" << "two" << "three";
// list: ["one", "two", "three"]
```

2. 访问元素

QList 类与 C++中数组的索引方式一样，索引值都是从 0 开始的。我们可以使用[]操作符来访问位于某个索引值处的元素。对于非 const 链表，操作符[]返回的是该元素的引用，并且返回值可以用于左操作数。比如：

```
if ( list[0] == "Bob" )
list[0] = "Robert";
```

QList 类是以指针数组的形式实现的，因此操作速度很快（时间复杂度为常数）。对于列表中元素的只读访问，可以调用 at()函数：

```
for ( int i=0; i!=list.size(); ++i )
{
    if ( list.at(i) == "Jane" )
    { cout << "Found Jane at position:" << i<< endl;}
}
```

at()的执行速度比操作符[]更快，因为它不需要执行深度复制。

3. 插入操作

成员函数 insert()在索引值指定的位置后插入值。函数的原型声明如下：

```
void QList::insert(int i, const T &value);
```

其中，参数 i 表示索引；value 表示插入值。比如：

```
QList<QString> list;
list << "alpha" << "beta" << "delta";
list.insert(2, "gamma");
// list: ["alpha", "beta", "gamma", "delta"]
```

4. 替换操作

成员函数 replace()替换索引值指定位置处的值。函数的原型声明如下：

```
void QList::replace(int i, const T &value);
```

其中，参数 i 表示索引；value 表示替换值。比如：

```
QList<QString> list;
list << "alpha" << "beta" << "delta";
list.replace(2, "aaa");
// list: ["alpha", "beta", "aaa"]
```

5. 移除操作

成员函数 removeAt()用于移除索引值指定位置处的值，该函数的原型声明如下：

```
void QList::removeAt(int i);
```

其中，参数 i 表示索引。

6. 移动操作

成员函数 move()从某个索引值指定的位置移动到另外一个索引值指定的位置，该函数的原型声明如下：

```
void QList::move(int from, int to);
```

其中，参数 from 表示源位置；to 表示目的位置。比如：

```
QList<QString> list;
list << "A" << "B" << "C" << "D" << "E" << "F";
list.move(1, 4);
// list: ["A", "C", "D", "E", "B", "F"]
```

7. 交换操作

成员函数 swap()用于对两个索引值指定位置的元素进行交换，该函数的原型声明如下：

```
void swap(int i, int j);
```

其中，参数 i 和 j 是要交换的两个元素所在位置对应的索引值。比如：

```
QList<QString> list;
list << "A" << "B" << "C" << "D" << "E" << "F";
list.swap(1, 4);
// list: ["A", "E", "C", "D", "B", "F"]
```

8. 在列表尾添加元素

成员函数 append()在列表的末尾插入元素，该函数的原型声明如下：

```
void  append(const T &value);
```

其中，参数 T 是要在列表尾部插入的元素值。比如：

```
QList<QString> list;
list.append("one");
list.append("two");
list.append("three");
// list: ["one", "two", "three"]
```

9. 在表头添加元素

成员函数 prepend()在列表的头部插入元素值，该函数的原型声明如下：

```
void QList::prepend(const T &value);
```

其中，参数 T 表示要在列表的开头插入的元素值。比如：

```
QList<QString> list;
list.prepend("one");
list.prepend("two");
list.prepend("three");
// list: ["three", "two", "one"]
```

10. 移除第一个元素

成员函数 removeFirst()用于删除列表中的第一个元素，该函数的原型声明如下：

```
void  removeFirst();
```

11. 移除最后一个元素

成员函数 removeLast()用于删除列表中的最后一个元素，该函数的原型声明如下：

```
void removeLast();
```

12. 获得列表中第一个匹配元素值对应的索引位置

成员函数 indexOf()用于返回列表中第一个匹配元素值对应的索引位置，该函数的原型声明如下：

```
int QList::indexOf(const T &value, int from = 0);
```

其中，参数 value 表示需要查询的元素值；from 表示在列表中第几次匹配的元素值。比如：

```
QList<QString> list;
list << "A" << "B" << "C" << "B" << "A";
list.indexOf("B");      // returns 1
list.indexOf("B", 1);   // returns 1
list.indexOf("B", 2);   // returns 3
list.indexOf("X");      // returns -1
```

13. 判断列表中是否有相应的元素值

成员函数 contains()用于判断是否有相应的元素值，该函数的原型声明如下：

```
bool contains(const T &value);
```

如果该列表包含指定值的匹配元素，则返回 true，否则返回 false。

14. 获取指定值在列表中出现的次数

成员函数 count()返回列表中与指定值匹配的元素数量，该函数的原型声明如下：

```
int  count(const T &value);
```

参数 T 表示用于匹配的指定值。

15. 获取列表中元素的数量

成员函数 count()返回列表中元素的数量，该函数的原型声明如下：

```
int  count();
```

注意，用于返回列表元素数量时，调用 count()函数时就不用带参数。

3.6 字符串列表类 QStringList

字符串列表类 QStringList 是从 QList <QString>继承而来的，是一个非常有用的类。在处理多个字符串时使用 QStringList 类有时能事半功倍。

QStringList 类可以使用 QList 类的所有函数（或称为方法），如 append()、prepend()、insert()、replace()、removeAll()、removeAt()、removeFirst()、removeLast()和 removeOne()。

1. QStringList 类对象的初始化

初始化就是把 QString 字符串添加到 QStringList 类对象中，一般使用操作符<<。比如：

```
QStringList qstrList;
qstrList<<"Android" << "Qt Creator" << "Java" << "C++";
```

2. 增加字符串

QStringList 类对象可以通过函数 append()或使用查找法<<来添加 QString 字符串，比如：

```
QStringList qstrList;
qstrList.append("python");
qstrList << "PHP" ;
```

3. 遍历 QStringList 类对象中的元素

可以使用QStringList类的父类QList类的成员函数at()来遍历QStringList类对象中的元素，该函数的原型声明如下：

```
const T &QList::at(int i);
```

其中，i 表示第 i 个元素，索引值从 0 开始。

【例 3.5】　遍历 QStringList 类对象中的元素

（1）启动 Qt Creator 4.8.2，新建一个控制台项目，项目名为 test。

（2）在 test.cpp 中输入如下代码：

```
#include <QCoreApplication>
#include <QStringList>
#include <qDebug>
int main(int argc, char *argv[])
{
    QCoreApplication a(argc, argv);
    //定义
    QStringList chinaMonth;
    chinaMonth
        << QStringLiteral("正月")
        << QStringLiteral("二月")
        << QStringLiteral("三月")
        << QStringLiteral("四月")
        << QStringLiteral("五月")
        << QStringLiteral("六月")
        << QStringLiteral("七月")
        << QStringLiteral("八月")
        << QStringLiteral("九月")
        << QStringLiteral("十月")
        << QStringLiteral("冬月")
        << QStringLiteral("腊月")
        ;

    //遍历
    for(int i = 0; i< chinaMonth.size();++i)
    {
        QString tmp = chinaMonth.at(i);
        qDebug()<<"tmp ="<< tmp;
    }
```

```
    return a.exec();
}
```

其中，QStringLiteral 是 Qt 5 中新引入的一个用来从“字符串常量”创建 QString 类对象的宏。

（3）按 Ctrl+F5 快捷键运行这个项目，结果如图 3-5 所示。

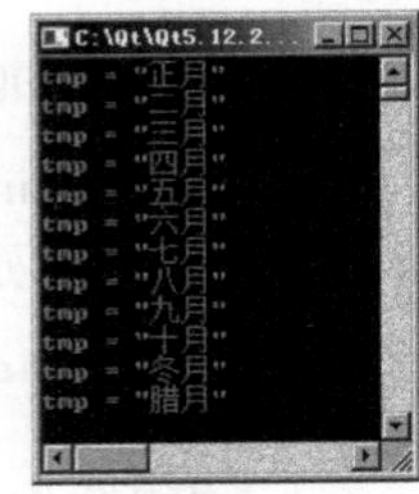

图 3-5

4. 在某位置插入字符串

QStringList 类的父类 QList 类的成员函数 insert()可以将字符串插入到 QStringList 类对象中指定的位置。比如：

```
QStringList list;
list << "alpha" << "beta" << "delta";
//执行后，列表中的内容为["alpha", "beta", "gamma", "delta"]
list.insert(2, "gamma");
```

第一个参数为我们要插入字符串的位置，后面的参数为要插入的字符串。

除了插入操作，QList 类的其他一些方法也都可以使用，比如替换、移除等，具体可以参考 QList 类中的介绍。下面我们看一下 QStringList 类自身的成员函数。

5. 合并列表中的字符串为一个字符串

可以调用成员函数 join()将 QStringList 类对象中的所有字符串合并为一个字符串。该函数有几个原型声明形式：

```
QString QStringList::join(const QString &separator);
QString QStringList::join(QLatin1String separator);
QString QStringList::join(QChar separator);
```

其中，separator 是每两个字符串之间的分隔符字符串；QChar 是每两个字符串之间的分隔符字符。上述函数会返回合并后的字符串。比如：

```
QStringList qstrList;
qstrList<<"Android" << "Qt Creator" << "Java" << "C++";
// qstrList: ["Android ", " Qt Creator ", " Java ", " C++"]
QString str = fonts.join(",");
//str == "Android,Qt Creator,Java,C++"
```

6. 拆分字符串

可以调用 QString 类的成员函数 split()将 QString 字符串拆分为多个 QStringList 元素。该函数的原型声明如下：

```
    QStringList QString::split(const QString &sep, QString::SplitBehavior
behavior = KeepEmptyParts, Qt::CaseSensitivity cs = Qt::CaseSensitive);
```

其中，参数 sep 是分隔符；KeepEmptyParts 表示是否忽略空串；Qt::CaseSensitive 表示要区分字母大小写。该函数返回的是分割后的 QStringList 类对象。比如：

```
str == "Arial, Helvetica, Times, Courier";
QStringList list;
list = str.split(',');
// list: ["Arial", "Helvetica", "Times", "Courier"]
```

又比如：

```
QString str = "Android,Qt Creator, ,Java,C++";
QStringList list1 = str.split(",");
// list1: [ "Android", "Qt Creator"," ", "Java", "C++" ]
QStringList list2 = str.split(",", QString::SkipEmptyParts);
// list2:[ "Android", "Qt Creator", "Java", "C++" ]
```

再比如：

```
QString str = "a,,b,c";
QStringList list1 = str.split(',');
// list1: [ "a", "", "b", "c" ]
QStringList list2 = str.split(',', QString::SkipEmptyParts);
// list2: [ "a", "b", "c" ]
```

可以看出，如果有 QString::SkipEmptyParts，空项就不会出现在结果中。默认情况下，空项会被保留。

7. 索引位置

成员函数 IndexOf()返回指定字符串第一个出现的索引位置。成员函数 lastIndexOf()返回字符串最后一次出现的索引位置。比如：

```
QStringList qstrList;
qstrList<<"Java" << "Android" << "Qt Creator" << "Java" << "C++";
int index = qstrList.indexOf("Java");//返回 0
int index = qstrList.indexOf("Java");//返回 3
```

8. 替换

QStringList 类的成员函数 replaceInStrings()用来把字符串列表每个元素中的某些字符串替换为新的字符串，该函数的原型声明如下：

```
QStringList & replaceInStrings(const QString &before, const QString &after,
Qt::CaseSensitivity cs = Qt::CaseSensitive);
```

其中，参数 before 是要准备替换掉的源字符串；after 是准备用于替换的字符串；Qt::CaseSensitive 表示匹配时要区分字母大小写。比如：

```
    QStringList list;
    list << "alpha" << "beta" << "gamma" << "epsilon";
    list.replaceInStrings("a", "o");
    // list == ["olpho", "beto", "gommo", "epsilon"]
```

又比如：

```
    QStringList files;
    files << "$file/src/moc/moc.y" << "$file/src/moc/moc.l" <<
"$file/include/qconfig.h";
    files.replaceInStrings("$file", "/usr/file");
    // files: [ "/usr/file/src/moc/moc.y", ...]
```

9. 过滤

QstringList 类的成员函数 filter()用于提取一个新的列表，该列表每个元素（字符串）必须包含某个特定的字符串。该函数的原型声明如下：

```
    QStringList filter(const QString &str, Qt::CaseSensitivity cs =
Qt::CaseSensitive);
```

其中，参数 str 表示要包含在内的字符串；Qt::CaseSensitive 表示匹配时要区分字母大小写，而 Qt::CaseInSensitive 表示不区分字母大小写。该函数会返回新的 QStringList 类对象。比如：

```
    QStringList list;
    list << "Bill Murray" << "John Doe" << "Bill Clinton";
    QStringList result;
    result = list.filter("Bill");
    // result: ["Bill Murray", "Bill Clinton"]
    result = list.filter("bill",Qt::CaseInSensitive);
    // result: ["Bill Murray", "Bill Clinton"]
```

3.7 Qt 和字符集

3.7.1 计算机上的 3 种字符集

在计算机中每个字符都要使用一个编码来表示，而每个字符究竟使用哪个编码来表示要取决于使用哪个字符集（Charset）。

计算机字符集可归类为 3 种：单字节字符集（SBCS）、多字节字符集（MBCS）和宽字符集（Unicode 字符集）。

（1）单字节字符集（SBCS）

单字节字符集的所有字符都只有一个字节的长度。单字节字符集（SBCS）是一个理论指导规范。具体实现时有两种字符集：ASCII 字符集和扩展 ASCII 字符集。

ASCII 字符集主要用于美国，是由美国国家标准局（ANSI）颁布的，全称是美国国家标准信息交换码（American National Standard Code For Information Interchange），使用 7 位（bit）来表示一个字符，总共可以表示 128 个字符（0～127），不过一个字节有 8 位，有 1 位没有用到，因此人们把最高 1 位永远设为 0，用剩下的 7 位组成的编码来表示字符集的 128 个字符。ASCII 字符集包括英文字母、数字、标点符号等常用字符，如字符'A'的 ASCII 码是 65、字符'a'的 ASCII 码是 97、字符'0'的 ASCII 码是 48、字符'1'的 ASCII 码是 49。其他字符编码的具体细节可以查看 ASCII 码表。

在美国刚刚兴起计算机的时候，ASCII 字符集中的 128 个字符就够用了，一切应用都是顺顺当当的。后来计算机发展到欧洲，欧洲各个国家的字符较多，128 个就不够用了，怎么办？人们对 ASCII 码进行了扩展，因此就有了扩展 ASCII 字符集。它使用 8 位来表示一个字符，即可表示 256 个字符，在前面 0 到 127 的编码范围内定义的字符与 ASCII 字符集中的字符相同，后面多出来的 128 个字符用来表示欧洲国家的一些字符，如拉丁字母、希腊字母等。有了扩展的 ASCII 字符集，计算机在欧洲的发展也就顺风顺水了。

（2）多字节字符集（MBCS）

随着计算机普及到更多国家和地区（比如东亚和中东），需要的字符就更多了，8 位的单字节字符集不能满足信息这些国家和地区交流的需要。因此，为了能够表示更多国家和地区的文字（比如中文），人们对 ASCII 码继续扩展，也就是在欧洲人扩展的基础上再进行扩展，即英文字母和欧洲字符为了和扩展 ASCII 兼容，依然用 1 个字节表示字符，而对于更多国家和地区自己的字符（如中文字符）则用 2 个字节来表示，这就是多字节字符集（Multi-Byte Character System，MBCS），它也是一个理论指导规范，具体实现时各个国家或地区根据自己的语言字符分别实现了不同的字符集，比如中国大陆实现了 GB-2312 字符集（后来又扩展出 GBK 和 GB18030）、中国台湾地区实现了 Big5 字符集，日本实现了 jis 字符集。这些具体的字符集虽然不同，但实现的依据都是 MBCS，也就是字符编码 256 后面的字符都用 2 个字节来表示。

MBCS 解决了欧美地区以外不同语言中字符的表示，但缺点也很明显。MBCS 在保留原有扩展 ASCII 码（前面 256 个）的同时，用 2 个字节来表示其他语言中的字符，这样会导致一个字节和两个字节混在一起，使用起来不太方便。例如，字符串“你好 abc”，字符数是 5，而字节数是 8（因为最后还有一个'\0'）。对于用++或--运算符来遍历字符串的程序员来说，这简直就是噩梦。另外，各个国家或地区各自定义的字符集难免会有交集，比如使用简体中文的软件就不能在日文环境下运行（会显示出乱码）。

这么多国家或地区都定义了各自的多字节字符集，并以此来为自己的文字编码，那么操作系统如何区分这些字符集呢？操作系统通过代码页（Code Page）来为各个字符集定义一个编号，比如 437（美国英语）、936（简体中文）、950（繁体中文）、932（日文）、949（朝鲜语_朝鲜）、1361（朝鲜语_韩国）等都是属于代码页。在 Windows 操作系统的控制面板中可以设置当前系统所使用的字符集。例如，通过控制面板打开 Windows 7 的“区域和语言”对话框，然后切换到“管理”选项卡，可以看到当前非 Unicode（也就是多字节字符集）程序使用的字符集，如图 3-6 所示（在 Windows 10 中的设置界面与此类似）。

在图 3-6 中选定的语言是“中文（简体，中国）”，系统此时的代码页就是 936。我们可以编写一个控制台程序验证一下。注意，控制台程序输出窗口默认使用的代码页（字符集）就是操作系统的代码页，也可以调用函数 SetConsoleOutputCP()修改控制台窗口的代码页。这个函数虽是 Windows API 函数，但可以在 Qt 项目中使用。

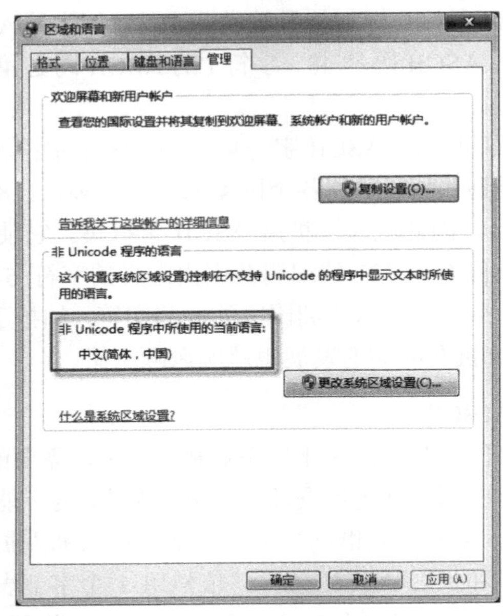

图 3-6　区域和语言

（3）Unicode 字符集

Unicode 编码被称为统一码、万国码或单一码。为了把全世界所有的文字符号都统一进行编码，标准化组织 ISO 提出了 Unicode 编码方案。这个编码方案可以容纳世界上所有文字和符号的字符编码，并规定任何语言中的任一字符都只对应一个唯一的数字。这个数字被称为代码点（Code Point），或称为码点、码位，用十六进制书写，并加上 U+前缀，比如 '田' 的代码点是 U+7530、'A' 的代码点是 U+0041。

所有字符及其 Unicode 编码构成的集合叫 Unicode 字符集（Unicode Character Set，UCS）。早期的版本有 UCS-2，用两个字节进行编码，最多能表示 65535 个字符。在这个版本中，每个代码点的长度有 16 位（比特位），用 0 至 65535 之间的数字来表示世界上的字符（当初以为够用了），其中 0 至 127 这 128 个数字表示的字符依旧与 ASCII 码中的字符完全一样，比如 Unicode 和 ASCII 中的数字 65 都表示字母 'A'、数字 97 都表示字母 ' a'。反过来却是不同的，字符 'A'在 Unicode 中的编码是 0x0041、在 ASCII 中的编码是 0x41，虽然它们的值都是 97，但是编码的长度是不一样的（Unicode 码是 16 位长度，ASCII 码是 8 位长度）。

UCS-2 后来不够用了，又推出 UCS-4 版本。UCS-4 用 4 个字节编码（实际上只用了 31 位，最高位必须为 0），它根据最高字节分成 2^7=128 个组（最高字节的最高位恒为 0，所以有 128 个组）。每个组再根据次高字节分为 256 个平面（Plane）。每个平面根据第 3 个字节分为 256 行（Row），每行有 256 个码位（Cell）。组 0 的平面 0 被称作基本多语言平面（Basic Multilingual Plane，BMP），即范围在 U+00000000 到 U+0000FFFF 的代码点，若将 UCS-4 BMP 前面的两个零字节去掉则可得到 UCS-2（U+0000 ~ U+FFFF）。每个平面有 2^{16}=65536 个码位。Unicode 计划使用了 17 个平面，一共有 17×65536=1114112 个码位。在 Unicode 5.0.0 版本中，已定义的码位只有 238605 个，分布在平面 0、平面 1、平面 2、平面 14、平面 15、平面 16。其中，平面 15 和平面 16 上只是定义了两个各占 65534 个码位的专用区（Private Use Area），分别是 0xF0000～0xFFFFD 和 0x100000～0x10FFFD。所谓专用区，就是保留给大家放自定义字符的区域，可以简写为 PUA。平面 0 也有一个专用区：0xE000～0xF8FF，有 6400 个码位。平面 0 的 0xD800～0xDFFF 共有 2048 个码位，是一个被称作代理区（Surrogate）的特殊区域。代理区的目的是用两个 UTF-16 字符表示 BMP 以外的字符（在讲 UTF-16 编码时会介绍）。

在 Unicode 5.0.0 版本中，238605-65534×2-6400-2408=99089，余下的 99089 个已定义码位分布在平面 0、平面 1、平面 2 和平面 14 上，对应 Unicode 目前定义的 99089 个字符，其中包括 71226 个汉字。平面 0、平面 1、平面 2 和平面 14 上分别定义了 52080、3419、43253 和 337 个字符。平面 2 的 43253 个字符都是汉字。平面 0 上定义了 27973 个汉字。

再归纳总结一下：

① 在 Unicode 字符集中的某个字符对应的代码值称作代码点（Code Point），简称码点，用十六进制书写，并加上 U+前缀。

② 后来字符越来越多，最初定义的 16 位（UCS-2 版本）已经不够用，就用 32 位（UCS-4 版本）表示某个字符的代码点，并且把所有代码点分成 17 个代码平面（Code Plane）：其中，U+0000 ~ U+FFFF 划入基本多语言平面（Basic Multilingual Plane，BMP）；其余划入 16 个辅助平面（Supplementary Plane），代码点范围为 U+10000 ~ U+10FFFF。

③ 并不是每个平面中的代码点都对应有字符，有些是保留的，有些是有特殊用途的。

3.7.2 VC-Qt 开发环境对 Unicode 和多字节的支持

VC 下 Qt 开发环境支持两种字符集：多字节字符集和 Unicode 字符集，默认采用 Unicode 字符集。我们可以创建项目验证一下。

【例 3.6】 VC 下验证默认情况的 Qt 项目字符集

（1）启动 VC2017，新建一个 Qt 控制台项目，项目名为 test。

（2）打开项目属性对话框，展开左边的“C/C++→预处理器”，在右边“预处理器定义”旁可以看到 UNICODE 和_UNICODE 的宏定义，如图 3-7 所示。

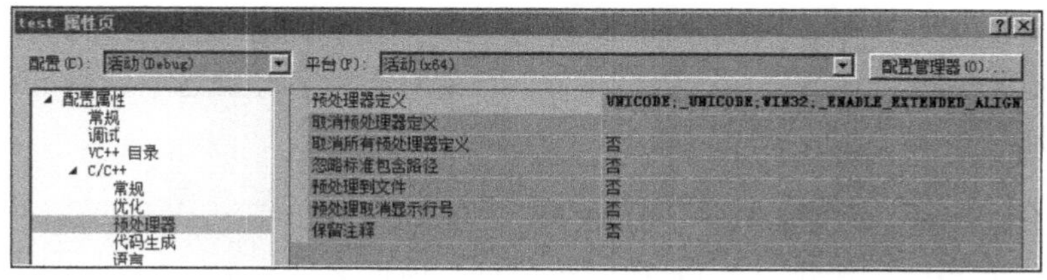

图 3-7

这就说明 Qt 项目默认采用的是 Unicode 字符集。如果喜欢多字节字符集，可以把 UNICODE 和_UNICODE 删掉，参看下例。

【例 3.7】 在 VC 下使用多字节字符集

（1）启动 VC2017，新建一个 Qt 控制台项目，项目名为 test。

（2）打开项目属性对话框，展开左边的“C/C++→预处理器”，在右边“预处理器定义”旁可以看到 UNICODE 和_UNICODE 的宏定义，把 UNICODE 和_UNICODE 删掉，然后单击“确定”按钮关闭项目属性对话框。

（3）打开 test.cpp，输入如下代码：

```
#include <QtCore/QCoreApplication>
#include <tchar.h>
int main(int argc, char *argv[])
{
    QCoreApplication a(argc, argv);
    char sz1[] = "aaa我";
    TCHAR sz2[] = _T("aaa我");

    printf("使用TCHAR: %d,%d\n", strlen(sz1), _tcslen(sz2));
    return a.exec();
}
```

因为我们删除了 UNICODE 和_UNICODE 两个宏定义，所以这里的 TCHAR 相当于 char，_tcslen 相当于 strlen，因此运行结果都是 5。

（4）保存项目并运行，结果如图 3-8 所示。

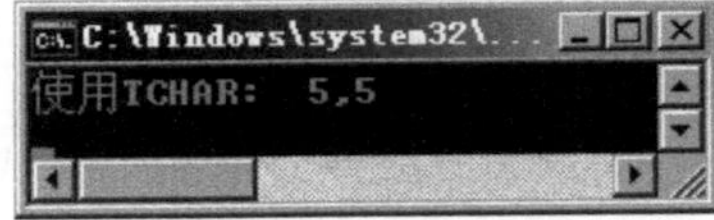

图 3-8

新建一个 VC 项目后，可以在项目属性里选择本项目所使用的字符集（左边选择“常规”，右边就能看到“字符集”选项了）。一定要记住：此选项只控制 TCHAR、_T 和通用形式的 Win32 API 函数是用宽字符版的还是多字节字符版的。如果选择了“使用 Unicode 字符集”，那么代码里用到的 API 函数就会被解释为 UNICODE 版本的 API（带标记 W 的 API），比如 MessageBox 被解释为 MessageBoxW。如果选择了“使用多字节字符集”，则代码里用到的 API 函数被解释为多字节版本的 API（带标记 A 的 API），如 MessageBox 被解释为 MessageBoxA。再比如对于代码中的宏_T，如果选择了 Unicode 字符集，则被解释成 L，其后的字符串是双字节字符串；如果选择多字节字符集，则其后的字符串是单字节字符串。

如果项目中使用了“多字节字符集”（就是系统预定义了宏_MBCS），则类型 TCHAR 将映射到 char。如果项目中使用了“Unicode 字符集”（就是系统预定义了宏_UNICODE），则类型 TCHAR 将映射到 wchar_t。在上例中，如果我们选择字符集选项为“Unicode 字符集”，那么输出就会是 5 和 4 了。我们可以验证一下。

【例 3.8】 通过字符集选项设置 Unicode 字符集

（1）打开 VC2017，新建一个 Qt 控制台项目，项目名为 test。

（2）打开项目属性对话框，展开左边窗格中的“C/C++→预处理器”，在右边窗格的“预处理器定义”旁可以看到 UNICODE 和_UNICODE 的宏定义，把 UNICODE 和_UNICODE 删掉，然后单击“确定”按钮关闭项目属性对话框。

（3）打开 test.cpp，输入如下代码：

```
#include <QtCore/QCoreApplication>
#include <tchar.h>
int main(int argc, char *argv[])
{
    QCoreApplication a(argc, argv);
    char sz1[] = "aaa 我";
    TCHAR sz2[] = _T("aaa 我");

    printf("使用 TCHAR:  %d,%d\n", strlen(sz1), _tcslen(sz2));
    return a.exec();
}
```

因为我们删除了 UNICODE 和_UNICODE 两个宏定义，所以这里的 TCHAR 相当于 char，_tcslen 相当于 strlen，应该都是 5。

现在通过选中字符集的方式改回 Unicode。打开项目属性对话框，在左边的窗格中选择“配置属性→常规”，在右边窗格的“字符集”旁边选择“使用 Unicode 字符集”，如图 3-9 所示。然后单击“确定”按钮，项目的字符集就切换到 Unicode 了，所以这里的 TCHAR 相当于 wchar_t，_tcslen 相当于 wcslen，也就是 5 和 4。

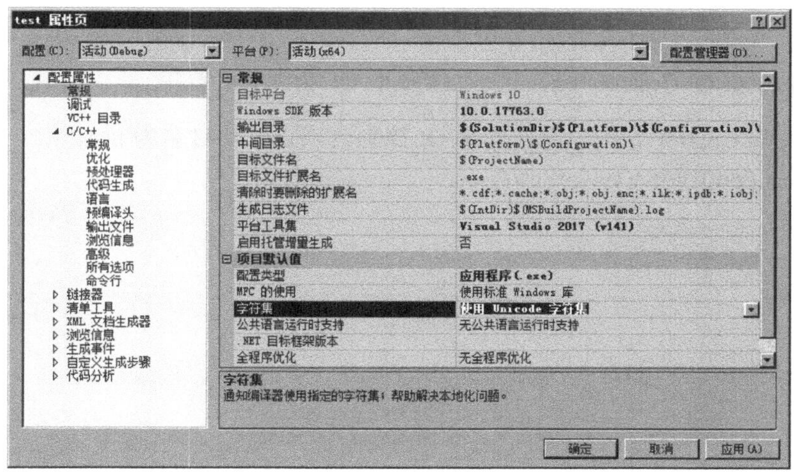

图 3-9

（4）保存项目并运行，运行结果如图 3-10 所示。

图 3-10

预处理中的 UNICODE、_UNICODE 与“常规”中的“字符集”选项，哪个优先级高？答案是前者高。如果不删除预处理中的 UNICODE 和_UNICODE，而把“常规”中的“字符集”选择为“使用多字节字符集”，那么最终运行结果依然是当成 Unicode 编码进行处理。

以上就是在 VC 下控制项目字符集的方式。在 Qt 中，建议采用支持 Unicode 字符集的开发软件，因为使用 Unicode 字符集开发热键好处颇多，比如：

- Unicode 字符集使程序的国际化变得更容易。
- Unicode 字符集提升了应用程序的效率，因为代码执行速度更快，占用内存更少。Windows 内部的一切工作都是使用 Unicode 编码的字符和字符串来进行的。所以，假如你非要传入 ANSI 编码的字符或字符串，Windows 就会被迫分配内存，并将 ANSI 字符或字符串转换为等价的 Unicode 编码的形式。
- 使用 Unicode 字符集，应用程序能轻松调用所有的 Windows 函数，因为一些 Windows 函数提供了处理 Unicode 字符和字符串的版本。
- 使用 Unicode 字符集，代码很容易与 COM 集成（后者要求使用 Unicode 编码的字符和字符串）。
- 使用 Unicode 字符集，代码很容易与.NET Framework 集成（后者要求使用 Unicode 编码的字符和字符串）。

3.7.3 Qt Creator 开发环境对 Unicode 和多字节的支持

在 3.7.2 小节我们验证了 VC-Qt 对 Unicode 和多字节两种字符集的支持情况，那么 Qt Creator 对 Unicode 和多字节又是如何支持或如何进行切换的呢？

下面几个例子将使用 Qt Creator 4.8.2，但要注意两点：一是项目路径中不要有中文，二是项目路径要预先在磁盘上创建好。这也是笔者建议大家使用 VC 的原因之一，大公司的产品就是功能完善。

【例 3.9】 在 Qt Creator 中验证默认情况下 Qt 项目的字符集

（1）启动 Qt Creator 4.8.2，新建一个 Qt 控制台项目，项目名为 test。

（2）在 test.cpp 中输入如下代码：

```
#include <QCoreApplication>
#include <tchar.h>
int main(int argc, char *argv[])
{
   QCoreApplication a(argc, argv);

#ifdef UNICODE
   wchar_t str[100] = L"aaabbb";
   wprintf(L"%s\n",str);
#else
   char str[100] = "cccddd";
   printf(L"%s\n",str);
#endif

   return a.exec();
}
```

Qt Creator 创建的项目默认采用的字符集是 Unicode，所以上面的代码将输出 aaabbb。

（3）保存项目并运行（按 Ctrl+R 快捷键），结果如图 3-11 所示。

图 3-11

要在 Qt Creator 项目中使用多字节字符集，该怎么办呢？方法是在项目文件（.pro 文件）中进行手工设置。请看下例。

【例 3.10】　在 Qt Creator 中使用多字节字符集

（1）启动 Qt Creator 4.8.2，新建一个 Qt 控制台项目，项目名为 test，注意路径中不要含中文或空格。

（2）在 test.cpp 中输入如下代码：

```
#include <QCoreApplication>
#include <tchar.h>
int main(int argc, char *argv[])
{
    QCoreApplication a(argc, argv);

#ifdef UNICODE
    wchar_t str[100] = L"aaabbb";
    wprintf(L"%s\n",str);
#else
    char str[100] = "cccddd";
    printf("%s\n",str);
#endif

    return a.exec();
}
```

（3）在 Qt Creator 的项目视图中，双击 test.pro 项目文件以打开它，在 QT -= gui 语句下面添加一行语句 DEFINES -= UNICODE，即：

```
QT -= gui
DEFINES -= UNICODE
```

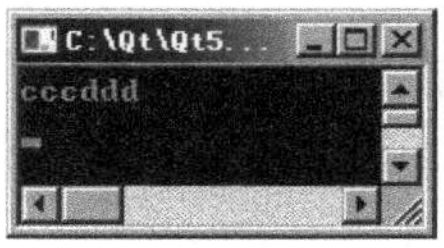

（4）保存项目并运行，运行结果如图 3-12 所示。

图 3-12

通过这两个小例子就可以知道在 Qt Creator 中创建项目时默认采用的字符集是什么以及如何修改默认字符集了。

3.7.4　在 Qt Creator 中使用中文字符的两种方式

为了在 Qt 程序中正确显示中文而不出现乱码，通常有两种解决方案。

（1）使用静态函数 QString::fromLocal8Bit

该函数将字节数组对象转为 QString 类对象，这个函数的原型声明如下：

```
QString QString::fromLocal8Bit(const QByteArray &str)
```

在要显示中文的地方这样调用：

```
QString::fromLocal8Bit ("信息1")
```

为了代码简洁，也可以把 QString::fromLocal8Bit 定义为一个宏：

```
#define z QString::fromLocal8Bit
```

之后，在要显示中文的地方这样调用：

```
z("信息2")
```

（2）在文件开头使用预处理命令 execution_character_set

```
#pragma execution_character_set("utf-8")  //用于正确显示中文
```

这样，在后面的代码里就可以直接使用中文了。

3.8 认识 Qt 界面 Widgets

应该是通过代码来编写界面还是使用拖曳控件来绘制界面呢？这是仁者见仁、智者见智的问题，甚至可能引起代码派和拖曳派的争论。如果是简单的演示程序或者简单的小工具，可以使用拖曳控件的方式来绘制界面；或者是刚入门的初学者，对 Qt 界面不是很熟悉，但是公司又需要马上把程序编写出来，这时采用拖曳控件的方式可以快速解决问题。随着项目越来越大，界面越来越复杂，会发现维护拖曳界面（.ui 文件）是一件不简单的事情，甚至是牵一发而动全身；如果是用代码编写的界面，可以很好地将界面封装成小的组件和控件，达到复用的目的，这样的程序结构清晰且能在后期很好地修改和维护，最为重要的是使用代码便于编写自定义的控件。纵观 Java 安卓、前端 JS 框架等，使用代码编写界面的居多。当读者对界面有一定的熟悉程度之后，建议还是使用代码编写界面。这样可以更好地了解 Qt 的机制、设计哲学，以及在 Qt 中使用 C++，还能够锻炼自己的 C++编程能力，因为 Qt 本身就是一个庞大的 C++项目，其中的实现和设计哲学对我们加深 C++编程能力非常有帮助。如果更有追求一点，可以适当地阅读 Qt 的源码。

Qt 功能强大，类库众多。作为初学者，从界面入手是一个不错的选择。因此我们先从它的传统桌面程序的 UI 模块 Qt Widgets 入手。

Qt Widgets 提供了一组 UI 元素（图形界面元素）来创建经典的桌面风格的用户界面。这些 UI 元素在 Qt 中被称为控件，它们的基类是 QWidgets。常见的控件有主窗口、对话框、各种控件等。

Qt 控件是传统的用户界面元素，通常在桌面环境中使用。这些控件很好地集成到底层平台上，在 Windows、Linux 和 MacOS 上为本机系统提供各种外观元素。这些控件是成熟的、功能丰富的用户界面元素，适用于大多数静态用户界面。与 Qt Quick（Qt 的另外一种界面技术）相比，这些控件在触摸屏和流畅、高度动画化的现代用户界面上的缩放效果并不理想。不过，对于具有传统的以桌面为中心的用户界面应用程序（比如 Office 类型的应用程序），控件则是一个很好的选择。

3.9　Qt 中与界面相关的类库

Qt 的核心框架是一套 C++类库，里面的类很多，它们的合集就是一个大大的类库，也是一个应用程序的编程框架。有了框架，就可以往框架内添加自己的代码来实现我们所需要的 Qt 应用程序。这个过程好比开发商造好了整幢大楼，把毛坯房卖给了我们，而我们要做的就是装修，使之可以居住。

要成为 Qt 编程高手，熟悉 Qt 类库是必需的。Qt 类库非常庞大，不能眉毛胡子一把抓，对于初学者来说，应该由浅入深。实际工作中常用到的类可组成两张继承图，如图 3-13 和图 3-14 所示。

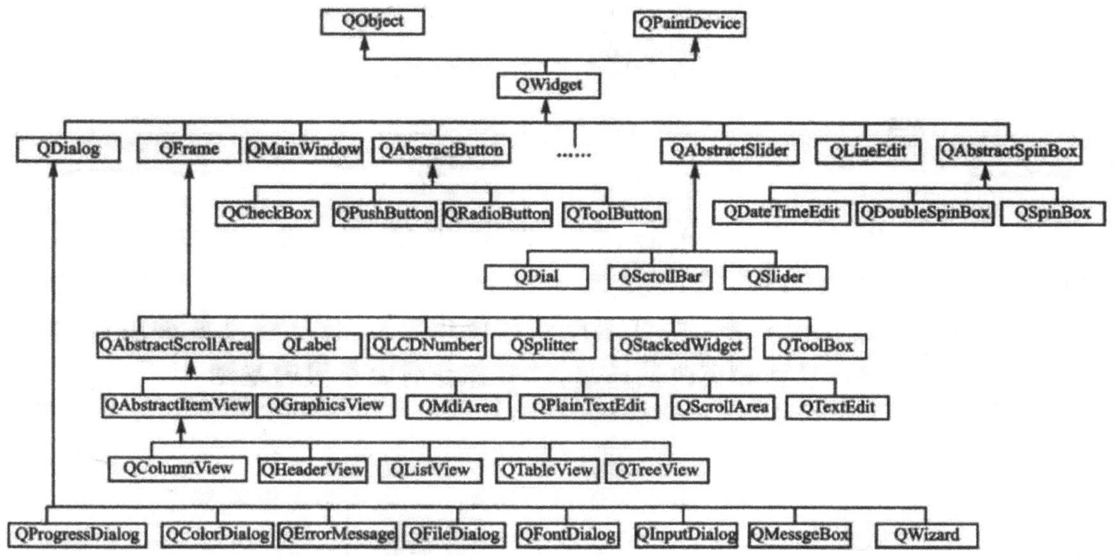

图 3-13

图 3-13 中的类主要涉及对话框类（QDialog）、菜单类（QMenu）、主窗口类（QMainWindow）等各个控件类，这是在 Qt 编程中经常会遇到的，它们的基类是 QWidget。

Qt 的类库很大，我们不需要（也不可能）全部记住，刚学习时只需要抓住几个头（父类，见图 3-14）即可，其他虾兵蟹将（子类）在用到的时候再学习。

图 3-14

3.9.1 QObject 类

QObject 类是所有 Qt 类的基类，是 Qt 对象模型的核心。它最主要的特征是关于对象间无缝通信的机制：信号与槽（槽就是信号处理函数，后面会讲到）。

任何对象都要实现信号与槽机制，Q_OBJECT 宏是强制的。不管是否真正用到信号与槽机制，最好在所有 QObject 子类中都使用 Q_OBJECT 宏，以免出现一些不必要的错误。

所有的 Qt Widgets 都是基础的 QObject 类。如果一个对象是 Widget，那么 isWidgetType()函数就能判断出。

QObject 类既没有复制构造函数也没有赋值操作符，实际上它们使用宏 Q_DISABLE_COPY()声明为私有的。所有派生自 QObject 类的对象都使用这个宏声明复制构造函数和赋值操作符为私有的。

3.9.2 QWidget 类

QWidget 类是所有用户界面对象的基类，被称为基础窗口部件。主窗口、对话框、标签、按钮、文本输入框等都是窗口部件。这些部件可以接收用户输入，显示数据和状态信息，并且在屏幕上绘制自己。Qt 把没有嵌入到其他部件的部件称为窗口，一般窗口都有边框和标题栏，就像程序中的部件（Widget）和标签（Label）一样，QMainWindow 类和大量的 QDialog 子类是一般的窗口类型。窗口就是没有父部件的部件，所以又称为顶层部件。

3.9.3 和主窗口有关的类

主窗口就是一种顶层窗口，可以用来显示数据、图形等。程序的主窗口是经常和用户打交道的用户界面元素，它上面通常可以存放菜单栏、工具栏、停靠控件、状态栏等，每个控件都对应着类。另外，对于这些控件上的操作也提供了相应的类，比如 QAction 等。

（1）QMainWindow 类

这个类表示主窗口本身。

（2）QDockWidget 类

该类表示停靠控件。

（3）QMenu 类

该类用于菜单栏、上下文菜单和其他弹出菜单的菜单控件。菜单栏通常位于主窗口上方。

（4）QToolBar 类

该类提供了一个通用的工具栏部件。它可以容纳许多与操作相关的不同控件，如按钮、下拉菜单、组合框和数字显示框。通常，工具栏与菜单和键盘快捷键可以很好地协作使用。工具栏通常位于菜单栏下方。

（5）QStatusBar 类

该类表示状态栏。状态栏通常位于主窗口的底部，用于显示当前程序状态信息或解释某个命令的含义。

以上是主窗口上常见的界面元素。和这些控件相关的操作也封装成了几个类。

（1）QAction 类

QAction 类表示和控件有关的用户界面操作。

（2）QActionGroup 类

QActionGroup 类用于把控件的操作进行组合。

（3）QWidgetAction 类

通过接口扩展 QAction 类，用于将自定义控件插入到基于操作的容器（如工具栏）中。

3.9.4 对话框类和控件类

对话框是另外一种常见的顶层窗口，上面可以存放不同的控件，让用户通过控件来操作所需的功能。

（1）QDialog 类

QDialog 类是对话框窗口的基类，可以衍生出不少子类，比如文件对话框类、颜色对话框类、打印对话框类等。

对话框窗口主要用于短期任务和与用户进行简短的通信。对话框有两种：模态和非模态（后面我们会详细介绍它们的区别）。QDialog 类可以提供返回值，并且可以有默认按钮。

（2）各个控件类

在 Qt 中，控件又称为小部件。控件各种各样，比如按钮控件（QAbstractButton）、编辑框控件（QTextEdit）等。后面我们将详细介绍常见控件的用法。

3.9.5 Qt Widgets 应用程序类型

在项目向导中新建项目时，如果选择了 Qt Widgets Application，那么最终生成的程序就是 Qt Widgets 应用程序，如图 3-15 所示。

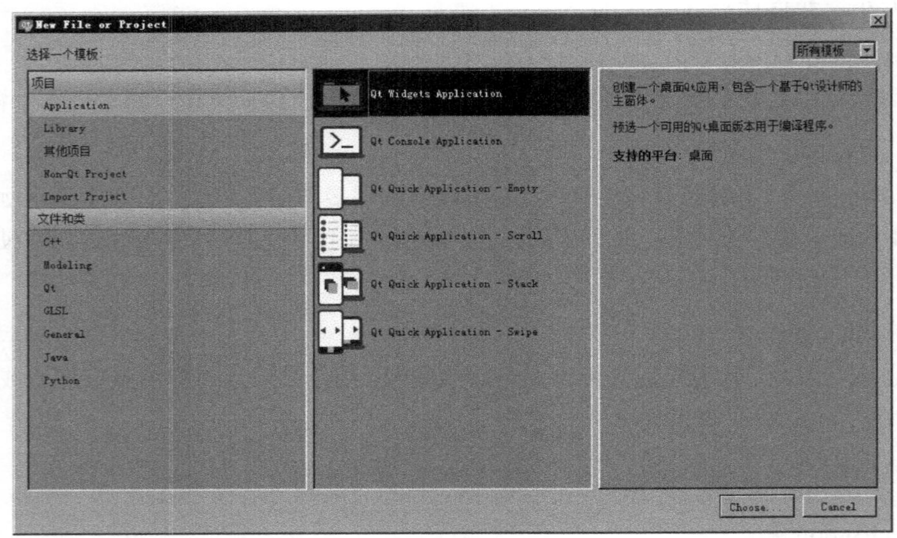

图 3-15

根据在向导中选择基类的不同，Qt Widgets 程序可以分为 3 大类：基于主窗口的 Widgets 程序、基于 Widgets 的 Widgets 程序和基于对话框的 Widgets 程序。我们可以在 Qt Creator 的向导对话框中进行选择，如图 3-16 所示。

如果用的是 VC2017，也可以在向导对话框中进行选择，如图 3-17 所示。

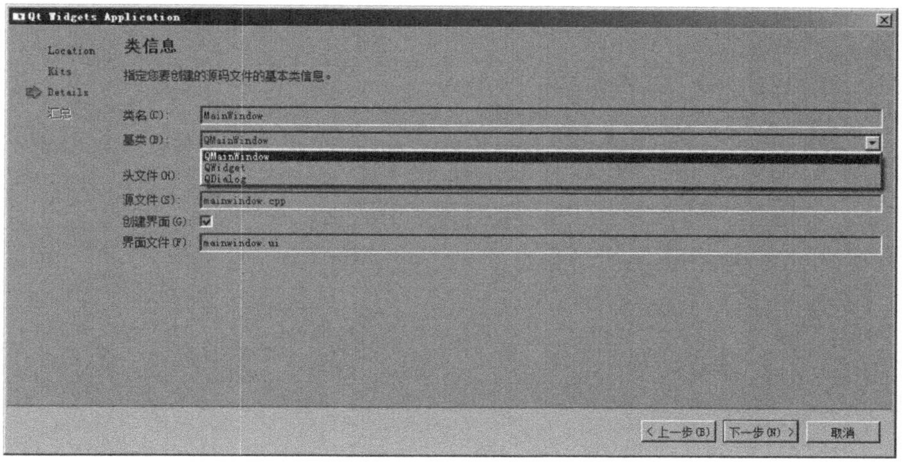

图 3-16

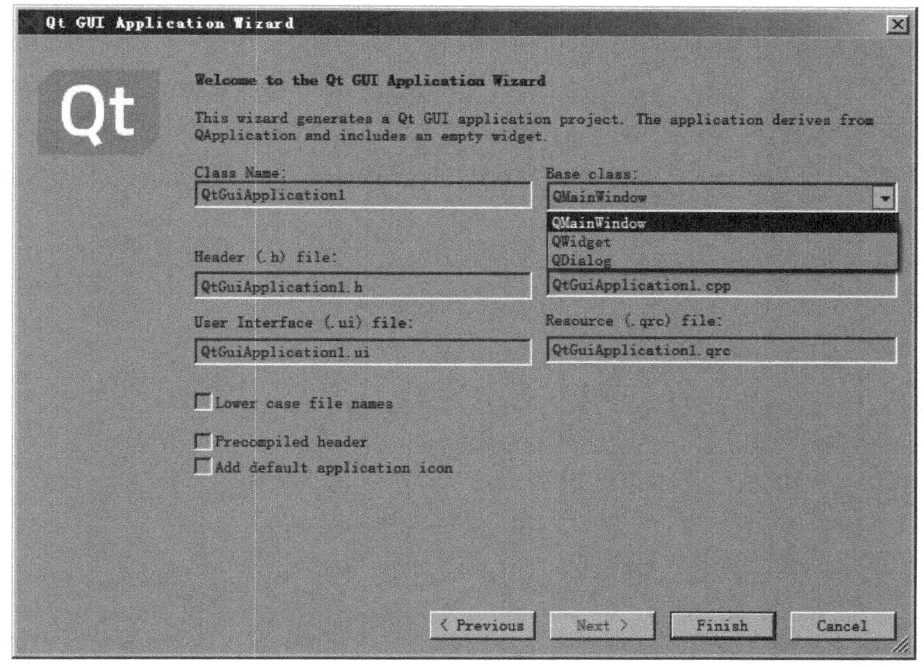

图 3-17

通过向导生成这 3 种类型的程序而不需要编写一行代码，不过向导生成的程序只是一个程序架构，还是需要自己手动输入具体的程序代码来实现所需的功能。

下面我们来生成这 3 类的 Widgets 程序。

【例 3.11】　一个简单的主窗口程序（Qt Creator 版）

（1）启动 Qt Creator 4.8.2，新建一个 Qt Widgets 项目，项目名为 test。然后跟着向导操作，直到在类信息向导对话框上选择（默认已经选中）基类为 QMainWindow，如图 3-18 所示。

然后继续单击“下一步”按钮，直到向导完成。

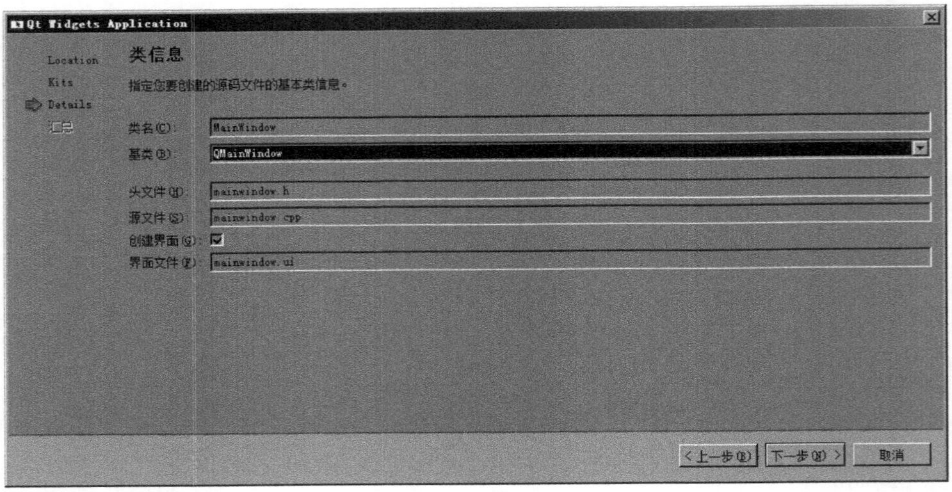

图 3-18

（2）向导完成后，会帮我们创建如图 3-19 所示的文件。

如果要设计界面，可以双击 mainwindow.ui，此时将打开设计师界面，在该界面上能以可视化方式进行界面设计。main.cpp 中定义了程序入口函数 main()。mainwindow.cpp 中定义了表示主窗口的 MainWindow 类，该类继承自 QMainWindow。MainWindow 类的对象在 main 函数中有定义，如下所示：

```
#include "mainwindow.h"
#include <QApplication>     //Qt 中系统类的头文件都不要.h
int main(int argc, char *argv[])
{
    QApplication a(argc, argv);     //定义应用程序对象
    MainWindow w;    //定义一个主窗口对象
    w.show();        //显示主窗口

    return a.exec(); //启动事件循环
}
```

在一个窗口的 Qt 程序中，至少有一个应用程序对象和窗口（这里是主窗口）对象。比如：

```
QApplication a(argc, argv); //定义应用程序对象
MainWindow w; //定义一个主窗口对象
```

（3）不需要添加任何代码，直接按 Ctrl+R 快捷键运行程序，其中编译的进度状态可以在右下角状态栏上看到，如图 3-20 所示。

稍等片刻，运行成功，运行结果如图 3-21 所示。

这个主窗口上还创建了工具栏，虽然还没有具体的内容。另外，在右下角的 3 根斜线表示该窗口可以通过鼠标拖拉边框来进行缩放。

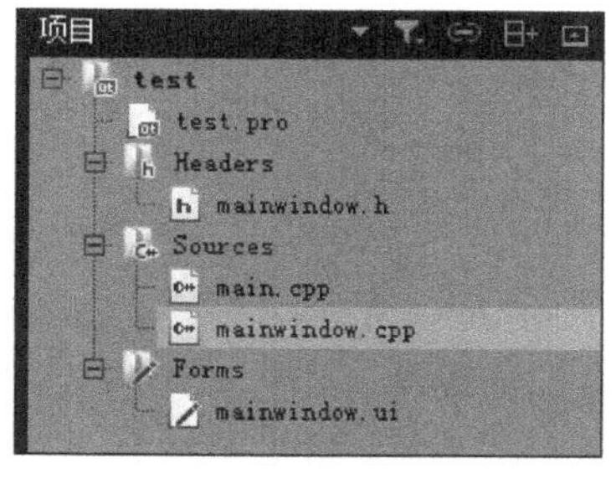

图 3-19

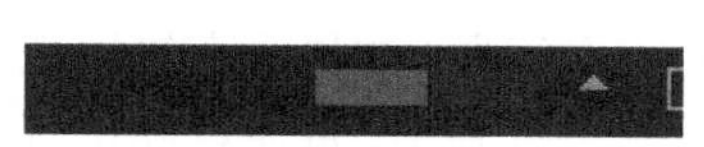

图 3-20

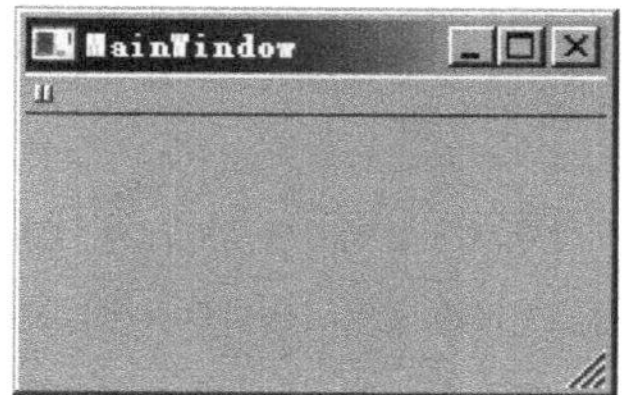

图 3-21

【例 3.12】　一个简单的主窗口程序（VC 版）

（1）启动 VC2107，新建一个 Qt GUI Application 项目，项目名为 test。然后一路跟着向导操作，直到在可以选择基类的向导对话框上选择（默认已经选中）基类为 QMainWindow。为了更加直观，把类名由默认的 test 改为 MainWindow，如图 3-22 所示。然后单击 Finish 按钮，一个 Qt 程序就自动创建好了。

（2）打开解决方案资源管理器视图，VC 已经帮我们创建好如图 3-23 所示的文件。

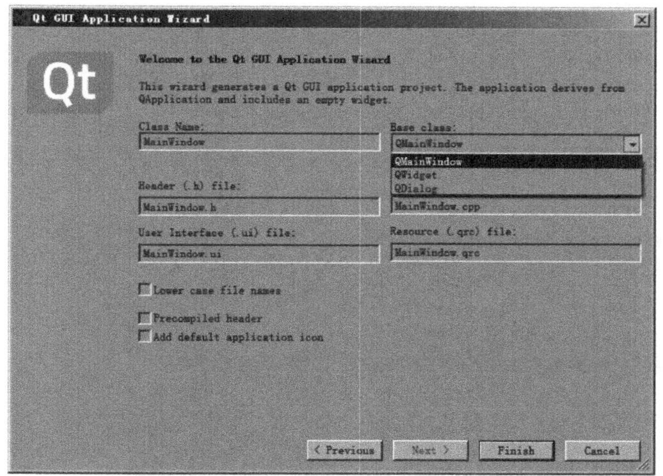

图 3-22

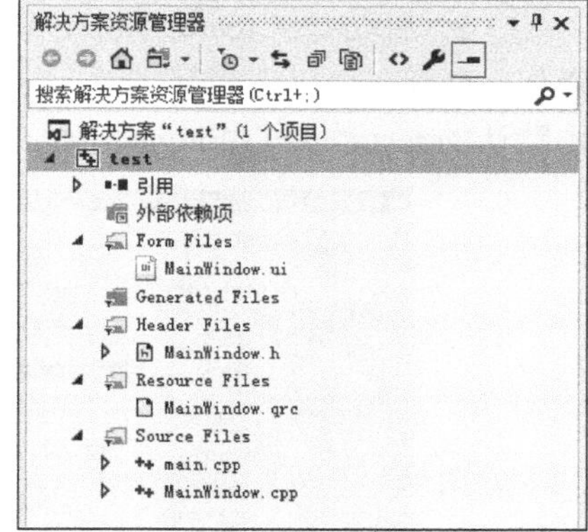

图 3-23

如果要设计界面，可以双击 MainWindow.ui，此时将打开设计师界面，在该界面上能以可视化方式进行界面设计。main.cpp 中定义了程序入口函数 main()。MainWindow.cpp 中定义了表示主窗口的类 MainWindow，该类继承自 QMainWindow。MainWindow 类的对象在 main() 函数中有定义，如下所示：

```
#include "MainWindow.h"
#include <QtWidgets/QApplication>  //这里和 Qt Creator 版稍微不同

int main(int argc, char *argv[])
{
    QApplication a(argc, argv);     //定义应用程序对象
```

```
    MainWindow w;     //定义一个主窗口对象
    w.show();         //显示主窗口
    return a.exec();//启动事件循环
}
```

（3）不添加任何代码，直接按 Ctrl+F5 快捷键运行程序，此时 VC 会自动在下方显示输出视图。我们可以看到编译时的状态信息，如果没有错误就会显示编译成功，如图 3-24 所示。

在图 3-24 中，显示成功 1 个、失败 0 个，说明程序运行成功了。运行结果如图 3-25 所示。

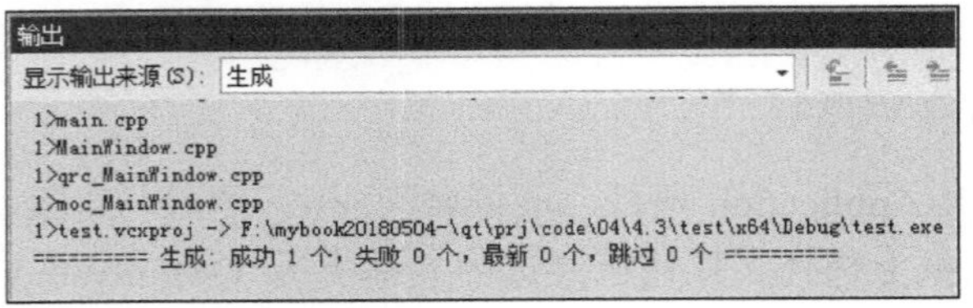

图 3-24

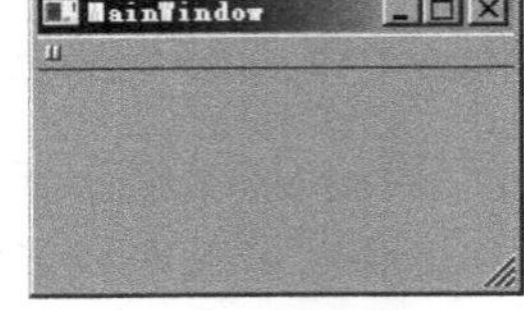

图 3-25

上面的例子程序是基于 QMainWindow 类的，下面来看一下基于 QWidget 类的界面程序。QWidget 类是所有窗口类的父类，功能最简单。

【例 3.13】 一个简单的 Widget 窗口程序（Qt Creator 版）

（1）启动 Qt Creator 4.8.2，新建一个 Qt Widgets 项目，项目名为 test，然后一路跟着向导操作，直到在可以选择基类的向导对话框上选择基类为 QWidget。为了更加直观，我们把类名由默认的 test 改为 QWidget，如图 3-26 所示。

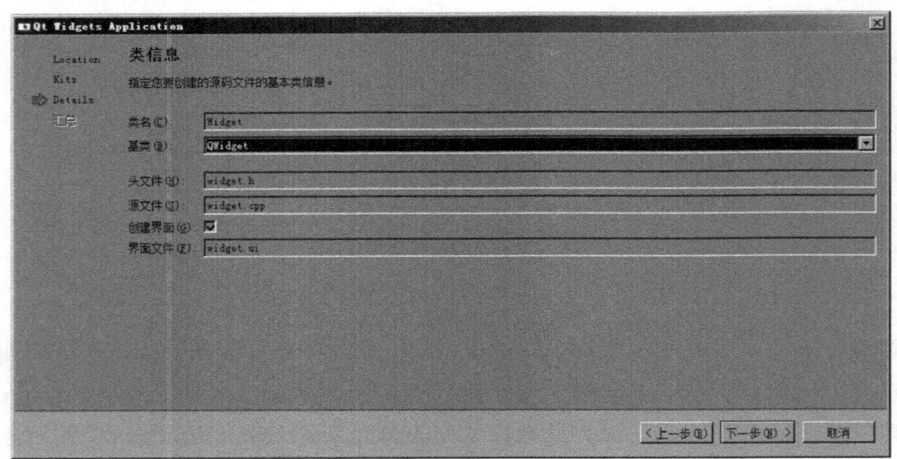

图 3-26

继续单击“下一步”按钮直到完成。

（2）打开解决方案资源管理器视图，可以看到 Qt Creator 已经创建好如图 3-27 所示的文件。

如果要设计界面，可以双击 widget.ui，此时将打开设计师界面，在该界面上能以可视化方式进行界面设计。main.cpp 中定义了程序入口函数 main()。widget.cpp 中定义了表示主窗口的 Widget 类，该类继承自 QWidget 类。Widget 类的对象在 main()函数中有定义，如下所示：

```
#include "widget.h"
#include <QApplication>

int main(int argc, char *argv[])
{
    QApplication a(argc, argv); //定义应用程序对象
    Widget w;    //定义一个小控件窗口对象
    w.show();    //显示小控件窗口

    return a.exec();//启动事件循环
}
```

（3）不添加任何代码，直接按 Ctrl+F5 快捷键运行程序，如果没有错误就会显示编译成功，运行结果如图 3-28 所示。

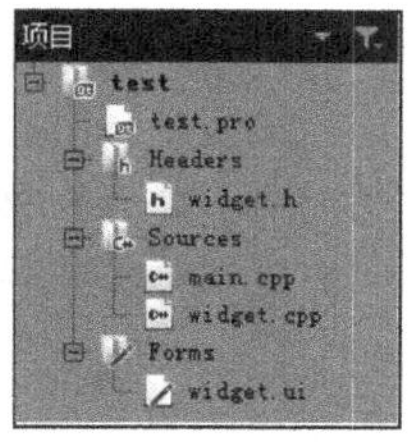

图 3-27

图 3-28

【例 3.14】　一个简单的 Widget 窗口程序（VC 版）

（1）启动 VC2107，新建一个 Qt GUI Application 项目，项目名为 test。然后一路跟着向导操作，直到在选择基类的向导对话框上选择基类为 QWidget。为了更加直观，我们把类名由默认的 test 改为 widget，如图 3-29 所示。

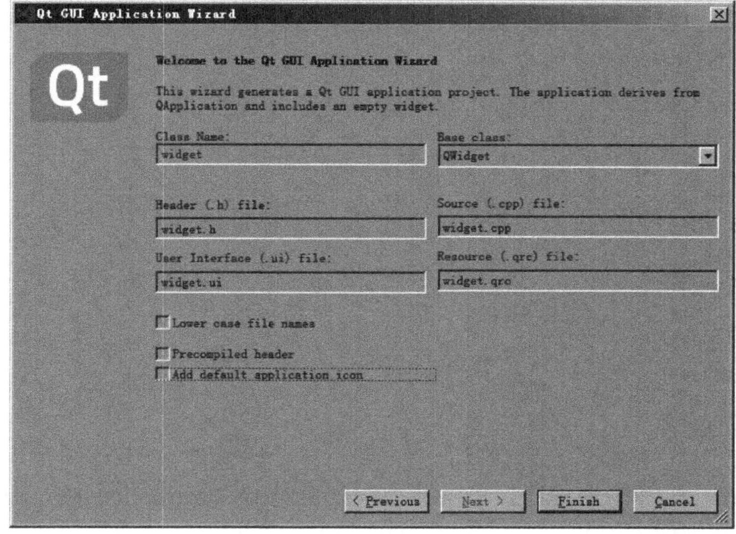

图 3-29

然后单击 Finish 按钮，一个 Qt 程序就自动创建好了。

（2）打开解决方案资源管理器视图，可以看到 VC 已经创建好如图 3-30 所示的文件。

如果要设计界面，可以双击 widget.ui，此时将打开设计师界面，在该界面上能以可视化方式进行界面设计。main.cpp 中定义了程序入口函数 main()。widget.cpp 中定义了表示主窗口的 widget 类，该类继承自 QWidget。widget 类的对象在 main 函数中有定义，如下所示：

```
#include "widget.h"
#include <QtWidgets/QApplication>

int main(int argc, char *argv[])
{
    QApplication a(argc, argv); //定义应用程序对象
    widget w;    //定义一个小控件窗口对象
    w.show();    //显示小控件窗口
    return a.exec(); //启动事件循环
}
```

（3）不需要添加任何代码，直接按 Ctrl+F5 快捷键运行程序，此时 VC 会自动在下方显示输出视图。我们可以看到编译时的状态信息，如果没有错误就会显示编译成功，最终运行效果如图 3-31 所示。

还有一种程序类型是对话框程序，我们将在后面一章详细介绍。长久以来，不同的开发环境，控制台程序和窗口图形界面程序井水不犯河水，很少有交集。但在 Qt 中，它们的结合是那么的简单。下面我们看一个例子。

【例 3.15】 控制台程序出现 Widget 窗口

（1）启动 Qt Creator 4.8.2，新建一个控制台程序项目，项目名为 test。

（2）打开 main.cpp，输入如下代码：

```
#include <QApplication>  //注意，这里是 QApplication
#include <QWidget>
#pragma execution_character_set("utf-8") //支持中文
int main(int argc, char *argv[])
{
   QApplication a(argc, argv);  //注意，这里是 QApplication
   QWidget *widget = new QWidget;
   widget->resize(250, 150);    //调整控件大小
   widget->show(); //显示控件窗口

   widget->setWindowTitle("控制台程序显示 Widget 窗口");
    return a.exec();
}
```

注意，默认建立的控制台程序给出的应用程序类是 QCoreApplication，但是要在控制台中使用 QWidget 就必须使用 QApplication 类。QCoreApplication 类提供了一个事件循环，用于非

GUI 应用程序给自己提供事件循环，因此对于 Qt 非 GUI 的应用程序，应该使用 QCoreApplication 类。对于 GUI 应用程序（比如用到了 Widget 窗口），应该使用 QApplication 类。QApplication 类定义在 widgets 模块中，与 QWidget 类相关，能设置鼠标双击的间隔时间、按键的间隔时间、鼠标拖曳距离和时间、滚轮滚动行数等，还能获取桌面激活的窗口、模态控件、弹跳控件等。

实例化控件窗口对象后就可以调整窗口的大小并显示出来，最后设置窗口的标题。打开 test.pro，在文件开头添加“QT += widgets”。

（3）按 Ctrl+R 快捷键运行这个项目，运行结果如图 3-32 所示。

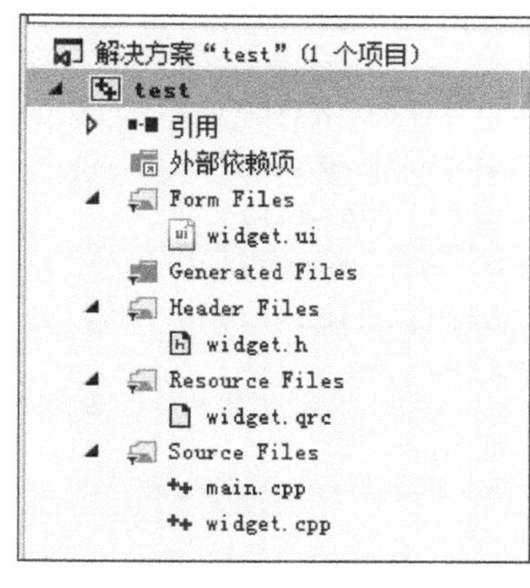

图 3-30

图 3-31

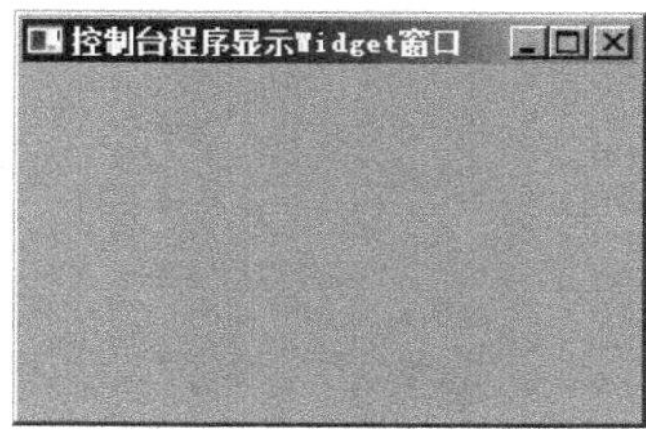

图 3-32

3.10　获取系统当前时间

在 Qt 下，调用 QDateTime 类的静态函数 currentDateTime()可以获得系统当前时间。比如：

```
    QDateTime current_date_time =QDateTime::currentDateTime();
    QString current_date =current_date_time.toString("yyyy.MM.dd hh:mm:ss.zzz
ddd"); //转为字符串
```

注意，要转化成自己想要的格式。其中，yyyy 表示年；MM 表示月；dd 表示日；hh 表示小时；mm 表示分；ss 表示秒；zzz 表示毫秒；ddd 表示周几。需要什么就用什么。

同时，还要包含头文件：

```
    #include <QTimer>
    #include <qdatetime.h>
```

【例 3.16】　获取系统当前时间

（1）启动 Qt Creator 4.8.2，新建一个控制台程序项目，项目名为 test。

（2）打开 main.cpp，输入如下代码：

```
#include <QCoreApplication>
#include <QTimer>
#include <qdatetime.h>

int main(int argc, char *argv[])
{
    char year[50],month[50],day[50],hour[20],min[20],sec[20];
    QCoreApplication a(argc, argv);
    QDateTime current_date_time =QDateTime::currentDateTime();
    QString current_date =current_date_time.toString("yyyy.MM.dd
hh:mm:ss.zzz ddd"); //转为字符串
    strcpy(year,current_date_time.toString("yyyy").toUtf8().data());
    strcpy(month,current_date_time.toString("MM").toUtf8().data());
    strcpy(day,current_date_time.toString("dd").toUtf8().data());
    strcpy(hour,current_date_time.toString("hh").toUtf8().data());
    strcpy(min,current_date_time.toString("mm").toUtf8().data());
    strcpy(sec,current_date_time.toString("ss").toUtf8().data());

    printf("%s.%s.%s %s:%s:%s",year,month,day,hour,min,sec);

    return a.exec();
}
```

（3）按 Ctrl+R 快捷键运行这个项目，运行结果如图 3-33 所示。

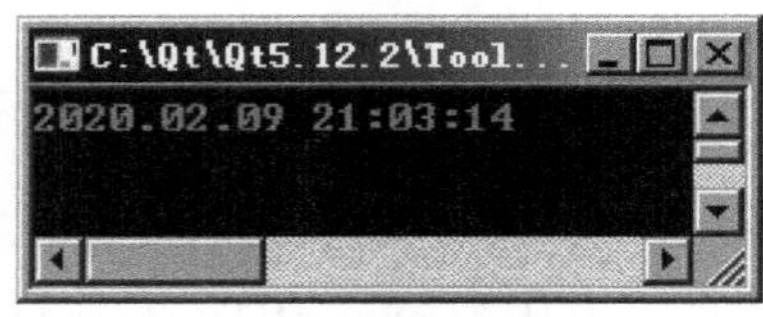

图 3-33

3.11 事　　件

3.11.1 基本概念

事件是由程序内部或外部产生的事情或某种操作的统称。比如，用户按下键盘或鼠标，就会产生一个键盘事件或鼠标事件（这是由程序外部产生的事件）；当窗口第一次显示时，会产生一个绘制事件，以通知窗口需要重新绘制自身，从而使窗口可见（这是由程序内部产生的事件）。事件有两个来源：程序外部和程序内部。

对于外部产生的事件，比如用户的操作（单击鼠标、按下键盘），首先会被操作系统内核中的设备驱动程序所感知，然后操作系统将这些消息（与所进行操作的相关信息数据）放入 GUI 应用程序（Qt 应用程序）的消息队列，Qt 程序依次读取这些消息，进行分发，转化为事件类 QEvent（将操作数据代码化），再进入事件处理函数进行处理。在事件处理函数中，我们通过参数（事件类 QEvent 或其子类的指针对象）能够解析出操作的详细信息，比如鼠标按下的是左键还是右键、键盘按下的是哪个键等，有了用户操作的详细数据信息，我们就可以进行相应的处理了。

Qt 程序内部产生的事件（比如定时器超时）也是一样的，只不过 Qt 直接将事件转为事件类，然后分发、处理。

前面两段话有点抽象，我们将其细化一下。首先事件要被 Qt 程序所获取，那么具体是谁来做这个事情呢？

Qt 中的事件循环是由 QApplication.exec()开始的。当该语句执行后，应用程序便建立起了一个事件循环机制，该机制不断地从系统的消息队列中获取与应用程序有关的消息，并根据事件携带的信息将事件对应到目的窗口或控件，由于 Qt 中窗口和控件都是继承自 QObject 类，因此具有事件处理能力（QObject 类的三大核心功能之一就是事件处理）。QObject 类是所有 Qt 类的基类，是 Qt 对象模型的核心。QObject 类通过调用 event()函数获取事件，所有需要处理事件的类都必须继承自 QObject，通过重定义 event()函数实现自定义事件的处理，或者将事件交给父类处理。

3.11.2 事件的描述

在 Qt 中，使用抽象类 QEvent 及其子类来描述事件。所有事件都是 QEvent 类的派生类对象，用于表示在应用程序中发生的事情，或者是应用程序需要知道的外部活动的结果。

QEvent 类是所有事件类的基类。事件对象包含事件参数：基本的 QEvent 类只包含一个事件类型参数，QEvent 子类包含了额外的描述特定事件的参数。例如，子类 QMouseEvent 用于描述与鼠标相关的事件，子类 QKeyEvent 用于描述与键盘相关的事件等。

Qt 中常见的事件有鼠标事件（QMouseEvent）、键盘事件（QKeyEvent）、绘制事件（QPaintEvent）、窗口尺寸改变事件（QResizeEvent）、滚动事件（QScrollEvent）、控件显示事件（QShowEvent）、控件隐藏事件（QHideEvent）、定时器事件（QTimerEvent）等。

3.11.3 事件的类型

事情类型用枚举 QEvent::Type 来表示。这个枚举类型定义了 Qt 中有效的事件类型，比如 QEvent::ApplicationStateChange 表示应用程序的状态已更改、QEvent::FileOpen 表示文件打开请求（QFileOpenEvent）等。

3.11.4 事件的处理

Qt 的主事件循环（QCoreApplication::exec()）从事件队列中获取本地窗口的系统事件，将它们转化为 QEvents 类对象，然后将转换后的事件发送给 QObjects 类对象。函数 event()不处理事件，根据传递的事件类型，它调用该特定类型事件的事件处理程序来进行处理。

一般来说，事件来自底层窗口系统（spontaneous()返回 true），但是也可以调用 QCoreApplication::sendEvent()和 QCoreApplication::postEvent()（spontaneous()返回 false）来手动发送事件。

QObjects 类通过调用 QObject::event()函数来接收事件。该函数可以在子类中重新实现，来处理自定义的事件以及添加额外的事件类型，其中 QWidget::event()就是一个很著名的例子。默认情况下，像 QObject::timerEvent()和 QWidget::mouseMoveEvent()这样的事件可以被发送给事件处理函数。QObject::installEventFilter()允许一个对象拦截发往另一个对象的事件。

我们不需要知道 Qt 是怎样把事件转换为 QEvent 类对象或其子类对象的，只需要处理这些事件或在事件函数中发出的信号即可。比如对于按下鼠标按钮的事件，不需要知道 Qt 是怎样把该事件转换为 QMouseEvent 类对象的（QMouseEvent 类是用于描述鼠标事件的类），只需要知道从 QMouseEvent 类对象的变量中获取具体的事件即可。在处理鼠标按下事件的函数中，它的参数就是一个 QMouseEvent 类型的指针变量，我们可以通过该变量判断按下的是鼠标左键还是鼠标右键，代码如下：

```
void Mainwindow::mousePressEvent(QMouseEvent * e)
{
    if(e->button() == Qt::LeftButton)
    {
        QMessageBox::information(this,"note", "left key");
    }
    else if(e->button() == Qt::RightButton)
    {
        QMessageBox::information(this,"note", "right key");
    }
}
```

3.11.5 事件的传递

事件的传递也称事件的分发。它的基本规则是：若事件未被目标对象处理，则把事件传递给父对象处理；若父对象仍未处理，则传递给父对象的父对象处理；重复这个过程，直至事件被处理或到达顶层对象为止。注意：事件是在对象间传递的，这里是指对象的父子关系，而不是指类的父子关系。

在 Qt 中有一个事件循环，该循环负责从可能产生事件的地方捕获各种事件，并把这些事件转换为带有事件信息的对象，然后由 Qt 的事件处理流程分发给负责处理事件的对象来处理事件。

通过调用 QApplication::exec()函数启动事件主循环。主循环从事件队列中获取事件，然后创建一个合适的 QEvent 类的对象或其子类的对象来表示该事件。在此步骤中，事件循环首先处理所有发布的事件，直到队列为空；然后处理自发的事件；最后处理在自发事件期间产生的已发布事件。注意：发送的事件不由事件循环处理，该类事件会被直接传递给对象。

3.12 信　　号

3.12.1　基本概念

Qt 为了方便一些事件的处理，引入了信号（Signal）的概念，封装了一些事件操作的标准预处理，使得用户不必去处理底层事件，只需要处理信号即可。Qt 还定义了一些预定义信号。在某些事件处理函数中会发送预定义信号，如果用户添加了与该信号相连的信号处理函数（也叫槽函数），则调用该槽函数。当然，并不是所有事件处理函数都会有信号发送。除了预定义信号外，用户也可以自己发送自定义信号。

信号与槽（Slot）其实都是函数。当特定事件被触发时（如在编辑框输入了字符）将发送一个信号，与之连接的槽则可以接收到并做出响应。

信号类似 Windows 编程中的消息，槽类似消息处理函数。比如，鼠标的按钮被单击，就会发出名为 clicked 的信号，如果该信号连接了槽（函数），就会调用这个函数来进行处理。这种发出是没有目的的，类似广播。如果有对象对这个信号感兴趣，它就会使用连接（connect）函数，意思是将想要处理的信号和自己的一个函数（槽）绑定来进行处理。也就是说，当信号发出时，被连接的槽函数会自动被回调。

信号和槽是 Qt 特有的信息传输机制，是 Qt 程序设计的重要基础，可以让互不干扰的对象建立一种联系。

槽的本质是类的成员函数，它的参数可以是任意类型，和普通 C++成员函数几乎没有区别，可以是虚函数，可以被重载，可以是公有的、保护的、私有的，也可以被其他 C++成员函数调用。唯一的区别是：槽可以与信号连接在一起，每当和槽连接的信号被发出时，就会调用这个槽。

信号和槽是多对多的关系。一个信号可以连接多个槽，一个槽也可以监听多个信号。

信号可以有附加信息。例如，窗口关闭的时候可能发出 windowClosing 信号，这个信号可以包含窗口的句柄，用来表明究竟是哪个窗口发出的；一个滑块在滑动时可能发出一个信号，包含滑块的具体位置或者新的值等。我们可以把信号和槽理解成函数签名。信号只能同具有相同签名的槽连接起来。也可以把信号看成是底层事件一个形象的名字，比如 windowClosing 信号就是窗口关闭事件发生时会发出的信号。

信号和槽的机制实际是与语言无关的，有很多方法都可以实现信号和槽的机制，不同的实现机制会导致信号和槽的差别很大。信号和槽这一术语最初来自 Trolltech（奇趣）公司的 Qt 库（后来被 Nokia 收购）。1994 年，Qt 的第一个版本发布后，为我们带来了信号和槽的概念。这一概念立刻引起计算机科学界的注意，提出了多种不同的实现。如今，信号和槽依然是 Qt 库的核心之一。其他许多库也提供了类似的实现，甚至出现了一些专门提供这一机制的工具库。

3.12.2　信号和槽的连接

这里的连接是关联的意思。信号和槽是通过系统函数 connect()关联起来的。该函数是信号和槽里最重要的函数，它将信号发送者 sender 对象中的信号 signal 与接收者 receiver 中的 member 槽函数联系起来。

需要注意的是，connect()函数只能在 QObject 类和 QObject 派生类中使用，在自己新建的类（基类不是 QObject 类和 QObject 派生类）中使用 connect()函数是无效的，编译时会一直报错。我们新建的项目（比如 widget、mainwindow、dialog）都是 QObject 类的派生类，所以可以直接调用 connect()函数，实现信号与槽的机制。该函数的原型声明如下：

```
    QMetaObject::Connection QObject::connect(const QObject *sender, const char
*signal, const QObject *receiver, const char *method, Qt::ConnectionType type =
Qt::AutoConnection)
```

其中，sender 是一个指针，指向信号的发送对象；signal 表示要发送的信号，具体使用时必须要用宏 SIGNAL()将信号转为 const char*类型；receiver 是一个指针，指向信号的接收对象；method 表示槽函数（信号处理函数），必须使用 SLOT 宏将其转换为 const char*类型；type 表示连接类型，可以取以下 5 个值：

- Qt::AutoConnection：默认值，使用这个值时连接类型会在信号发送时决定。如果接收者和发送者在同一个线程中，则自动使用 Qt::DirectConnection 类型。如果接收者和发送者不在同一个线程中，则自动使用 Qt::QueuedConnection 类型。
- Qt::DirectConnection：槽函数会在信号发送的时候直接被调用，槽函数运行于信号发送者所在的线程。效果看上去就像是直接在信号发送位置调用了槽函数。这个在多线程环境下比较危险，可能会造成系统崩溃。
- Qt::QueuedConnection：槽函数在控制回到接收者所在线程的事件循环时被调用，槽函数运行于信号接收者所在的线程。发送信号之后，槽函数不会立刻被调用，等到接收者的当前函数执行完，进入事件循环之后，槽函数才会被调用。在多线程环境下一般用这种连接类型。
- Qt::BlockingQueuedConnection：槽函数的调用时机与 Qt::QueuedConnection 一致，不过发送完信号后发送者所在线程会阻塞，直到槽函数运行完毕。接收者和发送者绝对不能在同一个线程中，否则会死锁。在多线程间进行同步的场合可能需要这种类型。
- Qt::UniqueConnection：可以通过按位或（|）运算符来把以上 4 个结合在一起使用。使用这种类型，当某个信号和槽已经连接时，再进行重复的连接就会失败，也就是说避免了重复连接。

该函数会返回连接句柄，可用于稍后断开连接的操作。

值得注意的是，在指定信号和方法时，必须使用 SIGNAL()和 SLOT()宏。下面的代码演示了 connect()函数的使用：

```
    QLabel *label = new QLabel;
    QScrollBar *scrollBar = new QScrollBar;
    QObject::connect(scrollBar, SIGNAL(valueChanged(int)), label,
SLOT(setNum(int)));
```

这段代码确保标签始终显示当前滚动条的值。注意，信号和槽函数的参数不能包含任何变量名，只能包含类型，比如信号 valueChanged 的参数是 int 类型，槽函数的参数是 int 类型。例如，以下用法将不起作用并返回 false：

```
QObject::connect(scrollBar, SIGNAL(valueChanged(int value)), // WRONG
                 label, SLOT(setNum(int value)));
```

3.12.3　信号和事件的区别

Qt 的事件很容易和信号与槽相混淆。信号由具体对象发出，然后会马上交给由 connect()函数连接的槽进行处理。对于事件，Qt 使用一个事件队列对所有发出的事件进行维护；当新的事件产生时，会被追加到事件队列的尾部；前一个事件完成后，取出后面的事件接着进行处理。但是，必要的时候，Qt 事件也是可以不进入事件队列而直接进行处理的。事件还可以使用"事件过滤器"进行过滤。比如对于一个按钮对象，我们只关心它被按下的信号，至于与这个按钮相关的其他信号，我们是不用关心的。如果我们要重载一个按钮事件处理函数，就要面对事件触发的时机。比如我们可以改变它的行为，让它在按下鼠标按钮的时候（mouse press event）就触发 clicked()信号，而不是通常在释放鼠标按钮的时候（mouse release event）才触发信号。

总而言之，Qt 的事件和 Qt 中的信号是不一样的。后者通常用来使用 widget，而前者是用来实现 widget 的。如果是使用系统预定义的控件，那么我们关心的是信号；如果使用的是自定义控件，那么我们关心的是事件。

第 4 章

Qt对话框程序设计

4.1 对话框程序设计概述

Qt 开发的应用程序通常有 3 种界面类型，即主窗口应用程序、小控件窗口应用程序和对话框应用程序。鉴于对话框使用的场合较多，本章将介绍对话框应用程序的设计。在对话框应用程序中肯定会有对话框，上面用来存放控件，通常由标题栏、客户区、边框组成。标题栏上又会有控制菜单、最小化和最大化按钮、关闭按钮等。通过鼠标拖动标题栏，可以改变对话框在屏幕上的位置；通过最大化和最小化按钮，可以对对话框进行尺寸最大化、恢复正常尺寸或隐藏对话框等操作。标题栏上还能显示对话框的文本标题。

Qt 类库中提供的对话框类是 QDialog，继承于小控件窗口类 QWidget。我们建立对话框的时候，都是从 QDialog 类派生出自己的类。

4.2 对话框的扩展性

在 Qt 中，对话框扩展性是用来显示包含所有选项的完整对话框。一般而言，一个对话框刚初始化后通常只显示最常用的选项，但是其中会有一个“更多”按钮。如果用户单击这个“更多”按钮，就会显示出完整的对话框。对话框的扩展性是由函数 setExtension()、setOrientation()和 showExtension()来控制的。

4.3 对话框的默认按钮

对话框的“默认”按钮是当用户按下回车键时被按下的按钮，用来表示用户接收对话框的设置并且希望关闭这个对话框。可以调用 QPushButton::setDefault()、QPushButton::isDefault()和 QPushButton::autoDefault()这三个函数来设置并且控制对话框的默认按钮。

4.4　QDialog 类

QDialog 类是对话框窗口的基类。对话框窗口是主要用于短期任务以及与用户进行简要通信的顶层窗口。QDialog 对话框既可以是模态的也可以是非模态的。QDialog 类支持扩展性并且可以提供返回值。QDialog 对话框可以有默认按钮。QDialog 对话框也可以有一个 QSizeGrip 对象在它的右下角，调用 setSizeGripEnabled()函数来实现。

1. 公有成员

（1）构造函数 QDialog

该函数用于构造一个父对象为 parent、名称为 name 的对话框，这个函数的原型声明如下：

```
    QDialog ( QWidget * parent = 0, const char * name = 0, bool modal = FALSE,
WFlags f = 0 )
```

其中，参数 parent 指向父对象；name 表示对话框的名称；参数 modal 用于指定对话框的模态，如果为假（默认），那么这个对话框是非模态对话框，并且应该使用成员函数 show()来显示。如果 modal 为真，则它是模态对话框，并且使用 exec()来显示，也就是说会阻塞这个应用程序中其他窗口的输入。如果 modal 为真并且使用 show()来显示，则它半模态的参数 f 用于指定对话框上的风格，比如我们不想保留对话框标题栏中的“这是什么”按钮，就可以通过 f 传递参数 WStyle_Customize | WStyle_NormalBorder | WStyle_Title | WStyle_SysMenu。

（2）析构函数~QDialog()

该函数将销毁对话框并删除它所有的子对象。在对话框对象销毁时将自动调用这个析构函数。

（3）DialogCode

DialogCode 表示模态对话框返回的值，是一个枚举值：

```
enum DialogCode { Rejected, Accepted }
```

（4）result()函数

该函数获得模态对话框的结果代码，原型声明如下：

```
int result () const
```

返回值取 Accepted 或 Rejected。如果对话框是使用 WDestructiveClose 标记来构造的，就不调用这个函数。

（5）show()函数

该函数用于显示非模态或半模态对话框。因为对话框没有本地事件循环，所以必须定时调用 QApplication::processEvents()来使对话框具有处理事件的能力。这个函数的原型声明如下：

```
virtual void show ();
```

（6）setOrientation()函数

该函数用于设置对话框的扩展方向，原型声明如下：

```
void setOrientation ( Orientation orientation );
```

如果 orientation 是 Horizontal，扩展将会显示在对话框主区域的右面。如果 orientation 为 Vertical，扩展将会显示在对话框主区域的下面。

（7）orientation()函数

该函数返回对话框的扩展方向，原型声明如下：

```
Orientation orientation () const;
```

（8）setExtension()函数

该函数用于把窗口控件 extension 设置为对话框的扩展，删除任何以前的扩展。对话框拥有扩展的所有权。注意，如果传递 0，则任何存在的扩展都将被删除。只有当对话框被隐藏时，这个函数才能被调用。该函数的原型声明如下：

```
void setExtension ( QWidget * extension );
```

（9）extension()函数

该函数返回对话框的扩展，如果没有扩展被定义则返回 0。这个函数的原型声明如下：

```
QWidget * extension () const;
```

（10）setSizeGripEnabled()函数

该函数用于设置调整对话框大小的控件是否生效，原型声明如下：

```
void setSizeGripEnabled ( bool );
```

（11）isSizeGripEnabled()函数

如果调整对话框大小的控件生效，则返回真，否则返回假。该函数的原型声明如下：

```
bool isSizeGripEnabled () const;
```

2. 公有槽

exec()函数执行模态对话框。当模态对话框出现后，程序控制权就会传递给它。在用户关闭这个对话框之前，不能和同一应用程序中的其他窗口交互。对于非模态或半模态对话框，可调用 show()。

```
int exec ();
```

3. 属性

bool sizeGripEnabled：表示调整对话框大小的控件是否生效。

4. 保护成员函数

setResult()函数用于设置模态对话框的结果代码为 i，这个函数的原型声明如下：

```
void setResult ( int i );
```

5. 保护槽

（1）done()函数

该函数隐藏模态对话框并把结果代码设置为 r。设置过程将使用本地事件循环来完成，之后 exec()函数返回的就是结果代码 r。如果对话框使用 WDestructiveClose 来设置，done()函数也会销毁这个对话框。如果对话框是应用程序的主窗口控件，那么应用程序将终止。该函数的原型声明如下：

```
virtual void done ( int r );
```

（2）accept()函数

该函数隐藏模态对话框并把结果代码设置为 Accepted，这个函数的原型声明如下：

```
virtual void accept ();
```

（3）reject()函数

该函数隐藏模态对话框并把结果代码设置为 Rejected，这个函数的原型声明如下：

```
virtual void reject ();
```

（4）showExtension()函数

该函数的原型声明如下：

```
void showExtension ( bool showIt );
```

如果 showIt 为真，对话框的扩展部分会被显示出来，否则扩展部分会被隐藏。这个槽通常被连接到 QPushButton 对象的 QButton::toggled()信号上。

如果对话框不是可视的，或者没有扩展部分，则什么都不会发生。

4.5　初始化对话框的地方

有时候，我们需要对自定义的对话框类的成员变量进行初始设置，或者对一些对话框属性进行初始设置，此时可以在对话框类的构造函数中进行，构造函数向导会自动生成构造函数，通常对话框项目向导生成的构造函数如下：

```
Dialog::Dialog(QWidget *parent):
    QDialog(parent),
    ui(new Ui::Dialog)
{
    ui->setupUi(this);  //这一行是构造函数向导自动生成的
}
```

现在我们要在此构造函数中添加设置对话框标题的代码，可以把代码放在 setupUI()函数之后，比如：

```
Dialog::Dialog(QWidget *parent) :
    QDialog(parent),
    ui(new Ui::Dialog)
{
    ui->setupUi(this);      //这一行是构造函数向导自动生成的
    this->setWindowTitle("1111111111");  //这一行是我们添加的，用于设置对话框标题
}
```

如果需要初始化其他变量或属性，也是放在 setupUI()函数之后。值得注意的是，不能删除 setupUI()函数，该函数先构建一个 QWidget 界面，再加载对话框 xml 构建出我们创建的 ui 界面（这里是对话框），如果删除了，将使得程序中某些指针出现异常。如果想要查看对话框的 xml 内容，可以用鼠标右击 dialog.ui，然后在弹出的快捷菜单上依次选择“用...打开→普通文件编辑器”选项，比如：

```
<?xml version="1.0" encoding="UTF-8"?>
<ui version="4.0">
 <class>Dialog</class>
 <widget class="QDialog" name="Dialog">
  <property name="geometry">
   <rect>
    <x>0</x>
    <y>0</y>
    <width>400</width>
    <height>300</height>
   </rect>
  </property>
  <property name="windowTitle">
   <string>Dialog</string>
  </property>
 </widget>
 <layoutdefault spacing="6" margin="11"/>
 <resources/>
 <connections/>
</ui>
```

总而言之，对话框是继承自 QWidget 类的，调用 setupUI()函数先创建出一个基本的 QWidget 界面，然后根据 xml 内容创建出对话框界面。

4.6 一个简单的对话框程序

创建对话框程序非常简单，不需要编写一行代码，只需跟着 Qt Creator 或 VC 的项目向导一步步操作即可。

【例 4.1】　一个简单的对话框程序（Qt Creator 版）

（1）启动 Qt Creator 4.8.2，新建一个 Qt Widgets 项目，项目名为 test。然后一路跟着向导操作，直到在“类信息”这个向导对话框上选择基类为 QDialog，如图 4-1 所示。

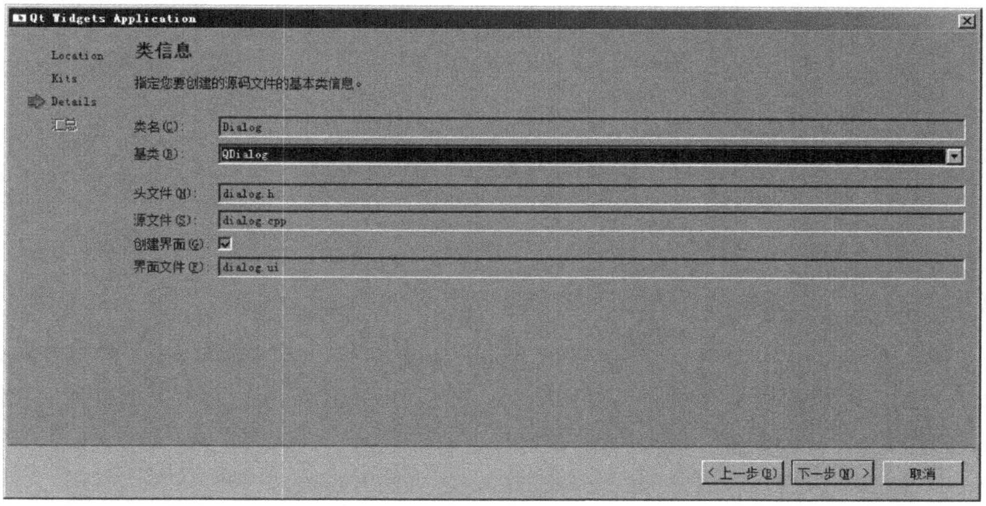

图 4-1

然后继续单击“下一步”按钮，直到向导完成。

（2）向导完成后，会帮我们创建如图 4-2 所示的文件。

如果要设计界面，可以双击 dialog.ui，此时将打开设计师界面，在该界面上能以可视化方式进行界面设计。在 dialog.cpp 中定义了程序入口的主函数 main()。dialog.cpp 中定义了表示主窗口的类 MainWindow，继承自 QDialog 类。MainWindow 类的对象在 main()函数中有定义，如下所示：

```
#include "dialog.h"
#include <QApplication>

int main(int argc, char *argv[])
{
    QApplication a(argc, argv); //定义应用程序对象
    Dialog w;    //定义一个主窗口对象
    w.show();    //显示主窗口

    return a.exec(); //启动事件循环
}
```

在一个窗口的 Qt 程序中，至少有一个应用程序对象和窗口（这里是对话框，对话框其实也是一种窗口）对象。比如：

```
QApplication a(argc, argv); //定义应用程序对象
Dialog w; //定义一个对话框对象
```

（3）不需要添加任何代码，直接按 Ctrl+R 快捷键运行这个项目，编译的进度状态可以在右下角状态栏上看到。稍等片刻，若运行成功，则结果应该如图 4-4 所示。

图 4-2　　　　图 4-3　　　　图 4-4

【例 4.2】　一个简单的对话框程序（VC 版）

（1）启动 VC2107，新建一个 Qt GUI Application 项目，项目名为 test。然后一路跟着向导操作，直到在可以选择基类的向导对话框上选择基类为 QDialog。为了更加直观，我们把类名由默认的 test 改为 dialog，如图 4-5 所示。

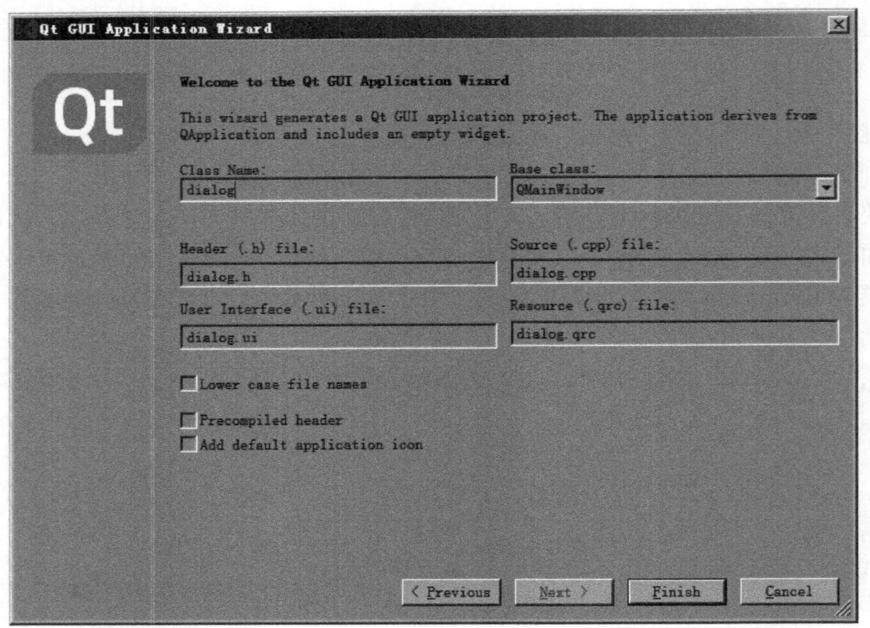

图 4-5

然后单击 Finish 按钮，一个 Qt 程序就自动创建好了。

（2）打开解决方案资源管理器视图，可以看到 VC 已经创建好如图 4-6 所示的这些文件。

如果要设计界面，可以双击 dialog.ui，此时将打开设计师界面，在该界面上能以可视化方式进行界面设计。main.cpp 中定义了入口函数 main()，该函数中定义了应用程序对象 a 和对话框窗口对象 w，如下所示：

```
#include " dialog.h"
#include <QtWidgets/QApplication>

int main(int argc, char *argv[])
{
    QApplication a(argc, argv); //定义应用程序对象
    dialog w; //定义一个对话框窗口对象
    w.show(); //显示小控件窗口
    return a.exec(); //启动事件循环
}
```

（3）不需要添加任何代码，直接按 Ctrl+F5 快捷键运行这个项目，此时 VC 会自动在下方显示输出视图，我们可以看到编译时的状态信息，如果没有错误就会显示编译成功，运行结果如图 4-7 所示。

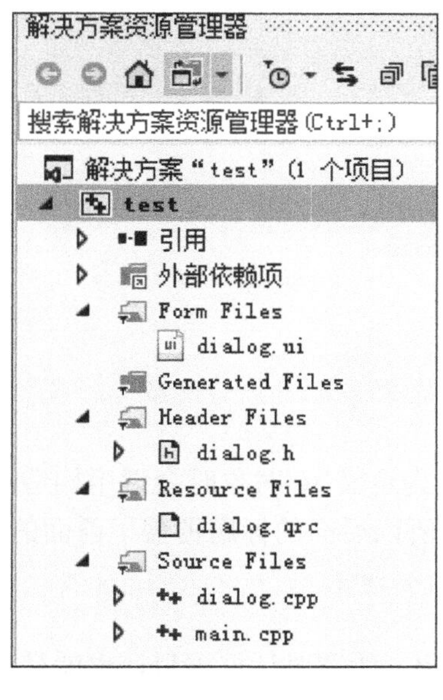

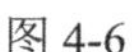

图 4-6

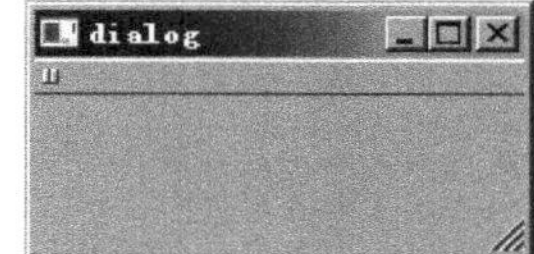

图 4-7

4.7　设置对话框的属性

前面一节介绍了如何创建一个简单的对话框程序，在该对话框中的属性都是默认的。这一节将对对话框的属性进行修改，包括大小、标题、字体、边框等。在 Qt 中，修改对话框的属性有两种方式：一种是可视化修改方式，另一种是代码修改方式。前一种比较简单，在对话框属性视图（Qt 界面设计师）上用鼠标进行设置，但这种方式只能在程序运行前进行设置；后一种需要编写代码，稍微复杂一些，但可以在程序运行时动态修改。作为一个 Qt 程序员，这两种方式都要学会，尤其是后者，因为后者才能真正体现出 Qt 这个开发工具的强大和灵活。

4.7.1 对话框的标题

windowTitle 属性表示在对话框标题栏中显示的标题文本，是一个字符串。通过该属性可以修改对话框的标题文字，比如设置对话框的标题文字为“用户登录”。如果要用代码设置该属性，可以调用对话框成员函数 setWindowTitle()，比如在对话框构造函数中设置对话框的标题：

```
Dialog::Dialog(QWidget *parent) :
    QDialog(parent),
    ui(new Ui::Dialog)
{
    ui->setupUi(this);
    this->setWindowTitle("1111111111");  //设置对话框的标题
}
```

或者在主函数中对话框显示之前进行设置：

```
int main(int argc, char *argv[])
{
    QApplication a(argc, argv);
    Dialog w;
    w.setWindowTitle("FFFF");  //设置对话框的标题
    w.show();

    return a.exec();
}
```

如果这两个地方同时设置了，则后面一种生效，因为定义 w 对象时会调用构造函数，此时虽然设置了"1111111111"，但后面又设置了"FFFF"，所以后面的标题覆盖了前面的标题。

【例 4.3】 设置对话框的标题（可视化方式）

（1）启动 VC，新建一个对话框项目，项目名为 test。所谓对话框项目，也就是在向导对话框上将基类设置为 QDialog，具体可以参考例 4.2，类名设置为 CDlg（这个可以自定义）。

（2）在 VC 的解决方案视图中双击 CDlg.ui，以打开 Qt 设计师。在 Qt 设计师界面上找到属性编辑器，通常在右边的中部，如图 4-8 所示。

在属性编辑器中，找到 windowTitle，目前 windowTitle 右边的内容是 CDlg，如图 4-9 所示。这是对话框目前的标题，我们可以在中间的对话框设计界面上看到，如图 4-10 所示。

将 windowTitle 的值 CDlg 选中，然后删除，并输入新的内容，比如“我的对话框”，然后按回车键就能生效了，如图 4-11 所示。现在对话框界面如图 4-12 所示，表明可视化设置标题成功了。在 Qt 设计师工具栏上单击“保存”按钮。

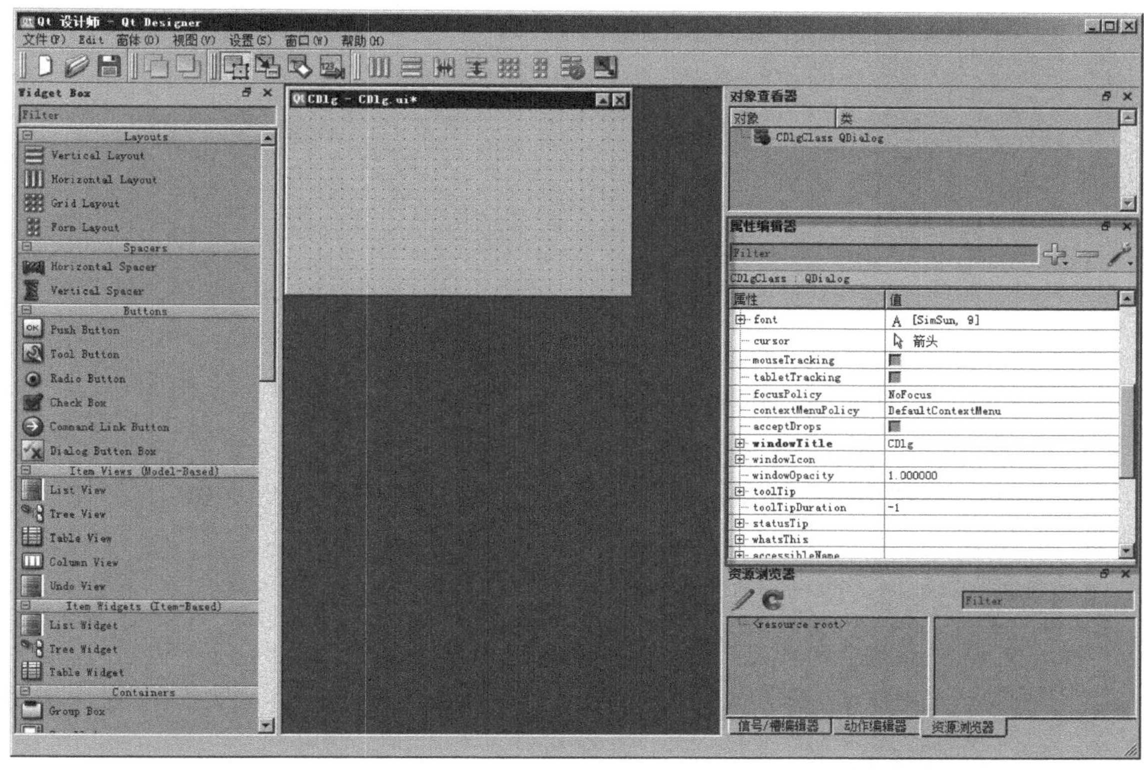

图 4-8

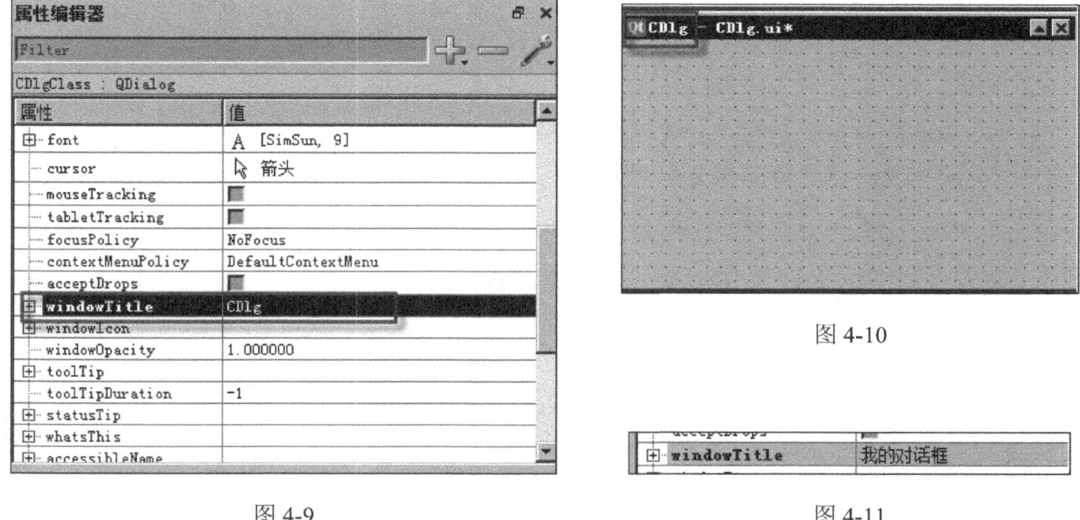

图 4-9

图 4-10

图 4-11

（3）关掉 Qt 设计师界面，回到 VC 界面，然后按 Ctrl+F5 快捷键编译运行这个项目，结果如图 4-13 所示。

为了照顾初学者，尤其是可视化设置属性的第一个例子，讲得稍微细致些还是有必要的。

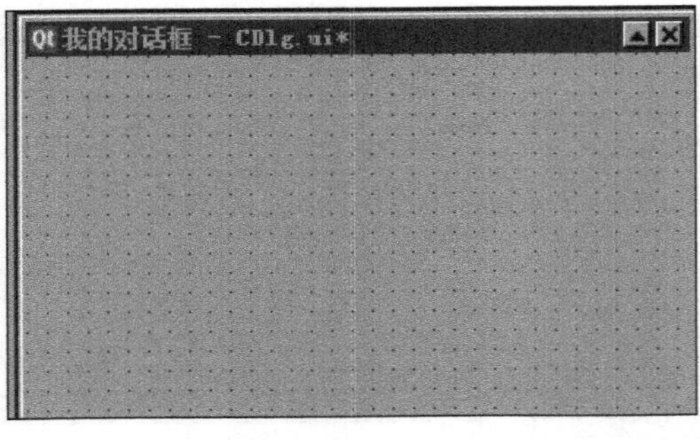

图 4-12

图 4-13

【例 4.4】 设置对话框的标题（代码方式）

（1）启动 Qt Creator 4.8.2，新建一个对话框项目，项目名为 test。

（2）在项目视图中打开 dialog.cpp，在构造函数 Dialog 中找到函数 setupUi()，并在其后添加一行代码：

```
setWindowTitle("我喜欢对话框");
```

此时构造函数如下所示：

```
Dialog::Dialog(QWidget *parent) :
    QDialog(parent),
    ui(new Ui::Dialog)
{
    ui->setupUi(this);                  //这一行是 Qt Creator 生成的
    setWindowTitle("我喜欢对话框");       //这一行是我们添加的
}
```

其中，setWindowTitle()函数是 QWidget 类的成员函数，用来设置对话框的标题。该函数的原型声明如下：

```
void setWindowTitle(const QString &);
```

（3）保存项目，按 Ctrl+R 快捷键运行这个项目，运行结果如图 4-14 所示。

图 4-14

从这个例子可知，用代码设置对话框属性时，可以把设置属性的代码放在构造函数中，而且要放在函数 setupUi()之后。

4.7.2 Qt 中的坐标系统

本来该讲 geometry 属性了，但考虑到 geometry 属性涉及坐标的知识，所以这里先系统讲述一下 Qt 中的坐标系统。

Qt 使用统一的坐标系统来定位窗口控件的位置和大小，首先看一下图 4-15。

以显示器屏幕的左上角为原点（0,0），从左向右为横轴正向（见图 4-15 中的 Xp 轴），从上向下为纵轴正向（见图 4-15 中的 Yp 轴），并用整个屏幕的坐标系统来定位顶层窗口。

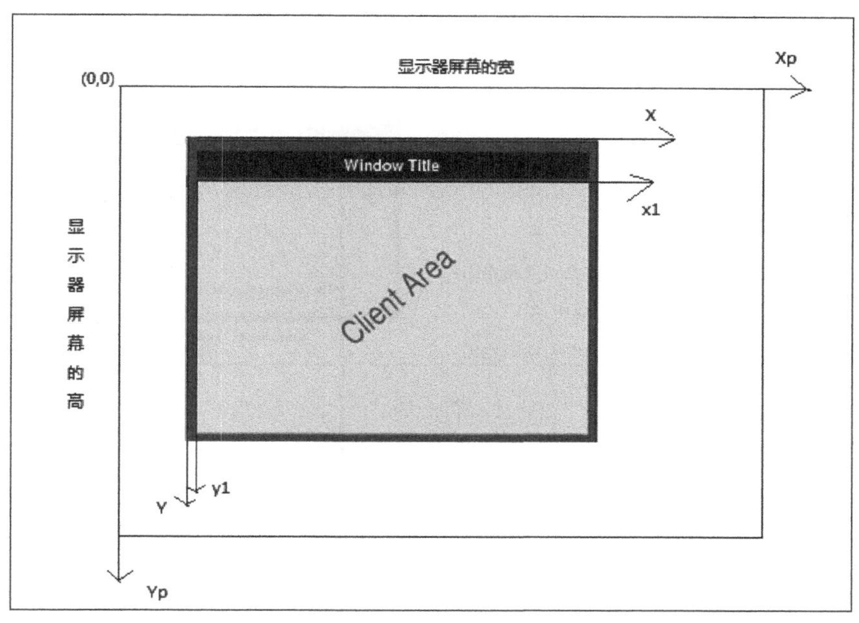

图 4-15

图 4-15 中的窗口就是一个顶层窗口。这个窗口外围的一圈深灰色的框表示该窗口的边框，也是有宽度的，而且上、下、左、右宽度都是相同的。上方的横条表示标题栏，通常里面可以显示窗口的标题。中间浅灰色区域表示客户区（也叫用户区，Client Area），用于显示用户的数据或者和用户进行交互的控件。在客户区的周围则是标题栏（Windows Title，显示 Test 标题的那一行，右边有 3 个按钮：最小化、最大化和关闭）和边框（Frame，将鼠标放到边框上并按住鼠标进行拖放可以调整窗口的大小）。

顶层窗口有一个坐标系，见图 4-15 中的 X、Y 坐标轴，顶层窗口的原点就是窗口的左上角，在屏幕中的位置是相对于屏幕原点（0,0）而言的，也是从左向右为 X 轴正向，从上向下为 Y 轴正向。

客户区也有一个坐标系，见图 4-15 中的 x1、y1 坐标轴，它通常用于定位客户区中的数据和控件。客户区中的数据或控件的位置通常是相对于该坐标系的坐标原点（0,0）的。

有了 Qt 坐标系统的一些基本概念，那么具体该如何进行窗口控件的定位呢？QWidget 类（也就是所有窗口组件的父类）都提供了成员函数用于在坐标系统中定位，如图 4-16 所示。

从图 4-16 可以看出这些成员函数有 3 类：

（1）QWidget 类直接提供的成员函数：x()、y()用于获得窗口左上角在屏幕中的坐标，width()、height()用于获得客户区的宽和高。

（2）QWidget 类的 geometry()提供的成员函数：x()、y()用于获得客户区左上角在屏幕中的坐标，width()、height()用于获得客户区的宽和高。

（3）QWidget 类的 frameGeometry()提供的成员函数：x()、y()用于获得窗口左上角在屏幕中的坐标，width()、height()用于获得包含客户区、标题栏和边框在内的整个窗口的宽和高。

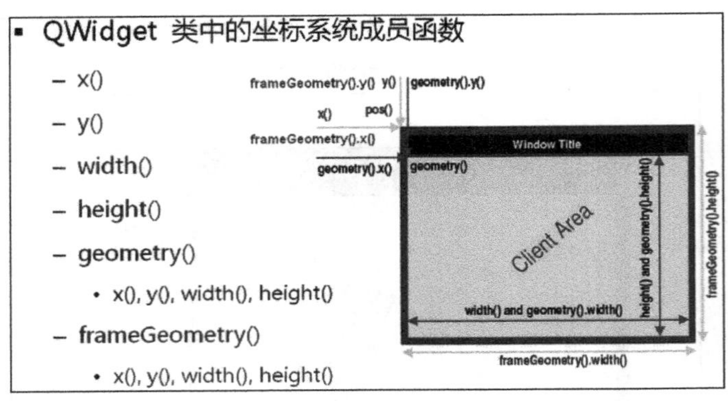

图 4-16

下面我们看一个小程序，熟悉一下这几个坐标系的原点在屏幕中的坐标位置。值得注意的是，单讲原点的坐标，就总是为(0,0)；如果讲原点在屏幕中的坐标，则其值是相对于屏幕原点而言的坐标位置。

【例 4.5】 测试 Qt 的三大坐标

（1）启动 VC2017，新建一个 Widget 项目，其中 QWidget 类的派生类是 myWidget，项目名为 test。

（2）在解决方案视图上双击 main.cpp 以打开它，然后输入如下代码：

```
#include "myWidget.h"
#include <QtWidgets/QApplication>
#include <QPushButton>          //按钮头文件
#include <QDebug>               //qDebug()需要的头文件
int main(int argc, char *argv[])
{
    QApplication a(argc, argv);
    myWidget w;                 //定义 Widget 窗口对象

    QPushButton b(&w);          //定义按钮对象
    b.setText("Button");        //设置按钮标题
    b.resize(100, 40);          //设置按钮的宽为100、高为40
    b.move(20, 20);         //移动到相对于客户区原点的(20,20)位置，客户区原点是(0,0)

    w.resize(800, 500);         //设置窗口尺寸为宽800、高500
    w.move(10, 10);             //移动窗口到(10,10)，该坐标相对于屏幕坐标原点(0, 0)
    w.show();                   //显示窗口

    qDebug() << "QWidget";
    qDebug() << w.x();          //输出窗口在屏幕中的 x 坐标
    qDebug() << w.y();          //输出窗口在屏幕中的 y 坐标
    qDebug() << w.width();      //输出窗口的客户区宽度
    qDebug() << w.height();                     //输出窗口的客户区高度

    qDebug() << "QWidget::geometry(Client Area)";
```

```
    qDebug() << w.geometry().x();          //输出客户区原点在屏幕中的横坐标
    qDebug() << w.geometry().y();          //输出客户区原点在屏幕中的纵坐标
    qDebug() << w.geometry().width();      //输出客户区的宽
    qDebug() << w.geometry().height();     //输出客户区的高

    qDebug() << "QWidget::frameGeometry";
    qDebug() << w.frameGeometry().x();          //输出窗口在屏幕中的 x 坐标
    qDebug() << w.frameGeometry().y();          //输出窗口在屏幕中的 y 坐标
    qDebug() << w.frameGeometry().width();      //输出窗口的宽度
    qDebug() << w.frameGeometry().height();     //输出窗口的高度

    return a.exec();
}
```

（3）保存项目并按 F11 键以单步调试方式执行，进入调试模式后，按 F10 键开始单步执行，一直单步执行到 return 语句处，我们可以在输出窗口看到如图 4-17 所示的结果。

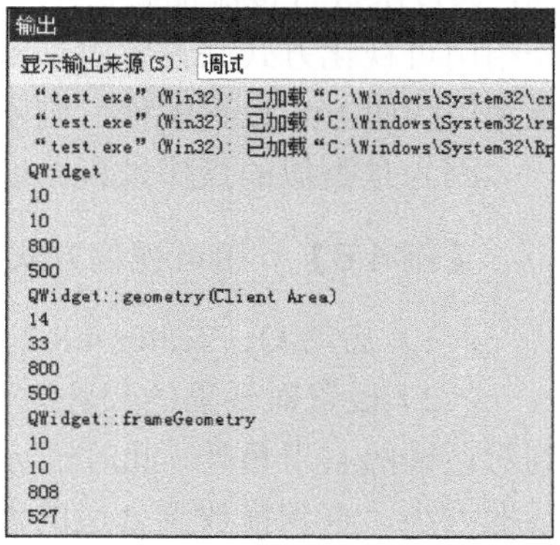

```
输出
显示输出来源(S): 调试
"test.exe" (Win32): 已加载"C:\Windows\System32\cr
"test.exe" (Win32): 已加载"C:\Windows\System32\rs
"test.exe" (Win32): 已加载"C:\Windows\System32\Rp
QWidget
10
10
800
500
QWidget::geometry(Client Area)
14
33
800
500
QWidget::frameGeometry
10
10
808
527
```

图 4-17

其中，客户区的大小是 800 和 500。frameGeometry 的宽度要算上两边的边框宽度，所以是 808；高度要算上下部的边框宽度和上方的边框和标题栏高度，所以是 527。

4.7.3　geometry 属性

通过 geometry（几何）属性可以获取对话框客户区左上角的坐标和大小，其中宽度和高度可以进行设置。该属性有 4 个字段，如图 4-18 所示。

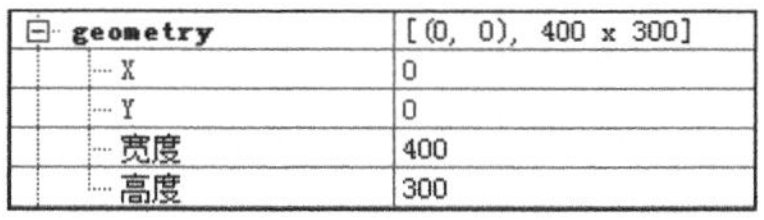

⊟ geometry	[(0, 0), 400 x 300]
X	0
Y	0
宽度	400
高度	300

图 4-18

- X 表示对话框客户区左上角（也就是原点）在屏幕上所处的 X 坐标，以像素为单位，方向朝右。X 不能以可视化方式进行设置。
- Y 表示程序运行后对话框客户区左上角在屏幕上所处的 Y 坐标，以像素为单位，方向朝下。Y 不能以可视化方式进行设置。
- “宽度”和“高度”表示对话框客户区的大小，能以可视化方式进行设置。

4.7.4　minimumSize 属性和 maximumSize 属性

minimumSize 用于设置窗口的最小尺寸，设置后，运行时如果用鼠标拖放缩小对话框，则最小不会小于 minimumSize。minimumSize 有宽度和高度两个字段，可以进行可视化设置。

maximumSize 属性用于设置窗口的最大尺寸，设置后，运行时如果用鼠标拖放放大对话框，则最大不会大于 maximumSize。maximumSize 有宽度和高度两个字段，可以进行可视化设置。

此外，也可以用代码方式设置最小尺寸，函数的原型声明如下：

```
void QWidget::setMinimumSize(int minw, int minh);
```

还可以用代码方式设置最大尺寸，函数的原型声明如下：

```
void QWidget::setMaximumSize(int maxw, int maxh);
```

4.7.5 设置对话框的尺寸、图标和背景图片

对话框的大小设置是编程中经常会遇到的，合适的对话框大小会让用户使用时感到很舒服。以可视化方式设置对话框的大小很简单，用鼠标拖拉即可，用代码方式设置对话框的大小则通过调用函数来完成。

对话框的图标位于对话框的左上方，默认是有一个图标的，但我们可以对其进行修改，更换所需的图标。为对话框设置图标有两种方式：一种是可视化方式，通过向项目导入图标文件或图片文件作为项目的资源，然后在对话框的属性中直接选择相应的资源；另外一种是代码方式，通过函数直接添加磁盘上的图标或图片文件。这两种方式在实际开发中都会用到，我们先介绍用可视化方式来设置对话框图标。这种方式的第一步是为对话框添加图标资源。当然，如果是用代码方式设置图标，则不必把资源导入到项目中。

因为是类似的操作过程，所以我们在这里同时介绍如何为对话框设置背景图片。

【例 4.6】 用可视化方式设置对话框尺寸、图标和背景图片

（1）启动 Qt Creator 4.8.2，新建一个对话框项目，项目名为 test。

（2）设置对话框的尺寸大小。非常简单，打开对话框的 Qt 设计师界面，然后把鼠标移动到对话框的右下角处，此时鼠标会变成一个双箭头图标，按住鼠标左键不要松开，直接拖拉对话框大小，直到拖放到合适的大小再放开鼠标左键。

下面开始设置图标和背景图片。笔者在本例的项目目录下新建了一个子目录 res，并在该目录下放置了一个 ico 图标文件 zww.ico 以及一个 jpg 图片文件 gza.jpg，需要把这两个文件添加到 Qt 项目中。

（3）依次单击主菜单的菜单选项“文件→新建文件或项目”，此时出现 New File or Project 对话框，在该对话框左边的窗格选择 Qt、在右边的窗格选择 Qt Resource File，如图 4-19 所示。

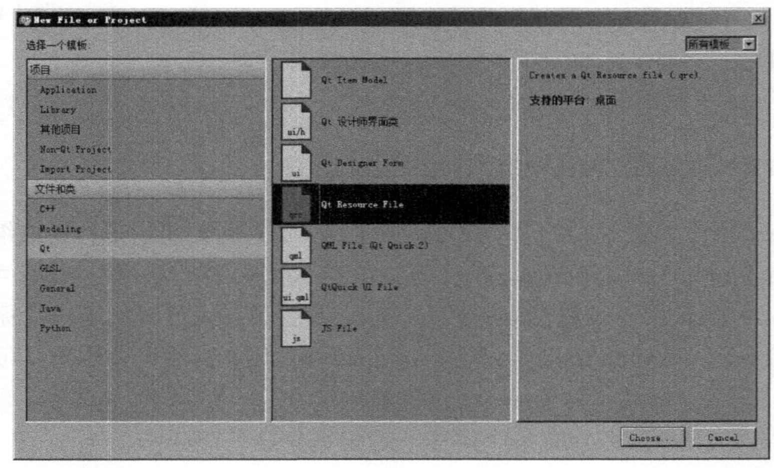

图 4-19

然后单击“Choose...”按钮，出现 Qt Resource File 对话框，在该对话框上输入一个名称，也就是为我们导入的资源起个自定义的名字，比如 myres，下面的路径保持不变，用项目路径即可，如图 4-20 所示。

继续下一步，保持默认设置，直到完成。稍等 1 秒，在主界面的项目视图中就会出现 Resources，并且下面有一个 myres.qrc 文件，如图 4-21 所示。

图 4-20

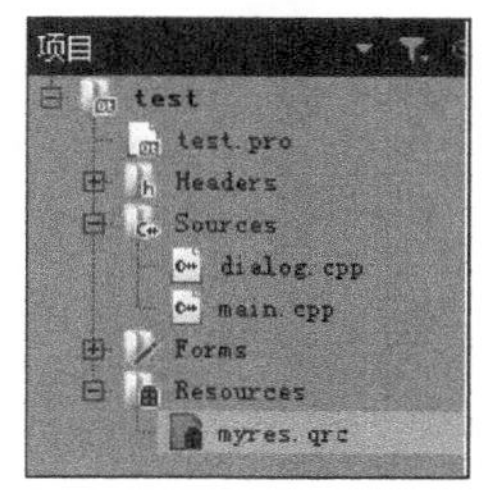

图 4-21

myres.qrc 文件位于项目目录下，是一个 xml 格式的资源配置文件。与应用程序关联的图片、图标等资源文件由.qrc 文件来指定，myres.qrc 用 xml 记录硬盘上的文件和资源名称的对应关系，应用程序通过资源名称来访问资源文件。值得注意的是，资源文件必须位于.qrc 文件所在目录或者子目录下，由于.qrc 文件通常位于项目目录下，因此资源文件也将位于项目目录或者子目录下。

下面我们在磁盘的项目目录下新建一个 res 子目录，在里面放置一个图标文件 tool.ico 和图片文件 gza.jpg。然后回到项目中，右击 myres.qrc，在弹出的快捷菜单中选择“Add Existing Directory...”选项，而后出现 Add Existing Directory 对话框，在该对话框上勾选 res、gza.jpg 和 tool.ico 三个选项，其他不选，然后单击 OK 按钮，如图 4-22 所示。

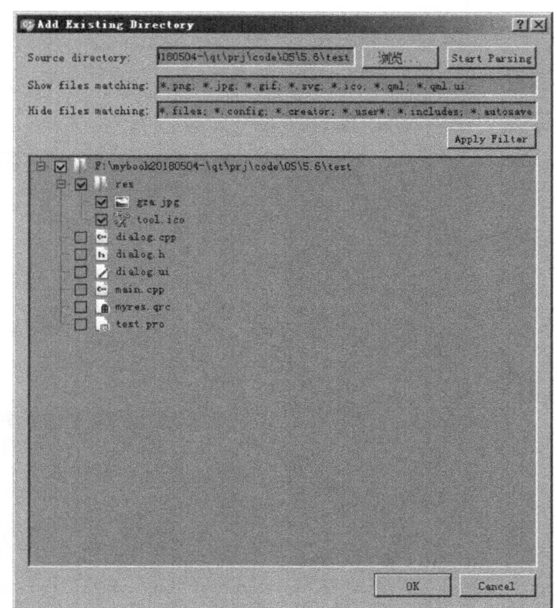

图 4-22

此时出现如图 4-23 所示的提示框，单击 Yes to All 按钮。

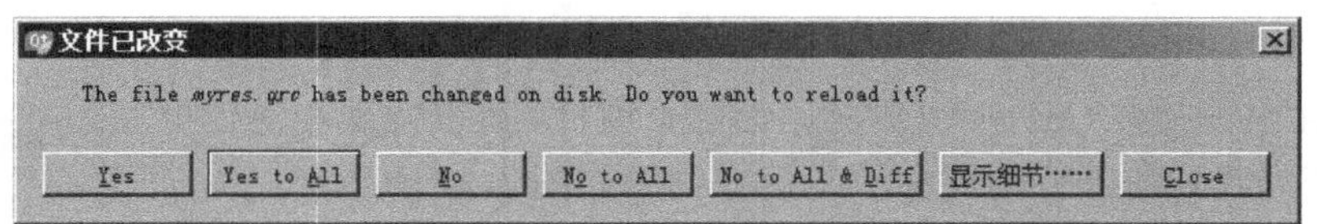

图 4-23

项目视图下的 myres 下就多了一个斜杠“/”（见图 4-24），这个斜杠表示默认的资源前缀。前缀起分类的作用，平时可以不用去管它。斜杠下面有一个 res，表示是在 myres.qrc 同一路径下的子目录 res。res 目录下有 gza.jpg 和 tool.ico，这和磁盘上正好对应起来，因为磁盘上 res 目录下正好有这两个文件。在主界面右边显示出每个资源的小图以及相应的相对路径。

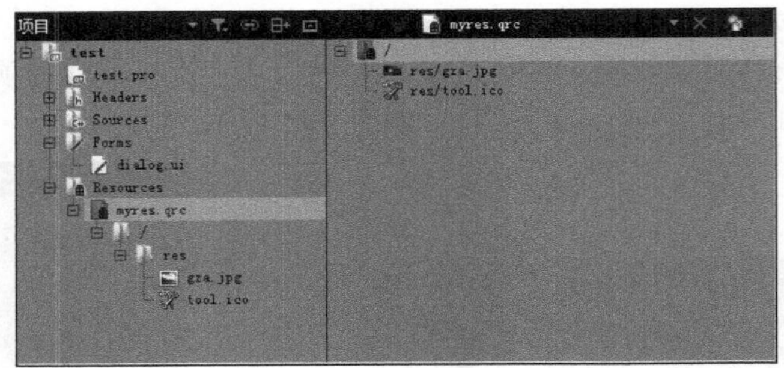

图 4-24

一个图标文件和一个图片文件就算添加到项目中，变成项目的资源了。下面先说明使用图标资源的情况。

（4）双击 Forms 下的 Dialog.ui，打开对话框设计界面，在右边属性视图中找到 windowIcon 属性（用来设置对话框的图标）。单击其右边的下三角按钮，出现下拉菜单，然后选择“选择资源”菜单项，如图 4-25 所示。

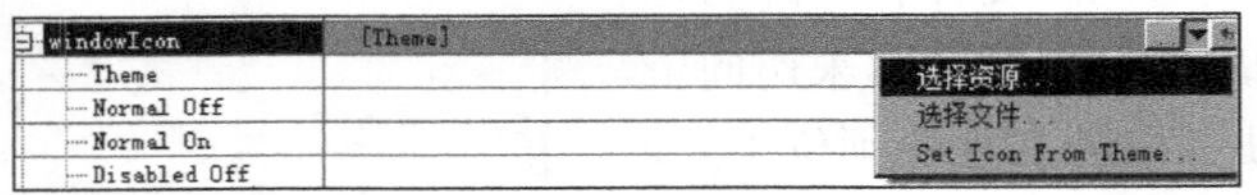

图 4-25

在出现的“选择资源”对话框左边选择 res，在右边选中 tool.ico，然后单击 OK 按钮，如图 4-26 所示。

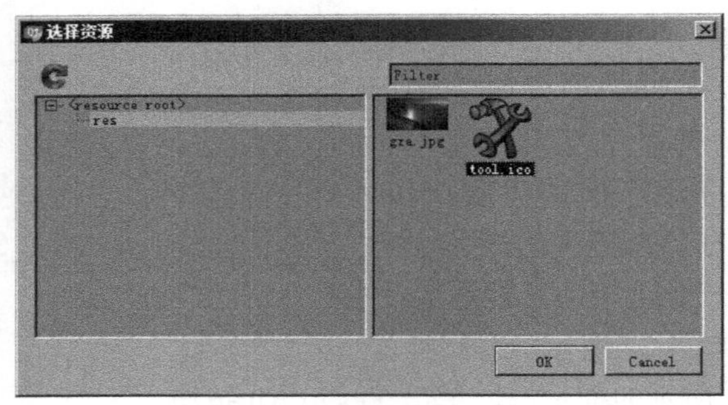

图 4-26

（5）保存项目并按 Ctrl+R 快捷键运行这个项目，可以发现在对话框左上角的图标变为我们所选择的图标了。运行结果如图 4-27 所示。

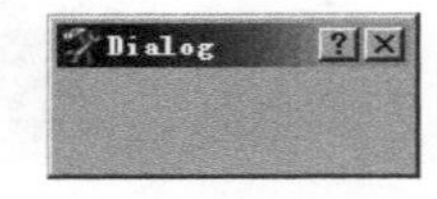

图 4-27

至此，以可视化方式通过向项目中添加图标资源来设置对话框图标就介绍完了。下面为这个对话框设置一个图片背景，显然我们可以直接使用已经添加到项目中的 gzw.jpg 资源，但为了演示如何再添加一幅图片作为资源，这里准备一幅新图片。

（6）准备一个图片文件，存放到项目目录的 res 子目录下，这里准备的图片名称是 hk.jpg。然后在 Qt Creator 4.8.2 的项目视图中右击 res，在弹出的快捷菜单中选择“添加现有文件”选项，再选择项目目录 res 子目录下的 hk.jpg 文件，此时会提示如图 4-28 所示的信息。

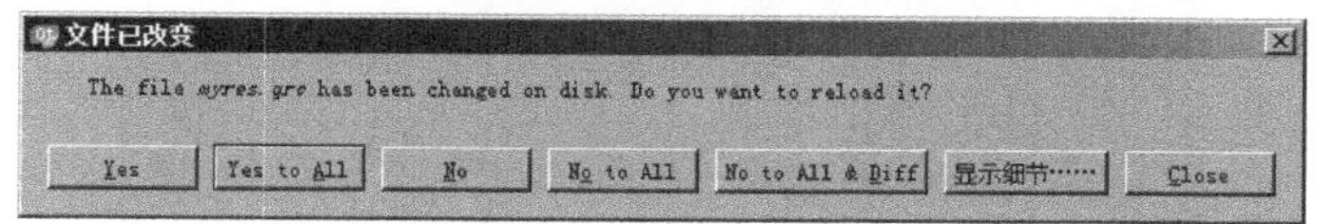

图 4-28

依然单击 Yes to All 按钮，然后在项目视图下的 res 节点下就多了一个 hk.jpg，如图 4-29 所示。这说明把新图片添加到项目中成功了！下面开始使用该图片。

（7）双击 Forms 下的 Dialog.ui，打开对话框设计界面，把对话框稍微拉大一点（因为我们的图片比较大）。在右边属性视图中找到 styleSheet 属性，然后单击右边有 3 个小点的按钮，出现“编辑样式表”对话框，单击该对话框左上角的“添加资源”下三角按钮，然后单击下拉菜单上的 background-image 命令，如图 4-30 所示。

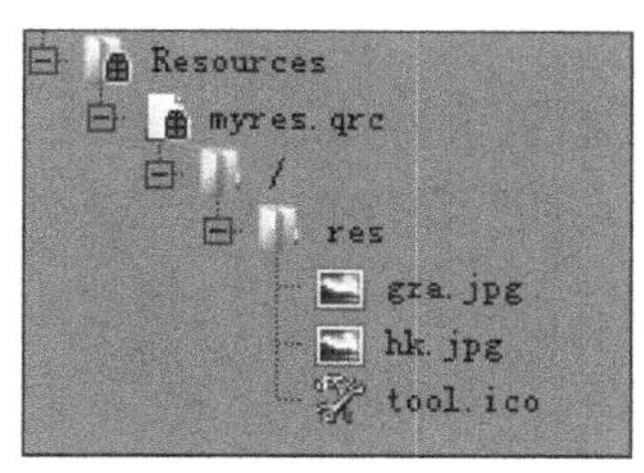

图 4-29

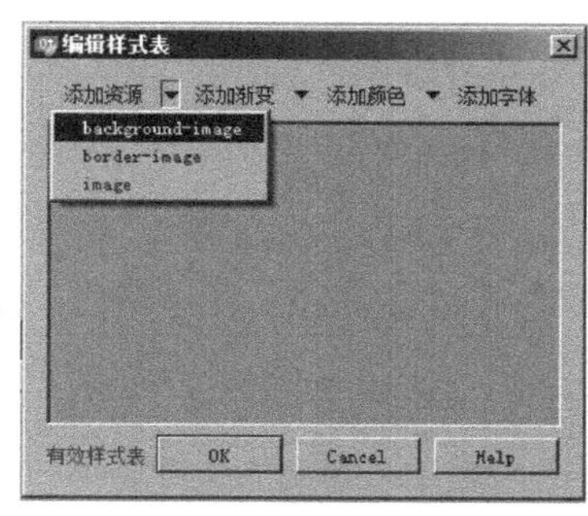

图 4-30

此时，出现“选择资源”对话框。单击该对话框左边的 res 节点，然后右边会显示 res 目录下的所有资源，选择 hk.jpg，并单击 OK 按钮，如图 4-31 所示。

此时，“编辑样式表”对话框的编辑框内多了一行文字“background-image: url(:/res/hk.jpg);”，如图 4-32 所示。

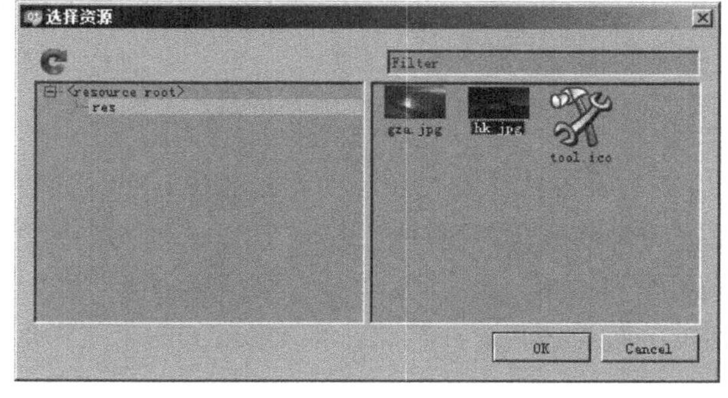

图 4-31

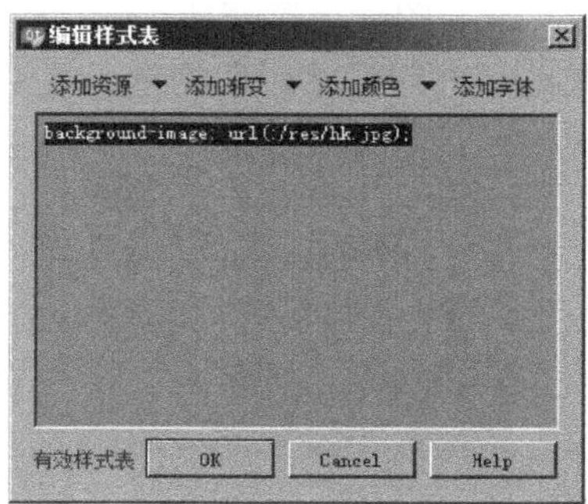

图 4-32

直接单击 OK 按钮关掉该对话框。此时，对话框设计界面上出现了 hk.jpg，说明我们为对话框添加图片背景成功了！按 Ctrl+R 快捷键运行这个项目，可以发现对话框的背景是 hk.jpg 了，如图 4-33 所示。

图 4-33

至此，用可视化方式设置对话框图标和图片背景的方法就介绍完了，下面开始介绍如何用代码方式设置对话框的图标和图片背景。

【例 4.7】 用代码方式设置对话框尺寸、图标和背景图片

（1）启动 Qt Creator 4.8.2，新建一个对话框项目，项目名为 test。

（2）打开 dialog.cpp。为了使用 QIcon 类，需要在文件开头添加包含头文件的指令：

```
#include <QIcon>
```

在构造函数 Dialog()的末尾添加一行代码：

```
setWindowIcon(QIcon("d:\\tool.ico"));
```

其中，函数 setWindowIcon()用来设置窗口的图标。对话框也是窗口，所以也可以用该函数来设置对话框的图标。QIcon 类可以用图像文件来构造图标，既可以使用绝对路径，也可以使用相对路径，下面使用的是绝对路径，即加载 d 盘上的 tool.ico 文件，所以要把项目目录下的 tool.ico 复制到 d 盘。

至此，图标设置完毕。运行这个项目，可以发现对话框左上角图标发生了改变。下面我们设置对话框的尺寸，在构造函数 Dialog()的末尾添加一行代码：

```
resize( 315,220 );
```

函数 resize()用来设置窗口的大小，其中第一个参数是要设置的对话框长度，第二个参数是宽度，这里的 315 和 220 是我们即将要设置的对话框背景图片的大小。把对话框大小和背景图片大小设置成一样是为了让图片正好充满整个对话框。

对话框大小设置完毕后，下面设置对话框的背景图片。在构造函数 Dialog()的末尾添加一行代码：

```
setStyleSheet("background-image:url(d:\\gza.jpg);border:1px solid
black;");
```

函数 setStyleSheet()的功能很多，具体要根据参数而定。参数里的 background-image 表示用来设置背景，然后用 url 来指定图片的路径，这里是 d:\\gza.jpg。

（3）保存项目并运行，运行结果如图 4-34 所示。

图 4-34

4.8　在对话框上使用按钮控件

对话框是控件的载体，相当于一艘航空母舰，控件就像甲板上的飞机。用户真正操作软件的途径其实是一个个控件，比如按钮、编辑框、下拉列表框、图像控件等。本节将介绍如何在对话框上使用按钮这个控件。

这一节讲述的知识都是可视化的鼠标操作，不涉及代码编程，因此我们不准备用例子方式来讲解，讲述的内容多是一个动态的过程，希望大家边看边演练。首先启动 Qt Creator，新建一个对话框项目。然后双击 ui 文件，打开 Qt 设计师界面，此时将自动显示对话框的编辑界面。

4.8.1　显示控件工具箱

在 Qt 设计师界面中，有一个视图叫 Widget Box（控件工具箱）。Widget Box 视图提供了各种各样的控件，如图 4-35 所示。

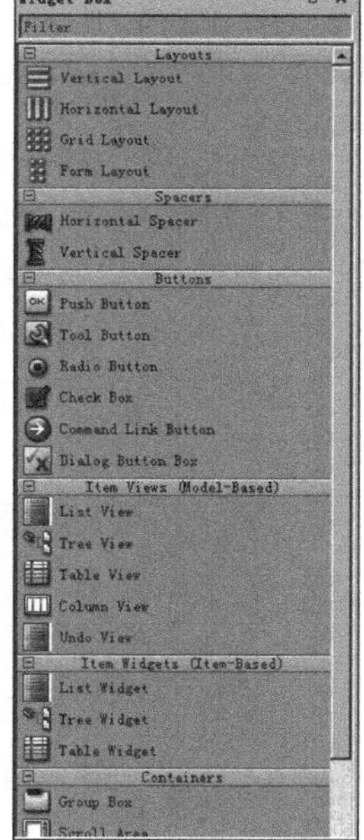

图 4-35

控件工具箱通常会随着对话框设计界面的显示而自动显示。如果一不小心关闭了，可以依次单击 Qt 设计师界面中主菜单的菜单选项“视图→Widget Box”。

4.8.2　拖动一个按钮到对话框

在 Qt 设计师界面的 Widget Box 视图中找到 Push Button，如图 4-36 所示。

把鼠标移到 Push Button 上，然后按住鼠标左键不放，移动鼠标到对话框上想要放置按钮的地方后再松开，Push Button 就出现在对话框上了，如图 4-37 所示。

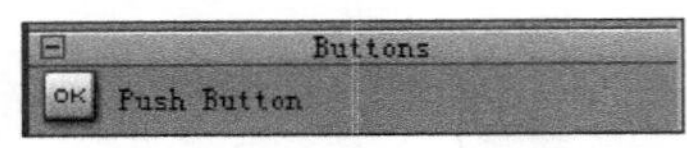
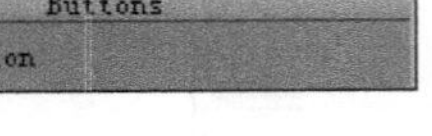

图 4-36

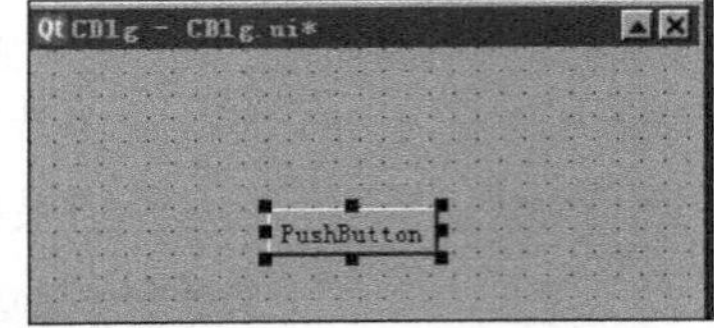

图 4-37

这个过程就是控件的拖动过程，用这个方法也可以把控件工具箱里的其他控件拖动到对话框中。

4.8.3 选中按钮控件

单击按钮控件，此时按钮控件周围会被黑点框包围，处于选中状态。如果要同时选中多个按钮，则可以先按住键盘上的 Ctrl 键，然后同时用鼠标依次单击多个按钮，这样单击过的按钮都会被选中。如果要选择所有控件，可以直接按 Ctrl+A 快捷键。

如果要撤销选中，则对已经选中的按钮再次单击，按钮周围的黑点框就会消失了。

4.8.4 移动对话框上的按钮控件

在对话框上单击要移动位置的按钮，并且不要释放鼠标左键，此时鼠标指针形状会变成一个十字架，然后移动鼠标到新的位置再释放，即把控件移动到新位置了。

4.8.5 对齐对话框上的按钮控件

要对齐多个按钮控件，一个个移动的话不但对齐的精度不准，而且很烦琐。高效的方法是先选中几个要对齐的按钮控件，然后选择主菜单的菜单选项“窗体”，再选择“水平布局”或者“垂直布局”。选择“水平布局”后，选中的几个按钮将排成一条水平线，并且每两个控件左右间隔相等，如图 4-38 所示。再依次单击主菜单的菜单选项“窗体→打破布局”，选中的几个按钮外围的一圈红线就没有了，如图 4-39 所示。这样就算水平对齐了。垂直对齐的操作过程类似。

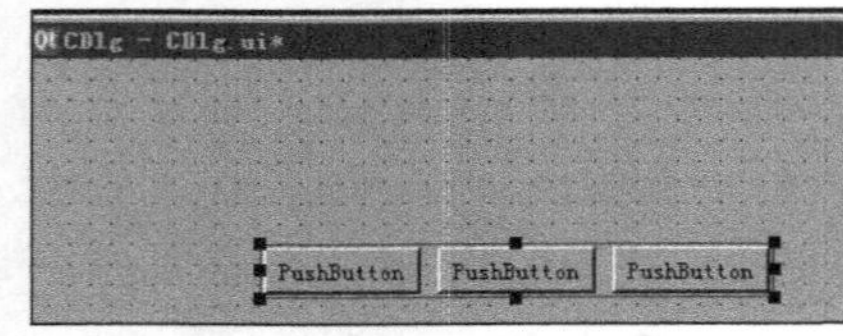

图 4-38

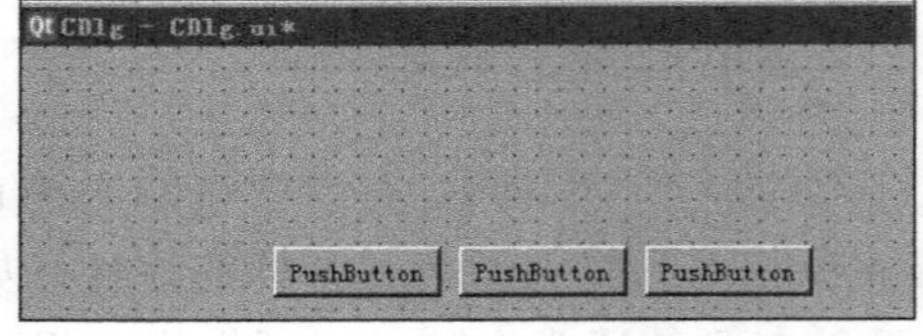

图 4-39

4.8.6 调整按钮控件的大小

单击对话框上的按钮控件，此时会看到该按钮四周被 8 个黑点框包围，然后把鼠标放到某个黑点上，按下鼠标左键进行拖拉，会发现按钮的大小跟随鼠标移动而变化，最后释放鼠标左键，就会发现按钮大小发生了改变。

4.8.7　删除对话框上的按钮控件

单击对话框上的按钮控件，比如“确定”和“删除”按钮，然后按 Delete 键；或者右击按钮控件，在弹出的快捷菜单中选择“删除”命令，即可删除按钮控件。如果要删除多个按钮，可以先选中要删除的多个按钮，然后按 Delete 键。

4.8.8　为按钮控件添加事件处理函数

本来这一部分内容应该放在下一章来讲述，但是因为我们要演示一些系统标准对话框的弹出，需要按钮来进行辅助，所以这里先简单讲述一下如何为按钮添加事件处理程序。事件处理程序就是某个事件发生后控件要执行的程序。比如单击按钮控件是一个事件，后面发生的响应就是执行了按钮的事件处理程序。也就是说，单击按钮，按钮能处理这个单击事件。在 Qt 中，事件处理函数也叫槽（Slot）。

为按钮控件添加事件处理函数（程序）可以采用手工（添加代码）方式，也可以使用可视化向导方式。作为一名专业开发者，这两种方法都要会使用。

1. 用手工方式添加事件处理函数

虽然是手工添加代码方式，但也不是非常复杂，而且都是有套路的，基本步骤如下：

（1）在头文件中声明事件处理函数，并且要写在 public slots:之后，代表是一个槽（事件处理函数）。比如，在 dialog.h 中添加：

```
public slots:
    void ClickButton();
```

（2）在构造函数中，用 connect()函数把事件信号和槽连接起来。比如：

```
connect(ui.pushButton, SIGNAL(clicked()), this, SLOT(ClickButton()));
```

其中，pushButton 是按钮的对象名(ObjectName)，每个控件都有一个 ObjectName; SIGNAL 把某个事件转为信号，clicked()表示单击按钮事件；SLOT 告诉 Qt 它的参数是一个槽（事件处理函数）；函数 ClickButton()表示单击按钮的事件处理函数。

（3）在 cpp 中实现事件处理函数。比如在 dialog.cpp 中添加如下函数：

```
void Dialog::ClickButton()  //该函数就是单击按钮而引发的事件处理函数
{
    //what you want to do
}
```

在这个函数中可以添加我们希望单击按钮而产生的响应。下面我们来看一个具体的例子。值得注意的是，若使用 VC2017 开发 Qt，则只能使用手工方式添加事件处理函数，这也是令人遗憾的地方。

【例 4.8】 采用手工方式添加单击按钮事件处理函数

（1）启动 Qt Creator 4.8.2，新建一个对话框项目，项目名为 test。

（2）单击左边竖条工具栏上的 Debug 来显示项目视图，如图 4-40 所示。

在项目视图中，展开 Forms，双击 dialog.ui，此时将打开对话框的设计界面，或者直接单击“设计”工具显示对话框的设计界面。

接着，从工具栏中把一个按钮（Push Button）拖放到对话框中。

（3）在左边竖条工具栏上单击 Debug 工具来显示项目视图。在项目视图上，展开 Headers（用来存放项目中的头文件），双击 dialog.h 文件以打开它，在类 Dialog 中添加如下代码：

```
public slots:
    void ClickButton();
```

这就声明好了单击按钮处理函数。

（4）添加 connect()函数。双击 dialog.cpp 文件以打开它，在构造函数 Dialog()的末尾添加如下代码：

```
connect(ui->pushButton, SIGNAL(clicked()), this, SLOT(ClickButton()));
```

其中，pushButton 是按钮的对象名；clicked()表示单击事件；this 指向按钮的父类（对话框）；ClickButton()就是槽（事件处理函数）。

（5）添加事件处理函数。在 dialog.cpp 的末尾添加如下函数：

```
void Dialog::ClickButton()
{
   QApplication::exit(0);
}
```

函数很简单，调用 QApplication 的成员函数 exit()来退出程序。

（6）大功告成，按 Ctrl+R 快捷键来运行这个程序，稍等片刻，就可以看到一个对话框了，在对话框中有一个按钮，如图 4-41 所示。单击按钮，就可以发现程序退出了。

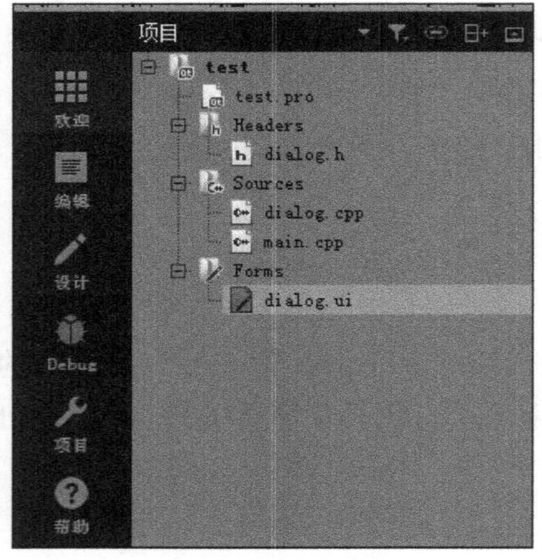

图 4-40

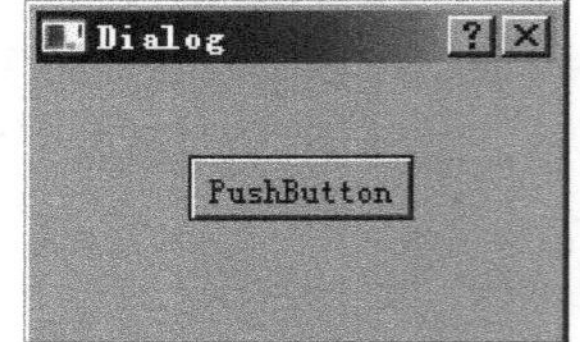

图 4-41

2. 用可视化向导方式添加事件处理函数

可视化向导方式不需要为了“架桥梁”而手动添加代码，只需要为事件处理函数添加响应代码即可。我们只需要通过鼠标菜单就可以添加 connect()函数等。如果要用向导方式添加事件处理函数，则只能使用 Qt Creator。我们通过下面的小例子来体会一下。

【例 4.9】 采用可视化向导方式添加单击按钮事件处理函数

（1）启动 Qt Creator 4.8.2，新建一个对话框项目，项目名为 test。

（2）单击左边竖条工具栏上的 Debug 工具来显示项目视图。在项目视图中，展开 Forms，双击 dialog.ui，此时将打开对话框的设计界面，或者直接单击“设计”工具显示对话框的设计界面。接着，从工具栏中把一个按钮（Push Button）拖放到对话框中，然后右击按钮，在弹出的快捷菜单中选择“转到槽...”选项，此时将出现“转到槽”对话框，如图 4-42 所示。

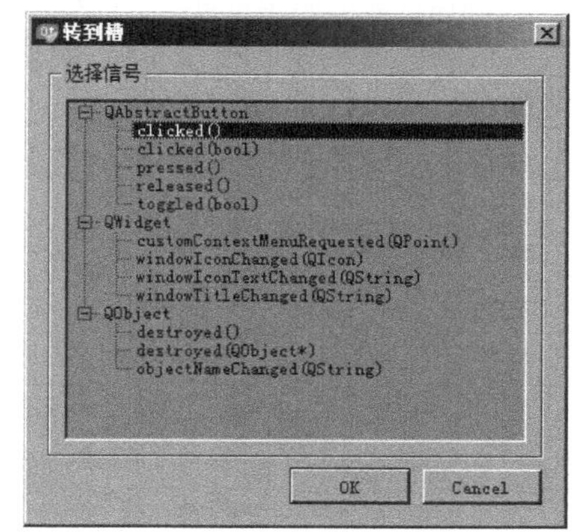

图 4-42

这个对话框用来选择信号，这里我们选中 clicked()，然后单击 OK 按钮，此时将自动打开 Qt 编辑器，并自动定位到 dialog.cpp 中的 on_pushButton_clicked()函数处。这个函数就是自动生成的单击按钮事件处理函数，我们可以在里面添加响应代码，这里就添加一行程序退出的代码，主要用来测试响应是否正常，具体如下：

```
void Dialog::on_pushButton_clicked()
{
    QApplication::exit(0);
}
```

（6）大功告成，按 Ctrl+R 快捷键运行这个程序，稍等片刻，就可以看到一个对话框，在对话框中有一个按钮。单击按钮，就可以发现程序退出了，效果和上例完全一样。

4.9 模态对话框和非模态对话框

在 Qt 中，对话框可以分为模态（也叫模式）对话框、非模态（也叫非模式）对话框。

在弹出模态对话框时，除了该对话框之外，整个应用程序窗口都无法接收用户响应，而是处于等待状态，直到模态对话框被关闭。这时一般需要单击对话框中的确定或者取消等按钮关闭该对话框，程序得到对话框的返回值（单击了确定还是取消），并根据返回值进行相应的操作，之后将操作权返回给用户，此后用户才可以单击或者拖动程序的其他窗口。也就是说，相当于阻塞了同一应用程序中其他可视窗口的输入对话框，用户必须完成这个模态对话框中的交互操作，并且关闭了它之后才能访问应用程序中的其他窗口。其实模态对话框的作用就是要得到用户选择的结果，并根据得到的结果来进行下面的操作。

模态对话框需要有自己的事件循环。要想使一个对话框成为模态对话框，只需要调用它的exec()函数即可；要使其成为非模态对话框，则需要使用 new 操作来创建，然后调用 show()函数来显示。函数 exec()和 show()的区别在于，exec()显示的是模态对话框，并且锁住程序直到用户关闭该对话框为止，也就是说只能操作这个对话框，除非关掉，否则无法操作别的对话框；show()就是简单显示，可以操作别的对话框，经常用于非模态对话框。

值得注意的是，使用 new 创建和调用 show()显示也可以创建模态对话框，只需要在它的前面调用 setModa()函数即可。

模态对话框的创建和显示代码如下：

```
myModalDialog  mydlg;
mydlg.exec();
```

或者为：

```
MyDialog  *mydlg = new myModalDialog(this);
mydlg->setModal(true);  //true 为模态，false 为非模态
mydlg->show();
```

模态对话框通常用在需要返回值的地方，例如需要分清用户单击 OK 按钮还是 Cancel 按钮。对话框可以通过调用 accept()或 reject()槽函数来关闭，并且 exec()将返回对应的 Accepted 或 Rejected。

exec()用于返回这个对话框的结果。如果窗口还没有被销毁，那么这个结果也可以通过函数 result()得到。如果设置了 WDestructiveClose 标记，那么当 exec()返回时对话框会被删除。

所谓非模态对话框，就是在弹出非模态对话框时用户仍然可以对其他窗口进行操作，不会因为这个对话框未关闭就不能操作其他窗口。非模态对话框是和同一个程序中其他窗口操作无关的对话框。比如，在字处理软件中查找和替换对话框通常是非模态的，这样就允许同时与应用程序主窗口和对话框进行交互。在 Qt 中，调用 show()函数来显示非模态对话框。show()会立即返回，这样调用代码中的控制流将会继续。在实践中会经常调用 show()并且在调用 show()函数之后将控制返回到主事件循环，比如下面的代码就演示了非模态对话框的创建和显示过程：

```
myDialog *mydlg = new myDialog( this );
mydlg->show();
```

在调用 show()之后，控制返回到主事件循环中。

其实，还有一种不常用的对话框——“半模态”对话框。“半模态”对话框是立即把控制返回给调用者的模态对话框。半模态对话框没有自己的事件循环，所以需要周期性地调用 QApplication::processEvents()来让这个半模态对话框有处理自己事件的机会。比如，进度条对话框（例如 QProgressDialog）就是一个例子，它可以让用户有机会中止一个正在运行的操作。半模态对话框的模态标记被设置为 true 并且调用 show()函数来显示。因为这种用法不是很多，所以读者了解即可。

【例 4.10】 创建一个模态对话框和非模态对话框

（1）启动 Qt Creator 4.8.2，新建一个对话框项目，项目名为 test。

（2）添加一个新的对话框。单击 Qt Creator 主界面左边工具栏上的 Debug 工具来打开“项目”视图。右击 Forms，在弹出的快捷菜单中选择“Add New...”选项，出现“新建文件”对话框。在该对话框左边的窗格选中 Qt，在右边的窗格中选中“Qt 设计师界面类”，如图 4-43 所示。

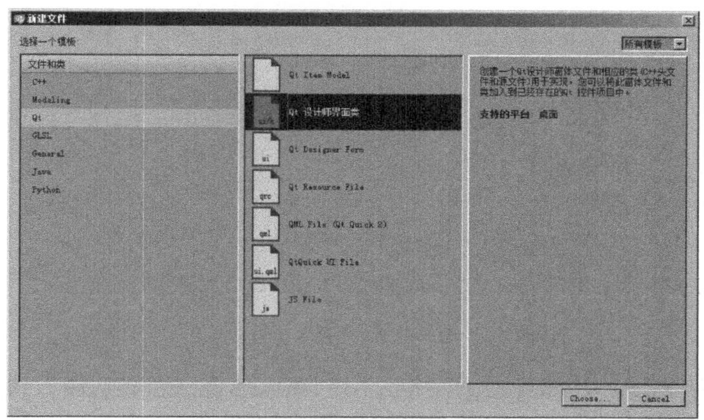

图 4-43

然后单击 Choose...按钮，出现“Qt 设计器界面类”窗格，选择界面模板为 Dialog with Buttons Bottom，如图 4-44 所示。

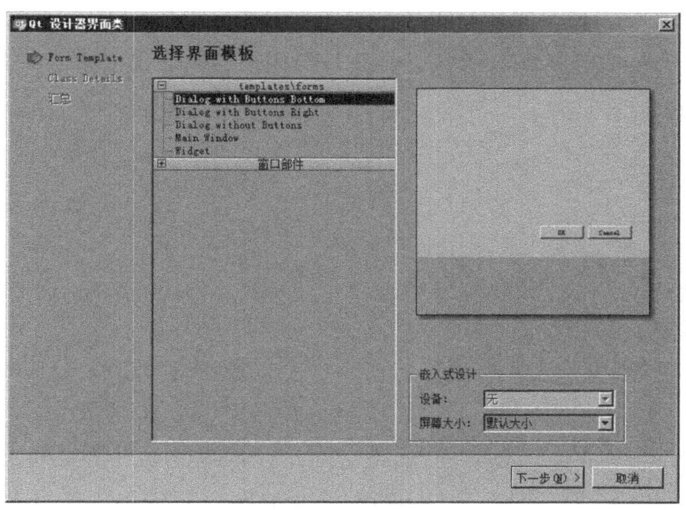

图 4-44

然后单击“下一步”按钮，出现类细节对话框，注意类名不要和已经存在的对话框类名相冲突。比如我们的项目是一个对话框项目，刚创建的时候向导已经为我们创建了一个对话框类 Dialog，所以现在新建的对话框类名就不能用这个了，否则就会出现同名冲突。将新对话框命名为 myModalDialog，我们可以发现相应的头文件、源文件和 ui 文件的文件名也跟着自动改了，如图 4-45 所示。

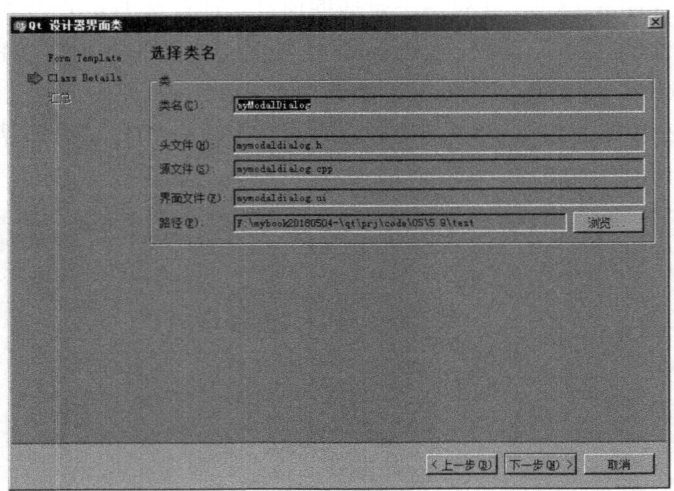

图 4-45

单击“下一步”按钮，出现汇总对话框，用来确认是否已经成功加入到本项目中，毫无疑问，直接单击“完成”按钮即可。此时再看项目视图，可以发现新增了 3 个文件，分别是 Headers 目录下的 mymodaldialog.h、Sources 目录下的 mymodaldialog.cpp 和 Forms 目录下的 mymodaldialog.ui，如图 4-46 所示。

至此，新对话框添加成功！

（3）添加一个按钮，用来显示新添加的模态对话框。切换到 Qt 设计师界面，然后添加一个按钮，标题设为“显示模态对话框”，并为其添加单击按钮消息处理函数：

```
void Dialog::on_pushButton_clicked()
{
 myModalDialog  mydlg;
 int res= mydlg.exec();
 if (res==QDialog::Accepted)
     QMessageBox::about(this,"Note","you click ok button");
 if (res==QDialog::Rejected)
      QMessageBox::about(this,"Note","you click cancel button");
}
```

调用 exec()来创建并显示一个模态对话框，通过该函数的返回值来判断用户单击了哪个按钮：如果单击了 OK 按钮，就返回 QDialog::Accepted；如果单击了 Cancel 按钮，就返回 QDialog::Rejected；在实际开发中，我们经常要根据用户的选择来决定下一步的操作。

最后，在 dialog.cpp 的开头加入 2 个头文件：

```
#include "myModalDialog.h"
#include <QMessageBox>
```

此时运行这个项目，单击“显示模态对话框”按钮，即会出现模态对话框。下面再来添加并显示非模态对话框。

（4）在主对话框上再放置一个按钮，双击 dialog.ui，然后把一个按钮拖放到对话框中，并把新按钮标题设置为“显示非模态对话框”，然后为其添加单击按钮事件处理函数：

```
void Dialog::on_pushButton_2_clicked()
{
    myModalDialog *mydlg = new myModalDialog( this );
    mydlg->show();
}
```

（5）保存项目并运行，运行结果如图 4-47 所示。

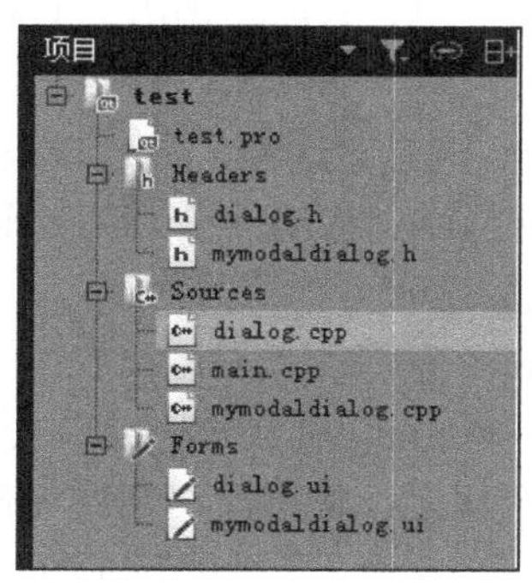

图 4-46

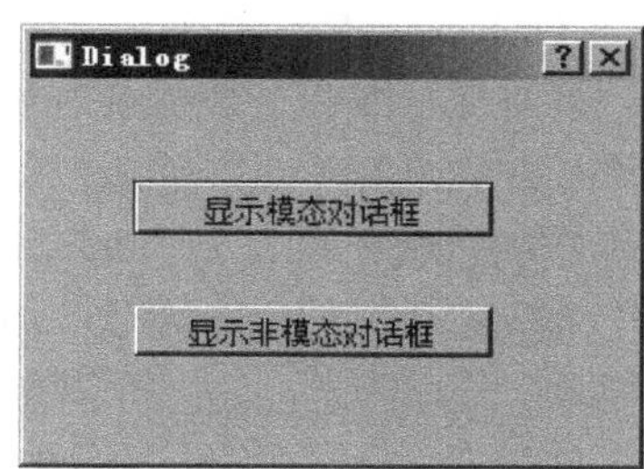

图 4-47

4.10 通用对话框

通用对话框是 Qt 预定义的对话框，封装了一些常用功能，比如消息对话框实现消息提示功能、文件对话框实现文件打开和保存功能、字体对话框实现字体选择功能、颜色对话框实现颜色选择功能、打印对话框实现打印设置功能等。

这些通用对话框其实也是一种模态对话框，可以用模态对话框的调用套路来显示这些对话框。也就是使用预定义对话框的三板斧原则，即定义对象后设置父组件和属性、模态调用函数 exec()、根据结果判断执行流程，比如字体对话框的调用：

```
QFontDialog dia(this); //定义对象
dia.setWindowTitle("Font Dialog Test"); //设置属性，也可以不调用

if(dia.exec() == QFontDialog::Accepted) //根据用户选择结果判断执行流程
    …
```

这种方法通常称为定义对象法。还有一些对话框可以不用定义对象，直接调用类的静态函数就可以显示，比如文件对话框提供了函数 getOpenFileName()，可以直接显示文件打开对话框：

```
    QString path = QFileDialog::getOpenFileName(this, "Open Image", ".", "Image
Files(*.jpg *.png)");
    if(path!="") QMessageBox::information(this,"caption",path);
```

4.10.1 消息对话框

为了方便使用，Qt 封装了一些包含常见功能的对话框，比如颜色对话框、字体对话框、消息对话框等，这样避免了重复造轮子，这些对话框通常称为标准对话框。如果我们需要自己实现特定功能的对话框，就要进行对话框设计。在设计对话框之前，我们先来认识一下标准对话框中的消息对话框，因为它用处最多，需要提示用户的地方经常会看到它的影子。

本节介绍一种消息对话框，通常用于向用户显示一段文本字符串信息，上面只有简单的几个按钮，比如“确定”“取消”等。这种对话框的显示非常简单，只需要调用类 QMessageBox 的成员函数即可。我们可以先来看一下 QMessageBox 类。

Qt 通过 QMessageBox 类来封装消息对话框的各项功能。消息对话框上显示一段文本信息，以提醒用户注意某个情况，比如解释警告或向用户提问。除了文本信息外，消息对话框还包含一个或几个用于接收用户响应的按钮，以及一个图标，比如感叹号、问号等。

根据提示的目的不同，消息框可以分为询问（Question）消息框、信息（Information）消息框、警告（Warning）消息框、紧急（Critical）消息框、关于（About）消息框和自定义（Custom）消息框。其中，询问（Question）消息框通常向用户问一个问题，让用户对问题做出回答，因此消息框上面通常有 2 个或 3 个按钮，比如“是”和“否”，“继续”“终止”和“重新开始”；信息消息框最简单，通常就是显示一段文本，上面只有一个确定按钮；警告消息框用于告诉用户发生了一个错误；紧急（Critical）消息框通常用于告诉用户发生了一个严重错误；关于消息框通常用于显示一段关于本软件的版权号及版本相关的内容。

要使用 QMessageBox 类来显示消息框，需要在文件开头添加包含头文件的指令：

```
    #include <QMessageBox>
```

1. 静态函数法显示消息框

静态函数法就是不需要定义对话框对象，直接调用 QMessageBox 类的静态函数即可显示消息框。

根据提示的目的不同，消息框可以分为多种，这些具体的分类正是由 QMessageBox 类的静态成员函数实现的，这些函数的参数和返回值都类似，区别主要在于图标，比如信息消息框的图标是感叹号、询问消息框的图标是问号、紧急对话框是一个打叉的圆形图标。这个函数的不同原型声明如下：

```
    QMessageBox::StandardButton     information(QWidget *parent, const QString
&title, const QString &text, QMessageBox::StandardButton button0,
QMessageBox::StandardButton button1 = NoButton);
    QMessageBox::StandardButton     critical(QWidget *parent, const QString
&title, const QString &text, QMessageBox::StandardButtons buttons,
QMessageBox::StandardButton defaultButton = NoButton);
```

```
    int    critical(QWidget *parent, const QString &title, const QString &text, QMessageBox::StandardButton button0, QMessageBox::StandardButton button1)
    QMessageBox::StandardButton    information(QWidget *parent, const QString &title, const QString &text, QMessageBox::StandardButtons buttons, QMessageBox::StandardButton defaultButton = NoButton) ;
    QMessageBox::StandardButton    question(QWidget *parent, const QString &title, const QString &text, QMessageBox::StandardButtons buttons = ..., QMessageBox::StandardButton defaultButton = NoButton);
    QMessageBox::StandardButton    warning(QWidget *parent, const QString &title, const QString &text, QMessageBox::StandardButtons buttons, QMessageBox::StandardButton defaultButton = NoButton);
    static void about(QWidget *parent, const QString &title, const QString &text);
```

其中，参数 parent 指向父窗口，如果 parent 为 0，消息框就变为应用程序全局的模态对话框，如果 parent 指向一个窗口控件，消息框就变为相对于该窗口的模态对话框（就是消息框不消失，父窗口将无法获得焦点）。title 是消息框标题栏中的标题。text 是消息框中的内容。参数 buttons 用于控制消息框上的显示按钮，它的类型是一个枚举 StandardButtons。枚举 StandardButtons 的每个取值都表示一个标准按钮，常见的有：

- QMessageBox::Ok：消息框显示 OK 按钮，表示确定的意思。
- QMessageBox::Cancel：消息框显示 Cancel 按钮，表示取消的意思。
- QMessageBox::Yes：消息框显示 Yes 按钮，表示是的意思。
- QMessageBox::No：消息框显示 No 按钮，表示否的意思。
- QMessageBox::Abort：消息框显示 Abort 按钮，表示中断的意思。
- QMessageBox::Retry：消息框显示 Retry 按钮，表示重试的意思。
- QMessageBox::Ignore：消息框显示 Ignore 按钮，表示忽略的意思。

如果要显示多个按钮，可以用或运算符（|）进行组合，比如“QMessageBox::Yes|QMessageBox::No”将同时显示 Yes 和 No 两个按钮。注意，组合也要根据习惯来，不能瞎组合，比如 OK 按钮通常和 Cancel 按钮组合在一起使用，Yes 按钮和 No 按钮组合在一起使用，Abort、Retry 和 Ignore 通常组合在一起使用。另外，信息消息框通常就只显示一个 OK 按钮，两个按钮通常用在询问对话框上，比如 Yes 和 No，这样的组合就是为了询问用户 Yes 还是 No，由此可见询问消息框上不大可能只有一个按钮。

参数 defaultButton 表示默认处于选中状态的按钮，有了默认按钮，用户就可以直接按回车键产生单击该按钮的默认效果了。函数返回被单击的按钮的枚举标识（QMessageBox::Ok 或 QMessageBox::No 等）。函数的返回值将是用户单击的按钮对应的枚举值（QMessageBox::StandardButton 是一个枚举值），比如用户单击了 Yes 按钮，则返回值就是 QMessageBox::Yes。我们可以通过返回值来判断用户的选择，从而进行后续的处理。

注　意

最后一个关于消息框的函数是 about()，它既没有返回值，也没有用于设置按钮的参数。它默认就带有一个按钮，用来显示信息是很方便的。

通过这些函数的函数名就能知道它们是用来显示何种类型的消息框，比如 information()函数用来显示信息消息框；critical()函数用来显示紧急消息框；question()函数用来显示询问消息框；warning()函数用来显示警告消息框。

既然是静态函数，在使用的时候直接用类 QMessageBox 来调用即可，比如：

```
QMessageBox::information(this,"caption","content"); //第二个参数是标题
```

另外，值得注意的是这些静态函数也有一些其他形式，但官方已经不建议使用了，比如：

```
static int information(QWidget *parent, const QString &title,
                  const QString& text,
                  int button0, int button1 = 0, int button2 = 0);
static int information(QWidget *parent, const QString &title,
                  const QString& text,
                  const QString& button0Text,
                  const QString& button1Text = QString(),
                  const QString& button2Text = QString(),
                  int defaultButtonNumber = 0,
                  int escapeButtonNumber = -1);
```

以后看到这些调用形式的时候，不要怀疑别人写错了，而是因为这两个函数形式已经被淘汰掉，应该尽量采用最新的函数形式。

【例 4.11】 用静态函数法来显示信息框

（1）启动 Qt Creator 4.8.2，新建一个对话框项目，项目名为 test。

（2）双击 dialog.ui，以此来打开对话框编辑器，并放置 6 个按钮。双击第 1 个按钮，并输入文本“信息消息框”。如果要修改按钮的 text 属性，可以直接双击按钮，在按钮上输入所需的文本。双击第 2 个按钮，并输入文本“询问消息框”。双击第 3 个按钮，并输入文本“紧急消息框”。双击第 4 个按钮，并输入文本“判断用户在询问消息框上的选择”。双击第 5 个按钮，并输入文本“带超级链接的关于对话框”。双击第 6 个按钮，并输入“不通过静态函数显示，并带图片”。放置按钮后的设计界面如图 4-48 所示。

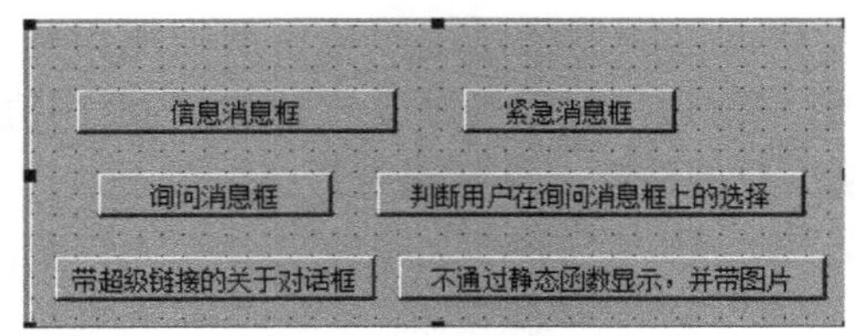

图 4-48

（3）打开 dialog.cpp，在文件开头添加包含头文件的指令：

```
#include <QMessageBox>
```

为“信息消息框”按钮添加单击按钮处理函数。添加消息处理函数的过程这里不再赘述，前面已经介绍过，可以在 Qt Creator 4.8.2 下用可视化向导方式完成。代码如下：

```
void Dialog::on_pushButton_clicked()
{
    QMessageBox::information(this,"note","hello");
}
```

为“询问消息框”按钮添加单击按钮处理函数，代码如下：

```
void Dialog::on_pushButton_2_clicked()
{
    QMessageBox::question(this,"note","hello",QMessageBox::Ok|
QMessageBox::Cancel);
}
```

为了让 OK 按钮和 Cancel 按钮同时显示，这里用了或运算符（|）。

为“紧急消息框”按钮添加单击按钮处理函数，代码如下：

```
void Dialog::on_pushButton_3_clicked()
{
     QMessageBox::critical(this,"note","hello", QMessageBox::Ok);
}
```

为“判断用户在询问消息框上的选择”按钮添加单击按钮处理函数，代码如下：

```
void Dialog::on_pushButton_4_clicked()
{
    QMessageBox::StandardButton rt;
    rt = QMessageBox::question(this,"note","hello",
QMessageBox::Abort|QMessageBox::Retry|QMessageBox::Ignore);
    if(QMessageBox::Abort==rt)  QMessageBox::information(this,"note","you
selected Abort");
    else if(QMessageBox::Retry==rt)
QMessageBox::information(this,"note","you selected Retry");
    else   QMessageBox::information(this,"note","you selected Ignore");
}
```

在函数 on_pushButton_4_clicked()中，我们先定义了一个枚举变量 rt，用来接收 QMessageBox::question 的返回值（用户在询问消息框上单击的按钮的枚举值）。最后根据返回值显示一个信息消息框，以此来模拟根据用户的操作而产生不同的响应。

为“带超级链接的关于对话框”按钮添加单击按钮处理函数，代码如下：

```
    void Dialog::on_pushButton_5_clicked()
    {
        QMessageBox::about(this, "About", "visit: <a href='http://qq.com'><font
color='red'>qq.com</font></a>");
    }
```

我们在字符串里包含了超级链接，这说明 QMessageBox 对话框的文本信息是可以支持 HTML 标签的，非常方便。

最后为“不通过静态函数显示，并带图片”按钮添加单击按钮处理函数，代码如下：

```
    }
    void Dialog::on_pushButton_6_clicked()
    {
        QMessageBox message(QMessageBox::NoIcon, "Title", "gza bridge");
        message.setIconPixmap(QPixmap("d:\\gza.jpg"));
        message.exec();
    }
```

我们调用 QMessageBox 类的成员函数 setIconPixmap()为消息框设置一幅图片，该函数的参数是 QPixmap 对象，QPixmap 类的构造函数参数是图片的路径。

（4）保存项目并运行，运行结果如图 4-49 所示。

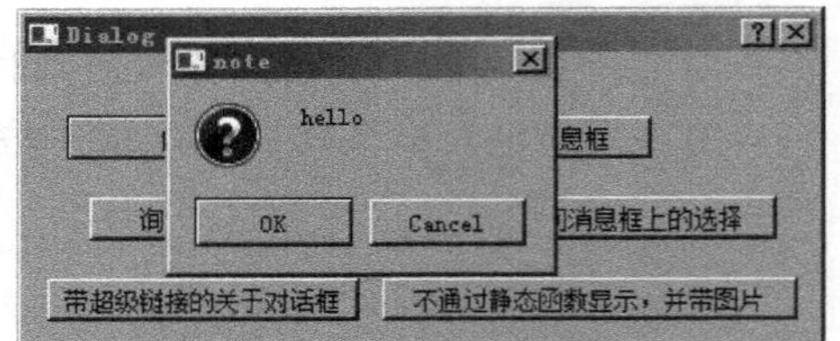

图 4-49

2. 用定义对象法来显示消息框

这种方法使用预定义对话框的三板斧原则：定义对象后设置父组件和属性、模态调用函数 exec()、根据结果判断执行流程。

因为消息对话框有不同的类型，所以也可以不调用 exec()函数，而直接调用所需类型的函数，比如显示一个询问消息框：

```
    QMessageBox dlg(this);
    dlg.question(this,"title","are you ok?");
```

是不是非常简单？首先定义一个 QMessageBox 类对象 dlg，传入的参数是父窗口指针。这种方法也就是直接调用前面讲过的静态函数。其实，对象调用静态函数有点不正规，建议在需要调用静态函数时直接用类调用。

定义对象法还是规规矩矩按照三板斧原则——调用 exec()函数。我们先来看一下构造函数。构造函数 QMessageBox()有两种形式，用得较多的是如下这种：

```
    QMessageBox(QWidget *parent = nullptr);
```

参数是父窗口指针。

如果要设置消息对话框的标题，可以调用成员函数 setWindowTitle()，该函数的原型声明如下：

```
void QMessageBox::setWindowTitle(const QString &title);
```

其中，参数 title 是要显示在消息框上的字符串。

如果要设置消息对话框的内容，可以调用成员函数 setText()，该函数的原型声明如下：

```
void setText(const QString &text);
```

其中，参数 text 是显示在消息对话框中的内容。

如果要显示不同类型的消息框呢？其实，消息框的最大区别就是图标的不同，比如询问对话框有问号图标、紧急对话框有红色的大叉图标……那么只要为对话框设置不同的图标，不就变成不同类型的消息框了吗？设置图标的函数是 setIcon()，它的原型声明如下：

```
void setIcon(QMessageBox::Icon);
```

其中，参数是 QMessageBox 的图标枚举值，定义如下：

```
enum Icon {
        // keep this in sync with QMessageDialogOptions::Icon
        NoIcon = 0,
        Information = 1,
        Warning = 2,
        Critical = 3,
        Question = 4
    };
```

具体使用的时候，直接用下列值传入参数中：

```
QMessageBox::NoIcon
QMessageBox::Question
QMessageBox::Information
QMessageBox::Warning
QMessageBox::Critical
```

比如：

```
dlg.setIcon(QMessageBox::Critical);
```

除了图标外，某些类型的消息框上的按钮也是有讲究的，比如询问消息框通常会有 2 个或 3 个按钮，即是和否按钮的组合（Yes 和 No）、重试/忽视/放弃的组合（Retry/Ignore/Discard），等。这些常见的按钮被称为标准按钮。如果要添加按钮的组合，可以用或运算符（|）来连接。为了在对话框上添加标准按钮，QMessageBox 类提供了成员函数 setStandardButtons()，该函数的原型声明如下：

```
void setStandardButtons(QMessageBox::StandardButtons buttons)
```

QMessageBox::StandardButtons 是一个枚举类型，定义如下：

```
enum StandardButton {
        // keep this in sync with QDialogButtonBox::StandardButton and
```

```
        // QPlatformDialogHelper::StandardButton
        NoButton           = 0x00000000,
        Ok                 = 0x00000400,
        Save               = 0x00000800,
        SaveAll            = 0x00001000,
        Open               = 0x00002000,
        Yes                = 0x00004000,
        YesToAll           = 0x00008000,
        No                 = 0x00010000,
        NoToAll            = 0x00020000,
        Abort              = 0x00040000,
        Retry              = 0x00080000,
        Ignore             = 0x00100000,
        ...
    };
```

比如，我们为消息对话框设置 Yes 和 No 按钮：

```
dlg.setStandardButtons(QMessageBox::Yes|QMessageBox::No);
```

标题、内容、图标和标准按钮设置完毕，下面就可以调用 exec()函数来显示消息对话框了，而且可以通过 exec()函数的返回值来判断用户单击了哪个按钮，比如判断用户是否单击了 Yes 按钮，可以这样编写代码：

```
    if(QMessageBox::Yes== dlg.exec())  ...
```

【例 4.12】 用定义对象法来显示消息框

（1）启动 Qt Creator 4.8.2，新建一个对话框项目，项目名为 test。

（2）双击 dialog.ui，以此来打开对话框编辑器，并放置 5 个按钮。双击第 1 个按钮，并输入文本“信息消息框”。若要修改按钮的 text 属性，则可以直接双击按钮，在按钮上输入所需的文本。双击第 2 个按钮，并输入文本“询问消息框”。双击第 3 个按钮，并输入文本“紧急消息框”。双击第 4 个按钮，并输入文本“带图片”。双击最后一个按钮，并输入文本“判断用户在询问消息框上的选择”，放置按钮后的设计界面如图 4-50 所示。

（3）打开 dialog.cpp，在文件开头添加包含头文件的指令：

```
#include <QMessageBox>
```

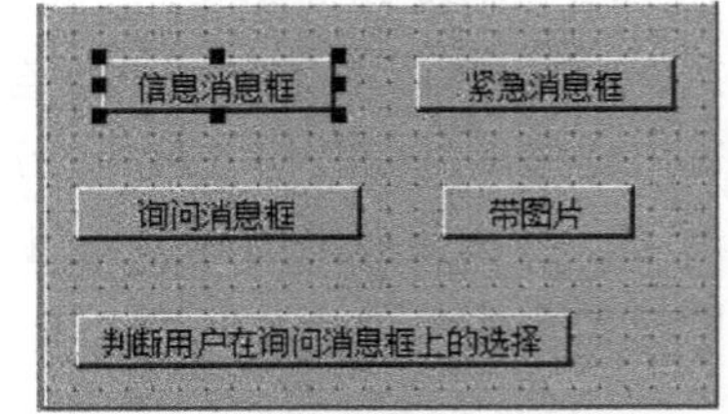

图 4-50

因为本例中要用到中文字符串，所以要进行一些设置。依次单击主菜单的菜单选项“工具→选项”，打开“选项对话框”，在该对话框上依次选择“文本编辑器→行为”选项卡，确保文件编码为 UTF-8，并且选择“如果编码是 UTF-8 则添加”。

为“信息消息框”按钮添加单击按钮处理函数，代码如下：

```
void Dialog::on_pushButton_clicked()
{
```

```
    QString s1 = QString::fromLocal8Bit("这是一段信息。");
    QMessageBox dlg(this);

    dlg.setWindowTitle( QString::fromLocal8Bit("我的标题"));
    dlg.setText(s1);
    dlg.setIcon(QMessageBox::Information);
    dlg.exec();
}
```

这里使用 fromLocal8Bit()函数实现了从本地字符集 GB 到 Unicode 的转换，用于处理汉字显示乱码等问题。这是因为 Qt 默认的编码是 Unicode，而 Windows 默认使用的编码是 GBK/GB2312/GB18030。但是，每次输入中文，还要输这么长的函数（QString::fromLocal8Bit），非常啰唆，下面把它定义成一个宏，在文件开头添加如下宏定义：

```
#define z(s) (QString::fromLocal8Bit(s))
```

这样就可以在下一个按钮函数中使用了。为“询问消息框”按钮添加单击按钮处理函数，代码如下：

```
void Dialog::on_pushButton_2_clicked()
{
    QMessageBox dlg(this);
    unsigned char s[100000];
    s[0]=0x1;

    dlg.setWindowTitle("my title");
    dlg.setText(z("你是学生吗？"));
    dlg.setStandardButtons(QMessageBox::Yes|QMessageBox::No);
    dlg.setDefaultButton(QMessageBox::Yes);
    dlg.setIcon(QMessageBox::Question);
    int ret = dlg.exec();
    switch (ret)
    {
    case QMessageBox::Yes:
        QMessageBox::information(this,NULL,z("你好，学生"));
    break;
    case QMessageBox::No:
        QMessageBox::information(this,NULL,z("你好，职场人士"));
    break;
    }
}
```

为“紧急消息框”按钮添加单击按钮处理函数，代码如下：

```
void Dialog::on_pushButton_3_clicked()
{
    QMessageBox dlg(this);
```

```
    dlg.setWindowTitle("my title");
    dlg.setText(z("紧急情况发生了!"));
    dlg.setIcon(QMessageBox::Critical);
    dlg.exec();
}
```

为“判断用户在询问消息框上的选择”按钮添加单击按钮处理函数，代码如下：

```
void Dialog::on_pushButton_4_clicked()
{
    int rt;
    QMessageBox dlg(this);
    rt = QMessageBox::question(this,z("标题"),z("退出，重试，还是忽略？"),
QMessageBox::Abort|QMessageBox::Retry|QMessageBox::Ignore);
   if(QMessageBox::Abort==rt)
       QMessageBox::information(this,"note","you selected Abort");
   else if(QMessageBox::Retry==rt)
       QMessageBox::information(this,"note","you selected Retry");
   else  QMessageBox::information(this,"note","you selected Ignore");
}
```

我们准备在消息框上显示一幅图片 gza.jpg，因此调用了成员函数 setIconPixmap()。这个 gza.jpg 文件在项目目录下有，大家可以把它放到 d 盘下。为“带图片”按钮添加单击按钮处理函数，代码如下：

```
void Dialog::on_pushButton_5_clicked()
{
    QMessageBox dlg(QMessageBox::NoIcon, z("我的标题"), z("这是伟大祖国的港珠澳
大桥"));
      dlg.setIconPixmap(QPixmap("d:\\gza.jpg"));
      dlg.exec();
}
```

（4）保存项目并运行，运行结果如图 4-51 所示。

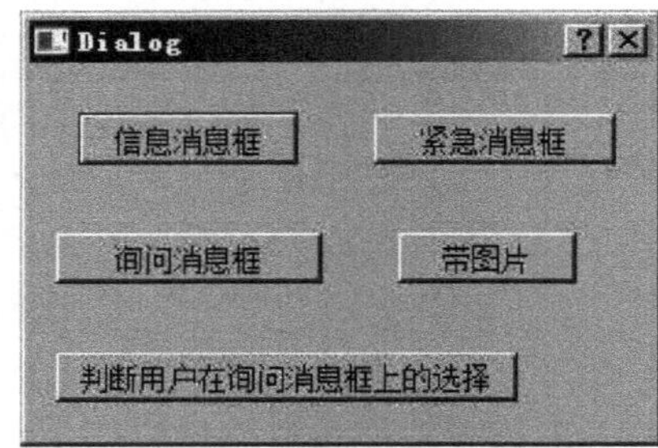

图 4-51

4.10.2 文件对话框

文件对话框就是打开文件或保存文件的对话框。在文件对话框上可以设置路径名和文件名等，比如在记事本程序里，选择菜单“打开”或“保存”后出现的对话框就是文件对话框。文件对话框是实际软件开发中经常会碰到的。

Qt 提供了 QFileDialog 类来实现文件对话框的各种功能。显示文件对话框通常也有两种方式：一种是静态函数法，另外一种是定义对象法。

要使用 QFileDialog 类来显示文件对话框，需要在文件开头添加包含头文件的指令：

```
#include <QFileDialog>
```

1. 用于打开文件对话框的函数 getOpenFileName()

当用户想打开磁盘上某个文件的时候，可以调用静态函数 getOpenFileName()。该函数创建一个模态的文件打开对话框，而且可以返回一个被用户选中的文件的路径，前提是这个文件是存在的。所谓文件打开对话框，就是该对话框右下角有一个“打开”按钮，如图 4-52 所示。

函数 getOpenFileName()的原型声明如下：

```
    QString getOpenFileName(QWidget *parent = nullptr, const QString &caption =
QString(), const QString &dir = QString(), const QString &filter = QString(),
QString *selectedFilter = nullptr, QFileDialog::Options options = ...);
```

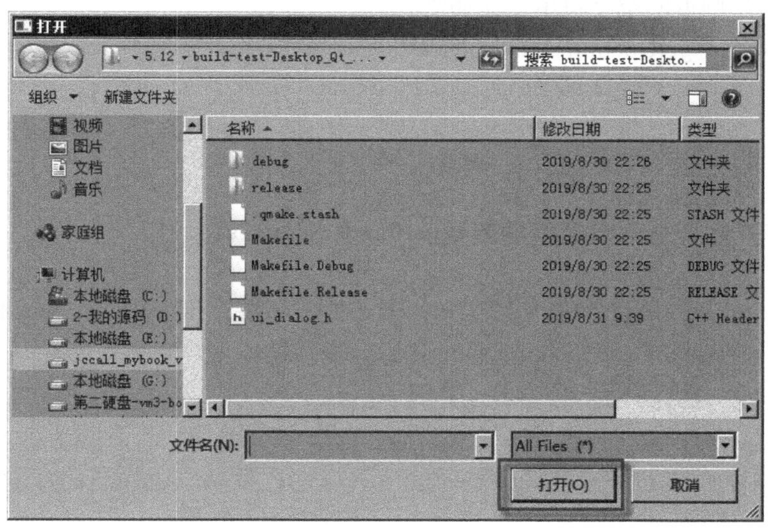

图 4-52

- 第 1 个参数 parent 用于指定父组件。注意，很多 Qt 组件的构造函数都会有这么一个 parent 参数，并提供一个默认值 0，在一般成员函数中写作 this，但是在 main 函数中一定要写为 NULL。
- 第 2 个参数 caption 是对话框的标题，如果赋值为 NULL，则对话框左上角显示“打开”。
- 第 3 个参数 dir 是对话框显示时默认打开的目录，“.”代表程序运行所在的目录，“/”代表当前盘符的根目录（Windows、Linux 下/就表示根目录），也可以是平台相关的，比如“C:\\”等。例如，想打开程序运行目录下的 Data 子目录作为默认打开路径，就应该写成“./Data/”；若想有一个默认选中的文件，则在目录后添加文件名，比如“./Data/teaser.graph”。

- 第 4 个参数 filter 是对话框的后缀名过滤器，比如“Image Files(*.jpg *.png)”就是一个过滤器。一个过滤器的括号内存放一个或多个想要显示的文件扩展名，比如*.jpg。多个想显示的文件扩展名之间要用空格隔开，比如（*.jpg *.png），即只能显示后缀名是 jpg 或者 png 的文件。如果需要使用多个过滤器，可以使用“;;”，比如“image Files(*.jpg *.png *.bmp);;video Files(*.mp4 *.avi *.rmvb)”。如果显示该目录下的全部文件，可以用“*.*”，比如“视频文件(*.mp4 *.m3u8);;所有文件（*.*);;”，如图 4-53 所示。注意，所有文件后面的第一个括号要在中文输入法下输入括号，另外一个要在英文输入法下输入括号。另外，如果整个字符串末尾加了“;;”，则文件对话框下拉过滤列表的最后一项是(*)，一般不需要末尾加“;;”。
- 第 5 个参数 selectedFilter 是默认选择的过滤器。
- 第 6 个参数 options 是对话框的一些参数设定，比如只显示目录等，它的取值是 enum QFileDialog::Option，每个选项可以使用或运算符（|）组合起来。

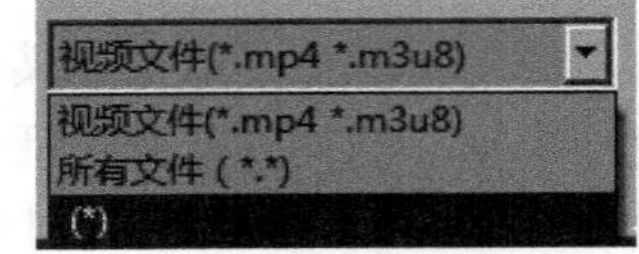

图 4-53

当用户选择某个文件并单击“打开”的时候，函数会返回被选中文件的路径（包括文件名），如果选择“取消”则返回空字符串，比如""。

下列代码演示了 getOpenFileName()函数的使用方法：

```
    QString path = QFileDialog::getOpenFileName(this, "Open Image", ".", "Image
Files(*.jpg *.png)");
    QMessageBox::information(this,"caption",path);
```

2. 用于打开多个文件对话框的函数getOpenFileNames()

函数 getOpenFileName()只能选择打开一个文件，如果要在文件打开对话框中选择多个文件，则可以调用静态函数 getOpenFileNames()，该函数的原型声明如下：

```
    QStringList QFileDialog::getOpenFileNames(QWidget *parent = nullptr, const
QString &caption = QString(), const QString &dir = QString(), const QString &filter
= QString(), QString *selectedFilter = nullptr, QFileDialog::Options options
= ...);
```

该函数的参数等同于 getOpenFileName，但返回值是 QStringList 类型。QStringList 类是 QList 类的派生类，表示字符串的列表类，里面可以存放多个字符串，在这里可以保存多个用户选择的文件的路径。

下列代码演示了 getOpenFileName()函数的使用方法：

```
    QStringList file_list;
    QStringList str_path_list = QFileDialog::getOpenFileNames(this, "选择转码文
件", "d:\\", "视频文件(*.mp4 *.m3u8);;所有文件 (*.*);;");
```

```
    for (int i = 0; i < str_path_list.size(); i++)
    {
        QString str_path = str_path_list[i];
        //单个文件路径
        QMessageBox::information(this,"caption",str_path);
    }
```

3. 用于保存文件对话框的函数 getSaveFileName()

前面讲述了打开文件对话框函数，下面看一下保存文件对话框函数。保存文件对话框的一个显著特征就是右下角有一个“保存”按钮，如图 4-54 所示。

要显示保存文件对话框，可以调用静态函数 getSaveFileName()，这个函数会返回一个用户输入文件名后的文件路径，这个文件可以是不存在的。该函数的原型声明如下：

```
    QString QFileDialog::getSaveFileName(QWidget *parent = nullptr, const QString
&caption = QString(), const QString &dir = QString(), const QString &filter =
QString(), QString *selectedFilter = nullptr, QFileDialog::Options options = ...);
```

参数和返回值都等价于 getOpenFileName。注意，第 2 个参数 caption 表示对话框的标题，如果赋值为 NULL，则对话框左上角显示“另存为”。

图 4-54

下列代码演示了保存文件对话框函数的使用方法：

```
    QString path = QFileDialog::getSaveFileName(this, "save Image", ".", "Image
Files(*.jpg *.png)");
```

上面几个函数都是静态函数，下面我们使用这几个静态函数来显示文件对话框。

【例 4.13】　用静态函数法来显示文件对话框

（1）启动 Qt Creator 4.8.2，新建一个对话框项目，项目名为 test。

（2）打开 dialog.cpp，在文件开头添加包含头文件的指令：

```
#include <QFileDialog>
```

打开对话框设计界面，把几个按钮拖放到对话框中，最终结果如图 4-55 所示。

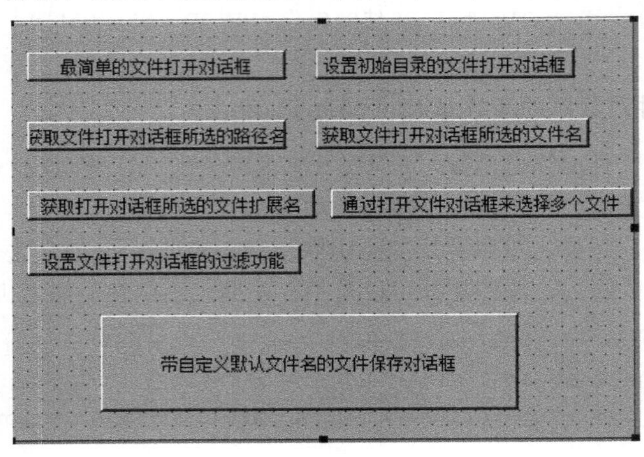

图 4-55

其中，上方 7 个按钮用来显示文件打开对话框，最下面一个按钮用来显示文件保存对话框。

（3）为“最简单的文件打开对话框”按钮添加如下代码：

```
void Dialog::on_pushButton_clicked()
{
  QString path = QFileDialog::getOpenFileName(this,NULL,NULL, NULL);
  QMessageBox::information(this,"caption",path);
}
```

getOpenFileName()函数的连续 3 个参数都是 NULL，即都采用默认值，比如第二个参数是 NULL，则对话框左上角显示“打开”。

为“设置初始目录的文件打开对话框”按钮添加如下代码：

```
void Dialog::on_pushButton_2_clicked()
{
   QString path = QFileDialog::getOpenFileName(this,NULL,"d:\\", NULL);
}
```

把 getOpenFileName()函数的第三个参数设置为 d:\\，则对话框显示的时候将定位在 d 盘。

为“获取文件打开对话框所选的路径名”按钮添加如下代码：

```
void Dialog::on_pushButton_3_clicked()
{
   QString path = QFileDialog::getOpenFileName(this,NULL,"d:\\", NULL);
   if(path!="") //如果不是空串，则显示选择的路径
       QMessageBox::information(this,"caption",path);
}
```

为“获取文件打开对话框所选的文件名”按钮添加如下代码：

```
void Dialog::on_pushButton_4_clicked()
{
    QString file_full, file_name, file_path;
    file_full = QFileDialog::getOpenFileName(this,NULL,"d:\\", NULL);
    QFileInfo fi;
    fi = QFileInfo(file_full);
    file_name = fi.fileName(); //获取选择的文件名
    file_path = fi.absolutePath();
    QMessageBox::information(this,"caption",file_name); //显示文件名
}
```

其中，QFileInfo 类用来获取文件信息。QFileInfo 类为我们提供了文件信息（包括文件的名字和在文件系统中的位置、文件的访问权限、是否是目录或符合链接等）。并且，通过这个类可以修改文件的大小和最后的修改、读取时间。这个类在后面我们会详述。现在把获取到的文件名存放在 file_name 中。

为“获取打开对话框所选的文件扩展名”按钮添加如下代码：

```
void Dialog::on_pushButton_5_clicked()
{
   QString file_full, file_ext;
   file_full = QFileDialog::getOpenFileName(this,NULL,"d:\\", NULL);
   QFileInfo fi;
   fi = QFileInfo(file_full);
   file_ext = fi.suffix();  //获取文件扩展名
   QMessageBox::information(this,"caption",file_ext);
}
```

为“通过打开文件对话框来选择多个文件”按钮添加如下代码：

```
void Dialog::on_pushButton_6_clicked()
{
    QStringList file_list;
    QStringList str_path_list = QFileDialog::getOpenFileNames(this, "选择转
码文件", "d:\\", "视频文件(*.mp4 *.m3u8);;所有文件 (*.*)");
    for (int i = 0; i < str_path_list.size(); i++)
    {
        QString str_path = str_path_list[i]; //单个文件路径
        QMessageBox::information(this,"caption",str_path);
    }
}
```

为“设置文件打开对话框的过滤功能”按钮添加如下代码：

```
    void Dialog::on_pushButton_7_clicked()
    {
        QString path = QFileDialog::getOpenFileName(this, "Open Image", ".",
"Image Files(*.jpg *.png);;txt file(*.txt)");
        QMessageBox::information(this,"caption",path);
    }
```

我们使用了两个过滤器：一个是“Image Files(*.jpg *.png)”（如果选择了这个过滤器，将显示扩展名为 jpg 和 png 的文件），另外一个是“txt file(*.txt)”（如果选择了这个过滤器，将显示后缀名为 txt 的文件）。这两个过滤器之间用两个分号“;;”分隔开。

为“带自定义默认文件名的文件保存对话框”按钮添加如下代码：

```
    void Dialog::on_pushButton_8_clicked()
    {
    QString path = QFileDialog::getSaveFileName(this, NULL, "./zww.bmp", "Images
File(*.bmp)");
        if(path!="") QMessageBox::information(this,"caption",path);
    }
```

第 2 个参数用了 NULL，这样对话框左上角就会显示“另存为”；第 3 个参数直接用带有相对路径的文件名，这样对话框上就会默认显示一个文件名 zww.bmp。

（4）保存项目并运行，运行结果如图 4-56 所示。

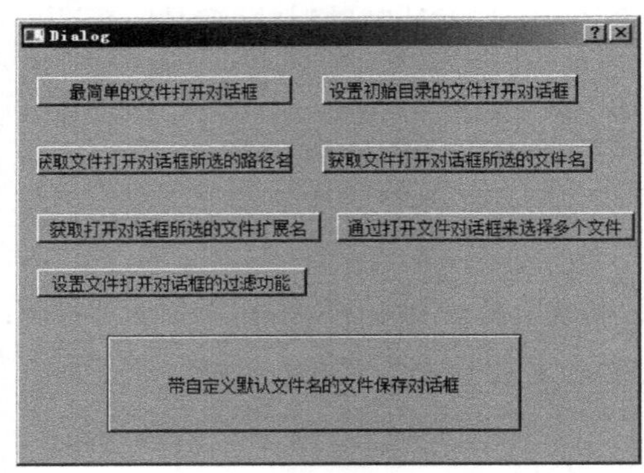

图 4-56

4. 用定义对象法来显示文件对话框

其实，上述静态函数已经能实现常用的文件对话框功能。文件对话框是一种模态对话框，所以可以用模态对话框的调用套路来显示文件对话框，也就是使用预定义对话框的三板斧原则：定义对象后设置父组件和属性、模态调用函数 exec()、根据结果判断执行流程。对于文件打开对话框，基本使用流程如下：

```
QFileDialog dlg(this,NULL,"d:\\",z("文本文件(*.txt);;所有文件(*.*)"));
if(dlg.exec()==QFileDialog::Accepted)
    ...
```

默认情况下，显示的是文件打开对话框，而且只能选择一个文件。如果想要选择多个文件，可以在 exec()调用前添加如下一行代码：

```
dlg.setFileMode(QFileDialog::ExistingFiles);
```

如果要显示文件保存对话框，则只需添加一个函数 setAcceptMode()，比如：

```
QFileDialog dlg(this,NULL,"d:\\",z("文本文件(*.txt);;所有文件(*.*)"));
dlg.setAcceptMode(QFileDialog::AcceptSave);  //设置对话框为文件保存对话框
if(dlg.exec()==QFileDialog::Accepted)
   ...
```

【例 4.14】　用定义对象法来显示文件对话框

（1）启动 Qt Creator 4.8.2，新建一个对话框项目，项目名为 test。

（2）打开 dialog.cpp，在文件开头添加包含头文件的指令：

```
#include <QFileDialog>
```

再添加一个用于显示中文字符串的宏定义：

```
#define z(s) (QString::fromLocal8Bit(s))
```

打开对话框设计界面，把 3 个按钮拖放到对话框中，设置第一个按钮标题为“选择单个的文件打开对话框”，设置第 2 个按钮标题为“选择多个的文件打开对话框”，设置第 3 个按钮标题为“文件保存对话框”。

（3）为“选择单个的文件打开对话框”按钮添加单击按钮事件处理函数，代码如下：

```
void Dialog::on_pushButton_clicked()
{
   QFileDialog dlg(this,NULL,"d:\\",z("文本文件(*.txt);;所有文件(*.*)"));

   if(dlg.exec()==QFileDialog::Accepted) // ok
   {
       QStringList l = dlg.selectedFiles();
       QString str = l[0];
       QMessageBox::information(this,"caption",str); //显示文件路径
   }
}
```

其中，selectedFiles 用来返回用户选择的文件，默认情况下只允许选择该文件。我们把文件路径存放在 QStringList 变量中，然后第一个元素就是所选文件的路径名。

为“选择多个的文件打开对话框”按钮添加单击按钮事件处理函数，代码如下：

```
void Dialog::on_pushButton_3_clicked()
{
    QFileDialog dlg(this,NULL,NULL,z("文本文件(*.txt);;所有文件(*.*)"));
    dlg.setDirectory("d:\\"); //设置初始路径
```

```
    dlg.setFileMode(QFileDialog::ExistingFiles);//设置允许选择多个已存在的文件
    if(dlg.exec()==QFileDialog::Accepted)
    {
        QStringList str_path_list = dlg.selectedFiles(); //返回所选文件路径名
        for (int i = 0; i < str_path_list.size(); i++)
          {
              QString str_path = str_path_list[i]; //依次得到单个文件路径
              // 显示文件路径
              QMessageBox::information(this,"caption",str_path);
          }
    }
}
```

这里故意调用函数 setDirectory()来设置目录对话框显示时所定位的初始路径。

为“文件保存对话框”按钮添加单击按钮事件处理函数，代码如下：

```
void Dialog::on_pushButton_2_clicked()
{
    QFileDialog dlg(this,NULL,"d:\\",z("文本文件(*.txt);;所有文件(*.*)"));
    dlg.setAcceptMode(QFileDialog::AcceptSave);//设置文件对话框为文件保存对话框

    if(dlg.exec()==QFileDialog::Accepted)
    {
        QStringList l = dlg.selectedFiles();
        QString str = l[0];
        QMessageBox::information(this,"caption",str); //显示文件路径
    }
}
```

（4）保存项目并运行，运行结果如图 4-57 所示。

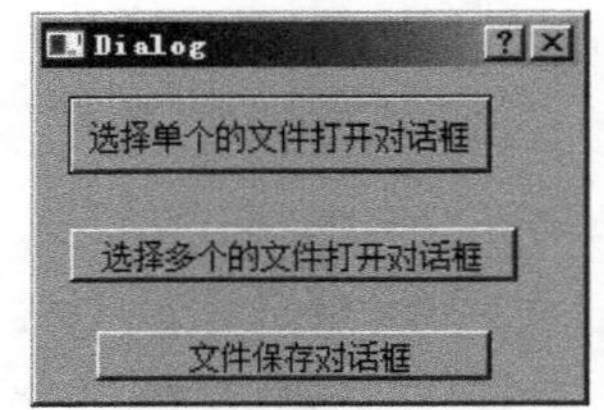

图 4-57

4.10.3 字体对话框 QFontDialog 类

字体对话框可以让用户选择字体的字符集、字体大小、是否斜体/粗体等属性。Qt 提供了 QFontDialog 类来实现字体对话框。

利用 QFontDialog 类显示字体对话框时首先要包含头文件：

```
#include <QFontDialog>
```

显示字体对话框有两种方法：一种是使用静态函数；另外一种是定义对话框对象，然后调用 exec()函数。

1. 用静态函数法来显示字体对话框

QFontDialog 类提供了公有静态函数 getfont()来显示一个模态字体对话框并且返回一个字体。该函数有以下两种原型声明形式：

```
QFont getFont(bool *ok, const QFont &initial, QWidget *parent = nullptr, const
QString &title = QString(), QFontDialog::FontDialogOptions options = ...);
QFont getFont(bool *ok, QWidget *parent = nullptr);
```

通常用第二个即可，不过第一个可以设置一些选项。参数 ok 是一个输出参数，用来表示用户是否单击了 OK 按钮；initial 表示初始选中的字体；parent 表示对话框的父对象；title 表示对话框的标题；options 表示对话框的选项。OK 参数为非零时，如果用户单击了 OK 按钮，那么*ok 就会被设置为真；如果用户单击了 Cancel 按钮，*ok 就会被设置为假。

这两个静态函数没有完整的 QFontDialog 对象灵活，但是比较容易使用。比如：

```
bool ok;
QFont font = QFontDialog::getFont(&ok, QFont("Courier New", 10, QFont::Bold),
this );
if ( ok ) {
        // font 被设置为用户选择的字体
   }
 else {
      // 用户取消这个对话框，font 被设置为初始值，在这里就是 Courier New, 10
   }
```

2. 用定义对象法来显示字体对话框

字体对话框属于 Qt 预定义的对话框类型，作用是得到用户选择的字体类型并返回。使用预定义对话框的三板斧原则：定义对象后设置父组件和属性、模态调用 exec()函数、根据用户选择的结果判断执行流程。

定义对象，基本流程如下：

```
QFontDialog dia(this);
dia.setWindowTitle("Font Dialog Test");
dia.setCurrentFont(QFont("Courier New", 10, QFont::Bold));//设置默认值
if(dia.exec() == QFontDialog::Accepted)
{
    qDebug() << dia.selectedFont();  //如果单击 OK 按钮就能获取用户选择的字体类型
}
```

【例 4.15】　显示字体对话框

（1）启动 Qt Creator 4.8.2，新建一个对话框项目，项目名为 test。

（2）打开 dialog.cpp，在文件开头添加包含头文件的指令：

```
#include <QFontDialog>
```

打开对话框设计界面，拖放 2 个按钮，把上方按钮的标题设置为“静态函数法显示字体对话框”、下方按钮的标题为“定义对象法显示字体对话框”，然后为上方按钮添加事件处理函数，代码如下：

```
void Dialog::on_pushButton_2_clicked()
{
    bool ok;
    QString str;
    char*  sFamily;
    QFont f  = QFontDialog::getFont(&ok, QFont("Courier New", 10, QFont::Bold),
this );
    if ( ok )
    {
        //准备 QString 转 char*
        QByteArray ba = f.family().toLatin1();//family()返回类型是 QString
        sFamily=ba.data();
        str.sprintf("font family:%s ,bold:%d, pointSize:%d", sFamily,
f.bold(), f.pointSize());
     }
     else  // 用户取消这个对话框，font 被设置为初始值，在这里就是 Helvetica [Cronyx], 10
    {
        //准备 QString 转 char*
        QByteArray ba = f.family().toLatin1();
        sFamily=ba.data();
        str.sprintf("font family:%s ,bold:%d, pointSize:%d",sFamily,f.bold(),
f.pointSize());
    }
    QMessageBox::information(this,"note",str);
}
```

我们通过静态函数 getFont()来显示字体对话框。输出参数 ok 为非零时，如果单击 OK 按钮，就把选中的字体的字符家族集、粗体、大小组成字符串进行显示；如果单击 Cancel 按钮，就将显示字体信息。值得注意的是，QString 无法直接用在 QString 的 sprintf 中，所以要先转换为 char*型，转换过程中需要借助 QByteArray。

接着为下方按钮添加事件处理函数，代码如下：

```
void Dialog::on_pushButton_clicked()
{
    QString str;
    char*  sFamily;
    QFontDialog dlg(this);
    dlg.setWindowTitle("my font dialog");
    dlg.setCurrentFont(QFont("Courier New", 10, QFont::Bold));//设置默认值
    if(dlg.exec() == QFontDialog::Accepted)
    {
        QFont f = dlg.selectedFont();
        //准备 QString 转 char*
        QByteArray ba = f.family().toLatin1();
```

```
            sFamily=ba.data();
            str.sprintf("font family:%s ,bold:%d, pointSize:%d",sFamily ,f.bold(),
f.pointSize());
            QMessageBox::information(this,"note",str);
        }
    }
```

setWindowTitle 用来设置字体对话框的标题。setCurrentFont 用来设置字体对话框刚显示时的字体状态，即自动选中字体 Courier New、字体大小（Size 是 pointSize，而不是 pixelSize）为 10、字体类型为 Bold。exec()函数用来显示字体对话框，如果用户单击了字体对话框上的 OK 按钮，则 exec()函数返回 QFontDialog::Accepted，进入 if 里面，并通过 selectedFont()函数来获得用户所选择的字体，该函数的返回值是 QFont，然后就可以解析用户的选择了，比如字体集用 f.family()函数来获得、是否粗体用 f.bold()函数来获得、字体尺寸用 f.pointSize()函数来获得，这几个函数都是 QFont 的成员函数。接着，把这些信息格式化到一个字符串中并显示出来。

（3）保存项目并运行，运行结果如图 4-58 所示。

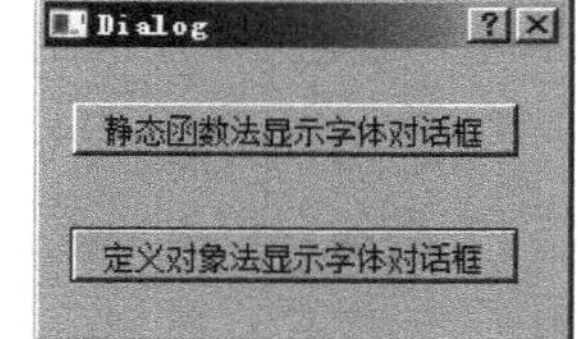

图 4-58

4.10.4　颜色对话框

颜色对话框可以让用户在对话框中选择颜色。Qt 提供了 QColorDialog 类来实现颜色对话框。利用 QColorDialog 类显示颜色对话框时首先要包含头文件：

```
#include <QColorDialog>
```

显示颜色对话框有两种方法：一种是使用静态函数；另外一种是定义对话框对象，然后调用 exec()函数。

1. 用静态函数法来显示颜色对话框

QColorDialog 类提供了公有静态函数 getColor()来显示一个模态颜色对话框并且返回一个颜色。该函数的原型声明如下：

```
QColor getColor(const QColor &initial = Qt::white, QWidget *parent = nullptr,
const QString &title = QString(), QColorDialog::ColorDialogOptions options = ...)
```

其中，参数 initial 表示颜色对话框中初始选中的颜色；parent 表示颜色对话框的父对象；title 表示颜色对话框的标题；options 表示颜色对话框的选项。细心的人可能会想如果用户单击 Cancel 按钮会如何、如何区分用户是单击了 OK 按钮还是 Cancel 按钮呢？答案是用 QColor 的成员函数 getColor()来判断，比如：

```
QColor color = QColorDialog::getColor(Qt::green, this,  "my color dialog",
QColorDialog::ShowAlphaChannel);
    if(color.isValid())
    {
```

```
        QMessageBox::information(this,"note","click OK");
        // color.red(),color.green(),color.blue()是分别对应的 rgb 值
    }
    else
        QMessageBox::information(this,"note"," click cancel");
```

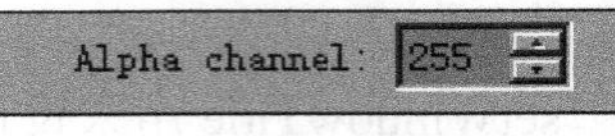

图 4-59

选项 QColorDialog::ShowAlphaChannel 用来显示 Alpha 通道，有了这个选项后，颜色对话框右下角就会显示“Alpha channel”，如图 4-59 所示。

通常情况下，我们使用的 24 位（RGB）图片是没有 alpha 通道的。如果想让它支持透明，需要添加 alpha 通道（图像编程中的一个术语）。

2. 用定义对象法来显示颜色对话框

颜色对话框属于 Qt 预定义的对话框类型，作用是得到用户选择的颜色并返回。使用预定义对话框的三板斧原则：定义对象后设置父组件和属性、模态调用 exec()函数、根据用户选择的结果判断执行流程。

定义对象，基本流程如下：

```
QColorDialog dlg(this);
dlg.setWindowTitle("my color dialog ");
if(dlg.exec() == QColorDialog::Accepted)
{
    qDebug() << dlg.selectedFont();//如果单击 OK 就能获取用户选择的颜色
}
```

【例 4.16】 显示颜色对话框

（1）启动 Qt Creator 4.8.2，新建一个对话框项目，项目名为 test。

（2）打开 dialog.cpp，在文件开头添加包含头文件的指令：

```
#include < QColorDialog>
```

打开对话框设计界面，拖放 2 个按钮，把上方按钮的标题设置为“静态函数法显示颜色对话框”、把下方按钮的标题设置为“定义对象法显示颜色对话框”，然后为上方按钮添加事件处理函数，代码如下：

```
void Dialog::on_pushButton_clicked()
{
    QString str;
    QColor color = QColorDialog::getColor(Qt::green, this,  "my color dialog",
QColorDialog::ShowAlphaChannel);
    if(color.isValid())
     {
        str.sprintf("rgb=(%d,%d,%d)",color.red(),color.green(),
color.blue());
```

```
        QMessageBox::information(this,"note",str);
    }
    else
        QMessageBox::information(this,"note","cancel");
  }
```

我们通过 isValid()函数来判断用户是否单击了 OK 按钮，如果是，就显示 rgb 值。

接着为下方按钮添加事件处理函数，代码如下：

```
    void Dialog::on_pushButton_2_clicked()
    {
        QString str;
        QColorDialog dlg(this);  //定义对象
        dlg.setWindowTitle("my color dialog ");     //设置对话框标题
        if(dlg.exec() == QColorDialog::Accepted)    //是否单击 OK 按钮
        {
            QColor color = dlg.selectedColor();     //保存所选择的颜色
            str.sprintf("rgb=(%d,%d,%d)",color.red(),color.green(),
color.blue());
            QMessageBox::information(this,"note",str); //显示 rgb 值
        }
    }
```

（3）保存项目并运行，运行结果如图 4-60 所示。

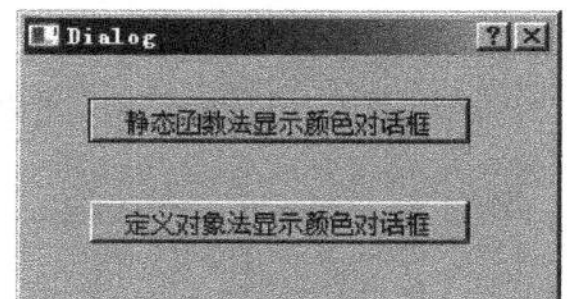

图 4-60

前面的内容是入门级别的知识，本节列举了一些对话框的高级应用，这是精通级别需要掌握的知识。这部分内容会涉及其他章节的知识，可以先放一放，等学完后续内容再回来学习。

4.11　移动对话框到指定位置

通常移动对话框到某个位置，只要将鼠标移到标题栏上，然后按住鼠标左键不放，开始移动鼠标即可。这个方法虽然简单，但是无法精确移动到屏幕某个位置，比如坐标（10,10）处，如果要精确移动到某个位置坐标，就要利用函数来移动了。Qt 提供了 move()函数来移动窗口，因为对话框属于窗口，所以可以用该函数来移动。

move()函数的声明如下：

```
move(int x, int y);
move(const QPoint &);
```

第一个函数将使窗口移动到(x,y)坐标处，该坐标是以屏幕左上角为原点的。第二个函数移动到 QPoint 处，QPoint 是 Qt 中表示坐标的类。

将对话框通过函数 move()移动到某个坐标，确切地讲就是将对话框左上角顶点移动到某个坐标位置。为了获取移动后的对话框左上角顶点的坐标，可以使用基础窗口部件类 QWidget 的成员函数 pos()，该函数可以用来获取窗口左上角顶点的屏幕坐标，即以屏幕左上角为原点的坐标系，x 正方向向右，y 正方向向下。因为对话框类 QDialog 继承自 QWidgets 类，所以可以用该函数来获取对话框左上角的屏幕坐标。下面我们验证一下移动后的对话框左上角的坐标到底是不是 move()函数中参数的值。

【例 4.17】 移动窗口到坐标(10,10)处并获得对话框左上角坐标

（1）打开 Qt Creator 4.8.2，新建一个对话框项目，项目名为 test。

（2）在项目中打开 dialog.cpp，在构造函数 Dialog()的末尾添加一行代码：

```
move(10,10);
```

（3）打开 Qt 设计师界面，先在对话框上放置一个按钮，并添加按钮的 clicked 信号槽函数，然后添加如下代码：

```
QString str;
QPoint pt = pos();
str.sprintf("x=%d,y=%d",pt.x(),pt.y());
QMessageBox::information(this,"note",str);
```

我们通过调用 pos()函数来获得对话框左上角的屏幕坐标，并格式化到字符串 str 中，然后通过信息框显示。

然后在文件开头添加包含头文件的指令：

```
#include <QMessageBox>
```

（4）保存项目并运行，窗口一开始出现在左上角(10,10)位置处，然后单击按钮，出现坐标(10,10)，如图 4-61 所示。

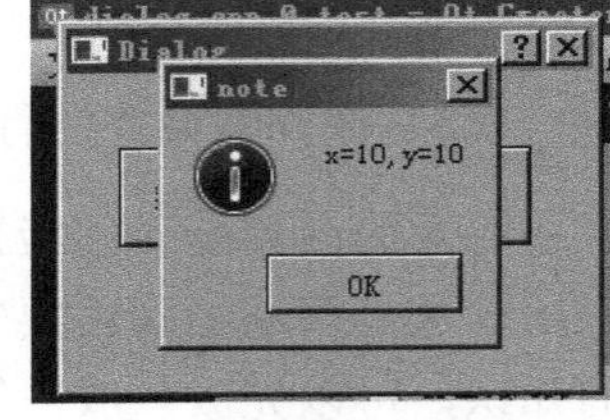

图 4-61

4.12 在对话框非标题栏区域实现拖动

通常，鼠标拖动对话框的区域是标题栏，本例将实现在对话框的任何区域都可以进行拖动。现在很多商业软件都是这样的，整个界面就是一个图片，然后拖拉图片任何部分都可以拖动对话框。

要在客户区上进行拖动，只需处理鼠标按下和移动事件即可。在鼠标按下事件处理函数中，计算鼠标在对话框中的相对位置（相对于对话框左上角顶点）；在鼠标移动事件处理函数中，调用 move()函数，让对话框（左上角顶点）移动到新位置（可以通过鼠标当前的屏幕坐标和它在对话框中的相对坐标相减所得）。

【例 4.18】 在对话框非标题栏区域实现拖动

（1）打开 Qt Creator 4.8.2，新建一个对话框项目，项目名为 test。

（2）添加对话框的两个鼠标事件处理函数。打开 dialog.h，先为类 Dialog 添加两个成员函数声明：

```
protected:
    void mousePressEvent(QMouseEvent * event);  //鼠标按下事件处理函数
    void mouseMoveEvent(QMouseEvent *e);  //鼠标移动事件处理函数
```

再添加一个 QPoint 类的成员变量 m_point，用于保存鼠标按下的位置。

打开 dialog.cpp，添加 mousePressEvent()函数的具体定义：

```
void Dialog::mousePressEvent(QMouseEvent * e)
{
    if (e->button() == Qt::LeftButton)
    {
        m_point = e->globalPos() - pos();
        e->accept();
    }
}
```

函数 e->button()返回引起鼠标事件的按钮，这里就是返回哪个鼠标按键被按下了，如果是左键（Qt::LeftButton），则进入 if 语句。函数 globalPos()是 QMouseEvent 类的成员函数，获取的鼠标指针位置是鼠标指针偏离计算机屏幕左上角（x=0,y=0）的位置，即鼠标指针的屏幕坐标。Pos()函数在上一节介绍过，返回对话框左上角的屏幕坐标。两者相减，得到的结果是鼠标指针相对于对话框左上角的窗口坐标（窗口坐标是以窗口左上角顶点为原点的坐标系，x 轴正向向右，y 轴正向向下）。把鼠标的窗口坐标保存在 m_point 中。

继续在 dialog.cpp 中添加 mouseMoveEvent()函数的具体定义：

```
void Dialog::mouseMoveEvent(QMouseEvent *e)
{
    if (e->buttons() & Qt::LeftButton)
    {
        move(e->globalPos() - m_point);
        e->accept();
    }
}
```

该函数是鼠标移动的事件处理函数。当按下的是鼠标左键时，进入 if 语句。此时将调用 move()函数来移动对话框，e->globalPos()返回的结果是鼠标指针的屏幕坐标，它减去 m_point（鼠标的窗口坐标），得到的结果就是窗口原先的屏幕坐标加上鼠标指针所移动的距离后的屏幕坐标，比如鼠标指针向下向右移动了 5 个像素，那么窗口也应该从原来位置向下向右移动 5 个像素。

（3）保存项目并运行，在窗口非标题栏区域按住鼠标左键，然后移动鼠标，就会发现窗口也跟着移动了。

第 5 章

Qt控件设计

5.1 控件概述

在 Qt 中，控件、组件和部件都是一个意思。控件是用户使用和操作程序的重要途径，在图形化程序中，用户很多操作都是通过控件来完成的，比如单击按钮、在编辑框里输入字符串等。控件就是把一些特定功能进行封装后提供给用户使用的小窗口。Qt 提供了丰富多样的各种控件，在开发中只需要从控件工具箱里把所需控件拖放到对话框中，然后进行属性设置或调用控件对应的类方法就能为程序和用户之间提供强大的交互功能。本章介绍的控件都可以在 Qt 界面设计师这个 Qt Creator 自带的界面设计软件内的工具箱中找到。

在 Qt 中，每一种控件都有对应的类来实现，比如按钮控件由 QButton 类实现、编辑框控件由 QEdit 类实现、日期控件由 QCalendarWidget 类实现。前面提到的每种控件都是一个小窗口，所有控件类都继承自类 QWidget 类，即基础窗口类，因此所有控件都可以使用窗口类 QWidget 中的方法，比如要让控件不可用，则可以调用 QWidget 类中的 setDisable()函数；修改控件风格可以调用 QWidget 类的 setStyle()；显示或隐藏控件可调用 QWidget 的 Show()或 Hide()函数，等等。

所有的控件都有两种创建方式：静态创建和动态创建。前者是在设计的时候就把控件从工具箱中拖放到设计视图中的对话框上就算完成了创建工作，因为是在程序运行前创建的，所以被称为静态创建；后者是指在程序运行的时候调用函数来完成控件的创建工作，因为是在运行时创建的控件，所以被称为动态创建。静态创建其实就是可视化程序开发的方法，一般开发中使用静态创建的方法就可满足大多数场合的要求，本章中的绝大多数实例也都是静态创建。下面我们将逐一介绍 Qt 工具箱中的控件，并演示它们的基本使用方法。

5.2 对话框程序设计概述

Qt 开发的应用程序通常有 3 种界面类型，即主窗口应用程序、控件窗口应用程序和对话框应用程序。鉴于对话框使用场合多，本章将介绍对话框应用程序的设计。对话框应用程序中肯定有对话框，对话框中有控件，对话框通常还包含标题栏、客户区、边框等。标题栏上又有控制菜单、最小化和最大化按钮、关闭按钮等。通过鼠标拖动标题栏，可以改变对话框在屏幕上的位置、通过最大化和最小化按钮，可以对对话框进行尺寸最大化、恢复正常尺寸或隐藏掉对话框等操作。标题栏上还能显示对话框的文本标题。相信使用过 Windows 系统的朋友对这些操作都非常熟悉。

Qt 类库中提供的对话框类是 QDialog，它继承于控件窗口类 QWidget。我们创建对话框的时候，都是从 QDialog 类派生出自己的类。

5.3　按钮类控件

5.3.1　概述

按钮类控件可以用来控制程序的诸多操作，所以在应用程序中必不可少。Qt Creater 提供了 6 种 Button 控件，如图 5-1 所示。

每种按钮都有相应类的实现，比如 Push Button 是由 QPushButton 类来实现的。不同的按钮控件及其类名对应关系如表 5-1 所示。

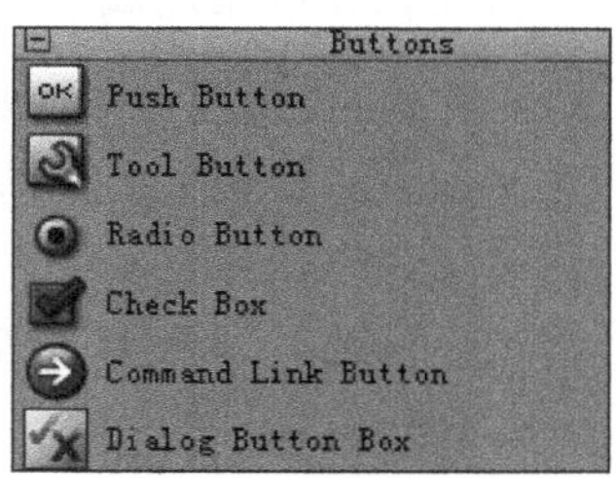

图 5-1

表 5-1　按钮控件及其类名

按 钮 类 名	控　件　名	中　文　名
QPushButton	Push Button	按压按钮或推压按钮
QToolButton	Tool Button	工具按钮
QRadioButton	Radio Button	单选按钮
QCheckBox	Check Box	复选按钮
QCommandLinkButton	Command Link Button	命令链接按钮
QButtonBox	Dialog Button Box	对话框组合按钮（OK 按钮和 Cancel 按钮的组合）

常用的按钮控件是前 4 种。按钮类控件的用法很简单，当用鼠标单击按钮时都将触发 clicked 信号，我们通常要做的就是为这个信号添加槽函数。

5.3.2　按钮类的父类 QAbstractButton

所有按钮类都继承自 QAbstractButton 类，所以 QAbstractButton 类的公有成员函数也可以被它的子类所使用，比如获取和设置按钮标题的函数：

```
QString text();
void setText(const QString &text);
```

函数 text()返回按钮标题。函数 setText()用于设置按钮标题，其中参数 text 是要设置标题用的文本字符串。

又比如，获取和设置图标的函数：

```
QIcon   icon() const;
void    setIcon(const QIcon &icon);
```

5.3.3 按压按钮

按压按钮通常用于执行命令或触发事件。该按钮是最基本的按钮，单击该按钮通常是通知程序进行一个操作，比如弹出窗、下一步、保存、退出等，大多数对话框程序中几乎都有这种推压按钮。

推压按钮的常用属性有：

- name：该控件对应源代码中的名字。
- text：该控件对应图形界面中显示的名字。
- font：设置 text 的字体。
- enabled：该控件是否可用。

推压按钮类 QPushButton 的常用成员函数有：

- 构造函数 QPushButton()：

```
QPushButton(const QString &text, QWidget *parent, const char *name = 0);
```

构造一个名称为 name、父对象为 parent 并且文本为 text 的按压按钮。比如：

```
QPushButton *button = new QPushButton("&Download", this);
```

- setText()函数：

```
void setText(const QString &);
```

设置该按钮上显示的文本。

- text()函数：

```
QString text() const;
```

返回该按钮上显示的文本。

按压按钮的常用信号有：

- pressed：当按下该按钮时发射信号。
- clicked：当单击该按钮时发射信号。
- released：当释放该按钮时，发射信号。

【例 5.1】 响应按压按钮的 pressed、clicked 和 released 信号

（1）新建一个对话框项目，项目名为 test。

（2）切换到设计师界面，打开对话框，从工具箱中拖曳 3 个 Push Button 到对话框中，分别设置第一个按钮的 text 属性为“响应 Pressed 信号”、第二个按钮的 text 属性为“响应 released 信号”、第 3 个按钮的 text 属性为“响应 clicked 信号”。然后右击第一个按钮，在弹出的快捷菜单中选择“转到槽...”命令，随后出现“转到槽”对话框，通过该对话框选择信号，然后可以添加该信号的槽函数，这里我们选择 QAbstractButton 类下的 pressed()函数，如图 5-2 所示。

接着单击 OK 按钮，此时将自动跳转到槽函数处，在该函数中添加如下代码：

```
void Dialog::on_pushButton_pressed()
{
    QMessageBox::information(this,"note","you pressed me");
}
```

当用鼠标左键单击该按钮时将发送该信号，然后跳出一个信息框。

采用同样的方法，为第二个按钮添加 released 信号的槽函数：

```
void Dialog::on_pushButton_2_released()
{
    QMessageBox::information(this,"note","you released me");
}
```

再为第三个按钮添加 clicked 信号的槽函数：

```
void Dialog::on_pushButton_3_clicked()
{
    QMessageBox::information(this,"note","you clicked me");
}
```

clicked 信号用得最多，单击按钮将触发该信号。

（3）保存项目并运行，运行结果如图 5-3 所示。

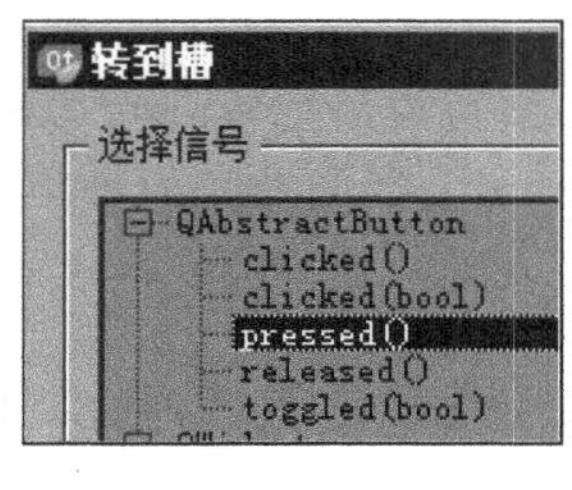

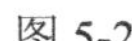

图 5-2

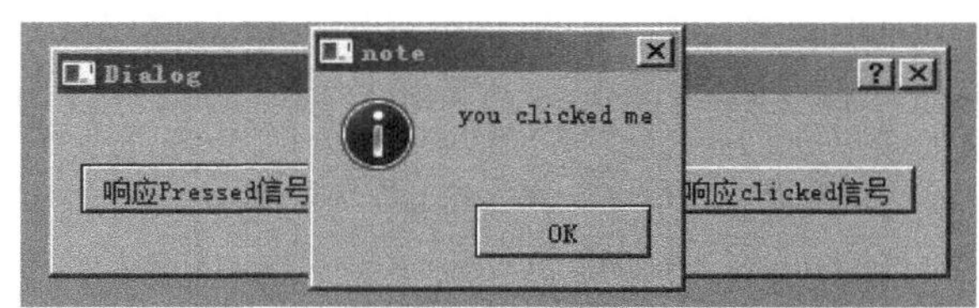

图 5-3

可以体会到，当在第一个按钮上刚按下鼠标左键时就会出现信息框，而后面 2 个按钮要松开鼠标左键才会有反应。

在使用 Qt 编写软件窗口时，有时会遇到一种需求，就是当发出一个操作后会动态生成若干个按钮，而且要使用这些按钮进行下一步的操控。动态生成按钮并不难，只要用 new QPushButton 即可，如果需要为这些动态按钮执行一些其他操作，则要 connect()函数来关联对应的槽。

【例 5.2】 动态创建按压按钮

（1）启动 Qt Creator 4.8.2，新建一个对话框项目，项目名为 test。

（2）打开 dialog.cpp，在构造函数 Dialog()的末尾添加 4 行程序代码：

```
QPushButton *quit = new QPushButton( "Quit", this);
connect( quit, SIGNAL(clicked()), qApp, SLOT(quit()));
quit->setGeometry( 0, 0, 75, 30 );
quit->setFont( QFont( "Times", 18, QFont::Bold ) );
```

第一行定义了一个 QPushButton 类型的指针，并用 new 动态分配了对象。按钮就此创建完毕。

第二行用 connect()函数将信号（clicked）关联到槽 quit()；第一个参数是我们创建的按钮变量名；第二个参数是信号（信号要用宏 SIGNAL 来修饰），这里我们要关联的信号是按钮单击信号 clicked()；第三个参数 qApp 是信号接收者，这里我们让应用程序对象指针 qApp 来接收。因为我们要关联的槽是 quit()，该槽函数是 QCoreApplication 类的成员函数，所以不必再去定义，quit()的调用等价于 QCoreApplication::exit(0)，因此调用后，程序会退出。其中，qApp 是一个全局指针变量，指向应用程序对象，相当于 QCoreApplication::instance()。QCoreApplication 类是 QApplication 类的爷爷，从继承关系来看，QApplication 类继承自 QGuiApplication 类，QGuiApplication 类继承自 QCoreApplication 类，所以它们的功能是逐步递增的。

第三行的 setGeometry()函数用来设置按钮 quit 在父窗口客户区中的位置（0,0）和大小（宽度 75，高度 30）。该函数的原型声明如下：

```
void setGeometry(int x, int y, int w, int h);
```

其中，x 和 y 分别是相对于父窗口客户区原点的窗口左上角坐标，w 和 h 分别表示窗口的宽度和高度。

第四行的 setFont()函数可以用来设置窗口或控件的字体，该函数是 QWidget 类的公有成员函数，因为按钮继承自 QWidget 类，所以可以调用 setFont()函数。该函数的原型声明如下：

```
void  setFont(const QFont &);
```

其中的参数表示要设置的字体。在程序中，我们设置字体为 Times、大小为 18，且为粗体（Bold）。

对于这个 quit 按钮，我们用了应用程序对象自带的槽。下面我们再创建一个按钮，把 clicked 信号关联到自定义槽。在上面 4 行代码下面继续添加 3 行程序代码：

```
QPushButton *mybtn = new QPushButton(QString::fromLocal8Bit("学习"), this);
connect( mybtn, SIGNAL(clicked()), this, SLOT(onZwwClick()));
mybtn->setGeometry(50, 50, 75, 30 );
```

在第一行中，我们动态创建了一个标题为“学习”的按钮 mybtn。在第二行中，我们用 connect()函数将信号（clicked）关联到槽 onZwwClick()，这个槽是我们自定义的槽，也就是需要我们自己定义函数。注意 connect()函数的第三个参数是 this，该 this 指针指向对话框对象，表示 clicked 信号由对话框来接收，所以我们要在对话框类中声明槽。打开 dialog.h，在 Dialog 类中添加槽声明：

```
public slots:
        void onZwwClick();
```

注意，槽函数的声明必须用 public slots。

然后重新回到 dialog.cpp，并添加槽函数的具体定义：

```
void Dialog::onZwwClick()
{
    QMessageBox::information(this,"note",QString::fromLocal8Bit("我要好好学
习"));
}
```

代码很简单，就显示一个信息框。我们在本文件开头添加包含头文件的指令：

```
#include <QPushButton>
#include <QMessageBox>
```

（3）保存项目并运行，运行结果如图 5-4 所示。单击“学习”按钮，会弹出一个信息框，说明槽 onZwwClick()被调用了。如果我们单击按钮 Quit，程序就退出了，说明槽 quit()被调用了。

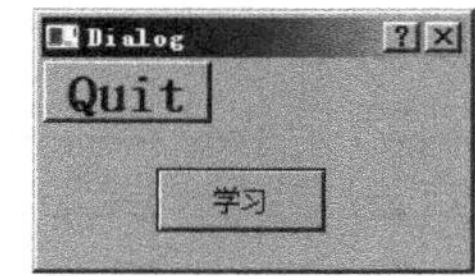

图 5-4

5.3.4　工具按钮

工具按钮（Tool Button）控件提供了用于命令或选项的快速访问按钮。工具按钮和普通的命令按钮不同，通常不显示文本，而显示图标，并且通常可以用在 QToolBar（工具栏）里。工具按钮通常都不是一个而是一排，它们放置在工具栏 QToolBar 中作为快捷按钮来使用，比如 Qt 设计师的工具栏，如图 5-5 所示。

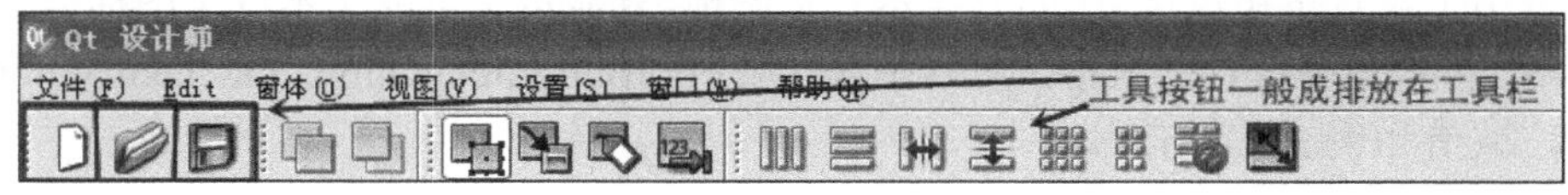

图 5-5

工具按钮由 QToolButton 类来实现。当使用 QToolBar::addAction()添加一个新的（或已存在的）QAction 至工具栏时，通常会创建工具按钮。也可以用同样的方式构建工具按钮和其他控件，并设置它们的布局。QToolButton 支持自动浮起，在自动浮起模式中，只有在鼠标指向它的时候才绘制三维边框，当按钮被用于 QToolBar 中时，这个特性会被自动启用，可以调用 setAutoRaise()函数来改变这个特性。

工具按钮的外观和尺寸可通过函数 setToolButtonStyle()和 setIconSize()来调节。当在 QMainWindow 的 QToolBar 中使用时，按钮会自动地调整以适合 QMainWindow 的设置（见 QMainWindow::setToolButtonStyle()和 QMainWindow::setIconSize()）。

工具按钮可以提供一个弹出菜单，可调用 setMenu()来进行设置。通过 setPopupMode()来设置菜单的弹出模式，默认模式是 DelayedPopupMode，这个特性有时对于网页浏览器中的“后退”按钮有用，在按下按钮一段时间后，会弹出一个显示所有可以后退浏览的可能页面的菜单列表，默认延迟 600 毫秒，可以调用 setPopupDelay()函数进行调整。

使用 QToolButton 类时需要包含头文件：#include <QToolButton>。QToolButton 类常用的成员函数如下：

```
void setMenu(QMenu * menu)
```

该函数用于设置按钮的弹出菜单，用法和 QPushButton 类似，其中的参数 menu 是要弹出的菜单。

```
void setPopupMode(ToolButtonPopupMode mode)
```

该函数用来设置弹出菜单的方式，其中的参数 mode 用来确定菜单弹出的具体方式，默认值为 DelayedPopup，表示菜单延迟弹出。ToolButtonPopupMode 是一个枚举类型，取值如表 5-2 所示。

表 5-2　ToolButtonPopupMode 的取值

常　量	值	说　明
QToolButton::DelayedPopup	0	按下按钮一定时间后，显示菜单。比如：浏览器中工具栏的“后退”按钮
QToolButton::MenuButtonPopup	1	这种模式下，工具按钮显示一个特殊的箭头，以指示菜单是否存在，按下按钮的箭头部分时显示菜单
QToolButton::InstantPopup	2	按下工具按钮时菜单显示出来，无延迟。这种模式下，按钮自身的操作不会触发

```
void setToolButtonStyle(Qt::ToolButtonStyle style)
```

该函数用于设置按钮风格，比如只显示一个图标、只显示文本或文本位于图标旁边、下方。其中的参数 style 是要设置的风格，默认值是 Qt::ToolButtonIconOnly。Qt::ToolButtonStyle 是枚举类型，取值如表 5-3 所示。

表 5-3　Qt::ToolButtonIconOnly 的取值

常　量	值	说　明
Qt::ToolButtonIconOnly	0	只显示图标
Qt::ToolButtonTextOnly	1	只显示文本
Qt::ToolButtonTextBesideIcon	2	文本显示在图标旁边
Qt::ToolButtonTextUnderIcon	3	文本显示在图标下边
Qt::ToolButtonFollowStyle	4	遵循 QStyle::StyleHint

```
void setArrowType(Qt::ArrowType type)
```

该函数用来设置按钮是否显示一个箭头，而不是一个正常的图标。也就是是否显示一个箭头作为 QToolButton 的图标。其中的参数 type 表示箭头的类型，或者不设置箭头，默认情况下，取值为 Qt::NoArrow。Qt::ArrowType 是一个枚举类型，取值如表 5-4 所示。

表 5-4　Qt::ArrowType 的取值

常　量	值
Qt::NoArrow	0
Qt::UpArrow	1
Qt::DownArrow	2
Qt::LeftArrow	3

工具按钮在工具栏上的应用暂时不举例，等到后文介绍带有菜单和工具栏的程序时再一块讲解，毕竟工具栏才是工具按钮的真正用武之地。

【例 5.3】　以静态和动态方式使用工具按钮

（1）启动 Qt Creator 4.8.2，新建一个对话框项目，项目名为 test。

（2）以静态方式（也就是可视化方式）添加一个 Tool Button，并用鼠标设置一些属性。打开对话框设计界面，从控件工具箱中拖放一个 Tool Button 到对话框中，并在属性视图中设置 text 属性为“天天向上”，再选择 toolButtionStyle 属性为 ToolButtonTextUnderIcon，这样文本就可以在图标下面了。我们准备再让按钮出现一个向右的箭头图标，因此选择属性 arrowType 为 RightArrow。至此，属性设置完毕，下面为该按钮添加一个 clicked 信号的槽，右击该按钮，在弹出的快捷菜单中选择“添加槽”，然后添加一个 clicked 信号的槽，并添加一行跳出消息框的代码：

```
    void Dialog::on_toolButton_clicked()
    {
        QMessageBox::information(this,"note",QString::fromLocal8Bit("我要天天向
上"));
    }
```

至此，静态方式添加的工具按钮完成了。下面我们以动态方式添加一个工具按钮。

（3）以动态方式添加按钮，肯定要全程使用代码，从创建按钮、设置属性、关联信号都是用代码来完成的。在项目中打开 dialog.cpp，然后在构造函数 Dialog()的末尾（也就是 setupUi 之后）添加代码：

```
QToolButton *pButton = new QToolButton(this);
pButton->setArrowType(Qt::LeftArrow);
pButton->setText(QString::fromLocal8Bit("好好学习"));
// 文本位于图标之下
pButton->setToolButtonStyle(Qt::ToolButtonTextUnderIcon);
connect( pButton, SIGNAL(clicked()), this, SLOT(onZwwClick()));
```

在第一行中，我们创建了一个工具按钮，这一行程序语句执行之后，按钮就会出现在对话

框中了。在第二行中，我们调用函数 setArrowType()设置按钮的箭头类型为左箭头。在第三行中，我们设置按钮标题为“好好学习”。在第四行中，我们调用函数 setToolButtonStyle()设置按钮的标题文本位于图标之下，也就是“好好学习”会出现在左箭头图标的下方。在第五行中，我们调用 connect()函数把按钮 pButton 的 clicked 信号关联到自定义的槽 onZwwClick()，并且第三个参数是 this（指向对话框的指针），表示对话框来接收这个信号。

我们要声明和定义槽 onZwwClick()。打开 dailog.h，然后在 Dialog 类中添加槽函数的声明：

```
public slots:
        void onZwwClick();
```

注意，添加槽函数的声明，不要忘记写上 public slots。

下面就可以定义槽了，打开 dialog.cpp，然后添加如下代码：

```
void Dialog::onZwwClick()
{
    QMessageBox::information(this,"note",QString::fromLocal8Bit("我要好好学习"));
}
```

代码很简单，也是显示一个消息框。

在 dialog.cpp 文件开头添加 2 个头文件：

```
#include <QToolButton>
#include <QMessageBox>
```

（4）保存项目并运行，运行结果如图 5-6 所示。

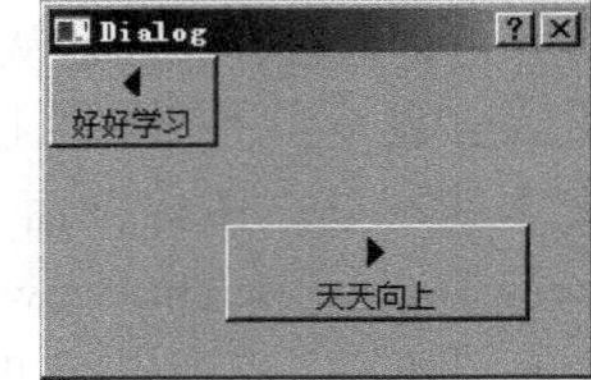

图 5-6

5.3.5 单选按钮

单选按钮（Radio Button）控件提供了一个带有文本标签的单选按钮（单选框）。单选按钮是一个可以切换选中（checked）或未选中（unchecked）状态的选项按钮。单选按钮通常呈现给用户的是一个“多选一”的选项按钮。也就是说，在一组单选按钮中，一次只能选中其中的一个单选按钮。

在一线开发中，单选按钮也是常用的按钮。因为是多选一，所以单选按钮之间是互斥的，即选择了 A 就不能选择 B。图 5-7 是 Windows 系统中典型的单选按钮的显示效果。

图 5-7

勾和叉前面的小圆圈就是单选按钮，一旦用鼠标左键单击了小圆圈，就表示选中勾或叉，此时圆圈中间就会出现一个点，就像图 5-7 中第一个单选按钮那样。在 Qt 中，单选按钮由 QRadioButton 类来实现，该按钮有选中和不选中两种状态，分别用属性 checked 和 unchecked 来表示。一组单选按钮通常用于表示程序中“多选一”的选择，例如单项选择题。位于一组中的多个单选按钮，同一时刻只能有一个单选按钮处于选中（checked）状态，如果用户选择了其他单选按钮，原先被选中的单选按钮将会变为未选中（unchecked）状态。和 QPushButton 类一样，QRadioButton 类提供了一个文本标题（text label）和一个小图标（small icon），其中 text 可以在构造函数中设置，也可以通过 setText()函数来设置，但是小图标只能通过 setIcon()

函数设置，还可以通过在 text 中某个字母前加上“与”符号（&）来指定快捷键，例如：

```
QRadioButton *pRdbutton = new QRadioButton("Search from the &cursor", this);
```

此时，按下键盘上的 Alt + C 就相当于用鼠标单击了指针 pRdbutton 所指向的单选按钮。如果要在标题中显示一个“与”符号（&），就要使用两个“与”符号（&&）来特别指定。

1. 分组

为了让单选按钮之间互斥，必须对单选按钮进行分组。把多个单选按钮放在“同一个父窗体”或“一个按钮组”，这就是分组。如果没有进行分组，则默认拥有相同父窗体的单选按钮都将具有相互排他性，所以如果想在一个窗体中展示多组单选按钮的效果，就需要显式地对它们进行分组，可以使用 QGroupBox 类或者 QButtonGroup 类。建议使用 QButtonGroup 类，因为它仅仅是一个容器，对于包含在里面的子按钮，QButtonGroup 类提供了比 QGroupBox 类更为方便的信号和槽机制方面的操作。

QRadioButton 类的分组有多重方法，比如采用组合框、QWidge 等，建议采用 QButtonGroup 类来实现分组，好处是不影响 QRadioButton 在界面上的显示（组合框分组方式会在界面上出现组合框），而且便于 ID 的设置。

2. 信号

QRadioButton 类继承自抽象按钮类 QAbstractButton，因此 QRadioButton 类的信号也继承自 QAbstractButton 类，一般我们比较关注的信号是 toggled()和 clicked()。在 QRadioButton 类中，toggled()信号是在单选按钮状态（开、关）切换时发出的，而 clicked()信号是每次单击单选按钮都会发出。在实际使用时，一般状态改变时才有必要去响应，因此 toggled()信号更适合状态监控。

需要注意的是，单选按钮无论是被打开还是关闭，它都会发送一个 toggled(bool)信号，其中包含一个布尔（bool）类型的参数，用于记录此次发生的是被打开还是关闭，所以如果我们想根据单选按钮的状态变化来处理一些事，就需要调用 connect()关联它们。当然，如果组内有很多个单选按钮，并且想跟踪 toggled 或 clicked 的状态时，不需要逐个来建立关联（或进行绑定），因为一旦使用 QButtonGroup 来管理，完全可以用 buttonToggled()和 buttonClicked()来处理组内所有按钮的 toggled()和 clicked()信号。

3. QButtonGroup 类

QButtonGroup 类提供了一个抽象容器，可以在其中放置按钮控件，以便管理组中每个按钮的状态。

在 QButtonGroup 类中添加一个按钮，可以调用 QButtonGroup 类的成员函数 addButton()；要删除一个按钮，可以调用成员函数 removeButton()。函数 addButton()的原型声明如下：

```
void addButton(QAbstractButton *button, int id = -1);
```

其中，参数 button 为指向按钮对象的指针，通常是 QAbstractButton 子类对象的指针；id 为要设置给按钮 button 的 id 号，如果 id 是-1，就会将一个 id（自动）赋给按钮。自动分配的 id 保证为负数，从-2 开始，如果正在分配自己的 id，就使用正数，以免冲突。

为按钮分配了 id 后，可以通过 QButtonGroup 类的成员函数 checkedId()来获得 id，该函数的原型声明如下：

```
int checkedId();
```

【例 5.4】 单选按钮的基本使用

（1）启动 Qt Creator 4.8.2，新建一个对话框项目，项目名为 test。

（2）打开对话框设计界面，从控件工具箱中拖放 3 个单选按钮（Radio Button）到对话框中，并把它们的 text 属性分别设置为“苹果”“香蕉”和“鸭梨”，对应的 objectName 属性分别为 apple_radioButton、banan_radioButton 和 pear_radioButton。

（3）打开 dialog.h，为 Dialog 类添加私有成员变量 QButtonGroup：

```
QButtonGroup *groupButton1;
```

并在文件开头添加包含头文件的指令：

```
#include <QButtonGroup>
```

在对话框构造函数中初始化 QButtonGroup，把单选按钮添加进来并设置 ID：

```
groupButton1=new QButtonGroup(this);
groupButton1->addButton(ui->apple_radioButton,0);
groupButton1->addButton(ui->banan_radioButton,1);
groupButton1->addButton(ui->pear_radioButton,2);
ui-> pear_radioButton->setChecked(true); //默认选择“鸭梨”
```

（4）下面我们为 3 个单选按钮添加单击信号和槽机制，只需要添加一个槽函数即可，在槽函数中通过 id 来区分是哪个单选按钮。

打开 dialog.h，为 Dialog 类添加公有的槽函数声明：

```
public slots:
    void slots_fruits();
```

打开 dialog.cpp，在构造函数 Dialog()的末尾添加信号和槽函数的关联（或绑定）：

```
    //绑定信号和槽函数
     connect(ui->apple_radioButton,SIGNAL(clicked(bool)),this,
SLOT(slots_fruits()));
     connect(ui->banan_radioButton,SIGNAL(clicked(bool)),this,
SLOT(slots_fruits()));
     connect(ui->pear_radioButton,SIGNAL(clicked(bool)),this,
SLOT(slots_fruits()));
```

我们通过 connect()函数把每个按钮的单击信号 clicked 关联到槽函数 slots_fruits()。然后添加该槽函数的具体定义：

```
void Dialog::slots_fruits()
{
```

```
        switch(groupButton1->checkedId())
           {
           case 0:
        QMessageBox::information(this,"note",QString::fromLocal8Bit("你选择了苹果"));
               break;
           case 1:
        QMessageBox::information(this,"note",QString::fromLocal8Bit("你选择了香蕉"));
               break;
           case 2:
        QMessageBox::information(this,"note",QString::fromLocal8Bit("你选择了鸭梨"));
               break;
           }
     }
```

（5）保存项目并运行，运行结果如图 5-8 所示。

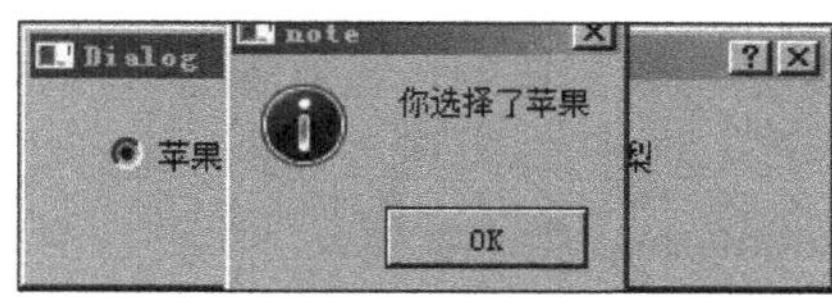

图 5-8

5.3.6　复选框

QCheckBox 继承自 QAbstractButton 类，提供了一个带文本标签的复选框。

QCheckBox（复选框）和 QRadioButton（单选按钮）都是选项按钮。这是因为它们都可以在开（选中）或者关（未选中）之间切换。区别是对用户选择的限制：单选按钮定义了“多选一”的选择；复选框提供的是“多选多”的选择，也就是可以选中一个，也可以选中多个，打勾就是选中，不打勾就是没选中。尽管在技术上可以通过复选框来实现单选按钮，反之亦然，但还是强烈建议使用众所周知的约定。

要使用 QCheckBox 类，需要在程序中包含头文件：#include <QCheckBox>。静态方式（直接从工具箱中拖拉复选框控件）不需要我们手工添加，Qt Creator 会自动添加；动态方式（通过 new 创建复选框）需要我们通过代码来手工添加。像 QPushButton 类一样，复选框可以显示文本，也可以显示一个小图标，该图标使用函数 setIcon()来进行设置。文本可以在 QCheckBox 的构造函数中设置或者调用函数 setText()来设置。快捷键可以通过在字符前加一个 '&' 符号来指定。例如：

```
QCheckBox *checkbox = new QCheckBox("C&ase sensitive", this);
```

在这个例子中，快捷键是 Alt + A。要显示实际的与符号（&）而不是设置快捷键，则要使用两个“与”符号（&&）。

QCheckBox 类中的常用方法如表 5-5 所示。

表 5-5　QCheckBox 类中的常用方法

方　法	说　明
setChecked()	设置复选框的状态：True 表示选中，False 表示取消选中
setText()	设置复选框的标题文本
text()	返回复选框的显示文本
isChecked()	检查复选框是否被选中
setTriState()	设置复选框为一个三态复选框
setCheckState()	三态复选框的状态设置

注　意

所谓三态，就是除了不打勾和打勾两个分别表示没选中和选中状态外，还有一个半选中状态，复选框的方框内填充了颜色，这个状态不常用，故而不必深入了解。

通常，几个复选框在一起都是可以多选的，这种情况称为非独占方式。选中了多个复选框中的一个之后，其他自动不选中，这种情况叫独占方式，此时的效果其实和单选按钮类似，要实现独占效果，可以通过 QButtonGroup 类来实现。

1. 以静态方式使用复选框

（1）启动 Qt Creator 4.8.2，新建一个对话框项目，项目名为 test。

（2）双击 dialog.ui，打开对话框的设计界面，从控件工具箱中拖拉两个复选框（Check Box）到对话框中，把第一个复选框的 text 属性设置为“苹果”， objectName 属性设置为 apple。把第二个复选框的 text 属性设置为“橙子”， objectName 属性设置为 orange。

（3）添加复选框选中状态改变时触发的信号 stateChanged 对应的槽函数。在项目中打开 dialog.h，添加槽函数的声明：

```
public slots:
    void onStateChanged_apple(int state);
    void onStateChanged_orange(int state);
```

第 1 个槽函数是“苹果”复选框选中状态改变时触发的槽函数，第 2 个槽函数是“橙子”复选框选中状态改变时触发的槽函数。其中，参数 state 是用户单击复选框后复选框的当前状态，我们可以根据这个参数做出相应的响应。

在项目中打开 dialog.cpp，在构造函数 Dialog()的末尾添加信号和槽函数的关联：

```
    connect(ui->apple, SIGNAL(stateChanged(int)), this,
SLOT(onStateChanged_apple(int)));
    connect(ui->orange, SIGNAL(stateChanged(int)), this,
SLOT(onStateChanged_orange(int)));
```

在第一个 connect()函数中，信号发送者是 ui->apple，apple 是我们前面设置的 objectName，信号是 stateChanged，信号接收者是对话框（this 指向对话框），自定义的槽函数是 onStateChanged_apple()。第二个 connect()函数所做的工作基本类似。

下面我们定义两个槽函数。在 dialog.cpp 中添加 2 个槽函数，代码如下：

```
void Dialog::onStateChanged_apple(int state)
{
    if (state == Qt::Checked) // "选中"
    {
      QMessageBox::information(this,"note",QString::fromLocal8Bit("你选中了苹果"));
    }
    else if(state == Qt::Unchecked) // 未选中 - Qt::Unchecked
    {
      QMessageBox::information(this,"note",QString::fromLocal8Bit("你不选苹果了"));
    }
}
void Dialog::onStateChanged_orange(int state)
{
    if (state == Qt::Checked) // "选中"
    {
      QMessageBox::information(this,"note",QString::fromLocal8Bit("你选中了橙子"));
    }
    else if(state == Qt::Unchecked) // 未选中 - Qt::Unchecked
    {
      QMessageBox::information(this,"note",QString::fromLocal8Bit("你不选橙子了"));
    }
}
```

代码很简单，判断参数 state 是否为选中，然后弹出一个消息框。

最后，在本文件开头添加包含头文件的指令：#include <QMessageBox>。不知道大家是否注意到，在本例中我们并没有包含头文件 QCheckBox，这是因为静态方式不需要人为去添加包含该头文件的指令，Qt Creator 在我们拖放复选框控件的时候就自动在 ui_dialog.h 中添加好了。我们可以在 Dialog()构造函数中找到 connect()函数，然后把鼠标放到 apple 上，接着按 F2 键（该快捷键将跳转到变量或函数的定义处），将跳转到 ui_dialog.h 的“QCheckBox *apple;”处，在该文件开头可以发现包含 QCheckBox 头文件的指令“#include <QtWidgets/QCheckBox>”，这是 Qt Creator 帮我们添加的。ui_dialog.h 是 Qt Creator 自己维护的文件。

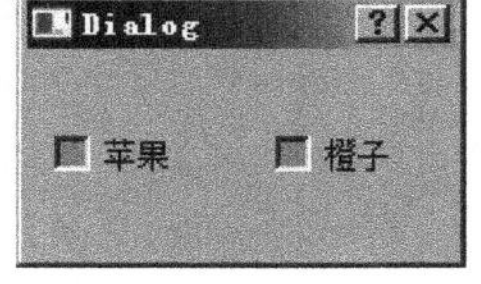

图 5-9

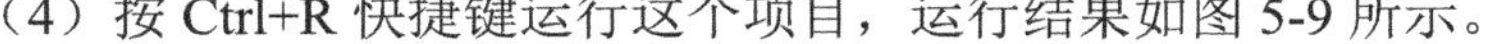
（4）按 Ctrl+R 快捷键运行这个项目，运行结果如图 5-9 所示。

2. 以动态方式使用独占和非独占复选框

（1）启动 Qt Creator 4.8.2，新建一个对话框项目，项目名为 test。

（2）在项目中打开 dialog.h，在文件开头添加包含头文件的指令（#include <QCheckBox>），然后在 Dialog 类中添加复选框对象指针数组的定义：

```
QCheckBox* exclusive[3];        //表示独占复选框
QCheckBox* non_exclusive[3]; //表示非独占复选框
```

再添加槽函数的声明：

```
public slots:
   void onStateChanged1(int state);
   void onStateChanged2(int state);
   void onStateChanged3(int state);
```

当复选框状态改变时，发送状态改变的信号，继而调用这些槽函数中的某一个。

（3）把源码项目的目录 test 下的 res 目录复制到本项目的 test 目录下，res 目录下有一个 ico 文件和 5 个 png 文件，它们将用作复选框的图标。按照例 4.6 的方式，把这 6 个文件添加到项目中。基本步骤就是新建一个“Qt Resource File”，比如 myres.qrc，然后右击项目中的 myres.qrc，在弹出的快捷菜单中选择“Add Existing Directory…”，然后选中 res 目录。更详细的步骤可以参考例 4.6。

（4）打开 dialog.cpp，在文件开头定义一个宏：

```
#define z(s) (QString::fromLocal8Bit(s))
```

该宏用于显示中文，可以少打一些字符，提高编码效率。然后，在构造函数 Dialog()的“ui->setupUi(this);”后面添加如下代码：

```
     this->resize(270,191); // 重新设置窗体大小
    QString str1[] = {z("游戏"),z("办公"),z("开发")};
    QString str2[] = {"vc++","Qt","Java"};
    int xpos = 30 ;
    int ypos = 30 ;
    QButtonGroup* chk_group[2]; // 按钮组控件，只是逻辑上的分类而已
    chk_group[0] = new QButtonGroup(this);
    chk_group[1] = new QButtonGroup(this);

    for(int i=0;i<3;i++)
    {
        non_exclusive[i] = new QCheckBox(str1[i],this);
        non_exclusive[i]->setGeometry(xpos,ypos,100,30);
        chk_group[0]->addButton(non_exclusive[i]);

        exclusive[i] = new QCheckBox(str2[i],this);
```

```
        exclusive[i]->setGeometry(xpos+120,ypos,100,30);
        chk_group[1]->addButton(exclusive[i]);

        ypos += 40 ;
    }
    chk_group[0]->setExclusive(false); // 单选禁用
    chk_group[1]->setExclusive(true);   // 单选启动

    non_exclusive[0]->setIcon(QIcon(":/res/mistle_toe_2.png"));
    non_exclusive[1]->setIcon(QIcon(":/res/santa_hat.png"));
    non_exclusive[2]->setIcon(QIcon(":/res/snowman.png"));

    exclusive[0]->setIcon(QIcon(":/res/tool.ico"));
    exclusive[1]->setIcon(QIcon(":/res/candy.png"));
    exclusive[2]->setIcon(QIcon(":/res/christmas_tree.png"));
    connect(non_exclusive[0],SIGNAL(stateChanged(int)),this,
SLOT(onStateChanged1(int)));
    connect(non_exclusive[1],SIGNAL(stateChanged(int)),this,
SLOT(onStateChanged2(int)));
    connect(non_exclusive[2],SIGNAL(stateChanged(int)),this,
SLOT(onStateChanged3(int)));
```

chk_group[0]中的 3 个复选框放置在左边，它们是非独占的，可以多选。chk_group[1] 中的 3 个复选框放置在右边，它们是独占的，只能单选。

我们通过按钮组控件的 setExclusive()函数设置该按钮组的禁用单选（不支持单选）和启用单选（支持单选）。

接着，我们用复选框的 setIcon()函数来设置按钮图标。图标文件既可以是 png 文件，也可以是 ico 文件。

最后三行程序语句中的 connect()用于建立信号 stateChanged 和槽函数的关联。注意，该信号有一个整数类型（int）的参数，因此槽函数也要有整数类型，忘记了提供整数类型的参数，槽函数就不会响应。

（5）为 non_exclusive 复选框添加槽函数：

```
  void Dialog::onStateChanged1(int state)
  {
     if (state == Qt::Checked) // "选中"
     {
       QMessageBox::information(this,"note",z("你选中游戏了"));
     }
     else if(state == Qt::Unchecked) // 未选中 - Qt::Unchecked
     {
       QMessageBox::information(this,"note",z("你不选游戏了"));
     }
```

```
}
void Dialog::onStateChanged2(int state)
{
    if (state == Qt::Checked) // "选中"
    {
      QMessageBox::information(this,"note",z("你选中办公了"));
    }
    else if(state == Qt::Unchecked) // 未选中 - Qt::Unchecked
    {
      QMessageBox::information(this,"note",z("你不选办公了"));
    }
}
void Dialog::onStateChanged3(int state)
{
    if (state == Qt::Checked) // "选中"
    {
      QMessageBox::information(this,"note",z("你选中开发了"));
    }
    else if(state == Qt::Unchecked) // 未选中 - Qt::Unchecked
    {
      QMessageBox::information(this,"note",z("你不选开发了"));
    }
}
```

按 Ctrl+R 快捷键运行这个项目，运行结果如图 5-10 所示。

图 5-10

5.3.7 对话框组合按钮

一个对话框中通常都会有 OK 按钮和 Cancel 按钮，以便用户在执行完对话框中其他控件的操作后进行确认或放弃。一旦单击了 OK 按钮，用户在对话框中所执行的操作将会生效，如果单击了 Cancel 按钮，则不会生效。因此，对话框组合按钮还是非常有用的。在实际应用中，几乎所有对话框都会有一对 OK 和 Cancel 按钮。

当 OK 按钮被单击时，会发出 accepted 信号；当 Cancel 按钮被单击时，会发出 rejected 信号，通常只需要响应这两个信号即可。

QDialogButtonBox 的基本使用

（1）启动 Qt Creator 4.8.2，新建一个对话框项目，项目名为 test。

（2）打开对话框设计界面，从工具箱中拖放一个 Dialog Button Box 到对话框中，然后右击之，在弹出的快捷菜单中选择“转到槽”选项，然后为 accepted 信号添加槽函数，并在槽函数中输入如下代码：

```
void Dialog::on_buttonBox_accepted()
{
    QMessageBox::information(this,"note","ok");
}
```

再次在弹出的快捷菜单中选择“转到槽”选项，为 rejected 信号添加槽函数，并输入如下代码：

```
void Dialog::on_buttonBox_rejected()
{
    QMessageBox::information(this,"cancel","cancel");
}
```

在文件开头添加包含头文件的指令：#include <QMessageBox>。

（3）保存项目并运行，运行结果如图 5-11 所示。

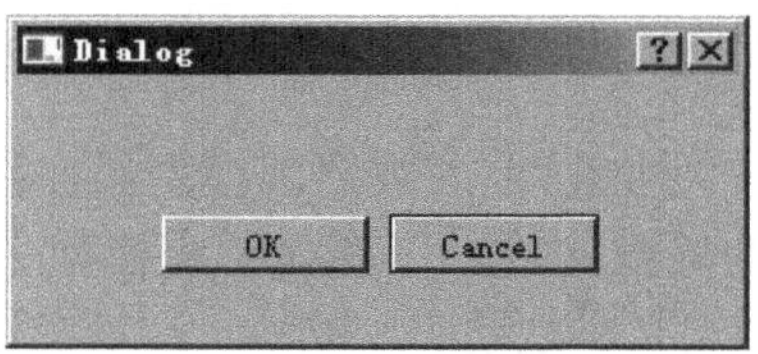

图 5-11

5.4　列表视图控件

列表视图控件（简称列表框）里面的内容是由多行字符串组成的列表，并且可以通过鼠标单击某行字符串来选中该行。在软件中也经常用到列表视图控件。在单选列表框中，用户只能选择一项（Item）。在多选列表框中，则可选择多项。当用户选择某项时，选中的行会高亮显示。在 Qt 中，列表视图控件通常显示一列数据，有点类似于 VC 中的列表框控件（CListBox）。

在 Qt 中，列表视图控件由 QListView 类封装，用来显示一维（或称一列）数据列表，如果要显示二维表格数据，可以使用表格视图控件类 QTableView。

QListView 控件在使用前必须设置要显示数据的模型，很多 Q*View 字样的控件都要设置数据模型后才能显示数据，也就是说先在数据模型中组织好数据，再把数据模型设置到 View 类控件。设置数据模型可以用 QListView 类的成员函数 setModel()来实现（其他 Q*View 控件也是用这个函数）。数据模型就是用于保存数据的对象模型，要让 QListView 控件显示数据，必须先把数据组织好并保存到数据模型中，再把数据模型设置到列表视图控件中，这样的操作在后面的树形控件中也是如此。常见的数据模型如表 5-6 所示。

表 5-6　常见的数据模型

QListView 的数据模型	说　明
QStringListModel	存储一组字符串
QStandardItemModel	存储任意层次结构的数据
QDirModel	对文件系统进行封装
QSqlQueryModel	对 SQL 的查询结果集进行封装
QSqlTableModel	对 SQL 中的数据表进行封装
QSqlRelationalTableModel	对带有外键的 SQL 数据表进行封装
QSortFilterProxyModel	对另一个模型执行 sort 或 filter 操作

表 5-6 中的数据模型类都继承自 QAbstractItemModel 类。该类是一个抽象类，为数据项模型类提供抽象接口。

数据模型中存放的每项数据都有相应的"model index"，由 QModelIndex 类来表示。每个 index 由 3 个部分构成：row、column 和表明所属 model 的指针。对于一维的列表模型，column 永远为 0。

5.4.1　抽象数据项模型 QAbstractItemModel

QAbstractItemModel 类是一个抽象类，为数据项模型类提供抽象接口。QAbstractItemModel 类定义了数据项模型需要使用的标准接口，以便能够与模型/视图体系结构中的组件进行互操作。它不应该被直接实例化（因为是抽象类）。相反，应该将其子类化以创建新模型。通常使用表 5-6 中的几个子类就足够用了。

QAbstractItemModel 类是 Qt 模型/视图框架的一部分。它可以用作 qml 中项目视图元素或 Qt 控件模块中项目视图类的底层数据模型。底层数据模型作为表的层次结构向视图类对象和委托类对象公开。如果不使用层次结构，则模型是一个包含行和列的简单表。每个项都有一个由 QModelIndex 指定的唯一索引，如图 5-12 所示。

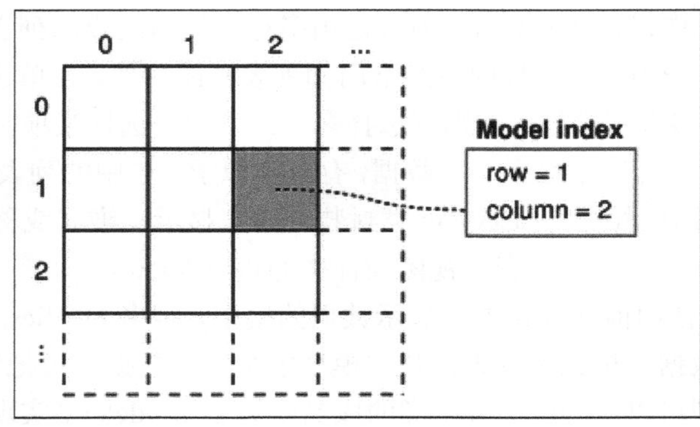

图 5-12

对于这个二维表格数据模型，可以通过 QAbstractItemModel 类的成员函数 rowCount()和 columnCount()来获取模型的行和列。可以通过成员函数 InsertRows()、InsertColumns()、RemoveRows()和 RemoveColumns()来插入或删除模型中的行和列。

模型的每个数据项都有一个关联的模型索引，可以使用 QAbstractItemModel 类的成员函数 index()获取此模型索引。每个索引可能有一个 sibling 索引；子项有一个 parent 索引。Index()函数的原型声明如下：

```
QModelIndex QAbstractItemModel::index(int row, int column, const QModelIndex &parent = QModelIndex()) const
```

其中，参数 row 是要检索数据所在的行索引（索引值从 0 开始），column 是要检索数据所在的列索引（索引值从 0 开始）。该函数返回由行列指定的模型中项对应的索引。项的索引由 QModelIndex 类来描述，通过 QModelIndex 类的成员函数 data()可以获取该项的具体数据。

5.4.2　字符串列表数据模型 QStringListModel

列表视图控件若要对控件内的字符串进行操作，需要通过字符串列表模型 QStringListModel 来完成，QStringListModel 类的成员函数提供了具体操作。也就是说，先获得 QStringListModel 类对象的指针，再调用 QStringListModel 类的成员函数。下面先来熟悉一下 QStringListModel 类。QStringListModel 类不仅仅能用于 QListView，所有需要用到数据项的控件都可以使用，比如组合框控件 QComboBox。

注意，使用 QStringListModel 类时需要包含头文件：#include <QStringListModel>。

QStringListModel 类能存储一组字符串，它提供了一个模型，用于向视图提供字符串。QStringListModel 类是一个可编辑的模型，可用于为视图控件（如 QListView 或 QComboBox）显示多个字符串。

该模型提供可编辑模型的所有标准函数，将字符串列表中的数据表示为一个模型（模型中的字符串只有一列，行数等于列表视图控件中的项数）。调用 index()函数可获取与项对应的模型索引，调用 flags()函数可获取项的标志，调用 data()函数可读取项的数据，调用 setdata()函数可写入某项数据。另外，调用成员函数 rowCount()可找到行数（以及字符串列表中的项数）。

QStringListModel 类可用现有的字符串列表来构造，或者调用 setStringList()函数来设置字符串。可调用 insertRows()函数插入字符串，调用 removeRows()删除字符串。可调用 stringList()函数检索字符串列表的内容。比如，向 QStringListModel 类对象中插入字符串：

```
QStringListModel *model = new QStringListModel();
QStringList list;
list << "aaa" << "bbb" << "ccc";  //插入3个字符串到 QStringList 类对象中
model->setStringList(list); //把 QStringList 对象再传入 QStringListModel 对象中
```

QStringListModel 类的构造函数有两种函数原型。第一种函数原型只有一个参数：

```
QStringListModel::QStringListModel(QObject *parent = nullptr)
```

以给定的 QObject 对象指针（或 NULL）来构造一个字符串列表模型。

第二种函数原型有 2 个参数，可以直接传入 QStringList 对象。

```
QStringListModel::QStringListModel(const QStringList &strings, QObject *parent = nullptr)
```

以指定的字符串列表来构造字符串列表模型。比如：

```
QStringList user;
user += "first";
user +="second";
QStringListModel *model = new QStringListModel(user);
```

第一个例子将利用 QStringListModel 来设置列表视图的数据模型。第二个例子采用 QDirModel 来设置列表视图的数据模型。

【例 5.8】 以列表视图控件来显示一组字符串

（1）启动 Qt Creator 4.8.2，新建一个对话框项目，项目名为 test。

（2）打开对话框设计界面，从控件工具箱中拖放一个 List View 控件到对话框内，再拖放 8 个按钮到对话框内，并设置各个按钮的 text 属性，如图 5-13 所示。

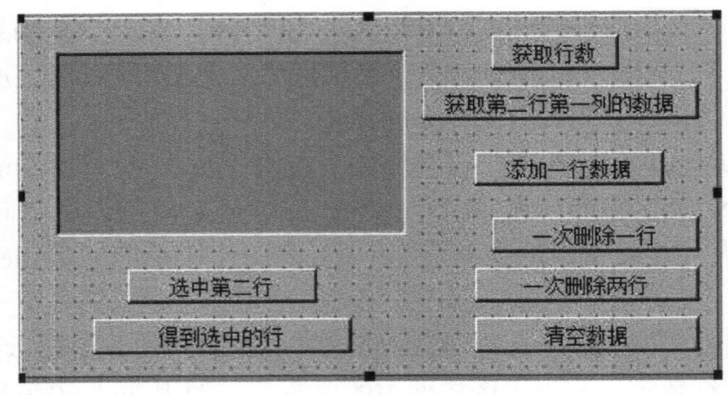

图 5-13

（3）打开 dialog.h，为 Dialog 类添加两个成员变量：

```
    QStringListModel *model;
    QStringList fruit;
```

这两个变量用来保存字符串数据，然后在文件开头添加包含头文件的指令：

```
#include <QStringListModel>
```

打开 dialog.cpp，在文件开头添加包含头文件的指令：

```
#include <QMessageBox>
```

再添加防止中文字符串乱码的宏定义：

```
#define z(s) (QString::fromLocal8Bit(s))
```

然后在构造函数 Dialog()中添加列表视图控件的初始化代码：

```
    int i;
    QString str[]= {z("苹果"),z("鸭梨"),z("西瓜")};
    for(i=0;i<3;i++)
        fruit.push_back(str[i]);
    model = new QStringListModel(this);
    model->setStringList(fruit);
    ui->listView->setModel(model);
```

定义一个字符串数组，然后全部添加进字符串列表 QStringList 中，再调用 QStringListModel 类的成员函数 setStringList()来设置字符串列表，这样 QStringListModel 就算设置好了，然后列表视图控件就可以通过函数 setModel()来设置字符串数据模型了。

（4）为名为“获取行数”的按钮添加 clicked 槽函数，代码如下：

```
void Dialog::on_pushButton_clicked()
{
    int row_num = ui->listView->model()->rowCount();
    QString str = z("共有")+QString::number(row_num)+z("行");
    QMessageBox::information(this,"note",str);//显示字符串 str
}
```

我们通过 QListView 类的成员函数 model()来得到数据模型，然后调用 QAbstractItemModel 类的成员函数 rowCount()来获得行数。ui->listView->model()返回的是 QAbstractItemModel 类型对象的指针，QAbstractItemModel 类封装了数据模型项，一些针对数据项的操作都由该类封装。最后，字符串 str 在消息框中显示出来。

为标题名为“获取第二行第一列的数据”的按钮添加 clicked 槽函数，代码如下：

```
void Dialog::on_pushButton_2_clicked()
{
   // column_idx 为该列索引序号，两者都从0开始
    int row_idx = 1,column_idx=0;
    QString str = ui->listView->model()->index(row_idx,
column_idx).data().toString();
    QMessageBox::information(this,"note",str);
}
```

若要获取列表视图的某行某列数据项，也要调用 QAbstractItemModel 类的 index()成员函数，该函数的参数是行和列，然后继续调用 data()函数来获得数据，最后转为字符串（toString）再存入 str。注意，列表视图的第二行索引是 1，第一列的索引号是 0，都是基于 0 开始的。

为标题名为“添加一行数据”的按钮添加 clicked 槽函数，代码如下：

```
void Dialog::on_pushButton_3_clicked()
{
    //把当前列表视图控件中的数据项列表保存好，这样是为了同步
    fruit=model->stringList();
    fruit+=z("枇杷");
```

```
    model->setStringList(fruit);
}
```

为标题名为“一次删除一行”的按钮添加 clicked 槽函数，代码如下：

```
void Dialog::on_pushButton_4_clicked()
{
    model->removeRow(0);//从第一行开始，删除一行
}
```

其中，函数 removeRow()用来删除一行数据，参数就是要删除数据项的索引号。

为标题名为“一次删除两行”的按钮添加 clicked 槽函数，代码如下：

```
void Dialog::on_pushButton_5_clicked()
{
    model->removeRows(0,2);//从第一行开始，删除两行
}
```

其中，函数 removeRows()用来删除一行或多行数据，第一个参数是开始索引号，第二个参数是要删除的行数。

为标题名为“清空数据”的按钮添加 clicked 槽函数，代码如下：

```
void Dialog::on_pushButton_6_clicked()
{
    model->removeRows(0,model->rowCount());
    fruit.clear();
}
```

其实也调用了函数 removeRows()，只不过是从第一行开始，一次性删除到当前行数。函数 rowCount()用来获取 QStringListModel 中数据的行数。

为标题名为“选中第二行”的按钮添加 clicked 槽函数，代码如下：

```
void Dialog::on_pushButton_7_clicked()
{
    QModelIndex index = model->index(1); //选中第二行，第二行的索引是1
    ui->listView->setCurrentIndex(index);
}
```

利用列表视图控件的 setCurrentIndex()函数可以选中当前某行，并且高亮显示选中的行。注意，通过参数要传入的是 QModelIndex 对象。QModelIndex 对象的行数据可以通过 QStringListModel:: index 来获取，index()函数的参数是行的索引（索引值从 0 开始）。

为标题名为“得到选中的行”的按钮添加 clicked 槽函数，代码如下：

```
void Dialog::on_pushButton_8_clicked()
{
    QModelIndex index = ui->listView->currentIndex();
    int row = index.row()+1;     //索引号加1，变成具体的行号
```

```
        QString str = z("你选中了第")+QString::number(row)+z("行，内容是：")
+index.data().toString();
        QMessageBox::information(this,"note",str);
    }
```

通过列表视图控件的 currentIndex()函数可以获取当前选中的行。通过 QModelIndex::data 可以获取行的数据，调用 toString 函数转为字符串。最后调用 QMessageBox()显示出来。

（5）按 Ctrl+R 快捷键运行这个项目，运行结果如图 5-14 所示。

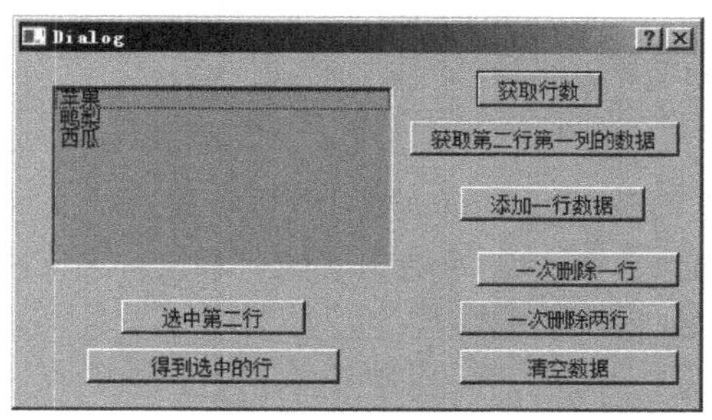

图 5-14

5.4.3　文件系统数据模型 QDirModel

QDirModel 类为本地文件系统提供了一个数据模型。虽然目前官方已经不再推荐使用 QDirModel 类，但是在老项目中这个模型依旧经常会碰到，所以必须要掌握它的使用。如果是开发新项目，建议使用性能更好的 QFileSystemModel 类。

QDirModel 类提供了对本地文件系统的访问，提供重命名、删除文件目录以及创建新目录的功能。在最简单的情况下，它可以作为浏览器或文件管理器的一部分与控件一起使用。

QDirModel 类为文件信息保存一个缓存，需要调用 refresh()更新缓存。

QDirModel 类可以使用其父类 QAbstractItemModel 提供的标准接口访问，但它也提供了一些特定于目录模型的便利功能。比如函数 fileinfo()和 isdir()提供了与模型中的项相关的底层文件和目录的信息。另外，可以调用成员函数 mkdir()和 rmdir()来创建和删除目录，模型将自动更新。

QDirModel 类的成员函数 index()通过给定的路径来获得模型数据项的索引，该函数的原型声明如下：

```
QModelIndex QDirModel::index(const QString &path, int column = 0) const
```

其中，参数 path 是某个文件夹的路径。

【例 5.9】　以图标或列表方式显示当前目录文件夹下的内容

（1）启动 Qt Creator 4.8.2，新建一个对话框项目，项目名为 test。

（2）打开对话框设计界面，从控件工具箱中拖放 2 个列表视图控件、2 个标签（label）控件和 1 个按钮到对话框中。左边的列表视图控件显示出当前计算机的所有驱动器，右边显示出当前目录下的内容。把按钮的 text 属性设置为“图标或列表显示”，我们每次单击它都会修改列表视图控件中的显示方式。列表视图控件有两种显示方式：一种是以列表方式显示，另一种是以小图标方式显示。最终对话框设计界面如图 5-15 所示。

（3）打开 Dialog.cpp，在文件开头添加包含头文件的指令：

```
#include <QDirModel>
#include <QListView>
```

在构造函数 Dialog()的末尾添加如下代码：

```
    QDirModel *model = new QDirModel;
    ui->listView->setModel(model);
    ui->listView->setRootIndex(model->index(QDir::currentPath()));
```

我们利用文件系统数据模型 QDirModel 类的成员函数 index()来获得当前目录路径的索引，然后把索引值传到 setRootIndex()函数的参数中就能显示该目录下的内容了。

（4）为按钮添加 clicked 信号的槽函数：

```
void Dialog::on_pushButton_clicked()
{
    if(ui->listView->viewMode()==QListView::ListMode)
    {
        ui->listView->setViewMode(QListView::IconMode);
         ui->listView_2->setViewMode(QListView::IconMode);
    }
    else
   {
        ui->listView->setViewMode(QListView::ListMode);
         ui->listView_2->setViewMode(QListView::ListMode);
    }
}
```

成员函数 viewMode()用于获取当前列表视图控件的显示方式。上述槽函数的作用是，如果是以列表方式（QListView::ListMode）显示的，则设置为以图标方式（QListView::IconMode）显示，反之亦然。

（5）按 Ctrl+R 快捷键运行这个项目，运行结果如图 5-16 所示。

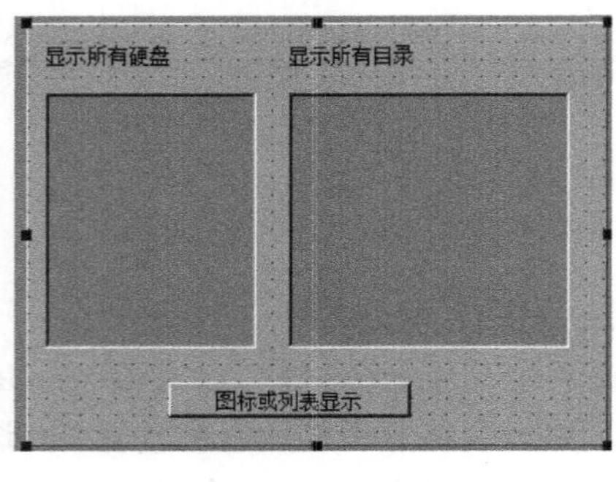

图 5-15

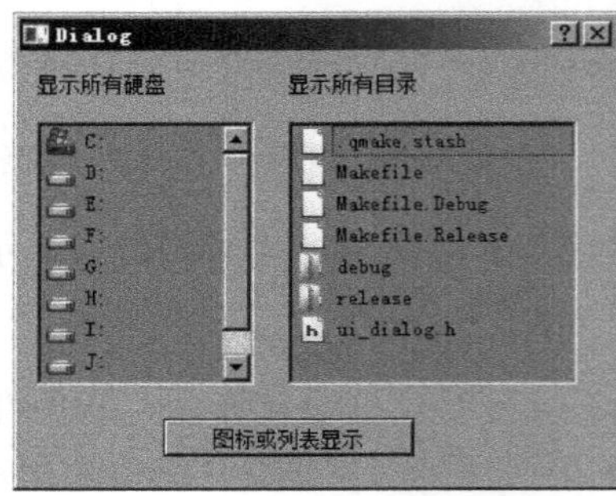

图 5-16

5.5 树形视图控件

树形控件用于展示具有层次结构的数据，这个控件也经常用到，比如 Windows 资源管理器的左边就是一个树形控件，如图 5-17 所示。

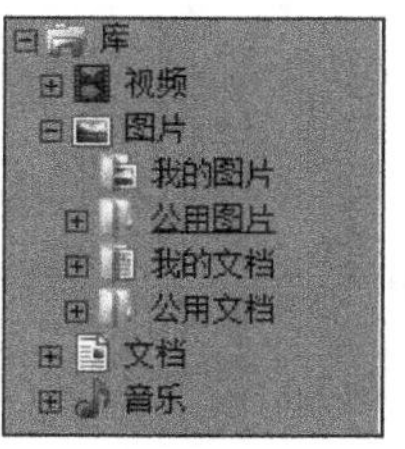

图 5-17

单击左边的加号，还会展开（Expand）当前项下的子项，此时加号变为减号，单击减号又会把子项全部折叠（Collapse）起来收回而不显示，此时减号又会变为加号。树形控件最上面的节点通常称为根节点。树形控件的基本使用包括创建树形控件、向树形控件添加数据、删除数据、清空数据、为节点添加图标等。

在 Qt 中，树形控件由 QTreeView 类来封装。QTreeView 主要用来显示数据，也需要数据模型，对应的数据模型是 QStandardItemModel。这个模型是 Qt 对应用户界面最有用的模型，可以用于树形控件、列表控件、表格控件等与表项有关的控件。QStandardItemModel 类用于列表和表格控件还是很好理解的，但是用于树形控件就有点难以理解了，其实在树形控件中 QStandardItemModel 也是挺简单的。

首先要做的是新建一个 model 对象，然后就可以使用成员变量或者局部变量了。成员变量的好处是，使用这个 model 对象时不用调用函数和进行类型转换。

5.5.1 标准数据项 QStandardItem

QStandardItemModel 类负责保存数据，每个数据项被表示为 QStandardItem 类的对象。一个数据项由若干个“角色, 数据子项”对组成。QStandardItem 类负责存取这些数据。该类的内部定义了一个类型为 QVector 的容器，每个容器元素本质上存放一个“角色, 数据子项”对。由于各个角色对应的数据子项可能具有不同的类型，Qt 使用 QVariant 来存放每个数据子项。当用户希望将一些数据存放在一个 QStandardItem 对象中时，可以调用其成员函数：

```
void setData ( const QVariant &value, int role)   //将“role, value”对存入
```

当用户希望读取该对象中的数据时，可以调用另外一个成员函数：

```
QVariant data ( int role = ) const    //读取角色 role 对应的数据子项
```

以上两个函数是 QStandardItem 的核心。有了这两个函数，我们就可以存取该类所表示数据项的任何一个“角色, 数据子项”对。然而，对于一些常用角色，该类提供了更加简洁、容易记忆的成员函数。例如，当一个数据项被显示在视图中时，它往往包含一些文字、一个图标，还可能包含一个复选框。常用角色如下：

- Qt::BackgroundRole：控制显示背景。
- Qt::FontRole：控制文字字体。
- Qt::ForegroundRole：控制文字颜色。
- Qt::CheckStateRole：控制复选框的状态。

类提供的一组成员函数可以方便地存取这些常用角色对应的数据子项：

- 成员函数 setBackground()、background()分别用于设置和返回背景刷子。
- 成员函数 setFont()、font()分别用于设置和返回文字字体。
- 成员函数 setForeground()、foreground()分别用于设置和返回字体颜色。
- 成员函数 setCheckState()、checkState()分别用于设置和返回复选框状态。

另外，如果设置的数据是字符串，则可以在构造函数里把字符串传入，QStandardItem 类的构造函数的原型声明有如下 4 种形式：

```
QStandardItem()
QStandardItem(const QString &text)
QStandardItem(const QIcon &icon, const QString &text)
QStandardItem(int rows, int columns = 1)
```

可以利用第二种形式传入字符串，比如：

```
QStandardItem *item1 = new QStandardItem("first");
QStandardItem *item2 = new QStandardItem("second");
```

5.5.2 标准数据项模型 QStandardItemModel

QStandardItemModel 类将 QStandardItem 类表示的数据项组织起来，形成列表、表格、树甚至更复杂的数据结构。

该类提供了一组成员函数，向这些数据结构添加新的数据项、更改已经存在的数据项或者删除已有的数据项。另外，作为一个模型类，它实现了 QAbstractItemModel 类定义的接口函数，以使其他视图类能够存取模型中的数据项。

如果数据集被表示为一个列表，我们可以调用 QStandardItemModel 类的成员函数 appendRow()向列表中添加一个数据项，可以调用函数 item()读取一个数据项。以下代码就是使用 QStandardItemModel 处理列表的示例：

```
QStandardItemModel listModel;
QStandardItem *rootItem = listModel.invisibleRootItem();    //行1
for (int row = 0; row < 4; ++row)
{
    //行2
    QStandardItem *item = new QStandardItem(QString("%1").arg(row) );
    rootItem->appendRow( item );    //行3
}
QListView listView;
listView.setModel ( &listModel );
```

其中，第 1 行获取模型最顶层的根节点；第 2 行创建一个 QStandardItem 类的对象，表示一个数据项；第 3 行将该数据项作为根节点的子节点添加到列表中。第 2 行的构造函数在内部调用该类的 setData()函数，将第 2 行的 QString 对象作为 Qt::DisplayRole 对应的数据子项存入新构造的对象。由于数据集本身是一个列表，因此我们使用 QListView 显示该数据集。QListView 已经介绍过了，读者可自行创建项目来运行该示例程序，运行结果如图 5-18 所示。

如果数据集被表示为一个表格，可以调用 QStandardItemModel 类的成员函数 setItem()设定表格中的某个数据项，比如：

```
    QStandardItemModel tableModel(4, 4);
      for (int row = 0; row < 4; ++row){
        for (int column = 0; column < 4; ++column)
        {
    QStandardItem *item = new QStandardItem(QString("%0,%1").arg(row).
arg(column));
             tableModel.setItem(row, column, item);
        }
      }
      QTableView tableView;
      tableView.setModel( &tableModel );
```

由于这个代码段中的数据集是一个表格，因此使用 QTableView 显示该数据集。QTableView 类在后文会介绍，该类对应的控件用来显示二维表格数据。这段代码的运行效果如图 5-19 所示。

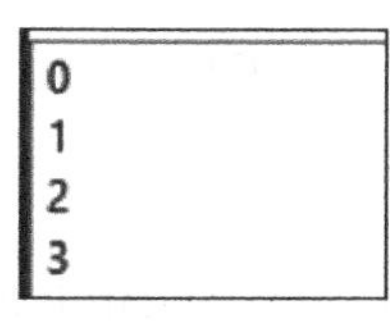

图 5-18

TableView

	1	2	3	4
1	0,0	0,1	0,2	0,3
2	1,0	1,1	1,2	1,3
3	2,0	2,1	2,2	2,3
4	3,0	3,1	3,2	3,3

图 5-19

重点来了！如果数据集被表示为一棵树，可以调用 QStandardItemModel 类的成员函数 appendRow()向某个树节点添加子节点。通过多次调用该函数，可以构建一棵复杂的树。下面的代码可构建一棵简单的树，最顶层的根节点有一个文字内容为“0”的子节点，该子节点有一个文字内容为“1”的子节点。以此类推，“1”子节点有一个“2”子节点，“2”子节点有一个“3”子节点，形成一棵深度为 4 的树：

```
    QStandardItemModel treeModel;  //定义成全局变量
    void f()
    {
       QStandardItem *parentItem = treeModel.invisibleRootItem();
       for (int i = 0; i < 4; ++i)
       {
          QStandardItem *item = new QStandardItem(QString("%0").arg(i));
          parentItem->appendRow(item); //父节点 parentItem 添加子节点 item
          parentItem = item;  //当前节点变为下一次添加子节点时的父节点
```

```
    }
    QTreeView treeView;
    treeView.setModel( &treeModel );  //参数是指针，所以传入地址
}
```

这段代码的运行结果如图 5-20 所示。

这棵树的每个节点都没有兄弟节点(具有相同父节点且处于同一层的多个节点被相互称为兄弟节点)，感兴趣的读者可以修改这段代码，使其中的某些节点具有兄弟节点。另外，treeModel 要定义为全局变量或其他静态变量，如果在函数中定义局部变量，则这个变量不会有效果，因为函数结束时局部变量 treeModel 就被释放了，数据也“灰飞烟灭”了，控件上自然什么都不会留下。

是不是感觉 QStandardItemModel 类很强大？我们可以深入了解一下其内部。QStandardItemModel 类之所以能够表示列表、表格、树甚至更复杂的数据结构，得益于 QStandardItem 类在其内部定义了一个类型为 QVector<QStandardItem*>的容器，可以将每个容器元素所指的 QStandardItem 对象设定为子对象。QStandardItem 类和自身具有父子关系，如图 5-21 所示。

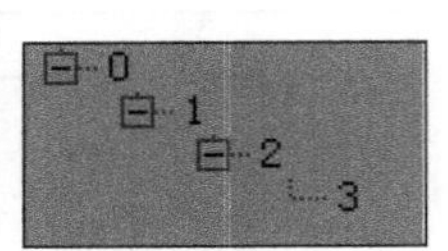

图 5-20

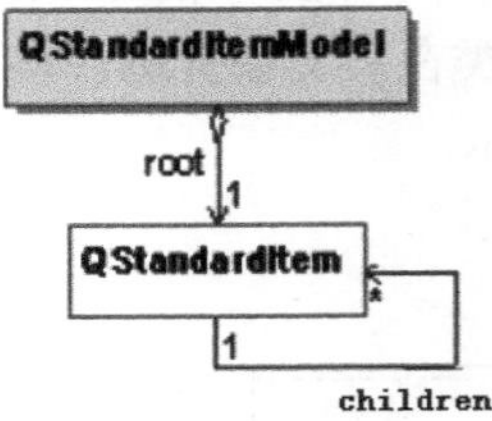

图 5-21

一个类和自身发生关联，在 UML 中被称为自关联(Self Association)。QStandardItemModel 类定义了一个名为 root 的数据成员，逻辑上是一个指向 QStandardItem 对象的指针。这个对象可以设定多个 QStandardItem 类的对象作为自己的子对象，而其中每个子对象又可以包含其他的子对象。以此类推，这棵树可以具有任意深度，每个父对象都可以包含任意多个子对象。

QStandardItemModel 可以使用 QStandardItem 表示具有树状数据结构的数据集，如图 5-22 所示。

图 5-22 中的每个小方框都表示 QStandardItem 类的一个对象。如果小方框的边线为虚线，那么相应的 QStandardItem 对象并不表示数据集中的任何数据，仅被用来表示某种数据结构。如果小方框的边线为实线，那么相应的 QStandardItem 对象表示数据集中的一个数据项。在右侧图中，QStandardItemModel 类的数据成员 root 所指的对象表示一个不可见的根，而数据集的根（节点 G）被表示为这个不可见根的一个子节点。

列表被看作一个特殊的树：不可见根具有若干个子节点，每个子节点表示列表中的一个数据项，不再包含任何子节点，如图 5-22 左侧所示。用表格的表示方式反而麻烦一些。不可见根含有若干子节点（比如 A、B、C），这些子节点并不表示数据集中的任何数据项。第 i 个子节点会包含若干子节点（比如 D、E、F），这些子节点才表示表格第 i 行的数据项。

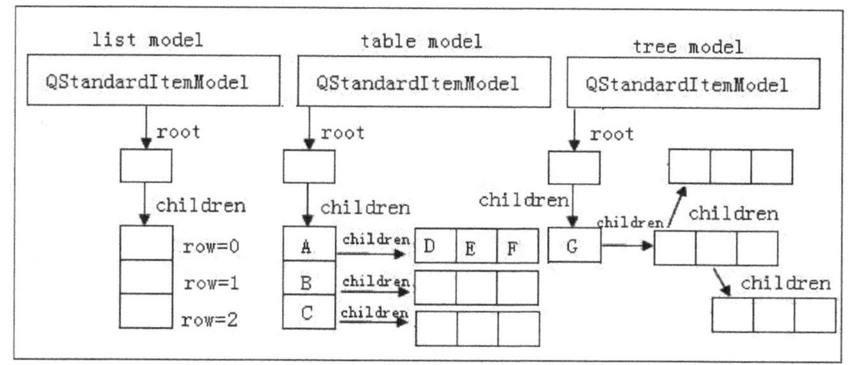

图 5-22

最后讨论一下 QStandardItemModel 表示数据集的优缺点。使用 QStandardItemModel 表示数据集具有以下优点：

（1）该类使用 QStandardItem 存放数据项，用户不必定义任何数据结构来存放数据项。

（2）QStandardItem 使用自关联关系，能够表达列表、表格、树甚至更复杂的数据结构，能够涵盖各种各样的数据集。

（3）QStandardItem 本身存放着多个“角色，数据子项”，视图类、委托类或者其他用户定义的类能够方便地依据角色存取各个数据子项。

然而，这种表示方法也有局限性：当数据集中的数据项很多时，施加在数据集上的某些操作的执行效率会很低。比如，假设数据集是一个 1 万行、20 列的表格，其中第 10 列存放的是浮点数。如果我们想计算这一列的平均值，需要遍历所有行，取得第 10 列的 QStandardItem 对象，再依据角色“Qt::DisplayRole”取得对应的数据子项。这个数据子项的类型为 QString，需要将其转换为浮点数，最后求所有浮点数的平均值。这些操作会耗费较长的时间。因此，对于数据量不是很大、对性能要求不是很高的场合，我们可以使用 QStandardItemModel 类来表示一个数据集；否则，用户应该从 QAbstractItemModel、QAbstractListModel 或者 QAbstractTableModel 类派生新的类来自行管理数据集的存取。

5.5.3　添加表头

默认情况下，标准项数据模型是有表头的。如果为数据模型设置了标签，就可以在控件上显示 1 列或多列标题，这些标题通常称为表头，比如：

```
    QStandardItemModel treeModel;        // 定义为全局变量或成员变量
    treeModel.setHorizontalHeaderLabels(QStringList()<<QStringLiteral("项目名")<<QStringLiteral("信息"));
    ui->treeView->setModel(&Model);      // treeView 是列表视图控件
```

运行效果如图 5-23 所示。

为何要调用 setHorizontalHeaderLabels 来设置控件标题呢？因为不设置的话默认是 1，表示第 1 列的意思，如图 5-24 所示。

我们可以用合适的文字来设置控件标题，比如：

```
treeModel.setHorizontalHeaderLabels(QStringList()<<QStringLiteral("树形控件标题"));
```

运行效果如图 5-25 所示。

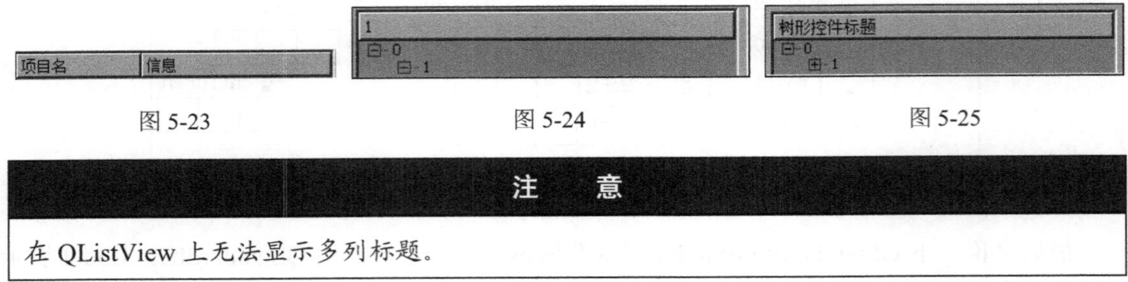

图 5-23　　图 5-24　　图 5-25

注　意

在 QListView 上无法显示多列标题。

5.5.4　隐藏表头

如果不需要表头，可以用 hide()函数来隐藏，比如：

```
ui->treeView->header()->hide();
```

5.5.5　表项的操作

1. 展开所有节点

可以调用树形控件的成员函数 expandAll()来展开所有具有子节点的节点，比如：

```
ui->treeView->expandAll();
```

2. 添加节点

可以调用 QStandardItemModel 类的成员函数 appendRow()来添加节点或子节点。通过多次调用该函数，可以构建一棵复杂的树。函数 appendRow()的原型声明如下：

```
void QStandardItem::appendRow(QStandardItem *item)
```

其中，item 是要添加的节点。该函数通常由父节点来调用。第一个节点的父节点是什么呢？树形控件默认有一个不可见的最终根节点，可以通过函数 invisibleRootItem()来获得不可见的最终根节点。

```
QStandardItem *QStandardItemModel::invisibleRootItem() const
```

另外一个添加树节点的函数是 setItem()，该函数添加节点的方式有点像填二维表格数据，需要知道某行某列。

```
void QStandardItemModel::setItem(int row, int column, QStandardItem *item)
```

这个函数一般不用于添加树形控件，如果要用于添加树形控件，可把第二个参数设置为 0。因为树形视图控件通常是一列，所以第二个参数通常设为 0。如果要添加子节点，还是需要调用 appendRow()函数。

【例 5.10】　通过 appendRow()函数添加节点和子节点

（1）启动 Qt Creator 4.8.2，新建一个对话框项目，项目名为 test。

（2）打开对话框设计界面，从控件工具箱中拖放一个树形视图控件（Tree View）。

（3）打开 dialog.h，为 Dialog 类添加成员变量：

```
QStandardItemModel treeModel;
```

在文件开头添加包含头文件的指令：

```
#include <QStandardItemModel>
```

（4）打开 dialog.cpp，在构造函数末尾添加如下代码：

```
    //设置表头内容
  treeModel.setHorizontalHeaderLabels(QStringList()<<QStringLiteral("树形视
图控件"));
    QStandardItem *inv_root = treeModel.invisibleRootItem(); //得到不可见的根
节点
    for (int i = 0; i < 2; ++i)
    {
      QStandardItem *item = new QStandardItem(QString("%0%0%0").arg(i));
      inv_root->appendRow(item); //添加第一层节点
         //添加第二层节点
      QStandardItem *item_sub = new QStandardItem(QString("%0%0").arg(i));
                    item->appendRow(item_sub);
    }
    ui->treeView->setModel( &treeModel ); //设置数据模型
    ui->treeView->expandAll(); //展开所有节点
```

我们添加了 2 个顶层节点和 2 个子节点。

（5）保存项目并运行，运行结果如图 5-26 所示。

图 5-26

【例 5.11】　隐藏表头，添加子节点

（1）启动 Qt Creator 4.8.2，新建一个对话框项目，项目名为 test。

（2）打开对话框设计界面，从控件工具箱中拖放一个树形视图控件（Tree View）。

（3）打开 dialog.h，为 Dialog 类添加成员变量（QStandardItemModel treeModel;），然后在文件开头添加包含头文件的指令（#include <QStandardItemModel>）。

（4）打开 dialog.cpp，在构造函数末尾添加如下代码：

```
    //隐藏表头
    ui->treeView->header()->hide();
    //得到隐藏的最终根节点
    QStandardItem *parentItem = treeModel.invisibleRootItem();
```

```
    for (int i = 0; i < 4; ++i)
    {
      QStandardItem *item = new QStandardItem(QString("%0").arg(i));
      parentItem->appendRow(item); //父节点parentItem添加子节点item
      parentItem = item; //让本节点成为下一个节点的父节点
    }
    ui->treeView->setModel( &treeModel );
    ui->treeView->expandAll(); //展开所有节点
```

我们添加了 4 个节点，前一个节点是后一个节点的父节点，这 4 个节点是“四世同堂”的关系。

（5）按 Ctrl+R 快捷键运行这个项目，运行结果如图 5-27 所示。我们可以看到本例的树形视图控件没有表头了。

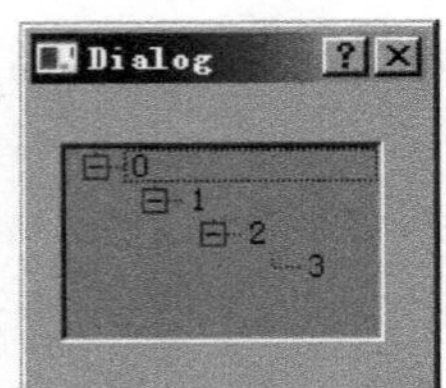

图 5-27

【例 5.12】 调用 setItem()和 appendRow()添加节点和子节点

（1）启动 Qt Creator 4.8.2，新建一个对话框项目，项目名为 test。

（2）打开对话框设计界面，从控件工具箱中拖放一个树形视图控件（Tree View）。

（3）打开 dialog.cpp，在文件开头添加包含头文件的指令（#include <QStandardItemModel>）。

（4）在构造函数末尾添加如下代码：

```
    //定义4行1列的形式，树形控件一般是1列
    QStandardItemModel *model = new QStandardItemModel(4,1);
    ui->treeView->header()->hide(); //隐藏表头
    QStandardItem *item1 = new QStandardItem("first");
    QStandardItem *item2 = new QStandardItem("second");
    QStandardItem *item3 = new QStandardItem("third");
    QStandardItem *item4 = new QStandardItem("fourth");

    model->setItem(0, 0, item1);
    model->setItem(1, 0, item2);
    model->setItem(2, 0, item3);
    model->setItem(3, 0, item4);

    QStandardItem *item5 = new QStandardItem("fifth");
    item4->appendRow(item5);
    ui->treeView->setModel(model);
    ui->treeView->expandAll(); //展开所有节点
```

本例我们没有从不可见的最终根节点开始添加数据，而是先定义了一个二维的数据模型（4 行，1 列），然后用 setItem 函数来填充“表格”（setItem 函数相当于一个表格填充函数），最后添加子节点时才用到线性（需要由父节点来调用）函数 appendRow。

（5）按 Ctrl+R 快捷键运行这个项目，运行结果如图 5-28 所示。

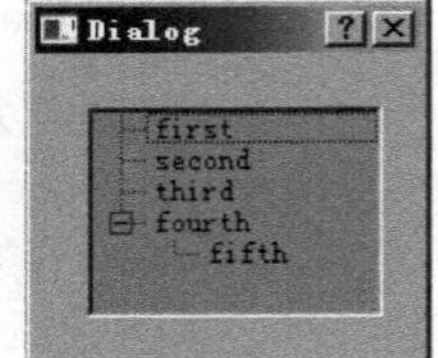

图 5-28

3. 响应对树节点的单击操作

用户用鼠标单击树形控件节点（触发的信号是 clicked）是一个常见的操作，我们有必要熟悉该信号。注意，用鼠标单击树形控件空白处是不会触发该信号的，必须在节点上单击。

【例 5.13】　响应对树节点的单击操作

（1）启动 Qt Creator 4.8.2，新建一个对话框项目，项目名为 test。

（2）打开对话框设计界面，从控件工具箱中拖放一个树形视图控件（Tree View）到对话框中。

（3）打开 dialog.h，为 Dialog 类添加成员变量（QStandardItemModel treeModel;），然后在文件开头添加包含头文件的指令（#include <QStandardItemModel>）。

（4）打开 dialog.cpp，在构造函数末尾添加如下代码：

```
    //隐藏表头
    ui->treeView->header()->hide();
    //得到隐藏的最终根节点
    QStandardItem *parentItem = treeModel.invisibleRootItem();

    for (int i = 0; i < 4; ++i)
    {
      QStandardItem *item = new QStandardItem(QString("%0").arg(i));
      parentItem->appendRow(item); //父节点 parentItem 添加子节点 item
      parentItem = item; //让本节点成为下一个节点的父节点
    }
    ui->treeView->setModel( &treeModel );
    ui->treeView->expandAll(); //展开所有节点
```

我们添加了 4 个节点，前一个节点是后一个节点的父节点，这 4 个节点是“四世同堂”的关系。

（5）切换到对话框设计界面，用鼠标右击树控件，然后在弹出的快捷菜单上选择“转到槽”，然后在“转到槽”对话框上选择 clicked(QModelIndex)信号，随后单击 OK 按钮，此时将跳转到该信号的槽函数处，在其中添加一行显示消息框的代码：

```
void Dialog::on_treeView_clicked(const QModelIndex &index)
{
    QMessageBox::information(this,"note","you clicked item");
}
```

最后在 dialog.cpp 文件开头添加包含头文件的指令：

```
#include <QMessageBox>
```

（6）保存项目并运行，运行结果如图 5-29 所示。

当我们单击树形控件空白处或加减号时，并没有消息框弹出，但我们单击节点标题（比如“0”“1”“2”或“3”）时会弹出消息框，说明 clicked 信号被触发了。

4. 为 QTreeView 节点添加图标

在树形控件的节点文本前添加图标能让树形控件更加美观。这一操作在树形控件编程中也经常会遇到。在 QTreeView 中添加图标时可以用 QIcon 语句，比如：

```
    txtItem = new QStandardItem(QIcon(":/res/img/txt.png"),QStringLiteral("文本
"));
```

【例 5.14】 为树形控件添加带图标的节点

（1）启动 Qt Creator 4.8.2，新建一个对话框项目，项目名为 test。

（2）打开对话框设计界面，从控件工具箱中拖放一个树形视图控件（Tree View）到对话框中。

（3）打开 dialog.h，为 Dialog 类添加成员变量（QStandardItemModel treeModel;）。然后在文件开头添加包含头文件的指令（#include <QStandardItemModel>）。

（4）准备添加图标资源。依次单击主菜单的菜单选项“文件→新建文件或项目”，此时出现 New File or Project 对话框，在该对话框的左边选择 Qt、右边选择 Qt Resource File，然后单击“Choose…”，出现 Qt Resource File 对话框，在该对话框上输入一个名称，也就是为我们导入的资源起一个自定义的名字，比如 myres，下面的路径保持不变，用项目路径即可。然后在磁盘的项目目录中新建一个 res 子文件夹，在里面放置 2 个图标文件(Folder Closed.ico 和 Document.ico)。然后回到项目中，右击 myres.qrc，在右键菜单上选择“Add Existing Directory…”，出现 Add Existing Directory 对话框，在该对话框上选中 res，其他不选中，然后单击 OK 按钮，如图 5-30 所示。

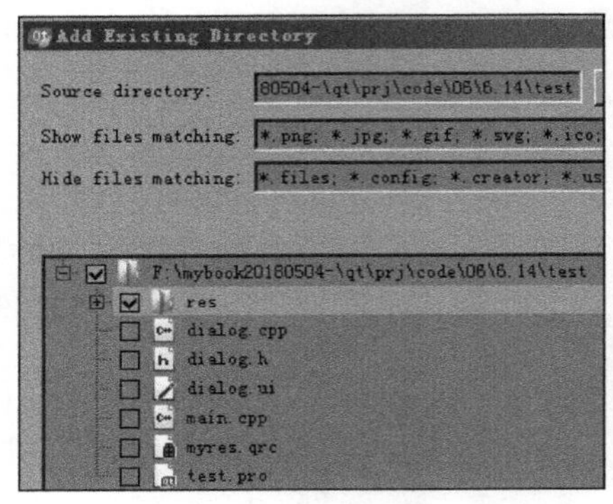

图 5-30

（5）打开 dialog.cpp，在构造函数末尾添加如下代码：

```
        //隐藏表头
        ui->treeView->header()->hide();
        //得到隐藏的最终根节点
        QStandardItem *parentItem = treeModel.invisibleRootItem();
        //构造文件夹节点
       QStandardItem *item = new QStandardItem( QIcon(":/res/Folder
Closed.ico"),QStringLiteral("文件夹"));
       parentItem->appendRow(item); //父节点 parentItem 添加子节点 item
       parentItem = item; //让本节点成为下一个节点的父节点
       //构造文件节点
       item = new QStandardItem( QIcon(":/res/Document.ico"),QStringLiteral("
文本文件"));
       parentItem->appendRow(item); //父节点 parentItem 添加子节点 item
       parentItem = item;
```

```
    ui->treeView->setModel( &treeModel );
```

细心的 C++高手可能会疑惑，为何代码中使用了两次 new，而没有显式地调用 delete 来删除对象呢？在 C++的学习过程中，我们都知道 delete 和 new 必须配对使用（一一对应）：delete 少了则会内存泄漏，多了麻烦更大。Qt 作为 C++的库，显然是不会违背 C++的这个原则的。可是在 Qt 中，我们很多时候会疯狂地用 new，却很少用 delete，缺少的 delete 去哪儿了？答案是 Qt 具有半自动的内存管理功能。在 Qt 中，以下情况下新建的对象可以不用手动删除（编程人员应该清楚 delete 在何处被 Qt 调用以及怎么被调用的）：QObject 类及其派生类的对象，如果它们的父节点非 0，那么它们的父节点析构时就会析构该对象（相当于执行了 delete）。

（6）保存项目并运行，运行结果如图 5-31 所示。

5. 获取当前选中的表项

通过 QTreeView 类的成员函数 currentIndex()可以获取当前选中表项的索引（类型是 QModelIndex）。QModelIndex 可以看作是 QStandardItem 的数据封装，知道 QModelIndex 就可以获取 QStandardItem，通过 QStandardItemModel 类的 itemFromIndex()函数即可获取 QModelIndex 对应的 QStandardItem。比如：

```
    QStandardItemModel* model =
static_cast<QStandardItemModel*>(ui->treeView->model());
    QModelIndex currentIndex = ui->treeView->currentIndex();
    QStandardItem* currentItem = model->itemFromIndex(currentIndex);
```

下面的代码可以获取当前选中的树形控件的表项（或称节点）：

```
    void Widget::on_treeView_clicked(const QModelIndex &index)
    {
        QString str;
        str += QStringLiteral("当前选中: %1\nrow:%2,column:%3\n").
arg(index.data().toString()).arg(index.row()).arg(index.column());
        str += QStringLiteral("父级: %1\n").arg(index.parent().data()
.toString());
        QMessageBox::information(this,"note",str);
    }
```

on_treeView_clicked(const QModelIndex &index)是单击树形控件表项的槽响应函数。当我们在图 5-32 上单击“频道 1”节点时，将出现消息框，并显示出 str 中的内容。

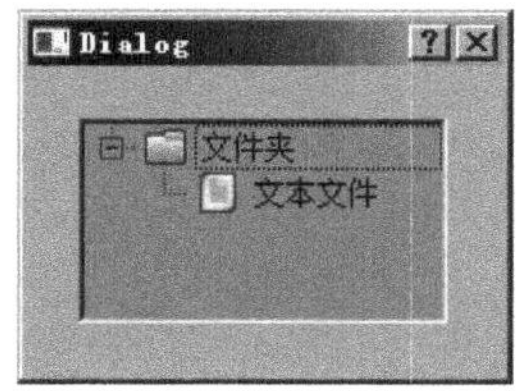

图 5-31

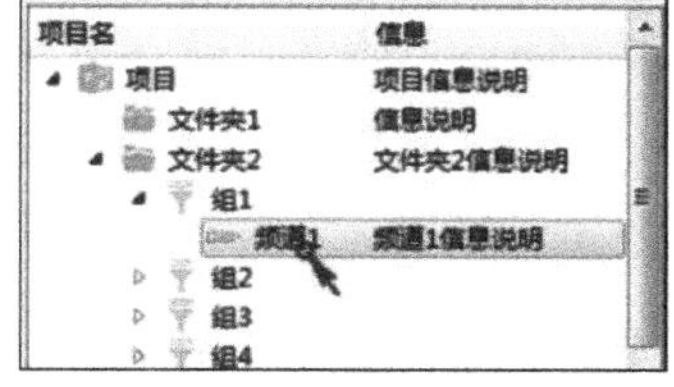

图 5-32

当单击旁边的信息说明时，选中的是“频道 1”旁边的信息说明表项。有时候，“频道 1”和“频道 1 信息说明”属于同一个表项，在选择“频道 1 信息说明”时，我们可能想得到的是位于旁边的“频道 1”，这就会涉及兄弟节点的获取。

图 5-33

6. 兄弟节点的获取

无父子关系、有并列关系的节点称为兄弟节点。例如，图 5-33 框内的几个节点就都属于兄弟节点。

函数 sibling()可以用来获取兄弟节点的信息，该函数的原型声明有两个形式：

```
    QModelIndex QAbstractItemModel::sibling(int row, int column, const
QModelIndex & index)
    QModelIndex QModelIndex::sibling(int row, int column) const
```

例如，把 on_treeView_clicked(const QModelIndex &index)的代码改一下，每单击一个表项，无论单击哪里，都能获取它的“名称”和“信息”：

```
    void Widget::on_treeView_clicked(const QModelIndex &index)
    {
        QString str;
        str += QStringLiteral("当前选中：%1\nrow:%2,column:%3\n").
arg(index.data().toString()).arg(index.row()).arg(index.column());
        str += QStringLiteral("父级：%1\n").arg(index.parent().
data().toString());
        QString name,info;
        if(index.column() == 0)
        {
            name = index.data().toString();
            info = index.sibling(index.row(),1).data().toString();
        }
        else
        {
            name = index.sibling(index.row(),0).data().toString();
            info = index.data().toString();
        }
        str += QStringLiteral("名称：%1\n 信息：%2").arg(name).arg(info);
        QMessageBox::information(this,"note",str);
    }
```

7. 寻找可见顶层

可见顶层是目录树的可见顶层父节点，如图 5-34 框住的节点。

QStandardItem * QStandardItemModel:: invisibleRootItem()函数得到的并不是我们想要的这个顶层节点，得到的是所有节点的最终根节点，它是不可见的。因此，得到顶层节点的程序代码需要我们自己来编写。下面是根据任意一个节点获取其可见顶层节点的程序代码：

```
QStandardItem* getTopParent(QStandardItem* item)
{
    QStandardItem* secondItem = item;
    while(item->parent()!= 0)
    {
        secondItem = item->parent();
        item = secondItem;
    }
    if(secondItem->index().column() != 0)
    {
         QStandardItemModel* model = static_cast<QStandardItemModel*>
(ui->treeView->model());
         secondItem = model->itemFromIndex(secondItem->index().
sibling(secondItem->index().row(),0));
    }
    return secondItem;
}
QModelIndex getTopParent(QModelIndex itemIndex)
{
    QModelIndex secondItem = itemIndex;
    while(itemIndex.parent().isValid())
    {
        secondItem = itemIndex.parent();
        itemIndex = secondItem;
    }
    if(secondItem.column() != 0)
    {
         secondItem = secondItem.sibling(secondItem.row(),0);
    }
    return secondItem;
}
```

函数 getTopParent()根据任意节点信息找到最后的父级节点，调用如下：

```
QString top = getTopParent(index).data().toString();
str += QStringLiteral("顶层节点名：%1\n").arg(top);
```

运行结果如图 5-35 所示。

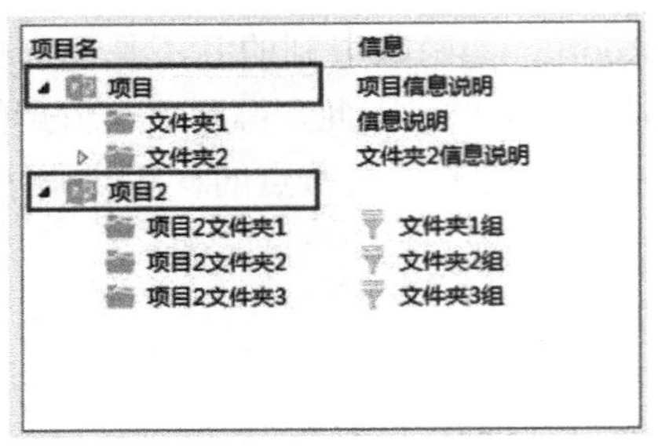

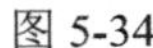
图 5-34

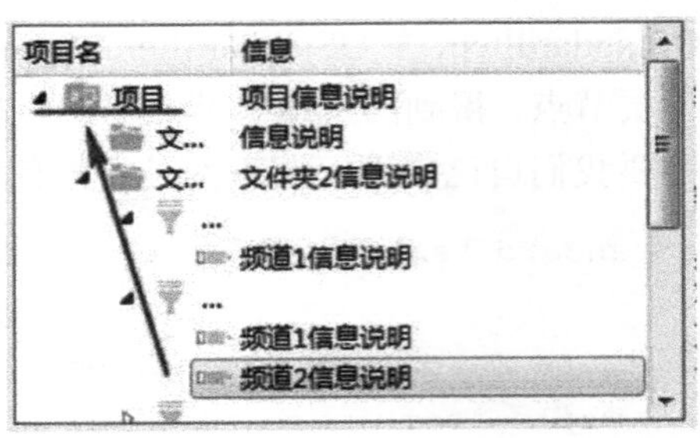

图 5-35

5.6 组 合 框

QComboBox 类是下拉列表框组件类，提供一个下拉列表供用户选择，也可以直接当作一个 QLineEdit 用于输入。QComboBox 类除了显示可见下拉列表外，每个表项（Item，简称项）还可以关联一个 QVariant 类型的变量，用于存储一些不可见数据。图 5-36 就是一个常见的组合框。

图 5-36

图 5-36 所示的组合框中一共有 5 个内容项，标题分别为“俄罗斯”“法国”“美国”“英国”和“中国”。当我们单击组合框右边的下三角按钮时，会出现一个下拉列表。

5.6.1 添加内容项和设置图标

使用组合框的第一步就是添加内容项。QComboBox 类提供了成员函数 addItem()来添加内容项，该函数的原型声明如下：

```
void QComboBox::addItem(const QString &text, const QVariant &userData = QVariant());
```

其中，第一个参数是要添加的内容项的标题文本；第二个参数是要与这个选项关联的隐藏数据，如果不需要，可以不设置。addItem()函数的这种形式最简单，只需要传入内容项的标题文本即可，比如：

```
box->addItem("China");
```

除此之外，addItem()函数还有一种形式，可以同时设置图标和文本：

```
void QComboBox::addItem(const QIcon &icon, const QString &text, const QVariant &userData = QVariant());
```

其中，参数 icon 为图标对象，这样内容项的标题前就会有一个图标，增加美观度；参数 text 是要添加的内容项的标题文本；参数 userData 是要关联的隐藏数据，是可选参数。

当然，如果使用第一种形式添加内容项，就可以在后面需要时再添加图标，方法是调用成员函数 setItemIcon()，该函数的原型声明如下：

```
void QComboBox::setItemIcon(int index, const QIcon &icon);
```

第一个参数是要添加图标的内容项的索引，索引值从 0 开始；第二个参数是图标对象。

5.6.2　删除某个内容项

如果要删除组合框中的某个内容项，可以调用 removeItem()函数，该函数的原型声明如下：

```
void QComboBox::removeItem(int index);
```

其中，参数 index 是要删除的内容项的索引，索引值从 0 开始。

5.6.3　清空组合框内容

如果要清空组合框中的所有内容项，可以调用 clear()函数，该函数的原型声明如下：

```
void QComboBox::clear();
```

5.6.4　组合框列表项的访问

QComboBox 存储的项是一个列表，但是并不提供整个列表用于访问，只能通过索引访问 QComboBox 的某个项。常用的访问表项的函数有以下几种：

```
int currentlndex();
```

返回当前表项的序号，其中第一个表项的序号为 0。

```
QString currentText();
```

返回当前表项的标题文本。

```
QVariant currentData(int role = Qt::UserRole);
```

返回当前表项的关联数据，数据的默认角色为 role = Qt::UserRole。

```
QString itemText(int index);
```

返回指定索引号的表项的标题文本。

```
QVariant itemData(int index, int role = Qt%:UserRole);
```

返回指定索引号的表项的关联数据。

```
int count();
```

返回表项的个数。

5.6.5　选择项发生变化时的信号

在一个 QComboBox 组件上选择项发生变化时，会发射如下两个信号：

```
void currentlndexChanged(int index);
void currentlndexChanged(const QString &text);
```

这两个信号只是传递的参数不同，一个传递的是当前表项的索引号，一个传递的是当前表项的文字。

【例 5.15】 以可视化和代码方式来使用组合框

（1）启动 Qt Creator 4.8.2，新建一个对话框项目，项目名为 test。

（2）打开对话框设计界面，从控件工具箱中拖放一个组合框控件（Combo Box）和 2 个按钮到对话框中，按钮标题分别设为“得到当前项的索引和文本”和“清空列表”。

（3）打开 dialog.cpp，在文件开头定义一个宏：

```
#define z(s) (QString::fromLocal8Bit(s))
```

并添加包含头文件的指令：

```
#include < QMessageBox >
```

这样我们以后显示中文字符就方便了，只需要用宏 z 即可。接着在构造函数 Dialog()的末尾添加代码：

```
ui->comboBox->addItem(z("中国"));
ui->comboBox->addItem(z("美国"));
ui->comboBox->addItem(z("俄罗斯"));
```

我们添加了 3 个内容项。下面为该组合框添加选择改变信号对应的槽函数。双击 dialog.ui 以打开它，切换到对话框设计界面，右击组合框，接着在弹出的快捷菜单中选择“转到槽”选项，随后在出现的“转到槽”对话框中选择 currentIndexChanged(QString)，如图 5-37 所示。

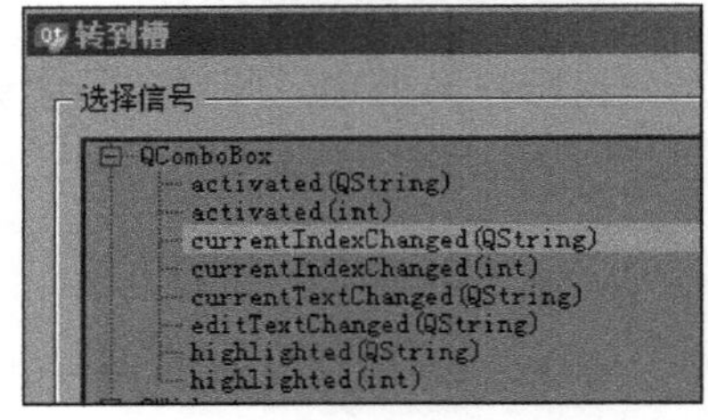

图 5-37

在槽函数中添加一行消息框显示语句，显示的内容是选择改变后所选内容项的文本。

```
void Dialog::on_comboBox_currentIndexChanged(const QString &arg1)
{
    QMessageBox::information(this,"note",arg1);
}
```

接着，为两个按钮添加槽函数。“得到当前项的索引和文本”按钮的槽函数代码如下：

```
void Dialog::on_pushButton_clicked()
{
    int count = ui->comboBox->count();
    int curIndex = ui->comboBox->currentIndex();
    QString str;
    str = z("一共有%1项，当前选中项的索引：%2，%3。").arg(count).arg(curIndex).
arg( ui->comboBox->currentText());
    QMessageBox::information(this,"note",str);
}
```

代码很简单，通过调用成员函数 count()得到组合框内容项的数量，通过调用成员函数 currentIndex()得到当前选中的内容项，通过调用 currentText()函数得到当前选中项的文本，最后把信息组成一个大字符串并显示出来。

“清空列表”按钮的槽函数代码如下：

```
void Dialog::on_pushButton_2_clicked()
{
    ui->comboBox->clear();
}
```

（4）用代码方式创建一个组合框和带图标的内容项。既然要添加带图标的内容项，就要先准备好图标资源。依次单击主菜单的菜单选项“文件→新建文件或项目”，此时出现 New File or Project 对话框，在该对话框的左边选择 Qt、右边选择 Qt Resource File，然后单击“Choose…”，随后出现 Qt Resource File 对话框，在该对话框上输入一个名称，也就是为我们导入的资源起个自定义的名字，比如 myres，下面的路径保持不变，用项目路径即可。然后在磁盘的项目目录下新建一个 res 子目录（或称为文件夹），在里面存放 2 个图标文件 Folder Closed.ico 和 Document.ico。回到项目中，右击 myres.qrc，在弹出的快捷菜单中选择“Add Existing Directory…”选项，而后出现 Add Existing Directory 对话框，在该对话框上选中 res，其他的不选，然后单击 OK 按钮。

图标资源准备好了以后，我们就可以开始创建组合框并添加图标了。打开 dialog.h，为 Dialog 类添加私有成员变量：

```
QComboBox *m_box;
```

再添加一个选择改变信号的槽函数声明：

```
void onChanged(int index);
```

并在该文件开头添加包含头文件的指令：

```
#include <QComboBox>
```

打开 dialog.cpp，继续在构造函数 Dialog()的末尾添加代码：

```
m_box=new QComboBox(this);
m_box->setGeometry(60,60,130,30);
QIcon iconDoc,iconFolder;
iconDoc.addFile(":/res/Document.ico");
iconFolder.addFile(":/res/Folder Closed.ico");
m_box->addItem(iconDoc,"my file");
m_box->addItem(iconFolder,"my folder");//插入表项
ui->comboBox->setItemIcon(1, iconFolder);
// 当在下拉列表框中重新选择表项时，会产生一个 currentIndexChanged(int index)信号，
// 弹出一个消息框，提示用户重新选择了哪一项
connect(m_box, SIGNAL(currentIndexChanged(int)), this,
SLOT(onChanged(int)));
```

首先分配了一个 QComboBox 对象，然后调用 setGeometry()函数把组合框放置在对话框坐标(60,60)的位置，组合框的宽是 130、高是 30。接着，我们定义了 2 个图标对象 iconDoc 和 iconFolder，并调用它的成员函数 addFile()添加项目资源中的两个图标文件 Document.ico 和 Folder Closed.ico。接着，调用组合框的成员函数 addItem()为组合框添加带有图标的内容项，其中第一个参数是图标对象。再通过函数 setItemIcon()为组合框索引为 1 的内容项设置图标，第一个参数是索引值，第二个参数是图标对象。最后，调用 connect()函数把信号 currentIndexChanged(int)和槽函数 onChanged(int)关联起来。其中，槽函数 onChanged()的定义如下：

```
    void Dialog::onChanged(int index)
    {
        QMessageBox::warning(this, "Message", m_box->itemText(index),
QMessageBox::Ok);
    }
```

其中，函数 itemText()通过索引值返回该索引对应的标题文本。

（5）按 Ctrl+R 快捷键运行这个项目，运行结果如图 5-38 所示。

图 5-38

5.7 字体组合框

Qt 除了普通组合框外，还为我们提供了专门用于选择字体的字体组合框。其实，在上一章介绍的字体对话框也可以用来选择字体，不过字体组合框更简单，因为它不需要用户在不同的对话框之间切换。字体组合框的操作和前一节学习的普通组合框的操作类似，前者最常用的操作就是选择字体，并返回字体名称。但也有特殊的地方，比如常用的信号是字体选择改变信号 currentFontChanged(QFont)，该信号的参数是一个字体类型，而后可以在关联的槽函数中得到用户选中的字体。

下面来看一个例子，得到用户选择的字体，并设置字体。

【例 5.16】 得到用户选择的字体

（1）启动 Qt Creator 4.8.2，新建一个对话框项目，项目名为 test。

（2）打开对话框设计界面，从控件工具箱中拖放一个字体组合框控件（Font Combo Box）

和 1 个按钮到对话框中，按钮标题保持默认设置。我们的目的是从字体组合框中选择不同的字体，使得按钮标题文本的字体随之发生相应的改变。

（3）右击字体组合框，从弹出的快捷菜单中选择“转到槽”选项，然后在“转到槽”对话框中选择信号 current FontChanged(QFont)，再单击 OK 按钮，而后在该信号的槽函数中添加如下代码：

```
void Dialog::on_fontComboBox_currentFontChanged(const QFont &f)
{
    ui->pushButton->setFont(f);
    ui->pushButton->setText(z("选择字体:")+ui->fontComboBox->currentText());
}
```

我们通过 setFont()函数来设置按钮的字体，传入的参数正是用户选择的字体对象。然后通过 fontComboBox->currentText()来得到所选字体的名称，把字体名称显示在按钮的标题上。

其中，z 是用于显示中文的宏。在文件开头定义这个宏，如下所示：

```
#define z(s) (QString::fromLocal8Bit(s))
```

（4）按 Ctrl+R 组合键来运行这个项目，运行结果如图 5-39 所示。

图 5-39

5.8 标 签 控 件

标签控件主要用于显示文本、超级链接和 gif 动画等，更多的时候是用于显示静态文本，即不可编辑，就像贴在墙上的标语一样。QLabel 类主要用于文本和图像的显示，没有提供用户交互的功能。QLabel 对象的视觉外观可以由用户自定义，还可以为另外一个可获得焦点的控件作为焦点助力器。

标签控件位于工具箱 Display Widgets 下的第一个，如图 5-40 所示。

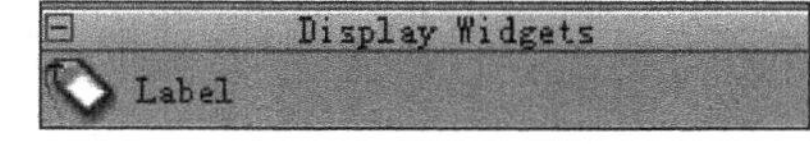

图 5-40

QLabel 类可以显示如表 5-7 所示的所有类型。

表 5-7 QLabel 可以显示的数据类型

标签控件可以显示的数据类型	说 明
Plain text	通过 setText()设置显示纯文本
Rich text	通过 setText()设置富文本
A pixmap	通过 setPixmap()设置图片
A movie	通过 setMovie()设置 QMovie，一般是 gif 动画
A number	通过 setNum()把数字转化为字符串来显示
Nothing	清空文本，相当于调用了 clear()

我们可以用构造函数或者调用 setText()函数来设置要显示的内容。如果需要输入格式更加丰富的富文本，就要自己确定好输入的内容，再让 QLabel 去判断是纯文本还是富文本、是否有 HTML 标记，当然也可以调用 setTextFormat()函数来设置文本的显示格式。

当原 QLabel 的内容被其他函数修改时，之前的内容会被清空。默认情况下，QLabel 对象的内容以左对齐方式垂直居中地显示文本或图像。QLabel 的外观可以通过多种方式进行调整和微调。QLabel 内容的显示位置可以通过调用 setAlignment()和 setIndent()函数来进行调整。文本格式的内容还可以通过 setWordWrap()函数来换行显示，例如下面这段代码在右下角设置一个包含两行文本的凹面板（这两行都与标签的右侧一起刷新）。

```
QLabel *label = new QLabel(this); //创建 label 对象
label->resize(300,400); //设置大小
label->setFrameStyle(QFrame::Panel | QFrame::Sunken); //设置边框风格，凹陷下去
label->setText("first line\nsecond line");//设置文本内容
label->setAlignment(Qt::AlignBottom | Qt::AlignRight); //设置对齐方式
```

QLabel 类的常用成员函数如表 5-8 所示。

表 5-8　QLabel 的常用成员函数

常用成员函数	说　明
Qt::Alignment alignment(); void setAlignment(Qt::Alignment);	这两个函数获得和设置当前内容的对齐方式，默认情况下是左对齐垂直居中的。比如设置右下对齐： `label->setAlignment(Qt::AlignBottom | Qt::AlignRight);`
bool hasSelectedText();	返回是否有选中的文本，默认为 false，没有选中任何文本
int indent(); void setIndent(int);	获取和设置文本的缩进距离
int margin(); void setMargin(int);	获取和设置边框的距离

const QPixmap * pixmap();
void setPixmap(const QPixmap &);
	返回和设置 QLabel 显示的图像。比如：
	`//直接用 QPixmap 显示`
	`label->setPixmap(QPixmap("..."));`
	`//当然比较好的做法是使用 QImage 对象`
	`label->setPixmap(QPixmap::fromImage(QImage));`

（续表）

<table>
<tr><th>常用成员函数</th><th>说　　明</th></tr>
<tr><td>bool hasScaledContents();
void setScaledContents(bool)</td><td>返回和设置是否自动填充整个内容区域，默认是 false 的。比如：
<pre><code>QLabel *label = new QLabel(this);
    label->move(50,50);
    label->resize(100,200);
    label->setFrameStyle(QFrame::Panel |
QFrame::Sunken);
    label->setPixmap(QPixmap("./res/1.png"));
label->setAlignment(Qt::AlignCenter);
    QLabel *label2 = new QLabel(this);
    label2->move(200, 50);
    label2->resize(100, 200);
    label2->setScaledContents(true);
    label2->setFrameStyle(QFrame::Panel |
QFrame::Sunken);
    label2->setPixmap(QPixmap("./res/1.png"));
    label2->setAlignment(Qt::AlignCenter);</code></pre></td></tr>
<tr><td>QString selectedText();</td><td>获得选中的文本</td></tr>
<tr><td>QString text();
void setText(const QString &);</td><td>获得和设置对象的文本内容</td></tr>
<tr><td>Qt::TextFormat textFormat();
void setTextFormat(Qt::TextFormat);</td><td>获得和设置对象的文本格式，默认是 Qt::AutoText</td></tr>
<tr><td>Qt::TextInteractionFlags
textInteractionFlags();
void setTextInteractionFlags
(Qt::TextInteractionFlags flags)</td><td>获取或指定标签应该如何与用户交互（如果它显示文本），比如：
<pre><code>this->setFocusPolicy(Qt::StrongFocus);
QLabel *label = new QLabel(this);
label->move(50,50);
label->resize(100,200);
label->setFrameStyle(QFrame::Panel |
QFrame::Sunken);
label->setText("asd");
label->setAlignment(Qt::AlignCenter);
label->setTextInteractionFlags(Qt::TextEditor
Interaction);</code></pre></td></tr>
</table>

（续表）

常用成员函数	说　　明

bool wordWrap();
void setWordWrap(bool on)
	返回和设置是否整字换行（在需要换行时让单词作为一个整体换行），默认是 false。比如:
	`Label *label = new QLabel(this);`
	`label->move(50,50);`
	`label->resize(100,200);`
	`label->setFrameStyle(QFrame::Panel | QFrame::Sunken);`
	`label->setText("first linensecond line");`
	`QLabel *label2 = new QLabel(this);`
	`label2->move(200, 50);`
	`label2->resize(100, 200);`
	`label2->setFrameStyle(QFrame::Panel | QFrame::Sunken);`
	`//label2设置了自动换行`
	`label2->setWordWrap(true);`
	`label2->setText("first linensecond line");`

QWidget * QLabel::buddy(); void QLabel::setBuddy(QWidget * buddy);	设置 QLabel 对象的伙伴
int QLabel::selectionStart();	返回选中的字符串的第一个字符的索引，索引值从 0 开始
void QLabel::setSelection(int start, int length);	选择从 start 指定的索引位置开始、长度为 length 的字符串（前提是文本能够被选择）
bool openExternalLinks(); void setOpenExternalLinks(bool open);	返回或指定 QLabel 是否可以使用 QDesktopServices::openUrl()自动打开链接，而不是发出 link()激活信号

下面我们看一个例子，使用标签控件来显示静态文本、图片、动画和网址链接。

【例 5.17】 标签控件的基本使用

（1）启动 Qt Creator 4.8.2，新建一个对话框项目，项目名为 test。

（2）打开对话框设计界面，从控件工具箱中拖放 4 个标签控件和 4 个按钮到对话框中。其中左上角标签（label_4）显示一幅 jpg 图片，并把按钮 pushButton_2 的标题设置为“重新设置图片”（该按钮用于在程序运行过程中改变左上角标签中的图片）。

对于右上角标签（label），我们准备显示一个 gif 动画，并且在该标签下面放 2 个按钮，标题分别为“播放动画”和“停止播放”。在这 2 个按钮下方放一个标签 label_2，仅用于显示文字，并在其旁边放置一个按钮，用于设置标签新的内容，比如 3.14。在右下角还有一个标签 label_3，用来设置一个超链接（Hyperlink）——设置的是“百度一下”的链接，单击这个链接，将会打开百度首页。

（3）为项目添加一个 jpg 图片和 gif 图片。依次单击主菜单的菜单选项“文件→新建文件或项目”，随后会出现 New File or Project 对话框。在该对话框的左边选择 Qt、右边选择 Qt Resource File，再单击“Choose...”，之后就会出现 Qt Resource File 对话框。在该对话框中输入一个名称，也就是为导入的资源起一个自定义的名字，比如 myres，下面的路径保持不变，用项目路径即可。然后在磁盘的项目目录下新建一个 res 子目录，在里面存放图片文件 gza.jpg 和 1.gif。然后回到项目中，右击 myres.qrc，在弹出的快捷菜单中选择“Add Existing Directory…”选项，随后出现 Add Existing Directory 对话框，在该对话框上选中 res，其他不选，最后单击 OK 按钮。

（4）对于左上角的标签 label_4，我们先添加一幅图片。回到对话框设计界面，右击左上角的 label_4，在弹出的快捷菜单中选择“改变多信息文本...”选项，随后单击“编辑文本”对话框的工具栏中右上角的“插入图像”按钮，然后在“选择资源”对话框的右边选中 gza.jpg，最后单击 OK 按钮。

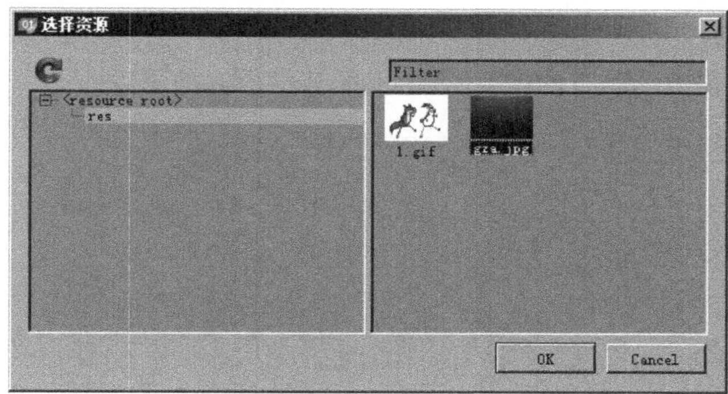

图 5-41

此时，“编辑文本”对话框上将出现刚才选择的 gza.jpg 图片，单击 OK 按钮。此时，label_4 标签上将显示出 gza.jpg 图片。

下面为标题为“重新设置图片”的按钮添加 clicked 信号的槽函数，代码如下：

```
void Dialog::on_pushButton_2_clicked()
{
    QString filename("d:\\zzt.jpg");
    QImage* img=new QImage;
    if(! ( img->load(filename) ) ) //加载图像
    {
        QMessageBox::information(this, tr("打开图像失败"), tr("打开图像失败!"));
        delete img;
        return;
    }
    ui->label_4->setPixmap(QPixmap::fromImage(*img));
    ui->label_4->resize(img->width(),img->height());
}
```

这里我们可以把 res 目录下的 zzt.jpg 文件放到 d 盘下。这样代码中的 img 就能正确加载到 d:\\zzt.jpg 文件了。如果加载成功，就调用 QLabel 类的成员函数 setPixmap()来设置图片，然后调用成员函数 resize()来设置标签大小，该函数的参数是图片的宽和高，因此标签的大小和图片一致，这样就能完整地显示图片了。

（5）对于右上角的标签 label，我们在对话框构造函数里设置 gif 动画，然后播放。在构造函数末尾添加如下代码：

```
QMovie *movie=new QMovie(":/res/1.gif");
ui->label->setMovie(movie);
movie->start();
```

我们定义了 QMovie 对象指针，并创建了 QMovie 对象，它的构造函数的参数是资源路径中的 1.gif，这个 1.gif 在前面已经添加到项目中了，因此可以直接引用。接着可以调用 QLabel 类的成员函数 setMovie()来设置 gif 动画，最后调用 QMovie 的成员函数 start()来播放动画，动画就在标签上播放了。

下面为标题是“播放动画”的按钮添加 clicked 信号的槽函数：

```
void Dialog::on_pushButton_3_clicked()
{
    QMovie *movie =  ui->label->movie();
    if(!movie)
    {
        QMessageBox::information(this,"note",z("请先加载 gif 动画"));
        return;
    }

    movie->start();
}
```

代码很简单，获取标签的 movie 对象指针后，调用 QMovie 的成员函数 start()即可开始播放动画。下面为标题是“停止播放”的按钮添加 clicked 信号的槽函数：

```
void Dialog::on_pushButton_4_clicked()
{
    QMovie *movie =  ui->label->movie();
    if(!movie)
    {
        QMessageBox::information(this,"note",z("请先加载 gif 动画"));
        return;
    }

    movie->stop();
}
```

代码很简单，获取标签的 movie 对象指针后，调用 QMovie 的成员函数 stop()即可停止播放。

（6）把中间的标签 label_2 的 text 属性设置为“大家好”。这个标签只是用来显示静态文本的，其旁边的按钮用于改变 label_2 的文本。旁边的按钮标题是“设置文本”，为其添加 clicked 信号的槽函数：

```
void Dialog::on_pushButton_clicked()
{
    ui->label_2->setNum(3.14);
}
```

这里调用 QLabel 的成员函数 setNum()来为标签设置数字。

（7）利用标签 label_3 设置一个超链接，在构造函数末尾添加一行代码：

```
ui->label_3->setText(z("<a style='color: green;' href = www.baidu.com> 百度一下</a>"));
```

我们利用 QLabel 的成员函数 setText()设置一段 HTML 文本。其中，z 是一个宏，用于显示中文，在文件 dialog.cpp 开头定义这个宏，如下所示：

```
#define z(s) (QString::fromLocal8Bit(s))
```

只设置 HTML 文本还不够，我们需要响应用户的单击事件，这就需要添加信号为 linkActivated 的槽函数。右击标签 label_3，为 linkActivated 信号添加槽函数：

```
void Dialog::on_label_3_linkActivated(const QString &link)
{
    QMessageBox::information(this,"note",link);
    QDesktopServices::openUrl(QUrl(link));
}
```

其中，link 是要打开的网址，QDesktopServices::openUrl 用于打开网页。QUrl 类可以解析和构造编码形式与未编码形式的 URL，也支持国际化域名（IDN）。

最后，我们在本文件开头添加包含头文件的指令：

```
#include <QMessageBox>
#include <QMovie>
#include <QDesktopServices>
#include <QUrl>
```

（8）按 Ctrl+R 快捷键来运行这个项目，运行结果如图 5-42 所示。

运行程序后，单击“重新设置图片”按钮，便出现了爱国将领左宗棠收复新疆的图片。

图 5-42

5.9 分组框控件

顾名思义，分组框（GroupBox）控件就是用来分组的。它可以把一堆控件围起来作为一组，并且是矩形、有围边的，在左上方还可以设置文本标题，如图 5-43 所示。

图 5-43 中的分组框围住了一个按钮和一个编辑框，默认标题在左上方，即 GroupBox，我们可以通过 title 属性修改这个标题。该控件位于工具箱 Containers 分类下的第一个，名称是 Group Box，属于容器控件类的一种，如图 5-44 所示。

图 5-43

图 5-44

分组框对应的类为 QGroupBox。该控件的使用很简单，就是把需要分组的控件围成分组。需要注意的一点是，在对话框上设计界面时，如果用到分组框，最好先拖放分组框，再把其他控件拖放到分组框中，这样我们在分组框中依旧能选中分组框中的按钮。反之，如果先拖放其他控件，再拖放分组框把其他控件围起来，就会因为分组框覆盖在其他控件上面而使得这些控件无法被鼠标选中。

分组框相当于对话框上的一艘“船”，当我们把其他控件装到这艘船上以后，移动分组框，这些控件也会跟着分组框一起移动，有点类似于船上的货物也跟着船一起移动。

5.10 正则表达式和 QregExp 类

在讲述行编辑框控件之前，我们先讲述一下正则表达式，因为行编辑框控件在限制某些字符输入的时候经常会和正则表达式打交道。

正则表达式（rRegular eExpression）就是用一个“字符串”来描述一个特征，然后去验证另一个“字符串”是否符合这个特征。比如表达式 "ab+" 描述的特征是“一个 a 和任意个 b”，所以"ab"、"abb"、"abbbbbbbbbb"都符合这个特征。

正则表达式通常有以下作用：

（1）验证字符串是否符合指定的特征，比如验证是否为合法的电子邮件地址。

（2）用来查找字符串，从一个长的文本中查找符合指定特征的字符串比查找固定字符串更加灵活和方便。

（3）用来替换，比普通的替换功能更强大。

正则表达式学习起来其实是很简单的，不多的几个较为抽象的概念也很容易理解。之所以很多人感觉正则表达式比较复杂，一方面是因为大多数的教材没有做到由浅入深地讲解，概念上也没有注意先后顺序，给读者的理解带来了困难；另一方面，各种引擎自带的文档一般都要介绍它特有的功能，然而这部分特有的功能并不是读者首先要理解的。

5.10.1　正则表达式的规则

1. 普通字符

字母、数字、汉字、下划线以及后边章节中没有特殊定义的标点符号都是“普通字符”。在匹配一个字符串的时候，表达式中的普通字符会匹配与之相同的一个字符。

举例 1：正则表达式 "c" 匹配字符串 "abcde" 时，匹配结果是成功，匹配到的内容是"c"，匹配到的位置开始于索引位置 2、结束于索引位置 3。注意，索引值从 0 开始还是从 1 开始，不同编程语言会有所不同。

举例 2：正则表达式 "bcd" 匹配字符串 "abcde" 时，匹配结果是成功，匹配到的内容是"bcd"，匹配到的位置开始于索引位置 1、结束于索引位置 4。

2. 简单的转义字符

一些不便书写的字符采用在前面加反除号（\）的方法——用于转义的字符。这个字符其实在我们学习 C 语言的时候就已经熟知了。比如\r 和\n 代表回车和换行符；\t 表示制表符；\\ 代表反除号（\）这个字符本身。还有其他一些在后面章节中有特殊用处的符号，在前面加反除号之后就代表该符号本身。比如：^和$这两个字符都有特殊的意义，如果要想匹配字符串中 ^ 和 $ 字符，则表达式需要写成 "\^" 和 "\$"。另外，\.转义为小数点（.）字符本身。

转义字符的匹配方法与普通字符类似，也是匹配与之相同的一个字符。

举例：正则表达式 "\$d" 匹配字符串 "abc$de" 时，匹配结果是成功，匹配到的内容是"$d"，匹配到的位置开始于索引位置 3、结束于索引位置 5。

3. 能够与多种字符匹配的表达式

正则表达式中的一些表示方法可以匹配多种字符中的任意一个字符（见表 5-9）。比如，正则表达式 "\d" 表示可以匹配任意一个数字。虽然可以匹配数字中的任意字符，但是只能是一个，而不是多个。这就好比玩扑克牌时大小王可以代替任意一张牌，但只能代替一张牌。

表 5-9　可匹配多种字符的表达式

正则表达式	可　匹　配
\d	任意一个数字，0~9 中的任意一个
\w	任意一个字母、数字或下划线，也就是“A~Z、a~z、0~9、_”中任意一个
\s	空格、制表符、换页符等空白字符中的任意一个
.	小数点可以匹配除了换行符（\n）以外的任意一个字符

举例 1：正则表达式 "\d\d" 匹配字符串 "abc123" 时，匹配的结果是成功，匹配到的内容是"12"，匹配到的位置开始于索引位置 3、结束于索引位置 5。

举例 2：正则表达式 "a.\d" 匹配字符串 "aaa100" 时，匹配的结果是成功，匹配到的内容是"aa1"，匹配到的位置开始于索引位置 1、结束于索引位置 4。

4. 自定义能够匹配多种字符的表达式

使用方括号 [ ] 包含一系列字符，能够匹配其中任意一个字符（见表 5-10）。用 [^] 包含一系列字符，则是指匹配方括号内的字符之外的任意一个字符。同理，虽然可以匹配其中任意一个，但是只能是一个。

表 5-10　自定义表达式

正则表达式	可　匹　配
[ab5@]	匹配 "a" 或 "b" 或 "5" 或 "@"
[^abc]	匹配 "a" "b" "c" 之外的任意一个字符
[f-k]	匹配 "f"~"k" 之间的任意一个字母
[^A-F0-3]	匹配 "A"~"F" "0"~"3" 之外的任意一个字符

举例 1：正则表达式 "[bcd][bcd]" 匹配 "abc123" 时，匹配的结果是成功，匹配到的内容是"bc"，匹配到的位置开始于索引位置 1、结束于索引位置 3。

举例 2：正则表达式 "[^abc]" 匹配 "abc123" 时，匹配的结果是成功，匹配到的内容是"1"，匹配到的位置开始于索引位置 3、结束于索引位置 4。注意：匹配 "a" "b" "c" 之外的任意一个字符是一个字符，所以匹配到的内容是 "1" 这一个字符；不要认为是 "123"，因为那是 3 个字符。

5. 修饰匹配次数的特殊符号

前面讲到的正则表达式，无论是只能匹配一种字符的表达式，还是可以匹配多种字符中任意一个的表达式，都只能匹配一次。如果正则表达式中再加上修饰匹配次数的特殊符号，那么不用重复书写表达式就可以实现重复匹配。

使用方法是“次数修饰”放在被修饰的表达式后边（见表 5-11）。比如："[bcd][bcd]" 可以写成 "[bcd]{2}"。

表 5-11　修饰匹配次数

正则表达式	作　　用
{n}	表达式重复 n 次，比如："\w{2}" 相当于 "\w\w"；"a{5}" 相当于 "aaaaa"
{m,n}	表达式至少重复 m 次，最多重复 n 次，比如："ba{1,3}" 可以匹配 "ba" 或 "baa" 或 "baaa"
{m,}	表达式至少重复 m 次，比如："\w\d{2,}"可以匹配 "a12" "_456" "M12344"……
?	匹配表达式 0 次或者 1 次，相当于 {0,1}，比如："a[cd]?" 可以匹配 "a" "ac" "ad"
+	表达式至少出现 1 次，相当于 {1,}，比如："a+b" 可以匹配 "ab" "aab" "aaab"……
*	表达式不出现或出现任意次，相当于 {0,}，比如："\^*b" 可以匹配 "b" "^^^b"……

举例 1：正则表达式 "\d+\.?\d*" 在匹配 "It costs $12.5" 时，匹配的结果是成功，匹配到的内容是 "12.5"；匹配到的位置开始于索引位置 10、结束于索引位置 14。

举例 2：正则表达式 "go{2,8}gle" 在匹配 "Ads by goooooogle" 时，匹配的结果是成功；匹配到的内容是 "goooooogle"；匹配到的位置开始于索引位置 7、结束于索引位置 17。

6. 其他一些代表抽象意义的特殊符号

一些符号在表达式中代表抽象的特殊意义，如表 5-12 所示。

表 5-12　代表抽象意义的特殊符号

正则表达式	作　　用
^	从字符串开始的地方匹配，不匹配任何字符
$	从字符串结束的地方匹配，不匹配任何字符
\b	匹配一个单词边界，也就是单词和空格之间的位置，不匹配任何字符

上面的文字说明仍然比较抽象，下面举例来帮助大家理解。

举例 1：正则表达式 "^aaa" 在匹配字符串 "xxx aaa xxx" 时，匹配结果是失败。因为 ^ 要求从字符串开始的地方匹配，所以只有当 "aaa" 位于字符串开头的位置时正则表达式 "^aaa" 才能匹配，比如："aaa xxx xxx"。

举例 2：正则表达式 "aaa$" 在匹配字符串 "xxx aaa xxx" 时，匹配结果是失败。因为 $ 要求从字符串结束的地方匹配，所以只有当 "aaa" 位于字符串结尾的位置时正则表达式 "aaa$" 才能匹配，比如："xxx xxx aaa"。

举例 3：正则表达式 ".\b." 在匹配字符串 "@@@abc" 时，匹配结果是成功，匹配到的内容是 "@a"，匹配到的位置开始于索引位置 2、结束于索引位置 4。

进一步说明：\b 与 ^ 和 $ 类似，本身不匹配任何字符，用于指定在匹配结果中所处位置的左右两边，其中一边是非单词范围，另一边是单词范围。

举例 4：正则表达式 "\bend\b" 在匹配字符串 "weekend,endfor,end" 时，匹配结果是成功，匹配到的内容是 "end"；匹配到的位置开始于索引位置 15、结束于索引位置 18。

一些符号可以影响表达式内部的子表达式之间的关系，如表 5-13 所示。

表 5-13　影响子表达式之间关系的符号

正则表达式	作　　用
|	左右两边表达式之间为“或”关系，匹配左边或者右边
()	（1）在被修饰匹配次数的时候，括号中的表达式可以作为整体被修饰 （2）取匹配结果的时候，括号中的表达式匹配到的内容可以被单独得到

举例 5：正则表达式 "Tom|Jack" 在匹配字符串 "I'm Tom, he is Jack" 时，匹配结果是成功，匹配到的内容是 "Tom"，匹配到的位置开始于索引位置 4、结束于索引位置 7；匹配下一个时，匹配结果是成功，匹配到的内容是 "Jack"，匹配到的位置开始于索引位置 15、结束于索引位置 19。

举例 6：正则表达式 "(go\s*)+" 在匹配字符串 "Let's go go go!" 时，匹配结果是成功，匹配到的内容是 "go go go"，匹配到的位置开始于索引位置 6、结束于索引位置 14。

举例 7：正则表达式 "￥(\d+\.?\d*)" 在匹配字符串 "＄10.9,￥20.5" 时，匹配的结果是成功，匹配到的内容是 "￥20.5"，匹配到的位置开始于索引位置 6、结束于索引位置 10。单独获取括号范围匹配到的内容是 "20.5"。

5.10.2　正则表达式中的一些高级规则

1. 匹配次数中的贪婪与非贪婪

在使用修饰匹配次数的特殊符号时，有几种表示方法可以使同一个表达式能够匹配不同的次数，比如"{m,n}"、"{m,}"、"?"、"*"、"+"，具体匹配的次数随被匹配的字符串而定。这种重复匹配不定次数的表达式在匹配过程中总是尽可能地多匹配。下面针对文本 "dxxxdxxxd" 进行举例，如表 5-14 所示。

表 5-14　贪婪模式举例

正则表达式	匹配结果
(d)(\w+)	"\w+" 将匹配第一个 "d" 之后的所有字符 "xxxdxxxd"
(d)(\w+)(d)	"\w+" 将匹配第一个 "d" 和最后一个 "d" 之间的所有字符 "xxxdxxx"。虽然 "\w+" 也能够匹配上最后一个 "d"，但是为了使整个表达式匹配成功，"\w+" 可以“让出”它本来能够匹配的最后一个 "d"

由此可见，"\w+" 在匹配的时候总是尽可能地多匹配符合规则的字符，虽然在第二个举例中它没有匹配最后一个"d"，这是为了让整个表达式能够匹配成功。同理，带 "*" 和 "{m,n}" 的表达式都是尽可能地多匹配，带 "?" 的表达式在可匹配可不匹配的时候也是尽可能匹配。这种匹配原则就叫作“贪婪”模式。

在修饰匹配次数的特殊符号后加上一个 "?"，可以使匹配次数不定的表达式尽可能少匹配，使可匹配可不匹配的表达式尽可能不匹配。这种匹配原则叫作“非贪婪”模式，也叫作“勉强”模式。与贪婪模式类似，如果少匹配会导致整个表达式匹配失败，那么非贪婪模式会最小限度地再匹配一些，以使整个表达式匹配成功。下面针对文本 "dxxxdxxxd" 进行举例（见表 5-15）。

表 5-15　非贪婪模式举例

表　达　式	匹配结果
(d)(\w+?)	"\w+?" 将尽可能少地匹配第一个 "d" 之后的字符，结果是"\w+?" 只匹配了一个 "x"
(d)(\w+?)(d)	为了让整个表达式匹配成功，"\w+?" 不得不匹配 "xxx" 才可以让后边的 "d" 匹配，从而使整个表达式匹配成功。因此，结果是 "\w+?" 匹配了 "xxx"

更多的例子如下：

举例 1：正则表达式 "<td>(.*)</td>" 与字符串 "<td><p>aa</p></td> <td><p>bb</p></td>" 匹配时，匹配的结果是成功，匹配到的内容是 "<td><p>aa</p></td> <td><p>bb</p></td>" 整个字符串，正则表达式中的 "</td>" 将与字符串中最后一个 "</td>" 匹配。

举例 2：相比之下，正则表达式 "<td>(.*?)</td>" 匹配举例 1 中同样的字符串时，将只得到 "<td><p>aa</p></td>"；匹配下一个时，可以得到第二个 "<td><p>bb</p></td>"。

2. 反向引用"\1" "\2"…

正则表达式在匹配时，表达式引擎会将小括号 "( )" 包含的表达式所匹配到的字符串记录下来。在获取匹配结果的时候，小括号包含的表达式所匹配到的字符串可以单独获取。这一点，在前面的举例中已经多次展示了。在实际应用场合中，当用某种边界来查找，而所要获取的内容又不包含边界时，必须使用小括号来指定所要的范围，比如前面的 "<td>(.*?)</td>"。

其实，“小括号包含的表达式所匹配到的字符串”不仅是在匹配结束后才可以使用，在匹配过程中也可以使用。正则表达式后边的部分可以引用前面“括号内的子匹配已经匹配到的字符串”。引用方法是用 "\" 加上一个数字。"\1" 引用第 1 对括号内匹配到的字符串，"\2" 引用第 2 对括号内匹配到的字符串……以此类推，如果一对括号内包含另一对括号，则外层的括号先排序号。换句话说，哪一对的左括号 "(" 在前，哪一对就先排序号。举例如下：

举例 1：正则表达式 "('|")(.*?)(\1)" 在匹配 " 'Hello', "World" " 时，匹配结果是成功，匹配到的内容是 " 'Hello' "；匹配下一个时，可以匹配到 " "World" "。

举例 2：正则表达式 "(\w)\1{4,}" 在匹配 "aa bbbb abcdefg ccccc 111121111 999999999" 时，匹配结果是成功，匹配到的内容是 "ccccc"；匹配下一个时，将得到 "999999999"。这个正则表达式要求 "\w" 范围的字符至少重复 5 次，注意与 "\w{5,}" 之间的区别。

举例 3：正则表达式 "<(\w+)\s*(\w+(=('|").*?\4)?\s*)*>.*?</\1>" 在匹配 "<td id='td1' style="bgcolor:white"></td>" 时，匹配结果是成功。如果 "<td>" 与 "</td>" 不配对，匹配则会失败；如果改成其他配对，也可以匹配成功。

3. 预搜索，不匹配；反向预搜索，不匹配

在前面的章节中，我们讲到了几个代表抽象意义的特殊符号：^，$，\b。它们都有一个共同点，就是本身不匹配任何字符，只是对“字符串的两头”或者“字符之间的缝隙”附加了一个条件。理解到这个概念以后，下面将继续介绍另外一种对“两头”或者“缝隙”附加条件、更加灵活的表示方法。

（1）正向预搜索："(?=xxxxx)"，"(?!xxxxx)"

在被匹配的字符串中，"(?=xxxxx)"对所处的“缝隙”或者“两头”附加的条件是：所在缝隙的右侧必须能够匹配上 "xxxxx" 部分的表达式。因为它只是在此作为缝隙上附加的条件，所以并不影响后边的正则表达式去真正匹配缝隙之后的字符。这就类似于 "\b"，它本身不匹配任何字符，而只是将所在缝隙之前、之后的字符取来进行一下判断，不会影响后边的正则表达式来真正地匹配。

举例 1：正则表达式 "Windows (?=NT|XP)" 在匹配 "Windows 98, Windows NT, Windows 2000" 时，将只匹配 "Windows NT" 中的 "Windows "，其他的 "Windows " 字样则不被匹配。

举例 2：表达式 "(\w)((?=\1\1\1)(\1))+" 在匹配字符串 "aaa ffffff 999999999" 时，将可以匹配 6 个 "f" 的前 4 个，可以匹配 9 个 "9" 的前 7 个。这个正则表达式可以解读成：重复 4 次以上的字母数字，则匹配其剩下最后 2 位之前的部分。当然，这个正则表达式可以不这样写，在此这么写的目的只是作为演示。

"(?!xxxxx)" 所在缝隙的右侧必须不能匹配 "xxxxx" 这部分表达式。

举例 3：正则表达式 "((?!\bstop\b).)+" 在匹配 "fdjka ljfdl stop fjdsla fdj" 时，将从头一直匹配到 "stop" 之前的位置，如果字符串中没有 "stop"，则匹配整个字符串。

举例 4：正则表达式 "do(?!\w)" 在匹配字符串 "done, do, dog" 时，只能匹配 "do"。在本例中，"do" 后边使用 "(?!\w)" 和 "\b" 的效果是一样的。

（2）反向预搜索："(?<=xxxxx)"，"(?<!xxxxx)"

这两种格式的概念和正向预搜索是类似的，反向预搜索要求的条件是针对所在缝隙的“左侧”，必须能够匹配和必须不能够匹配指定的正则表达式，而不是去判断右侧。与正向预搜索一样的是：它们都是对所在缝隙的一种附加条件，本身都不匹配任何字符。

举例 5：正则表达式 "(?<=\d{4})\d+(?=\d{4})" 在匹配 "1234567890123456" 时，将匹配除了前 4 个数字和后 4 个数字之外的中间 8 个数字。

5.10.3　其他通用规则

还有一些在各个正则表达式引擎之间比较通用的规则。

（1）在正则表达式中，可以使用 "\xXX" 和 "\uXXXX" 表示一个字符（"X" 表示一个十六进制数），如表 5-16 所示。

表 5-16　"\xXX" 和 "\uXXXX"

形　式	字符范围
\xXX	编号在 0～255 范围的字符，比如空格可以使用 "\x20" 来表示
\uXXXX	任何字符都可以使用 "\u" 加上其编号的 4 位十六进制数表示，比如"\u4E2D"

（2）在正则表达式 "\s" "\d" "\w" "\b" 表示特殊意义的同时，对应的大写字母表示相反的意义，如表 5-17 所示。

表 5-17　"\S" "\D" "\W"和"\B"

表　达　式	可　匹　配
\S	匹配所有非空白字符（"\s" 可匹配各个空白字符）
\D	匹配所有非数字字符
\W	匹配所有字母、数字、下划线以外的字符
\B	匹配非单词边界，即左右两边都是 "\w" 范围或者左右两边都不是 "\w" 范围时的字符缝隙

（3）在正则表达式中有特殊意义、需要添加 "\" 才能匹配该字符本身的字符，如表 5-18 所示。

表 5-18　具有特殊意义的字符

字　　符	说　　明
^	匹配输入字符串的开始位置。要匹配 "^" 字符本身，则使用 "\^"
$	匹配输入字符串的结尾位置。要匹配 "$" 字符本身，则使用 "\$"
( )	标记一个子表达式的开始和结束位置
[ ]	用来自定义能够匹配多种字符的表达式
{ }	修饰匹配次数的符号。要匹配大括号，则使用 "\{" 和 "\}"
.	匹配除了换行符（\n）以外的任意一个字符。要匹配小数点本身，则使用 "\."
?	修饰匹配次数为 0 次或 1 次。要匹配 "?" 字符本身，则使用 "\?"
+	修饰匹配次数为至少 1 次。要匹配 "+" 字符本身，则使用 "\+"
*	修饰匹配次数为 0 次或任意次。要匹配 "*" 字符本身，则使用 "*"
|	左右两边表达式之间为“或”关系。匹配 "|" 本身，则使用 "\\|"

5.10.4　正则表达式属性

常用的正则表达式属性有 Ignorecase、Singleline、Multiline、Global，如表 5-19 所示。

表 5-19　常用的表达式属性

表达式属性	说　　明
Ignorecase	默认情况下，表达式中的字母是要区分大小写的。配置为 Ignorecase 可使匹配时不区分大小写。有的表达式引擎把大小写概念延伸至 UNICODE 范围的大小写
Singleline	默认情况下，小数点 "." 匹配除了换行符（\n）以外的字符。配置为 Singleline，可使小数点匹配包括换行符在内的所有字符
Multiline	默认情况下，表达式 "^" 和 "$" 只匹配字符串的开始 ① 和结尾 ④ 位置。例如： ①xxxxxxxxx②\n ③xxxxxxxxx④ 配置为 Multiline，可以使 "^" 匹配除 ① 外，换行符之后下一行开始前 ③ 的位置；使 "$" 匹配除 ④ 外换行符之前上一行结束 ② 的位置
Global	主要在将表达式用来替换时起作用，配置为 Global 时表示替换所有的匹配

5.10.5 QregExp 类

Qt 中有两个不同类的正则表达式：一类为元字符，表示一个或多个常量表达式；另一类为转义字符，代表一个特殊字符。其中，元字符如表 5-20 所示。

表 5-20 元字符

元 字 符	说 明
.	匹配任意单个字符。例如，1.3 可能是 1 后面跟任意字符再跟 3
^	匹配字符串首。例如，^12 可能是 123，但不能是 312，即 12 必须在开头
$	匹配字符串尾。例如，12$可以是 312，但不能是 123，即 12 必须在字符串末尾
[]	匹配括号内输入的任意字符。[123]可以为 1、2 或 3
*	匹配任意数量的前导字符。例如，1*2 可以为任意数量个 1（甚至没有）后面跟一个 2
+	匹配至少一个前导字符。例如，1+2 必须为一个或多个 1 后跟一个 2
?	匹配一个前导字符或为空。例如，1?2 可以为 2 或者 12

Qt 中的转义字符基本与 C++中的转义字符相同，比如：\. 匹配"."、 \^ 匹配"^"、\$ 匹配"$"、\[匹配"["、\] 匹配"]"、* 匹配 "*"、\+ 匹配 "+"、\? 匹配"?"、\b 匹配响铃字符（使计算机发出嘟的一声）、\t 表示制表符号、\n 表示换行符号、\r 表示回车符、\s 表示任意空格、\xnn 匹配十六进制为 nn 的字符、\0nn 匹配八进制的 nn 字符。

1. 构造函数

QRegExp 类是 Qt 的正则表达式类。它的构造函数有以下 3 种形式。

（1）默认构造函数：

```
QRegExp();
```

该构造函数创建一个空的正则表达式对象。

（2）复制构造函数：

```
QRegExp(const QRegExp& patten);
```

（3）模式构造函数：

```
QRegExp ( const QString & pattern, Qt::CaseSensitivity cs = Qt::CaseSensitive,
PatternSyntax syntax = RegExp);
```

该构造函数创建指定匹配模式的正则表达式对象。

2. QRegExp 的统配模式

QRegExp 是以 Perl 的正则表达式为基础发展来的。可以使用简单的通配符匹配，或者纯字符匹配，也可以使用正则表达式匹配。调用 setPatternSyntax()函数可以切换不同的匹配模式。

通过成员函数 QRegExp::setPatternSyntax(QRegExp::Wildcard)可以将元字符设置为统配模式。在统配模式下，只有 3 个元字符可以使用，它们的功能没有变化。这 3 个元字符是：

（1）?：匹配任意单个字符。例如，1?2 可以为 1 后面跟任意单个字符再跟 2。

（2）*：匹配任意一个字符序列。例如，1*2 可以为 1 后面跟任意数量的字符再跟一个 2。

（3）[]：匹配一个定义的字符集合。例如，[a-zA-Z\.]可以匹配 a 到 z 之间任意一个字符集合。 [^a]匹配除小写 a 以外的字符。

3. 常用成员函数

QRegExp 类的常用函数如下：

（1）isValid：判断正则表达式是否合法，合法则返回 true，否则返回 false。例如：

```
QRegExp exp1("c[9]");
bool valid=exp1.isValid();//返回 true
QRegExp exp1("c[9");
bool valid=exp1.isValid();//返回 false
```

（2）errorString：检查正则表达式是否有错误，和 isValid 类似，当有错误时返回"no error occurred"，无错误则返回"unexpected end"。

（3）isEmpty：判断正则表达式是否为空，当采用默认构造函数生成正则表达式时，此函数返回 true，否则返回 false。比如：

```
QRegExp exp1;
bool valid=exp1.isEmpty();//返回 true
```

（4）caseSensitivity()：判断正则表达式是否区分字母大小写。

（5）cap()和 capturedTexts()：前者获得捕捉的每一项，index 从 1 开始；后者获得整个捕捉列表。

（6）exactMatch(QString)：返回是否整串匹配，匹配一部分也返回 false。

（7）indexIn()：进行匹配，如果成功就返回 index，不成功则返回-1。

（8）matchedLength()：返回匹配的串的长度。

（9）numCaptures()：获得正则表达式里捕捉项的个数。

（10）pattern()：获得正则表达式本身。

（11）patternSyntax()：返回匹配模式。具体取值是枚举值：

```
enum PatternSyntax { RegExp, RegExp2, Wildcard, FixedString }
```

默认为 RegExp。

4. 常用的正则表达式搭配

常用的正则表达式如表 5-21 所示。

表 5-21　常用的正则表达式

<table>
<tr><th>常用正则表达式</th><th>说　明</th></tr>
<tr><td>"^\d+$"</td><td>非负整数（正整数 + 0）</td></tr>
<tr><td>"^[0-9]*[1-9][0-9]*$"</td><td>正整数</td></tr>
<tr><td>"^((-\d+)|(0+))$"</td><td>非正整数（负整数 + 0）</td></tr>
<tr><td>"^-[0-9]*[1-9][0-9]*$"</td><td>负整数</td></tr>
<tr><td>"^-?\d+$"</td><td>整数</td></tr>
<tr><td>"^\d+(\.\d+)?$"</td><td>非负浮点数（正浮点数 + 0）</td></tr>
<tr><td>"^(([0-9]+\.[0-9]*[1-9][0-9]*)|([0-9]*[1-9][0-9]*\.[0-9]+)|([0-9]*[1-9][0-9]*))$"</td><td>正浮点数</td></tr>
<tr><td>"^((-\d+(\.\d+)?)|(0+(\.0+)?))$"</td><td>非正浮点数（负浮点数 + 0）</td></tr>
<tr><td>"^(-(([0-9]+\.[0-9]*[1-9][0-9]*)|([0-9]*[1-9][0-9]*\.[0-9]+)|([0-9]*[1-9][0-9]*)))$"</td><td>负浮点数</td></tr>
<tr><td>"^(-?\d+)(\.\d+)?$"</td><td>浮点数</td></tr>
<tr><td>"^[A-Za-z]+$"</td><td>由 26 个英文字母组成的字符串</td></tr>
<tr><td>"^[A-Z]+$"</td><td>由 26 个大写英文字母组成的字符串</td></tr>
<tr><td>"^[a-z]+$"</td><td>由 26 个小写英文字母组成的字符串</td></tr>
<tr><td>"^[A-Za-z0-9]+$"</td><td>由数字和 26 个英文字母组成的字符串</td></tr>
<tr><td>"^\w+$"</td><td>由数字、26 个英文字母或者下划线组成的字符串</td></tr>
<tr><td>"^[\w-]+(\.[\w-]+)*@[\w-]+(\.[\w-]+)+$"</td><td>email 地址</td></tr>
<tr><td>"^[a-zA-z]+://(\w+(-\w+)*)(\.(\w+(-\w+)*))*(\?\S*)?$"</td><td>url</td></tr>
<tr><td>"^(d{2}|d{4})-((0([1-9]{1}))|(1[1|2]))-(([0-2]([1-9]{1}))|(3[0|1]))$"</td><td>年-月-日</td></tr>
<tr><td>"^((0([1-9]{1}))|(1[1|2]))/(([0-2]([1-9]{1}))|(3[0|1]))/(d{2}|d{4})$"</td><td>月/日/年</td></tr>
<tr><td>"^([w-.]+)@(([[0-9]{1,3}.[0-9]{1,3}.[0-9]{1,3}.)|(([w-]+.)+))([a-zA-Z]{2,4}|[0-9]{1,3})(]?)$"</td><td>Email</td></tr>
<tr><td>"(d+-)?(d{4}-?d{7}|d{3}-?d{8}|^d{7,8})(-d+)?"</td><td>电话号码</td></tr>
<tr><td>"^(d{1,2}|1dd|2[0-4]d|25[0-5]).(d{1,2}|1dd|2[0-4]d|25[0-5]).(d{1,2}|1dd|2[0-4]d|25[0-5]).(d{1,2}|1dd|2[0-4]d|25[0-5])$"</td><td>IP 地址</td></tr>
<tr><td>"^([0-9A-F]{2})(-[0-9A-F]{2}){5}$"</td><td>MAC 地址的正则表达式</td></tr>
<tr><td>"^[-+]?\d+(\.\d+)?$"</td><td>值类型正则表达式</td></tr>
</table>

下面看一段示例代码：

```
QRegExp rx("([\\dA-F]{2}-){6}");
QString str = tr("blue (00-14-38-15-58-F4-) sa 的 dfasd");
```

```
        int pos =  rx.indexIn(str);
        if(pos > -1){
            QString s = rx.cap(0);
            s.chop(1);
            qDebug() << s   ;
        }
        ///同样的 bluetooth BDADDR 地址:
        QRegExp rx("(([\\dA-F]{2}:){5})([\\dA-F]{2})");
        QString str = tr("bluetooth (00:14:38:15:58:F4) sa 的 dfasd");
        int pos =  rx.indexIn(str);

            if(pos > -1){
                QString s = rx.cap(0);
                s.chop(1);
                qDebug() << s   ;  /// Output : 00:14:38:15:58:F4
            }
```

再来看一段示例代码：

```
#include <QCoreApplication>
#include <QRegExp>
#include <QDebug>

int main(int argc, char *argv[])
{
    QCoreApplication a(argc, argv);

    QRegExp re(".."); //表达式
    QString str = "aaa;;;;a,,,,,,a";
    if(re.exactMatch(str))     //验证
    {
        qDebug()<<"true";
    }
    else
    {
        qDebug()<<"false";
    }
    int pos=0;
    /*截取匹配 OK 的字段*/
    while ((pos = re.indexIn(str,pos)) != -1) {
        qDebug()<<re.cap();
        pos +=  re.matchedLength();
    }
    return a.exec();
}
```

5.11 行编辑框

QLineEdit 类提供了单行文本编辑框。QLineEdit 允许用户输入和编辑单行纯文本，提供了很多有用的编辑功能，包括撤销和重做、剪切和粘贴、拖放（函数是 setDragEnabled()）以及通过改变输入框的 echoMode()函数设置为一个“只写”字段、用于输入密码等。

文本的长度可以被限制为 maxLength()，可以调用 validator()或 inputMask()来任意限制文本。当在同一个输入框中切换验证器和输入掩码的时候，最好是清除验证器或输入掩码，防止不确定的行为。

编辑框是我们在开发中经常会用到的控件。Qt 专门提供了单行编辑框，控件功能越来越细化，越来越贴心。Qt 把编辑控件分为单行编辑控件和多行编辑框，主要是为了降低编程的复杂性，比如 VC 中的编辑控件，如果要实现多行功能就需要更多的设置和编程。另外，虽然行编辑器可以纵向拉大，但是依旧只能在一行输入内容，而且对回车换行键是没有反应的，如图 5-45 所示。

图 5-45

5.11.1 常用成员函数

QLineEdit 类的常用成员函数如表 5-22 所示。

表 5-22 QLineEdit 类的常用成员函数

常用成员函数	功　能
void setEchoMode(QLineEdit::EchoMode)	设置输入方式，比如参数是 QLineEdit::Password 的时候，则输入的内容以星号表示，即密码输入方式
void setPlaceholderText(QString)	设置占位符
void setText(QString)	设置编辑框内的文本
void setReadOnly(bool)	设置编辑框为只读模式，无法进行编辑
void setEnabled(bool)	设置是否激活行编辑框
bool isModified()	判断文本是否被修改
void selectAll()	选中框内所有文本
QString displayText()	返回显示的文本
QString selectedText()	返回被选中的文本
QString text() const	返回输入框的当前文本
void setMaxLength(int)	设置文本的最大允许长度

5.11.2 用于描述输入框如何显示其内容的枚举值

枚举 QLineEdit::EchoMode 可以用来描述输入框如何显示其内容，具体取值如表 5-23 所示。

表 5-23 QLineEdit::EchoMode 说明

常　量	值	说　明
QLineEdit::Normal	0	正常显示输入的字符，默认选项
QLineEdit::NoEcho	1	不显示任何输入，常用于密码类型，在密码、长度都需要保密时
QLineEdit::Password	2	显示平台相关的密码掩码字符，而不是实际的字符输入
QLineEdit::PasswordEchoOnEdit	3	在编辑的时候显示字符，负责显示密码类型

5.11.3 对齐方式

QLineEdit 还可以设定文字对齐方式，比如左对齐（Qt::AlignLeft）、居中对齐（Qt:: AlignCenter）与右对齐（Qt:: AlignRight）等设置方式。获取和设置文本对齐方式的函数如下：

```
Qt::Alignment alignment ();
void setAlignment ( Qt::Alignment flag );
```

5.11.4 获取和设置选择的文本

获取和设置选中的文本函数是：

```
QString selectedText ();
void QLineEdit::setSelection ( int start, int length );
```

其中，参数 start 是要选中文本的字符索引，索引值从 0 开始；length 是要选中文本的长度。通过函数 setSelection()设置选中的文本后，可以用函数 selectedText()来得到选中的文本。需要注意的是，手动选中编辑框内的一段文本后再单击编辑框的按钮，在按钮单击信号的槽函数中再调用 selectedText()函数将不会返回我们选中的文本。要选中文本，必须使用函数 setSelection()。

5.11.5 常用信号

QLineEdit 类的常用信号如表 5-24 所示。

表 5-24 QLineEdit 类的常用信号

信　号	说　明
void cursorPositionChanged(int old, int new)	光标位置改变，发射信号。old 表示旧位置，new 表示新位置
editingFinished()	当编辑完成时按回车键，发射信号
void returnPressed()	光标在行编辑框内按回车键，发射信号
void selectionChanged()	选择的文本发生变化时，发射信号

（续表）

信　　号	说　　明
void textChanged(const QString & text)	文本内容改变时，发射信号。通过 text，可以在槽函数中获得当前编辑框中的内容
void textEdited(const QString & text)	当文本被编辑时，发射该信号。当调用 setText()函数改变文本时，textEdited()信号也会发射

5.11.6 限制字符的输入

编辑框经常用于某些特定字符的输入，比如只能输入英文字符、只能输入数字、只能输入小数等。

如果我们要限制用户只能输入正整数，可使用整数类型验证器类 QIntValidator，比如：

```
QIntValidator* aIntValidator = new QIntValidator;
ui->lineEdit_3->setValidator(aIntValidator);
```

这样，编辑框 lineEdit_3 就只能输入整数，并且长度不会很长，不会超过存储整数的整数类型内存单元的长度。其中，QLineEdit 类的成员函数 setValidator()将此行编辑设置为仅接收验证器对象的输入。通过这个函数，我们可以对可能输入的文本设置任意约束。该函数的原型声明如下：

```
void QLineEdit::setValidator(const QValidator *v);
```

其中，参数 v 是验证器对象的指针。QValidator 类可以派生出整数限制器类 QIntValidator、小数（浮点数）限制器类 QDoubleValidator 等，比如让行编辑器只能输入正负小数：

```
QDoubleValidator* aDoubleValidator = new QDoubleValidator();
ui->lineEdit_3->setValidator(aDoubleValidator);
```

用于限制用户输入的更强大的验证器类是 QRegExpValidator，该类配合正则表达式，几乎可以“设计”出任意限制方式。比如限制用户只能输入任意长度的正整数：

```
ui->lineEdit_4->setValidator(new QRegExpValidator(QRegExp("[0-9]+$")));
```

其中，QRegExpValidator 类用于根据正则表达式（用 QRegExp 类来表示）检查字符串。QRegExp 对象是 QRegExpValidator 类的构造函数的参数，既可以在构建 QRegExpValidator 时提供，也可以在稍后提供。QRegExp 类在前面介绍过了，这里不再赘述。

【例 5.18】 QLineEdit 的基本使用

（1）启动 Qt Creator 4.8.2，新建一个对话框项目，项目名为 test。首先在对话框上设计界面，因为本例对话框中的控件较多。对话框中某一行的控件一起完成一种功能。为了更方便地对一行进行标记，我们用控件 groupBox 把一行内的控件围起来。

首先拖放一个分组框（Group Box）到对话框中，并把 title 属性设置为“第 1 行”，然后拖放一个标签（Label）控件、一个按钮控件和一个单行编辑（Line Edit）按钮到分组框中。其中单行编辑框的 objectName 为 lineEdit，并把 echoMode 属性设置为 Password，这样编辑框中所输入的内容为星号，符合密码输入所需的保密特征。接着把标签控件的 text 设置为“输入口令”，把按钮控件的 text 设置为“得到输入的口令”。为按钮添加 clicked 信号的槽函数及其代码：

```
void Dialog::on_pushButton_clicked()
{
    QMessageBox::information(this,"note",ui->lineEdit->text());
}
```

通过 QLineEdit 类的成员函数 text()来得到编辑框中的文本内容，也就得到了用户输入的密码。

（2）返回对话框界面，再拖放一个分组框（Group Box）到对话框中，并把 title 属性设置为“第 2 行”，然后拖放 2 个按钮控件和一个单行编辑（Line Edit）按钮到分组框中，按钮控件分别放置在编辑框两边。其中单行编辑框的 objectName 为 lineEdit_2，左边按钮的 text 属性为“设置文本”，右边按钮的 text 属性为“返回选中的文本”。接着，为 text 属性为“设置文本”的按钮添加 clicked 信号的槽函数：

```
void Dialog::on_pushButton_3_clicked()
{
    ui->lineEdit_2->setText(z("成本华，你为人民而牺牲!"));
    ui->lineEdit_2->setSelection(0, ui->lineEdit_2->text().length());
}
```

先用 QLineEdit 类的成员函数 setText()设置编辑框中的内容。其中，z 是一个自定义宏，用于中文字符转码，定义在 dialog.cpp 文件的开头：

```
#define z(s) (QString::fromLocal8Bit(s))
```

再调用成员函数 setSelection()来选中编辑框中的文本。其中，第一个参数是字符起始位置；第二个参数是选中字符的个数，这里全选，因此用了 length()函数。

为 text 属性为“返回选中的文本”的按钮添加 clicked 信号的槽函数：

```
void Dialog::on_pushButton_2_clicked()
{
    QMessageBox::information(this,"note",ui->lineEdit_2->selectedText());
}
```

该按钮用于显示其左边编辑框中被选中的文本，所以直接调用 QLineEdit 类的成员函数 selectedText()即可。该函数返回 setSelection 所选中的文本，而不是用鼠标选中的文本，这一点要注意。

（3）返回对话框界面，再拖放一个分组框（Group Box）到对话框中，并把 title 属性设置为“第 3 行”，然后拖放 2 个按钮和单行编辑框到分组框中，按钮位于单行编辑框两边。把编辑框的 objectName 属性设置为“lineEdit_3”。把左边按钮的 text 属性设置为“只限输入整数（有长度限制)”，然后为其添加 clicked 信号的槽函数：

```
void Dialog::on_pushButton_4_clicked()
{
    QIntValidator* aIntValidator = new QIntValidator;
    ui->lineEdit_3->setValidator(aIntValidator);
    ui->pushButton_4->setEnabled(false);
}
```

该函数内的前两行代码用于限制输入整数类型数据，QIntValidator 类是整型验证器类，它的对象指针传给函数 setValidator()即可。第三行用于设置按钮不可用，用户单击本按钮后，表明这个按钮用过了，以防忘记是否单击了本按钮。

再把右边按钮的 text 属性设置为"只限小数"、把 objectName 属性设置为 pushButton_12，然后为其添加 clicked 信号的槽函数：

```
void Dialog::on_pushButton_12_clicked()
{
    QDoubleValidator* aDoubleValidator = new QDoubleValidator();
    ui->lineEdit_3->setValidator(aDoubleValidator);
    ui->pushButton_12->setEnabled(false);
}
```

该函数内的前两行代码用于限制输入浮点型数据，QDoubleValidator 类是浮点型验证器类，将它的对象指针传给函数 setValidator()即可。第三行用于设置按钮不可用，用户单击本按钮后，就不可用了，表明这个按钮用过了。

（4）返回对话框界面，再拖放一个分组框（Group Box）到对话框中，并把 title 属性设置为"第 4 行"，然后拖放 1 个按钮和单行编辑框到分组框中，按钮位于单行编辑框左边。把编辑框的 objectName 属性设置为"lineEdit_4"，把左边按钮的 text 属性设置为"只限输入整数（任意长度）"，然后为其添加 clicked 信号的槽函数：

```
void Dialog::on_pushButton_5_clicked()
{
    ui->lineEdit_4->setValidator(new QRegExpValidator(QRegExp("[0-9]+$")));
    ui->pushButton_5->setEnabled(false);
    ui->lineEdit_4->setFocus();
}
```

这个按钮也是用来设置单行编辑框只能输入整数的，但长度可以任意，除非到了行编辑框自身的限制，不会因为数值所占内存空间的大小而限制，因为我们这里用了正则表达式，用户可以输入 0 和 9 之间的字符（包括 0 和 9），行编辑框内的一个个数字字符并不是一个真正占据整数类型内存空间的整数。第二句程序代码用于设置按钮不可用，第三句程序代码用于设置行编辑器的焦点，方便用户输入。

（5）返回对话框界面，再拖放一个分组框（Group Box）到对话框中，并把 title 属性设置为"第 5 行"，然后拖放 1 个按钮和单行编辑框到分组框中，按钮位于单行编辑框左边。把按钮的 objectName 设置为 pushButton_6、编辑框的 objectName 属性设置为"lineEdit_5"，把左边按钮的 text 属性设置为“限制浮点数输入范围为[-180,180]并限定为小数位后 4 位”，然后为其添加 clicked 信号的槽函数：

```
void Dialog::on_pushButton_6_clicked()
{
    QRegExp rx("^-?(180|1?[0-7]?\\d(\\.\\d{1,4})?)$");
    QRegExpValidator *pReg = new QRegExpValidator(rx, this);
    ui->lineEdit_5->setValidator(pReg);
    ui->pushButton_6->setEnabled(false);
    ui->lineEdit_5->setFocus();
}
```

我们依旧用 QRegExpValidator 类这个验证器来限制用户输入范围只能为[-180,180]，并限定为小数位后 4 位，QRegExp 是用于构造正则表达式的类。函数 setValidator()用于向单行编辑器设置验证器对象指针。

（6）返回对话框界面，再拖放一个分组框（Group Box）到对话框中，并把 title 属性设置为“第 6 行”，然后拖放 1 个按钮和单行编辑框到分组框中，按钮位于单行编辑框左边。把按钮的 objectName 设置为 pushButton_7、编辑框的 objectName 属性设置为“lineEdit_6”，把左边按钮的 text 属性设置为“限制浮点数输入范围为[-999999.9999,999999.9999]”，然后为其添加 clicked 信号的槽函数：

```
void Dialog::on_pushButton_7_clicked()
{
    QRegExp rx("^(-?[0]|-?[1-9][0-9]{0,5})(?:\\.\\d{1,4})?$|(^\\t?$)");
    QRegExpValidator *pReg = new QRegExpValidator(rx, this);
     ui->lineEdit_6->setValidator(pReg);
     ui->pushButton_7->setEnabled(false);
     ui->lineEdit_6->setFocus();
}
```

（7）返回对话框界面，再拖放一个分组框（Group Box）到对话框上，并把 title 属性设置为“第 7 行”，然后拖放 1 个按钮和单行编辑框到分组框中，按钮位于单行编辑框左边。把按钮的 objectName 设置为 pushButton_8、编辑框的 objectName 属性设置为“lineEdit_7”，把左边按钮的 text 属性设置为“限制浮点数输入范围为[-180,180]”，然后为其添加 clicked 信号的槽函数：

```
void Dialog::on_pushButton_8_clicked()
{
    QRegExp rx("^-?(180|1?[0-7]?\\d(\\.\\d+)?)$");
    QRegExpValidator *pReg = new QRegExpValidator(rx, this);
    ui->lineEdit_7->setValidator(pReg);
    ui->pushButton_8->setEnabled(false);
    ui->lineEdit_7->setFocus();
}
```

这里我们限制浮点数输入范围为[-180,180]，但并不限制只能是小数点后 4 位，所以和第 5 行有所不同。

（8）返回对话框界面，再拖放一个分组框（Group Box）到对话框中，并把 title 属性设置为“第 8 行”，然后拖放 1 个按钮和单行编辑框到分组框中，按钮位于单行编辑框左边。把按钮的 objectName 设置为 pushButton_9、编辑框的 objectName 属性设置为“lineEdit_8”，把左边按钮的 text 属性设置为“限制只能输入英文和数字”，然后为其添加 clicked 信号的槽函数：

```
void Dialog::on_pushButton_9_clicked()
{
    QRegExp rx("[a-zA-Z0-9]+$");
    QValidator *validator = new QRegExpValidator(rx, this );
    ui->lineEdit_8->setValidator( validator );
    ui->pushButton_9->setEnabled(false);
    ui->lineEdit_8->setFocus();
}
```

在这个按钮对应的槽函数中，我们限制用户只能输入英文和数字，所以正则表达式中指定的范围是“a-zA-Z0-9”。

（9）返回对话框界面，再拖放一个分组框（Group Box）到对话框中，并把 title 属性设置为“第 9 行”，然后拖放 1 个按钮和单行编辑框到分组框中，按钮位于单行编辑框左边。把按钮的 objectName 设置为 pushButton_10、编辑框的 objectName 属性设置为“lineEdit_9”，把左边按钮的 text 属性设置为“限制只能输入英文”，然后为其添加 clicked 信号的槽函数：

```
void Dialog::on_pushButton_10_clicked()
{
    QRegExp rx("[a-zA-Z]+$");
    QValidator *validator = new QRegExpValidator(rx, this );
    ui->lineEdit_9->setValidator( validator );
    ui->pushButton_10->setEnabled(false);
    ui->lineEdit_9->setFocus();
}
```

在这个按钮对应的槽函数中，我们限制用户只能输入英文，所以正则表达式中指定的范围是“a-zA-Z”（小写的英文和大写的英文）。

（10）返回对话框界面，再拖放一个分组框（Group Box）到对话框中，并把 title 属性设置为“第 10 行”，然后拖放 1 个按钮和单行编辑框到分组框中，按钮位于单行编辑框左边。把按钮的 objectName 设置为 pushButton_11、编辑框的 objectName 属性设置为“lineEdit_10”，把左边按钮的 text 属性设置为“限制只能输入英文、数字、负号和小数点”，然后为其添加 clicked 信号的槽函数：

```
void Dialog::on_pushButton_11_clicked()
{
    QRegExp rx("[a-zA-Z0-9][a-zA-Z0-9.-]+$");
```

```
    QValidator *validator = new QRegExpValidator(rx, this );
    ui->lineEdit_10->setValidator( validator );
    ui->pushButton_11->setEnabled(false);
    ui->lineEdit_10->setFocus();
}
```

这个按钮对应的槽函数限制只能输入英文、数字、负号和小数点，这也是比较常用的限制输入。

在本文件开头添加包含头文件的指令：

```
#include <QMessageBox>
#include <qvalidator.h>
```

（11）按 Ctrl+R 快捷键来运行这个项目，运行结果如图 5-46 所示。

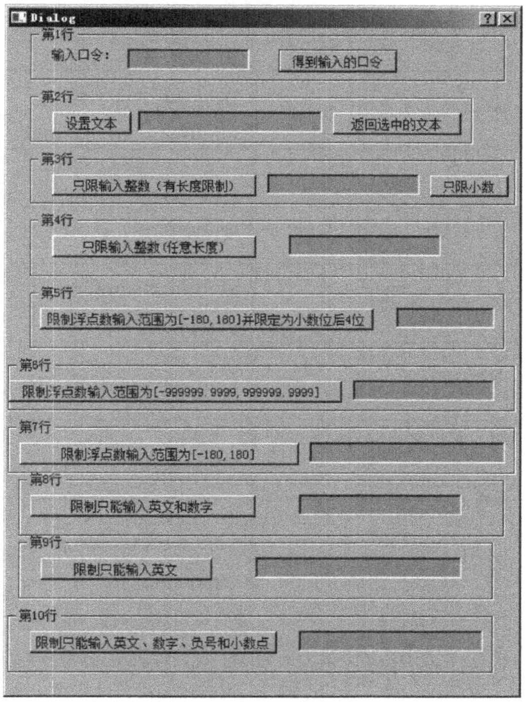

图 5-46

5.12　进度条控件

Qt 提供了两种显示进度条的方式：一种是通过 QProgressBar 类，以横向或者纵向方式来显示进度的控件，如图 5-47 所示；另一种是通过 QProgressDialog 类，以对话框的方式来显示慢速过程的进度。标准的进度条对话框包括一个进度显示条、一个取消按钮及一个标签，如图 5-48 所示。

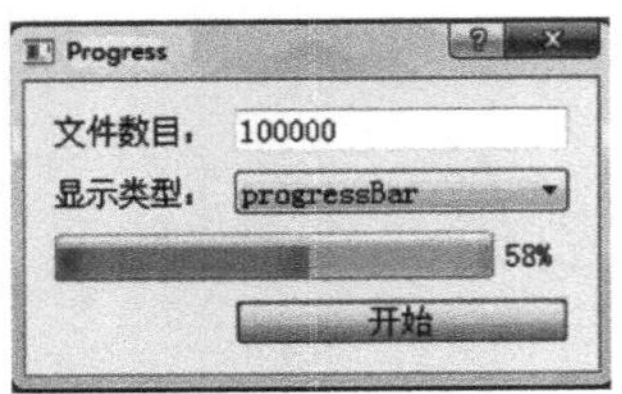

图 5-47

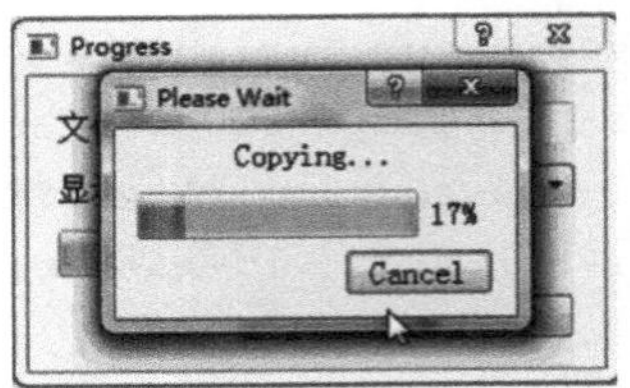

图 5-48

在实际的开发中，QProgressBar 用得多一些。

5.12.1 QProgressBar 类的常用函数

QProgressBar 类的常用成员函数如表 5-25 所示。

表 5-25

公有成员函数	说　明	公有槽函数	说　明
QProgressBar(QWidget *parent = nullptr);	构造函数	void setRange(int minimum, int maximum);	构造函数
void setAlignment (Qt::Alignment alignment);	设置对齐方式	void setMinimum(int minimum);	设置进度条最小值
Qt::Alignment alignment();	获取对齐方式	void setMaximum(int maximum);	设置进度条最大值
void setTextVisible(bool visible);	隐藏进度条文本	void setValue(int value);	设置当前的运行值
bool isTextVisible();	判断进度条文本是否可见	void reset();	让进度条重新回到开始
void setFormat (const QString &format);	用于生成当前文本字串	void setOrientation(Qt::Orientation);	设置进度条为水平或垂直方向，默认是水平方向（Qt::Horizontal）

这里复习一下公有槽函数（Public Slot）。槽函数是普通的 C++成员函数，能被正常调用，它们唯一的特性就是能和信号相关联。当与槽函数关联的信号被发射时，这个槽函数就会被调用。槽函数可以有参数，但槽函数的参数不能有默认值。因为槽函数是普通的成员函数，所以和其他的函数相同，也有存取权限。槽函数的存取权限决定了谁能够和它相关联。同普通的 C++成员函数相同，槽函数也分为 3 种类型，即 public、private 和 protected。

5.12.2 进度方向

水平显示进度时，既可以从左到右，也可以从右到左；同样，垂直显示进度时，既可以从上到下，也可以从下到上。比如：

```
QProgressBar *m_pLeftToRightProBar = new QProgressBar(this);
m_pLeftToRightProBar->setOrientation(Qt::Horizontal);  // 水平方向
```

```
    m_pLeftToRightProBar->setMinimum(0);    // 最小值
    m_pLeftToRightProBar->setMaximum(100); // 最大值
    m_pLeftToRightProBar->setValue(50);     // 当前进度

    QProgressBar *m_pRightToLeftProBar = new QProgressBar(this);
    m_pRightToLeftProBar->setOrientation(Qt::Horizontal);  // 水平方向
    m_pRightToLeftProBar->setMinimum(0);    // 最小值
    m_pRightToLeftProBar->setMaximum(100); // 最大值
    m_pRightToLeftProBar->setValue(50);     // 当前进度
    m_pRightToLeftProBar->setInvertedAppearance(true);      // 反方向
```

这段代码的运行效果如图 5-49 所示。

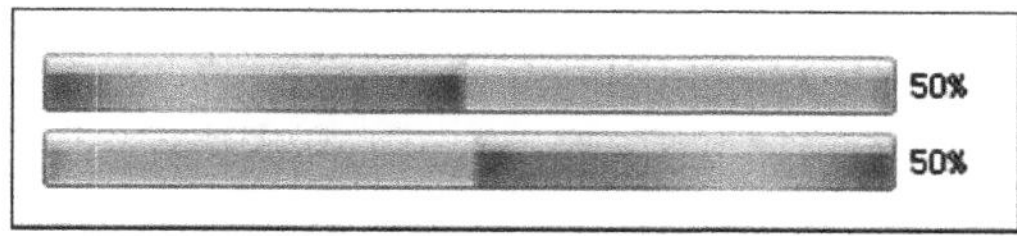

图 5-49

5.12.3 文本显示

成员函数 setFormat()可用于设置进度字符串的格式，比如百分比、总步数等。这个函数的原型声明如下：

```
void setFormat(const QString &format);
```

其中，参数 format 为要设置的进度字符串：%p%表示百分比，是默认的显示方式；%v 表示当前进度；%m 表示总步数。用法示例如下：

```
    QProgressBar *m_pProgressBar = new QProgressBar(this);
    m_pProgressBar->setOrientation(Qt::Horizontal);  // 水平方向
    m_pProgressBar->setMinimum(0);       // 最小值
    m_pProgressBar->setMaximum(4800);    // 最大值
    m_pProgressBar->setValue(2000);      // 当前进度
    // 百分比计算公式
    double dProgress = (m_pProgressBar->value() - m_pProgressBar->minimum()) *
100.0 / (m_pProgressBar->maximum() - m_pProgressBar->minimum());

    m_pProgressBar->setFormat(QString::fromLocal8Bit("当前进度为：%1%")
.arg(QString::number(dProgress, 'f', 1)))
    m_pProgressBar->setFormat(tr("Current progress : %1%")
.arg(QString::number(dProgress, 'f', 1)));
    // 对齐方式
    m_pProgressBar->setAlignment(Qt::AlignLeft | Qt::AlignVCenter);
```

这段代码的运行效果如图 5-50 所示。

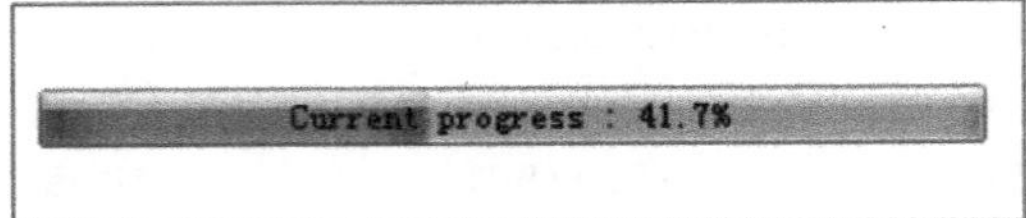

图 5-50

5.12.4 繁忙指示

如果最小值和最大值都设置为 0，那么进度条会显示一个繁忙指示，而不会显示当前的值，比如：

```
QProgressBar *m_pProgressBar = new QProgressBar(this);
m_pProgressBar->setOrientation(Qt::Horizontal);  // 水平方向
m_pProgressBar->setMinimum(0);       // 最小值
m_pProgressBar->setMaximum(0);       // 最大值
```

这段代码的运行效果如图 5-51 所示。

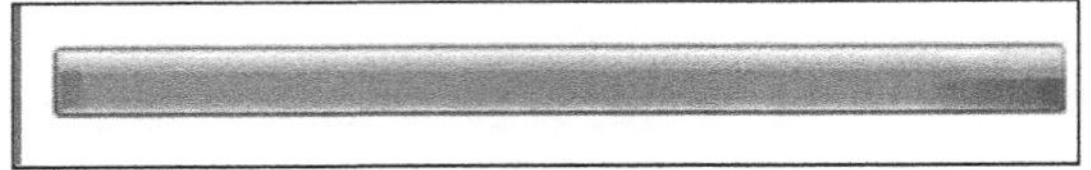

图 5-51

【例 5.19】 进度条的基本使用

（1）启动 Qt Creator 4.8.2，新建一个对话框项目，项目名为 test。

（2）切换到资源视图，打开对话框，删除对话框上的所有控件。在控件工具箱里找到进度条控件，如图 5-52 所示。然后把它拖放到对话框中，并拖放一个按钮和一个标签控件，把按钮的标题设置为“开始”，界面效果如图 5-53 所示。

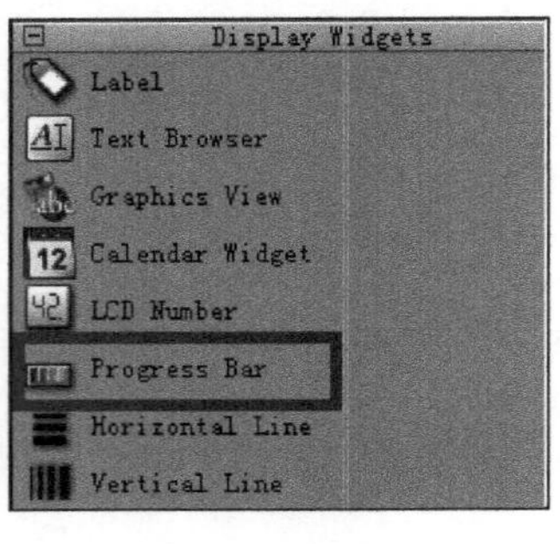

图 5-52

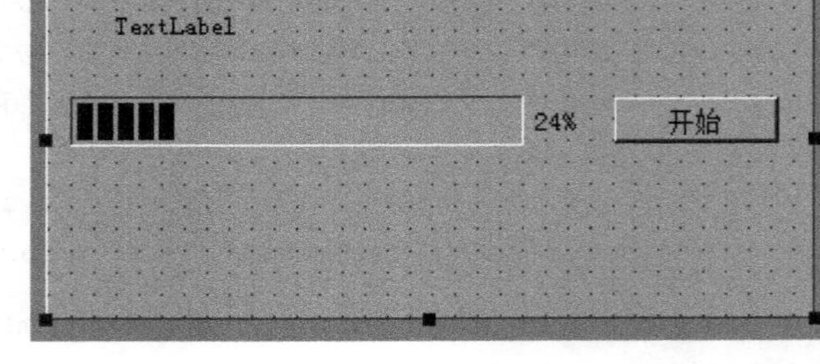

图 5-53

接着为按钮添加单击信号的槽函数，该槽函数的代码如下：

```
void Dialog::on_pushButton_clicked()
{
    const int nMaxValue = 100000;
    QString str;

    ui->progressBar->setRange(0,65500); //设置进度条的范围
```

```
    for (int i = 0; i < nMaxValue; i++)
    {
        ui->progressBar->setValue(i);    //设置进度条的当前位置
        str.sprintf("%d", i);    //把数字转为字符串
        ui->label->setText(str);//在标签控件上显示
    }
}
```

运行这个项目，单击“开始”按钮，可以发现进度条能工作了。

（3）按 Ctrl+R 快捷键运行这个项目，如图 5-54 所示。

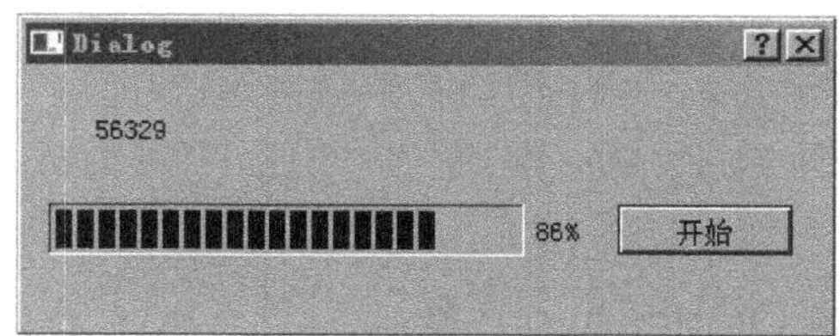

图 5-54

5.13　布局管理器

Qt 的布局管理系统提供了简单而强大的机制来自动排列一个窗口中的控件（在这种语境中，英文对应单词的翻译是组件，本书为了统一都称为控件），确保它们有效地使用空间。QLayout 类是布局管理器的基类，是一个抽象基类。一般只需要使用 QLayout 类的几个子类即可，即 QBoxLayout 类（基本布局管理器）、QGridLayout 类（栅格布局管理器）、QFormLayout 类（窗体布局管理器）和 QStackedLayout 类（栈布局管理器）。

5.13.1　基本布局管理器 QBoxLayout 类

基本布局管理器 QBoxLayout 类可以使子控件在水平方向或者垂直方向排成一列，它将所有的空间分成一行盒子，然后将每个控件放入一个盒子中。它有两个子类，即 QHBoxLayout 类（水平布局管理器）和 QVBoxLayout 类（垂直布局管理器）。布局管理器的属性如表 5-26 所示。

表 5-26　布局管理器的属性

属　性	说　明
layoutName	现在所使用的布局管理器的名称
layoutLeftMargin	设置布局管理器到界面左边界的距离
layoutTopMargin	设置布局管理器到界面上边界的距离
layoutRightMargin	设置布局管理器到界面右边界的距离
layoutBottomMargin	设置布局管理器到界面下边界的距离

（续表）

属　　性	说　　明
layoutSpacing	布局管理器中各个子控件间的距离
layoutStretch	伸缩因子
layoutSizeConstraint	设置布局的大小约束条件

比如，下列代码用于实现水平布局：

```
QHBoxLayout *layout = new QHBoxLayout;      // 新建水平布局管理器
layout->addWidget(ui->fontComboBox);        // 向布局管理器中添加部件
layout->addWidget(ui->textEdit);
layout->setSpacing(50);                     // 设置控件间的间隔
// 设置布局管理器到边界的距离，4个参数的顺序是左、上、右、下
layout->setContentsMargins(0, 0, 50, 100);
setLayout(layout);
```

5.13.2　栅格布局管理器 QGridLayout 类

栅格布局管理器 QGridLayout 类使得控件在网格中进行布局，将所有的空间分隔成一些行和列，行和列的交叉处就形成了单元格，然后将控件放入一个确定的单元格中。比如：

```
QGridLayout *layout = new QGridLayout;// 添加控件，从第0行0列开始，占据1行2列
// 添加控件，从第0行2列开始，占据1行1列
layout->addWidget(ui->fontComboBox, 0, 0, 1, 2);
// 添加控件，从第1行0列开始，占据1行3列
layout->addWidget(ui->pushButton, 0, 2, 1, 1);
layout->addWidget(ui->textEdit, 1, 0, 1, 3);
setLayout(layout);
```

先把控件加入到一个布局管理器中，再将布局管理器放到窗口控件上，那么布局管理器以及它包含的所有控件都会自动重新定义自己的父对象为窗口控件，所以在创建布局管理器和其中的控件时并不用指定父控件。

5.13.3　窗体布局管理器 QFormLayout 类

窗体布局管理器 QFormLayout 类用来管理表单的输入控件和与它们相关的标签。窗体布局管理器将它的子控件分为两列，左边是一些标签，右边是一些输入控件，比如行编辑器或者数字选择框等。

5.13.4　栈布局管理器 QStackedLayout 类

栈布局管理器有如下特点：

（1）控件大小一致且充满父控件的显示区。

（2）不能直接嵌套其他布局管理器。

（3）能够自由切换需要显示的控件。

（4）每次能且仅能显示一个控件。

栈布局管理的典型应用如图 5-55 所示。

```
void Widget::initControl()
{
    QStackedLayout* sLayout = new QStackedLayout();

    button1.setText(" Button 1");
    button2.setText(" Button 2");
    button3.setText(" Button 3");
    button4.setText(" Button 4");

    sLayout->addWidget(&button1);
    sLayout->addWidget(&button2);
    sLayout->addWidget(&button3);
    sLayout->addWidget(&button4);

    sLayout->setCurrentIndex(1);    //显示第二个按钮,索引1

    setLayout(sLayout);

}
```

图 5-55

第 6 章

Qt数据库编程

在实际开发中，大多数应用都需要用到数据库技术以管理各种信息，Qt 为此也提供了相应的模块和组件，使得对数据库的开发变得非常简单。

6.1 数据库的基本概念

1. 数据库

数据库是指以一定的组织形式存放在计算机存储介质上相互关联的数据集合，由一个或多个数据表所组成，数据表也简称为表。每一个数据表中都存储了某种实体对象的数据描述，一个典型的数据表如表 6-1 所示。

表 6-1　数据表的示例

书　号	书　名	页　数	分　类
001	小学数学习题集	300	教辅类
002	电工技术	253	电子技术类

数据表的每一列描述实体的一个属性，如书号、书名、页数和分类等；表的每一行是对一个对象的具体描述。一般将表中的一行称作记录（Record）或行（Row），将表的一列称作字段（Field）或列（Column）。数据库通常还包括一些附加结构，用于维护数据库中的数据。

根据数据规模以及网络架构，数据库大体上分为本地数据库和网络数据库两种。本地数据库也称为桌面数据库，是指运行在本地计算机，不与其他计算机进行数据交互的数据库系统，常用于小规模数据的管理。常见的本地数据库系统有 Visual FoxPro、Access 和 SQLite，其中 SQLite 是当今的网红。网络数据库是指把数据库技术引入到计算机网络系统中，借助网络技术将存储于数据库中的大量信息及时发布出去。计算机网络借助于成熟的数据库技术对网络中的各种数据进行有效管理，并让用户与网络中的数据库进行实时动态的数据交互。网络数据库系统常用于大规模的数据管理，可用于架设 C/S 或 B/S 分布式系统，常见的网络数据库系统有 MS SQL Server、Oracle 和 MySQL 等，其中 Oracle 是“老大”、MySQL 是“小弟”。

2. 数据库管理系统

数据库管理系统（Database Management System，DBMS）是一种操纵和管理数据库的大型软件，用于建立、使用和维护数据库。它对数据库进行统一的管理和控制，以保证数据库中数据的安全性和完整性。有了 DBMS，用户可以访问数据库中的数据，数据库管理员也可以对数据库进行维护工作。DBMS 允许多个应用程序和多个用户用不同的方法在同一时刻或在不同时刻去建立、修改和查询数据库。

3. SQL

SQL（Structure Query Language，结构化查询语言）是一种用于数据库查询和编程的语言，用于存取、查询和更新数据以及管理关系数据库系统。SQL 是高级的非过程化编程语言，允许用户在高层数据结构上工作。它不要求用户去具体指定对数据的存储方法，也不需要用户了解具体的数据存储方式，所以具有完全不同底层结构的不同数据库系统可以使用相同的结构化查询语言作为数据输入与管理的接口。SQL 语句可以嵌套，具有极大的灵活性和强大的功能。SQL 基本上独立于数据库系统本身、所使用的机器、网络和操作系统。

6.2 Qt SQL 模块

Qt SQL 模块提供了一个平台无关且数据库无关的访问 SQL 数据库的接口。Qt 通过一个个模块对某种功能进行支持，其中的数据库功能也是通过模块来支持的。Qt 就是通过 Qt SQL 模块提供了对 SQL 数据库的支持，如果要使用 Qt SQL 模块中的类，就需要在项目文件（.pro 文件）中添加“QT += sql”代码。

Qt SQL 模块提供了表 6-2 列示的这些类对 SQL 数据库进行访问。

表 6-2 用于对 SQL 数据库访问的类

类	说 明
QSQL	包含整个 Qt SQL 模块中使用的各种标识符
QSqlDriverCreatorBase	SQL 驱动程序工厂的基类
QSqlDriverCreator	模板类，为特定驱动程序类型提供 SQL 驱动程序工厂
QSqlDatabase	表示与数据库的连接
QSqlDriver	用于访问特定 SQL 数据库的抽象基类
QSqlError	SQL 数据库错误信息
QSqlField	处理 SQL 数据库表和视图中的字段
QSqlIndex	用于操作和描述数据库索引的函数
QSqlQuery	执行和操作 SQL 语句的方法
QSqlRecord	封装数据库记录

（续表）

类	说　明
QSqlResult	用于从特定 SQL 数据库访问数据的抽象接口
QSqlQueryModel	SQL 结果集的只读数据模型
QSqlRelationalTableModel	具有外键支持的单个数据库表的可编辑数据模型
QSqlTableModel	单个数据库表的可编辑数据模型

这些类可以分为 3 层：驱动层、SQL 接口层、用户接口层。值得注意的是，在使用任何类之前都必须实例化 QCoreApplication 对象。

1. 驱动层

驱动层为具体的数据库和 SQL 接口层之间提供了底层的桥梁，主要类包括 Qt SQL 模块中的 QSqlDriver、QSqlDriverCreator、QSqlDriverCreatorBase、QSqlDriverPlugin 和 QSqlResult。

Qt SQL 模块使用数据库驱动插件和不同的数据库接口进行通信。由于 Qt 的 SQL 模块接口是独立于数据库的，因此所有具体数据库的代码都包含在了这些驱动程序中。Qt 本身提供了多种数据库驱动程序，并且可以添加其他数据库的驱动程序。Qt 提供的数据库驱动程序的源码可以作为编写自定义驱动程序的模型。

Qt 5.12 支持哪些数据库的驱动程序呢？这里通过一个小程序来说明。

【例 6.1】 输出 Qt 支持的数据库驱动程序

（1）启动 Qt Creator 4.8.2，新建一个控制台项目，项目名为 test。

（2）在项目中打开项目配置文件 test.pro，并在 QT -= gui 后面添加：

```
QT+=sql
```

在项目中打开 main.cpp，输入如下代码：

```
#include <QCoreApplication>
#include <QDebug>
#include <QtSql/QSqlDatabase>
#include <QSqlDriver>

int main(int argc, char *argv[])
{
   QCoreApplication a(argc, argv);

   qDebug()<<"Available drivers:";
   QStringList drivers=QSqlDatabase::drivers();
   foreach(QString dvr,drivers)
   {
      qDebug()<<dvr;
   }
   return a.exec();
}
```

我们通过 SQL 数据库类 QSqlDatabase 的 drivers()成员函数来返回本版本 Qt 所支持的所有数据库驱动程序，并保存在 QStringList 变量中，然后通过 foreach 语句全部打印出来。

（3）保存项目并运行，运行结果如图 6-1 所示。

其中，QODBC 用于支持 Window 系统上的数据库，比如 Access；QSQLITE 用于支持 SQLite 数据库；QMYSQL 用于支持 MySQL 数据库。

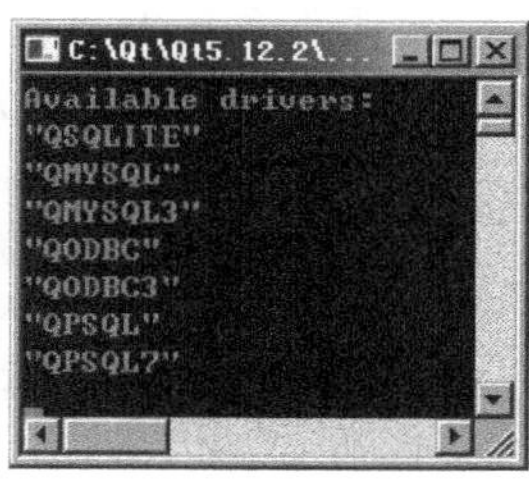

图 6-1

2. SQL 接口层

SQL 接口层提供了对数据库的访问，主要类包括 Qt SQL 模块中的 QSqlDatabase、QSqlQuery、QSqlError、QSqlField、QSqlIndex 和 QSqlRecord。QSqlDatabase 类用于创建数据库连接，QSqlQuery 类用于使用 SQL 语句实现与数据库交互。

3. 用户接口层

用户接口层的主要类包括 QSqlQueryModel、QSqlTableModel 和 QSqlRelationalTableModel。用户接口层的类使用模型/视图框架实现了将数据库中的数据链接到窗口控件上，是更高层次的抽象，即便用户不熟悉 SQL 也可以操作数据库。需要注意的是，在使用用户接口层的类之前必须实例化 QCoreApplication 类的对象。

6.3　访问数据库

访问数据库的第一步是要先连接数据库。Qt 允许在一个程序中创建一个或多个数据库连接。连接数据库需要的头文件如下：

```
#include <QSqlDatabase>
#include <QSqlQuery>
```

6.3.1　访问 Access 数据库

1. 准备 64 位的 Access

微软的 Access 数据库是比较常见的桌面数据库。安装微软 Office 软件的时候，可以选择安装 Access 软件。这里使用 64 位的 Access 2013（建议用 64 位的 Access，Qt 新版本可能不支持低版本的 32 位 Access）。

64 位的 Access 2013 可以在安装 64 位的 Office 2013 时一同安装上。安装时最好查看一下是不是 64 位的。安装完毕后，若要确认安装的 Access 是否为 64 位的，则可启动 Access 2013，新建一个空白数据库，然后依次单击主菜单的菜单选项“文件→账户”，此时可以在右边看到“关于 Access”的选项，如图 6-2 所示。

图 6-2

单击“关于 Access”，在出现的“关于 Mircosoft Access”对话框中如果可以看到“64 位”，就说明安装的确实是 64 位的，如图 6-3 所示。

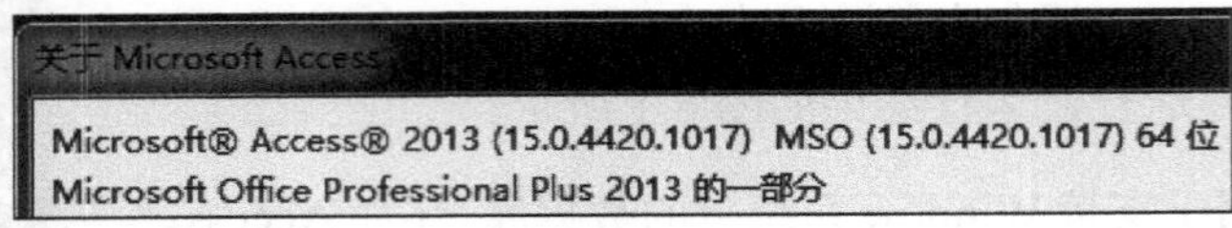

图 6-3

至此，Access 这个桌面数据库软件就准备好了。下面开始新建数据库。

2. 新建数据库

这里使用 64 位的微软 Access 2013 数据库软件（Access 的其他版本使用的方法类似）来建立数据库。将新建的数据库命名为 cardb，这个数据库中包含一个数据表，表名是 car。用 Access 2013 来建立数据库的数据表的步骤如下：

用鼠标右击磁盘上的某个文件夹，在弹出的快捷菜单中依次选择“新建→Mircosoft Access 数据库”，新建一个 cardb.mdb 文件，然后双击这个文件以打开它。打开后，切换到“创建”主菜单，然后在工具栏上选择“表设计”，此时可以输入“字段名称”和“数据类型”等内容，如图 6-4 所示。

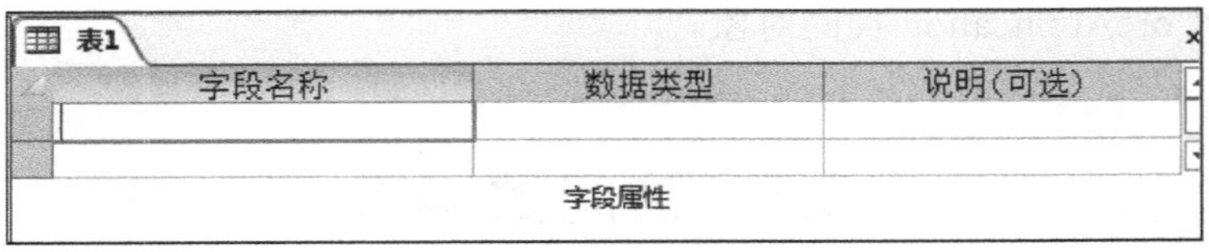

表1

字段名称	数据类型	说明(可选)

字段属性

图 6-4

接着输入内容，结果如图 6-5 所示。最后在左上角单击“保存”按钮，把该表保存为 cardb，如图 6-6 所示，单击“确定”按钮。

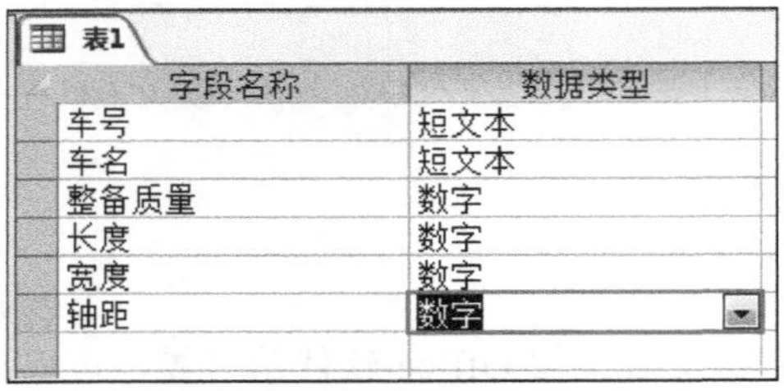

表1

字段名称	数据类型
车号	短文本
车名	短文本
整备质量	数字
长度	数字
宽度	数字
轴距	数字

图 6-5

图 6-6

此时系统会提示还没有定义主键，直接单击“确定”按钮，就为表 car 添加了一个主键。主键是整个表中其值具有唯一性的一个字段或一组字段，主键值可用于引用整条记录，因为每条记录都具有不同的主键值。每个表只能有一个主键。虽然主键不是必须要有的，但是有了主键可以保证数据表的完整性，可以加快数据库的操作速度。

至此，就建立好了一个简单的数据库，并且其中有一个数据表 car，但目前这个表是空的，还没有内容。双击 cardb 表，在其中添加一些记录，添加后的内容如图 6-7 所示。

单击“保存”按钮，关闭数据库。至此，数据库就建好了。

编号	车号	车名	整备	长度	宽度	轴距
1	SN001	帕萨特	1455	4872	1834	2803
2	SN002	君威	1585	4843	1856	2737
3	SN003	奥迪A4L	1590	4761	1826	2869
4	SN004	JEEP自由光	1735	4649	1859	2705
* (新建)			0	0	0	0

图 6-7

3. 访问 Access 数据库

在 Qt 中访问 Access 数据库的基本步骤如下：

（1）定义 QSqlDatabase 对象

QSqlDatabase 类是 Qt 中和数据库打交道的基础，首先要创建 QSqlDatabase 类的对象，比如：

```
QSqlDatabase ldb;
```

（2）通过函数 addDatabase()添加数据库的驱动程序

Access 数据库对应的 Qt 驱动程序是 QODBC，可以这样调用：

```
QSqlDatabase::addDatabase("QODBC");
```

（3）设置数据库名称

通过 QSqlDatabase 类的成员函数 setDatabaseName()设置数据库名称，比如：

```
    ldb.setDatabaseName("DRIVER={Microsoft Access Driver (*.mdb,
*.accdb)};FIL={MS Access};DBQ=c:\\ex\\cardb.mdb");
```

注　　意

“Microsoft Access Driver (*.mdb, *.accdb)”是“ODBC 数据源管理器”对话框中显示出的 Access 数据库的驱动程序，如图 6-8 所示。

图 6-8

要确保选择正确的数据库及其驱动程序。

（4）打开数据库

通过 QSqlDatabase 类的成员函数 open()打开数据库，比如：

```
bool ok = ldb.open();
if(ok)
{
   puts("open cardb OK");
}
else
{
   QSqlError lastError = ldb.lastError();
   qDebug()<< lastError.driverText();
}
```

如果成功，函数 open()就返回 true，否则返回 false。如果失败，则可用 QSqlError:: driverText()得到错误信息。ldb.lastError 会返回 QSqlError 对象。

（5）执行查询等操作

```
QSqlQuery mquery=QSqlQuery::QSqlQuery(ldb);
bool isok=mquery.exec("select * from car;");
if (!isok)
   ldb.close();
```

（6）定位记录，得到查询结果

```
mquery.next(); //定位到第一行记录
QString col1=mquery.value(1).toString();   //得到本行记录的第1列
QString col2=mquery.value(2).toString();   //得到本行记录的第2列
QString col3=mquery.value(3).toString();   //得到本行记录的第3列
QString col4=mquery.value(4).toString();   //得到本行记录的第4列
QString col5=mquery.value(5).toString();   //得到本行记录的第5列
```

（7）清除结果集，关闭数据库

```
mquery.clear();  //清除结果集
ldb.close();     //如果该连接不再使用，就可以关闭
```

【例 6.2】 查询数据表 cardb 中的所有记录

（1）启动 Qt Creator 4.8.2，新建一个 mainwindow 项目，项目名为 test。

（2）把前面我们创建的数据库 cardb.mdb 放到 c 盘 ex（新建的目录）目录下。当然也可以放到其他路径，但在程序中也要做相应的修改。

（3）打开 mainwindow.ui，在窗口上放置一个 List Widget 控件和一个按钮，把 List 控件的 objectName 属性设置为 list_out。然后为这个按钮添加 clicked 信号的槽函数：

```
void MainWindow::on_pushButton_clicked()
{
```

```
    visitdb();
}
```

其中，函数 visitdb()是自定义的 MainWindow 的成员函数，定义如下：

```
int MainWindow::visitdb()
{
    QSqlDatabase ldb;

    ldb = QSqlDatabase::addDatabase("QODBC");
    bool ok = ldb.isValid();
    if(!ok)  //判断驱动程序是否有效
    {
        QMessageBox::critical(this,"读取 Access 数据库错误！", "1");
        return -1;
    }

    ldb.setDatabaseName("DRIVER={Microsoft Access Driver (*.mdb, *.accdb)};
    FIL={MS Access};DBQ=c:\\ex\\cardb.mdb");
    ok = ldb.open();

    if(ok)
    {
        /*
          新定义一个查询集合，并指定连接关键字。
          如果有多个连接，则可随意指定一个自己需要的
        */
        QSqlQuery mquery= QSqlQuery(ldb);
        bool isok=mquery.exec("select * from car;");
        if (!isok)
        {
            ldb.close();
            return -1;
        }
        // 如下操作是必需的，因为查出的结果集当前位置不在第一条记录上
        mquery.next();
        QString col1=mquery.value(1).toString();
        QString col2=mquery.value(2).toString();
        QString col3=mquery.value(3).toString();
        QString col4=mquery.value(4).toString();
        QString col5=mquery.value(5).toString();
        QString col6=mquery.value(6).toString();
        // 清除结果集
        mquery.clear();
```

```
            // 如果该连接不再使用，就可以关闭
            ldb.close();
            // 将从数据库读出的数据写到一个 list 控件里
               ui->list_out->insertItem(ui->list_out->count(),"第一条记录内容：");
               ui->list_out->insertItem(ui->list_out->count(),col1);
               ui->list_out->insertItem(ui->list_out->count(),col2);
               ui->list_out->insertItem(ui->list_out->count(),col3);
               ui->list_out->insertItem(ui->list_out->count(),col4);
               ui->list_out->insertItem(ui->list_out->count(),col5);
               ui->list_out->insertItem(ui->list_out->count(),col6);
           }
           else
           {
             // 打开本地数据库失败
               QSqlError lastError = ldb.lastError();
               qDebug()<< lastError.driverText();
       QMessageBox::critical(this, "读取 Access 数据库错误！",
lastError.driverText());
               return -1;
           }
     }
```

在 mainwindow.h 中添加 visitdb()函数的声明。然后在 mainwindow.cpp 文件开头添加包含头文件的指令：

```
     #include <QSqlDatabase>
     #include <QSqlQuery>
     #include <QSqlQueryModel>
     #include <QSqlRecord>
     #include <QSqlError>

     #include <qDebug>
     #include <QMessageBox>
```

（4）在项目配置文件 test.pro 中的 QT += core gui 后面添加：

```
     QT += sql
```

（5）按 Ctrl+R 快捷键来运行这个项目，运行结果如图 6-9 所示。

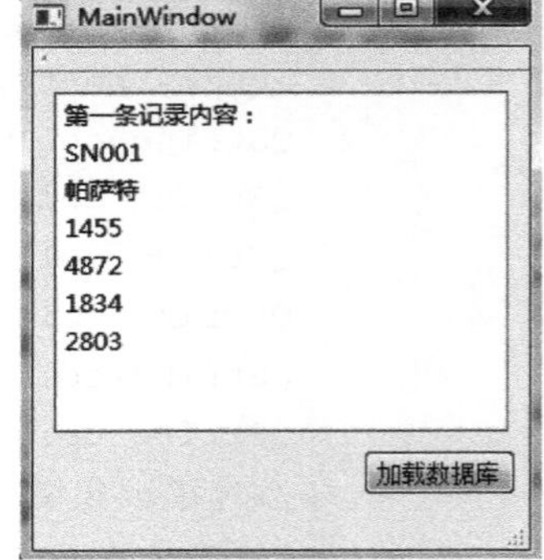

图 6-9

6.3.2 访问 SQLite 数据库

虽然 Access 也是主流数据库，功能也很强大，但是在 Linux 领域中无法使用。另外一款桌面数据库 SQLite（官网为 www.sqlite.org）可以跨平台，发展势头相当迅猛。

Qt 对一些基本数据库存取功能的封装可谓是极大地方便了开发人员。现在我们就来学习 Qt 对 SQLite 这个数据库的读写。SQLite 是一个小型的本地数据库，用于保存一些软件配置参数或量不是很大的数据相当方便。Qt 本身自带了 SQLite 的驱动程序，直接使用相关的类库即可。Qt 访问 SQLite 数据库的 3 种主要方式（使用 3 种类库去访问）分别为 QSqlQuery、QSqlQueryModel 和 QSqlTableModel。这 3 种类库一个比一个更加上层，也就是一个比一个"封装"得更厉害。对于第三种 QSqlTableModel 类而言，根本就不需要开发者懂得 SQL 语言，也能操作 SQLite 数据库。最灵活的方式是通过 QSqlQuery 类，它可以通过强大的 SQL 语言来操作数据，因此 QSqlQuery 类使用的场合更多些。下面我们主要介绍 QSqlQuery 类的使用。

Qt 可以直接新建和操作 SQLite 数据库，不需要再安装 SQLite。不过，我们可以去网站 www.sqliteexpert.com 下载 SQLite 数据库管理工具 SQLiteExpertProSetup64.exe，这样便于我们查看数据库中的表。这个工具安装完毕后的界面如图 6-10 所示。

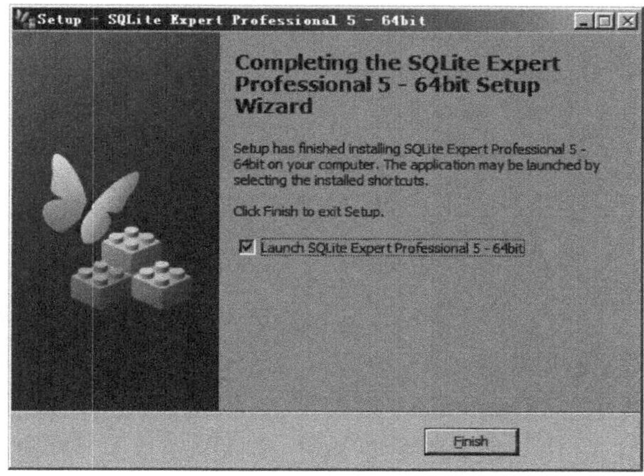

图 6-10

1. 新建 SQLite 数据库

QSqlDatabase 类提供了成员函数 setDatabaseName 和 open，可以新建或连接访问数据。QSqlDatabase 的一个实例表示连接。该连接通过受支持的数据库驱动程序之一提供对数据库的访问，该驱动程序派生自 QSqlDriver。

利用 QSqlDatabase 的成员函数 setDatabaseName 就可以新建 SQLite 数据库，如果指定目录下没有数据库文件，就会在该目录下生成一个空的数据库文件，否则连接该文件。

【例 6.3】 新建 SQLite 数据库

（1）启动 Qt Creator 4.8.2，新建一个控制台项目，项目名为 test。

（2）在项目配置文件 test.pro 中的"QT += core gui"后面添加：

```
QT += sql
```

（3）打开 test.cpp，输入如下代码：

```
#include <QCoreApplication>
```

```
#include <QSqlDatabase>
#include <QSqlError>
#include <qDebug>

int main(int argc, char *argv[])
{
    QCoreApplication a(argc, argv);

    QSqlDatabase db = QSqlDatabase::addDatabase("QSQLITE");
    //如果本目录下没有该文件，则会在本目录下生成，否则连接该文件
    db.setDatabaseName("mylite.dat");
    if (!db.open())
            qDebug()<<db.lastError().text();
     else  qDebug()<<"create ok";

    return a.exec();
}
```

（4）按 Ctrl+R 快捷键来运行这个项目，运行结果如图 6-11 所示。

图 6-11

此时到 06\6.3\build-test-Desktop_Qt_5_12_2_MSVC2017_64bit-Debug\路径下查看，可以看到多了一个 0 字节的文件 mylite.dat，也就是我们新建的 SQLite 数据库文件。创建成功后，该文件默认为空的，然后就可以使用 QSqlQuery 类来操作数据库了。QSqlQuery 类使用的是 SQL 语句，如果只需要使用高层级的数据库接口而不想使用 SQL 语句（即不用关心 SQL 具体的语法），则可以使用 QSqlTableModel 类和 QSqlRelationalTableModel 类。下面通过 QSqlQuery 类来使用 SQL 语句。

2. 新建表并添加记录

通过 QSqlQuery 类的成员函数 exec()来执行 DML（数据操作语言）语句，如使用 SELECT、INSERT、UPDATE 和 DELETE 来操作数据库表以及使用 DDL（数据定义语言）语句来新建数据。比如:

```
QSqlQuery query;
query.exec("DROP TABLE students");      //删除名为 students 的表
```

又比如创建表：

```
QSqlQuery query;
query.exec("CREATE TABLE students ("
           "id INTEGER PRIMARY KEY AUTOINCREMENT, "
           "name VARCHAR(40) NOT NULL, "
           " score INTEGER NOT NULL, "
           "class VARCHAR(40) NOT NULL)");
```

这段代码创建一个 students 表，字段名分别为 id、name、score、class。其中，AUTOINCREMENT 表示该列为整数递增，如果为空则自动填入 1，然后在下面的每一行都会自动加 1；PRIMARY KEY 表示该列作为列表的主键；VARCHAR(40)表示该列为可变长字符串，默认只能存储英文、数字或者 utf-8 编码的字符，最多存储 40 个字节；INTEGER 表示该列为带符号的整数；NOT NULL 表示该列的内容不能为空。

表新建成功后，就可以添加记录了，示例代码如下：

```
query.exec("INSERT INTO students (name, score,class) "
           "VALUES ('小张', 85, '初2-1班')");
```

该段代码向 students 表中的“name, score,class”字段插入数据“'小张', 85, '初 2-1 班'”。

当有大批数据需要导入时，也可以先使用 prepare()来绑定值，再通过 bindValue()向绑定值加入数据。比如：

```
QStringList names;
names<<"小 A"<<"小 B"<<"小 C"<<"小 D"<<"小 E"<<"小 F"<<"小 G"
        <<"小 H"<<"小 I"<<"小 G"<<"小 K"<<"小 L"<<"小 M"<<"小 N";

QStringList clases;
clases<<"初1-1班"<<"初1-2班"<<"初1-3班"<<"初2-1班"
      <<"初2-2班"<<"初2-3班"<<"初3-1班"<<"初3-2班"<<"初3-3班";
foreach (QString name, names)                    //从 names 表中获取所有名字
   {
      query.bindValue(":name", name);        //向绑定值里加入名字
      query.bindValue(":score", (qrand() % 101));       //成绩
      query.bindValue(":class", clases[qrand()%clases.length()] );  //班级
      query.exec();                  //加入库中
   }
```

【例 6.4】　新建表并添加记录

（1）启动 Qt Creator 4.8.2，新建一个控制台项目，项目名为 test。

（2）在项目配置文件 test.pro 中的“QT += core gui”后面添加：

```
QT += sql
```

（3）打开 test.cpp，输入如下代码：

```
#include <QCoreApplication>
#include <QSqlDatabase>
#include <QSqlError>
#include <QSqlQuery>
#include <qDebug>

#pragma execution_character_set("utf-8")  //这样将中文添加到表中就不会出现乱码
```

```
int main(int argc, char *argv[])
{
    QCoreApplication a(argc, argv);

    QStringList names;
    names<<"小 A"<<"小 B"<<"小 C"<<"小 D"<<"小 E"<<"小 F"<<"小 G"
            <<"小 H"<<"小 I"<<"小 G"<<"小 K"<<"小 L"<<"小 M"<<"小 N";

    QStringList clases;
    clases<<"初1-1班"<<"初1-2班"<<"初1-3班"<<"初2-1班"
          <<"初2-2班"<<"初2-3班"<<"初3-1班"<<"初3-2班"<<"初3-3班";

    QSqlDatabase db = QSqlDatabase::addDatabase("QSQLITE");
    db.setDatabaseName("students.dat");    //在本目录下生成
    if (!db.open())
          qDebug()<<db.lastError().text();
    {
        qDebug()<<"create database ok";

        QSqlQuery query;
        query.exec("DROP TABLE students");  //先清空一下表
        //创建一个 students 表
        query.exec("CREATE TABLE students ("
                          "id INTEGER PRIMARY KEY AUTOINCREMENT, "
                          "name VARCHAR(40) NOT NULL, "
                          " score INTEGER NOT NULL, "
                          "class VARCHAR(40) NOT NULL)");
        qDebug()<<"create TABLE ok";

        //为每一列标题添加绑定值
        query.prepare("INSERT INTO students (name, score,class) "
                       "VALUES (:name, :score, :class)");
        foreach (QString name, names)        //从 names 表中获取所有名字
        {
            query.bindValue(":name", name); //向绑定值中加入名字
            query.bindValue(":score", (qrand() % 101));      //成绩
            //班级
            query.bindValue(":class", clases[qrand()%clases.length()] );
            query.exec();                  //加入库中
         }
         qDebug()<<"insert record ok";
    }
```

```
    return a.exec();
}
```

（4）按 Ctrl+R 快捷键以运行这个项目，运行结果如图 6-12 所示。

此时可以在 06\6.4\build-test-Desktop_Qt_5_12_2_MSVC2017_64bit-Debug 路径下发现有个数据库文件 students.dat，把它拖放 SQLite Expert 中，然后切换到 data，就可以看到 students 表内的数据了，如图 6-13 所示。

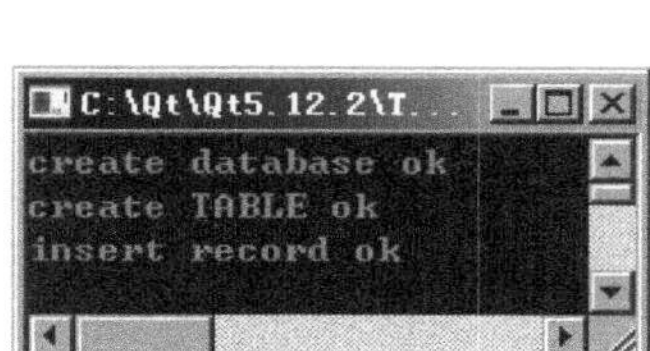

图 6-12

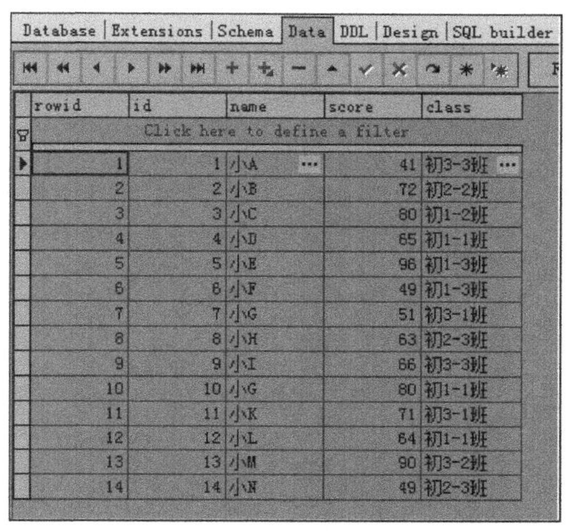

rowid	id	name	score	class
1	1	小A	41	初3-3班
2	2	小B	72	初2-2班
3	3	小C	80	初1-2班
4	4	小D	65	初1-1班
5	5	小E	96	初1-3班
6	6	小F	49	初1-3班
7	7	小G	51	初3-1班
8	8	小H	63	初2-3班
9	9	小I	66	初3-3班
10	10	小G	80	初1-1班
11	11	小K	71	初3-1班
12	12	小L	64	初1-1班
13	13	小M	90	初3-2班
14	14	小N	49	初2-3班

图 6-13

3. 查询表中的内容

数据表中有了数据，就可以查询表了。对 students.dat 文件进行查询时，需要使用 WHERE 关键字来实现。比如，查询成绩为 60~80 分的学生。

【例 6.5】　查询成绩为 60~80 分的学生

（1）启动 Qt Creator 4.8.2，新建一个控制台项目，项目名为 test。

（2）在项目配置文件 test.pro 中的“QT += core gui”后面添加：

```
QT += sql
```

把上例生成的 students 数据库复制到 d 盘的根目录下。

（3）打开 test.cpp，输入如下代码：

```
#include <QCoreApplication>
#include <QSqlDatabase>
#include <QSqlError>
#include <QSqlQuery>
#include <qDebug>

#pragma execution_character_set("utf-8")   //这样将中文添加到表中就不会出现乱码
```

```
int main(int argc, char *argv[])
{
    QCoreApplication a(argc, argv);

    QSqlDatabase db = QSqlDatabase::addDatabase("QSQLITE");
      db.setDatabaseName("d:\\students.dat");
      if (!db.open())
            qDebug()<<db.lastError().text();
      {
         qDebug()<<"open database ok";

         QSqlQuery query;
      query.exec("SELECT * FROM students WHERE score >= 60 AND score <= 80;");
            while(query.next())
            {
               QString id = query.value(0).toString();
               QString name = query.value(1).toString();
               QString score = query.value(2).toString();
               QString classs = query.value(3).toString();

               qDebug()<<id<<name<<score<<classs;
            }
      }

    return a.exec();
}
```

（4）按 Ctrl+R 快捷键以运行这个项目，运行结果如图 6-14 所示。

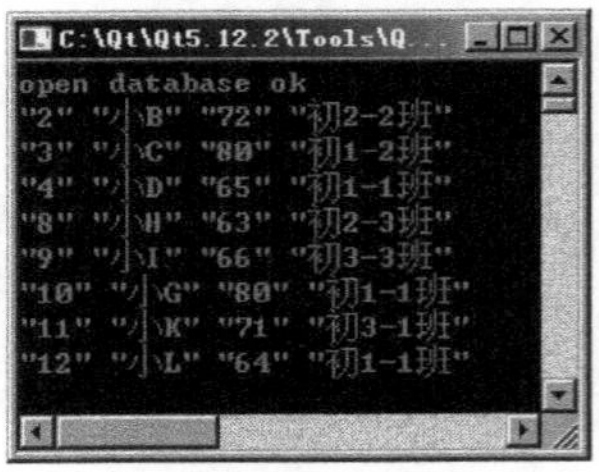

```
open database ok
"2" "小B" "72" "初2-2班"
"3" "小C" "80" "初1-2班"
"4" "小D" "65" "初1-1班"
"8" "小H" "63" "初2-3班"
"9" "小I" "66" "初3-3班"
"10" "小G" "80" "初1-1班"
"11" "小K" "71" "初3-1班"
"12" "小L" "64" "初1-1班"
```

图 6-14

参照该例，若要编写成其他查询语句，基本上只要改变一下 select 的写法即可，比如筛选出成绩大于等于 80 分或者班级为初 3-3 班的学生：

```
"SELECT * FROM students WHERE score >= 80 OR class == '初3-3班';"
```

又比如，通过 GLOB 通配符来匹配班级名中带有"3-3"的班级中的学生：

```
"SELECT * FROM students WHERE class GLOB '*3-3*';"
```

4. 删除表中的内容

删除表中的内容可以通过下列 3 种语句来完成。

（1）DROP 语句：用来删除整个表并且连表结构也一同删除，删除后只能使用 CREATE TABLE 来重新创建表。

（2）TRUNCATE 语句：在 SQLite 中没有这个语句，在 MySQL 中有，用来清除数据表内的数据，但是表结构不会被删除。

（3）DELETE 语句：删除部分记录，表结构不会被删除，删除的速度比上面两种语句慢，可以配合 WHERE 来删除指定的行。比如删除 students 表中所有的内容：

```
query.exec("DELETE FROM students");
```

又比如要删除 id=3 的一行记录：

```
query.exec("DELETE FROM students WHERE  id = 3");
```

5. 更新表中的内容

更新表中的内容一般用下面两种语句。

（1）UPDATE 语句：用来修改表中的内容，可以通过 WHERE 语句来指定要修改的内容。比如，修改 score 和 name 指定列的内容：

```
query.exec("UPDATE  new_students  SET score = 100 , name = '小A'");
```

又比如小于 60 分的设为不合格、其他分数设为合格：

```
query.exec("UPDATE  new_students  SET 结果='不合格'  WHERE  score<60 ");
query.exec("UPDATE  new_students  SET 结果='合格'  WHERE  score>=60 ");
```

（2）ALTER　TABLE 语句：用来重新命名表，或者在已有的表中添加新的一列。比如将 students 重新命名为 new_students：

```
query.exec("ALTER TABLE students RENAME TO new_students");
```

又比如向 new_students 表中添加一列，标题为“结果”，内容格式为 VARCHAR(10)：

```
query.exec("ALTER TABLE  new_students ADD COLUMN 结果 VARCHAR(10)");
```

第 7 章 Qt调用Windows下的动态链接库

我们在第 3 章讲述了 Qt 如何调用 Linux 下的静态库和动态库，那么 Qt 能否和 Windows 下的库联合作战呢？答案是肯定的。Qt 是跨平台开发工具，所以也能和 Windows 下的动态库一起使用。

库在软件开发中扮演着重要的角色，尤其是当软件规模较大时，往往会将软件划分为许多模块，这些模块各自提供不同的功能，尤其是一些通用的功能都放在一个模块中，然后提供给其他模块调用，这样可以避免重复开发，提高了开发效率。而且，在多人开发的软件项目中，可以根据模块划分来进行分工，比如指定某个人负责开发某个库。

在 Windows 操作系统上，库以文件的形式存在，并且可以分为动态链接库（DLL）和静态链接库两种。动态链接库文件以.dll 为后缀名，静态链接库文件以.lib 为后缀名。不管是动态链接库还是静态链接库，都是向它们的调用者提供变量、函数或类。

这一章我们将讲述如何让 Qt 和 Windows 的 DLL 库交互，这也是多人开发时经常会遇到的场景，即中间件开发者把业务功能封装成库文件，然后交给界面开发者，界面开发者再调用这些 DLL，组成一个带界面展示的完整软件。或许有些初学者没有学过动态链接库，为了节省大家去参阅其他参考书的时间，笔者这里将先介绍一下动态链接库的开发过程，再把生成的 DLL 放到 Qt 项目中去调用。

需要强调的是，虽然 Qt 界面的开发者不一定会参与业务逻辑的开发，但还是需要掌握动态链接库的基本开发过程，也需要掌握 DLL 库的一些基本概念，这样在调用时碰到问题才不至于茫然而不知所措。自己熟悉动态链接库后，和业务逻辑的开发者交流就会更加流畅。

我们将使用 VC2017 来开发动态链接库。VC2017 不但能用于开发 Qt 程序，也是用于开发 DLL 库的利器。VC2017 的基本使用我们在第 2 章介绍过了，读者只需要跟着本章的实例按步骤行事即可。

7.1 动态链接库的定义

动态链接库（Dynamic Linkable Library，DLL）是 Windows 上实现代码共享的一种方式。动态链接库的源码就是函数或类的具体实现，源码经过编译后会生成一个后缀名为 dll 的文件，这个文件就是动态链接库文件，是一个二进制形式的文件，不可以单独运行，必须和它的调用者一起运行。它通常可以向其调用者提供变量、函数或类。动态链接库的调用者（或称为使用者）可以是应用程序（可执行程序，exe 程序）或其他动态链接库，下面为了叙述方便直接说应用程序，大家只要知道 DLL 文件还可以调用其他 DLL 文件即可。动态链接库中提供给调用者调用的函数通常被称为导出函数，提供给调用者使用的类通常被称为导出类。

动态链接库经过编译后会生成一个.lib 文件和一个.dll 文件，这里的 lib 文件不是指静态链接库文件，而是导入库文件，虽然后缀名和静态链接库文件相同，但是两者没有任何关系。导入库文件中存放的是 DLL 文件中导出函数的名称和地址，应用程序采用隐式链接动态链接库（使用 DLL 的一种方式）的时候，会把导入库文件中的内容（导出函数或类的名称和地址）复制到应用程序的代码中，当应用程序运行时，就能知道动态链接库中导出函数（或类）的地址了。

DLL 是和开发语言无关的，VC、VB、Delphi 或 C++ Builder 等开发的 DLL 都可以被其他支持 DLL 技术的语言使用。

动态链接库广泛应用于 Windows 操作系统中。Windows 操作系统这个庞大的软件本身就是由很多 DLL 文件所组成的，我们可以在 c:\windows\system32 下发现很多 DLL 文件。另外，DLL 是组件技术的基础。

7.2　使用动态链接库的好处

使用动态链接库有以下几个优点：

（1）有利于代码和数据的共享

有些通用功能，比如字符串处理功能，在多个软件中都会用到，就没有必要在每次需要用到时都去实现一遍了，所以可以把通用功能放在一个 DLL 文件中，这样每次使用的时候只需加载 DLL 即可。

（2）有利于系统模块化开发

软件划分为多模块 DLL 后，可以由不同的人负责不同的 DLL，而且只要定义好 DLL 的导出函数（或类）形式，就可以做到并行开发，大大提高了软件开发效率。

（3）有利于软件升级

软件划分为多个 DLL 模块，当需要升级模块时，只需升级相应模块的 DLL 文件即可，不必对整个系统全部升级。

（4）有利于保护软件技术

当软件厂商给其他软件公司提供功能模块时，不需要提供源码，只需要提供二进制形式的 DLL 文件，这样就可以把自己的技术细节隐藏起来。

7.3 动态链接库的分类

根据在 DLL 中是否使用了 MFC 类，可以把 DLL 分为非 MFC DLL 和 MFC DLL。

非 MFC DLL（Non-MFC DLL）也称 Win32 DLL，这种动态链接库指的是不用 MFC 的类库结构直接用 C 语言编写的 DLL，其导出的函数是标准的 C 接口，能被非 MFC 或 MFC 编写的应用程序所调用。如果建立的 DLL 不需要使用 MFC，那么应该建立 Non-MFC DLL，因为使用 MFC 会增大用户库的大小，会浪费用户的磁盘和内存空间。

MFC DLL 意味着可以在这种 DLL 的内部使用 MFC。MFC DLL 分为规则的 MFC DLL 和扩展的 MFC DLL。规则的 MFC DLL 包含一个继承自 CWinApp 的类，但它无消息循环，它是用 MFC 类库编写的，它的一个明显的特点是在源文件中有一个继承 CWinApp 的类（注意：此类 DLL 虽然从 CWinApp 派生，但没有消息循环），调用常规 DLL 的应用程序不必是 MFC 应用程序，它们可以是在 Visual C++、Dephi、Visual Basic、Borland C 等编译环境下利用 DLL 开发的应用程序。“规则的”意味着它不同于 MFC 扩展 DLL，在 MFC 规则 DLL 的内部虽然可以使用 MFC，但是它与应用程序的接口不能是 MFC。而 MFC 扩展 DLL 与应用程序的接口可以是 MFC，可以从 MFC 扩展 DLL 中导出一个 MFC 类的派生类。规则的 MFC DLL 能够被所有支持 DLL 技术的编程语言所编写的应用程序调用，当然也包括使用 MFC 的应用程序，在这种动态链接库中，包含一个从 CWinApp 继承下来的类，DllMain()函数由 MFC 自动提供。

扩展 DLL 和常规 DLL 不一样，它没有一个从 CWinApp 继承而来的类的对象，所以开发人员必须在 DLL 中的 DllMain()函数中添加初始化代码和结束代码。与规则 MFC DLL 相比，扩展的 DLL 有如下不同点：

（1）它没有一个从 CWinApp 派生的对象。

（2）它必须有一个 DLLMain()函数。

（3）DllMain()函数调用 AfxInitExtensionModule()函数，必须检查该函数的返回值，如果返回 0，DllMain()函数也返回 0。

（4）如果它希望输出 CRuntimeClass 类的对象或者资源，则需要提供一个初始化函数来创建一个 CDynLinkLibrary 对象。

7.4 Win32 DLL 的开发和 Qt 调用

7.4.1 在 DLL 中导出全局函数并调用

DLL 的作用是把库中的变量、函数或类提供给其他程序使用，所以要生成一个有用的 DLL，首先要把 DLL 中的变量、函数或类导出，再编译生成 dll 文件。导出就是对那些要给外部程序使用的变量、函数或类进行声明，通常有两种导出方式：第一种方式是通过关键字 _declspec(dllexport)导出，另一种是采用模块定义文件。无论采用哪种方法编译，最终都会生成 dll 文件和 lib 文件（导入库文件）。

1. 通过关键字_declspec(dllexport)导出

使用关键字_declspec(dllexport)可以从 DLL 导出数据、函数、类或类成员函数。这种方式比较简单，只要导出的内容前加_declspec(dllexport)即可。比如导出一个函数，可以在头文件声明函数：

```
_declspec(dllexport) void f();
_declspec(dllexport) int min(int a,int b);
```

注意，要写在函数类型之前。在函数 f()定义的时候，可以不加_declspec(dllexport)。

【例 7.1】 使用_declspec(dllexport)来导出函数

（1）启动 VC2017，新建一个 Win32 项目，项目名为 Test。

（2）在“Windows 桌面项目”对话框上，选择应用程序类型为“动态链接库(.dll)”，在“其他选项”中选中“空项目”复选框，如图 7-1 所示。

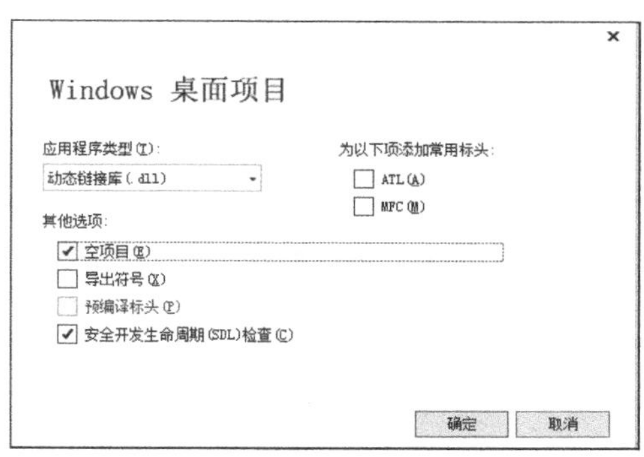

图 7-1

（3）切换到解决方案视图，右击“头文件”，在弹出的快捷菜单中依次选择菜单项“添加→新建项”，然后在“添加新项”对话框上选择“头文件”，并在“名称”文本框里输入 Test.h，如图 7-2 所示，最后单击“添加”按钮。

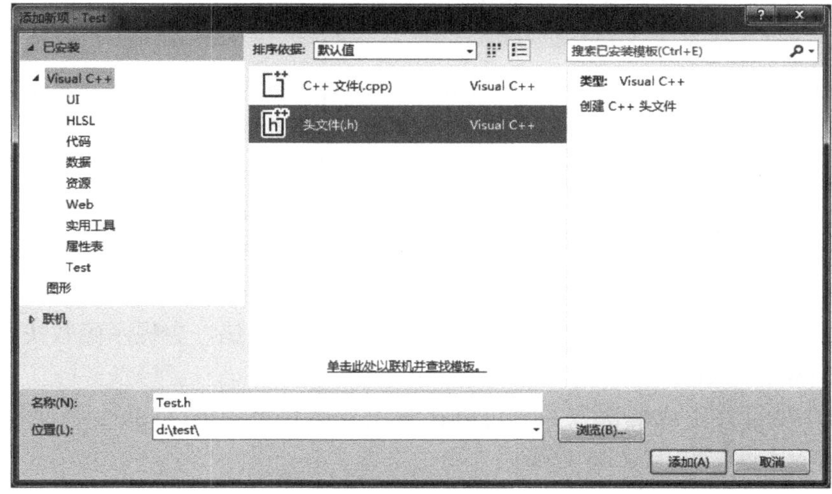

图 7-2

再切换到解决方案视图，右击“源文件”，在弹出的快捷菜单中依次选择菜单项“添加→新建项”，然后在“添加新项”对话框上选择“C++文件”，并在“名称”文本框里输入 Test.cpp，最后单击“添加”按钮。

打开 Test.h，输入如下代码：

```
#ifndef _TEST_H
#define _TEST_H //防止重复引用

#ifdef __cplusplus
extern "C" {
#endif

_declspec(dllexport) void f();  //声明函数 f()为导出函数

#ifdef __cplusplus
}
#endif

#endif
```

打开 Test.cpp，输入如下代码：

```
#include "Test.h"
#include "windows.h"   //为了使用 MessageBox
#include "tchar.h"     //为了使用_T

void f()
{
   MessageBox(0,_T(" 你好，世界"), 0,0);
}
```

__cplusplus 是 cpp 中的自定义宏，表示这是一段 cpp 的代码。也就是说，上面一段代码的含义是：如果这是一段 cpp 的代码，那么加入 extern "C"{和}处理其中的代码。要明白为何使用 extern "C"，还得从 cpp 中对函数的重载处理开始说起。在 C++中，为了支持重载机制，在编译生成的汇编代码中要对函数的名字进行一些处理，加入函数的返回类型等。在 C 中，只是简单的函数名字而已，不会加入其他的信息。也就是说，C++和 C 对产生的函数名字的处理是不一样的。

这里 extern "C"必须要有，否则 Qt 项目引用函数将会出错，会提示函数找不到的错误码（“DWORD dw = ::GetLastError();”，得到 dw=127）。

（4）保存项目并生成解决方案，可以在解决方案目录中的 Debug 目录下发现生成的 Test.dll，并且导入库文件 Test.lib 也在同一路径下。

2. 使用模块定义文件来导出

模块定义文件是一个文本文件，后缀名是.def，该文件中出现的函数名就是要导出的函数，链接器会读取这个文件，并根据里面出现的函数名知道哪些函数是导出函数。因此，def 文件必须按照一定的格式来编写，通常格式如下：

```
LIBRARY MYDLL                 ;为 DLL 起个名称，此行也可以省略
DESCRIPTION "这是我的 dll"    ;对 DLL 的解释，此行也可以省略
```

```
EXPORTS entryname[=internalname]  [@ordinal[NONAME]]  [CONSTANT]  [PRIVATE]
```

def 文件中的关键字和用户标识符是区分字母大小写的。关键字 LIBRARY 后面的内容只是为 DLL 文件起个名字，但最终生成的 DLL 文件名则不是以它为准，实际上是以项目属性中设置的输出文件名为准。关键字 DESCRIPTION 用来对本动态库做一些说明。分号后面的内容是注释内容，不会被读取。上面第一行、第二行是可以省略的。

关键字 EXPORTS 必须要有，它后面的内容就是要导出的函数或变量。其中，entryname 是要导出的函数或变量的名字，如果要导出的名字和 DLL 中定义的名称不同，则可以用 internalname 来说明 DLL 中内部定义的名字，比如 DLL 内部定义了函数 f2，现在要把它导出为函数 f1，则可以这样写：

```
EXPORTS
    f1=f2
```

@ordinal 允许用序号导出函数，而不是以函数名导出，@后面的 ordinal 表示序号，引入库文件（.lib 文件）中包含了序号和函数之间的映射，这样 DLL 的导出表里存放的是序号而不是函数名，这样可以优化 DLL 的大小，尤其是在要导出许多函数的情况下。导出表是 DLL 文件中的一部分，通常用来存放要导出函数的名字或序号。序号的范围是 1 到 n。

NONAME 关键字为可选项，表示只允许按照序号导出，不使用函数名（entryname）导出。

CONSTANT 关键字也是可选项，表示导出的是变量（数据），而不是函数，使用 DLL 导出变量的程序（调用者）最好声明该变量为_declspec(dllimport)，否则只能把这个变量当成地址。

上述各项中，只有 entryname 项是必需的，其他可以省略。

【例 7.2】 使用.def 来导出函数

（1）启动 VC2017，新建一个 Win32 项目，项目名是 Test。

（2）在“Win32 应用程序向导”对话框中，选择应用程序类型为“DLL”，附加选项则选中“空项目”。

（3）切换到解决方案视图，然后通过右击“头文件”来添加一个头文件 Test.h，并为其添加如下代码：

```
#ifndef _TEST_H
#define _TEST_H     //防止重复引用

#include "tchar.h" //为了使用_T


 int f1(TCHAR *sz,int n);
 void f2();


#endif
```

再通过右击“源文件”来添加一个 C++文件 Test.cpp，并为其添加如下代码：

```
#include "Test.h"
#include "windows.h" //为了使用 MessageBox
```

```
int f1(TCHAR *sz, int n)
{
    MessageBox(0,sz, 0, 0);

    return n;
}

void f2()
{
    MessageBox(0, _T(" 你好, f2"), 0, 0);
}
```

然后右击“源文件”，打开“添加新项”对话框，在左边选中“代码”、右边选中“模块定义文件(.def)”，接着在“名称”文本框中输入 Test.def，如图 7-3 所示。而后单击“添加”按钮，在 Test.def 文件中输入如下内容：

```
EXPORTS
f1
f2
```

图 7-3　添加模块定义文件

（4）切换到解决方案视图，然后右击 Test，在弹出的快捷菜单中选择“生成”选项，这样会在解决方案的 Debug 目录下生成 Test.dll 和 Test.lib。

7.4.2　在 VC++中使用 DLL 的导出函数

为了验证前面生成的 DLL 的正确性，我们有必要先在 VC++中进行调用，证明 DLL 确实可用了，再转到 Qt 中去调用，以防一开始就在 Qt 中调用，万一出错而不知道是 Qt 调用方式错误还是 DLL 本身的错误。

应用程序要调用 DLL 中的函数、变量等内容，必须知道这些导出内容的内存地址，这个过程叫链接。应用程序链接 DLL 有两种方式：隐式（动态）链接和显式（动态）链接。

动态链接库文件（DLL 文件）的位置必须按照一定的规则存放，应用程序才能成功将其加载，尤其是隐式链接，因为隐式链接不能在程序中指定 DLL 文件的路径，只会去默认的约定路径中寻找 DLL 文件，当几个约定的路径上都没有 DLL 文件时，则会提示找不到 DLL 文件。Windows 遵循下面的搜索顺序来定位 DLL 文件：

（1）应用程序 EXE 文件所在的同一目录。

（2）进程的当前工作目录，可以通过 API 函数 GetCurrentDirectory()来获得。

（3）Windows 系统目录，c:\Windows\system32，可以通过 API 函数 GetSystemDirectory()来获得。

（4）Windows 目录，比如 c:\Windows，可以通过函数 GetWindowsDirectory()来获得。

（5）列在 Path 环境变量中的一系列目录。

1. 隐式链接

隐式链接在应用程序（调用者）开发阶段就要把 DLL 的链接信息插入到应用程序（EXE）中，即调用者项目最终生成的应用程序（EXE）是包含 DLL 链接信息的，并且在开始执行时就要将 DLL 文件加载到内存当中，最终要等到应用程序运行结束才会释放 DLL。

隐式链接实现起来相对比较简单。DLL 项目在编译后会产生.dll 文件和.lib 文件。.lib 文件也叫导入库文件，包含了 DLL 各种导出资源（数据、函数或类）的链接信息。应用程序如果要隐式链接 DLL，比如通过导入库文件来获取 DLL 的链接信息，就是 DLL 中各种导出资源实际代码的指针（地址），通过这些指针，就可以具体执行 DLL 中的代码了。

隐式链接使用 DLL 的基本流程是：

（1）在应用程序项目中引用导入库文件（.lib）。

（2）在应用程序中包含头文件。

（3）在应用程序中调用 DLL 中的数据、函数或类。

其中，在应用程序项目中引用导入库文件又有 3 种方式：一是在项目属性中设置；二是使用指令#pragma comment；三是直接添加到解决方案视图中。下面我们分别演示这 3 种方式的例子，最后可以发现其实第三种方式最简单。

【例 7.3】　隐式链接方式使用 DLL（属性设置.lib 文件）

（1）把例 7.1 的目录复制一份，然后打开它的解决方案。

（2）在解决方案中再添加一个项目来调用 Test.dll 中的函数 f()。切换到解决方案视图，右击解决方案 Test，然后在弹出的快捷菜单中依次选择菜单选项“添加→新建项目”，而后在“新建新项目”对话框中新建一个 MFC 应用程序，项目的名称是 UseDll，接着在“MFC 应用程序向导”对话框中选择应用程序类型为“基于对话框”，最后单击“完成”按钮，这样我们在解决方案中就建立了一个对话框项目。

再切换到 UseDll 的资源视图，打开对话框设计界面，删掉上面所有的控件，然后拖放一个按钮到对话框中，并为这个按钮添加单击事件处理函数，代码如下：

```
void CUseDllDlg::OnBnClickedButton1()
{
    // TODO:  在此添加控件通知处理的程序代码
    f();
}
```

在 Test.cpp 开头处添加包含头文件的指令：

```
#include "../Test//Test.h"
```

直接包含 Test 项目下的 Test.h 头文件，如果在 Test.h 中有修改，那么它的调用者 UseDll 项目就可以马上知道。

为 UseDll 项目设置 Test.lib，打开 UseDll 的项目属性对话框，在左边选择"链接器→常规"，在右边找到"附加库目录"，在其旁边输入$(OutDir)，如图 7-4 所示。

$(OutDir)表示解决方案的输出路径，如 d:\code\ch07\7.1\Test\Debug\，这样 UseDll 项目就知道要到解决方案的输出目录下去找导入库文件。接着在左边选择"输入"，在右边的"附加依赖项"旁边输入 Test.lib，如图 7-5 所示。

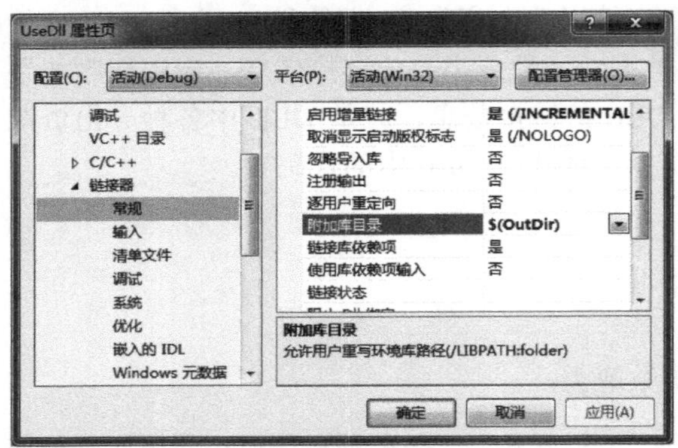

图 7-4　设置附加库目录

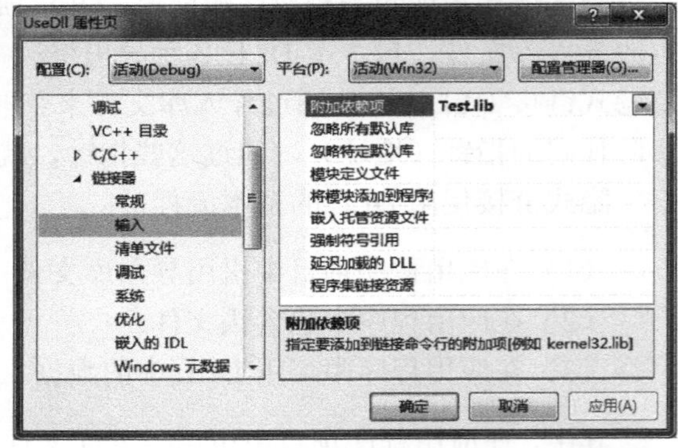

图 7-5　设置附加依赖项

这样就告诉了 UseDLL 需要导入库文件 Test.lib。最后单击"保存"按钮。

（6）保存项目并运行，运行结果如图 7-6 所示。

【例 7.4】　隐式链接方式使用 DLL（#pragma comment 引用.lib 文件）

（1）把例 7.1 的目录复制一份，然后打开解决方案。

（2）解决方案中再添加一个项目来调用 Test.dll 中的函数 f()。在这个项目中，通过指令#pragma comment 来引用导入库文件 Test.lib，新建的项目是一个对话框项目，项目名是 UseDll2。然后打开对话框设计界面，去掉所有控件，然后放一个按钮，并添加单击事件处理函数，代码如下：

```
void CUseDll2Dlg::OnBnClickedButton1()
{
    // TODO:  在此添加控件通知处理程序代码
    f();
}
```

在 Test.cpp 开头处添加包含头文件和引入库的指令：

```
#include "../Test//Test.h"
#pragma comment(lib, "Test.lib")
```

Test.lib 位于输出目录下，即解决方案的 Debug 目录，这个路径可以用$(OutDir)来表示，因此我们要为 UseDll2 设置 Test.lib 所在路径为$(OutDir)，即在项目属性对话框中把附加库目录设置为$(OutDir)，与 UseDll 项目的设置方法一样。

（8）保存 UseDll2 项目并运行，运行结果如图 7-7 所示。

图 7-6　隐式链接方式使用 DLL
（属性设置.lib 文件）

图 7-7　隐式链接方式使用 DLL
（#pragma comment 引用 lib 文件）

【例 7.5】　隐式链接方式使用 DLL（.lib 文件添加到解决方案）

（1）把例 7.1 的目录复制一份，然后打开它的解决方案。

（2）在解决方案中再添加一个对话框项目 UseDll3 来调用 Test.dll 中的函数 f()。将 Test 项目生成的导入库文件 Test.lib 直接拖入新建项目的解决方案视图中。

（3）切换到 UseDll3 的解决方案视图，同时打开解决方案目录下的 Debug 子目录，这个子目录下有 Test 项目生成的 Test.lib 文件（如果没有，可以先生成 Test 项目），然后把 Test.lib 文件拖放到 UseDll3 的解决方案视图中（拖放到项目名 UseDll3 时再松开鼠标按钮），此时会在 UseDll3 项目下出现 Test.lib 文件，如图 7-8 所示。

（4）切换到 UseDll3 的资源视图，打开对话框设计界面，去掉所有控件，然后放入一个按钮，并添加单击事件处理函数，代码如下：

```
void CUseDll3Dlg::OnBnClickedButton1()
{
    // TODO:  在此添加控件通知处理的程序代码
    f();
}
```

在 Test.cpp 开头处添加包含头文件的指令：

```
#include "../Test//Test.h"
```

直接包含 Test 项目下的 Test.h，如果在 Test.h 中有任何修改，那么它的调用者项目 UseDll 就可以马上知道。

（5）保存项目并运行，运行结果如图 7-9 所示。

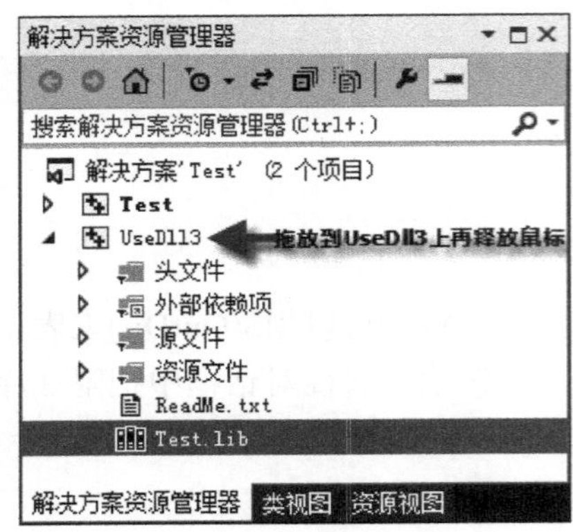

图 7-8 把 Test.lib 拖进 UseDll3 项目中

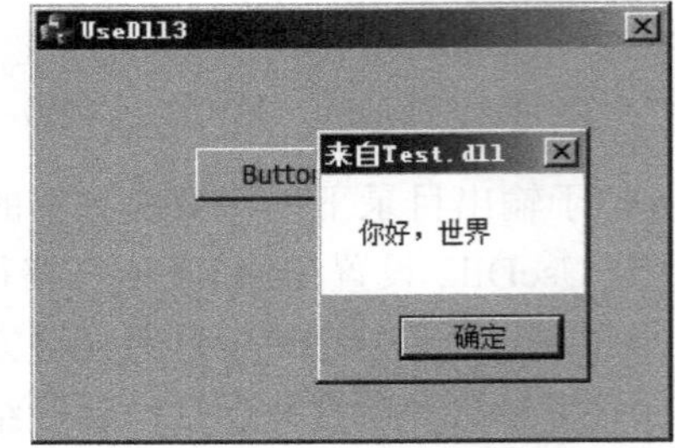

图 7-9 隐式链接方式使用 DLL（.lib 文件添加到解决方案）

2. 显式链接

前面提到，隐式链接使用 DLL 时，在应用程序（调用者）加载的同时也要把 DLL 加载到内存中。如果应用程序要使用多个 DLL，在应用程序刚开始运行时就要把多个 DLL 加载到内存中，而且一直到应用程序运行结束才会从内存中卸载，即使在运行过程中某个 DLL 已经不需要再使用了，也无法卸载。显式链接则不存在这个问题，它可以使应用程序在需要用到 DLL 时再加载，并且在不需要 DLL 的时候就马上卸载掉。

显式链接方式不需要使用导入库文件（.lib 文件），而是通过 3 个 API 函数来实现动态链接库的调用，即先通过函数 LoadLibrary()来加载动态链接库，再通过函数 GetProcAddress()来获取动态链接库中的导出函数地址并执行导出函数，最后通过函数 FreeLibrary()来卸载动态链接库。

函数 LoadLibrary()的原型声明如下：

```
HMODULE WINAPI LoadLibrary( LPCTSTR lpFileName);
```

其中，参数 lpFileName 指向要加载的动态链接库文件的路径（包括文件名的路径）或文件名，如果 lpFileName 不是路径而只是一个文件名，则这个函数会通过标准的搜索策略来搜索这个文件。如果这个函数成功找到文件，就返回加载成功的动态链接库模块句柄，如果失败，就返回 NULL，失败错误代码可以通过函数 GetLastError()来获得。

函数 GetProcAddress()的原型声明如下：

```
FARPROC  GetProcAddress(HMODULE hModule, LPCSTR lpProcName);
```

其中，参数 hModule 是动态链接库的模块句柄；参数 lpProcName 是动态链接库中导出函数或导出变量的名称，类型是 LPCSTR，即 CHAR *。如果这个函数成功，则返回期望的导出函数或导出变量的地址，否则返回 NULL，失败错误代码可以通过函数 GetLastError()来获得。

函数 FreeLibrary()的原型声明如下：

```
BOOL  FreeLibrary(HMODULE  hModule);
```

其中，函数 hModule()是已经加载成功的动态链接库的模块句柄。如果函数成功，则返回非零，否则返回零。

下面通过一个例子来说明显式链接方式如何使用 DLL。先用 VC 来调用一下 DLL，以证明 DLL 本身没有问题。

【例 7.6】　VC 以显式方式使用动态链接库

（1）把例 7.2 的目录复制一份，然后打开它的解决方案。

（2）在解决方案中再添加一个 Win32 控制台项目，项目名为 UseDll，用来调用 Test.dll 中的函数 f()。打开 UseDll 项目中的 UseDll.cpp，添加如下代码：

```
// UseDll.cpp : 定义控制台应用程序的入口点
//

#include "stdafx.h"
#include "windows.h"

typedef int(*FUNC)(TCHAR *, int); //定义函数指针类型

int _tmain(int argc, _TCHAR* argv[])
{
    HINSTANCE hDll = NULL; //定义 dll 的句柄
    FUNC myf;    //定义函数
    int res;


    hDll = LoadLibrary(_T("Test.dll")); //加载 dll
    if (!hDll)
    {
        puts("Test.dll 加载失败");
        goto end;
    }
    myf = (FUNC)GetProcAddress(hDll, "f1"); //获取 Test.dll 中的函数 f1()的地址
    if (!myf)
    {
        puts("获取函数失败");
        goto end;
    }
    res = myf(_T("你好"), 10); //执行函数
    printf("返回值是：%d\n", res);

    FreeLibrary(hDll); //释放 dll
```

```
end:
    return 0;
}
```

调用 Test.dll 中的函数 f1()，根据函数 f1()的原型定义一个函数类型 FUNC，有了这个函数类型，就可以定义函数名 myf，该函数名最终用来存放 Test.dll 中函数 f1()的地址。加载 Test.dll 通过 API 函数 LoadLibrary()来实现，如果成功则把 DLL 模块句柄存放在 hDll 中。然后通过调用函数 GetProcAddress()来获得 Test.dll 中函数 f1()的地址，并存于 myf 中，接着执行函数 myf()，其实就是执行函数 f1()。等执行完毕后，再调用函数 FreeLibrary()来释放动态链接库。

（3）保存项目并运行，运行结果如图 7-10 所示。

图 7-10　显式方式使用动态链接库

7.4.3　函数 DllMain()

控制台程序有入口函数 main()，图形界面程序有入口函数 WinMain()，DLL 程序也可以有一个入口函数，就是 DllMain()，但它不是必需的，是可选的。如果动态链接库程序中有函数 DllMain()，则会在采用隐式链接时首先调用这个函数；在采用显式链接时，函数 LoadLibrary()和 FreeLibrary()都会调用函数 DllMain()。

函数 DllMain()不必自己建立，在新建一个 Win32 DLL 项目的时候，默认情况下会自动建立一个 DllMain()函数。比如我们新建一个 Win32 项目，在向导程序中把应用程序类型设置为“动态链接库（.dll）”，其他选项保持默认设置即可，然后单击“确定”按钮，如图 7-11 所示。

Windows 桌面项目

应用程序类型(T):
动态链接库(.dll)
其他选项:
空项目(E)
导出符号(X)
预编译标头(P)
安全开发生命周期(SDL)检查(C)
为以下项添加常用标头:
ATL(A)
MFC(M)
确定　取消

图 7-11

然后会生成一个 Win32 DLL 项目，并且已经为我们创建了两个 cpp 文件：Test.cpp 和 dllmain.cpp。通常前者存放我们的实现代码，后者存放 DLL 的入口函数 DllMain()。函数 DllMain()的一般形式如下：

```
BOOL APIENTRY DllMain( HMODULE hModule, DWORD  ul_reason_for_call,
                       LPVOID lpReserved )
{
    switch (ul_reason_for_call)
    {
    case DLL_PROCESS_ATTACH:
    case DLL_THREAD_ATTACH:
    case DLL_THREAD_DETACH:
    case DLL_PROCESS_DETACH:
        break;
    }
    return TRUE;
}
```

函数 DllMain()有 3 个参数：hModule 为该 DLL 实例的句柄，也就是本 DLL 映射到进程地址空间后，在该进程地址空间中的位置 lpReserved 保留不用；ul_reason_for_call 表示调用 DllMain()函数的原因，有 4 种值，分别是 DLL_PROCESS_ATTACH、DLL_PROCESS_DETACH、DLL_THREAD_ATTACH 和 DLL_THREAD_DETACH。

（1）DLL_PROCESS_ATTACH

当一个 DLL 文件（通过隐式链接或显式链接的函数 LoadLibrary()加载）被映射到进程的地址空间时，系统调用该 DLL 的 DllMain()函数，并把 DLL_PROCESS_ATTACH 传递给参数 ul_reason_for_call。这种调用只会发生在第一次映射时，如果同一个进程再次调用函数 LoadLibrary()来加载已经映射进来的 DLL，操作系统只会增加 DLL 的使用次数，而不会再用 DLL_PROCESS_ATTACH 调用 DLL 的 DllMain()函数。不同进程用函数 LoadLibrary()来加载同一个 DLL 时，每个进程的第一次映射都会用 DLL_PROCESS_ATTACH 调用 DLL 的 DllMain()函数。一般可以把一些初始化的工作放在 case DLL_PROCESS_ATTACH 中。

（2）DLL_PROCESS_DETACH

当系统将一个 DLL 从进程地址空间中的映射撤销时，则会向 DllMain()函数传入 DLL_PROCESS_DETACH。可以在此处做一些清理工作，但要注意当用 DLL_PROCESS_ATTACH 调用 DLL 的 DllMain()函数时，如果返回 FALSE，就说明没有初始化成功，系统仍会用 DLL_PROCESS_DETACH 调用 DLL 的 DllMain()函数。因此，必须确保清理那些没有成功初始化的东西。

当调用 FreeLibrary()时，若该进程的线程使用计数为 0，则操作系统会使用 DLL_PROCESS_DETACH 来调用 DllMain()函数；若使用计数大于 0，则减少该 DLL 的计数。

除了 FreeLibrary()函数可以解除 DLL 的映射之外，当进程结束的时候 DLL 映射也会被解除，但要注意，如果用函数 TerminateProcess()来结束进程，则系统不会用 DLL_PROCESS_DETACH 来调用 DLL 的 DllMain 函数()。

(3) DLL_THREAD_ATTACH

当进程创建一个线程时，系统会检查当前已映射到该进程空间中的所有 DLL 映像，并用 DLL_THREAD_ATTACH 来调用每个 DLL 的 DllMain()函数。

只有当所有 DLL 都完成了对 DLL_THREAD_ATTACH 的处理后，新线程才会执行它的线程函数。比如已经加载了 DLL 的进程中有创建线程的代码：

```
CreateThread(NULL, 0, ThreadProc, 0, 0, NULL);
```

函数 ThreadProc()是线程函数，代码如下：

```
DWORD WINAPI ThreadProc(LPVOID lpParam)
{
    return 0;
}
```

当线程创建的时候会先调用 DllMain()函数，并传入参数 DLL_THREAD_ATTACH，再执行线程函数 ThreadProc()。

另外，主线程不可能用 DLL_THREAD_ATTACH 来调用 DllMain()函数，因为主线程必然是在进程初始化的时候用 DLL_PROCESS_ATTACH 调用 DllMain()函数。

(4) DLL_THREAD_DETACH

当线程函数执行结束的时候，会用 DLL_THREAD_DETACH 来调用当前进程地址空间中所有 DLL 镜像的 DllMain()函数。当每个 DLL 的 DllMain()函数都处理完毕后，系统才会真正地结束线程。

如果线程在 DLL 被卸载（调用 FreeLibrary()）之前结束，则会用 DLL_THREAD_DETACH 调用 DllMain()函数。如果线程在 DLL 卸载之后结束，则不会用 DLL_THREAD_DETACH 来调用 DllMain()函数。如果要在 case DLL_THREAD_DETACH 中释放内存，就一定要注意 DLL_THREAD_DETACH 有没有被执行到，否则会造成内存泄漏。

下面举例看一下 DllMain()函数的序列化调用：

进程中有两个线程 A 与 B。在进程的地址空间中，映射了一个名为 SomeDll.dll 的 DLL。两个线程都准备通过调用 CreateThread()来创建另外两个线程 C 和 D。

当线程 A 调用 CreateThread()来创建线程 C 的时候，系统会用 DLL_THREAD_ATTACH 来调用 SomeDll.dll 的 DllMain()函数，当线程 C 执行 DllMain()函数时，线程 B 调用 CreateThread()函数来创建线程 D。

这时，系统同样会用 DLL_THREAD_ATTACH 来调用 SomeDll.dll 的 DllMain()函数，让线程 D 来执行其中的代码。只是系统会对 DllMain()函数执行序列化，将线程 D 挂起，直至线程 C 执行完 DllMain()函数中的代码返回为止。当线程 C 执行完 DllMain()函数中的代码并返回时，可以继续执行 C 的线程函数。此时，系统会唤醒线程 D，让 D 执行 DllMain()函数中的代码。当线程 D 返回后，开始执行线程函数。

7.4.4　在 Qt 中调用 DLL 的导出函数

Qt 调用 DLL 的导出函数有 4 种方法：第一种是使用 Win32 API；第二种是使用 Qt 自身的 API；第三种是直接调用 DLL；第四种是可视化设置的方法，点点鼠标即可。

1. 使用 Win32 API 调用 DLL 导出函数

这个 Win32 API 就是函数 LoadLibrary()，也就是显式链接方式。前面我们已经和它打过交道了（详见“显式链接”的章节）。加载 DLL 成功后，再调用 Win32 API 函数 GetProcAddress()来获取 DLL 中导出函数的地址，并保存在函数指针中，以后通过函数指针就可以直接调用导出函数，最后调用 Win32 API 函数 FreeLibrary()来释放 DLL 句柄。

值得注意的是，在 Qt 中调用 Win32 API 函数的时候，要在 API 函数前加::，表示该函数是一个全局的 Win32 API 函数，比如::LoadLibrary()。

【例 7.7】　Qt 利用 Win32 API 调用 DLL 导出函数（_declspec(dllexport)导出）

（1）启动 Qt Creator 4.8.2，新建一个对话框项目，项目名为 call。

（2）把例 7.1 在其解决方案的 Debug 目录下生成的 Test.dll 放到 D 盘。

（3）回到 Qt Creator，打开对话框设计界面，在上面放置一个按钮，然后把按钮的 text 属性设置为“调用 DLL 的导出函数”，并为按钮添加 clicked 信号的槽函数：

```
void Dialog::on_pushButton_clicked()
{
    DWORD dw;
    HINSTANCE hDLL; // Handle to DLL
    FUNC lpfnDllFunc1; // Function pointer
    QString str;

    hDLL = ::LoadLibrary(L"d:\\Test.dll"); //注意别少了 L
    if (hDLL)
    {
        lpfnDllFunc1 = (FUNC)GetProcAddress(hDLL,"f");//得到导出函数的实际地址
        if (!lpfnDllFunc1)
        {
            // 处理错误情况
            dw = ::GetLastError();
            FreeLibrary(hDLL);
            str.sprintf("GetProcAddress failed:%d",dw);
            QMessageBox::information(this,"Error code",str);
        }
        else
        {
           lpfnDllFunc1();          //调用导出函数
           FreeLibrary(hDLL);       //释放句柄
```

```
        }
    }
    else
    {
        dw = ::GetLastError();
        str.sprintf("Load dll failed:%d",dw);
        QMessageBox::information(this,"Error",str);
    }
}
```

我们定义了 HINSTANCE 类型的 DLL 句柄 hDLL，如果用 LoadLibrary()函数加载 DLL 成功，就把返回的 DLL 句柄保存在 hDLL 中。FUNC 是函数类型，在 dialog.cpp 文件开头中的定义如下：

```
typedef void ( * FUNC)();
```

注意例 7.1 中 Test.dll 内的导出函数 f()既没有参数，也没有返回值，这里 FUNC 的返回类型和参数情况要与之对应。定义了 FUNC 后，就可以来定义函数指针了，在上面的代码中我们定义的函数指针是 lpfnDllFunc1。

由于 Qt 项目默认在项目文件中采用 Unicode 编码，因此 LoadLibrary()函数实际上被当作宽字符版本函数 LoadLibraryW()，里面的参数字符串也必须是宽字符，需要加 L（Win32 编程中可以把普通字符串转为宽字符串的宏）。当然不用 L 也可以，但要把项目文件设置为窄字符集的项目文件，即去掉 UNICODE 设置，方法是在 pro 文件中添加 DEFINES-= UNICODE。

如果::LoadLibrary()函数加载成功，就可以调用 GetProcAddress()函数来获得导出函数在 DLL 中的实际内存地址。Win32 API 函数 GetProcAddress()不区分窄字符和宽字符版本，只有一个窄字符版本，因此第二个字符串前不需要加 L。如果 GetProcAddress()函数成功得到了导出函数的实际地址，就可以直接调用了。如果失败，我们将通过 Win32 API 函数 GetLastError()来获得错误码，以便判断错误。

（4）在文件开头添加包含头文件的指令：

```
#include <windows.h>        //为了使用 Win32 API 函数
#include <QMessageBox>      //为了使用 QMessageBox 信息框
```

（5）按 Ctrl+R 快捷键运行项目，然后单击界面中的按钮，报错，如图 7-12 所示。

这表明用 LoadLibrary()函数加载 Test.dll 失败了。通过 msdn 去查询 193 这个错误码，或者到下面的网址中去查询：

https://docs.microsoft.com/zh-cn/windows/win32/debug/system-error-codes

可以发现，193 错误码对应的英文提示是：

```
ERROR_BAD_EXE_FORMAT
    193 (0xC1)
%1 is not a valid Win32 application.
```

意思就是 exe 程序不是一个 32 位的 Windows 程序。仔细一想，确实如此，我们用 Qt 生成的可执行程序是 64 位的程序，而在 64 位的 Windows 系统（笔者的系统是 64 位的 Windows 7）中，一个 64 位的进程不能加载一个 32 位 DLL。同理，一个 32 位的进程也不能加载一个 64 位的 DLL。目前例 7.1 中的 DLL 是 32 位的，所以加载失败了。我们把例 7.1 中的 Test 项目目录复制一份到例 7.7 的目录下（或者其他目录也可以）。然后进入 Test 目录，用 VC2017 打开这个项目，然后在主界面的工具栏上找到“x86”，单击旁边的下三角按钮，而后选择“配置管理器”选项，如图 7-13 所示。

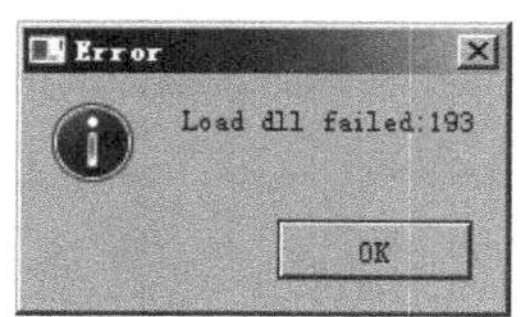

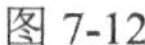

图 7-12

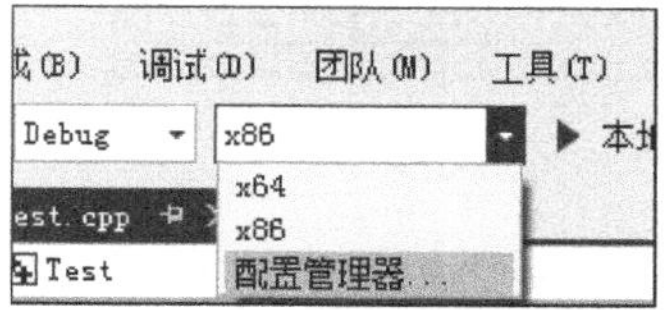

图 7-13

此时将出现“配置管理器”对话框，然后在“活动解决方案平台”下选择“新建”选项，如图 7-14 所示。

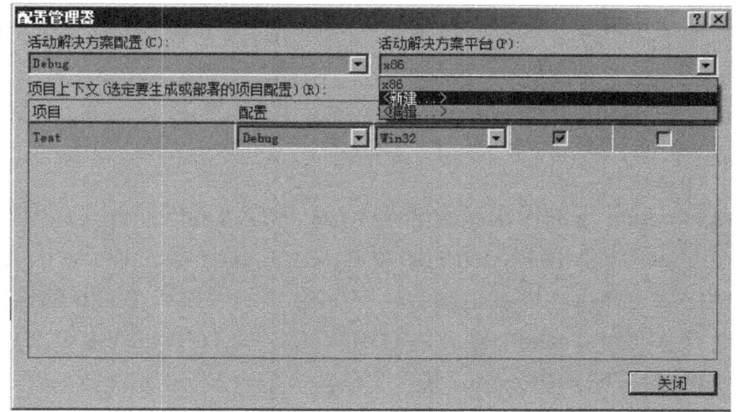

图 7-14

随后将出现“新建解决方案平台”对话框，接着在“键入或选择新平台”下选择“x64”，而后单击“确定”按钮，如图 7-15 所示。

然后关闭配置管理器对话框。此时工具栏上应该出现“x64”，如果没有出现，重新选择一下，如图 7-16 所示。

现在 64 位的 VC 编译配置环境准备好了，下面按 Ctrl+Shift+B（生成解决方案快捷键）来生成 64 位的 Test.dll。这个文件在解决方案目录下的 x64\Debug\路径下，我们把它放到 D 盘。

再回到 Qt Creator 中，按 Ctrl+R 快捷键运行项目，然后单击界面中的按钮，居然又报错了，不过错误提示不同，如图 7-17 所示。

和前面的错误提示不同，这次应该是 DLL 已经加载成功。查询错误码 127，英文的错误提示如下：

```
ERROR_PROC_NOT_FOUND
    127 (0x7F)
    The specified procedure could not be found.
```

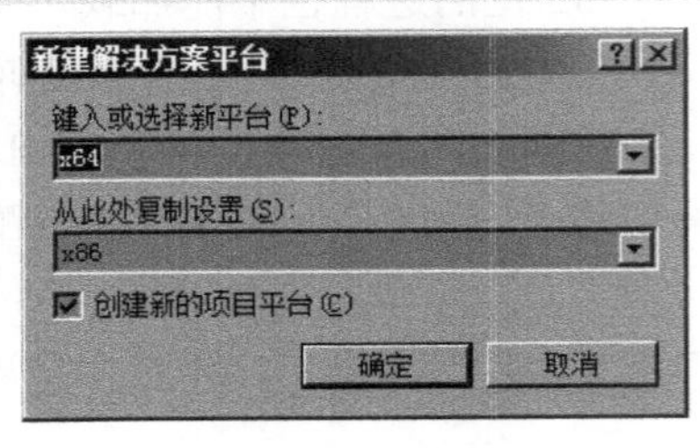

图 7-15

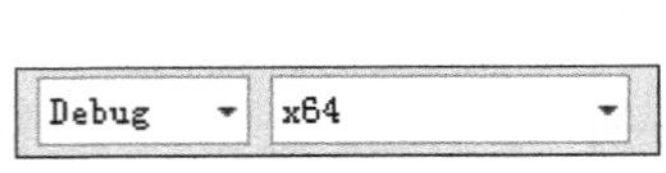

图 7-16

图 7-17

它的意思是函数没有找到。奇怪，难道在 Test.dll 中没有导出函数？我们可以用 DLL 查看工具 depends.exe 来查看，这个是老牌的 VC 工具，虽然现在 VC 已经不自带这个工具了，但是依旧可以从官网上下载（http://www.dependencywalker.com/），而且新下载的版本可以查看 64 位的 DLL，而原 VC6 版本自带的这个工具只能查看 32 位版本的 DLL。

笔者下载下来的版本是 2.2。它是绿色软件，不需要安装，直接运行，然后把 Test.dll 拖进去，单击左边的 TEST.DLL，右边就会显示该 DLL 中所有的导出函数，如图 7-18 所示。

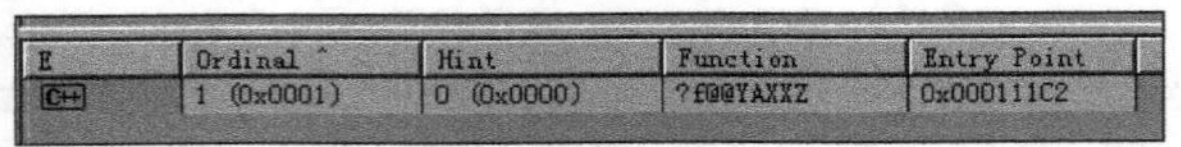

图 7-18

从中可以看到 Function 下的导出函数名是“?f@@YAXXZ”。C++有重载功能，而且我们的 Test 项目是一个 C++项目，所以导出的函数 f()被 C++编译器改名了，因为要支持重载。而我们现在在 Qt 中用了 GetProcAddress()函数，它的第二个参数和 Test.h 的导出函数 h()是一致的，所以就找不到了（因为 Test.dll 中并没有函数 f()，只有?f@@YAXXZ）。那怎么才能让 Test.dll 导出函数 f()呢？答案是用 extern "C"。

用 VC 重新打开解决方案文件 Test.h，然后修改 Test.h：

```
#ifndef _TEST_H
#define _TEST_H

#ifdef __cplusplus  //如果是C++，则使用extern "C"
extern "C" {
#endif

    _declspec(dllexport) void f();  //声明函数f()为导出函数

#ifdef __cplusplus
}
#endif

#endif
```

__cplusplus 是 cpp 中的自定义宏。定义了这个宏就表示这是一段 cpp 的代码，也就是说，上面代码的含义是：如果这是一段 cpp 的代码，那么加入 extern "C"来处理{}中括起来的代码。要明白为何使用 extern "C"，还得从 cpp 中对函数的重载处理开始说起。在 C++中，为了支持重载机制，在编译生成的汇编代码中，要对函数的名字进行一些处理，加入函数的返回类型等。而在 C 中，只是简单的函数名字而已，不会加入其他的信息，也就是说：C++和 C 对产生的函数名字的处理是不一样的。C++之父在设计 C++之时，考虑到当时已经存在了大量的 C 代码，为了支持原来的 C 代码和已经写好的 C 库，需要在 C++中尽可能支持 C，extern "C"就是其中的一个策略。

在 VC 上依次单击主菜单的菜单选项"生成→重新生成解决方案"，然后把解决方案目录下的 x64\Debug\Test.dll 放到 D 盘。回到 Qt Creator 中，按 Ctrl+R 快捷键来运行这个项目，然后单击界面中的按钮，若显示结果如图 7-19 所示则表示成功了。

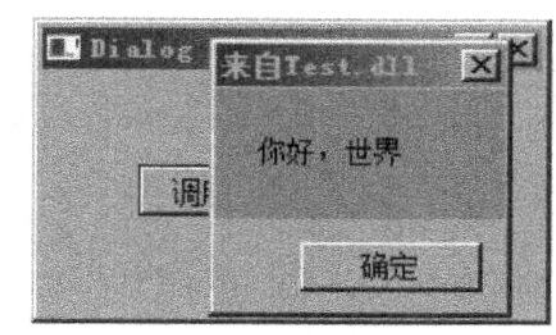

图 7-19

这个"你好，世界"信息框是我们在 Test.dll 中的 f()函数中调用 MessageBox 显示出来的，说明在 Qt 程序中调用 dll 的导出函数 f()成功了。

总结一下，在 Qt 程序中如果需要利用 Win32 API 函数（显示链接）调用 DLL 中的导出函数，就要注意 DLL 是否是 64 位的，另外在头文件中还要加 extern "C"。

这个 Qt 程序有一个地方需要完善一下；我们在 LoadLibrary()函数中用了 Test.dll，实际上相对路径用得更多一些，比如直接用"Test.dll"作为 LoadLibrary()函数的参数，因此我们理解 Test.dll 放到哪些位置::LoadLibrary(L"Test.dll")才能找到。我们测试的第一个路径是把 Test.dll 和 exe 程序放在同一个目录下，把 d:\Test.dll 剪切并粘贴到 Qt 程序生成的路径下，即 call 项目的 build-call-Desktop_Qt_5_12_2_MSVC2017_64bit-Debug\debug\目录下，再回到 Qt Creator 项目中的 on_pushButton_clicked()函数中，修改调用 LoadLibrary()函数的那一行：

```
hDLL = ::LoadLibrary(L"Test.dll");
```

按 Ctrl+R 快捷键来运行这个项目，然后单击界面中的按钮，成功了，如图 7-20 所示。

这说明放在和 exe 程序的同一个目录下，用相对路径是可以加载成功的。下面再把 Test.dll 剪切并粘贴到 C:\Windows\System32 下，这个路径也是经常存放 DLL 的地方，一般程序都会到这个路径下找所需的 DLL。然后运行 Qt 项目，发现也成功了，如图 7-21 所示。

把 C:\Windows\System32 下的 Test.dll 删除，别"污染"了系统路径。至此，两大常用相对路径就都测试成功了，一个是和 exe 文件在同一个目录下，另外一个是在 C:\Windows\System32 目录下。

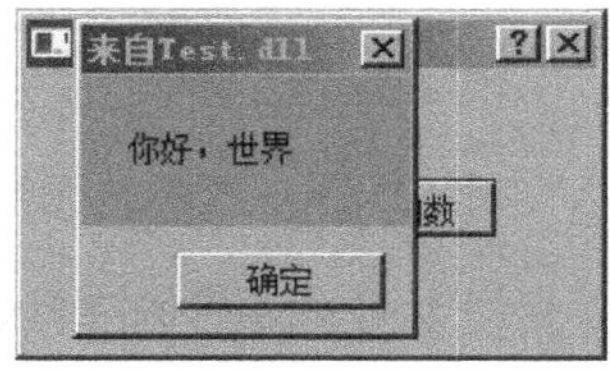

图 7-20

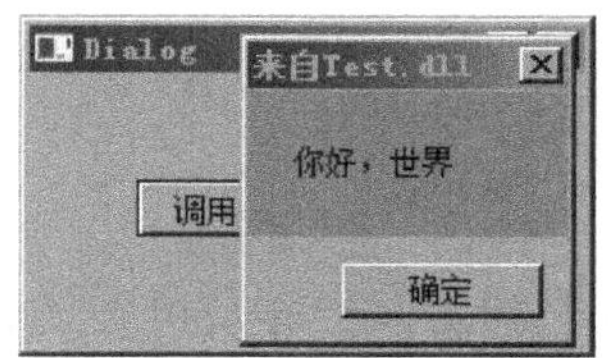

图 7-21

如果不想在头文件中写 extern "C"，那么其他的方法也是有的，就是让 DLL 开发者不用 _declspec(dllexport)导出函数，而使用 def 来导出函数。请看下例。

【例 7.8】 Qt 利用 Win32 API 调用 DLL 导出函数（def 导出）

（1）启动 Qt Creator 4.8.2，新建一个对话框项目，项目名为 calldefdll。

（2）打开对话框设计界面，在上面放置一个按钮，然后把按钮的 text 属性设置为“调用 DLL 的导出函数”，并为按钮添加 clicked 信号的槽函数：

```
void Dialog::on_pushButton_clicked()
{
    DWORD dw;
    HINSTANCE hDLL; // Handle to DLL
    FUNC lpfnDllFunc1; // Function pointer
    QString str;

    hDLL = ::LoadLibrary(L"Test.dll"); //注意别少了 L
    if (hDLL)
    {
        lpfnDllFunc1 = (FUNC)GetProcAddress(hDLL,"f2");//得到导出函数的实际地址
        if (!lpfnDllFunc1)
        {
            // 处理错误情况
            dw = ::GetLastError();
            FreeLibrary(hDLL);
            str.sprintf("GetProcAddress failed:%d",dw);
            QMessageBox::information(this,"Error code",str);
        }
        else
        {
           lpfnDllFunc1();         //调用导出函数
           FreeLibrary(hDLL);      //释放句柄
        }
    }
    else
    {
        dw = ::GetLastError();
        str.sprintf("Load dll failed:%d",dw);
        QMessageBox::information(this,"Error",str);
    }
}
```

代码几乎和上例一样，再到 dialog.cpp 文件开头添加包含头文件的指令和 FUNC 的定义：

```
#include <windows.h>    //为了使用 Win32 API 函数
#include <QMessageBox> //为了使用 QMessageBox 信息框
typedef void ( * FUNC)();
```

按 Ctrl+R 快捷键来运行这个项目，提示 126 的错误，该错误码表示 DLL 并不存在。下面我们生成 64 位的 Test.dll 并放到 exe 文件的同一个路径下。

（3）因为例 7.2 是用 def 生成 DLL 的，所以把例 7.2 的 Test 解决方案目录全部复制到 calldefdll 同一层目录。我们首先要对例 7.2 进行 64 位的改造（这里不再赘述了，相信学过上例的朋友已经会了）。用 VC 打开新复制后的 Test 项目，重新生成解决方案，然后到解决方案目录的 x64\Debug\ 下把生成的 Test.dll 复制到 Qt 可执行程序的生成路径 build-call-Desktop_Qt_5_12 _2_MSVC2017_64bit-Debug\debug\下，这样 Test.dll 和 exe 文件就在同一个目录下了。

（4）回到 Qt Creator 中，按 Ctrl+R 快捷键来运行这个项目，然后单击界面中的按钮，运行成功，如图 7-22 所示。

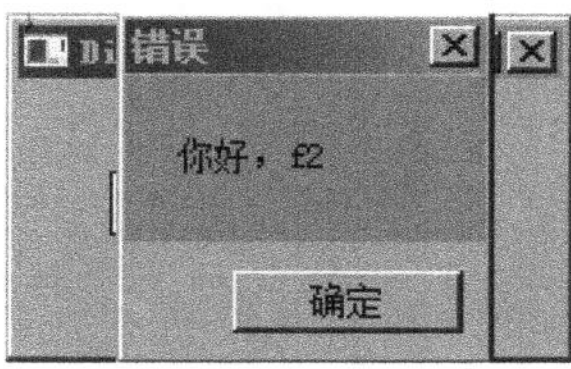

图 7-22

这个“你好，f2”信息框是我们用 Test.dll 中的 f2()函数调用 MessageBox 显示出来的。打开 Test.h 文件，发现其中并没有 extern "C"之类的宏。以下是 Test.h 的内容，和例 7.2 不同的是，我们没有用 TCHAR，而是明确指定 f1()函数的 sz 参数是 char*类型。

```
#ifndef _TEST_H
#define _TEST_H          //防止重复引用
#include "tchar.h"       //为了使用_T

 int f1(char *sz,int n);
 void f2();

#endif
```

这样就可以少写几行代码了，“功劳”全凭 Test.def 文件，是它指定了导出函数的具体名称。其内容如下：

```
EXPORTS
    f1
    f2
```

看到 f1，突然想起来，我们前面调用的导出函数都是无参数无返回值的。这里正好有一个导出函数 f1()，既有参数又有返回值，我们可以用它来练练手，学习在 Qt 中如何调用既有参数又有返回值的导出函数。为了使用 char*，我们在 VC 中重新打开 Test.cpp，并修改 f1()的内容如下：

```
int f1(char *sz, int n)
{
    MessageBoxA(0,sz, 0, 0);
    return n;
}
```

因为 Test 项目是采用 Unicode 编码的项目，所以要明确调用 MessageBoxA()函数来显示消息框，因为 MessageBoxA()函数能使用 char*的字符串。重新生成解决方案，并把生成的 64 位的 Test.dll 复制到 Qt 项目生成的可执行程序的同一目录中。

（5）在 Qt Creator 中打开对话框设计界面，在上面放置另一个按钮，然后把按钮的 text 属性设置为“调用 DLL 的导出函数（有参数又有返回值）”，并为按钮添加 clicked 信号的槽函数：

```
void Dialog::on_pushButton_2_clicked()
{
    DWORD dw;
    int res;
    HINSTANCE hDLL; // Handle to DLL
    FUNC1 lpfnDllFunc1; // Function pointer
    QString str;
    char sz[]="hello";

    hDLL = ::LoadLibrary(L"Test.dll"); //注意别少了 L
    if (hDLL)
    {
        lpfnDllFunc1 =(FUNC1)GetProcAddress(hDLL,"f1");//得到导出函数的实际地址
        if (!lpfnDllFunc1)
        {
            // 处理错误情况
            dw = ::GetLastError();
            FreeLibrary(hDLL);
            str.sprintf("GetProcAddress failed:%d",dw);
            QMessageBox::information(this,"Error code",str);
        }
        else
        {
           res = lpfnDllFunc1(sz,2);     //调用导出函数
           str.sprintf("f1 return:%d",res);
           QMessageBox::information(this,"Note",str);
           FreeLibrary(hDLL);            //释放句柄
        }
    }
    else
    {
        dw = ::GetLastError();
        str.sprintf("Load dll failed:%d",dw);
        QMessageBox::information(this,"Error",str);
    }
}
```

在调用 lpfnDllFunc1()函数时，要注意传入两个参数：一个是 char[]类型，另一个是 int 类型（整数类型）。另外，我们把 lpfnDllFunc1()函数的返回值（也是 int 类型）存放在 res 中，并用 QMessageBox 把这些内容显示出来。f1()函数中的逻辑是显示传入的第一个参数中的内容，并把第二个整数类型的参数作为返回值返回，因此 res 应该是 2。

（6）在 Qt Creator 中，按 Ctrl+R 快捷键来运行这个项目，然后单击下方的按钮，可以发现先后会显示两个信息框，一个是调用 f1()函数显示的，另外一个是 Qt 中 QMessageBox()函数显示的，如图 7-23、图 7-24 所示。

至此，在 Qt 中调用 DLL 中的导出函数要进入尾声了。后面即将介绍进入 Qt 使用 DLL 中的导出变量。

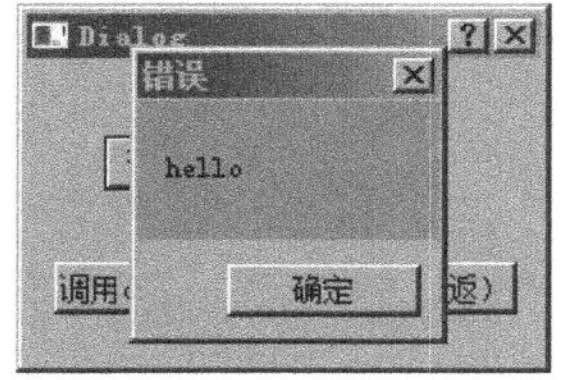

图 7-23

图 7-24

2. 使用 QLibrary 类调用 DLL 导出函数

对于调用 DLL 的方法，Qt（QLibrary）本身就有相应的类，用起来和 Win32 的步骤差不多。使用 QLibrary 类可以在程序运行时加载动态链接库。一个 QLibrary 类的实例作用于单个共享库上。QLibrary 类提供了一种平台无关的方式访问库中的函数，既可以在构建 QLibrary 类的实例时将要加载的库文件传入，也可以在创建实例后调用 setFileName()显式地设置要加载的库文件的文件名。当加载库文件时，QLibrary 类会搜索所有平台特定库文件存放的位置，除非传入的文件名中具有绝对路径。

如果传入的文件名中具有绝对路径，就会首先尝试加载该目录中的库文件。如果该文件找不到，QLibrary 会使用不同平台特定的文件前缀或后缀再次尝试，比如 UNIX 和 Mac 平台的“lib”前缀、UNIX 平台的“.so”后缀、Mac 平台的“.dylib”后缀、Windows 平台的“.dll”后缀。如果文件名中不含有绝对路径，QLibrary 就会修改搜索顺序，首先尝试系统特定的前缀和后缀，紧接着是指定的文件路径。

所以，基于 QLibrary 对库文件的搜索机制，我们推荐在传入库文件时只传入该库文件的基本名，不写文件的前缀或后缀。这样一来，同一份代码可以运行于不同的操作系统中，并且该机制会保证进行最小次数的搜索。

QLibrary 类中最重要的函数是 load()，该函数动态地加载库文件，而函数 isLoaded()可以用来检查库文件是否成功加载，resolve()函数则用来解析库中的符号地址，主要就是函数的地址。并且，resolve()函数在库文件未被加载时会隐式地尝试加载它。多个 QLibrary 类的实例可以访问同一个库文件。因为库文件一旦被加载，就会驻留在内存中，直到应用程序终止。当然，我们可以调用 unload()函数来尝试卸载一个库文件，如果有其他 QLibrary 类的实例正在引用同一个库文件，unload()函数就会调用失败，并且该库文件会在所有实例都调用了 unload()函数之后才被卸载。

QLibrary 库的典型用法是去解析一个库中的导出符号，并调用该符号表示的 C 函数。这被称为“显式链接”。该过程和上面用 Win32 API 函数 LoadLibrary()加载后再解析的过程一样。QLibrary 类的一个典型用法如下：

```
QLibrary myLib("mylib");
typedef void (*MyPrototype)();
MyPrototype myFunction = (MyPrototype) myLib.resolve("mysymbol");
if (myFunction)
    myFunction();
```

出于方便，该类还提供了一个静态的 resolve()函数，我们可以使用该函数来解析并调用一个库中的函数，而不需要先加载该库，如下代码所示：

```
typedef void (*MyPrototype)();
MyPrototype myFunction = (MyPrototype) QLibrary::resolve("mylib",
"mysymbol");
if (myFunction)
    myFunction();
```

除了静态的 resolve()函数，该类还提供了一个静态的 isLibrary()函数，该函数可以根据特定平台来判断一个文件是否为可被加载的库，它的使用规则如表 7-1 所示。

表 7-1　isLibrary()函数的使用规则

平　台	有效后缀
Windows	.dll，.DLL
UNIX/Linux	.so
AIX	.a
HP-UX	.sl，.so(HP-UXi)
OS X and iOS	.dylib，.bundle，.so

下面我们通过一个例子来简单使用一下该类。

【例 7.9】 使用 QLibrary 类调用 DLL 的导出函数

（1）启动 Qt Creator 4.8.2，新建一个对话框项目，项目名是 call。

（2）打开对话框设计界面，在上面放置一个按钮，然后把按钮的 text 属性设置为“调用 DLL 的导出函数”，并为按钮添加 clicked 信号的槽函数：

```
void Dialog::on_pushButton_clicked()
{
    int res;
    FUNC myfunc;
    QString str;

    QLibrary lib("Test");
```

```
    if(lib.load())
    {
        myfunc = (FUNC)lib.resolve("f");
        if (!myfunc)
        {
            // 处理错误情况
            QMessageBox::information(this,"Error","resolve failed");
        }
        else
        {
          myfunc(); //调用导出函数
        }
    }
    else  QMessageBox::information(this,"Error","load failed");
}
```

首先我们创建了QLibrary类的对象lib，构造函数的参数就是动态链接库文件的基本名Test，然后调用 QLibrary 类的成员函数 load()来加载，如果加载成功，则调用 QLibrary 类的成员函数 resolve()来解析 DLL 中的导出函数 f()，如果不为 NULL，则调用函数指针 myfunc，这样就会调用到 DLL 中的导出函数。

接着在本文件开头添加包含头文件的指令和函数类型定义：

```
#include <QLibrary>
#include <QMessageBox>
typedef void (*FUNC)();
```

按 Ctrl+B 快捷键来构建这个项目，此时会生成 call.exe。

（3）把例 7.7 在它的解决方案下的 x64\Debug 目录下生成的 Test.dll 放到 call.exe 的同一个目录（build-call-Desktop_Qt_5_12_2_MSVC2017_64bit-Debug\debug）下。

按 Ctrl+R 快捷键来运行这个项目，然后单击界面中的按钮，显示 Test.dll 中 f()函数的信息框，如图 7-25 所示。

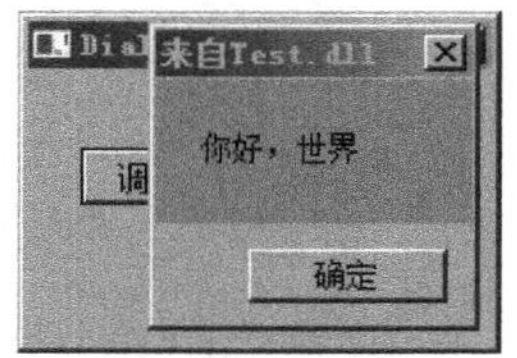

图 7-25

至此，利用 Qt 自身的 QLibrary 类来调用 DLL 中的导出函数就成功了！

3. 直接调用 DLL 中的导出函数

这一种方法比较简单，几乎不需要编码。首先把 VC 生成的导入库（.lib）文件放到 Qt 项目的项目目录下，把动态链接库（.dll）文件放到可执行程序的同一个目录下。然后在 Qt 项目的项目配置文件中指定导入库（.lib）文件的位置（既可以提供绝对路径，也可以提供相对路径），比如当前项目路径下有一个导入库文件，我们可以在 Qt 的项目配置文件（.pro）中添加如下相对路径：

```
LIBS += -L$$PWD/./ -lTest
```

其中，选项-L 用来指定导入库文件的路径；$$PWD 表示当前路径，在 Qt 项目中，表示项目路径。值得注意的是，每次修改了 Qt 项目配置文件（.pro）中的内容后，都要“重新构建所有项目”，而后按 Ctrl+R 快捷键来运行项目，否则可能不会生效。

最后在 Qt 项目中添加相应的头文件（和 VC DLL 项目的头文件内容相同，但不要直接复制过来，因为编码可能不同，建议新建，然后复制内容），这样就可以在需要的地方调用头文件中的导出变量了。

【例 7.10】 直接法调用 DLL 中的导出变量

（1）启动 Qt Creator 4.8.2，新建一个对话框项目，项目名为 call。本例我们将直接调用例 7.7 中的导出函数 f()。

（2）打开对话框设计界面，在上面放置一个按钮，然后把按钮的 text 属性设置为“调用 DLL 的导出函数”，并为按钮添加 clicked 信号的槽函数：

```
void Dialog::on_pushButton_clicked()
{
    f();
}
```

其中，f()是 Test.dll 中的导出函数。

在 dialog.cpp 开头添加包含头文件的指令：

```
#include "test.h"
```

在左边项目视图中右击 Headers，然后在弹出的快捷菜单中选择“Add new...”选项，添加名为 test.h 的头文件，并在该头文件中输入如下内容：

```
#ifndef TEST_H
#define TEST_H

extern "C" void f();
#endif // TEST_H
```

函数 f()的类型和例 7.7 项目中函数 f()的类型相同。

按 Ctrl+B 快捷键来构建项目，这样输出目录就生成了。然后把例 7.7 的解决方案目录 x64\Debug 下的 Test.dll 文件复制到本例 Qt 的可执行程序生成目录的同一个目录下（即 build-call-Desktop_Qt_5_12_2_MSVC2017_ 64bit-Debug\debug 下），并把 Test.lib 复制到本例 Qt 项目目录下（和 call.pro 同一个目录）。

至此，文件已经放好。下面只需在 Qt 项目的项目配置文件（call.pro）中设置导入库文件 Test.lib 的引用即可。

（3）在 Qt Creator 中双击 call.pro 以打开它，然后在文件末尾“# Default rules for deployment.”前面添加：

```
LIBS += -LF:/mybook20180504-/qt/prj/code/07/7.10/call -lTest
```

其中，LIBS 是 Qt 自带的变量，用于在.pro 文件中指定需要包含的库，既可以包含 Linux

中的库，也可以包含 Windows 中的库。-L 选项用来设置库所存放的路径，这里我们用了绝对路径，但绝对路径有时不方便，因此也可以使用相对路径。比如 Test.lib 存放在项目目录下，我们可以用如下的相对路径：

```
LIBS += -L$$PWD/./ -lTest
```

修改 call.pro 后，记得要"重新构建所有项目"，而后按 Ctrl+R 快捷键来运行这个项目，否则可能不会生效。

-l 紧跟导入库的基本名（基本名就是没有后缀名的文件名，后缀名在有些操作系统中也叫扩展名，即 Test.lib 中的后缀名.lib 不用写，只写 Test 即可）。这样，路径和库名称都设置好之后，就相当于告诉 Qt 项目它可以到这个设置中去找库文件。

（4）按 Ctrl+R 快捷键来运行这个项目，运行结果如图 7-26 所示。

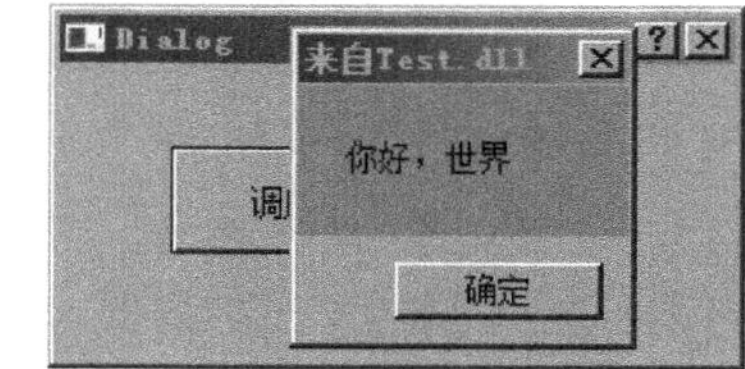

图 7-26

4. 可视化法调用 DLL 中的导出函数

除了手动设置库文件的位置，还可以使用可视化导入的方式让 Qt Creator 自动生成导入库文件。经过一通鼠标操作后，Qt 会自动帮我们在项目配置文件（.pro）中添加导入库（.lib）的位置和名称，效果最终和直接法一致。

下面的例子依旧会调用例 7.7 中 Test.dll 的导出函数 f()。我们需要把例 7.7 中 64 位的 Test.dll 放到本例可执行程序的同一个目录下。

【例 7.11】　可视化法调用 DLL 中的导出函数

（1）启动 Qt Creator 4.8.2，新建一个对话框项目，项目名为 call。在本例中我们将直接调用例 7.7 中的导出函数 f()。

（2）打开对话框设计界面，在上面放置一个按钮，然后把按钮的 text 属性设置为"调用 DLL 的导出函数"，并为按钮添加 clicked 信号的槽函数：

```
void Dialog::on_pushButton_clicked()
{
    f();
}
```

其中，f()是 Test.dll 中的导出函数。

在 dialog.cpp 开头添加包含头文件的指令：

```
#include "test.h"
```

在左边项目视图中右击 Headers，然后在弹出的快捷菜单中选择"Add new..."选项，添加名为 test.h 的头文件，并输入如下内容：

```
#ifndef TEST_H
#define TEST_H
```

```
extern "C" void f();
#endif // TEST_H
```

函数 f()的类型和例 7.7 项目中函数 f()的类型相同。

按 Ctrl+B 快捷键来构建项目，这样输出目录就生成了。然后把例 7.7 的解决方案目录 x64\Debug 下的 Test.dll 文件复制到本例 Qt 的可执行程序生成目录的同一个目录下（即 build-call-Desktop_Qt_5_12_2_MSVC2017_ 64bit-Debug\debug 下），并把 Test.lib 复制到本例 Qt 项目目录下（和 call.pro 同一个目录）。

至此，文件已经存放好。下面只需通过鼠标操作在 Qt 项目的项目配置文件（call.pro）中设置好导入库文件 Test.lib 的引用即可。

在 Qt Creator 的项目视图中，右击树控件的根节点 call，在弹出的快捷菜单中选择“添加库”选项，如图 7-27 所示。

此时会出现“添加库”对话框，选择“外部库”，然后单击“下一步”按钮。而后会出现用于选择库路径的“添加库”对话框，在该对话框中取消对“平台”下的“Linux”和“Mac”选项的勾选，然后在“库文件”右边单击“浏览”按钮，选择本项目目录下的 Test.lib，再取消对“为 debug 版本添加'd'作为后缀”选项的勾选，如图 7-28 所示。

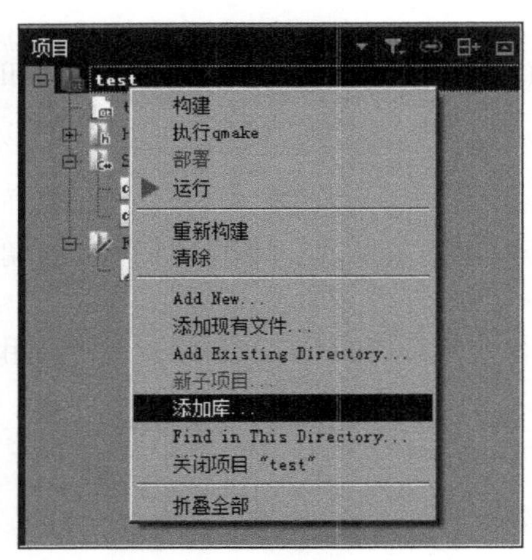

图 7-27

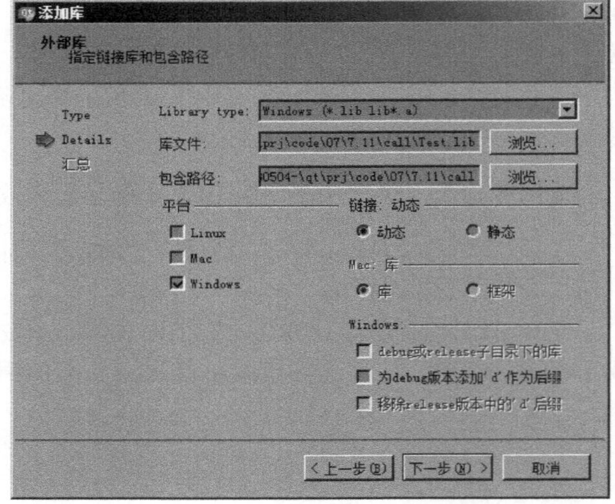

图 7-28

然后单击“下一步”按钮，出现“添加库”汇总对话框，并提示有 3 行代码被自动添加到 call.pro 中，单击“完成”按钮。此时查看 call.pro 文件，可以发现它的末尾处的确被添加了 3 行代码：

```
win32: LIBS += -L$$PWD/./ -lTest
INCLUDEPATH += $$PWD/.
DEPENDPATH += $$PWD/.
```

第一行和我们前面采用直接调用法时手工添加的一样，分别用选项-L 来指定导入库的路径、用选项-l 指定导入库的名称 Test（不带后缀名.lib）。

此时，依次单击主菜单的菜单选项“构建→重新构建所有项目”，然后按 Ctrl+R 快捷键来运行这个项目，单击运行界面中的按钮，出现“你好，世界”信息框，如图 7-29 所示。

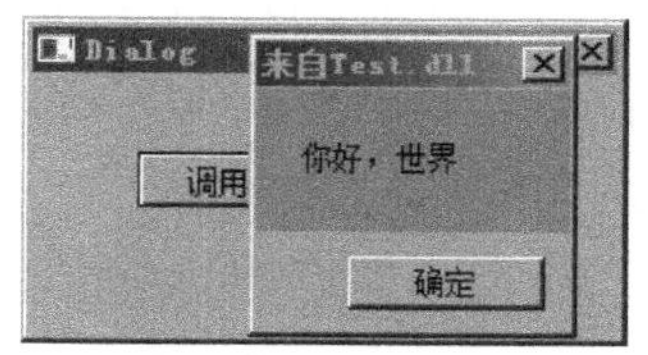

图 7-29

至此，我们在 Qt 项目中调用 DLL 导出函数的 4 种方式全部介绍完毕。下面我们将介绍在 Qt 项目中调用 DLL 的导出变量，有了前面的基础，后面的理解就不会很难了。

7.4.5　在 Qt 中调用 DLL 的导出变量

1. 在 DLL 中导出变量

这里指的变量是 DLL 中的全局变量或类静态变量，而不能导出局部的变量或对象，因为局部变量或对象出了作用域就不存在了。导出一个变量或对象时，载入此 DLL 的每个客户程序都将获得自己的副本。如果两个不同的应用程序使用同一个 DLL，那么一个应用程序所做的修改将不会影响另一个应用程序。

DLL 定义的全局变量可以导出被调用程序访问。有两种方式可以用来导出变量：一种是使用模块定义文件，这种方式下在调用者项目中最好用_declspec(dllimport)来声明 DLL 中的变量，不声明的话也可以，但要把这个变量当作一个指针（地址）来使用，而非变量本身；另外一种方式是在 DLL 的头文件中使用_declspec(dllexport)进行声明，并且要在调用者项目中用_declspec(dllimport)来修饰导出的变量。

如果要导出 DLL 中类的静态变量，则必须在调用者项目中用_declspec(dllimport)对类进行修饰。

_declspec(dllimport)的作用是告诉调用者项目：这些函数、类或变量是从 DLL 中导入的，它能让编译器生成更好的代码，因为编译器通过它可以确定函数、变量或类是否存在于 DLL 中，这使得编译器可以生成间接寻址的代码。对于函数，不使用_declspec(dllimport) 也能正确编译代码；对于全局变量，最好使用；对于类的静态变量，则必须要使用。

【例 7.12】　以模块定义文件方式从 DLL 中导出全局变量（不使用_declspec(dllimport)）

（1）启动 VC2017，新建一个 Win32 项目，项目名为 Test。在向导程序中把应用程序类型设置为“DLL”，其他选项保持默认设置，然后单击“完成”按钮。

（2）打开 Test.cpp，在其中定义一个全局变量：

```
int gdllvar=888;
```

再添加一个模块定义文件，并输入下列内容：

```
LIBRARY
EXPORTS
gdllvar CONSTANT
```

这样一个导出变量的 DLL 项目就完成了，编译后会生成 Test.dll 和 Test.lib。

（3）在解决方案中添加一个新项目，用来调用 Test.dll。这个新建项目是一个控制台项目，项目名是 caller。同时打开 caller 项目的属性页对话框，展开左边的“链接器→常规”项，在右边的附加库目录旁输入"$(SolutionDir)$(Configuration)\"（表示解决方案的输出目录）；再在左边展开"链接器→输入"，在右边"附加依赖项"旁边输入"Test.lib"，然后单击"确定"按钮。

（4）打开 caller.cpp，在其中输入如下代码：

```
#include "stdafx.h"
extern int gdllvar; //因为没有用__declspec(dllimport)，所以认为 gdllvar 为指针

int _tmain(int argc, _TCHAR* argv[])
{
   printf("%d,", *(int*)gdllvar);        //先输出原来的值
   *(int*)gdllvar = 66;                  //改为66
   printf("%d \n", *(int*)gdllvar);      //再输出新的值
   return 0;
}
```

需要注意的是，用 extern int gdllvar 声明所导入的并不是 DLL 中全局变量本身，而是其地址，应用程序（调用者）必须通过强制指针转换来使用 DLL 中的全局变量。这一点从 *(int*)gdllvar 中可以看出。因此在采用这种方式引用 DLL 全局变量时，千万不要进行如下赋值操作：

```
gdllvar= 100;
```

这样做的结果是使 gdllvar 指针的内容发生变化，在程序中再也引用不到 DLL 中的全局变量了。

图 7-30

（5）保存项目并运行，运行结果如图 7-30 所示。

【例 7.13】 以模块定义文件方式从 DLL 中导出全局变量（使用_declspec(dllimport)）

（1）新建一个 Win32 项目，项目名为 Test。在向导程序中把应用程序类型设置为"DLL"，其他选项保持默认设置，然后单击"完成"按钮。

（2）打开 Test.cpp，在其中定义一个全局变量：

```
int gdllvar=888;
```

再添加一个模块定义文件，并输入下列内容：

```
LIBRARY
EXPORTS
gdllvar CONSTANT
```

这样一个导出变量的 DLL 项目就完成了，编译后会生成 Test.dll 和 Test.lib。

（3）在解决方案中添加一个新的控制台项目，项目名为 caller（用来调用 Test.dll），然后打开 caller.cpp，在其中输入如下代码：

```
#include "stdafx.h"
#pragma comment(lib,"..\\Debug\\Test.lib")
```

```
//用_declspec(dllimport)声明 gdllvar 是一个 DLL 中的变量
extern int _declspec(dllimport) gdllvar;
int _tmain(int argc, _TCHAR* argv[])
{
    printf("%d ", gdllvar);      //输出变量 gdllvar 原来的值
    gdllvar = 999;  //这里就可以直接当变量使用了，无须进行强制指针转换
    printf("%d\n ", gdllvar); //输出变量 gdllvar 的新值

    return 0;
}
```

通过_declspec(dllimport)方式声明变量后，编译器就知道 gdllvar 是 DLL 中的全局变量了，所以可以当变量来使用，而不再是变量的地址。建议大家在导出全局变量的时候最好用_declspec(dllimport)。

（4）保存项目并运行，运行结果如图 7-31 所示。

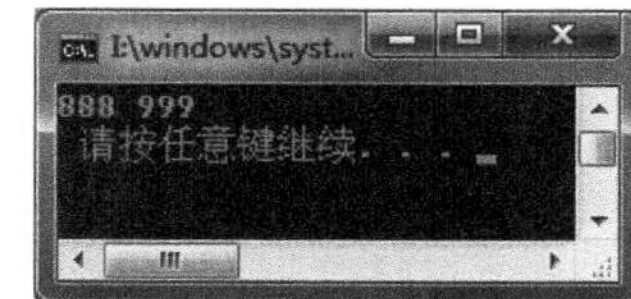

图 7-31

【例 7.14】 以_declspec(dllexport)方式从 DLL 中导出全局变量

（1）新建一个 Win32 项目，项目名为 Test，在向导程序中把应用程序类型设置为“DLL”，其他选项保持默认设置，然后单击“完成”按钮。

（2）切换到解决方案视图，新建一个头文件 Test.h，输入如下代码：

```
#ifdef  INDLL
#define  SPEC  _declspec(dllexport)
#else
#define  SPEC  _declspec(dllimport)
#endif
extern  "C"
{
    SPEC  extern  int gdllvar1; //声明要导出的全局变量
    SPEC  extern  int gdllvar2; //声明要导出的全局变量
}
```

因为在调用者项目中是不认识_declspec(dllexport)的，所以要用一个宏 INDLL 来控制 SPEC 在不同项目中的定义。在 DLL 项目中，我们将定义 INDLL，这样 SPEC 就是_declspec(dllexport)；在调用者项目中，我们不会定义 INDLL，这样 SPEC 就是_declspec(dllimport)。另外，变量是在 cpp 文件中定义的，这里只是声明，所以要用 extern。而且，为了让 DLL 中的导出变量名称和这里声明的变量名一致，要用 extern "C"，以方便调用者能直接引用变量 gdllvar1 和 gdllvar2。

（3）打开 Test.cpp，在其中输入如下代码：

```
#include "stdafx.h"
#ifndef INDLL   //这个宏定义必须在 Test.h 前面
#define INDLL
#endif
```

```
#include "Test.h"
int gdllvar1 = 88, gdllvar2=99; //定义两个全局变量
```

宏 INDLL 必须在 Test.h 前面定义，这样 Test.h 中的 SPEC 才会被定义为_declspec(dllexport)。

（4）编译 Test 项目，得到 Test.dll 和 Test.lib。

（5）切换到解决方案视图，在解决方案下添加一个新的控制台项目 caller，它将使用 Test.dll 中导出的全局变量。

（6）打开 caller.cpp，输入如下代码：

```
#include "stdafx.h"
#include "../Test/Test.h"
#pragma comment(lib,"../debug/Test.lib")

int _tmain(int argc, _TCHAR* argv[])
{
   printf("%d,%d\n", gdllvar1, gdllvar2);
   gdllvar1++;
   gdllvar2++;
   printf("%d,%d\n", gdllvar1, gdllvar2);

   return 0;
}
```

代码比较简单。

（7）把 caller 项目设为启动项目后编译运行，得到的运行结果如图 7-32 所示。

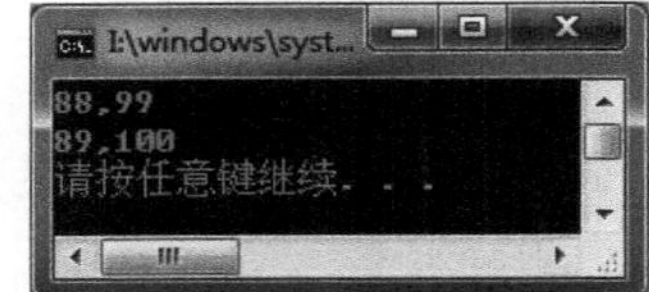

图 7-32

【例 7.15】 从 DLL 中导出类的静态变量

（1）新建一个 Win32 项目，项目名为 Test，在向导程序中把应用程序类型设置为“DLL”，其他选项保持默认设置，然后单击“完成”按钮。

（2）切换到解决方案视图，新建一个头文件 Test.h，输入如下代码：

```
#ifdef  INDLL
#define  SPEC  _declspec(dllexport)
#else
#define  SPEC  _declspec(dllimport)
#endif

class SPEC CMath
{
   public:
      CMath ();
      virtual ~ CMath ();
   public:
```

```
        static double  PI; //定义一个类的静态变量
};
```

通过控制宏 INDLL 可以让 SPEC 定义为_declspec(dllexport)或_declspec(dllimport)。在 Test 项目中，SPEC 为_declspec(dllexport)；在调用者项目中，SPEC 为_declspec(dllimport)。

（3）打开 Test.cpp，在其中添加 CMath 类的实现，代码如下：

```
#include "stdafx.h"

#define INDLL //这样定义后，Test.h 中的 SPEC 为_declspec(dllexport)
#include "Test.h"

CMath::CMath(){}
CMath::~CMath(){};

double CMath::PI = 3.14; //对类的静态变量赋值
```

INDLL 必须在 Test.h 之前定义。编译 Test 项目，此时会生成 Test.dll 和 Test.lib。

（4）切换到解决方案视图，添加一个新的控制台项目 caller。caller 生成的程序将对 Test.dll 进行调用。打开 caller.cpp，输入如下代码：

```
#include "pch.h"
#include <stdio.h>
#include "../Test/Test.h"
#pragma comment(lib,"../debug/Test.lib")
int main()
{
    printf("%f\n", ++CMath::PI); //先让类的静态变量累加，然后打印结果
    return 0;
}
```

（5）把 caller 设为启动项目，然后保存项目并运行，运行结果如图 7-33 所示。

图 7-33

2. 在 Qt 项目中调用 DLL 的导出变量

方法和步骤与在 Qt 中调用 DLL 导出函数一样，只不过是将导出函数换成导出变量而已。

3. 使用 Win32 API 调用 DLL 导出变量

Win32 API 就是函数 LoadLibrary()，也就是显式链接方式。前面我们已经和它打过交道了（详见“显式链接”的章节）。加载 DLL 成功后，再调用 Win32 API 函数 GetProcAddress()来获取 DLL 中导出变量的地址，并保存在指针中，以后通过变量指针就可以直接调用导出变量了，最后调用 Win32 API 函数 FreeLibrary()来释放 DLL 句柄。GetProcAddress()函数既可以获得导出函数的地址，也可以获得导出变量的地址。

【例 7.16】 Qt 利用 Win32 API 调用 DLL 导出变量

（1）启动 Qt Creator 4.8.2，新建一个对话框项目，项目名为 call。

（2）在 Qt Creator 中，打开对话框设计界面，在上面放置一个按钮，然后把按钮的 text 属性设置为“调用 DLL 的导出变量”，并为按钮添加 clicked 信号的槽函数：

```
void Dialog::on_pushButton_clicked()
{
    DWORD dw;
    HINSTANCE hDLL; // Handle to DLL
    int n;
    int *pgdllvar; // Function pointer
    QString str;

    hDLL = ::LoadLibrary(L"Test.dll"); //注意有个 L
    if (hDLL)
    {
        pgdllvar =(int*)GetProcAddress(hDLL,"gdllvar");//得到导出变量的实际地址
        if (!pgdllvar)
        {
            // 处理错误情况
            dw = ::GetLastError();
            FreeLibrary(hDLL);
            str.sprintf("GetProcAddress failed:%d",dw);
            QMessageBox::information(this,"Error code",str);
        }
        else
        {
            n = *pgdllvar;          //存放到整型变量 n 中
            str.sprintf("%d",n);
            QMessageBox::information(this,"result",str);
            FreeLibrary(hDLL);   //释放句柄
        }
    }
    else
    {
        dw = ::GetLastError();
        str.sprintf("Load dll failed:%d",dw);
        QMessageBox::information(this,"Error",str);
    }
}
```

在上述代码中，我们定义了 HINSTANCE 类型的 DLL 句柄 hDLL，如果用 LoadLibrary() 函数成功加载了 DLL，将把返回的 DLL 句柄保存在 hDLL 中。

由于 Qt 项目默认采用 Unicode 编码，因此函数 LoadLibrary()实际上是被当作宽字符版本函数 LoadLibraryW()了，里面的参数字符串也必须是宽字符，需要加 L，这是 Win32 编程中能把普通字符串转为宽字符串的宏。不用 L 也可以，但是要把项目设为窄字符集项目，即去掉 UNICODE，方法是在 pro 文件中添加 DEFINES-= UNICODE。

::LoadLibrary()函数如果加载成功，我们就可以调用 GetProcAddress()来获得导出变量在 DLL 中的实际内存地址。Win32 API 函数 GetProcAddress()不区分窄字符和宽字符版本，只有一个窄字符版本，因此第二个字符串前不需要加 L。如果 GetProcAddress()函数成功得到导出变量的实际地址，就可以直接用*pgdllvar 来获得该内存区域的变量值。如果失败，那么我们将通过 Win32 API 函数 GetLastError()来获得错误码，以便进一步判断导致错误的原因。

（4）在文件开头添加包含头文件的指令：

```
#include <windows.h>        //为了使用 Win32 API 函数
#include <QMessageBox>      //为了使用 QMessageBox 信息框
```

按 Ctrl+B 快捷键来构建这个项目，这样输出目录就生成了。下面我们把 64 位的 dll 文件放到输出目录（build-test-Desktop_Qt_5_12_2_MSVC2017_64bit-Debug\debug）下。64 位的 dll 文件可以通过例 7.12 来生成，但要注意通过“配置管理器”新建 x64 的解决方案平台，这个步骤在例 7.7 中详细介绍过，这里不再赘述。然后在 VC 中生成 64 位的 Test.dll，位于解决方案目录的\x64\Debug 下。接着把 Test.dll 复制到 Qt 项目的 build-test-Desktop_Qt_5_12_2_MSVC2017_64bit-Debug\debug 下，让 Test.dll 和 Qt 项目生成的可执行文件位于同一个目录。

（5）重新回到 Qt Creator，按 Ctrl+R 快捷键来生成可执行程序，然后单击“调用 DLL 的导出变量”按钮，显示出 888（Test.dll 中导出变量的值，是在 Test 项目的 Test.cpp 中设置的），如图 7-34 所示。

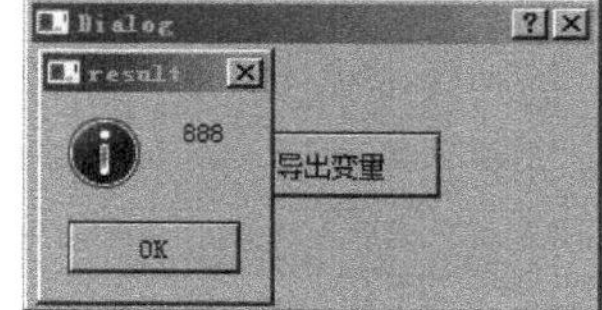

图 7-34

4. 使用类 QLibrary 调用 DLL 导出变量

下面我们通过一个实例来简单了解一下。

【例 7.17】　使用 QLibrary 类调用 DLL 的导出变量

（1）启动 Qt Creator 4.8.2，新建一个对话框项目，项目名为 call。

（2）打开对话框设计界面，在上面放置一个按钮，然后把按钮的 text 属性设置为“调用 DLL 的导出变量”，并为按钮添加 clicked 信号的槽函数：

```
void Dialog::on_pushButton_clicked()
{
    int n,*pn;
    QString str;

    QLibrary lib("Test");
   if(lib.load())
    {
```

```
            pn = (int *)lib.resolve("gdllvar");
            if (!pn)
            {
                // 处理错误情况
                QMessageBox::information(this,"Error","resolve failed");
            }
            else
            {
               n=*pn;
               str.sprintf("%d",n);
               QMessageBox::information(this,"result",str);
            }
        }
        else  QMessageBox::information(this,"Error","load failed");
    }
```

首先我们创建了QLibrary类的对象lib，构造函数的参数就是动态链接库文件的基本名Test，然后调用 QLibrary 类的成员函数 load()来加载，如果加载成功，就调用 QLibrary 类的成员函数 resolve()来解析 DLL 中的导出变量 gdllvar，如果不为 NULL，就把*pn 复制给整型变量 n，然后打印 n 的值。

接着，在本文件开头添加包含头文件的指令：

```
#include <QLibrary>
#include <QMessageBox>
```

按 Ctrl+B 快捷键来构建这个项目，就会生成输出路径 build-call-Desktop_Qt_5_12_2_MSVC2017_64bit-Debug\debug。

（3）用 VC2017 打开例 7.13 的 Test 项目，然后新建 x64 的解决方案平台，并生成 64 位的 Test.dll，并把它复制到本例的 build-call-Desktop_Qt_5_12_2_MSVC2017_64bit-Debug\debug 目录下，让本例的 Qt 可执行程序和 Test.dll 文件在同一个目录下。

（4）按 Ctrl+R 快捷键来运行这个项目，然后单击界面中的按钮，显示 Test.dll 中 f()函数的信息框，如图 7-35 所示。

至此，利用 Qt 自身的 QLibrary 类来调用 DLL 中的导出变量成功了！

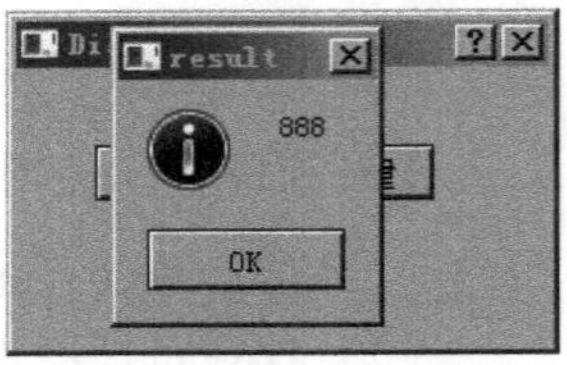

图 7-35

7.4.6 在 DLL 中导出类

前面介绍了从 DLL 中导出函数和变量，这里介绍从 DLL 中导出类，通常也有两种方式：一种是用模块定义文件方式导出；另一种是用关键字_declspec(dllexport)方式导出。对于导出类，在调用者项目中不使用_declspec(dllimport)也能正确编译代码。

【例 7.18】 在 DLL 中导出类（使用模块定义文件）

（1）启动 VC2017，新建一个 Win32 DLL 项目，项目名为 Test。

（2）切换到解决方案视图，添加一个头文件 Test.h，并在其中添加一个类的定义，代码如下：

```
class CMath
{
    public:
        int Add(int a, int b);
        int sub(int a, int b);
        CMath();
    ~CMath();
};
```

然后在 Test.cpp 中添加 CMath 类的成员函数的实现，代码如下：

```
#include "stdafx.h"
#include "Test.h"

int CMath::Add(int a, int b)
{
    return a + b;
}
int CMath::sub(int a, int b)
{
    return a - b;
}
CMath::CMath(){}
CMath::~CMath(){}
```

（3）设置生成 MAP 文件。依次单击 VC IDE 主菜单的菜单选项“项目→属性”，打开 Test 项目的项目属性页对话框，然后在对话框左边展开“配置属性→链接器→调试”，再在右边找到“生成映射文件”，选择“是 (/MAP)”选项，最后单击“确定”按钮关闭对话框，如图 7-36 所示。

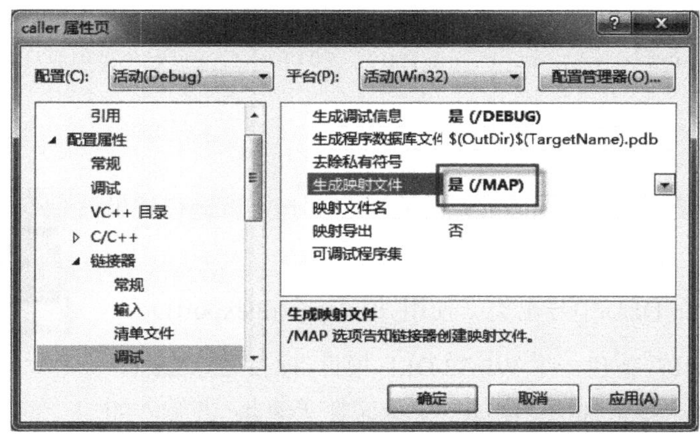

图 7-36

重新生成 Test，在解决方案目录下会生成 Test.dll、Test.lib 和 Test.map，此时 Test.dll 中还没有导出函数。下面我们制作模块定义文件。用记事本打开 Test.map，找到 CMath 类的 4 个成员函数的修饰名（修饰名就是函数在编译链内部的标识）。搜索“??0CMath”，可以找到如下内容：

```
0002:00000380       ??0CMath@@QAE@XZ           10011380 f   Test.obj
0002:000003c0       ??1CMath@@QAE@XZ           100113c0 f   Test.obj
0002:00000400       ?Add@CMath@@QAEHHH@Z        10011400 f   Test.obj
0002:00000440       ?sub@CMath@@QAEHHH@Z        10011440 f   Test.obj
```

问号开始的字符串就是函数的修饰名。把它们复制出来，粘贴到模块定义文件 source.def 中，内容如下：

```
LIBRARY
EXPORTS
??0CMath@@QAE@XZ  @1         ;构造函数
??1CMath@@QAE@XZ  @2         ;析构函数
?Add@CMath@@QAEHHH@Z  @3    ;Add 函数
?sub@CMath@@QAEHHH@Z  @4    ;Sub 函数
```

然后保存 source.def，并编译 Test 项目，此时生成的 Test.dll 中就有 4 个导出函数了，它们都是 CMath 类的成员函数。现在就可以在调用者项目中使用 CMath 类了。

（4）切换到解决方案视图，新增一个控制台项目 caller，然后在 caller.cpp 中输入如下内容：

```
#include "stdafx.h"
#include "../Test/Test.h"
#pragma  comment(lib,"../Debug/Test.lib") //指定导入库文件 Test.lib

int _tmain(int argc, _TCHAR* argv[])
{
    CMath math; //用 DLL 中的 CMath 类定义一个对象

    printf("sum=%d\n",math.Add(500, 20));   //通过对象调用成员函数 Add
    printf("sub=%d\n", math.sub(500, 20)); //通过对象调用成员函数 sub

    return 0;
}
```

（5）把 caller 设为启动项目，然后保存项目并运行，运行结果如图 7-37 所示。

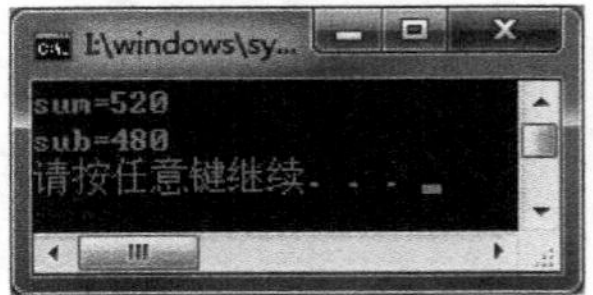

图 7-37

【例 7.19】 在 DLL 中导出类（使用_declspec(dllexport)）

（1）启动 VC2017，新建一个 Win32 DLL 项目，项目名为 Test。

（2）切换到解决方案视图，添加一个头文件 Test.h，并输入如下代码：

```
class _declspec(dllexport) CMath
{
  public:
     int Add(int a, int b);
     int sub(int a, int b);
     CMath();
     ~CMath();
};
```

这里定义了一个 CMath 类，并用_declspec(dllexport)进行修饰，表明是一个导出类。

然后在 Test.cpp 中添加类的实现，代码如下：

```
#include "stdafx.h"
#include "Test.h"

int CMath::Add(int a, int b)
{
   return a + b;
}
int CMath::sub(int a, int b)
{
   return a - b;
}
CMath::CMath(){}
CMath::~CMath(){}
```

代码比较简单，分别实现加法和减法。编译 Test 项目，可以得到 Test.dll 和 Test.lib。

（3）切换到解决方案视图，添加一个新的控制台项目 caller，并使用 Test.dll。在 caller.cpp 中输入如下代码：

```
#include "stdafx.h"
#include "../Test/Test.h"
#pragma comment(lib,"../debug/Test.lib")
int _tmain(int argc, _TCHAR* argv[])
{
   CMath math;
   printf("%d,%d\n", math.Add(10, 8), math.sub(20,3));

   return 0;
}
```

代码很简单，先定义一个对象 math，然后打印两个成员函数的结果。

（4）把 caller 设为启动项目，然后运行，得到的运行结果如图 7-38 所示。

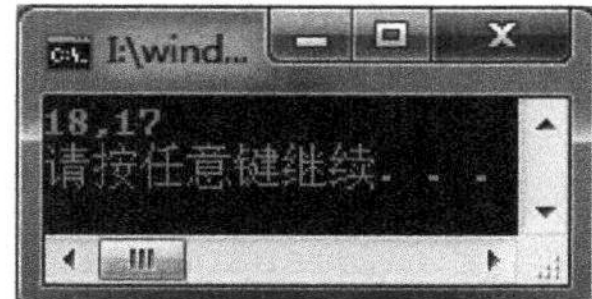

图 7-38

7.4.7 在 Qt 项目中调用 DLL 的导出类

在 Qt 项目中使用 DLL 中导出类的方法和前面导出函数和导出变量的方法类似，只不过使用的类型是一种复合数据类型，所以无法通过 Win32 API 函数 LoadLibrary()和 Qt 自带的 QLibrary 来使用，但是可以使用直接法和可视化法，即在 Qt 项目的.pro 文件中用 LIBS 写明 DLL 对应的.lib 文件信息，然后在 Qt 项目中声明类，就可以用类来定义对象了。

【例 7.20】 利用直接法使用 DLL 中的导出类

（1）启动 Qt Creator 4.8.2，新建一个对话框项目，项目名为 call。

（2）准备使用例 7.18 中 Test 项目生成 64 位的 DLL，但目前例 7.18 生成的是 32 位的。复制一份例 7.18 的 Test 项目到本例目录下，然后用 VC 打开这个项目，新建一个 x64 位解决方案平台。在 VC 项目中，打开 source.def，删除里面的内容，接着重新生成解决方案。下面制作模块定义文件，用记事本打开 x64\Debug 下的 Test.map，找到 CMath 类的 4 个成员函数的修饰名，并搜索“??0CMath”：

```
0002:000006a0  ??0CMath@@QEAA@XZ   00000001800116a0 f   Test.obj
0002:00000700  ??1CMath@@QEAA@XZ  0000000180011700 f   Test.obj
0002:00000760  ?Add@CMath@@QEAAHHH@Z  0000000180011760 f   Test.obj
0002:000007d0  ?sub@CMath@@QEAAHHH@Z  00000001800117d0 f   Test.obj
```

问号开始的字符串就是函数的修饰名。我们把它们复制到模块定义文件 source.def 中，内容如下：

```
LIBRARY
EXPORTS
??0CMath@@QEAA@XZ @1           ;构造函数
??1CMath@@QEAA@XZ @2           ;析构函数
?Add@CMath@@QEAAHHH@Z @3    ;Add 函数
?sub@CMath@@QEAAHHH@Z @4    ;Sub 函数
```

保存 source.def，并编译 Test 项目，此时生成的\x64\Debug\Test.dll 中就有 4 个导出函数了，它们都是 CMath 类的成员函数。现在我们就可以在 Qt 项目中使用 CMath 类了。

（3）在 Qt Creator 中，打开对话框设计界面，在上面放置一个按钮，然后把按钮的 text 属性设置为“使用 DLL 中的导出类”，并为按钮添加 clicked 信号的槽函数：

```
void Dialog::on_pushButton_clicked()
{
    CMath math;
    QString str;
    int c= math.Add(2,3);
    str.sprintf("%d",c);
    QMessageBox::information(this,"result",str);
}
```

其中，CMath 类是 DLL 中的导出类；Add()函数是 CMath 类的成员函数，传入参数 2 和 3 后，c 得到的返回结果是 5。

接着，在本文件开头添加类型的 CMath 声明（必须和 DLL 项目中 CMath 类的声明一致）。可以从 DLL 项目（Test 项目）中复制一份过来，内容如下：

```
class  CMath
{
   public:
       int Add(int a, int b);
       int sub(int a, int b);
       ~CMath();
       CMath();
};
```

按 Ctrl+B 快捷键，使 Qt 项目生成输出目录（build-call-Desktop_Qt_5_12_2_MSVC2017_64bit-Debug\debug）。先把 Test 项目的解决方案目录\x64\Debug\下的 Test.dll 存放到 build-call-Desktop_Qt_5_12_2_MSVC2017_64bit-Debug\debug 目录下，和可执行程序位于同一个目录，再把 Test.lib 存放到 Qt 项目目录下。

接着，在 Qt Creator 中打开 call.pro，在“# Default rules for deployment.”上面添加一行代码：

```
LIBS += -L$$PWD/./ -lTest
```

该行代码告诉 Qt 项目要引入库的基本名（没有后缀名或扩展名）是 Test，引入库 Test.lib 的路径就是当前项目的路径，$$PWD/./是一个相对路径，表示在当前项目的目录下。

依次单击主菜单的菜单选项“构建→重新构建所有项目”，稍等片刻，再按 Ctrl+R 快捷键来运行这个项目，然后单击界面中的按钮，就会出现有 5 的信息框，如图 7-39 所示。

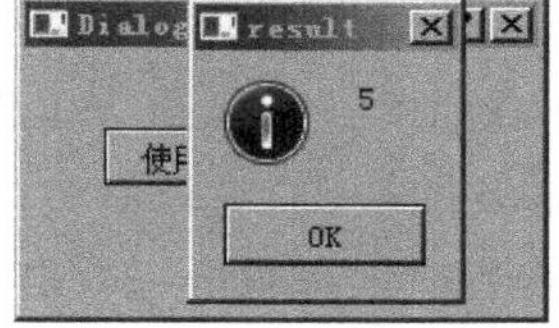

图 7-39

至此，在 Qt 项目中使用 DLL 中的导出类就成功了！有一点需要再次强调一下，一定要把动态链接库 Test.dll 放到和 Qt 生成的 exe 文件的同一个目录或 system32 目录下，否则一旦找不到 Test.dll，程序就将运行不起来。

7.4.8　Qt 生成 DLL

前面我们主要讲述了利用 VC 生成 DLL、用 Qt 来调用。现在反过来用 Qt 项目生成 DLL、VC 或其他语言（比如 Delphi）来调用 DLL，这也是团队合作开发中经常会碰到的场景，因为一个项目组或不同项目组中的不同开发者所用的语言很有可能不同，而大型软件往往是由不同的组件（比如 DLL 形式）组装而成的。

在 Qt Creator 中生成 DLL 不是很复杂，这是因为 Qt Creator 提供了很好的向导程序，我们只需要跟着向导程序一步步操作即可。

【例 7.21】 在 Qt 项目中生成 DLL

（1）启动 Qt Creator 4.8.2，依次单击主菜单的菜单选项“文件→新建文件或项目”，或者直接按 Ctrl+N 快捷键，打开 New File or Project 对话框，然后在左边的“项目”下面选中 Library，在右边选中“C++库”，如图 7-40 所示。

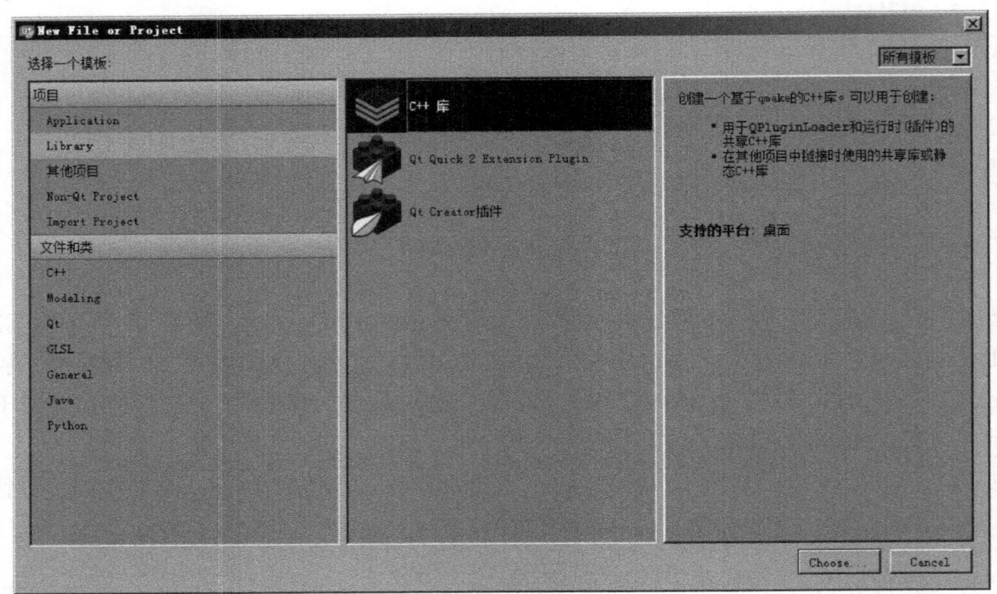

图 7-40

然后单击右下角的 Choose...按钮。此时将出现“项目介绍和位置”对话框。在该对话框上，输入项目名称 test 及其路径，类型保持“共享库”即可，而后单击“下一步”按钮。在“选择需要的模块”对话框中，如果我们的 DLL 中没有界面方面的功能，那么通常只需要保持 QtCore 的选中状态即可（这也是默认的状态），接着单击“下一步”按钮直到完成。

（2）在 Qt Creator 中，在左边“项目”视图中双击 test.h，然后添加如下代码：

```
extern "C"
{
    TESTSHARED_EXPORT int add(int a ,int b);
}
```

我们声明了一个函数 add()，用于计算 a 和 b 的和并返回计算的结果。宏 TESTSHARED_EXPORT 的作用是表示函数 add()是导出函数。

双击 test.cpp 以打开这个文件，然后添加一个函数，代码如下：

```
int add(int a,int b)
{
    return a+b;
}
```

该函数用于计算 a 和 b 的和。

（3）保存项目并按 Ctrl+B 快捷键，稍等片刻，将在 build-test-Desktop_Qt_5_12_2_MSVC2017_64bit-Debug\debug 目录下生成 test.dll。此时启动 Dependency Walker 软件来查看 test.dll，可以发现里面有 add()导出函数了，如图 7-41 所示。

至此，在 Qt 下生成 DLL 就成功了。下面马上验证在 Qt 中调用的情况。在 Qt 中调用 DLL 的方式有好几种，前面已经介绍过，这里采用简单的可视化法。

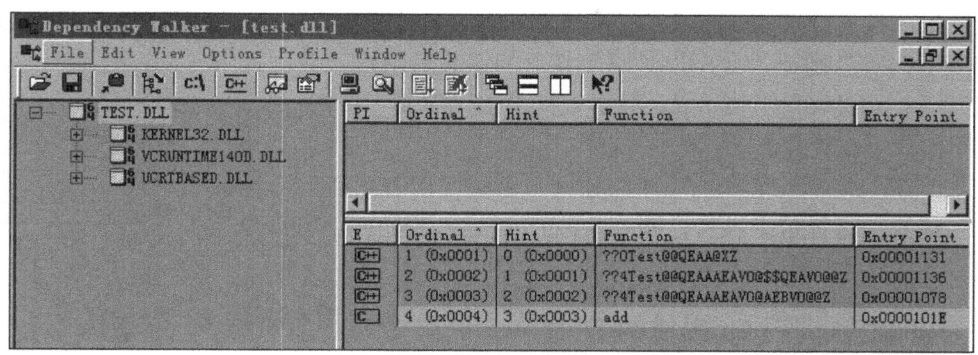

图 7-41

【例 7.22】 利用可视化法调用 Qt 生成的 DLL

（1）启动 Qt Creator 4.8.2，新建一个对话框项目，项目名为 call。在本例中我们将直接调用上例生成的 test.dll 中的导出函数 add()。

（2）打开对话框设计界面，在上面放置一个按钮，然后把按钮的 text 属性设置为“调用 DLL 的导出函数”，并为按钮添加 clicked 信号的槽函数：

```
void Dialog::on_pushButton_clicked()
{
    QString str;
    int sum = add(2,3);
    str.sprintf("sum=%d",sum);
    QMessageBox::information(this,"rsult",str);
}
```

其中，add()是 Test.dll 中的导出函数。

在 dialog.cpp 开头添加导出函数的声明：

```
extern "C"
{
    int add(int a ,int b);
}
```

（3）按 Ctrl+B 快捷键来构建这个项目，输出目录就生成了。然后把上例解决方案目录 build-test-Desktop_Qt_5_12_2_MSVC2017_64bit-Debug\debug 下的 test.dll 复制到本例 Qt 的可执行程序生成的目录（本例的 build-call-Desktop_Qt_5_12_2_MSVC2017_64bit-Debug\debug）下，并把 Test.lib 复制到本例 Qt 项目的目录下（和 call.pro 同一个目录）。

至此，文件已经存放好。下面只需通过鼠标操作在 Qt 项目的项目配置文件（call.pro）中设置导入库文件 Test.lib 的引用。在 Qt Creator 的项目视图中右击树控件的根节点 call，在弹出的快捷菜单中单击“添加库”以便取消勾选，此时会出现“添加库”对话框，选择“外部库”，然后单击“下一步”按钮。随后会出现用于选择库路径的“添加库”对话框，在该对话框中取消对“平台”下的“Linux”和“Mac”选项的勾选，然后在“库文件”右边单击“浏览”按钮，选择本项目目录下的 test.lib，再取消对“为 debug 版本添加'd'作为后缀”选项的勾选，然后单击“下一步”按钮，会出现“添加库”的汇总对话框，其中提示有 3 行代码被自动添加到 call.pro 中，直接单击“完成”按钮。至此，可视化引用库导入完毕。

依次单击主菜单的菜单选项“构建→重新构建所有项目”，再按 Ctrl+R 快捷键来运行这个项目，单击界面上的按钮，会出现“sum=5”信息框，如图 7-42 所示。

图 7-42

7.4.9 其他语言调用 Qt 生成的 DLL

下面我们将在其他主流开发语言中调用 Qt 生成的 DLL，比如 VC、Delphi 等。

【例 7.23】 在 VC 中调用 Qt 生成的 DLL

（1）启动 VC2017，新建一个控制台项目，项目名为 vccall。

（2）在 vccall.cpp 中，输入如下代码：

```
#include "pch.h"
#include <iostream>
#include <windows.h>

// 定义函数指针
typedef int(*ADD)(int,int);

int main()
{
    HINSTANCE hDll = LoadLibraryA("test.dll");
    if (hDll != NULL)
    {
        ADD add = (ADD)GetProcAddress(hDll, "add");//实例化回调函数指针
        std::cout << "sum:" << add(2, 3);//执行回调函数
        FreeLibrary(hDll);
    }
    else
        std::cout << "LoadLibrary failed\n";
}
```

在上述代码中，我们用显式链接方式调用了 test.dll 中的 add()函数，然后输出了 add(2,3)的结果（2+3=5），最后释放句柄。

（3）保存项目并运行，运行结果如图 7-43 所示。

图 7-43

在 Win32 方式下生成的动态链接库不但可以提供给 C++语言使用，也可以提供给其他语言使用，比如 Delphi、VB、C#等，这样使得掌握不同语言的开发人员可以进行联合开发，而不必要求大家都使用同一种开发语言。其他语言调用 C/C++开发的动态链接库时必须要处理好两个问题：一个是函数调用的约定；另一个是函数名修饰的约定。

1. 函数的调用约定

函数的调用约定（Calling Convention）是指在函数调用时关于函数的多个参数入栈和出栈顺序的约定，通俗地讲就是关于堆栈的一些说明，首先是函数参数压栈的顺序，其次是压入堆栈的内容由谁来清除（调用者还是函数自己）。不同的语言定义了不同的函数调用约定。VC++中有 5 种调用约定：__cdecl、__stdcall、fastcall、thiscall 和 naked call。这里两个以下划线开头的关键字是微软自己的扩展关键字。

（1）__cdecl 调用约定

__cdecl（也可写成_cdecl）调用约定又称为 C 调用约定，是 C 函数默认的调用约定，也是 C++全局函数的默认调用约定，通常会省略，比如：

```
char func(int n);
char __cdecl func(int n);
```

两者一样，调用约定都是_cdecl，第一种写法没有写调用约定，就默认为_cdecl。在_cdecl调用约定下，函数的多个参数由调用者按从右到左的顺序压入堆栈，被调函数获得参数的序列是从左到右；清理堆栈的工作由调用者负责，因此函数参数的个数是可变的（如果是被调函数清理堆栈，则参数个数必须确定，否则被调函数事先无法知道参数的个数，事后的清除工作将无法正常进行）。VC 还定义了宏：

```
#define WINAPIV __cdecl
```

（2）__stdcall 调用约定

__stdcall（也可写成_stdcall）调用约定又称为 Pascal 调用约定，也是 Pascal 语言的调用约定。它的使用方式为：

```
char __stdcall func(int n);
```

在_stdcall 调用约定下，函数的多个参数由调用者按从右到左的顺序压入堆栈，被调函数获得参数的序列是从左到右的；清理堆栈的工作由被调用函数负责。在 VC 中，常用宏 WINAPI 或 CALLBACK 来表示__stdcall 调用约定，定义如下：

```
#define CALLBACK    __stdcall  //注意有两个下划线
#define WINAPI      __stdcall
```

Win32 API 函数大都采用__stdcall 调用，比如：

```
int WINAPI MessageBoxA(HWND,LPCSTR,LPSTR,UINT);
```

（3）__fastcall 调用约定

__fastcall 调用约定被称为快速调用约定。前两个双字（DWORD）参数或更小尺寸的参数通过寄存器 ECX 和 EDX 来传递，剩下的参数按照自右向左的顺序压栈传递。清理堆栈的工作由被调用函数来完成。它的使用方式为：

```
char __fastcall func(int n);
```

（4）thiscall 调用约定

thiscall 调用约定是 C++中的非静态类成员函数的默认调用约定。thiscall 只能被编译器使用，没有相应的关键字，因此不能由程序员指定。采用 thiscall 约定时，函数参数按照从右到左的顺序入栈，被调用的函数在返回前清理传送参数的栈。ECX 寄存器传送一个额外的参数：this 指针。

（5）naked call 调用约定

naked call 调用约定也被称为裸调，是一个不常用的调用约定，不建议使用。编译器不会给这样的函数增加初始化和清理的代码。naked call 不是类型修饰符，必须和_declspec 共同使用，比如：

```
_declspec(naked) char func(int n);
```

在上面的 5 种调用约定中，前 3 种比较常用。__cdecl 只有在 C/C++语言中才能用，但__cdecl 调用有一个特点，就是能够实现可变参数的函数调用，比如函数 printf，而用__stdcall 调用是不可能的。几乎所有的语言都支持__stdcall 调用，为了让 C++开发的 DLL 供其他语言（比如 Delphi 语言）调用，应该将函数声明为__stdcall。在另外一些地方，比如编写 COM 组件，几乎都是 stdcall 调用。

2. 函数名修饰的约定

函数名修饰的约定就是编译器使用何种名字修饰方式来区分不同的函数。编译器在编译期间会为函数创建一个具有一定规则的修饰名，这项技术通常被称为名称改编（Name Mangling）或者名称修饰（Name Decoration）。C 编译器和 C++编译器的名称修饰规则是不同的，比如在__cdecl 调用约定下，函数 int f(int)在 C 编译器下产生的修饰名为 f，而在 C++编译器下产生的修饰名为?f@@YAHH@Z。我们可以通过工具 Dependency Walker（VC6 自带，可以在 VC6 的安装目录中通过搜索文件名“DEPENDS.EXE”找到，然后单独复制出来，也可以在网上搜索下载）来查看 DLL 中导出函数的修饰名。顺便说一句，这个工具还能查看生成 DLL 和其他 DLL 的依赖关系。所谓依赖关系，就是 DLL 运行时没有找到运行所需的其他 DLL，那么这个 DLL 将无法加载运行。

打开工具 Dependency Walker，然后把例 7.1 生成的 Test.dll 拖入主窗口，如图 7-44 所示。在右边 Function 列下有一串字符串“?f@@YAXXZ”，它正是动态链接库经过编译后导出函数 f()在 DLL 中的名字（确切地说叫函数修饰名）。也就是说，在编译生成的 DLL 文件中，函数 f()已经没有了，变成了函数“?f@@YAXXZ”，如果调用者还是去调用函数 f()，则将导致失败。

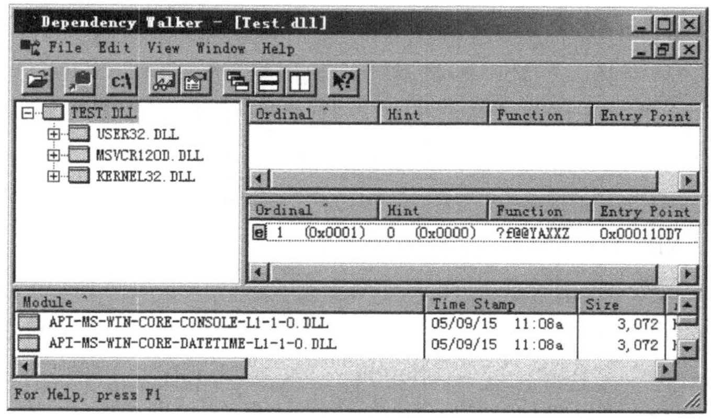

图 7-44

在 C 语言中，对于__stdcall 调用约定，编译器会在导出函数名前加一个下划线作为前缀，在函数名后面加上一个 "@" 符号和其所有参数的字节数之和，例如_functionname@number。对于_cdecl 调用约定，函数名会保持原样。对于__fastcall 调用约定，在导出函数名前会加上一个 "@" 符号，后面加上一个 "@" 符号和其所有参数的字节数之和，例如@functionname@number。

在 C++语言中，函数修饰名的形式由类名、函数名、调用约定、返回类型、参数等共同决定。在__stdcall 调用约定下遵循如下规则：

（1）函数修饰名以 "?" 开始，后跟函数名。

（2）函数名后面以 "@@YG" 标识参数表的开始，后跟参数表。

（3）参数表的第一项为该函数的返回值类型，其后依次为参数的数据类型，指针标识在其所指数据类型前。

（4）参数类型以代号表示：X——void；D——char；E——unsigned char；F——short；H——int；I——unsigned int；J——long；K——unsigned long；M——float；N——double；_N——bool；...；PA——指针，后面再加指针类型，如果相同类型的指针连续出现，则以 "0" 代替，一个 "0" 代表一次重复。

（5）参数表后以 "@Z" 标识整个名字的结束，如果该函数无参数，则以"Z"标识结束。

其格式为 "?functionname@@YG*****@Z" 或 "?functionname@@YG*XZ"，比如：

```
int  test1 (char  *var1,unsigned long var2) -----"?test1@@YGHPADK@Z"
void  test2()  -----"?test2@@YGXXZ"
```

在__cdecl 调用约定下，规则同上面的_stdcall 调用约定，只是参数表的开始标识由 "@@YG" 变为 "@@YA"。

在__fastcall 调用约定下，规则同上面的_stdcall 调用约定，只是参数表的开始标识由 "@@YG" 变为 "@@YI"。

对于 C++的类成员函数，其调用方式是 thiscall，函数的名字修饰与非成员的 C++函数稍有不同。首先是以问号 "?" 开头（如果是构造函数，则以两个问号开头），然后加函数名（如果是构造函数，则用 0 来代替构造函数名；如果是析构函数，则用 1 来代替析构函数名），接着是符号 "@"，然后是类名。其次是函数的访问权限标识，公有（public）成员函数的标识是 "@@QAE"，保护（protected）成员函数的标识是 "@@IAE"，私有（private）成员函数的标识是 "@@AAE"。如果函数声明使用了 const 关键字，则相应的标识应分别为 "@@QBE"、"@@IBE" 和 "@@ABE"。如果参数类型是类实例的引用，则使用 "AAV1"；如果是 const 类型的引用，则使用 "ABV1"。最后是参数表的开始，参数表的第一项为该函数的返回值类型，其后依次为参数的数据类型，指针标识在其所指数据类型前。参数类型以代号表示：X——void；D——char；E——unsigned char；F——short；H——int；I——unsigned int；J——long；K——unsigned long；M——float；N——double；_N——bool；...；PA——指针，后面再加指针类型，如果相同类型的指针连续出现，则以 "0" 代替，一个 "0" 代表一次重复；参数表后以 "@Z" 标识整个名字的结束，如果该函数无参数，则以 "Z" 标识结束。

下面先看一个比较简单的类的各函数修饰名：

```
class CMath
{
    public:
        int Add(int a, int b);
        int sub(int a, int b);
        CMath();
    CMath(int a);
    ~CMath();
};
```

根据 thiscall 的修饰规则，函数 Add()的修饰名为 "?Add@CMath@@QAEHHH@Z"，函数 sub() 的修饰名为 "?sub@CMath@@QAEHHH@Z"，构造函数 CMath() 的修饰名为 "??0CMath@@QAE@XZ"，构造函数 CMath(int a)的修饰名为 "??0CMath@@QAE@H@Z"，析构函数~CMath 的修饰名为 "??1CMath@@QAE@XZ"。

再看一个稍微复杂一点的类的 C++成员函数的名字修饰规则：

```
class CTest
{
    ......
    private:
        void Function(int);
    protected:
        void CopyInfo(const CTest &src);
    public:
        long DrawText(HDC hdc, long pos, const TCHAR* text, RGBQUAD color, BYTE
bUnder, bool bSet);
    long InsightClass(DWORD dwClass) const;
    ......
};
```

对于成员函数 Function()，它的函数修饰名为 "?Function@CTest@@AAEXH@Z"，字符串 "@@AAE" 表示这是一个私有函数。成员函数 CopyInfo()只有一个参数，是对 CTest 类的 const 引用参数，它的函数修饰名为 "?CopyInfo@CTest@@IAEXABV1@@Z"。DrawText()是一个比较复杂的函数声明，不仅有字符串参数，还有结构体参数和 HDC 句柄参数，需要指出的是 HDC 实际上是一个 HDC__结构类型的指针，这个参数的表示就是 "PAUHDC__@@"，其完整的函数修饰名为 "?DrawText@CTest@@QAEJPAUHDC__@@JPBDUtagRGBQUAD@@E_N@Z"。

InsightClass()是一个 const 函数，它的成员函数标识是"@@QBE"，完整的修饰名就是"?InsightClass@CTest@@QBEJK@Z"。

3. 在 Dephi 中使用 Qt 生成的 DLL

知道了函数调用约定和函数名修饰约定的概念后，在生成 DLL 的时候要注意了。为了使其他语言编写的程序（如 Visual Basic 应用程序、Delphi 或 C#的应用程序等）能调用 C/C++ 编写的动态链接库中的导出函数，必须统一调用者和被调用者各自对函数的调用约定，并且不要让 C/C++编译器对要导出的函数进行任何名称修饰。不对函数名进行修饰通常有如下几种做法：

（1）使用模块定义文件

在模块定义文件中，指定导出函数在编译后的 DLL 中的名称，最终编译生成的 DLL 中导出函数的名称就是模块定义文件中指定的名字。这是最简单的方式。

（2）用 C 语言方式编译并且指定__cdecl 调用约定

如果不用模块定义文件，而使用关键字_declspec(dllexport)来导出函数，则只能让 C++编译器以 C 语言方式进行编译，并且要指定调用约定为__cdecl，因为这个调用约定下的 C 语言函数名修饰规则是不改动原来的函数名称。

让 C++编译器以 C 语言方式进行编译通常有两种方式：第一种方式是把源文件的后缀名改为.c，这样编译器就认为是一个 C 项目了，会以 C 编译器进行编译；第二种方式是在 C++ 项目中头文件的导出函数前加 extern "C"，比如：

```
extern "C" __declspec(dllexport) int _cdecl func (int a, int b);
```

如果有多个函数要导出，也可以这样写：

```
extern "C"
{
    __declspec(dllexport) int _cdecl func1(int a, int b);
    __declspec(dllexport) int _cdecl func2(int a, int b);
}
```

这种方式的源文件要求是 cpp 文件（这样 VC 会根据后缀名来决定使用 C++编译器），由于 extern "C"是 C++中的指令，因此只有 C++编译器才认得，它告诉 C++编译器以 C 语言的方式进行编译。这个指令对于 C 编译器无效，它无法在 C 项目中使用。有时为了头文件的可移植性（无论当前源文件是.c 还是.cpp，都无须修改头文件），可以这样写：

```
ifdef __cplusplus
extern "C" {
#endif
__declspec(dllexport) int __cdecl func1(int a, int b);
__declspec(dllexport) int __cdecl func2(int a, int b);
#ifdef __cplusplus
}
#endif
```

通过系统预定义的__cplusplus 来判断当前项目是 C++项目还是 C 项目，如果是 C++项目，则 extern "C"有效，反之无效。需要注意的是，调用约定必须是__cdecl，其他调用约定还是会对函数名进行修饰。

我们来看一个例子，在 Delphi 7 中调用 VC2017 生成的 DLL，Delphi 中默认的函数调用约定是 register，相当于_fastcall。我们一共导出两个函数，并在 VC 项目中将两个导出函数指定为__stdcall 和__cdecl 调用约定，相应地在 Delphi 项目中声明为 stdcall 和 cdecl。

【例 7.24】 在 Delphi 中调用 Qt 的 DLL

（1）启动 Qt Creator 4.8.2，然后新建一个 Win32 项目。在向导程序中把应用程序类型设置为 DLL，其他选项保持默认设置，然后单击“完成”按钮。

（2）切换到解决方案视图，然后添加头文件 Test.h，并在其中输入如下代码：

```
int __cdecl func_cdecl(int a, int b); //__cdecl 也可以省略
int __stdcall func_stdcall(int a, int b);
```

（3）在 Test.cpp 末尾添加代码：

```
#include "Test.h"

int __cdecl func_cdecl(int a, int b)        //求和，__cdecl 也可以省略
{
    return a + b;
}
int __stdcall func_stdcall(int a, int b)  //求积
{
    return a * b;
}
```

（4）按 Ctrl+B 快捷键以便编译生成 Test.dll。

（5）打开 Delphi 7，新建一个窗体项目 myDelphi，并添加一个代码文件 Unit2.pas，在其中输入调用 Test.dll 中的函数所需要的声明，代码如下：

```
unit Unit2;

interface
    Function func_cdecl( a:integer; b:integer ):integer; cdecl;
```

```
    Function func_stdcall( a:integer; b:integer ):integer; stdcall;
implementation
     function func_cdecl;external 'Test.DLL' name 'func_cdecl';
     function func_stdcall;external 'Test.DLL' name 'func_stdcall';
end.
```

然后切换到界面设计，在窗体上添加两个按钮，标题分别是“5+6”和“5*6”，并双击按钮，添加事件处理函数，代码如下：

```
procedure TForm1.Button1Click(Sender: TObject);
begin
  ShowMessage(IntToStr(func_cdecl(5,6)));

end;


procedure TForm1.Button2Click(Sender: TObject);
begin
    ShowMessage(IntToStr(func_stdcall(5,6)));
end;
```

（6）保存项目，把 Test.dll 存放到刚才保存项目所在的目录下，或者放到系统的 System32 中，然后运行项目，结果如图 7-45 所示。

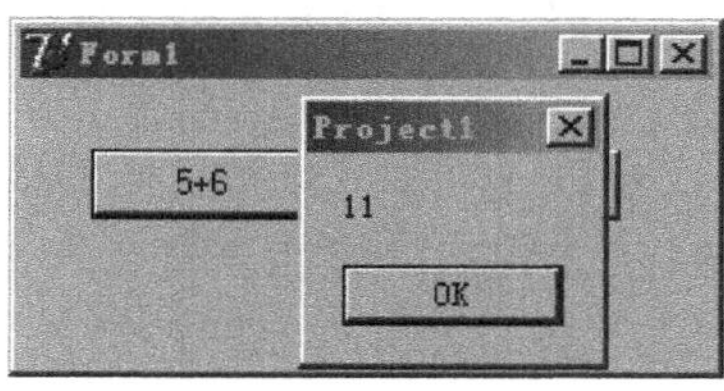

图 7-45

7.5　MFC 下 DLL 的开发和 Qt 的调用

7.5.1　MFC DLL 的生成

前面讲了 Win32 DLL 的开发，它们不包含 MFC 类。如果 DLL 中包含 MFC 类，那么这类 DLL 就是基于 MFC 的 DLL。由于基于 MFC 的 DLL 能够使用 MFC 类库，因此可以开发出功能更为强大的 DLL。

这里要注意区分两个词：基于 MFC 的 DLL 和 MFC DLL。前者是指我们自己开发的 DLL 中包含了 MFC 类，有时会简称为规则 MFC DLL；后者是指提供 MFC 类库功能的 DLL，是 VC 提供的。

基于 MFC 的 DLL 有 3 种类型：使用共享 MFC DLL 的规则 DLL、带静态链接 MFC 的规则 DLL 和 MFC 扩展 DLL。其中，带静态链接 MFC 的规则 DLL 就是把 MFC 库的代码放在我们最终开发生成的 DLL 中，这样最终生成的 DLL 文件尺寸比较大，但运行的时候不需要再提供 MFC DLL 文件；使用共享 MFC DLL 的规则 DLL 只是把 MFC 的一些链接信息包含在我们自己的 DLL 中，而不是将 MFC 类库所有代码都放入，等到运行时需要哪个 MFC 类就根据链接信息（入口地址）去执行，此种 DLL 不包含 MFC DLL 的代码，因此文件尺寸较小，但要注意我们生成的 DLL 在运行时要能够找到 MFC DLL，通常可以把 MFC DLL 文件放在我们生成 DLL 的同一个目录下，也可以把 MFC DLL 文件放在 System32 文件夹下，尤其是在发布给用户的时候，要把自己的 DLL 和 MFC DLL 都提供给用户，因为我们的 DLL 用到了 MFC 类，即我们的 DLL 依赖于 MFC DLL。

规则 DLL 可以被其他 Windows 编程语言（比如 Delphi、C++Builder 等）所使用，但规则 MFC DLL 与应用程序的导出类不能继承自 MFC 类，只能在 DLL 内部使用 MFC 类。如果规则 DLL 静态链接到 MFC DLL，则其调用者（如果是 MFC 程序）也最好是静态链接到 MFC DLL，这样可以在导出函数的参数中用 CString，否则会出错。

扩展 MFC DLL 只能被 MFC 应用程序使用，接口可以包含 MFC 类等信息，用户使用 MFC 扩展 DLL 就像使用 MFC 本身的 DLL 一样，除了可以在 MFC 扩展 DLL 内部使用 MFC 外，MFC 扩展 DLL 与应用程序的接口也可以继承自 MFC，一般使用 MFC 扩展 DLL 来增强 MFC 的功能。MFC 扩展 DLL 只能被动态链接到 MFC 的客户应用程序。另外，应用程序向导会为 MFC 规则 DLL 自动添加一个 CWinApp 对象，而 MFC 扩展 DLL 则不包含该对象，它只是被自动添加了 DllMain()函数。MFC 扩展 DLL 只使用 MFC 动态链接库，MFC 扩展 DLL 的真实作用体现在它提供的类虽然派生自 MFC 类，但是提供了比 MFC 类更强大的功能、更丰富的接口。

共享 MFC DLL 的规则 DLL 或 MFC 扩展 DLL 和它们的调用者程序是两个模块，如果 DLL 和 EXE 都有自己的资源，那么这些资源的 ID 可能重复。为了能正确找到 DLL 中的资源，在使用 DLL 资源之前要进行模块状态切换，告诉程序现在进入 DLL 模块了，将要使用的资源是 DLL 模块中的资源。等使用完毕后，再重新切换到应用程序模块中。常用的模块状态切换方法是使用宏 AFX_MANAGE_STATE，并把函数 AfxGetStaticModuleState()的返回值作为宏的参数，如 AFX_MANAGE_STATE(AfxGetStaticModuleState())，最好在每个要使用 DLL 资源的导出函数开头使用该宏。比如 ShowDlg()是一个导出函数，里面要显示一个对话框，对话框资源是在 DLL 中定义的，因此要在函数开头进行模块切换：

```
void ShowDlg()
{
    //作为接口函数的第一条语句进行模块状态切换
    AFX_MANAGE_STATE(AfxGetStaticModuleState());
    CDialog dlg(IDD_DLL_DIALOG);// IDD_DLL_DIALOG 是 DLL 中的对话框 ID
    dlg.DoModal();
    ……
}
```

宏 AFX_MANAGE_STATE 的声明如下：

```
AFX_MANAGE_STATE( AFX_MODULE_STATE* pModuleState )
```

其中，参数 pModuleState 是指向类 AFX_MODULE_STATE 的对象指针，宏将 pModuleState 设置为当前的有效模块状态。

函数 AfxGetStaticModuleState() 在栈上（这意味着其作用域是局部的）创建一个 AFX_MODULE_STATE 类（模块全局数据，即模块状态）的对象，这个函数的原型声明如下：

```
AFX_MODULE_STATE* AFXAPI AfxGetStaticModuleState( );
```

函数返回 AFX_MODULE_STATE 类的对象指针。

由于函数 AfxGetStaticModuleState()是在栈上创建对象的，因此放在导出函数中的时候，它的作用域范围就是导出函数的范围，该对象的析构函数将在导出函数结束的时候调用，而在 AFX_MODULE_STATE 类的析构函数中恢复先前的模块状态（也就是调用者程序的模块状态）。

如果将基于 MFC 的 DLL 切换到静态链接，则不需要用宏 AFX_MANAGE_STATE，即使用了也不起作用。

【例 7.25】 在规则 MFC DLL 中使用对话框（使用模块定义文件）

（1）启动 VC2017，新建一个 MFC DLL 项目（在新建项目对话框上选择“MFC DLL”），项目名是 Test。

（2）在“应用程序设置”对话框上选择 DLL 类型为“使用共享 MFC DLL 的规则 DLL”，然后单击“完成”按钮。接着会自动生成一些代码，可以发现和普通 MFC 程序相当类似，有应用程序类 CTestApp 和实例句柄 theApp，并且有应用类初始化函数 CTestApp::InitInstance，我们可以在这个函数中加入一些初始化代码。

（3）切换到资源视图，添加一个对话框，ID 为 IDD_MYDLG，右击对话框界面，在弹出的快捷菜单中选择“添加类”选项，为对话框添加 CMyDlg 类，然后在 MyDlg.h 中为该类添加成员变量和成员函数：

```
    CString m_strTitle;             //用来设置对话框标题的字符串对象
    void SetTitle(CString str);     //用来设置对话框标题的函数
```

再在 MyDlg.cpp 中添加 SetTitle()函数的实现，代码如下：

```
void CMyDlg::SetTitle(CString str)
{
    m_strTitle = str;
}
```

并重写对话框添加初始化函数 OnInitDialog()，代码如下：

```
BOOL CMyDlg::OnInitDialog()
{
    CDialog::OnInitDialog();
    // TODO:  在此添加额外的初始化
    SetWindowText(m_strTitle); //设置对话框标题

    return TRUE;  // return TRUE unless you set the focus to a control
    // 异常: OCX 属性页应返回 FALSE
}
```

函数 SetTitle()应该在对话框显示之前调用才能在对话框初始化的时候用自定义的字符串 m_strTitle 设置对话框标题。

（4）打开 Test.cpp，在其中添加导出函数 ShowDlg()显示对话框，代码如下：

```
void ShowDlg(TCHAR* sz) //调用者程序将传进来字符串
{
    AFX_MANAGE_STATE(AfxGetStaticModuleState()); //模块转换

    CMyDlg dlg;
    CString str;
    str.Format(_T("%s"), sz);
    dlg.SetTitle(str);  //设置字符串
    dlg.DoModal();      //创建并显示对话框
}
```

然后在文件开头包含头文件：

```
#include "MyDlg.h"
```

再打开 Test.h，然后添加 ShowDlg()的函数声明：

```
void ShowDlg(TCHAR*str);
```

然后添加模块定义文件，并输入如下内容：

```
LIBRARY
EXPORTS
    ; 此处可以是显式导出
    ShowDlg @1
```

（5）编译 Test 项目，将生成 Test.dll 和 Test.lib。

（6）切换到解决方案视图，添加一个新建的 MFC 对话框项目，删除对话框中所有的控件，并在对话框上添加一个按钮，添加事件处理函数，代码如下：

```
#include "../Test/Test.h"
#pragma comment(lib,"../debug/Test.lib")
void CcallerDlg::OnBnClickedButton1()
{
    // TODO:  在此添加控件通知处理的程序代码
    ShowDlg(_T("我的对话框")); //调用 Test.dll 中的导出函数 ShowDlg()
}
```

把 caller 项目设为启动项目，然后运行这个项目，会发现 Test.dll 中对话框的标题已经是我们设置的“我的对话框”了，运行结果如图 7-46 所示。

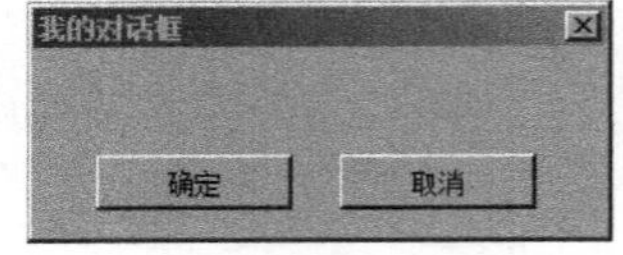

图 7-46

【例 7.26】 在规则 MFC DLL 中使用 MFC 类（使用__declspec(dllexport)）

（1）启动 VC2017，新建一个规则 MFC DLL 项目（在新建项目对话框上选择“MFC DLL”），项目名为 Test。

（2）在“应用程序设置”对话框上把 DLL 类型设置为“使用共享 MFC DLL 的规则 DLL”，然后单击“完成”按钮。

（3）在 Test.cpp 中增加一个导出函数，代码如下：

```
extern "C" _declspec(dllexport) void ShowRes(CSize sz)
{
    AFX_MANAGE_STATE(AfxGetStaticModuleState());
    CString str;
    str.Format(_T("%d,%d"), sz.cx, sz.cy);

    AfxMessageBox(str);
}
```

（4）编译 Test 项目，生成 Test.dll 和 Test.lib。

（5）切换到解决方案视图，新增一个 MFC 对话框项目 caller，先删除对话框中的所有控件，而后在对话框中添加一个按钮并输入如下代码：

```
extern "C" _declspec(dllimport) void ShowRes(CSize sz); //声明函数
#pragma comment(lib,"../debug/Test.lib")

void CcallerDlg::OnBnClickedButton1()
{
    // TODO:  在此添加控件通知处理的程序代码
    CSize sz(50, 300);
    ShowRes(sz);
}
```

把 caller 项目设为启动项目，然后保存项目并运行之，运行结果如图 7-47 所示。

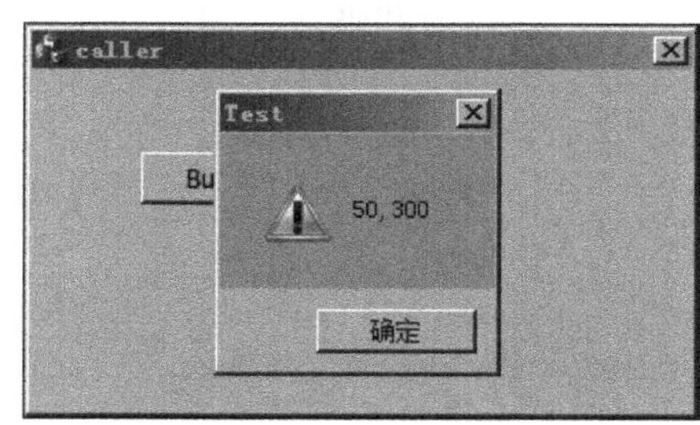

图 7-47

【例 7.27】 实现一个扩展 MFC DLL 来增强 CStatic

（1）启动 VC2017，新建一个扩展 MFC DLL 项目，项目名为 Test。

（2）切换到类视图，然后选择“添加类”菜单选项，并添加一个 MFC 类，类名为 CColorStatic，基类是 CStatic。系统将自动生成 ColorStatic.h 和 ColorStatic.cpp。

（3）打开 ColorStatic.h，在类名前输入“AFX_EXT_CLASS”，表示这是一个扩展 MFC 导出类，然后添加两个私有成员变量来表示文本颜色和背景色，再添加一个公有成员函数来设置颜色，这样类的定义就变成如下形式：

```
class AFX_EXT_CLASS CColorStatic : public CStatic
{
    DECLARE_DYNAMIC(CColorStatic)
public:
    CColorStatic();
    virtual ~CColorStatic();
    void SetColor(COLORREF TextColor); //设置文本颜色
private:;
    COLORREF  m_clrText; //文本颜色
protected:
    DECLARE_MESSAGE_MAP()
public:
    afx_msg void OnPaint();
};
```

打开 ColorStatic.cpp，添加 SetColor()函数的实现，代码如下：

```
void CColorStatic::SetColor(COLORREF clrTextColor)
{
    m_clrText = clrTextColor; //设置文字颜色
}
```

在 OnPaint()函数中添加输出所设置颜色的文本，代码如下：

```
void CColorStatic::OnPaint()
{
    CPaintDC dc(this); // device context for painting
    // TODO:  在此处添加消息处理的程序代码
    // 不为绘图消息调用 CStatic::OnPaint()
    dc.SetBkMode(TRANSPARENT);  //设置背景的透明度
    CFont *pFont = GetParent()->GetFont(); //得到父窗体的字体
    CFont *pOldFont;
    pOldFont = dc.SelectObject(pFont);       //选入父窗体的字体
    dc.SetTextColor(m_clrText); //设置文本颜色
    CString str;
    GetWindowText(str);             //得到静态控件上的文本
    dc.TextOut(0, 0, str);          //重新输出文本
    dc.SelectObject(pOldFont); //恢复默认字体
}
```

编译项目以生成 Test.dll 和 Test.lib。

（4）切换到解决方案视图，添加一个新建的对话框项目，然后删除对话框中的所有控件，

添加一个按钮和一个静态文本控件。把静态文本控件的 ID 设置为 IDC_STATIC_COLOR，并为之添加控件变量：

```
CStatic m_stColor;
```

把 CStatic 改为 CColorStatic，并在 callerDlg.h 开头添加包含指令：

```
#include "../Test/ColorStatic.h"
```

在 callerDlg.cpp 中添加 Test.lib 的引用和按钮事件代码：

```
#pragma comment(lib,"../debug/Test.lib")
void CcallerDlg::OnBnClickedButton1()
{
    // TODO:  在此添加控件通知处理的程序代码
    m_stColor.SetColor(RGB(255,0,0)); //设置静态控件的文本颜色
    m_stColor.Invalidate();
}
```

把 caller 项目设为启动项目，然后运行这个项目，运行结果如图 7-48 所示。

图 7-48

7.5.2　在 Qt 下调用 MFC DLL

前面我们学习了 MFC DLL 的生成，并在 VC 中进行了调用和验证，以确定我们的 MFC DLL 是正确的。下面我们就可以放心大胆地在 Qt 下调用 MFC DLL，一旦出现问题，基本就不需要怀疑是 MFC DLL 本身的问题，因为已经在 VC 下调用验证过了，可以集中精力排查在 Qt 下调用时引发的问题。

【例 7.28】　在 Qt 下调用 MFC DLL 中的导出函数

（1）启动 Qt Creator 4.8.2，新建一个对话框项目，项目名为 call。

（2）打开对话框设计界面，在上面放置一个按钮，然后把按钮的 text 属性设置为“调用 MFC DLL 中的导出函数”，并为按钮添加 clicked 信号的槽函数：

```
void Dialog::on_pushButton_clicked()
{
  int res;
  FUNC myfunc;
  QString str;
  wchar_t s[]=L"我爱你中国";
```

```
    QLibrary lib("Test");
     if(lib.load())
    {
        myfunc = (FUNC)lib.resolve("ShowDlg");
        if (!myfunc)
        {
            // 处理错误情况
            QMessageBox::information(this,"Error","resolve failed");
        }
        else
        {
           myfunc(s); //调用导出函数
        }
    }
    else  QMessageBox::information(this,"Error","load failed");
}
```

首先我们创建了QLibrary类的对象lib，构造函数的参数就是动态链接库文件的基本名Test，然后调用 QLibrary 类的成员函数 load()来加载，如果加载成功，就调用 QLibrary 类的成员函数 resolve()来解析 dll 中的导出函数 f()，如果不为 NULL，就调用函数指针 myfunc，这样就会调用到 dll 中的导出函数。

接着，在本文件开头添加包含头文件的指令和函数类型定义：

```
#include <QLibrary>
#include <QMessageBox>
typedef void (*FUNC)(wchar_t s[]);
```

按 Ctrl+B 快捷键来构建这个项目，此时会生成 call.exe。

（3）重新打开例 7.25 的 Test 项目，然后生成 x64 平台的 dll（这个过程不再赘述了）。然后把例 7.25 在其解决方案的 x64\Debug 目录下生成的 Test.dll 存放到与 call.exe 文件的同一个目录下，即 build-call-Desktop_Qt_5_12_2_MSVC2017_64bit-Debug\debug 下。

按 Ctrl+R 快捷键来运行这个项目，然后单击界面中的“调用 MFC DLL 中的导出函数”按钮，随后就会显示 Test.dll 中 f()函数定义的信息框，如图 7-49 所示。

图 7-49

这表明 MFC DLL 中的对话框调用成功了，并且我们传入的字符串“我爱你中国”被正确设置在对话框的标题栏上。

第 8 章 在Qt中使用Linux的静态库和动态库

本章使用的开发环境是 Linux 下的 Qt，所以需要先准备好 Linux 下的 Qt 开发环境，具体步骤可以参考第 2 章。

8.1 Qt 程序调用静态库和动态库

8.1.1 库的基本概念

在实际的软件开发中，对于一些需要被许多模块反复使用的公共代码，我们通常可以将它们编译为库文件。

库从本质上来说是一种可执行代码的二进制格式，可以被载入内存中执行。在 Linux 操作系统中，库以文件的形式存在，并且可以分为静态链接库和动态链接库两种，简称为静态库和动态库。静态链接库文件以.a 为后缀名，动态链接库文件以.so 为后缀名。不管是动态链接库还是静态链接库，它们都是向调用者提供变量、函数或类。

库文件是无法单独执行的，必须由可执行程序来调用，和可执行程序一起运行。

8.1.2 库的分类

静态库和动态库（后者也被称为共享库）的不同点在于代码被载入的时刻不同。静态库在程序编译时会被链接到目标代码中，目标程序运行时将不再需要该链接库，移植方便，但体积较大，较浪费空间和资源，这是因为所有相关的对象文件与牵涉到的库被链接合成一个可执行文件，导致可执行文件的体积较大。

动态库在程序编译时并不会被链接到目标代码中，而是在程序运行时才被载入，因此可执行文件体积较小。有了动态库，程序的升级相对变得简单，比如某个动态库升级了，只需要更换这个动态库文件即可，而不需要更换可执行文件。需要注意的是，可执行程序在运行时需要能找到动态库文件。可执行文件是动态库的调用者。

8.2 静 态 库

8.2.1 静态库的基本概念

静态库文件的后缀为.a，在 Linux 下一般命名为 libxxx.a。当有程序使用某个静态库时，在链接步骤中，链接器将从静态库文件中取得代码，并复制到生成的可执行文件中，即需要使用的所有函数都从静态库中链接进了可执行文件中。因此，使用了静态库的可执行文件通常较大。使用静态库的优点也非常明显，即可执行程序最终运行时不需要静态库及其相关文件的支持了，因为所有要使用的函数都已经被链接到可执行文件中了，可执行文件可以独立于静态库而运行。有时候这也是一个缺点，比如静态库里的内容改变了，那么我们编写的程序（调用者）就必须要重新编译和链接。

8.2.2 静态库的创建和使用

通常使用 ar 命令来创建静态库。ar 命令其实就是把一些目标文件（.o）组合在一起，成为一个单独的静态库。在 Linux 中创建静态库的步骤如下：

（1）编辑源文件（比如.c 或.cpp 文件）。

（2）通过 gcc -c xxx.c 或 g++ -c xxx.cpp 生成目标文件（.o 文件）。

（3）用 ar 归档目标文件，生成静态库。

（4）配合静态库，写一个头文件，文件里的内容就是有关引用静态库中的函数、变量或类的声明。

要学会创建静态库，先要学会 ar 命令的使用。ar 命令既可以创建静态库，也可以修改或提取已有静态库中的信息。它的常见用法如下：

```
ar [option] libxxx.a xx1.o xx2.o xx3.o …
```

其中，option 是 ar 命令的选项；libxxx.a 是生成的静态库文件的名字，xxx 通常是我们自己设定的名字，lib 是一种习惯，静态库的名字通常是以 lib 开头的；后面的 xx1.o、xx2.o、xx3.o 表示要归档进静态库中的目标代码文件，可以有多个，所以后面用省略号。

常用选项如下：

（1）选项 c：用来创建一个库。不管库是否存在，都将创建。

（2）选项 s：创建目标文件索引，在创建较大的库时能加快时间。如果不需要创建索引，可改成大写的 S；如果.a 文件缺少索引，还可以使用 ranlib 命令添加。

（3）选项 r：在库中插入模块，当插入的模块名已经在库中存在时，将替换同名的模块。如果若干模块中有一个模块在库中不存在，ar 就会显示一条错误消息，并不替换其他同名模块。默认情况下，新的成员会添加在库的结尾处，可以使用其他任选项来改变添加的位置。

（4）选项 t：显示库文件中有哪些目标文件。注意，只显示文件名。

（5）选项 tv：显示库文件中有哪些目标文件，显示的信息包括文件名、时间、大小等。

（6）选项 s：显示静态库文件中的索引表。使用静态库的方法很简单；下面我们来看一个例子。

【例 8.1】 创建并使用静态库（g++版）

（1）在虚拟机 Ubuntu 下打开终端窗口，输入编辑器命令 gedit，然后输入如下代码：

```
#include  <stdio.h>
int f()   //该函数用来获取年龄
{
    return 60;
}
```

代码很简单。这个源码文件将被编译为静态库，单击 gedit 窗口右上方的“保存”按钮，然后输入文件名“test.cpp”，将它保存到/root/ex/test/mylib 目录下，其中 ex、test 和 mylib 是新建的目录（可以用命令“mkdir /root/ex/test/mylib/-p”来新建这些目录）。然后在终端窗口中输入如下编译命令：

```
root@tom-virtual-machine:~/ex/test/mylib# g++ -c test.cpp
```

其中，ar 是静态函数库创建的命令；c 是 create（创建）的意思。此时会在 test.cpp 所在的同一个目录下生成 test.o 目标文件。

接着输入命令来生成静态库：

```
root@tom-virtual-machine:~/ex/test/mylib# ar rcs libtest.a test.o
```

随后会在同一个目录下生成 libtest.a 静态库文件。注意，所要生成的.a 文件的名字前 3 位最好是 lib，否则在链接的时候可能会找不到这个库。

（2）静态库生成了，我们编写一个 C 程序来调用它。为什么不能马上在 Qt 项目中调用这个静态库呢？这是为了确保静态库本身没有问题，之后万一在 Qt 项目中出现问题就不会怀疑是静态库本身的问题了。

编写一个 C 程序来使用该库中的函数 f()。打开 gedit，并输入如下代码：

```
extern int f();    //声明要使用的函数
#include <iostream>
using namespace std;

int main(int argc, char *argv[])
{
    int age = f();
      cout<<"my age:"<<age<<endl;
      return 0;
}
```

代码很简单。首先声明函数 f()，然后就可以在 main()函数中使用了。保存的文件名为 main.cpp，保存的目标路径为/root/ex/test/main/，其中 main 目录是新建的目录，然后把/root/ex/test/mylib 目录下的 libtest.a 文件复制到 main 目录下，再在命令行进行编译并运行：

```
[root@localhost test]# g++ -o main main.cpp -L. -ltest
```

其中，-L 用来告诉 g++去哪里找库文件，后面加一个点（.）表示在当前目录下找库文件。-l 用来指定需链接的库，其中的 lib 和.a 不用显式写出，g++或 gcc 会自动去寻找 libtest.a，这也是我们前面生成静态库时文件名要用 lib 前缀的原因。默认情况下，g++或 gcc 会首先搜索动态库（.so）文件，找不到后再去寻找静态库（.a）文件。如果当前目录没有动态库文件，就会去找静态库文件。-o 用于将 main.c 生成可执行程序 main。执行后，将在同一个目录下生成可执行程序 main，此时我们就可以运行 main 程序了：

```
root@tom-virtual-machine:~/ex/test/main# ./main
my age:60
```

gcc 与 g++使用静态库的过程类似，将 g++换为 gcc 即可。

8.2.3 在 Qt 项目中使用静态库

前面我们创建了一个静态库，也成功使用了它，就说明我们创建的静态库是没有问题的，下面可以放心地交给 Qt 项目去使用了。

【例 8.2】 在 Qt 项目中使用静态库

（1）在/root/ex 下新建一个目录，目录名为 8.2。我们的项目将放在/root/ex/8.2/目录下。

（2）在虚拟机 Ubuntu 的终端窗口中输入命令 qtcreator 来启动 Qt Creator。在 Qt Creator 主界面上，依次单击主菜单的菜单选项“文件→新建文件或项目”，此时会出现 New File or Project 窗口，在该窗口中选择 Qt Widgets Application 选项，在向导程序的“项目介绍和位置”对话框中把项目名称设置为 test、创建路径设置为/root/ex/8.2，如图 8-1 所示。

其他选项保持默认设置，接着连续单击“下一步”按钮，一直到向导程序完成。此时一个 MainWindow 程序框架就建立起来了。按 Ctrl+R 快捷键来运行一下这个项目，看看是否正常。

（3）在项目视图中右击 test，在弹出的快捷菜单中选择“添加库”选项，如图 8-2 所示。

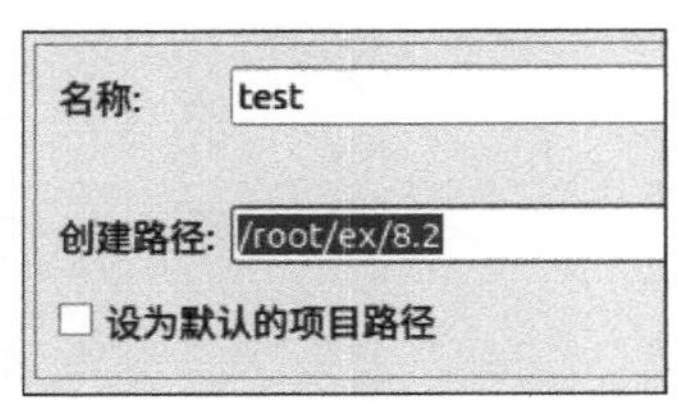

图 8-1

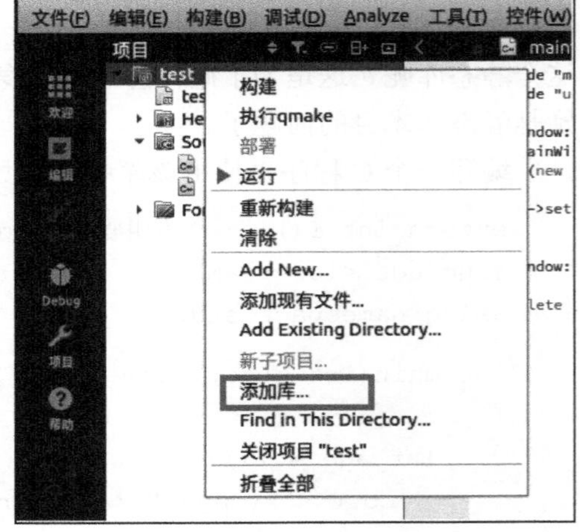

图 8-2

在“库类型”界面中，选择“外部库”，如图 8-3 所示。然后单击“下一步”按钮，出现“外部库”界面，在该界面中可以选择外部库文件。单击“库文件”右边的“浏览”按钮，选择/root/ex/test/mylib 下的 libtest.a 文件，如图 8-4 所示。

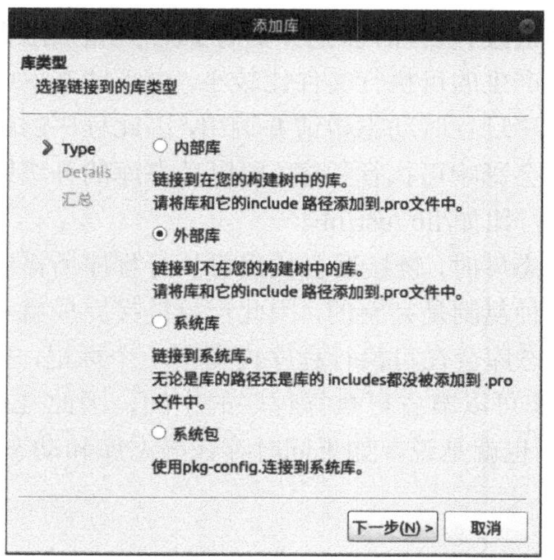

图 8-3

图 8-4

单击“下一步”按钮，出现“汇总”对话框，不用理睬，直接单击“完成”按钮。

（4）在 Qt Creator 中打开 mainwindow.cpp，然后在构造函数 mainwindow()上方输入 f()函数的声明：

```
extern int f();
```

接着，在构造函数 mainwindow()的末尾（在 setupUi 后面）输入如下代码：

```
int age = f();
QString str = QString::number(age);
setWindowTitle("my age is "+ str);
```

首先定义一个整型变量 age 来存放库函数 f()的返回值。然后用 Qt 的字符串类 Qstring 定义一个字符串对象 str，通过静态函数 number()将 age 转为 Qstring 类型并存入 str 中。接着调用 Qt 设置窗口标题的 API 函数 setWindowTitle()来设置窗口的标题。

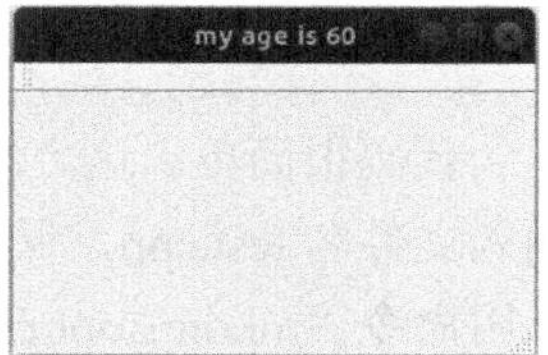

图 8-5

（5）保存项目并按 Ctrl+R 快捷键来运行这个项目，运行结果如图 8-5 所示。

可以看到，标题栏上显示了我们所设置的标题，其中 60 正是库函数 f()返回的结果。这说明在 Qt 项目中成功使用了静态库！

8.3　动　态　库

8.3.1　动态库的基本概念

动态库又称为共享库。这类库的名字一般是 libxxx.M.N.so，其中 xxx 为库的名字、M 是库的主版本号、N 是库的副版本号。当然也可以不要版本号，但名字必须有，即 libxxx.so。相对于静态库，动态库在编译的时候并没有被编译和链接到目标代码中，程序执行到相关函数时才调用该动态库里相应的函数，因此使用动态库所产生的可执行文件比较小。由于动态库中的函数没有被整合进可执行程序中，而是在可执行程序运行时动态申请并调用，因此程序的运行环境中必须提供相应的动态库。动态库的改变并不会影响可执行程序，所以动态库的升级比较方便。Linux 系统用几个重要的目录存放相应的库，比如/lib /usr/lib。

再总结一下静态库和动态库的区别。当使用静态库时，链接器会找出可执行程序所需的函数，然后将这些函数复制到可执行程序中，由于这种复制是完整的，因此一旦链接完成就不再需要静态库了。对于动态库而言，则不是这样。动态库会在可执行程序内留下一个标记，指明当程序执行时必须先载入这个动态库。由于动态库可以节省可执行程序的空间，因此 Linux 中进行编译和链接时默认操作是首先链接动态库，也就是说，如果同时存在静态库和动态库，且不特别指定，就将链接动态库。

8.3.2　动态库的创建和使用

动态库文件的后缀为.so，用 gcc 或 g++直接生成。

【例 8.3】　创建和使用动态库

把/root/ex/目录下的 test 目录删除（如果有），因为本例将在/roo/ex/test 目录下创建文档。删除目录的命令是：rm –R /root/ex/test。

在虚拟机 Ubuntu 下打开终端窗口，输入编辑器命令 gedit，然后输入如下代码：

```
#include  <stdio.h>
int f()
{
    return 61;
}
```

代码很简单。这个源码文件主要作为动态库。单击 gedit 窗口右上方的“保存”按钮，然后输入文件名 test.cpp，保存到/root/ex/test/myso 目录下，其中 ex、test 和 myso 是新建的目录（可以用命令“mkdir /root/ex/test/myso/ -p”来新建这些目录）。接着在终端窗口中输入编译命令：

```
[root@localhost test]# g++ test.cpp -fPIC -shared -o libtest.so
```

此时会在同一个目录下生成动态库文件 libtest.so。上面命令行中的-shared 用于指定要产生共享库，-fPIC 用于指定使用“与地址无关的代码”，其中 PIC 的全称是 Position Independent Code（字面意思是独立于位置的代码，即所谓的“与地址无关的代码”）。在 Linux 下编译共享库时，必须加上-fPIC 参数，否则在链接时会出现错误提示。fPIC 参数的目的是什么呢？共享库文件可能会被不同的进程加载到不同的内存位置上，如果共享对象中的指令使用了绝对地址、外部模块地址，那么在共享对象被加载时必须根据相关模块的加载位置对这个地址进行调整，也就是修改这些地址，让它在对应进程中能正确被访问，而被修改的程序段则不能实现多进程共享一份物理内存，而必须在每个进程的物理内存中有一个备份。fPIC 参数就是为了让使用到同一个共享对象的多个进程能尽可能多地共享物理内存，把那些涉及绝对地址、外部模块地址访问的地方都抽离出来，保证代码段的内容在多进程中是相同的，从而实现共享。总之，-fPIC（或-fpic）用于指定把共享库编译为“独立于位置的代码”即可。这样在可执行程序加载的时候就可以存放在内存中的任何位置。若不使用该选项，那么编译后生成的代码就是与地址关联的代码，在可执行程序加载时只能通过代码复制的方式来满足不同进程的需要，就无法实现真正意义上的地址共享。

动态库生成后，就可以使用了。先编写一个主函数。打开 gedit，然后新建一个文件 main.cpp，并输入如下代码：

```
extern int f();   //声明要使用的函数
#include <iostream>
using namespace std;

int main(int argc, char *argv[])
{
    int age = f();
    cout << "my age is " << age<< endl;
    return 0;
}
```

代码很简单。首先声明函数 f()，然后就可以在 main()函数中使用了。单击 gedit 窗口右上方的“保存”按钮，然后输入文件名 main.cpp，保存到/root/ex/test/main 目录下，其中 ex、test 和 main 是新建的目录（可以用命令“mkdir /root/ex/test/main/ -p”来新建这些目录）。接着在命令行进入 root/ex/test/main/目录下并执行如下编译命令：

```
[root@localhost test]# g++ main.cpp -o main -L./ -ltest
```

其中，-L 用来告诉 g++去哪里找库文件，L 后面的“./”表示在当前目录下寻找库，或者直接写-L.; -l 用来指定具体的库，其中的 lib 和.so 不用显式写出，g++会自动去寻找 libtest.so。默认情况下 g++或 gcc 会首先搜索动态库（.so）文件，找不到后再去寻找静态库（.a）文件。当前目录下以 test 命名的库文件有动态库文件（libtest.so），因此 g++可以找到。

编译和链接后，就会在当前目录下生成可执行文件 main，但是可能会运行不了（如果能运行，就可以跳过下面的内容）：

```
root@tom-virtual-machine:~/ex/test/main# ./main
./main: error while loading shared libraries: libtest.so: cannot open shared
object file: No such file or directory
```

上面的信息提示 main 程序找不到 libtest.so，但是 main 文件和 libtest.so 明明都在同一个目录下！其原因是，虽然我们知道它们在同一个目录下，但是并没有告诉程序 main，需要把动态库放到默认的搜索路径中或者直接告诉系统动态库的路径。具体来说有以下 3 种方式：

（1）将动态库复制到/usr/lib 目录和/lib 目录（不包含子目录）下

这两个路径是默认搜索的目录。需要注意的是，在有些系统中，把动态库放到这两个目录后还要执行一下 ldconfig 命令，否则程序还是提示找不到。把 libtest.so 移到/usr/lib 目录下：

```
mv libtest.so /usr/lib
```

移动后，当前目录下就没有 libtest.so 文件了。执行 ldconfig 命令后再运行 main 程序：

```
ldconfig
./main
my age is 61
```

提　示

很多开源软件通过源码包进行安装时，如果不指定--prefix，就会将库安装在/usr/local/lib 目录下；当运行程序需要链接动态库时，就会提示找不到相关的.so 库而报错。也就是说，/usr/local/lib 目录不在系统默认的库搜索目录中。

（2）在命令前加环境变量

这种方法就是通过环境变量 LD_LIBRARY_PATH 来设置动态库路径，这样可执行程序就知道去哪里链接动态库了。

如果已经按照第一种方法操作了，就先把/usr/lib 或/lib 目录下的 libtest.so 文件删除：

```
cp -f /usr/lib/libtest.so
```

再回到/root/ex/main 目录，把/root/ex/myso 目录下的 libtest.so 文件复制到/root/ex/main 目录下。添加环境变量后再运行 main 程序：

```
root@tom-virtual-machine:~/ex/test/main# cp ../myso/libtest.so ./
root@tom-virtual-machine:~/ex/test/main# LD_LIBRARY_PATH=./ ./main
my age is 61
```

我们把同一个目录下动态库 libtest.so 的相对路径“./”赋给了环境变量 LD_LIBRARY_PATH，然后运行 main 程序就成功了。这种方式虽然简单，但是该环境变量只对当前命令有效，当该命令执行完成后，环境变量就无效了，除非每次执行 main 程序都这样加上环境变量。此法只能算作临时法，要想采用永久法，可以参考第三种方法。

（3）修改/etc/ld.so.conf 文件

这是一种永久修改法，把采用动态库文件的路径加到/etc/ld.so.conf（这个文件叫动态库配置文件）中，接着执行 ldconfig 命令，而后系统就可以把我们添加的路径作为默认搜索路径了。

```
vi  /etc/ld.so.conf
```

然后在该文件末尾新起一行，加入库路径/root/ex/test/main/，保存并关闭。此时/etc/ld.so.conf 文件的内容为：

```
root@tom-virtual-machine:~/ex/test/main# cat  /etc/ld.so.conf
include /etc/ld.so.conf.d/*.conf
/root/ex/test/main
```

其中，第一行原来就有。接着在命令行执行 ldconfig 命令，再开始执行 main 程序：

```
root@tom-virtual-machine:~/ex/test/main# ldconfig
root@tom-virtual-machine:~/ex/test/main# ./main
my age is 61
```

可以发现执行成功了。我们也可以把 libtest.so 文件存放到任意目录中，然后把这个目录的路径添加到/etc/ld.so.conf 文件中，这样再也不用担心 main 程序找不到 ibtest.so 了。下面举例来说明，假如把 libtest.so 存放到/root/目录下，并执行 main 程序：

```
root@tom-virtual-machine:~/ex/test/main# mv libtest.so /root
root@tom-virtual-machine:~/ex/test/main# ./main
```

会出现“./main: error while loading shared libraries: libtest.so: cannot open shared object file: No such file or directory”的错误提示信息，即 main 程序找不到 libtest.so 了，因为/root/ex/main 目录下没有了。修改/etc/ld.so.conf 文件，把/root 路径添加进去，添加后的内容如下：

```
root@tom-virtual-machine:~/ex/test/main# cat /etc/ld.so.conf
include /etc/ld.so.conf.d/*.conf
/root/ex/test/main
/root
```

然后执行 ldconfig 命令，再执行 main 程序：

```
root@tom-virtual-machine:~/ex/test/main# ldconfig
root@tom-virtual-machine:~/ex/test/main# ./main
my age is 61
```

成功了！值得注意的是，每次修改了/etc/ld.so.conf 文件后都要执行 ldconfig 命令。ldconfig 命令的用途主要是让配置文件的内容生效，以便在默认搜索目录（/lib 和/usr/lib）以及动态库配置文件/etc/ld.so.conf 内所列的目录下可以搜索出可共享的动态链接库（格式如前介绍，lib*.so*），进而创建出动态加载程序（ld.so 程序）所需的链接和缓存文件。缓存文件默认为/etc/ld.so.cache，此文件保存已排好序的动态链接库名字列表。

【例 8.4】　多个文件生成动态库

把/root/ex 目录下的 test 目录删除（如果有），因为本例将在/roo/ex/test 命令下创建文档。删除目录的命令是 rm –R /root/ex/test。

在虚拟机 Ubuntu 下打开终端窗口，输入编辑器命令 gedit，然后输入如下代码：

```
#include  <stdio.h>
int f1()
{
    return 61;
}
```

保存到/roo/ex/test/myso 目录下，文件名为 test1.cpp。其中，test 和 myso 都是新建的目录。再打开 gedit，输入如下内容：

```
#include  <stdio.h>
int f2()
{
    return 61;
}
```

代码很简单，也保存到/roo/ex/test/myso 目录下，文件名为 test2.cpp。这两个文件主要作为动态库的源码文件。在命令行输入：

```
    root@tom-virtual-machine:~/ex/test/myso# g++ test1.cpp test2.cpp -fPIC
-shared -o libtest.so
```

此时会在同一个目录下生成动态库文件 libtest.so：

```
root@tom-virtual-machine:~/ex/test/myso# ls
libtest.so  test1.cpp  test2.cpp
```

动态库生成后，就可以使用了。先编写一个主函数，再打开 gedit，然后新建一个 main.cpp 文件并输入如下代码：

```
extern int f1();   //声明要使用的函数
extern int f2();
#include <iostream>
using namespace std;

int main(int argc, char *argv[])
{
    int age = f1()+f2();
    cout << "my age is " << age<< endl;
    return 0;
}
```

代码很简单。首先声明函数 f1()和 f2()，然后就可以在 main()函数中使用了。单击 gedit 窗口右上方的“保存”按钮，然后输入文件名 main.cpp，将其保存到/root/ex/test/main 目录下。其中，ex、test 和 main 是新建的目录（可以用命令“mkdir /root/ex/test/main/ -p”来新建这些目录）。把/root/ex/test/myso 目录下的 libtest.so 文件复制到/root/ex/test/main 目录下，然后在命令行进入 root/ex/test/main 目录并执行如下编译：

```
root@tom-virtual-machine:~/ex/test/main# g++ main.cpp -L. -ltest -o main
```

把/root/ex/test/main 这个路径加入到动态库配置文件/etc/ld.so.conf 中（如果前面例子中已经加过，这里就不需要再加了），加入后的内容如下：

```
root@tom-virtual-machine:~/ex/test/main# cat /etc/ld.so.conf
include /etc/ld.so.conf.d/*.conf
/root/ex/test/main
```

执行 ldconfig 命令，再执行 main 程序：

```
root@tom-virtual-machine:~/ex/test/main# ldconfig
root@tom-virtual-machine:~/ex/test/main# ./main
my age is 122
```

运行成功了。其实多个文件组成库的过程和一个文件几乎是类似的，就是编译库的时候多加一个源文件而已。

8.3.3 在 Qt 中使用动态库

前面我们创建了一个动态库，也成功使用了它，这说明我们创建的动态库没有问题，下面就可以放心地交给 Qt 项目去使用了。

【例 8.5】 在 Qt 项目中使用动态库

（1）在/root/ex 目录下新建一个目录，目录的名字是 8.5，我们的项目将存放在/root/ex/8.5 目录下。

（2）在虚拟机 Ubuntu 的终端窗口中输入命令 qtcreator 来启动 Qt Creator（如果没有成功，可以重新安装和配置环境变量）。在 Qt Creator 主界面上，依次单击主菜单的菜单选项“文件→新建文件或项目”，此时会出现 New File or Project 窗口，我们在该窗口上选择 Qt Widgets Application，在向导程序的“项目介绍和位置”对话框中把项目名称设置为 test、把路径设置为/root/ex/3.6，如图 8-6 所示。路径名也可以自定义，但是不要有中文。

其他选项保持默认设置，连接单击“下一步”按钮，一直到向导完成。此时一个 MainWindow 程序框架就搭建起来了。按 Ctrl+R 快捷键来运行一下这个项目，看看是否正常。

（3）在项目视图中右击 test，在弹出的快捷菜单中选择“添加库”选项，如图 8-7 所示。

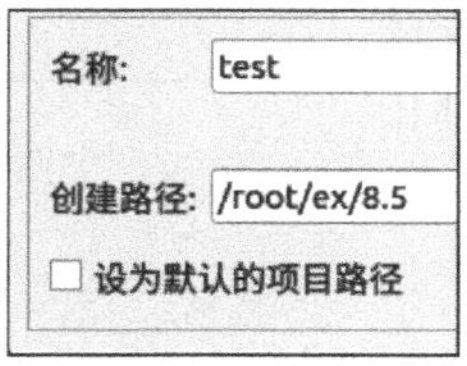

名称: test

创建路径: /root/ex/8.5

☐ 设为默认的项目路径

图 8-6

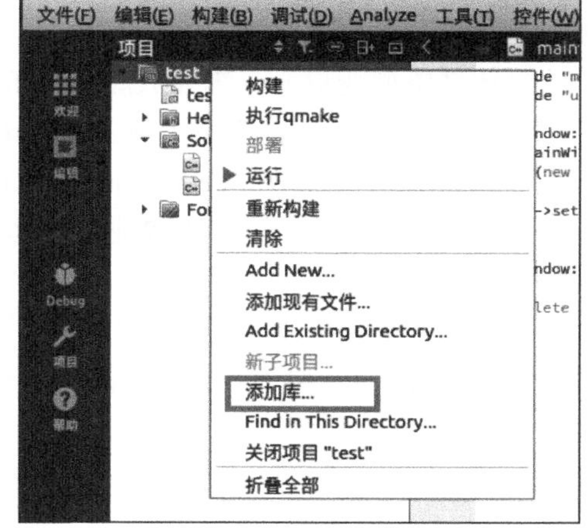

图 8-7

随后出现“库类型”界面，选择“外部库”，如图 8-8 所示。然后单击“下一步”按钮，出现“外部库”界面，在该界面中选择外部库文件，单击“库文件”右边的“浏览”按钮，选择/root/ex/test/myso 目录下的 libtest.so 文件，如图 8-9 所示。

单击“下一步”按钮，出现“汇总”对话框，不用理睬，直接单击“完成”按钮。

（4）在 Qt Creator 中打开 mainwindow.cpp，然后在构造函数 mainwindow()上方输入 f()函数的声明：

```
extern int f1(),f2();
```

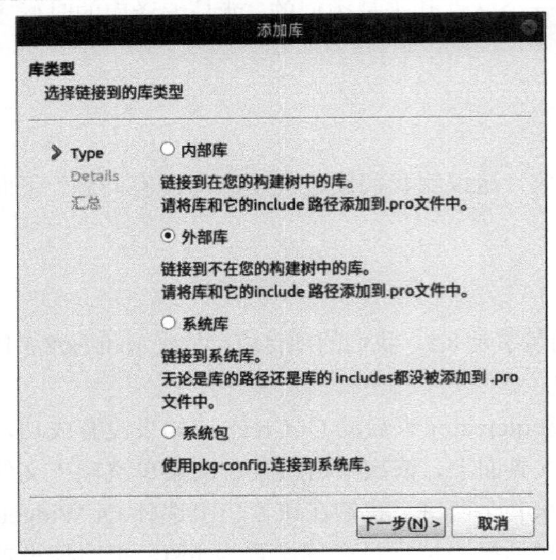

图 8-8

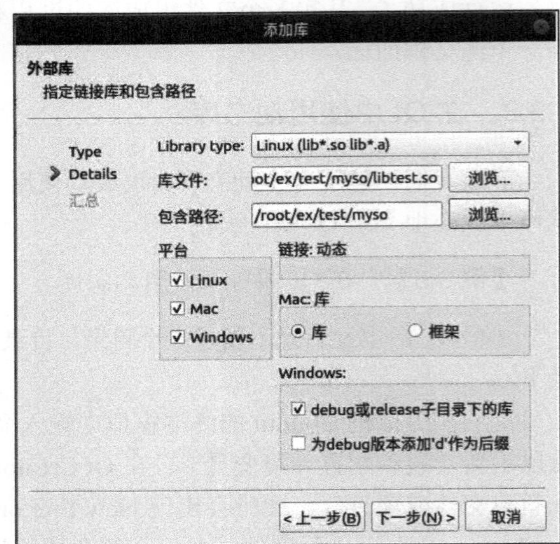

图 8-9

接着在构造函数 mainwindow()的末尾（在 setupUi 后面）输入如下代码：

```
int age = f1()+f2();
QString str = QString::number(age);
setWindowTitle("my age is "+ str);
```

首先定义整型变量 age 来存放库函数 f()的返回值；然后用 Qt 的字符串类 Qstring 定义一个字符串对象 str，并通过静态函数 number()将 age 转为 Qstring 类型并存入 str 中；接着调用 Qt 设置窗口标题的 API 函数 setWindowTitle()来设置窗口的标题。

（5）保存项目并按 Ctrl+R 快捷键来运行这个项目，运行结果如图 8-10 所示。

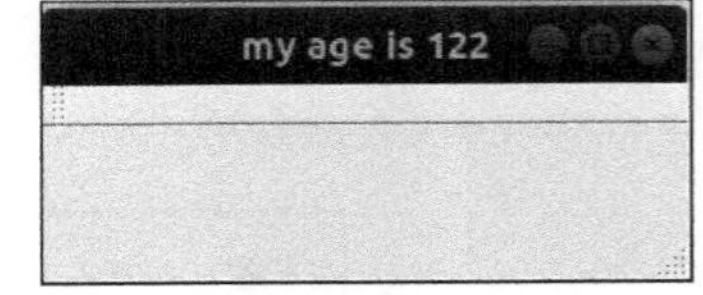

图 8-10

可以看到，标题栏上显示了我们设置的标题，122 正是库函数 f1()和 f2()返回值相加的结果。这说明动态库在 Qt 项目中使用成功！

第 9 章 Qt文件编程

Qt 作为一个杰出的 C++图形界面库，简化了文件读取操作，使得操作更易上手。虽然相比原生的 C++文件读取操作节省的代码量并不是很大，但是条理更为清晰。这里我们将开始介绍如何利用 Qt 自身的类来读写文本文件、二进制文件和一些常用的目录操作。

9.1 输入/输出设备类

Qt 的输入输出类 QIODevice 是 Qt 中所有 I/O 设备的基础接口类，诸如 QFile、QBuffer 和 QTcpSocket 等类为支持读/写数据块的设备提供了一个抽象接口。QIODevice 类是抽象的，无法被实例化，一般是使用它所定义的接口来提供独立于具体设备的 I/O 功能。

9.2 文件类 QFile

文件类 QFile 提供一个用于读/写文件的接口，继承自 QFileDevice 类。QFile 类是一个可以用来读写文本文件、二进制文件和 Qt 资源的输入输出设备类。QFile 类可以单独使用，也可以和 QTextStream 类或者 QDataStream 类一起使用。我们可以利用构造函数通过文件路径来加载文件，也可以随时调用 setFileName()函数来改变文件。要使用 QFile 类，需要包含头文件：

```
#include <QFile>
```

QFile 类使用的文件路径的分隔符是 '/'，不依赖操作系统，也不支持其他的分隔符。QFile 类提供了与 C++相似的文件读取和写入操作。我们先来了解一下该类常用的成员函数，包括公有成员函数（见表 9-1）、虚拟公有函数（见表 9-2）和静态公有函数（见表 9-3）。

表 9-1 公有成员函数

公有成员函数	说　明
QFile() QFile(const QString &name) QFile(QObject *parent) QFile(const QString &name, QObject *parent)	构造函数

（续表）

公有成员函数	说　明
bool copy(const QString &newName)	复制文件
bool exists() const	文件是否存在
bool link(const QString &linkName)	创建一个名为 linkName 的文件链接，该链接指向当前由 fileName 指定的文件。链接是什么取决于底层文件系统（在 Windows 上是一个快捷方式，在 UNIX 上是符号链接）。如果成功，返回 true；否则返回 false
bool open(FILE *fh, QIODevice::OpenMode mode, QFileDevice::FileHandleFlags handleFlags = DontCloseHandle) bool open(int fd, QIODevice::OpenMode mode, QFileDevice::FileHandleFlags handleFlags = DontCloseHandle)	打开文件。除了这两个公有成员函数外，还有一个虚拟函数的 open()函数：virtual bool open(QIODevice::OpenMode mode)。若用该函数，则 QFile 对象要和文件已经关联
bool remove()	删除文件
bool rename(const QString &newName)	重命名文件
void setFileName(const QString &name)	设置要操作文件的文件名，可以不包含路径，也可以包含相对路径或绝对路径
QString symLinkTarget()	返回文件或目录的链接，对于 Linux 系统，返回的是符号链接；对于 Windows 系统，返回的是快捷方式

表 9-2　虚拟公有函数

虚拟公有函数	说　明
virtual QString fileName()	返回由 setFileName 设置的文件名或 QFile 构造的文件名
virtual bool open(QIODevice::OpenMode mode)	打开文件
virtual QFileDevice::Permissions permissions()	得到文件的访问权限。比如： • QFileDevice::ReadOwner：读权限 • QFileDevice::WriteOwner：写权限 • QFileDevice::ExeOwner：可执行权限

virtual bool resize(qint64 sz)	对文件的大小进行截取，以字节为单位。比如：
	`//源文件的内容是 hello，共5个字节`
	`QFile file("1.txt");`
	`qDebug() << file.size();`
	`// 截取文件的大小，只截取3个字节。所以最后`
	`// 源文件的内容只有：hel。如果重新设置的数字`
	`// 大于文件的内容，则以空字符填充`
	`file.resize(3);`

（续表）

虚拟公有函数	说　明
virtual bool setPermissions(QFileDevice::Permissions permissions)	设置文件访问权限
virtual qint64 size()	返回文件的大小

表 9-3　静态公有成员函数

静态公有函数	说　明
bool copy(const QString &fileName, const QString &newName)	复制文件
QString decodeName(const QByteArray &localFileName) QString decodeName(const char *localFileName)	返回给定 localFileName 的 Unicode 编码的版本。将文件名转换成由用户所在地区确定的本地 8 位编码。硬编码到应用程序中的文件名应该只使用 7 位 ASCII 文件名字符
QByteArray encodeName(const QString &fileName)	当使用 QFile、QFileInfo 与 QDir 来访问 Qt 的文件系统时，可以使用 Unicode 编码的文件名。在 UNIX 系统上，这些文件名被转换成为一个 8 位编码的格式。如果想在 UNIX 上实现自己的输入/输出文件，就需要使用这个函数来转换文件名。在 Windows 上，文件系统支持采用 Unicode 编码命名的文件，就不必使用这个函数了。默认情况下，这个函数把文件名转换到的 8 位本地编码格式取决于用户的工作场合。这就为用户给文件命名提供了丰富的选择空间。在应用程序中为文件名选择硬编码应该只选用 7 位 ASCII 码的字符。转换方案可以通过调用 setEncodingFunction()函数来改变。如果希望提供给用户一个可以使用 UTF-8 编码命名存储文件的选择，那么这个函数应该是很有用的，不过要知道当其他程序使用这种编码的文件名时可能就不认识了
bool exists(const QString &fileName)	判断文件是否存在。如果给定 fileName 的文件存在，就返回 true，否则返回 false
bool link(const QString &fileName, const QString &linkName)	创建某个文件的链接。对于 Linux 系统，返回的是符号链接；对于 Windows 系统，返回的是快捷方式
QFileDevice::Permissions permissions(const QString &fileName)	返回某个文件的访问权限
bool remove(const QString &fileName)	删除文件
bool rename(const QString &oldName, const QString &newName)	重命名文件

（续表）

静态公有函数	说　明
bool resize(const QString &fileName, qint64 sz)	重新设置文件大小。resize 用的是文件洞的形式，文件洞只有在真正需要向文件写数据的时候才向磁盘获取一个块。创建几个吉字节的文件时非常快，是因为根本没往磁盘里写大量的数据。 由于真正向文件写数据的时候才向磁盘获取一个块，因此获取的新块是随机的，并不连续
bool setPermissions(const QString &fileName, QFileDevice::Permissions permissions)	设置访问权限
QString symLinkTarget(const QString &fileName)	返回文件或文件夹的链接，对于 Linux 系统，返回的是符号链接；对于 Windows 系统，返回的是快捷方式

1. 构造函数

QFile 类常用的构造函数有两种：

```
QFile()                //构造一个没有名字的 QFile 对象，通常配合 setFileName 一起使用
QFile(const QString &name)     //构造一个以 name 为文件名的 QFile 对象
```

比如：

```
QFile fd;
fd.setFileName("d:\\test.txt");
```

或者等价于：

```
QFile fd("d:\\test.txt");
```

其实这只是关联到文件，此时无法对文件进行读写，只能进行一些获取大小、重命名、删除等的“外围”操作。如果要“深入”文件内部进行读写，还需要先打开文件。

2. 设置文件名

成员函数 setFileName()可以为 QFile 对象设置要操作某个文件的文件名，文件名可以不带路径，也可以带相对路径或绝对路径。如果文件名不带路径，则默认路径是当前应用程序的当前路径。值得注意的是，如果文件已经打开，则不要调用该函数。该函数的原型声明如下：

```
void QFile::setFileName(const QString &name)
```

其中，参数 name 表示所设置的文件名。Qt 支持的文件路径的分隔符是 '/'，这个分隔符不依赖于操作系统。

设置文件名后，QFile 对象和某个具体文件就关联起来了。然后可以打开文件，进行读写操作。

下列代码片段演示了 setFileName()函数的使用：

```
QFile file;                    //定义 QFile 对象
QDir::setCurrent("/tmp");   //设置当前路径
```

```
file.setFileName("readme.txt");      //设置 QFile 对象要打开的文件
QDir::setCurrent("/home");           //重新设置当前路径
file.open(QIODevice::ReadOnly);      //以只读方式打开文件 "/home/readme.txt"
```

3. 打开文件

成员函数 open()以某种读写模式打开文件，该函数的原型声明如下：

```
bool QFile::open(QIODevice::OpenMode mode)
```

其中，参数 mode 表示读写模式，主要取值如下：

- QIODevice::ReadOnly：以只读方式打开文件。
- QIODevice::WriteOnly：以只写方式打开文件。
- QIODevice::ReadWrite：以读写方式打开文件。
- QIODevice::Text：以文本方式打开文件，读取时，行尾终止符被转换为 "\n"。写入时，行尾终止符将转换为本地编码，例如 Win32 的 "\r\n"。
- QIODevice::Append：以追加方式打开文件，以便将所有数据写入文件末尾，此模式下不能读文件。
- QIODevice::Truncate：以截取方式打开文件，文件原有的内容全部被删除。

这些方式可以单独使用，也可以以某些模式组合使用，比如：

```
QIODevice::WriteOnly | QIODevice::Text
```

表示以只写和文本方式打开文件。

如果打开文件成功，该函数就返回 true，否则返回 false。

4. 关闭文件

文件打开后，如果不再使用，需要调用函数 close()来关闭。Close()函数是 QFile 父类 QFileDevice 的成员函数。该函数的原型声明如下：

```
void QFileDevice::close()
```

函数 close()会将文件缓冲区的内容写入磁盘，并清除文件缓冲区。

5. 读取文本文件

文本文件是指以纯文本格式存储的文件，例如用 Qt Creator 编写的 C++程序的头文件（.h 文件）和源程序文件（.cpp 文件）。HTML 和 XML 文件也是纯文本文件，只是它们被读取之后需要对读取到的内容进行解析才能显示。

QFile 类自身并没有提供从文件中读数据的函数，而是利用了其祖先类 QIODevice 的成员读函数 read()。read()函数可用于从设备（比如磁盘）读取 maxSize 字节的字符到缓冲区，并返回实际读取的字节数。该函数有两种原型声明的形式。第一种原型声明如下：

```
qint64 QIODevice::read(char *data, qint64 maxSize)
```

其中，参数 data 指向缓冲区，读取到的数据将放在缓冲区中；maxSize 表示最多要读取的数据量（字节数）。如果正确读取到数据，则返回读取到数据的字节数；如果发生错误，比如试图从以 WriteOnly（只写）模式打开的设备读取数据时，此函数返回-1；如果没有可读的数据，则返回 0。该函数通常用于读取文本文件。

另一种读取文本数据的函数是 QIODevice::readLine()。该函数从设备读取一行 ASCII 字符，最多读取 maxSize 字节，并将读取到的数据存储在缓冲区 data 中。

```
qint64 readLine(char *data, qint64 maxSize);
```

其中，参数 data 指向一个缓冲区，用来存放读取到的行数据；maxSize 表示最多要读取的字节数。如果成功，函数返回读取到的数据字节数；如果没出错也没有读到数据，则返回 0；如果发生错误，则返回-1。值得注意的是，字符串终止字符 '\0' 总是附加到读取数据的行末，因此 maxSize 必须大于 1。该函数通常用于读取文本文件。

这个函数用来读取文件中的一行字符，碰到下列情况就结束读取：

- 第一次读到 '\n'。
- 读取的数据量达到了（maxSize -1）。注意，'\0' 总是要附加到读取数据的行末，所以读到（maxSize -1）就停止了，以防缓冲区溢出。
- 探测到设备（文件）的结束字符。

比如，下列代码从文件中读取一行字符：

```
QFile file("box.txt");
if (file.open(QFile::ReadOnly)) {
    char buf[1024];
    qint64 lineLength = file.readLine(buf, sizeof(buf));
    if (lineLength != -1) {
        // the line is available in buf
    }
}
```

【例 9.1】 调用 read()函数读取文本文件

（1）启动 Qt Creator 4.8.2，新建一个控制台项目，项目名为 test。

（2）在项目中打开 main.cpp，并输入如下代码：

```
#include <QCoreApplication>
#include <QFile>   //使用 QFile 需要包含的头文件

int main(int argc, char *argv[])
{
    QCoreApplication a(argc, argv);

    QString str = QCoreApplication::applicationDirPath(); //得到 exe 所在的路径

    // printf("%s\n",str.toStdString().data()); //可以把路径打印出来看看

    //定义 QFile 对象，参数为组成 myfile.txt 的完整路径
    QFile file(str+"/myfile.txt");
    if (file.open(QFile::ReadOnly)) //以只读方式打开文件
```

```
    {
        char buf[1024];                    //定义将要存放所读数据的缓冲区
        memset(buf,'k',1024);    //初始化缓冲区内容为字符 k
        qint64 readcount = file.read(buf, sizeof(buf)); //读取文件
        buf[readcount]='\0';//设置文件内容最后一个字符后面的字符是'\0', 以方便打印
        printf("%s",buf);    //打印读取到的内容
        file.close();
    }
    return a.exec();
}
```

我们首先得到可执行程序所在的路径，然后和 myfile.txt（要读取的文件）组成一个完整路径并作为参数传入 QFile 的构造函数中。注意，Qt 的路径分隔符是 '/'，所以 myfile.txt 前要加上这个字符。接着用只读方式（QFile::ReadOnly）打开文件，打开成功后定义一个缓冲区 buf，并用字符 k 来初始化缓冲区，目的是可以看清楚读取文件内容后是不会自动添加字符串结束标志符 '\0' 的。在读取文件后，为了方便打印字符串，需要在所读取的内容后面加 '\0':

```
buf[readcount]='\0';
```

代码很简单，下面准备运行。

（3）在运行前，我们需要新建 myfile.txt 文件，可按 Ctrl+B 快捷键来生成输出目录（build-test-Desktop_Qt_5_12_2_MSVC2017_64bit-Debug\debug），然后在输出目录下新建一个文本文件 myfile.txt，并输入一段文本：

```
abc
def
```

然后保存文件。myfile 创建立好之后，接着就可以按 Ctrl+R 快捷键来运行程序了，运行结果如图 9-1 所示。

可以在“buf[readcount]='\0';”这一行设置一个断点，然后按 F5 键运行到此断点，查看一下 buf[0]～buf[7]的内容，如图 9-2 所示。

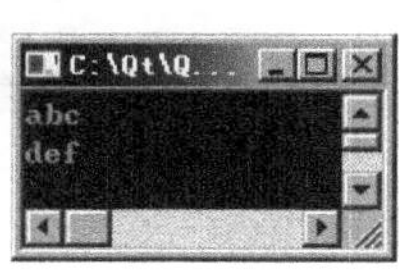

图 9-1

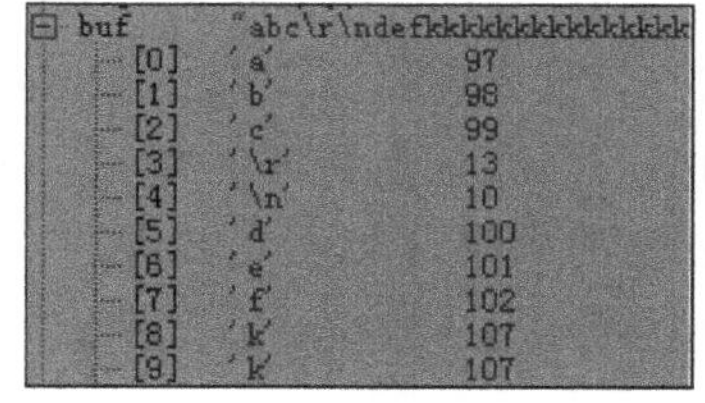

图 9-2

buf[8]的值是 'k'，不便于直接打印字符串，因此要设置“buf[readcount]='\0';”。file.read()将会返回读取到的数据字节数。

6. 从文件中读取二进制数据

QFile 类自身并没有提供从文件中读数据的函数，而是利用了其祖先类 QIODevice 的成员读函数 read()。该函数的原型声明如下：

```
QByteArray read(qint64 maxSize);
```

该函数最多读取 maxSize 个字节的数据，内部位置指针后移 maxSize，并返回一个 QByteArray 对象。该函数通常用于读取二进制文件。

另外，QIODevice::readAll()函数会从设备（比如磁盘文件）中读取所有数据，并返回 QByteArray 对象，即一个字节数组。该函数的原型声明如下：

```
QByteArray readAll();
```

该函数返回 QByteArray 对象，通常用于读取二进制文件。

【例 9.2】 调用 readAll()读取二进制文件

（1）启动 Qt Creator 4.8.2，新建一个控制台项目，项目名为 test。

（2）把源码项目目录下的 test.jpg 放到 C 盘，然后在 test.cpp 中输入如下代码：

```
#include <QCoreApplication>
#include <QFile>

int main(int argc, char *argv[])
{
    QCoreApplication a(argc, argv);
    QByteArray ba;
    QFile file("c:/test.jpg");
    if(file.open(QIODevice::ReadOnly))
    {
        ba = file.readAll();
        file.close();
        printf("file size=%d Bytes", ba.count());
    }

    return a.exec();
}
```

首先用只读方式打开文件 test.jpg，然后用 QFile 类的成员函数 readAll()读取全部数据并存储到字节数组 ba 中，再打印出字节数组 ba 的大小，也就是文件的大小。

（3）按 Ctrl+F5 快捷键来运行这个项目，运行结果如图 9-3 所示。

图 9-3

7. 写文本文件

QFile 类自身并没有提供向文件写数据的函数，而是利用了其祖先类 QIODevice 的成员函数 write()。

函数 write()有两种形式。第一种形式最多写 maxSize 个字符到文件中，该函数的原型声明如下：

```
qint64 write(const char *data, qint64 maxSize);
```

其中，参数 data 是要写的数据；maxSize 表示最多能写的字节数。如果函数写入成功，就返回实际写入的字节数；如果发生错误，就返回-1。

第二种形式更加简单，只有一个参数，该函数的原型声明如下：

```
qint64 write(const char *data);
```

其中，参数 data 是要写的数据，通常是一个元素，是 8 位字符且以 '\0' 结尾的字符串。如果函数写入成功，就返回实际写入的字节数；如果发生错误，就返回-1。

【例 9.3】　向文本文件写数据

（1）启动 Qt Creator 4.8.2，新建一个控制台项目，项目名为 test。

（2）在 test.cpp 中输入如下代码：

```
#include <QCoreApplication>
#include <QFile>

int main(int argc, char *argv[])
{
    QCoreApplication a(argc, argv);

    QString filePath = "d:/test.txt";
    QFile file(filePath);

    if(!file.open(QIODevice::WriteOnly|QIODevice::NewOnly))
        return -1;

    file.write("Write a sentence.");
    file.write("\n");
    file.close();
    puts("write over\n");

    return a.exec();
}
```

我们先以只写和新建方式打开文本文件 test.txt。因为用了 NewOnly，所以当 test.txt 不存在时，程序会自动新建 test.txt 文件，如果 test.txt 已经存在，则打开失败。然后调用 write()函数向 test.txt 写入一行字符串。最后关闭文件。

（3）按 Ctrl+F5 快捷键来运行这个项目，运行结果如图 9-4 所示。

C:\Qt\Qt5.12.2...
write over

图 9-4

8. 写二进制文件

QFile 类自身并没有提供向文件写数据的函数，而是利用了其祖先类 QIODevice 的成员函数 write()。可调用函数 write()向某个二进制文件写数据，该函数的原型声明如下：

```
qint64 write(const QByteArray &byteArray);
```

其中，参数 byteArray 表示要写入的数据。如果函数写入成功，就返回实际写入的字节数；如果发生错误，就返回-1。

【例 9.4】 把二进制数据写入文件

（1）启动 Qt Creator 4.8.2，新建一个控制台项目，项目名为 test。

（2）打开 test.cpp，输入如下代码：

```
#include <QCoreApplication>
#include <QFile>
#include <qDebug>

int main(int argc, char *argv[])
{
    QCoreApplication a(argc, argv);
    QByteArray ba;
    ba.resize(5);
    ba[0] = 0x3c;
    ba[1] = 0xb8;
    ba[2] = 0x64;
    ba[3] = 0x18;
    ba[4] = 0xca;

    QFile file("d:\\myfile.dat");
    if(!file.open(QIODevice::WriteOnly ))
        qDebug()<<file.errorString();

    file.write(ba);
    file.close();
    puts("write over!\n");

    return a.exec();
}
```

我们首先为字节数组 ba 准备了 5 个字节的数据；然后以只写方式打开文件，并调用 write()函数写入字节数组，因为字节数组自带长度，所以只写 5 个字节的数据；最后关闭文件。

（3）按 Ctrl+F5 快捷键来运行这个项目，运行结果如图 9-5 所示。然后用 ultraedit 软件打开 D 盘的 myfile.dat 文件，可以查看里面的 5 个字节数据，如图 9-6 所示，说明写入二进制数据成功了。

图 9-5

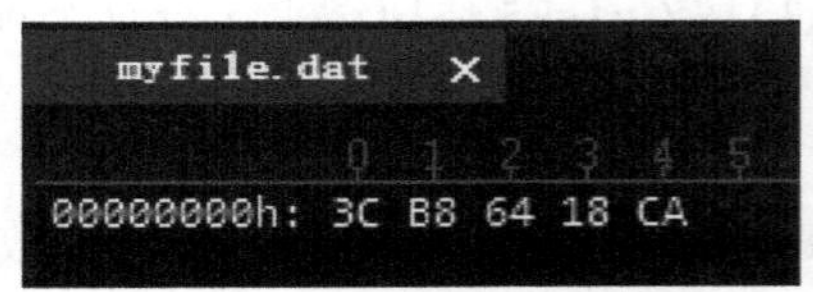

图 9-6

9. 判断文件是否存在

判断文件是否存在也是常用的文件操作。QFile 类的成员函数 exists()可以用来判断文件是否存在，该函数的原型声明如下：

```
bool  exists();
```

如果文件存在就返回 true，否则返回 false。

10. 获取文件名

QFile 类的成员函数 fileName()可以用来获取文件，这个函数的原型声明如下：

```
QString fileName();
```

函数返回 QString 类型的文件名。

11. 返回文件大小

QFile 类的成员函数 size()可以用来获取文件，该函数的原型声明如下：

```
qint64  size();
```

函数返回文件的大小(可以返回大文件的大小,因为返回类型是 64 位的数据类型 qint64)。值得注意的是,对于打开的随机访问设备,此函数返回设备的大小;对于打开的顺序访问设备,将返回 bytesAvailable()；如果设备关闭了，那么返回的大小将不反映设备的实际大小。

12. 删除文件

QFile 类的静态成员函数 remove()可以用来删除文件，该函数的原型声明如下：

```
bool QFile::remove(const QString &fileName);
```

其中，参数 fileName 表示要删除文件的文件名。

另外，QFile 类也提供了非静态成员函数版本的 remove()，使用的前提是 QFile 对象已经关联到某个文件。该函数的原型声明如下：

```
bool remove(const QString &fileName);
```

其中，参数 fileName 表示要删除文件的文件名。如果复制成功，就返回 true，否则返回 false。

13. 重命名文件

QFile 类的静态成员函数 rename()可以用来重命名文件，该函数的原型声明如下：

```
bool QFile::rename(const QString &oldName, const QString &newName);
```

其中，参数 oldName 表示文件原来的名字；newName 表示文件重命名后的文件名。如果成功就返回 true，否则返回 false。

值得注意的是，若一个名为 newName 的文件已经存在，则函数 rename()返回 false（QFile 不会覆盖它）。如果重命名操作失败，那么 Qt 将尝试将文件的内容复制到 newName，然后删除原文件，只保留 newName。如果复制操作失败或无法删除文件，则删除目标文件 newName 以恢复旧状态。

另外，QFile 类也提供了非静态成员函数版本的 rename()函数，使用的前提是 QFile 对象已经关联到某个文件。该函数的原型声明如下：

```
bool rename  (const QString &newName);
```

参数 newName 表示文件重命名后的文件名。如果复制成功，就返回 true，否则返回 false。

14. 复制文件

QFile 类的静态成员函数 copy()可以用来复制文件，该函数的原型声明如下：

```
bool QFile::copy(const QString &fileName, const QString &newName);
```

其中，参数 fileName 是源文件的文件名；参数 newName 表示复制后新文件的文件名。如果复制成功，就返回 true，否则返回 false。

另外，QFile 类也提供了非静态成员函数版本的 copy()函数，使用的前提是 QFile 对象已经关联到某个文件。该函数的原型声明如下：

```
bool QFile::copy(const QString &newName);
```

参数 newName 表示复制后新文件的文件名。如果复制成功，就返回 true，否则返回 false。

【例 9.5】 复制、重命名文件（静态函数版），并获取大小

（1）启动 Qt Creator 4.8.2，新建一个控制台项目，项目名为 test。

（2）把源码项目目录下的 test.txt 复制到 D 盘。然后在 Qt Creator 中打开 test.cpp，输入如下代码：

```
#include <QCoreApplication>
#include <QFile>
int main(int argc, char *argv[])
{
    QCoreApplication a(argc, argv);

    bool res = QFile::copy("d:\\test.txt","d:\\testNew.txt");
    if(!res)
        puts("copy failed");

    res = QFile::rename("d:\\testNew.txt", "d:\\testNew222.txt");
    if(!res)
        puts("rename failed");

    QFile fd("d:\\testNew222.txt");
    qint64 size = fd.size();
    printf("all done over,size=%ld",size);
    return a.exec();
}
```

我们首先复制了文件 d:\\test.txt，然后把它重命名为 d:\\testNew222.txt，最后获取了它的大小。获取文件大小不需要打开文件，只需要让 QFile 对象关联文件名即可，即用文件名传入 QFile 的构造函数。

（3）按 Ctrl+F5 快捷键来运行这个项目，运行结果如图 9-7 所示。

C:\Qt\Qt5.12.2\Tools\...
all done over,size=18

图 9-7

【例 9.6】　复制、重命名文件（非静态函数版）

（1）启动 Qt Creator 4.8.2，新建一个控制台项目，项目名为 test。

（2）把源码项目目录下的 test.txt 复制到 D 盘，并把 D 盘下的 testNew.txt 和 testNew222.txt 删除（如果有这两个文件）。然后在 Qt Creator 中打开 test.cpp，输入如下代码：

```
#include <QCoreApplication>
#include <QFile>
int main(int argc, char *argv[])
{
    QCoreApplication a(argc, argv);

    QFile file;
    file.setFileName("d:\\test.txt");
    bool res = file.copy("d:\\testNew.txt");
    if(!res)
    {
        puts("copy failed");
        return -1;
    }

    file.setFileName("d:\\testNew.txt");
    res = file.rename( "d:\\testNew222.txt");
    if(!res)
    {
        puts("rename failed");
        return -1;
    }

    file.setFileName("d:\\testNew222.txt");
    qint64 size = file.size();
    printf("所有文件操作成功了，听首《白桦林》放松下吧，\n 文件 size=%ld",size);
    return a.exec();
}
```

在上述代码中，我们定义了 QFile 对象 file，并通过成员函数 setFileName()关联不同的文件，然后对不同文件进行操作。

（3）按 Ctrl+F5 快捷键来运行这个项目，运行结果如图 9-8 所示。

图 9-8

第 10 章

◀ Qt菜单栏、工具栏和状态栏 ▶

虽然菜单栏、工具栏和状态栏可以用在对话框项目中，但它们更多的是用在 MainWindow 项目中。菜单栏和工具栏通常位于主窗口上方的位置，状态栏位于主窗口下方的位置。菜单栏和工具栏都是用来接收鼠标操作的，以此来触发相应的操作，比如用户单击“退出”菜单项，程序就退出。工具栏和菜单栏都是用来执行用户命令的，它们接收的消息称为命令消息。状态栏通常是显示当前程序处于某种状态或对某个菜单项（工具栏按钮）进行解释，状态栏上有多个分隔的区域，用来显示不同的信息。

在本章中，实例的应用程序类型都是基于 MainWindow 项目的。

10.1 菜单的设计与开发

菜单是 Qt 程序中最常见的界面元素，几乎所有的 Qt 程序都有菜单，无论是 Widget 程序、MainWindow 程序还是对话框程序。菜单是用户操作应用程序功能的重要媒介。菜单一般分两种：一种是位于程序界面的顶端，使用鼠标左键单击后才发生动作；另一种是在界面需要的地方右击鼠标，然后弹出一个小菜单（快捷菜单），接着用鼠标左键去单击其中的某个菜单项，这种菜单被称为上下文菜单（或右键菜单）。程序中所有的功能基本都可以通过菜单来表达。一个菜单包括很多菜单项，当我们单击某个菜单项的时候就会发出一个命令消息，触发相应的消息处理函数执行菜单命令。

工具栏也是一个窗口，既可以停靠在父类窗口的某一边，也可以处于悬浮状态。工具栏既可以出现在文档项目中，也可以出现在对话框项目中。

在 Qt 中，主窗口 MainWindow 上有一个菜单栏，然后菜单栏上有多个菜单（项），用户单击菜单（项）后，会触发一个动作。Qt 中要建立菜单，有 3 个类很重要：菜单栏类 QMenuBar、菜单类 QMenu 和动作类 QAction。这 3 个类的联合作战图如图 10-1 所示。

菜单栏是主窗口存放菜单的地方，由 QMenuBar 类来描述，在此基础上添加不同的 QMenu 类和 QAction 类。Qt 将用户与界面进行交互的元素抽象为一种“动作”，使用 QAction 类来表示。QAction 类才是真正负责执行操作的类。

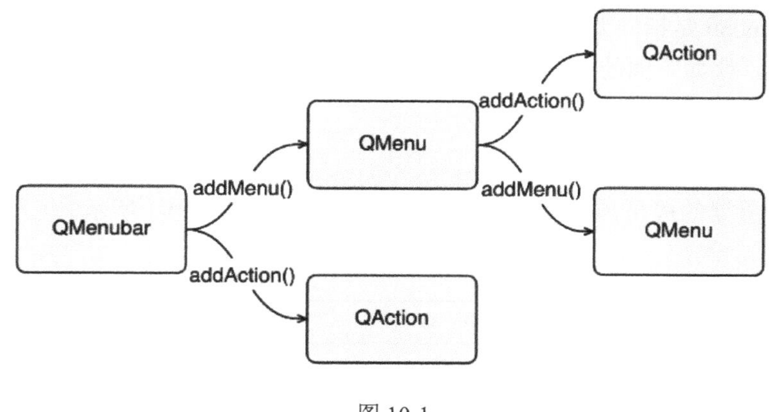

图 10-1

创立一个可用的菜单，基本上要有 5 步操作：

（1）创建一个菜单栏对象：

```
QMenuBar  menuBar  = QMenuBar();
```

（2）创建一个叫 mymenu 的菜单：

```
QMenu menu = menu_bar.addMenu("mymenu");
```

（3）为菜单添加动作（对应的操作）：

```
QAction action = menu.addAction("new");
```

（4）把动作和槽函数 SLOT()关联起来：

```
connect(menuBar,SIGNAL(triggered(QAction*)),this,SLOT(trigerMenu(QAction*
)));
```

这样，单击菜单（或任何 QAction 按钮）时，QMenuBar 对象就会发射 triggered 信号。

（5）定义动作处理函数 trigerMenu()，它是一个槽函数。

10.1.1　菜单栏类 QMenuBar

菜单栏是主窗口存放菜单的地方，由 QMenuBar 类来描述。该类的构造函数的原型声明如下：

```
QMenuBar(QWidget *parent = nullptr)
```

其中，参数 parent 是菜单栏所在窗口的对象指针。比如下面的代码可构造一个菜单栏：

```
QMenuBar* menuBar = new QMenuBar(this);
```

创建了菜单栏之后，就可以添加菜单了。添加菜单的函数为 addMenu()，该函数的原型声明如下：

```
QAction *addMenu(QMenu *menu)
```

其中，参数 menu 是指向要添加的菜单的对象指针。如果成功，函数就返回动作对象指针，否则返回 NULL。比如下面的代码就添加了一个菜单：

```
menuBar = new QMenuBar(this);
menuBar->addMenu(pmenu);
```

除了这两个重要的成员函数外，其他常用的成员函数如表 10-1 所示。

表 10-1　其他常用的成员函数

成 员 函 数	说　明
menuBar()	返回主窗口的 QmenuBar 对象
addMenu()	在菜单栏中添加一个新的 QMenu 对象
addAction()	向 Qmenu 菜单中添加一个动作按钮，其中包含文本或图标
setEnabled()	将动作按钮状态设置为启用/禁用
addSeperator()	在菜单中添加一条分割线
clear()	删除菜单/菜单栏的内容
setShortcut()	将快捷键关联到操作按钮
setText()	设置菜单项的文本
setTitle()	设置 QMenu 小控件的标题
text()	返回与 QAction 对象关联的文本
title()	返回 QMenu 菜单的标题

10.1.2　动作类 QAction

Qt 将用户与界面进行交互的元素抽象为一种“动作”，使用 QAction 类来表示。QAction 类才是真正负责执行操作的类。

单击菜单（QMenu）的动作由 QAction 来实现。QAction 类提供了一个可以同时出现在菜单和工具条上的抽象用户界面的操作。在图形用户界面应用程序中很多命令都可以通过菜单选项、工具条按钮和键盘快捷键来调用。因为同一个操作将会被执行，而与它的调用方法无关，并且因为菜单和工具条必须保持同步。一个动作可以被添加到菜单和工具条中，并且将会自动使它们同步。例如，按下“加粗”工具栏按钮，“加粗”菜单项将会被选中。

QAction 类可以设置图标、菜单文本、状态栏文本、工具栏提示。它们可以分别通过函数 setIconSet()、setText()、setStatusTip()、setToolTip()来设置。相应的，也可以通过函数 icon()、text()、StatusTip()、ToolTip()来获取图标、菜单文本、状态栏文本、工具栏提示等。比如获取菜单文本的成员函数声明如下：

```
QString text() const
```

该函数直接返回菜单的标题。

10.1.3 菜单类 QMenu

QMenu 类封装了菜单功能，用于菜单栏菜单、上下文菜单和其他弹出菜单。当单击菜单栏菜单时将出现一个下拉菜单。调用 QMenuBar::addMenu()函数可以将菜单插入菜单栏。上下文菜单通常通过一些特殊的键盘键或鼠标右击来调用，它们可以调用 popup()函数异步执行，也可以调用 exec()函数同步执行。菜单也可以响应按钮的按下动作而调用（即单击一个按钮，出现一个下拉菜单）这些函数，这类菜单与上下文菜单一样，只是调用方式不同。图 10-2 所示就是一个菜单栏菜单。

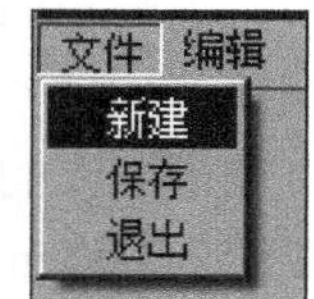

图 10-2

“文件”和“编辑”都是菜单栏菜单上的菜单项，通常称为主菜单项，单击“文件”菜单后，会出现一个下拉菜单，下拉菜单上有 3 个子菜单项，名称分别是“新建”“保存”和“退出”。当我们单击子菜单项时，就会触发一个动作信号 triggered，如果这个信号已关联了对应的槽函数，则该槽函数将被调用。

要让主菜单项添加到菜单栏上，首先要创建主菜单对象，对应的构造函数的原型声明如下：

```
QMenu(const QString &title, QWidget *parent = nullptr)
```

其中，参数 title 是主菜单项名称。比如：

```
QMenu  *pmenu = new QMenu(QString::fromLocal8Bit ("文件"));
```

创建菜单对象后，就可以调用 QMenuBar 类的成员函数 addMenu()来添加主菜单项，比如：

```
QMenuBar* menuBar = new QMenuBar(this);
menuBar->addMenu(pmenu);
```

如果是 mainwindow 项目，则默认已经有一个菜单栏，所以不需要再新建一个了，可以直接在现有菜单栏上添加主菜单项，代码如下：

```
this->menuBar()->addMenu(pmenu);
```

菜单栏类有 addMenu()函数，菜单类 QMenu 也有 addMenu()函数，用来添加下一级菜单，而不是用来处理响应的。要处理用户的响应，只能由子菜单项完成或者说为主菜单项添加动作来完成，这个添加动作的成员函数是 addAction()，该函数后面会讲到。

【例 10.1】 添加两个主菜单项

（1）启动 Qt Creator 4.8，新建一个 MainWindow 项目，项目名为 test。

（2）在项目中打开 mainwindow.cpp，在函数 MainWindow()的末尾输入如下代码：

```
    QMenu  *pmenu1 = new QMenu(QString::fromLocal8Bit ("文件"));
    QMenu  *pmenu2 = new QMenu(QString::fromLocal8Bit ("编辑"));
    this->menuBar()->addMenu(pmenu1);
    this->menuBar()->addMenu(pmenu2);
```

代码很简单，我们创建了两个菜单对象指针 pmenu1 和 pmenu2，然后调用函数 addMenu()

图 10-3

把它们加到默认的菜单栏中。这样就可以显示出主菜单项了。通常主菜单项只用于显示下拉菜单，而不是具体用于处理用户的动作。

（3）按 Ctrl+R 快捷键来运行这个项目，运行结果如图 10-3 所示。

因为我们还未添加子菜单项，所以单击这个主菜单项不会出现下拉菜单。

下面我们准备添加子菜单项，并对单击子菜单项这个动作做出具体响应。添加子菜单项需要用到 QMenu 的成员函数 addAction()，该函数有好几种形式，最简单的原型声明为：

```
QAction *addAction(const QString &text)
```

字符串 text 是子菜单项的标题名称，如果函数调用成功，就返回动作对象指针，该动作对象指针可以用于发送菜单的单击信号来触发槽函数。

因为子菜单用来响应用户的具体动作，添加子菜单项实际上就是在添加动作，所以使用了 addAction 这样的函数名。

值得注意的是，仅仅添加子菜单项还不能响应用户，还需要让 action 和槽函数（SLOT）建立关联：

```
connect(menuBar,SIGNAL(triggered(QAction*)),this,SLOT(trigerMenu
(QAction*)));
```

之后，单击菜单时，QMenuBar 对象就会发射 triggered 信号，然后在槽函数 trigerMenu() 中根据单击的菜单标题进行相应的处理。比如：

```
#define z QString::fromLocal8Bit    //用于显示中文的宏
void MainWindow::trigerMenu(QAction* act)
{
    if(act->text() == z("新建"))      //判断是否单击了标题为“新建”的子菜单项
    {
        QMessageBox::information(this, z("注意"), z("新建成功"));
    }
    else if(act->text() == z("退出")) //判断是否单击了标题为“退出”的子菜单项
    {
        this->close();
    }
}
```

【例 10.2】 添加子菜单项，并响应动作

（1）启动 Qt Creator 4.8，新建一个 MainWindow 项目，项目名为 test。

（2）在项目中打开 mainwindow.cpp，在函数 MainWindow()的末尾输入如下代码：

```
QMenu  *pmenu1 = new QMenu(z("文件"));
pmenu1->addAction(z("新建"));
pmenu1->addAction(z("退出"));
QMenu  *pmenu2 = new QMenu(z("编辑"));
```

```
    pmenu2->addAction(z("复制"));
    pmenu2->addAction(z("粘贴"));
    this->menuBar()->addMenu(pmenu1);
    this->menuBar()->addMenu(pmenu2);
    connect(this->menuBar(),SIGNAL(triggered(QAction*)),this,
SLOT(trigerMenu(QAction*)));
```

代码很简单，我们创建了两个菜单对象指针 pmenu1 和 pmenu2，然后调用函数 addAction()为每个主菜单项添加两个子菜单项。接着调用函数 addMenu()把它们加到默认的菜单栏中。这样就可以显示出主菜单项了。最后调用 connect()函数将菜单栏（menuBar）的 triggered 信号和槽函数 trigerMenu()关联起来，这样当单击菜单栏上的子菜单项时就会发射 triggered 信号。

在文件开头定义显示中文的宏：

```
#define z QString::fromLocal8Bit
```

（3）继续在 mainwindow.cpp 中添加槽函数 trigerMenu()的具体定义：

```
void MainWindow::trigerMenu(QAction* act)
{
    if(act->text() == z("新建")) //判断是否单击了标题为“新建”的子菜单项
    {
       QMessageBox::information(this, z("注意"), z("新建成功"));
    }
    else if(act->text() == z("退出")) //判断是否单击了标题为“退出”的子菜单项
    {
       this->close();
    }
}
```

我们通过 QAction 类的成员函数 text()来判断当前用户单击了哪个子菜单项，从而进行相应的处理；如果单击了“新建”子菜单项，则显示一个信息框；如果单击了“退出”子菜单项，则退出主窗口。

在文件开头添加包含头文件的指令：

```
#include <QMessageBox>
```

（4）在项目中打开 mainwindow.h，为 MainWindow 类添加 trigerMenu()函数的声明：

```
public slots:
    void trigerMenu(QAction* act);
```

（5）按 Ctrl+R 快捷键来运行这个项目，运行结果如图 10-4 所示。

图 10-4

除了主菜单项可出现下拉菜单，另外一种位于下拉菜单中的菜单项也是为了出现下一级的下拉菜单，通常这种菜单项旁边还有一个箭头，如图 10-5 所示。

其中，“Web 开发者”就是这样的菜单，可以将其称为二级菜单项；相应的，“工具”

和“帮助”可以称为一级主菜单项。二级菜单项的作用是为了出现二级下拉子菜单。下面我们来看一个例子。

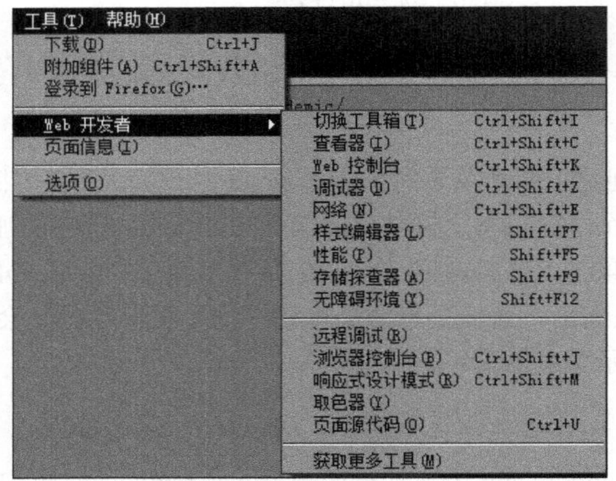

图 10-5

【例 10.3】 实现二级下拉子菜单

（1）启动 Qt Creator 4.8，新建一个 MainWindow 项目，项目名为 test。

（2）在项目中打开 mainwindow.cpp，并在文件开头添加显示中文的宏：

```
#define z QString::fromLocal8Bit
```

接着在文件开头添加包含头文件的指令：

```
#include <QMessageBox>
```

然后在构造函数 MainWindow()的末尾输入如下代码：

```
    QMenu  *pmenu1 = new QMenu(z("文件"));
    pmenu1->addAction(z("新建"));

    QMenu  *pmenu1 = new QMenu(z("文件"));
    pmenu1->addAction(z("新建"));

    QMenu  *pmenu1_1 = new QMenu(z("保存为"));
    pmenu1_1->addAction(z("保存为图片"));
    pmenu1_1->addAction(z("保存为文本"));
    pmenu1->addMenu(pmenu1_1);

   pmenu1->addAction(z("退出"));
   QMenu  *pmenu2 = new QMenu(z("编辑"));
   pmenu2->addAction(z("复制"));
   pmenu2->addAction(z("粘贴"));
   this->menuBar()->addMenu(pmenu1);
```

```
    this->menuBar()->addMenu(pmenu2);
    connect(this->menuBar(),SIGNAL(triggered(QAction*)),this,SLOT(trigerMenu(
QAction*)));
```

我们创建了一个菜单对象指针 pmenu1_1，作为第二级菜单项，然后为它添加 2 个二级子菜单项，标题分别为“保存为图片”和“保存为文本”。然后一级主菜单通过函数 addMenu()把二级菜单项（pmenu1_1）添加进来。

（3）继续在 mainwindow.cpp 中添加槽函数 trigerMenu()的具体定义：

```
void MainWindow::trigerMenu(QAction* act)
{
    if(act->text() == z("保存为图片")) //判断是否单击了标题为“保存为图片”的子菜单项
    {
        QMessageBox::information(this, z("注意"), z("保存为图片"));
    }
    else if(act->text() == z("退出")) //判断是否单击了标题为“退出”的子菜单项
    {
        this->close();
    }
}
```

我们通过 QAction 类的成员函数 text()来判断当前用户单击了哪个子菜单项，从而进行相应的处理：如果单击了“保存为图片”子菜单项，则显示一个信息框，如果单击了“退出”子菜单项，则退出主窗口。

（4）在项目中打开 mainwindow.h，为 MainWindow 类添加 trigerMenu()函数的声明：

```
public slots:
    void trigerMenu(QAction* act);
```

图 10-6

（5）按 Ctrl+R 快捷键来运行这个项目，运行结果如图 10-6 所示。

在前面的例子中，处理菜单信号时发送者是菜单栏，我们在槽函数中通过判断菜单名来知道用户单击了哪个菜单。除了这种方式外，还可以为单个菜单项的信号关联槽函数，这样就不需要在槽函数中进行判断了。还记得 addAction()的返回值吗？返回的是动作对象指针，可以通过该指针来发送子菜单的单击信号，从而触发槽函数。

【例 10.4】 为单个菜单项添加槽

（1）启动 Qt Creator 4.8，新建一个 MainWindow 项目，项目名为 test。

（2）在项目中打开 mainwindow.cpp，并在文件开头添加显示中文的宏：

```
#define z QString::fromLocal8Bit
```

接着在文件开头添加包含头文件的指令：

```
#include <QMessageBox>
```

然后在构造函数 MainWindow()的末尾输入如下代码：

```
    QMenu  *pmenu1 = new QMenu(z("文件"));
    QAction *pa1 = pmenu1->addAction(z("新建"));
    QAction *pa2 = pmenu1->addAction(z("退出"));
    QMenu  *pmenu2 = new QMenu(z("编辑"));
    pmenu2->addAction(z("复制"));
    pmenu2->addAction(z("粘贴"));
    this->menuBar()->addMenu(pmenu1);
    this->menuBar()->addMenu(pmenu2);

    connect(pa1, SIGNAL(triggered()), this, SLOT(onMenu1Event()));
    connect(pa2, SIGNAL(triggered()), this, SLOT(onMenu2Event()));
```

可以看到 connect()函数中的发送者是 pa1 和 pa2 了。要为单个菜单添加槽函数，只能一个一个编写 connect()函数。onMenu1Event()和 onMenu2Event()都是自定义的槽函数。

（3）继续在 mainwindow.cpp 中添加槽函数 onMenu1Event()和 onMenu2Event()的具体定义：

```
void MainWindow::onMenu1Event() //新建菜单的槽函数
{
    QMessageBox::information(this, z("注意"), z("新建成功"));
}

void MainWindow::onMenu2Event() //退出菜单槽函数
{
    close();
}
```

（4）在项目中打开 mainwindow.h，为 MainWindow 类添加函数 onMenu1Event()和 onMenu2Event()的声明：

```
public slots:
    void onMenu1Event();
    void onMenu2Event();
```

（5）按 Ctrl+R 快捷键来运行这个项目，运行结果如图 10-7 所示。

图 10-7

10.1.4 以可视化方式添加菜单

前面我们添加菜单的方式都是通过代码方式“纯手工”来实现的，我们当然可以通过 Qt Creator 界面设计器以可视化方式来添加菜单，就像 VB、VC 一样。这种方式方便得多，也更为常用。

【例 10.5】　以可视化方式添加菜单

（1）启动 Qt Creator 4.8，新建一个 MainWindow 项目，项目名为 test。我们在新建一个 MainWindow 项目后，双击 mainwindow.ui，在出现的窗口设计界面中会发现顶部已经有两行（第一行是菜单栏，第二行是工具栏），如图 10-8 所示。

双击第一行左边的“在这里输入”，输入菜单名，然后按回车键即可；同时还会出现下拉菜单，定位到下拉菜单上并双击，可以继续输入子菜单项名，如图 10-9 所示。

我们添加了 2 个子菜单项“新建”和“退出”，下面为“新建”添加槽函数。

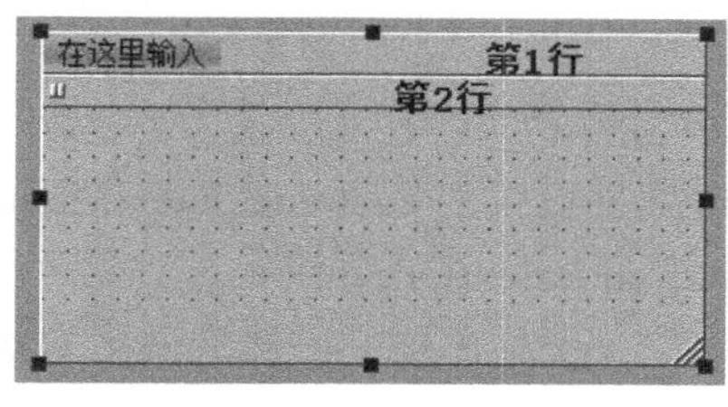

图 10-8

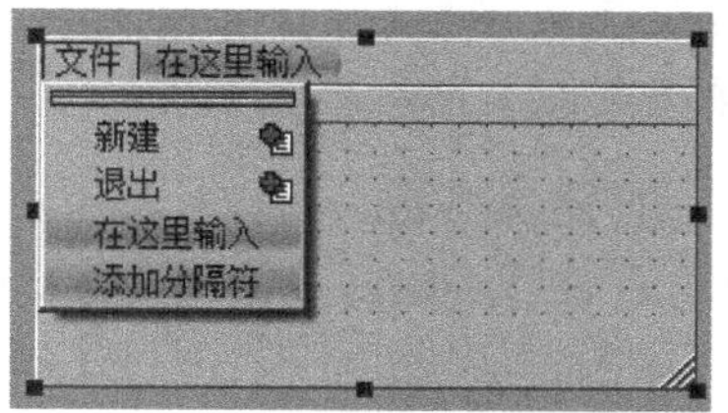

图 10-9

（2）在界面设计器的中下方右击 action_2，然后在弹出的快捷菜单中选择“转到槽”选项，如图 10-10 所示。

其中，action_2 是“新建”子菜单项的动作名。接着，在随后出现的“转到槽”对话框中选择信号 triggered，如图 10-11 所示。

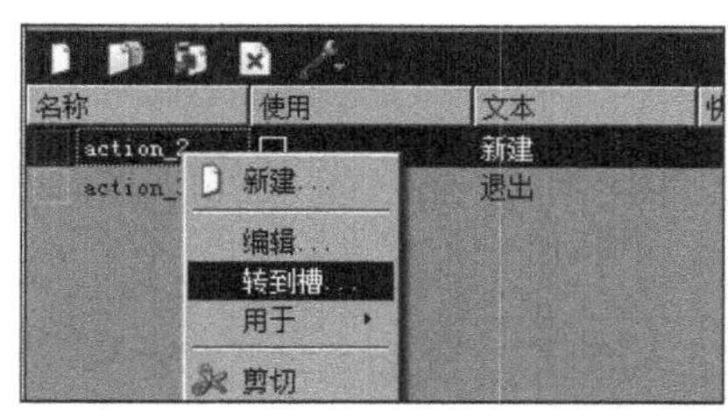

图 10-10

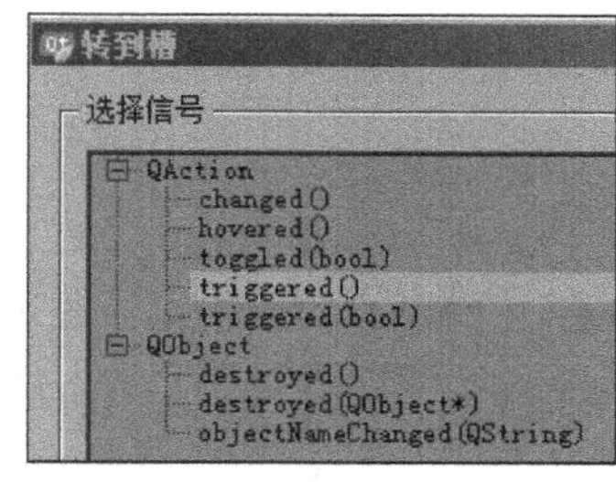

图 10-11

单击 OK 按钮，将跳转到编辑器，并定位到槽函数 on_action_2_triggered()处（单击“新建”子菜单项后要调用的函数），接着添加一行代码：

```
void MainWindow::on_action_2_triggered()
{
   QMessageBox::information(this, z("注意"), z("新建成功"));
}
```

回到界面设计器，以同样的方式右击 action_3，为“退出”子菜单项添加槽函数，代码如下：

```
void MainWindow::on_action_3_triggered()
{
    close();
}
```

直接调用主窗口类的 close()函数退出程序。最后在文件开头添加包含头文件的指令和中文字符串转换宏：

```
#include <QMessageBox>
#define z QString::fromLocal8Bit
```

（3）按 Ctrl+R 快捷键来运行这个项目，运行结果如图 10-12 所示。

图 10-12

10.1.5 快捷菜单

快捷菜单又称为上下文菜单，通常在用鼠标右击的时候弹出。创建快捷菜单的方法和创建菜单栏菜单类似。基本步骤如下：

（1）把 MainWindow 类对象的 ContextMenuPolicy 属性设置为 customContextMenu。

（2）为信号添加对应的槽函数 customContextMenuRequested(QPoint)。

（3）在该槽函数中，创建 QMenu 对象，并添加动作（子菜单项），然后调用 QMenu 类的成员函数 exec()，并把当前鼠标的位置作为参数传入。其中，QMenu::exec()用来弹出快捷菜单，该函数的原型声明如下：

```
QAction *exec(const QPoint &p, QAction *action = nullptr)
```

其中，p 是要弹出的快捷菜单的位置。比如：

```
pMenu->exec(QCursor::pos());
```

【例 10.6】 实现快捷菜单

（1）启动 Qt Creator 4.8，新建一个 MainWindow 项目，项目名为 test。

（2）打开 mainwindow.ui，在属性视图上找到 ContextMenuPolicy，并选择 CustomContextMenu，如图 10-13 所示。

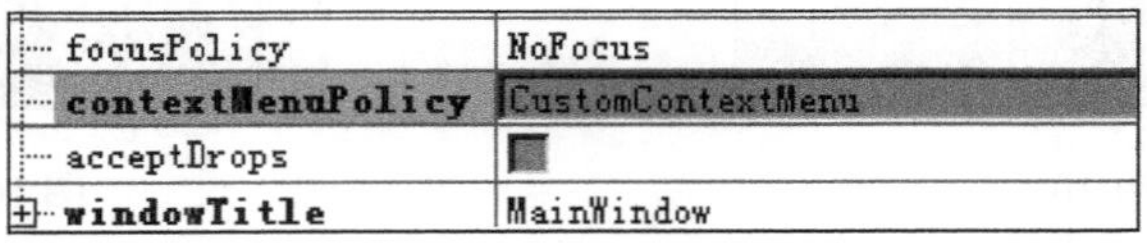

focusPolicy	NoFocus
contextMenuPolicy	CustomContextMenu
acceptDrops	
windowTitle	MainWindow

图 10-13

（3）在项目中打开 mainwindow.cpp，首先在文件开头添加显示中文的宏：

```
#define z QString::fromLocal8Bit
```

接着在文件开头添加包含头文件的指令：

```
#include <QMessageBox>
```

然后在构造函数 MainWindow()的末尾输入如下代码：

```
    //创建菜单对象
    m_pMenu = new QMenu(this);
    m_pa1=m_pMenu->addAction(z("新建"));
```

```
    m_pa2 = m_pMenu->addAction(z("退出"));

    //与鼠标右键单击信号建立关联
    connect(m_pa1, SIGNAL(triggered()), this, SLOT(onMenu1Event()));
    connect(m_pa2, SIGNAL(triggered()), this, SLOT(onMenu2Event()));
```

在 mainwindow.h 中为 MainWindow 类添加定义：

```
private:
    QMenu *m_pMenu;
    QAction *m_pa1,*m_pa2;
```

（4）在界面设计器中的主窗口右击，然后在弹出的快捷菜单中选择“转到槽”选项，接着选中信号对应的 customContextMenuRequested(QPoint)，单击 OK 按钮，这样就为该信号添加了槽函数，我们在该函数中添加如下代码：

```
void MainWindow::on_MainWindow_customContextMenuRequested(const QPoint
&pos)
{
    //在鼠标右击的地方显示菜单
    m_pMenu->exec(cursor().pos());
}
```

（5）再添加子菜单项的槽函数：

```
void MainWindow::onMenu1Event() //新建菜单的槽函数
{
    QMessageBox::information(this, z("注意"), z("新建成功"));
}

void MainWindow::onMenu2Event() //退出菜单槽函数
{
    close();
}
```

在头文件中添加槽函数的声明：

```
public slots:
    void onMenu1Event();
    void onMenu2Event();
```

图 10-14

（6）按 Ctrl+R 快捷键来运行这个项目，运行结果如图 10-14 所示。

10.2 工具栏的设计与开发

工具栏通常位于菜单栏的下方，上面存放着一个个的小按钮（简称工具栏按钮），如图 10-15 所示。

第 2 行就是工具栏，它现在是空的。工具栏上的按钮可以和菜单联动，也可以独立完成功能。当用户单击工具栏上的按钮时，将触发一个信号，并调用相应的槽函数，从而响应用户的需求。我们新建的 MainWindow 项目也会默认自动生成一个工具栏，可以通过 ui->mainToolBar 来引用。

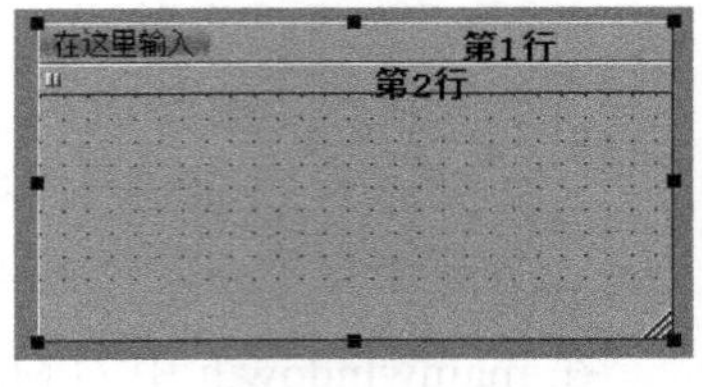

图 10-15

在 Qt 中，工具栏类是 QToolBar，可以通过成员函数 addAction()来添加小按钮。addAction()的参数通常是菜单调用 addAction()返回的 QAction 对象指针（如下的 pNew），比如：

```
QMenu *pFile = menuBar()->addMenu(z("文件"));
QAction *pNew =  pFile->addAction(z("新建"));
ui->mainToolBar->addAction(pNew);
```

【例 10.7】 以代码方式实现简单的工具栏

（1）启动 Qt Creator 4.8，新建一个 MainWindow 项目，项目名为 test。

（2）在项目中打开 mainwindow.cpp，首先在文件开头添加显示中文的宏：

```
#define z QString::fromLocal8Bit
```

接着在文件开头添加包含头文件的指令：

```
#include <QMessageBox>
```

然后在函数 MainWindow()的末尾输入如下代码：

```
    //添加菜单
    QMenu *pFile = menuBar()->addMenu(z("文件"));
    //为菜单项添加动作
    QAction *pNew =  pFile->addAction(z("新建"));
    QAction *pSave=  pFile->addAction(z("保存"));

    pFile->addSeparator();//添加分割线
    QAction *pExit =  pFile ->addAction(z("退出"));
    //为工具栏添加快捷键
    ui->mainToolBar->addAction(pNew);
    ui->mainToolBar->addAction(pExit);

    connect(pNew, SIGNAL(triggered()), this, SLOT(onNew()));
    connect(pExit, SIGNAL(triggered()), this, SLOT(onExit()));
```

我们把 pFile->addAction()和 pFile->addAction()返回的 QAction 指针作为参数传给 ui->mainToolBar->addAction()，这样单击工具栏按钮和单击子菜单项的功能就一样了，并且工具栏按钮也会显示子菜单项的标题。

（3）继续在 mainwindow.cpp 末尾添加 2 个子菜单项的槽函数，代码如下：

```
void MainWindow::onNew()          //“新建”菜单的槽函数
{
    QMessageBox::information(this, z("注意"), z("新建成功"));
}
void MainWindow::onExit()         //“退出”菜单的槽函数
{
    close();
}
```

打开 mainwindow.h，添加槽函数的声明：

```
public slots:
    void onNew();
    void onExit();
```

（4）按 Ctrl+R 快捷键来运行这个项目，运行结果如图 10-16 所示。

图 10-16

一个简单的工具栏就创建好了，但看着总有点别扭，因为工具栏上的按钮通常是用图标来显示的，而不是文字，所以下面我们要实现一个带图标的工具栏，通过可视化方式来添加工具栏按钮。

【例 10.8】　以可视化方式添加工具栏按钮（带图标）

（1）启动 Qt Creator 4.8，新建一个 MainWindow 项目，项目名为 test。

（2）设置图标和背景图片。在本例的项目目录下新建一个子目录 res，并在该目录下放置几个 ico 图标文件，再把这两个文件添加进 Qt 项目中。

在 Qt Creator 4.8 中，依次单击主菜单的菜单选项“文件→新建文件或项目”，此时会出现 New File or Project 对话框，在该对话框的左边选择 Qt，在右边选择 Qt Resource File，然后单击“Choose...”按钮，随后显示出 Qt Resource File 对话框，在该对话框上输入一个名称，也就是为我们导入的资源起一个自定义的名字，比如 myres，下面的路径保持不变，用项目路径即可。

继续下一步，保持默认设置，直到完成为止。在主界面的项目视图中，稍等 1 秒，可以发现多了 Resources，并且下面有一个 myres.qrc。myres.qrc 文件位于项目目录中，是一个 xml 格式的资源配置文件，与应用程序关联的图片、图标等资源文件由.qrc 文件来指定，并用 xml 记录硬盘上的文件和资源名的对应关系，应用程序通过资源名来访问资源文件。值得注意的是，资源文件必须位于.qrc 文件所在目录或者子目录下，而.qrc 文件通常位于项目目录下，所以资源文件也将位于项目目录或者子目录下。

在磁盘的项目目录下新建一个 res 子目录，在里面存放好几个 ico 图标文件。然后回到项目中，右击 myres.qrc，在弹出的快捷菜单中选择“Add Existing Directory...”选项，随后出现 Add Existing Directory 对话框，在该对话框中勾选 res、gza.jpg 和 tool.ico 三个选项，其他不选，如图 10-17 所示。

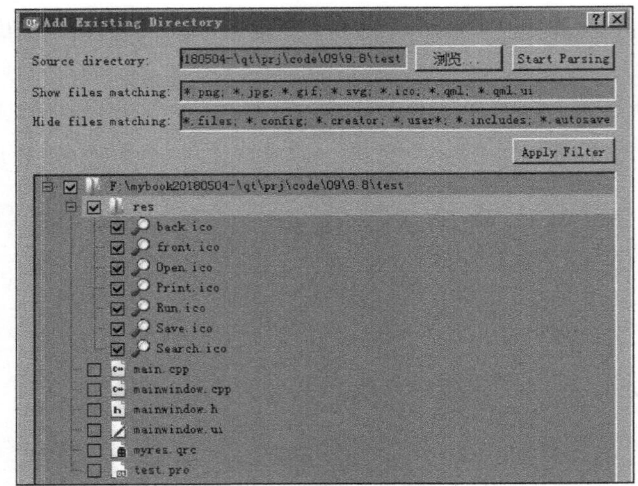

图 10-17

然后单击 OK 按钮，出现如图 10-18 所示的提示框，单击 Yes to All 按钮。

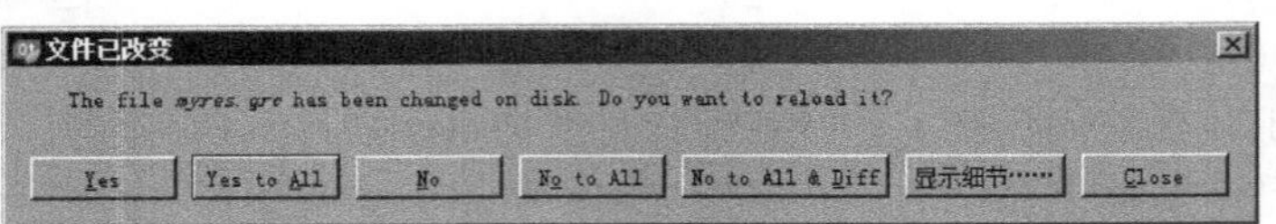

图 10-18

这时，项目视图下的 myres 下多个了一个斜杠“/”，表示默认的资源前缀（前缀起到分类的作用，平时可以不管）。斜杠下面有个 res，表示是在 myres.qrc 同一路径下的子目录 res。res 下有好几个.ico 文件，和磁盘上正好对应起来，因为磁盘上 res 目录下正好有这几个文件。在主界面右边，显示每个资源的小图以及相应的相对路径，如图 10-19 所示。

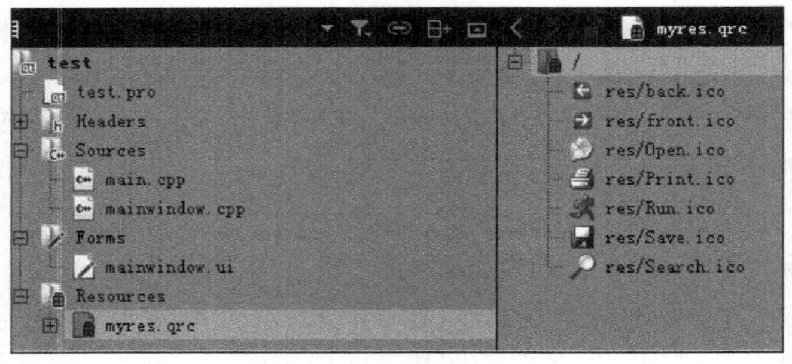

图 10-19

一个图标文件和一个图片文件就算添加到项目中，变成项目的资源了。下面我们把这些图标放到工具栏中去。

（3）以可视化方式新建工具栏按钮，基本流程是新建 action，为 action 设置图标，然后把 action 拖放到工具栏上。

双击 mainwindow.ui，在界面设计器的中间下方可以看到一个工具栏，如图 10-20 所示。

图 10-20

单击第一个按钮（用来新建 action），弹出“新建动作”对话框，我们可以在该对话框中输入“新建”按钮的工具栏按钮提示（ToolTip）文本“新建文件夹”，这样鼠标停留在该 action 对应的工具栏按钮上时就会出现按钮的文本提示，在此例中为“新建文件夹”，如图 10-21 所示。

单击图标一行右方的 3 个点按钮，出现“选择资源”对话框，在该对话框左边选中 res，在右边选中 Open.ico，如图 10-22 所示。

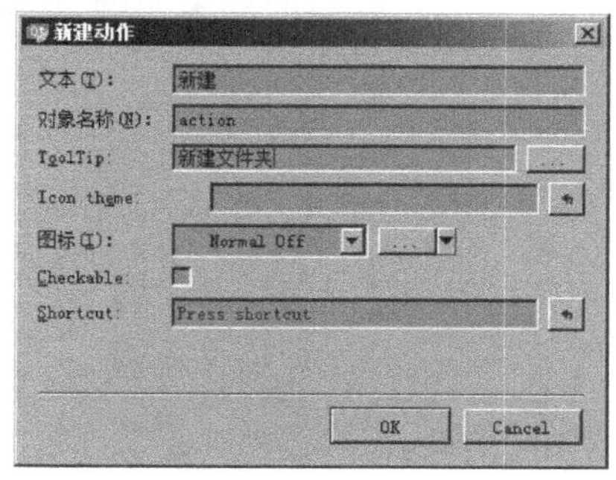

图 10-21

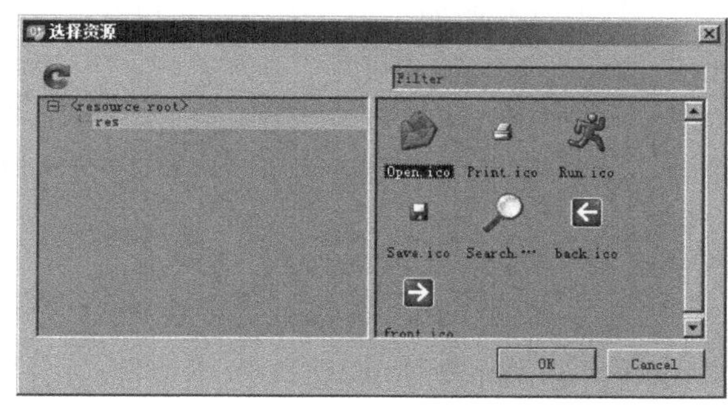

图 10-22

然后单击 OK 按钮，这样 Open.ico 就设置到新建的 action 上了。回到“新建动作”对话框，可以看到“图标”是我们刚才选中的 Open.ico，如图 10-23 所示。

单击 OK 按钮关闭“新建动作”对话框，一个 action 就新建成功了，如图 10-24 所示。

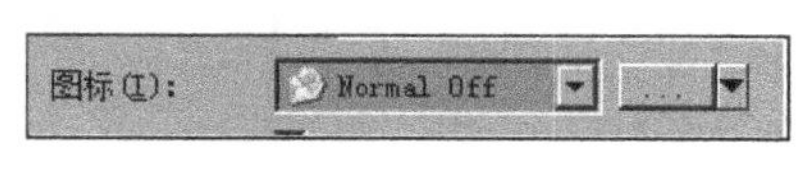

图 10-23

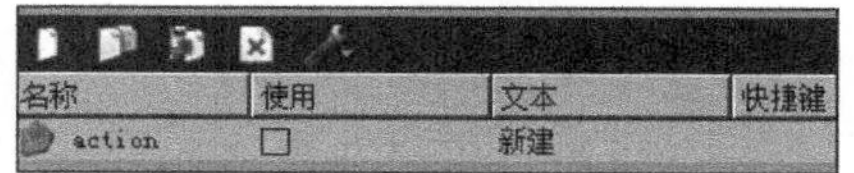

图 10-24

用鼠标左键选中“名称”下的 action 不要松开，然后把它拖放到窗口工具栏上，如图 10-25 所示。这样一个图标工具栏按钮就添加成功了！下面为这个按钮添加单击信号对应的槽函数。右击“名称”下的 action，在弹出的快捷菜单中选择“转到槽”选项，如图 10-26 所示。然后在“转到槽”对话框中选择 triggered()信号，如图 10-27 所示。

图 10-25

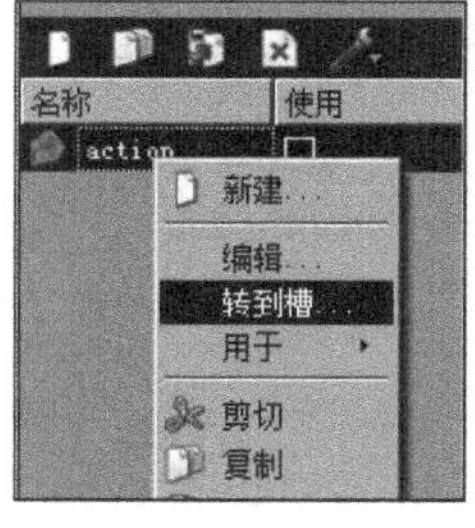

图 10-26

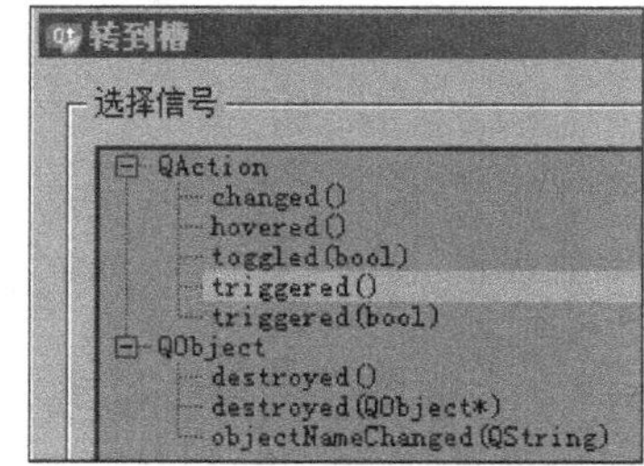

图 10-27

然后单击 OK 按钮，添加该信号对应的槽函数，代码如下：

```
void MainWindow::on_action_triggered()
{
```

```
        QMessageBox::information(this, z("注意"), z("新建文件夹成功"));
    }
```

在文件开头添加包含头文件的指令和显示中文的宏：

```
#include <QMessageBox>
#define z QString::fromLocal8Bit
```

以同样的方式添加其他 action，并为每个工具选择图标，添加完成后的效果如图 10-28 所示。

为了节省篇幅，这里只为最后一个“退出”按钮添加槽函数：

```
void MainWindow::on_action_7_triggered()
{
    close();
}
```

（4）按 Ctrl+R 快捷键来运行这个项目，运行结果如图 10-29 所示。

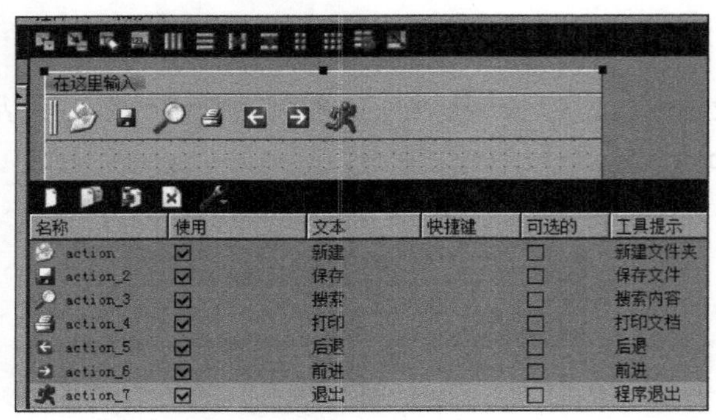

图 10-28

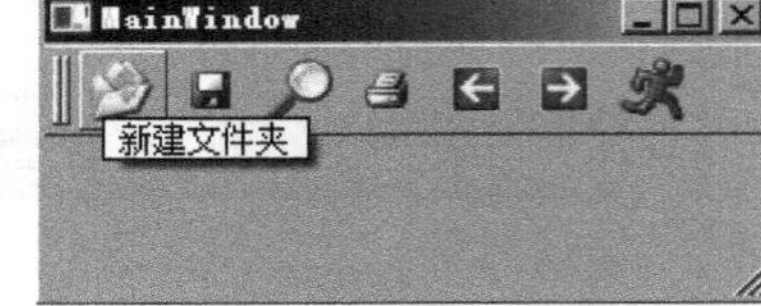

图 10-29

当我们把鼠标放在第一个按钮上时，还会出现工具栏的按钮提示“新建文件夹”。

10.3 状态栏的设计与开发

状态栏通常位于窗口的底部，用于显示某种状态信息或解释信息。在 Qt 中，QStatusBar 类用于实现状态栏功能。状态栏的显示主要分为以下 3 种：

（1）一般信息显示，会被 showMessage()函数显示的临时消息覆盖。要在状态栏上显示一般信息需要添加标签（QLabel），然后在标签里设置具体的文本信息。添加一般信息所在的标签用到的成员函数是 addWidget()，该函数的原型声明如下：

```
void QStatusBar::addWidget(QWidget *widget, int stretch = 0)
```

其中，widget 指向要添加到状态栏上的控件对象指针。

在状态栏上添加标签的示例代码如下：

```
QStatusBar* bar = statusBar();                     //获取状态栏
QLabel* first_statusLabel = new QLabel;            //新建标签
first_statusLabel->setMinimumSize(150,20); //设置标签最小尺寸、宽度和高度
first_statusLabel->setFrameShadow(QFrame::Sunken); //设置标签阴影
bar->addWidget(first_statusLabel);                 //把标签添加到状态栏中
```

和菜单栏一样，新建的 MainWindow 项目会默认拥有一个状态栏，可以通过 QMainWindow::statusBar()获得。

（2）永久信息显示，永久信息也是要显示在标签（QLabel）上的，状态栏需要通过成员函数 addPermanentWidget()来添加显示永久信息的标签，所添加的标签从右边开始布局，第一个添加的标签在窗口底部最右边，第二个添加的标签显示在第一个标签的左边，以此类推。

addPermanentWidget()成员函数的声明如下：

```
void QStatusBar::addPermanentWidget(QWidget *widget, int stretch = 0)
```

其中，widget 指向要添加到状态栏上的控件对象指针。

（3）临时信息显示，可以指定信息显示的时间，时间到了信息就消失。函数 showMessage()用于显示临时信息。临时信息通常显示在状态栏的最左边，并且会覆盖所有的一般信息（比如有 2 个一般信息标签，但临时消息一来，它们都会消失，可以在下面的例子中体会到这一点）。函数 showMessage()的声明如下：

```
void QStatusBar::showMessage(const QString &message, int timeout = 0)
```

其中，message 是要显示的临时信息；timeout 表示临时信息显示的时间，时间单位是毫秒。时间到了，又会恢复原来的一般信息。默认情况下 timeout 为 0，表示不使用超时，此时将一直显示临时信息，直到调用 clearMessage()来清除临时信息。

【例 10.9】　状态栏上显示一般信息

（1）启动 Qt Creator 4.8，新建一个 MainWindow 项目，项目名为 test。

（2）在项目中打开 mainwindow.cpp，首先在文件开头添加显示中文的宏：

```
#define z QString::fromLocal8Bit
```

然后在函数 MainWindow()末尾输入如下代码：

```
QStatusBar* bar = statusBar();                     //获取状态栏
QLabel* first_statusLabel = new QLabel;            //新建标签
first_statusLabel->setMinimumSize(50,20);          //设置标签最小尺寸、宽度和高度
first_statusLabel->setFrameShadow(QFrame::Sunken);         //设置标签阴影
first_statusLabel->setText(z("信息1"));                    //设置标签1的信息

QLabel* second_statusLabel = new QLabel;                   //新建标签
second_statusLabel->setMinimumSize(150,20);
second_statusLabel->setFrameShadow(QFrame::Sunken);        //设置标签阴影
```

```
    second_statusLabel->setText(z("信息2"));       //设置标签2的信息

    bar->addWidget(first_statusLabel);
    bar->addWidget(second_statusLabel);
```

我们在状态栏上放置了 2 个标签，这 2 个标签会自动从左到右排列在窗口底部。第一个标签的宽度是 50、高度是 20，第二个标签会自动从横坐标 50 这个位置开始放置。

（3）按 Ctrl+R 快捷键来运行这个项目，运行结果如图 10-30 所示。

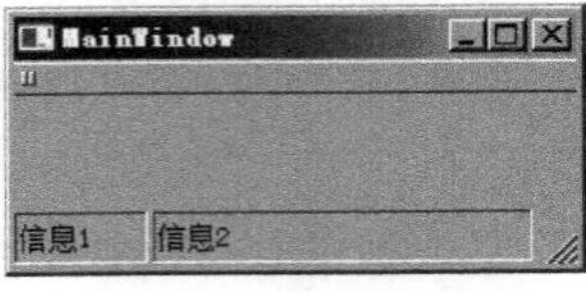

图 10-30

【例 10.10】 在状态栏上显示临时信息、一般信息和永久信息

（1）启动 Qt Creator 4.8，新建一个 MainWindow 项目，项目名为 test。

（2）在项目中打开 mainwindow.h，为 MainWindow 类添加 4 个标签指针：

```
private:
    QLabel *m_status1,*m_status2,*m_status3, *m_status4;
```

其中，m_status1 和 m_status2 用来显示一般信息；m_status3 和 m_status4 用来显示永久信息。在项目中打开 mainwindow.cpp，首先在文件开头添加显示中文的宏：

```
#pragma execution_character_set("utf-8")  //用于正确显示中文
```

然后在函数 MainWindow()的末尾输入如下代码：

```
    m_status1 = new QLabel;
    m_status2 = new QLabel;
    m_status3 = new QLabel;
    m_status4 = new QLabel;

ui->statusBar->addPermanentWidget(m_status1);     //永久信息窗口
ui->statusBar->addPermanentWidget(m_status2);     //永久信息窗口
ui->statusBar->addWidget(m_status3);     //一般信息窗口
ui->statusBar->addWidget(m_status4);     //一般信息窗口
    m_status1->setText("永久信息1");
    m_status2->setText("永久信息2");
    m_status3->setText("一般信息1");
    m_status4->setText("一般信息2");
```

（3）双击 mainwindow.ui，打开窗口设计界面，在窗口上放置 2 个按钮，把一个按钮的标题设置为“显示临时信息”、另外一个按钮标题设置为“重新设置第二个一般信息”。添加第一个按钮的槽函数：

```
void MainWindow::on_pushButton_clicked()
{
    ui->statusBar->showMessage("临时信息",3000);
}
```

设置显示临时信息 3 秒（3000 毫秒）。

再为第二个按钮添加槽函数：

```
void MainWindow::on_pushButton_2_clicked()
{
    m_status4->setText("重新设置一般信息2成功");
}
```

单击“重新设置第二个一般信息”按钮后，将在第二个标签上显示文本字符串“重新设置一般信息 2 成功”。

（4）按 Ctrl+R 快捷键来运行这个项目，运行结果如图 10-31 所示。

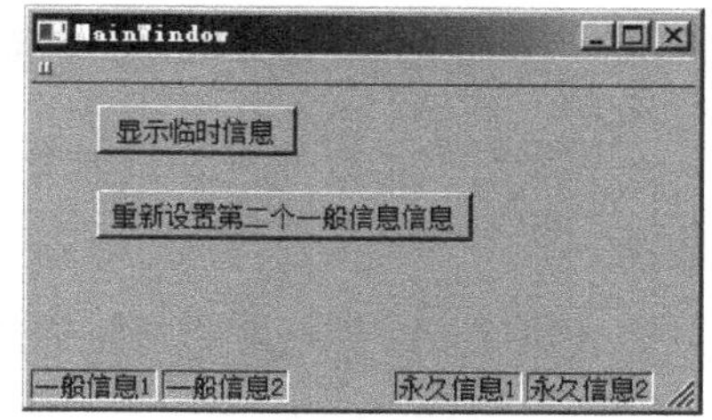

图 10-31

从本例中我们可以看出，临时信息一旦要显示，状态栏左边的标签都要让位。

10.3.1　将子菜单项提示信息显示在状态栏上

左边除了显示 showMessage 的信息外，还可以显示动作（action）提示信息，这个动作一旦作为子菜单项，那么鼠标在该子菜单项上停留时状态栏左边就可以显示对应的提示信息，这样可以帮助用户知道这个子菜单项是干什么的，起到解释说明的作用。这个功能主要是通过 QAction 的成员函数 setStatusTip 来实现的，该函数声明如下：

```
void setStatusTip(const QString &statusTip)
```

其中，参数 statusTip 表示要显示在状态栏左边的提示信息。

【例 10.11】　让子菜单项解释信息显示在状态栏上

（1）打开 Qt Creator 4.8，新建一个 MainWindow 项目，项目名是 test。

（2）在项目中打开 mainwindow.cpp，首先在文件开头添加显示中文的宏：

```
#pragma execution_character_set("utf-8")  //用于正确显示中文
```

然后在函数 MainWindow()末尾输入如下代码：

```
    QMenu  *pmenu1 = new QMenu("文件");
    QAction *pa1 = pmenu1->addAction("新建");  //把动作加入菜单，作为子菜单项

    pa1->setStatusTip("新建文件...");
    QAction *pa2 = pmenu1->addAction("退出");
    pa2->setStatusTip("退出程序");

    this->menuBar()->addMenu(pmenu1);
```

我们调用 setStatusTip()函数为每个 action 增加了状态栏提示信息，并最终加入到菜单中。

（3）按 Ctrl+R 快捷键来运行这个项目，运行结果如图 10-32 所示。

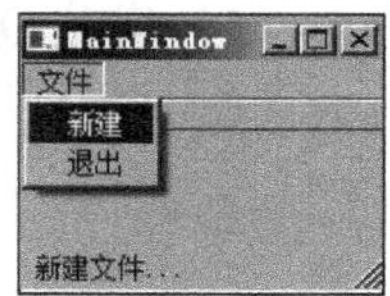

图 10-32

我们可以看到，当鼠标停留在“新建”这个子菜单项上时，状态栏左边就会出现“新建文件...”提示信息。

10.3.2 临时信息不需要标签

状态栏上不添加标签也能显示信息，那么 showMessage()函数显示的临时信息是否也不需要标签呢？答案是肯定的，不需要标签。

【例 10.12】 证明临时信息不需要标签

（1）启动 Qt Creator 4.8，新建一个 MainWindow 项目，项目名为 test。

（2）双击 mainwindow.ui，拖放一个按钮到窗口中，把它的标题设置为“状态栏显示临时信息”，并为之添加 clicked 信号的槽函数：

```
void MainWindow::on_pushButton_clicked()
{
    ui->statusBar->showMessage("临时信息",3000);
}
```

我们准备在状态栏上显示“临时信息”3 秒（3000 毫秒）。

在 mainwindow.cpp 文件开头添加显示中文的宏：

```
//用于正确显示中文
#pragma execution_character_set("utf-8")
```

（3）按 Ctrl+R 快捷键来运行这个项目，运行结果如图 10-33 所示。

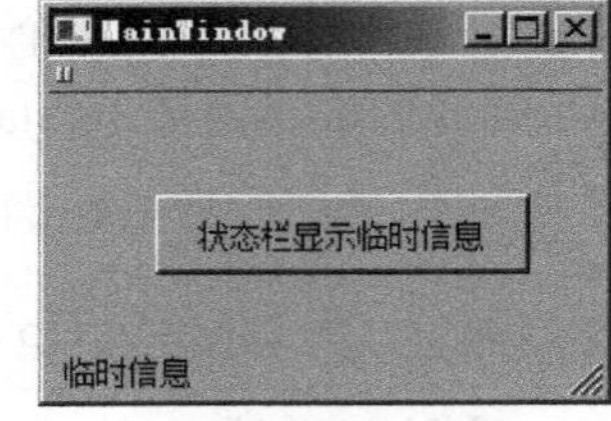

图 10-33

果然，临时信息和标签是没有关系的，有了标签反而碍事。临时消息的优先级比一般消息要高。

10.3.3 在状态栏上使用按钮

前面我们中规中矩地使用了状态栏，它就是一个安安静静地显示信息的小控件，不怎么和用户交互。那么能否在状态栏上放一些交互控件（比如按钮）呢？答案是可以的，虽然这样的应用场景不多。我们重新来看一下 addWidget()函数，该函数的原型声明如下：

```
void QStatusBar::addWidget(QWidget *widget, int stretch = 0)
```

它的第一个参数是 QWidget，所以放置按钮肯定也是可以的。

【例 10.13】 在状态栏上使用按钮

（1）启动 Qt Creator 4.8，新建一个 MainWindow 项目，项目名为 test。

（2）在项目中打开 mainwindow.h，为 MainWindow 类添加私有成员：

```
private:
    QPushButton *m_btn;
```

该按钮将显示在状态栏上。

在文件 mainwindow.cpp 开头添加包含头文件的指令和显示中文的宏：

```
#include <QMessageBox>
#pragma execution_character_set("utf-8")  //用于正确显示中文
```

然后在函数 MainWindow()末尾输入如下代码：

```
    m_btn = new QPushButton();
    m_btn->setText("我是按钮我怕谁");
    ui->statusBar->addWidget(m_btn);    //一般信息窗口

    connect(m_btn, SIGNAL(clicked()), this, SLOT(onbtn()));
```

我们调用 addWidget()函数添加按钮，并把 clicked 信号关联到自定义的槽函数 onbtn()，该函数中的具体代码如下：

```
void MainWindow::onbtn() //单击按钮的槽函数
{
  QMessageBox::information(this, "注意", "禁止传播病毒！");
}
```

（3）在窗口上放置 2 个按钮：左边按钮的标题是“显示临时信息”，用来在状态栏上显示临时信息；右边按钮的标题是“清除临时信息”，用来清除状态栏上的临时信息。为“显示临时信息”按钮添加 clicked 信号的槽函数：

```
void MainWindow::on_pushButton_clicked()
{
    ui->statusBar->showMessage("临时信息");
}
```

为“清除临时信息”按钮添加 clicked 信号的槽函数：

```
void MainWindow::on_pushButton_2_clicked()
{
    ui->statusBar->clearMessage();
}
```

当单击“清除临时信息”按钮时，将恢复原来状态栏上的按钮。

（4）按 Ctrl+R 快捷键来运行这个项目，运行结果如图 10-34 所示。

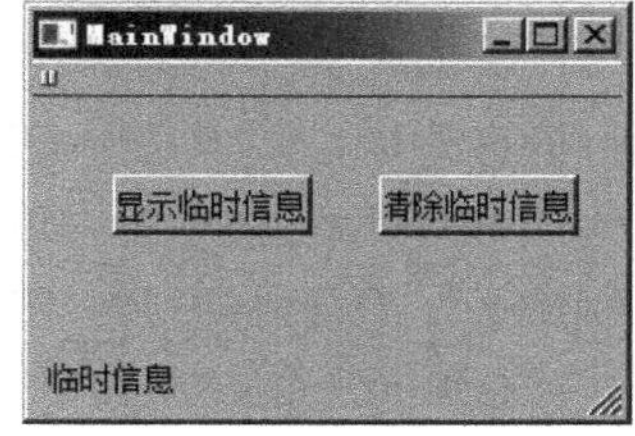

图 10-34

第 11 章

Qt图形编程

11.1 概　　述

Qt 中提供了强大的 2D 绘图系统，可以使用相同的 API 在屏幕和绘图设备上绘制图形，主要是基于 QPainter、QPainterDevice 和 QPainterEngine 这 3 个类：QPainter 类执行绘图操作；QPainterDevice 类与绘图设备有关，是一个二维空间的抽象；QPainterEngine 类提供一些接口。

QPainter 类用于执行绘图操作，它提供的 API 在 GUI 或 QImage、QOpenGLPaintDevice、QWidget 和 QPaintDevice 上显示图形（线、形状、渐变等）、文本和图像。绘图系统由 QPainter 类完成具体的绘制操作，QPainter 类提供了大量高度优化的函数来完成 GUI 编程所需要的大部分绘制工作，它可以绘制一切想要的图形，从最简单的一条直线到其他任何复杂的图形，例如点、线、矩形、弧形、饼状图、多边形、贝塞尔弧线等。此外，QPainter 类也支持一些高级特性，例如反走样（针对文字和图形边缘）、像素混合、渐变填充和矢量路径等，QPainter 类也支持线性变换，例如平移、旋转、缩放。

QPainter 类可以在继承自 QPaintDevice 类的任何对象上执行绘制操作。QPainter 类也可以与 QPrinter 类一起使用来打印文件和创建 PDF 文档。这意味着通常既可以用相同的代码在屏幕上显示数据，也可以生成打印形式的报告。QPainter 类一般通过控件的绘图事件 paintEvent()函数进行绘制：首先创建 QPainter 对象，然后进行图形的绘制，最后要销毁 QPainter 类的对象。当窗口程序需要升级或者重新绘制时，调用此成员函数。调用函数 repaint()和 update()后，再调用函数 paintEvent()。

QPaintDevice 类不直接绘制物理显示界面，而是利用逻辑界面的中间媒介。例如，绘制矩形图形时，为了将对象绘制到 QWidget、QGLPixelBuffer、QImage、QPixmap、QPicture 等多种界面中间，必须使用 QPaintDevice 类。QPaintDevice 类表示 QPainter 的绘图设备（画布）。QPaintDevice 子类有 QImage、QOpenGLPaintDevice、QWidget 等，所以 QPainter 类可以在 QImage、QOpenGLPaintDevice、QWidget 上绘制图形。

QPaintEngine 类提供了一些接口，以便 QPainter 类可在不同的设备上进行绘制。

11.2　重绘事件处理函数 paintEvent()

Qt 中的重绘机制和 Windows 编程里面的重绘机制差不多，但是 Qt 的重绘机制更有特色、更加智能。基础控件类 QWidget 提供的 paintEvent()函数是一个纯虚函数，继承它的子类想进行重绘时就必须重新实现。下列 4 种情况会发生重绘事件：

（1）当窗口控件第一次显示时，系统会自动产生一个绘图事件。

（2）repaint()与 update()函数被调用时。

（3）当窗口控件被其他部件遮挡，然后又显示出来时，会对隐藏的区域产生一个重绘事件。

（4）重新调整窗口大小时。

paintEvent()函数是一个虚函数槽（slot），子类可以对父类的 paintEvent()函数进行重写。当调用 update()、repaint()函数的时候，paintEvent()函数会被调用。另外，当界面有任何改变的时候，比如从隐藏到显示、界面尺寸改变、界面内容改变等，paintEvent()函数也会被调用。paintEvent()函数是已经被高度优化过的函数，本身已经自动开启并实现了双缓冲（X11 系统需要手动去开启双缓冲），因此在 Qt 中重绘操作不会引起屏幕上的任何闪烁现象。

有了 paintEvent 的知识之后，现在再来看看函数 update()和 repaint()。update()和 repaint()是一样的，都需要重绘的对象主动去调用，然后执行重绘操作。update()和 repaint()被调用之后都会去调用 paintEvent().repaint()，之后会立即执行重绘操作，因此 repaint()是最快的，紧急情况下需要立刻重绘的可以调用 repaint()。但是调用 repaint()的函数不能放到 paintEvent()中调用。举个例子：有一个继承自 QWidget 类的子类 MyWidget，并在子类中对 paintEvent 进行了重写。我们在 MyWidget::myrepaint()中调用 repaint()，myrepaint()又被重写的 paintEvent()调用。这样调用 repaint()的函数会被 paintEvent()调用，由于 repaint()是立即重绘，而且 repaint()在调用 paintEvent 之前几乎不做任何优化操作，会直接造成死循环，即：先调用 repaint()，继而调用 paintEvent()，paintEvent()反过来又调用 repaint()……如此循环。update()跟 repaint()比较，update()更有优越性。update()调用之后并不是立即重绘，而是将重绘事件放入主消息循环中，由 main()主函数的事件循环（Event Loop）来统一调度。update()在调用 paintEvent()之前，还做了很多优化，如果 update()被调用了很多次，最后这些 update()会合并到一个大的重绘事件并加入到消息队列，最后只有这个大的 update()被执行一次。同时也避免了 repaint()中所提到的死循环。因此，一般情况下调用 update()就够了。跟 repaint()比起来，推荐调用 update()函数。

打个比方，QPainter 类相当于 Qt 中的画家，能够绘制各种基础图形，拥有绘图所需的画笔、画刷、字体。绘图常用的工具有画笔类 QPen、画刷类 QBrush 和字体类 QFont，都继承自 QPainter 类。QPen 类用于绘制几何图形的边缘，由颜色、宽度、线条风格等参数组成。QBrush 类是用于填充几何图形的调色板，由颜色和填充风格组成。QFont 类用于文本绘制，由字体属性所组成。

QPaintDevice 类相当于 Qt 中的画布、画家的绘图板，所有的 QWidget 类都继承自 QPaintDevice 类。

通常只需把绘图操作放在函数 paintEvent()中即可，首先在 Widget 类中对该函数进行声明：

```
protected:
    void paintEvent(QPaintEvent *event) override;
```

然后把绘图函数放在 paintEvent()函数中调用，比如：

```
void Widget::paintEvent(QPaintEvent *event)
{
    QPainter painter(this);
    painter.drawLine(30, 230, 350, 230);            //画线的函数
    painter.setPen(Qt::red);                        //设置画笔的颜色为红色
    painter.drawRect(10, 10, 100, 100);             //画矩形的函数
    painter.setPen(QPen(Qt::green, 5));             //设置画笔颜色为绿色、宽度是5
    painter.setBrush(Qt::blue);                     //设置画刷颜色为蓝色
    painter.drawEllipse(130, 10, 250, 200);         //画椭圆的函数
}
```

这些绘图函数现在不熟悉没关系，后面会详述，下面先来看看例子。

【例 11.1】 第一个 Qt 画图程序

（1）启动 Qt Creator 4.8，新建一个 Widget 项目（基类是 QWidget），项目名为 test。

（2）在 widget.h 中为 Widget 类添加函数 paintEvent()的声明。我们要重写该虚函数，所以不要忘记加 override。

```
protected:
    void paintEvent(QPaintEvent *event) override;
```

然后在 widget.cpp 中添加代码来实现该函数：

```
void Widget::paintEvent(QPaintEvent *event)
{
    QPainter painter(this);
    painter.drawLine(30, 230, 350, 230);            //画线的函数
    painter.setPen(Qt::red);                        //设置画笔的颜色为红色
    painter.drawRect(10, 10, 100, 100);             //画矩形的函数
    painter.setPen(QPen(Qt::green, 5));             //设置画笔颜色为绿色、宽度是5
    painter.setBrush(Qt::blue);                     //设置画刷颜色为蓝色
    painter.drawEllipse(130, 10, 250, 200);         //画椭圆的函数
}
```

画刷通常是用来填充背景色的，所以我们可以看到椭圆内部填充的颜色是蓝色。又因为我们设置了画笔的宽度是 5，所以椭圆的边比较粗，而且是绿色的。

只要窗口或控件需要被重绘，paintEvent()函数就会被调用。每个要显示输出的窗口控件必

须实现它。为了不让窗口重绘时能显示我们所绘制的图形，可以把绘图函数放在 paintEvent() 函数中。

最后，在 Widget.cpp 开头添加包含头文件的指令：

```
#include <QPainter>
```

（3）按 Ctrl+R 快捷键来运行这个项目，运行结果如图 11-1 所示。

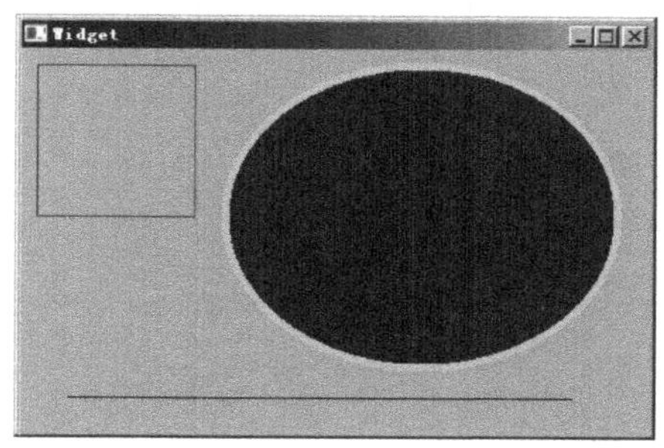

图 11-1

11.3　点的坐标 QPoint

在 Qt 中，点的坐标及其操作用 QPoint 类来表示。QPoint 类表示一个平面上整数精度的点坐标，可以通过 x()和 y()等函数方便地进行存取；QPoint 类重载了大量的运算符，可以作为一般的常数进行运算；QPoint 类还可以表征为向量，进行向量的相关运算，例如乘除以及长度的计算。

QPoint 类定义的坐标点参数的数据类型都是整数类型，不是浮点类型。如果想要使用浮点类型，那么相应的类是 QPointF。

11.3.1　成员函数

QPoint 类的常用公有函数如表 11-1 所示。

表 11-1　QPoint 类的常用公有函数

公有函数	说　明
QPoint() QPoint(int xpos,int ypos)	构造函数：第一个是构造横纵坐标均为 0 的 QPoint 对象，第二个是构造横纵坐标分别为 x 和 y 的 QPoint 对象
bool isNull() const	如果为(0,0)值，返回结果为 true
int manhattanLength() const	计算向量的长度
int & rx()	返回 x 的引用值
int & ry()	返回 y 的引用值
void setX(int x)	更改 x

（续表）

公有函数	说　明
void setY(int y)	更改 y
int x() const	返回 x 的值
int y() const	返回 y 的值
QPoint &operator*=(float factor) QPoint &operator*=(double factor) QPoint &operator*=(int factor) QPoint &operator+=(const QPoint& point) QPoint &operator-=(const QPoint& point) QPoint &operator/=(qreal divisor)	重载的运算符

11.3.2　相关非成员

除了成员函数外，还有一些相关的非成员运算符，可用于点的计算，这些运算符的声明如下：

```
bool operator==(const QPoint &p1, const QPoint &p2) //比较点 p1和 p2是否相等
bool operator!=(const QPoint &p1, const QPoint &p2) //比较点 p1和 p2是否不等
```

比如，判断点 pt 是否为(10,10)：

```
if(pt == QPoint(10, 10))
    ...
```

11.3.3　定义一个点

比如定义一个点，坐标为(3,7)，代码如下：

```
QPoint p( 3, 7);
```

再定义一个点，坐标分别是(-1,4)，代码如下：

```
QPoint q(-1, 4);
```

如果要定义一个(0,0)点，可以直接用第一种形式的构造函数：

```
QPoint q();
```

11.3.4　计算欧氏距离（两点之间的距离）

QPoint 类提供了一个静态成员函数 dotProduct()，用于计算两点之间距离的平方和，该函数的原型声明如下：

```
int dotProduct(const QPoint& p1, const QPoint & p2);
```

也就是计算$(x_2-x_1)^2+(y_2-y_1)^2$。我们知道，在数学中，有一个欧氏距离的概念，欧氏距离也就是两点之间的实际距离，可以用以下公式来表示：

$$\rho=\sqrt{(x_2-x_1)^2+(y_2-y_1)^2}$$

由于开根号可能会出现小数，而 QPoint 类中点的坐标值都是整数，因此 dotProduct()函数并没有开平方根，只是计算了平方和。

【例 11.2】　计算欧氏距离的平方

（1）启动 Qt Creator 4.8，新建一个 widget 项目，项目名为 test。

（2）双击 widget.ui 打开界面设计器，在 widget 上放置一个按钮，并为按钮的 clicked 信号添加槽函数，代码如下：

```
void Widget::on_pushButton_clicked()
{
    QPoint p( 3, 7);
    QPoint q(-1, 4);
    int lengthSquared = QPoint::dotProduct(p, q);  //lengthSquared becomes 25
    qDebug("lengthSquared = %d",lengthSquared);
}
```

在上述代码中，定义两个点 p 和 q，然后通过静态函数 dotProduct()计算了这两个点的欧氏距离平方值，最终调用 qDebug()函数在 Qt Creator 的输出窗口中输出结果。

（3）按 Ctrl+R 快捷键来运行这个项目，运行结果如下：

```
lengthSquared = 25
```

11.3.5　获取和设置点的分量值

在二维平面内，一个点有 x 和 y 两个坐标分量。QPoint 类提供了成员函数 x()和 y()来分别获取 x 和 y 的分量值，也提供了函数 setX()和 setY()来设置分量值。其中，获取 x 和 y 坐标值的函数声明如下：

```
int x() const
int y() const
```

函数很简单，直接返回 x 或 y 的坐标值。

设置 x 和 y 坐标值的函数声明如下：

```
void setX(int x)
void setY(int y)
```

其中，参数 x 和 y 是要设置给点的 x 和 y 的坐标值。比如我们用当前 x 坐标值加 1 后作为新的 x 坐标值：

```
p.setX(p.x() + 1);
```

【例 11.3】　获取或设置 x、y 坐标值

（1）启动 Qt Creator 4.8，新建一个 widget 项目，项目名为 test。

（2）双击 widget.ui 打开界面设计器，在 widget 上放置一个按钮，并为按钮的 clicked 信号添加槽函数，代码如下：

```
void Widget::on_pushButton_clicked()
{
    QPoint p;
    p.setX(p.x() + 1);
    p.setY(p.y() + 5);
    qDebug("p.x=%d,p.y=%d",p.x(),p.y());
}
```

首先用不带参数的构造函数创建了一个 QPoint 类的对象 p，此时它的坐标是(0,0)。然后通过函数 p.x()和 p.y()获得值是 0，再分别加 1、5，在调用函数 setX()和 setY 设置给点 p，因此点 p 的新坐标变为(1,5)。最终调用 qDebug()在 Qt Creator 的输出窗口上输出结果。

（3）按 Ctrl+R 快捷键来运行这个项目，运行结果如下：

```
p.x=1,p.y=5
```

11.3.6　利用 x 和 y 坐标的引用值实现自加和自减

函数 rx()和 ry()既可以获取当前的坐标值，也能自己更新坐标值，这两个函数的原型声明如下：

```
int &rx()
int &ry()
```

比如：

```
QPoint p(1, 2);
p.rx()--;   // p becomes (0, 2)
p.ry()++;   // p becomes (0, 3)
```

11.3.7　利用重载运算符计算点坐标

（1）“+”运算符

```
QPoint &QPoint::operator+=(const QPoint &point)
```

比如：

```
QPoint p( 3, 7);
QPoint q(-1, 4);
p += q;   // p 变为 (2, 11)
```

（2）“-”运算符

```
QPoint &QPoint::operator-=(const QPoint &point)
```

比如：

```
QPoint p( 3, 7);
QPoint q(-1, 4);
p -= q;   // p变为(4, 3)
```

（3）“/”运算符

```
QPoint &QPoint::operator/=(qreal divisor)
```

比如：

```
QPoint p(-3, 10);
p /= 2.5;          // p 变为 (-1, 4)
```

注　意

QPoint 的坐标值是整数，所以计算过程中遇到小数会四舍五入。

（4）“*”运算符

```
QPoint &QPoint::operator*=(double factor)
```

比如：

```
QPoint p(-1, 4);
p *= 2.5;    // p 变为 (-3, 10)
```

11.4　矩形尺寸 QSize

QSize 类使用整数类型的值定义一个二维对象的尺寸，即宽和高。这里将 QSize 类中的常用接口整理出来，分为成员函数和友元函数，以方便大家学习和理解。

11.4.1　成员函数

```
//成员函数
QSize();                                //构造函数
QSize(int width, int height);           //构造函数
bool  isEmpty();                        //w 或 h：<=0，true；否则，false
bool  isNull();                         //w 且 h：==0，true；否则，false
bool  isValid();                        //w 且 h：>=0，true；否则，false

void  setWidth(int width);              //设置宽度
void  setHeight(int height);            //设置高度
int   width() const;                    //获得宽度
int   height() const;                   //获得高度
int & rwidth();                         //获得宽度的引用
int & rheight();                        //获得高度的引用

void  transpose();                      //交换宽度和高度，改变 QSize 自身
QSize transposed() const;               //交换宽度和高度，不改变 QSize 自身
```

```
//缩放，改变 QSize 自身
void scale(int width, int height, Qt::AspectRatioMode);
void scale(QSize size, Qt::AspectRatioMode);        //缩放，改变 QSize 自身
//缩放，不改变 QSize 自身
QSize scaled(int width, int height, Qt::AspectRatioMode);
QSize scaled(QSize size, Qt::AspectRatioMode);      //缩放，不改变 QSize 自身
//返回自身和参数比较后结合起来的最小尺寸
QSize boundedTo(const QSize &otherSize) const;
//返回自身和参数比较后结合起来的最大尺寸
QSize expandedTo(const QSize &otherSize) const;

//按比例进行扩大或缩放，即宽、高都乘以 q，结果为四舍五入后的整数，返回这个值的引用
QSize& operator*=(qreal q);

//按比例进行扩大或缩放，即宽、高都除以 q，结果为四舍五入后的整数，返回这个值的引用
QSize& operator/=(qreal q);

//将当前大小的宽、高与 size 的宽、高进行加法运算，返回加法运算后的值的引用
QSize& operator+=(const QSize& size);

//将当前大小的宽、高与 size 的宽、高进行减法运算，返回减法运算后的值的引用
QSize& operator-=(const QSize& size);
```

11.4.2 非成员函数

```
//如果 size1不等于 size2，则返回 true，否则返回 false
bool operator!=(const QSize& size1,const QSize& size2);

//如果 size1等于 size2，则返回 true，否则返回 false
bool operator==(const QSize& size1,const QSize& size2);

//返回 size*q 后的值
const QSize operator*(const QSize& size,qreal q);

//返回 q*size 后的值
const QSize operator*(qreal q,const QSize& size);

//返回 size/q 后的值
const QSize operator/(const QSize& size,qreal q);

//返回 size1+size2后的值
const QSize operator+(const QSize& size1,const QSize& size2);

//返回 size1-size2后的值
const QSize operator-(const QSize&,const QSize&);
```

```
QDataStream& operator<<(QDataStream&,const QSize&);
QDataStream& operator>>(QDataStream&,const QSize&);
```

11.4.3　定义一个矩形尺寸

矩形尺寸就是一个矩形的长和宽。在 Qt 中，一个矩形的尺寸（长和宽）可以用结构体 QSize 来构造，比如：

```
QSize sz(50,20);
```

这是一个有效的矩形尺寸。

如果直接用不带参数的构造函数，则宽度和高度都是-1，是一个无效的矩形尺寸，即 isEmpty 返回 true。

【例 11.4】　构造矩形尺寸

（1）打开 Qt Creator 4.8，新建一个 widget 项目，项目名是 test。

（2）双击 widget.ui 打开界面设计器，在 widget 上放置一个按钮，并添加按钮的 clicked 信号槽函数，如下代码：

```
void Widget::on_pushButton_clicked()
{
    QSize sz;
    if(sz.isEmpty())
        qDebug("sz isEmpty:%d,%d",sz.width(),sz.height());

    QSize sz2(50,30);
    if(sz2.isValid())
        qDebug("sz2 is valid,sz:%d,%d",sz2.width(),sz2.height());

    QSize sz3(0,0);
    if(sz3.isNull())
        qDebug("sz3 is isNull,sz3:%d,%d",sz3.width(),sz3.height());
}
```

（3）按 Ctrl+R 快捷键运行项目，运行结果如下：

```
sz isEmpty:-1,-1
sz2 is valid,sz:50,30
sz3 is isNull,sz3:0,0
```

11.4.4　获取和设置矩形尺寸的宽度和高度

在二维平面内，一个矩形尺寸有横向距离 cx（宽度）和纵向距离 cy（高度）。QSize 类提供了成员函数 width()和 height()来获取宽度和高度，也提供了函数 setWidth()和 setHeight()来设置宽度和高度。其中，获取宽度和高度的函数声明如下：

```
int width() const
int height() const
```

这两个函数很简单，直接返回宽度和高度。

设置宽度和高度的函数声明如下：

```
void setWidth(int width)
void setHeight(int height)
```

【例 11.5】 获取和设置矩形尺寸的宽度和高度

（1）启动 Qt Creator 4.8，新建一个 widget 项目，项目名为 test。

（2）双击 widget.ui 打开界面设计器，在 widget 上放置一个按钮，并为按钮的 clicked 信号添加槽函数，代码如下：

```
void Widget::on_pushButton_clicked()
{
    QSize sz(50,60);
    qDebug("width=%d,height=%d",sz.width(),sz.height());
    sz.setWidth(100);
    sz.setHeight(200);
    qDebug("width=%d,height=%d",sz.width(),sz.height());
}
```

（3）按 Ctrl+R 快捷键来运行这个项目，运行结果如下：

```
width=50,height=60
width=100,height=200
```

11.4.5 利用宽度和高度的引用值实现自加和自减

函数 rwidth ()和 rheight ()既可以获取当前的坐标值，也能自己更新坐标值，这两个函数的声明如下：

```
int &rwidth()
int &rheight()
```

比如：

```
QSize size(100, 10);
size.rheight() += 5;     // size 变为 (100,15)
size.rwidth() += 20;     // size 变为 (120,15)
```

11.4.6 缩放矩形尺寸

QSize 类根据指定的模式可以将对象的大小缩放为具有给定宽度和高度的矩形尺寸。该功能是通过函数 scale()来完成的，这个函数的原型声明如下：

```
void scale(int width,int height,Qt::AspectRatioMode mode);
```

其中，参数 width 和 height 是缩放后的宽度和高度；mode 是缩放的模式。如果 mode 是 Qt::IgnoreAspectRatio，则将大小设置为（width，height）；如果 mode 是 Qt::KeepAspectRatio，则当前大小将缩放为内部（宽度，高度）尽可能大的矩形，从而保留纵横比；如果 mode 为 Qt::KeepAspectRatioByExpanding，则将当前大小缩放为外部（宽度，高度）尽可能小的矩形，保留纵横比。

比如：

```
QSize t1(10, 12);
t1.scale(60, 60, Qt::IgnoreAspectRatio);                  // t1是(60, 60)
QSize t2(10, 12);
t2.scale(60, 60, Qt::KeepAspectRatio);                    // t2是(50, 60)
QSize t3(10, 12);
t3.scale(60, 60, Qt::KeepAspectRatioByExpanding);        // t3是(60, 72)
```

该函数还有一种形式：

```
void scale(const QSize& size,Qt::AspectRatioMode mode);
```

11.4.7 利用重载运算符计算矩形尺寸

（1）“+”运算符

```
QSize &QSize::operator+=(const QSize &size)
```

比如：

```
QSize s( 3, 7);
QSize r(-1, 4);
s += r;     // s 变为 (2,11)
```

（2）“-”运算符

```
QSize &QSize::operator-=(const QSize &size)
```

比如：

```
QSize s( 3, 7);
QSize r(-1, 4);
s -= r; // s 变为(4,3)
```

（3）“/”运算符

```
QSize &QSize::operator/=(qreal divisor)
```

按比例进行扩大或缩放，即宽、高都除以 divisor，结果为四舍五入后的整数，返回这个值的引用。

（4）“*”运算符

```
QSize &QSize::operator*=(qreal factor)
```

按比例进行扩大或缩小，即宽、高都乘以 factor，结果为四舍五入后的整数，返回这个值的引用。

11.5 颜　色

颜色是图形的一个重要属性。在 Qt 中，用 QColor 类来封装颜色的功能。QColor 类提供了基于 RGB、HSV 或 CMYK 值的颜色。颜色通常用 RGB（红色、绿色和蓝色）组件来指定，也可以用 HSV（色相、饱和度和值）和 CMYK（青色、品红、黄色和黑色）组件来指定。此外，还可以使用颜色名称来指定颜色。颜色名称可以是 SVG 1.0 的任何颜色名称。RGB、HSV 和 CMYK 可用图 11-2 来表示。

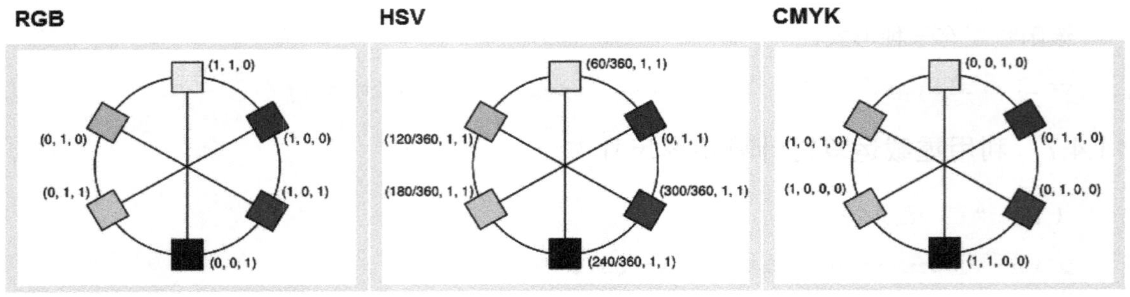

图 11-2

QColor 类的构造函数基于 RGB 值来创建颜色。要基于 HSV 或 CMYK 值创建 QColor，可以分别调用 toHsv()和 toCmyk()函数。这些函数使用所需的格式返回颜色的副本。此外，静态函数 fromRgb()、fromHsv()和 fromCmyk()用指定的值创建颜色。也可以调用函数 convertTo()以所需格式返回颜色的副本，或者调用更改颜色格式的 setRgb()、setHsv()和 setCmyk()函数将颜色转换为 3 种格式中的任何一种。

可以通过将 RGB 字符串（如“#112233”）、ARGB 字符串（如“#ff112233”）或颜色名称（如“blue”）传递给 setNamedColor()函数来设置颜色。颜色名称取自 SVG 1.0 颜色名称。颜色也可以调用 setRgb()、setHsv()和 setCmyk()函数来设置。要获得较浅或较深的颜色，可调用 lighter()和 darker()函数。

Qt 提供了与“设备无关”的颜色接口，开发者使用颜色时无须和显卡硬件打交道，只需要遵从 QColor 类定义的颜色接口即可。现在的显卡都支持真彩色，用 24 位表示一个像素的颜色，其中红绿蓝三原色各占 8 位，这 24 位存储在一个 32 位的整数中，高 8 位置零。红绿蓝（RGB）是三原色，意思就是这 3 种颜色按照不同比例的混合可以获得不同的颜色，位数越多，能表示的颜色越多，24 位可以表示出 2^{24}=16777216 种颜色。

成员函数 isValid()可以判断一个给定的颜色是否有效，例如：一个 RGB 颜色超过了 RGB 组件规定的颜色范围就被视为无效。出于对性能的考虑，QColor 通常会忽略一个无效的颜色值，因此 isValid()函数的返回值有时是未定义的。

11.5.1 构造颜色

QColor 类有多种构造函数，常用的有以下 5 种。

（1）QColor(int r, int g, int b, int a = ...)：传入 r、g、b 三个分量来创建一个颜色对象。其中最后一个参数 a 表示 alpha-channel（alpha 通道，表示颜色透明度的意思）。比如我们创建一个蓝色的颜色值：

```
QColor c(0,0,255);  //蓝色
```

（2）QColor(QRgb color)：用 QRgb 对象作为参数来创建一个 QColor 对象。QRgb 是一个重定义的 Qt 类型，等同于 unsigned int。它的格式如#AARRGGBB，其中 AA 是 alpha 通道值，表示颜色的透明度。可以通过函数 qRgb()来返回 QRgb 值，该函数不是 QColor 的成员函数，这个函数的原型声明如下：

```
QRgb qRgb(int r, int g, int b);
```

三个参数分别是 r、g、b 三个分量。这说明已知 r、g、b 三个分量，可以转换为一个 QRgb 值。

（3）QColor(const QString &name)：用字符串 name 来创建一个 QColor 对象。功能类似的函数有 setNamedColor()。

（4）QColor(const char *name)：用字符串 name 来创建一个 QColor 对象。

（5）QColor(const QColor &color)：用一个 QColor 对象来创建另外一个 QColor 对象。

11.5.2 获取和设置 RGB 分量

可以用成员函数 getRgb()来获取 r、g、b 三个分量，该函数的原型声明如下：

```
void QColor::getRgb(int *r, int *g, int *b, int *a = nullptr)
```

其中，参数 r、g、b 为输出参数，分别用于获得 r、g、b 三个分量；最后一个参数 a 用于获得 alpha 通道值。

除了该函数外，要单独获取某个分量值，还可以调用 red()、green()、blue() 和 alpha()这 4 个成员函数。

如果要设置 r、g、b 三个分量，可以调用成员函数 setRgb()，该函数的原型声明如下：

```
void QColor::setRgb(int r, int g, int b, int a = 255)
```

其中，参数 r、g 和 b 分别为要设置的 r、g、b 三个分量；a 为要设置的 alpha 通道值，默认是 255。

11.5.3 QColor、QString 和 QRgb 互转

（1）QColor 转 QRgb：利用函数 qRgb()。比如：

```
    QColor c(255,0,255);
    QRgb mRgb = qRgb(c.red(),c.green(),c.blue());
```

（2）QRgb 转 QColor：利用构造函数 QColor(QRgb color)。比如：

```
QColor mColor = QColor(mRgb);
```

（3）QRgb 转 QString：由于 QRgb 就是一个 unsigned int 类型，因此相当于把 unsigned int 转为 QString。这对于 QString 而言简直是小菜一碟。比如：

```
QString mRgbStr = QString::number(mRgb,16);  //转为十六进制形式的字符串
```

（4）QString 转为 QColor：假设现在已经存在 QRgb 对应的 QString 字符串，可以先将 QString 字符串转为 QRgb 值，再利用构造函数 QColor(QRgb color)。比如：

```
// mRgbStr 是一个 QRgb 值的 QString 字符串
QColor color2(mRgbStr.toUInt(NULL,16));
```

【例 11.6】 QColor、QString 和 QRgb 互转

（1）启动 Qt Creator 4.8，新建一个 widget 项目，项目名为 test。

（2）双击 widget.ui 打开界面设计器，在 widget 上放置一个按钮，并为按钮的 clicked 信号添加槽函数，代码如下：

```
void Widget::on_pushButton_clicked()
{
    QColor c(255,0,255);
    //QColor >> QRgb(uint)
    QRgb mRgb = qRgb(c.red(),c.green(),c.blue());
    //QRgb(uint) >> QColor;
    QColor mColor = QColor(mRgb);
    //QRgb(uint) >> QString;
    QString mRgbStr = QString::number(mRgb,16);
    //QString >> unint >> QColor
    QColor color2(mRgbStr.toUInt(NULL,16));
    qDebug() << mRgb << mColor.red()<<mColor.green()<<mColor.blue() <<
mRgbStr;
}
```

（3）按 Ctrl+R 快捷键来运行这个项目，运行结果如下：

```
4294902015 255 0 255 "ffff00ff"
```

第一个输出 4294902015 转为十六进制是 ffff00ff，其中第一个字节的 ff 是 alpha 通道值。在最后一个输出的 ffff00ff 中，第一个字节 ff 是 alpha 通道值，默认是 255。

11.6 画笔类 QPen

Qt 中画笔的功能用 QPen 类来封装。QPen 类定义了 QPainter 类应该怎样画线或者轮廓线。一个 QPen 类的属性总共有 5 种：线的样式，线的粗细，线的颜色，线的端点样式，线与线之

间的连接方式。其实与线有关的绝大多数函数都是围绕这 5 个属性来使用的。

11.6.1 画笔的属性

1. 线的样式

枚举类型 Qt::PenStyle 定义了线的样式（线型）。Qt::PenStyle 的枚举值如表 11-2 所示。

表 11-2　Qt::PenStyle 的枚举值

枚　举	数　值	说　明
Qt::NoPen	0	根本就没有线
Qt::SolidLine	1	一条简单的线，默认值
Qt::DashLine	2	由一些像素分隔的短线
Qt::DotLine	3	由一些像素分隔的点
Qt::DashDotLine	4	轮流交替的点和短线
Qt::DashDotDotLine	5	一个短线，两个点，一个短线，两个点
Qt::CustomDashLine	6	自定义样式

画笔样式的示例图如图 11-3 所示。

设置画笔样式的成员函数是 setStyle()，该函数的原型声明如下：

```
void QPen::setStyle(Qt::PenStyle style)
```

其中，参数 style 表示要设置的画笔样式，取值范围为 Qt::PenStyle 枚举中的 6 个枚举值，比如 Qt::SolidLine。

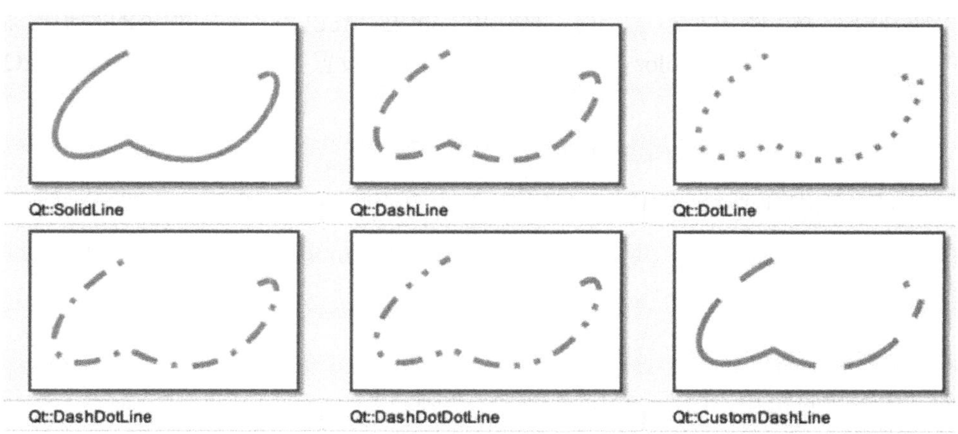

图 11-3

为笔设置 DashDotLine 样式，代码如下：

```
QPen pen;  // creates a default pen
pen.setStyle(Qt::DashDotLine);
```

另外，还可以用函数 setDashOffset()和 setDashPattern()设置自定义的线条样式，比如：

```
QPen pen;
QVector<qreal> dashes;
qreal space = 4;
dashes << 1 << space << 3 << space << 9 << space<< 27 << space << 9 << space;
pen.setDashPattern(dashes);
```

2. 线的粗细

这个属性好理解，就像自动铅笔一样，粗细规格有 0.5、0.7，画出来的线的粗细是不同的。粗细也可以称为宽度。用于设置笔宽度的成员函数是 setWidth()，该函数的原型声明如下：

```
void  setWidth(int width)
```

其中，参数 width 是要设置的宽度，单位是像素。

如果要获取笔的当前宽度，可以调用成员函数 width()，该函数的原型声明如下：

```
int  width() const
```

该函数直接返回笔的宽度，单位是像素。

另外，Qt 为了增加笔宽的精度，还提供了一对浮点数版本的函数：

```
void  setWidthF(qreal width)
qreal  widthF() const
```

设置的线的宽度和返回的宽度都是实数类型（qreal）。

3. 线的颜色

这个属性好理解，就像水彩笔一样，有红色、绿色、蓝色等，不同颜色的笔画出来的线具有不同的颜色。颜色可以用 QColor 类的对象来表示。用于设置笔颜色的成员函数是 setColor()，该函数的原型声明如下：

```
void setColor(const QColor &color)
```

其中，参数 color 是要设置的颜色。

如果要获取笔的当前宽度，可以调用成员函数 color()，该函数的原型声明如下：

```
QColor color() const
```

该函数直接返回笔的颜色。

另外，也可以直接用 QColor 对象来构造一个画笔：

```
QPen(const QColor &color)
```

4. 线的端点（末端）样式

线的端点样式（Cap Style）定义了线的端点是如何绘制的，包括直角顶点、圆角顶点和平顶点，默认值为 FlatCap。顶点格式对于零宽度的 Pen 无效。在 Windows 95 和 Windows 98 上，Cap Style 无效。直角顶点在宽线上才会呈现出来。

Qt::PenCapStyle 定义了 3 种端点样式，如图 11-4 所示。这 3 个枚举值的定义如表 11-3 所示。

图 11-4

表 11-3 Qt::PenCapStyle 的 3 个枚举值

枚 举 值	数 值	说 明
Qt::FlatCap	0x00	平顶点，不覆盖线条端点的正方形线条端点
Qt::SquareCap	0x10	直角顶点，覆盖端点并超出其一半宽度的正方形线端点
Qt::RoundCap	0x20	圆顶点

关于线的端点，对于非零宽度的线来说，它完全取决于 Cap Style。对于零宽度的线来说，QPainter 将尽量保证绘制出线的端点，但是这不是绝对的，取决于绘制引擎的类型。在笔者测试过的测试系统中，所有非对角线的端点都绘制出来了。

5. 线与线之间的连接方式

线与线之间的连接样式（Join Style）用于定义两条相交线的连接点是如何绘制的，默认格式为斜角连接（MiterJoin）。线与线的连接样式同样对零宽度的线无效。枚举 Qt::PenJoinStyle 定义了斜角连接、倒角连接、圆角连接三种，如图 11-5 所示。这 3 个枚举值的定义如表 11-4 所示。

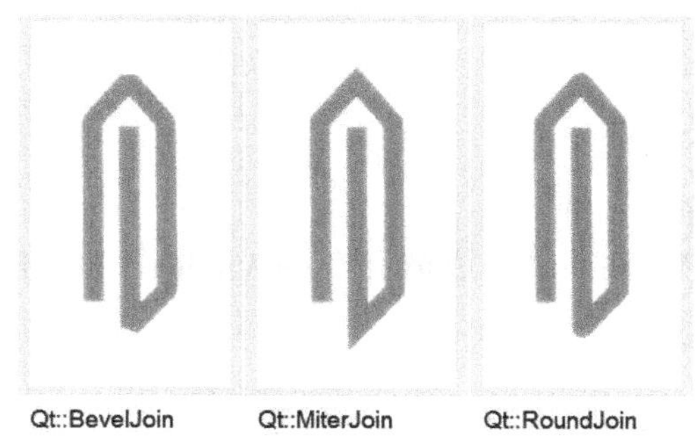

图 11-5

表 11-4 Qt::PenJoinStyle 的枚举值

枚 举 值	数 值	说 明
Qt::MiterJoin	0x00	线的外缘延伸成一定角度，并填充此区域
Qt::BevelJoin	0x40	两条线之间的三角形缺口被填满
Qt::RoundCap	0x80	两条线之间被圆弧填充

11.6.2 构造一支画笔

QPen 类提供了以下 5 种构造函数。

（1）QPen()：不带参数，创建一支黑色的、SolidLine 样式、宽度为 1 像素的画笔。

（2）QPen(Qt::PenStyle style)：用样式 style 来创建一支黑色的、宽度为 1 像素的画笔。

（3）QPen(const QColor &color)：用颜色 color 来创建一支 SolidLine 样式、宽度为 1 像素的画笔。

（4）QPen(const QBrush &brush, qreal width, Qt::PenStyle style = Qt::SolidLine, Qt::PenCapStyle cap = Qt::SquareCap, Qt::PenJoinStyle join = Qt::BevelJoin)：用指定的画刷、宽度、风格、端点样式和连接样式来创建一支画笔。

（5）QPen(const QPen &pen)：用已有的画笔来创建另外一支画笔。

11.6.3 获取或设置画笔颜色

可以调用成员函数 color()来获取画笔的颜色，该函数的原型声明如下：

```
QColor color() const
```

返回 QColor 对象。

如果要设置画笔的颜色，可以调用成员函数 setColor()，该函数的原型声明如下：

```
void setColor(const QColor &color)
```

其中，参数 color 是要设置的颜色。

11.6.4 获取或设置画笔宽度

可以调用成员函数 width()来获取画笔的颜色，该函数的原型声明如下：

```
int width() const
```

返回画笔的宽度，即笔的粗细。

如果要设置画笔的宽度，可以调用成员函数 setWidth()，该函数的原型声明如下：

```
void setWidth(int width)
```

其中，参数 width 是要设置的宽度。

上面是整数版本的函数，还有实数版本的函数：

```
qreal QPen::widthF() const
void QPen::setWidthF(qreal width)
```

11.6.5 获取或设置画笔线型样式

可以调用成员函数 style()来获取画笔线型样式，该函数的原型声明如下：

```
Qt::PenStyle QPen::style() const
```

返回画笔的样式。

如果要设置画笔的样式，可以调用成员函数 setStyle()，该函数的原型声明如下：

```
void QPen::setStyle(Qt::PenStyle style)
```

其中，参数 style 是要设置的画笔线型样式。

11.7　画　　刷

画刷通常用来填充图形的背景，就像油漆工的刷子一样，除了刷单色外还能刷图片。在 Qt 中，画刷用 QBrush 类来实现。QBrush 类的构造函数有好几种，常用的形式如下：

```
QBrush ( Qt::BrushStyle style )
```

其中，Qt::BrushStyle 是一个枚举，定义了不同的画刷样式；style 用于定义填充模式，通过枚举类型 Qt::BrushStyle 来实现。填充模式包括基本填充、渐变填充和纹理填充模式。枚举 Qt::BrushStyle 的定义如表 11-5 所示。

表 11-5　Qt::BrushStyle 的枚举值

常　　量	值	说　　明
Qt::NoBrush	0	无画笔图案
Qt::SolidPattern	1	统一颜色
Qt::Dense1Pattern	2	极密刷纹
Qt::Dense2Pattern	3	非常密集的刷纹图案
Qt::Dense3Pattern	4	稍密的刷纹图案
Qt::Dense4Pattern	5	半密刷纹
Qt::Dense5Pattern	6	有点稀疏的刷纹图案
Qt::Dense6Pattern	7	非常稀疏的刷纹图案
Qt::Dense7Pattern	8	极稀疏的刷纹图案
Qt::HorPattern	9	水平线
Qt::VerPattern	10	垂直线
Qt::CrossPattern	11	跨越水平线和垂直线
Qt::BDiagPattern	12	后向对角线
Qt::FDiagPattern	13	前向对角线
Qt::DiagCrossPattern	14	交叉对角线
Qt::LinearGradientPattern	15	线性渐变（使用专用 QBrush 构造函数来设置）
Qt::ConicalGradientPattern	17	锥形渐变（使用专用 QBrush 构造函数来设置）
Qt::RadialGradientPattern	16	径向渐变（使用专用 QBrush 构造函数来设置）
Qt::TexturePattern	24	自定义图案

图 11-6 是不同填充模式的效果。

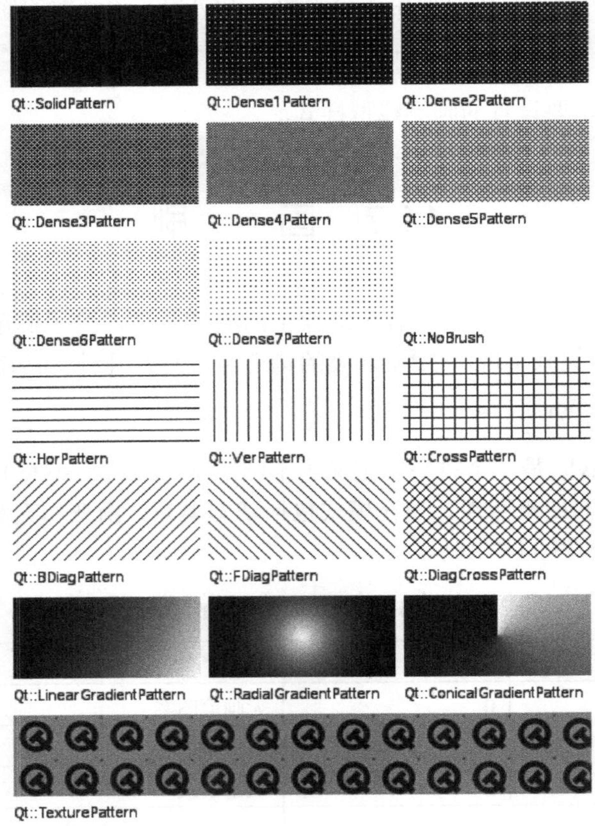

图 11-6

还有一种常用的构造函数形式，具体如下：

```
QBrush(const QColor &color, Qt::BrushStyle style = Qt::SolidPattern)
```

其中，参数 color 定义画刷的颜色；参数 style 定义画刷的样式。

下面的代码创建了一个蓝色画刷：

```
QBrush brush(QColor(0, 0, 255), Qt::Dense4Pattern);    //创建画刷
```

使用画刷时，还得调用 QPainter:: setBrush()进行设置，比如：

```
QPainter painter(this);
QBrush brush(QColor(0, 0, 255), Qt::Dense4Pattern);    //创建画刷
painter.setBrush(brush);                               //使用画刷
painter.drawEllipse(220, 20, 50, 50);                  //绘制椭圆，并用画刷填充
```

画刷除了刷背景色外，还可以把磁盘上的图片刷到图形中。这要用到 QBrush 类的另一种构造函数：

```
QBrush(const QPixmap &pixmap)
```

其中，pixmap 为从磁盘加载的图片。比如：

```
void Widget::paintEvent(QPaintEvent *event)
{
    QPainter painter;
    painter.begin(this);

    QPixmap pixmap("F:\\MyCode\\brush\\resources\\qtblog.png");
    int w = pixmap.width();
    int h = pixmap.height();
    pixmap.scaled(w, h, Qt::IgnoreAspectRatio, Qt::SmoothTransformation);

    QBrush brush(pixmap);    //设置画刷为 pixmap 文件，也就是用 pixmap 图形填充矩形
    painter.setBrush(brush);
    painter.drawRect(0, 0, w, h);
    painter.end();
}
```

11.8　画图类 QPainter

QPaintDevice、QPaintEngine 和 QPainter 类是 Qt 绘制系统的 3 个核心类：QPainter 类用于进行绘制的实际操作；QPaintEngine 类是继承自 QPainterDevice 的类；QPaintDevice 类是能够在其中进行绘制的类，也就是说，QPainter 类可以在任何 QPaintDevice 的子类上进行绘制。

很多绘制图形（比如画圆、画矩形）和绘制文本的功能都是由 QPainter 类的成员函数提供的。下面的代码演示了利用 QPainter 类绘制文本的功能。

```
void SimpleExampleWidget::paintEvent(QPaintEvent *)
{
    QPainter painter(this);     //定义 QPainter 对象
    painter.setPen(Qt::blue); //设置蓝色的笔
    painter.setFont(QFont("Arial", 30)); //设置字体
    painter.drawText(rect(), Qt::AlignCenter, "Qt"); //绘制文本
}
```

11.8.1　画直线

用于画直线的成员函数是 drawLine()。它的原型有好几种形式，常用的是：

```
void drawLine(int x1, int y1, int x2, int y2)
```

其中，x1 和 y1 是起始点的横纵坐标，x2 和 y2 是终点的横纵坐标。

另外，还有一种常用的形式：

```
void drawLine(const QPoint &p1, const QPoint &p2)
```

其中，p1 是起始点的坐标，p2 是终点的坐标。

11.8.2 画矩形

用于画矩形的成员函数是 drawRect()。它的原型有好几种形式，常用的是：

```
void drawRect(int x, int y, int width, int height)
```

其中，x 和 y 是要画矩形的左上角顶点的横坐标和纵坐标值；width 是矩形的宽度，height 是矩形的高度。

另外，还有一种常用的形式：

```
void drawRect(const QRect &rectangle)
```

其中，参数 rectangle 是要画矩形的矩形坐标对象。

11.8.3 画椭圆和圆

其实圆是椭圆的一种特殊形式。用于画椭圆和圆的成员函数是 drawEllipse()，它的原型有好几种形式，常用的是：

```
void QPainter::drawEllipse(const QRect &rectangle)
```

其中，参数 rectangle 是要画椭圆的矩形边界对应的坐标。

另外，还有一种常用的形式：

```
void QPainter::drawEllipse(int x, int y, int width, int height)
```

其中，参数 x 和 y 是要画椭圆的圆点（中心点）的横坐标和纵坐标值；width 和 height 是椭圆的长轴和短轴的值。其实也就是 3 个参数：圆心，水平方向半径，垂直方向半径。当 width 和 height 相同时，所画的椭圆就是一个圆。

11.8.4 绘制文本

用于绘制文本的成员函数是 drawText()。它的原型有好几种形式，常用的是：

```
void drawText(const QPoint &position, const QString &text)
```

其中，position 是要画文本字符串的左上角的顶点坐标；text 是要绘制的文本字符串。

另外，还有一种常用的形式：

```
void QPainter::drawText(int x, int y, const QString &text)
```

其中，参数 x 和 y 是要绘制文本字符串的左上角顶点的横坐标和纵坐标值；text 是要绘制文本字符串。

【例 11.7】 利用 QPainter 画直线、矩形和圆

（1）启动 Qt Creator 4.8，新建一个 MainWindow 项目，项目名为 test。

（2）在 Qt Creator 中打开 mainwindow.h，添加 paintEvent()函数的声明：

```
protected:
    void paintEvent(QPaintEvent *event);//重绘事件处理函数的声明
```

（3）在 Qt Creator 中打开 mainwindow.cpp，添加 paintEvent()函数的定义：

```
void MainWindow::paintEvent(QPaintEvent *)
{
    QPainter p(this);//创建画家对象，指定当前窗口为绘图设备
    //画直线
    #if 1  //如果#if 0，则用默认画笔画图形
    //自定义画笔用以绘制轮廓线
    QPen pen;
    pen.setWidth(5);                //设置线宽
    //pen.setColor(Qt::red);        //设置颜色
    pen.setColor( QColor(14, 9, 234) );//rgb 设置颜色
    pen.setStyle(Qt::DashLine);              //设置风格
    //把画笔交给画家
    p.setPen(pen);
    #endif
    p.drawLine(0,0,50,50);          //起点和终点坐标
    //画矩形
    p.drawRect(50,50,150,150);
    //画圆
    p.drawEllipse(QPoint(50,50),50,25);//参数：圆心，水平方向半径，垂直方向半径
    //画文本
    p.drawText(QPoint(100,30),"hello world");
}
```

在窗口重绘（状态改变）的时候，paintEvent()函数被调用。其中，坐标(0,0)是在工具栏的上方。

在文件开头添加包含头文件的指令：

```
#include <QPainter.h>
```

（4）按 Ctrl+R 快捷键来运行这个项目，运行结果如图 11-7 所示。

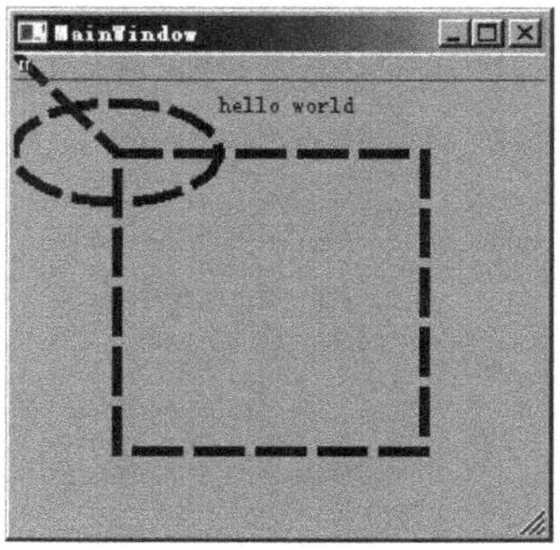

图 11-7

【例 11.8】 用画刷填充椭圆

（1）启动 Qt Creator 4.8，新建一个 MainWindow 项目，项目名为 test。

（2）在 Qt Creator 中打开 mainwindow.h，添加 paintEvent()函数的声明：

```
protected:
    void paintEvent(QPaintEvent *event);          //重绘事件处理函数的声明
```

（3）在 Qt Creator 中打开 mainwindow.cpp，添加 paintEvent()函数的定义：

```
void MainWindow::paintEvent(QPaintEvent *)
{
    QPainter painter(this);
    QBrush brush(QColor(0, 0, 255), Qt::Dense4Pattern);      //创建画刷
    painter.setBrush(brush);                                //使用画刷
    painter.drawEllipse(20, 20, 70, 50);                    //绘制椭圆，并用画刷填充
}
```

在文件开头添加包含头文件的指令：

```
#include <QPainter.h>
```

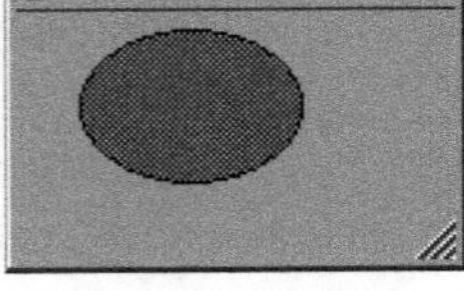

图 11-8

（4）按 Ctrl+R 快捷键来运行这个项目，运行结果如图 11-8 所示。

【例 11.9】 把磁盘上的图片用画刷进行填充

（1）启动 Qt Creator 4.8，新建一个 MainWindow 项目，项目名为 test。

（2）把项目目录下的 cc.jpg 放到 D 盘下。在 Qt Creator 中打开 mainwindow.h，并添加 paintEvent()函数的声明：

```
protected:
    void paintEvent(QPaintEvent *event);    //重绘事件处理函数的声明
```

（3）在 Qt Creator 中打开 mainwindow.cpp，在构造函数 MainWindow()的末尾添加如下代码：

```
ui->mainToolBar->hide();  //用于隐藏默认的工具栏
```

然后，在该程序文件中添加 paintEvent()函数的定义：

```
void MainWindow::paintEvent(QPaintEvent *event)
{
    QPainter painter;
    painter.begin(this);
    QPixmap pixmap("d:\\cc.jpg");
    int w = pixmap.width();
    int h = pixmap.height();
    pixmap.scaled(w, h, Qt::IgnoreAspectRatio, Qt::SmoothTransformation);
    QBrush brush(pixmap); //把 pixmap 文件设置为画刷，也就是用 pixmap 图形填充矩形
    painter.setBrush(brush);
    painter.drawRect(0, 0, w, h);
    painter.end();
}
```

我们利用 QPixmap 类加载了 D 盘上的图片文件 cc.jpg，然后加载到画刷中，在画矩形的

时候图片内容就填充到矩形中去了。因为是从窗口(0,0)位置开始画的，所以隐藏了工具栏，否则会画到工具栏上。

在文件开头添加包含头文件的指令：

```
#include <QPainter.h>
```

（4）在 Qt Creator 中打开 mainwindow.h，添加 paintEvent()函数的声明：

```
protected:
    void paintEvent(QPaintEvent *event);//重绘事件处理函数的声明
```

（5）按 Ctrl+R 快捷键运行项目，运行结果如图 11-9 所示。

图 11-9

第 12 章
Qt多线程编程

在这个多核时代，如何充分利用每个 CPU 内核是一个绕不开的话题，从需要为成千上万的用户同时提供服务的服务端应用程序到需要同时打开十几个页面，每个页面都有几十个上百个链接的 Web 浏览器应用程序，从保持着几 TB（万亿字节）甚至几 PB（千万亿字节）数据的数据库系统到手机上一个有良好用户响应能力的 App，为了充分利用每个 CPU 内核，都会想到是否可以使用多线程技术。这里所说的“充分利用”包含两个层面的意思，一个是使用到所有的内核，另一个是内核不空闲，不让某个内核长时间处于空闲状态。在 C++ 98 时代，C++ 标准并没有包含多线程的支持，人们只能直接调用操作系统提供的 SDK API 来编写多线程的程序，不同的操作系统提供的 SDK API 以及线程控制能力不尽相同。到了 C++ 11，终于在标准之中加入了正式的多线程支持，从而可以使用标准形式的类来创建与执行线程，也使得我们可以使用标准形式的锁、原子操作、线程本地存储（TLS）等来进行复杂的各种模式的多线程编程。C++ 11 还提供了一些高级概念，比如 promise/future、packaged_task、async 等，以简化某些模式的多线程编程。Qt 自带的多线程功能早已横跨 Windows 和 Linux 等多平台，强势压制了 Windows 下语言的多线程、Linux POSIX 多线程以及 C++ 11/14/17 多线程。

多线程可以让应用程序拥有更加出色的性能，与此同时如果没有用好，多线程又是比较容易出错且难以查找到错误所在，甚至可以让人们觉得自己陷进了泥潭。作为一名 C/C++/Qt 程序员，掌握好多线程开发技术是学习的重中之重。

12.1 使用多线程的好处

多线程编程技术作为现代软件开发的流行技术，恰当正确地使用它将会带来巨大的优势。

（1）让软件拥有灵敏的响应

在单线程软件中，同时存在多个任务时，比如读写文件、更新用户界面、网络连接、打印文档等，按照先后次序执行，即先完成前面的任务再执行后面的任务，如果某个任务执行的时间较长，比如读写一个大文件，那么用户界面无法及时更新，软件没有任何响应，看起来像死机一样，用户体验很不好。怎么解决这个问题呢？人们提出了多线程编程技术。在采用多线程编程技术的程序中，多个任务由不同的线程去执行，不同线程各自占用一段 CPU 时间，即使线程任务还没完成，也会让出 CPU 时间给其他线程去执行。这样在用户角度看起来好像几个任务是同时进行的，至少界面上能得到及时更新，大大改善了用户对软件的体验，提高了软件的响应速度和友好度。

（2）充分利用多核处理器

随着多核处理器日益普及，单线程的程序愈发成为性能的瓶颈。比如计算机有 2 个 CPU 核，单线程软件同一时刻只能让一个线程在一个 CPU 核上运行，另外一个核就可能空闲在那里，无法发挥性能。如果软件设计了 2 个线程，则同一时刻可以让两个线程在不同的 CPU 核上同时运行，运行效率增加了一倍。

（3）更高效的通信

对于同一进程的线程来说，它们共享该进程的地址空间，可以访问相同的数据。通过数据共享方式使得线程之间的通信比进程之间的通信更高效和方便。

（4）开销比进程小

创建线程、线程切换等这些操作所带来的系统开销比进程的类似操作所需开销要小得多。由于线程共享进程资源，因此创建线程时不需要再为其分配内存空间等资源，创建时间也更短。比如在 Solaris2 操作系统上，创建进程的时间大约是创建线程的 30 倍。线程作为基本执行单元，当从同一个进程的某个线程切换到另一个线程时，需要载入的信息比进程之间切换要少，所以切换速度快，比如 Solaris2 操作系统中线程的切换比进程切换快大约 5 倍。

12.2 多线程编程的基本概念

12.2.1 操作系统和多线程

要在应用程序中实现多线程，就必须有操作系统的支持。Linux 32 位或 64 位操作系统对应用程序提供了多线程的支持，所以 Windows NT/2000/XP/7/8/10 是一个多线程操作系统。根据进程与线程的支持情况，可以把操作系统大致分为如下几类：

（1）单进程、单线程，MS-DOS 大致是这种操作系统。

（2）多进程、单线程，多数 UNIX（及类 UNIX 的 Linux）是这种操作系统。

（3）多进程、多线程，Win32（Windows NT/2000/XP/7/8/10 等）、Solaris 2.x 和 OS/2 都是这种操作系统。

（4）单进程、多线程，VxWorks 是这种操作系统。

具体到 Qt 的开发环境，它提供了一套线程类及其成员函数来管理线程，用户可以不必去花精力了解平台开发语言的多线程知识。

12.2.2 线程的基本概念

现代操作系统大多支持多线程，每个进程中至少有一个线程，即使没有使用多线程编程技术，进程也含有一个主线程，所以也可以说 CPU 中执行的是线程。线程是程序的最小执行单位，是操作系统分配 CPU 时间的最小实体。一个进程的执行说到底是从主线程开始的，如果需要可以在程序任何地方开辟新的线程，其他线程都由主线程创建。一个进程正在运行，也可以说是一个进程中的某个线程正在运行。一个进程的所有线程共享该进程的公共资源，比如虚拟地址空间、全局变量等。每个线程也可以拥有自己私有的资源，如堆栈、在堆栈中定义的静态变量和动态变量、CPU 寄存器的状态等。

线程总是在某个进程环境中创建的，并且会在这个进程内部销毁，正所谓“始于进程而终于进程”。线程和进程的关系是：线程是属于进程的，线程运行在进程空间内，同一进程所产生的线程共享同一个内存空间，当进程退出时该进程所产生的线程都会被强制退出并清除。线程可与属于同一进程的其他线程共享进程所拥有的全部资源，但是其本身基本上不拥有系统资源，只拥有一点在运行中必不可少的信息（如程序计数器、一组寄存器和线程栈，线程栈用于维护线程在执行代码时所需的所有函数参数和局部变量）。

相对于进程来说，线程所占用资源更少，比如创建进程，系统要为进程分配很大的私有空间，占用的资源较多；对多线程程序来说，由于多个线程共享一个进程地址空间，因此占用资源较少。此外，在进程之间切换时需要交换整个地址空间；而在线程之间切换时只是切换线程的上下文环境，因此效率更高。在操作系统中引入线程带来的主要好处是：

（1）在进程内创建、终止线程比创建、终止进程要快。

（2）同一个进程内的线程间切换比进程间的切换要快，尤其是用户级线程间的切换。

（3）每个进程都具有独立的地址空间，而该进程内的所有线程共享该地址空间，因此线程的出现可以解决父子进程模型中子进程必须复制父进程地址空间的问题。

（4）线程对解决客户/服务器模型非常有效。

虽然多线程给应用开发带来了不少好处，但并不是所有情况下都要去使用多线程，要具体问题具体分析，通常在下列情况下可以考虑使用多线程：

（1）应用程序中的各任务相对独立。

（2）某些任务耗时较多。

（3）各任务有不同的优先级。

（4）一些实时系统应用。

值得注意的是，一个进程中的所有线程共享父进程的变量，但同时每个线程都可以拥有自己的变量。

12.2.3 线程的状态

一个线程从创建到结束是一个生命周期，总是处于下面 4 个状态中的一个。

（1）就绪态

就绪态表示线程能够运行的条件已经满足，只是在等待处理器（处理器要根据调度策略把就绪态的线程调度到处理器中运行）。处于就绪态的原因可能是线程刚刚被创建（刚创建的线程不一定马上运行，一般先处于就绪态），或可能刚刚从阻塞状态中恢复，或可能被其他线程抢占而处于就绪态。

（2）运行态

运行态表示线程正在处理器中运行，正占用着处理器。

（3）阻塞态

由于在等待处理器之外的其他条件而无法运行的状态叫作阻塞态。这里的其他条件包括 I/O 操作、互斥锁的释放、条件变量的改变等。

（4）终止态

终止态就是线程的线程函数运行结束或被其他线程取消后所处的状态。处于终止态的线程虽然已经结束，但是其所占用的资源还没有被回收，而且可以被重新复活。我们不应该长时间让线程处于这种状态。线程处于终止态后应该及时进行资源回收，至于如何回收，在后续章节会进行讲解。

12.2.4　线程函数

线程函数就是线程创建后进入运行态要执行的函数。执行线程，说到底就是执行线程函数。这个函数是我们自定义的，然后在创建线程时把该函数名作为参数传入线程创建函数。

同理，中断线程的执行，就是中断线程函数的执行，以后恢复线程的时候就会从前面线程函数暂停的地方开始继续执行下面的代码。结束线程也就不再运行线程函数了。

线程函数可以是一个全局函数或类的静态函数，比如在 POSIX 线程库中，它通常这样声明：

```
void *ThreadProc (void *arg);
```

其中，参数 arg 指向要传给线程的数据，这个参数是在创建线程的时候作为参数传入线程创建函数中的。函数的返回值应该表示线程函数运行的结果：成功还是失败。注意，函数名 ThreadProc 是可以是自定义的，是用户自己先定义好再由系统来调用的函数。

在 Qt 中，线程函数是一个不能直接调用、需要实现的虚拟函数：

```
QThread::run();
```

我们通常需要自己继承 QThread，并实现 run()函数，然后由系统来调用。

12.2.5　线程标识

既然句柄是用来标识线程对象的，那么线程本身用什么来标识呢？在创建线程的时候，系统会为线程分配一个唯一的 ID 作为线程的标识，这个 ID 号从线程创建开始就存在，一直伴随着线程的结束才消失。线程结束后该 ID 就不存在了，不需要去显式清除。

通常线程创建成功后会返回一个线程 ID。

12.2.6　Qt 多线程编程的 3 种方式

在 Qt 开发环境中，通常用 3 种方式来开发多线程程序：第一种是利用大名鼎鼎的 POSIX 多线程库来开发多线程程序；第二种是利用 Qt 自带的线程类来开发多线程程序；第三种是利用 Qt 自身的线程类。这 3 种方式各有利弊。第一种方法比较传统，应用面更广。第二种方式比较新，完全基于 C++语言自身，应用广，但维护老项目时用不上（老项目很多都用的 POSIX 线程库）。第三种是 Qt 自己推出的方式，有局限性，开发出的代码只能在 Qt 程序中使用。为何 Qt 的 C++程序员也要熟悉 POSIX 多线程开发呢？这是因为 Qt 线程成熟之前，C++里面使用多线程一般都是利用 POSIX 的多线程 API，或者把 POSIX 多线程 API 封装成类，然后在公司内部供大家使用，所以一些老项目都是和 POSIX 多线程库相关的，这也使得我们必须熟悉它，因为很可能进入公司后会要求维护以前的程序代码。Qt 自带的线程类很可能在以后开发新的项目时会用到，尤其是和 Qt 界面相关的场合。至于 C++ 11 的线程类，更是重要，是语言级别的。

总之，技多不压身，我们将先后介绍这 3 种方式。

12.3 在 Qt 中使用 POSIX 多线程库

在用 POSIX 多线程 API 线程函数进行开发之前，我们首先要熟悉这些 API 函数。常见的与线程有关的基本 API 函数如表 12-1 所示。

表 12-1 与线程有关的基本 API 函数

API 函数	说 明
pthread_create	创建线程
pthread_exit	线程终止自身的执行
pthread_join	等待一个线程的结束
pthread_self	获取线程 ID
pthread_cancel	取消另一个线程
pthread_exit	在线程函数中调用，用于退出线程函数
pthread_kill	向线程发送一个信号

使用这些 API 函数，需要包含头文件 pthread.h，并且在编译的时候需要加上库 pthread（表示包含多线程库文件）。

12.3.1 线程的创建

在 POSIX API 中，创建线程的函数是 pthread_create()，该函数的原型声明如下：

```
int pthread_create(pthread_t *pid, const pthread_attr_t *attr,void
*(*start_routine)(void *),void *arg);
```

其中，参数 pid 是一个指针，指向创建成功后的线程 ID，pthread_t 其实就是 unsigned long int；attr 是指向线程属性结构 pthread_attr_t 的指针，如果为 NULL 则使用默认属性；start_routine 指向线程函数的地址，线程函数就是线程创建后要执行的函数；arg 指向传给线程函数的参数；如果成功，该函数返回 0 。

CreateThread()函数创建完子线程后，主线程会继续执行 CreateThread()函数后面的代码，可能会出现创建的子线程还没执行完主线程就结束了，比如控制台程序，主线程结束就意味着进程结束了。在这种情况下，我们需要让主线程等待，等待子线程全部运行结束后再继续执行主线程。还有一种情况，主线程为了统计各个子线程的工作结果而需要等待子线程结束完毕后再继续执行，此时主线程就要等待了。POSIX 提供了函数 pthread_join()来等待子线程结束，即子线程的线程函数执行完毕后函数 pthread_join()才会返回，因此 pthread_join()是一个阻塞函数。函数 pthread_join()会让主线程挂起（休眠，就是让出 CPU），直到子线程都退出，同时 pthread_join()能让子线程所占用的资源得到释放。子线程退出后，主线程会接收到系统的信号，从休眠中恢复。函数 pthread_join()声明如下：

```
int pthread_join(pthread_t pid, void **value_ptr);
```

其中，参数 pid 是所等待线程的 ID 号；value_ptr 通常可设为 NULL，如果不为 NULL，pthread_join()则会复制一份线程退出值到一个内存区域，并让*value_ptr 指向该内存区域，因此函数 pthread_join()还有一个重要功能，就是能获得子线程的返回值（这一点后面会看到）。如果该函数执行成功就返回 0，否则返回错误码。

下面来看几个简单的例子。虽然 POSIX 库是跨平台的，但在 Linux 下支持得更好，因此这里在 Ubuntu 18.04 下演示。

【例 12.1】　创建一个简单的线程，不传参数

（1）启动 Qt Creator 4.8.2，新建一个控制台项目，项目名为 test。

（2）打开 test.cpp，在 test.cpp 中输入如下代码：

```
#include <QCoreApplication>
#include <unistd.h> //for sleep

void *thfunc(void *arg) //线程函数
{
    printf("in thfunc\n");
   return (void *)0;
}



int main(int argc, char *argv[])
{
    QCoreApplication a(argc, argv);
    pthread_t tidp;
    int ret;

    ret = pthread_create(&tidp, NULL, thfunc, NULL); //创建线程
    if (ret)
    {
        printf("pthread_create failed:%d\n", ret);
```

```
        return -1;
    }

    sleep(1); //main 线程挂起1秒钟 ，为了让子线程有机会执行
    printf("in main:thread is created\n");

    return a.exec();
}
```

我们定义了一个全局函数 thfunc()作为线程函数，该线程函数并没有实现复杂的功能，只是打印了一行字符串。在主函数 main()中，通过库函数 pthread_create()创建了线程，一旦创建成功，就开始执行线程函数 thfunc()。另外， Qt Creator 非常智能，已经不需要在代码中手动添加 pthread 头文件和库了，就像一个内置线程库。

（3）按 Ctrl+R 快捷键来运行这个项目，运行结果如图 12-1 所示。

在这个例子中，首先创建一个线程，在线程函数中打印一行字符串后结束，而主线程在创建子线程后会等待一秒，这样不至于因为主线程的过早结束而导致进程结束，因为进程结束了子线程就没有机会执行了。如果没有等待函数 sleep()，则子线程的线程函数可能还没来得及执行主线程就结束了，这样会导致子线程的线程函数没有机会执行，这是因为主线程结束了，整个应用程序就退出了。

【例 12.2】 创建一个线程，并传入整数类型的参数

（1）启动 Qt Creator 4.8.2，新建一个控制台项目，项目名为 test。

（2）打开 test.cpp，在 test.cpp 中输入如下代码：

```
#include <QCoreApplication>

void *thfunc(void *arg)
{
    int *pn = (int*)(arg); //获取参数的地址
    int n = *pn;

    printf("in thfunc:n=%d\n", n);
    return (void *)0;
}

int main(int argc, char *argv[])
{
    QCoreApplication a(argc, argv);

    pthread_t tidp;
    int ret, n=110;

    ret = pthread_create(&tidp, NULL, thfunc, &n);//创建线程并传递 n 的地址
    if (ret)
    {
```

```
        printf("pthread_create failed:%d\n", ret);
        return -1;
    }

    pthread_join(tidp,NULL); //等待子线程结束
    printf("in main:thread is created\n");

    return a.exec();
}
```

（3）按 Ctrl+R 快捷键来运行这个项目，运行结果如图 12-2 所示。

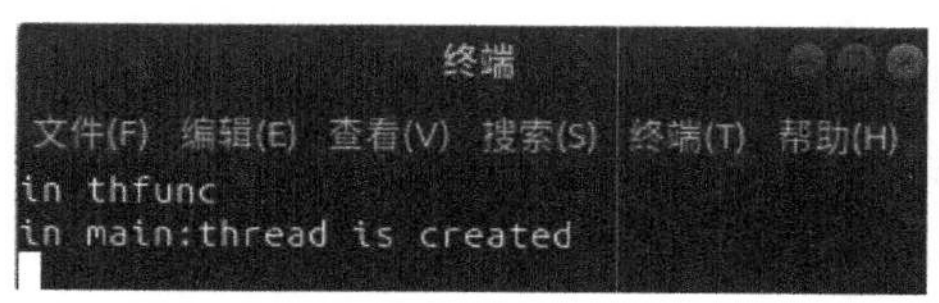

图 12-1

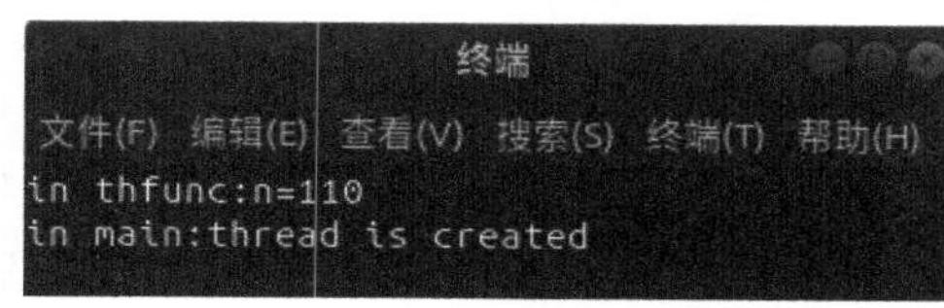

图 12-2

这个例子和上面的例子有两点不同：一是创建线程的时候，把一个整数类型变量的地址作为参数传给线程函数；另一个是等待子线程结束没有调用 sleep()函数，而是调用 pthread_join()。Sleep()只是等待一个固定的时间，有可能在这个固定的时间内子线程早已结束了，或者子线程运行的时间大于这个固定时间，因此用它来等待子线程结束并不精确；调用函数 pthread_join()则会一直等到子线程结束后才执行该函数后面的代码。我们可以注意到 pthread_join()函数的第一个参数是子线程的 ID。

【例 12.3】 创建一个线程，并传递字符串作为参数

（1）启动 Qt Creator 4.8.2，新建一个控制台项目，项目名为 test。

（2）打开 test.cpp，在 test.cpp 中输入如下代码：

```
#include <QCoreApplication>

void *thfunc(void *arg)
{
    char *str;
    str = (char *)arg; //得到传进来的字符串
    printf("in thfunc:str=%s\n", str); //打印字符串
    return (void *)0;
}


int main(int argc, char *argv[])
{
    QCoreApplication a(argc, argv);
    pthread_t tidp;
    int ret;
    const char *str = "hello world";
```

```
    ret = pthread_create(&tidp, NULL, thfunc, (void *)str);//创建线程并传递str
    if (ret)
    {
        printf("pthread_create failed:%d\n", ret);
        return -1;
    }
    pthread_join(tidp, NULL); //等待子线程结束
    printf("in main:thread is created\n");

    return a.exec();
}
```

（3）按 Ctrl+R 快捷键来运行这个项目，运行结果如图 12-3 所示。

【例 12.4】 创建一个线程，并传递结构体作为参数

（1）启动 Qt Creator 4.8.2，新建一个控制台项目，项目名为 test。

（2）打开 test.cpp，在 test.cpp 中输入如下代码：

```
#include <QCoreApplication>

typedef struct  //定义结构体的类型
{
    int n;
    char *str;
}MYSTRUCT;
void *thfunc(void *arg)
{
    MYSTRUCT *p = (MYSTRUCT*)arg;
    printf("in thfunc:n=%d,str=%s\n", p->n,p->str); //打印结构体的内容
    return (void *)0;
}

int main(int argc, char *argv[])
{
    QCoreApplication a(argc, argv);

    pthread_t tidp;
    int ret;
    MYSTRUCT mystruct; //定义结构体
    //初始化结构体
    mystruct.n = 110;
    mystruct.str = "hello world";

    //创建线程并传递结构体的地址
    ret = pthread_create(&tidp, NULL, thfunc, (void *)&mystruct);
```

```
    if (ret)
    {
        printf("pthread_create failed:%d\n", ret);
        return -1;
    }
    pthread_join(tidp, NULL);  //等待子线程结束
    printf("in main:thread is created\n");

    return a.exec();
}
```

（3）按 Ctrl+R 快捷键来运行这个项目，运行结果如图 12-4 所示。

图 12-3

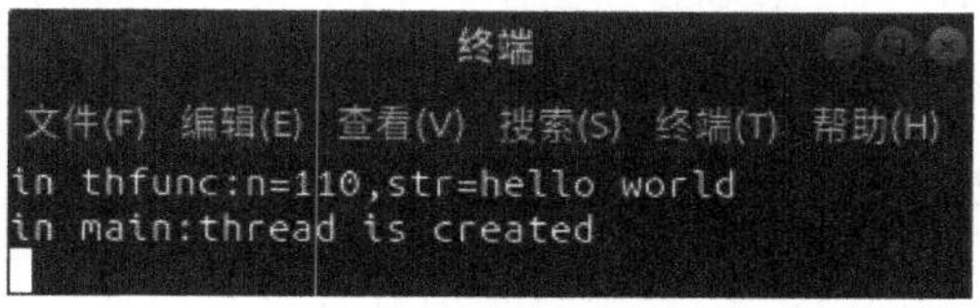

终端
文件(F) 编辑(E) 查看(V) 搜索(S) 终端(T) 帮助(H)
in thfunc:n=110,str=hello world
in main:thread is created

图 12-4

【例 12.5】 创建一个线程，共享进程数据

（1）启动 Qt Creator 4.8.2，新建一个控制台项目，项目名为 test。

（2）打开 test.cpp，在 test.cpp 中输入如下代码：

```
#include <pthread.h>
#include <stdio.h>

int gn = 10; //定义一个全局变量，将会在主线程和子线程中用到
void *thfunc(void *arg)
{
    gn++;    //递增1
    printf("in thfunc:gn=%d,\n", gn); //打印全局变量 gn 值
    return (void *)0;
}

int main(int argc, char *argv [])
{
    pthread_t tidp;
    int ret;

    ret = pthread_create(&tidp, NULL, thfunc, NULL);
    if (ret)
    {
        printf("pthread_create failed:%d\n", ret);
        return -1;
```

```
    }
    pthread_join(tidp, NULL);        //等待子线程结束
    gn++;   //子线程结束后，gn 再递增1
    printf("in main:gn=%d\n", gn); //再次打印全局变量 gn 值

    return 0;
}
```

（3）按 Ctrl+R 快捷键来运行这个项目，运行结果如图 12-5 所示。

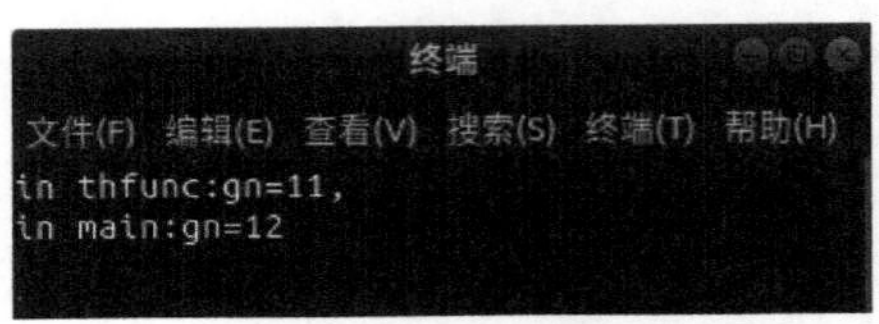

图 12-5

全局变量 gn 首先在子线程中递增 1，在子线程结束后再在主线程中递增 1。两个线程都对同一个全局变量进行了访问。

12.3.2 线程的属性

POSIX 标准规定线程具有多个属性，那么具体有哪些属性呢？线程的主要属性包括分离状态（Detached State）、调度策略和参数（Scheduling Policy and Parameters）、作用域（Scope）、堆栈尺寸（Stack Size）、堆栈地址（Stack Address）、优先级（Priority）等。Linux 为线程属性定义了一个联合体 pthread_attr_t，注意是联合体而不是结构体，定义的地方在/usr/include/bits/pthreadtypes.h 中，定义如下：

```
union pthread_attr_t
{
  char __size[__SIZEOF_PTHREAD_ATTR_T];
  long int __align;
};
```

从这个定义中可以看出，属性值都存放在数组__size 中，很不方便存取。别急，Linux 已经准备了一组专门用于存取属性值的函数，在后面具体讲解某个属性的时候会看到。获取线程的属性时，首先调用函数 pthread_getattr_np()来获取属性结构体的值，再调用相应的函数来具体获得某个属性值。函数 pthread_getattr_np()的原型声明如下：

```
int pthread_getattr_np(pthread_t thread, pthread_attr_t *attr);
```

其中，参数 thread 是线程 id，attr 返回线程属性结构体的内容。如果函数运行成功，就返回 0，否则返回错误码。注意，使用该函数需要定义宏_GNU_SOURCE，而且要在 pthread.h 前定义，例如：

```
#define _GNU_SOURCE          /* See feature_test_macros(7) */
#include <pthread.h>
```

并且，当函数 pthread_getattr_np()获得的属性结构体变量不再需要时，应该调用函数 pthread_attr_destroy()进行销毁。

我们前面调用 pthread_create()创建线程时，属性结构体指针参数用了 NULL，此时创建的

线程具有默认属性，即为非分离、大小为 1MB 的堆栈、与父进程同样级别的优先级。如果要创建非默认属性的线程，则可以在创建线程之前调用函数 pthread_attr_init()来初始化一个线程属性的结构体，再调用相应 API 函数来设置相应的属性，接着把属性结构体作为指针参数传入 pthread_create()函数。函数 pthread_attr_init()的原型声明如下：

```
int pthread_attr_init(pthread_attr_t *attr);
```

其中，参数 attr 为指向线程属性结构体的指针。如果函数执行成功就返回 0，否则返回一个错误码。

需要注意的一点是：调用函数 pthread_attr_init()初始化线程属性，线程运行完毕（传入 pthread_create）之后需要调用 pthread_attr_destroy()进行销毁，从而释放相关的资源。函数 pthread_attr_destroy()的原型声明如下：

```
int pthread_attr_destroy(pthread_attr_t *attr);
```

其中，参数 attr 为指向线程属性结构体的指针。如果函数运行成功就返回 0，否则返回一个错误码。

除了创建时指定属性外，我们也可以通过一些 API 函数来改变已经创建了线程的默认属性，后面讲具体属性的时候再详述。至此，线程属性的设置方法我们基本了解了，那获取线程属性的方法呢？答案是通过函数 pthread_getattr_np()，该函数可以获取某个正在运行的线程的属性，该函数的原型声明如下：

```
int pthread_getattr_np(pthread_t thread, pthread_attr_t *attr);
```

其中，参数 thread 是要获取属性的线程 ID，attr 用于返回得到的属性。如果函数执行成功就返回 0，否则为错误码。

下面我们通过例子来演示一下该函数的使用。

1. 分离状态

分离状态（Detached State）是线程很重要的一个属性。POSIX 线程的分离状态决定一个线程以什么样的方式来终止自己。要注意和前面线程的状态相区别，前面所说的线程的状态是不同操作系统上的线程都有的状态（线程当前活动状态的说明），而这里所说的分离状态是 POSIX 标准下的属性所特有的，用于表明该线程以何种方式终止自己。默认的分离状态是可连接的，即创建线程时如果使用默认属性，则分离状态属性就是可连接的，因此默认属性下创建的线程是可连接的线程。

POSIX 下的线程要么是分离的，要么是非分离的（也称可连接的，joinable）。前者用宏 PTHREAD_CREATE_DETACHED 表示，后者用宏 PTHREAD_CREATE_JOINABLEB 表示。默认情况下创建的线程是可连接的，一个可连接的线程可以被其他线程收回资源和杀死（或称撤销），并且不会主动释放资源（比如堆栈空间），必须等待其他线程来回收它占用的资源，因此我们要在主线程中调用 pthread_join()函数（阻塞函数，当它返回时所等待的线程的资源就被释放了）。再次强调，如果是可连接的线程，那么线程函数自己返回结束时或调用 pthread_exit()结束时都不会释放线程所占用的堆栈和线程描述符（总计 8KB 多），必须调用 pthread_join()

且返回后才会释放这些资源。这对于父进程长时间运行的进程来说会是灾难性的。因为父进程不退出并且没有调用 pthread_join()，则这些可连接线程的资源就一直不会释放，相当于变成僵尸线程，僵尸线程越来越多，再想创建新线程时将没有资源可用！如果不调用 pthread_join()，并且父进程先于可连接子线程退出，那会不会资源泄漏呢？答案是不会，如果父进程先于子线程退出，那么它将被 init 进程所收养，这时 init 进程就是它的父进程，将会调用 wait()系列函数为其回收资源。因此不会造成资源泄漏。重要的事情再说一遍，一个可连接的线程所占用的内存仅当有线程对其执行 pthread_join()后才会释放，因此为了避免内存泄漏，可连接的线程在终止时，要么已被设为 DETACHED（可分离），要么调用 pthread_join()函数来回收资源。另外，一个线程不能被多个线程等待，否则第一个接收到信号的线程成功返回，其余调用 pthread_join()的线程将得到错误代码 ESRCH。

了解了可连接的线程，再来看一下可分离的线程。这种线程运行结束时，它的资源将会立刻被系统回收。可以这样理解，这种线程是能独立（分离）出去的，可以自生自灭，父线程不用管它。将一个线程设置为可分离状态有两种方法：一种方法是调用函数 pthread_detach()，它可以将线程转换为可分离线程；另一种方法是在创建线程时就将它设置为可分离状态，基本过程是首先初始化一个线程属性的结构体变量（通过函数 pthread_attr_init()），然后将它设置为可分离状态（通过函数 pthread_attr_setdetachstate()），最后将该结构体变量的地址作为参数传入线程创建函数 pthread_create()，这样所创建出来的线程就直接处于可分离状态了。

函数 pthread_attr_setdetachstate()用来设置线程的分离状态属性，声明如下：

```
int pthread_attr_setdetachstate(pthread_attr_t * attr, int detachstate);
```

其中，参数 attr 是要设置的属性结构体；detachstate 是要设置的分离状态值，可以取值为 PTHREAD_CREATE_DETACHED 或 PTHREAD_CREATE_JOINABLE。如果函数执行成功就返回 0，否则返回非零错误码。

【例 12.6】 创建一个可分离线程

（1）启动 Qt Creator 4.8.2，新建一个控制台项目，项目名为 test。

（2）打开 test.cpp，在 test.cpp 中输入如下代码：

```
#include <QCoreApplication>
#include <unistd.h> //for sleep
#include <iostream>
using namespace std;

void *thfunc(void *arg)
{
    cout<<("sub thread is running\n");
    return NULL;
}

int main(int argc, char *argv[])
```

```
{
    QCoreApplication a(argc, argv);

    pthread_t thread_id;
    pthread_attr_t thread_attr;
    struct sched_param thread_param;
    size_t stack_size;
    int res;

    res = pthread_attr_init(&thread_attr);
    if (res)
        cout<<"pthread_attr_init failed:"<<res<<endl;

    res =
pthread_attr_setdetachstate( &thread_attr,PTHREAD_CREATE_DETACHED);
    if (res)
        cout<<"pthread_attr_setdetachstate failed:"<<res<<endl;

    res = pthread_create(   &thread_id,    &thread_attr, thfunc,
        NULL);
    if (res )
        cout<<"pthread_create failed:"<<res<<endl;
    cout<<"main thread will exit\n"<<endl;

    sleep(1);

    return a.exec();
}
```

（3）按 Ctrl+R 快捷键来运行这个项目，运行结果如图 12-6 所示。

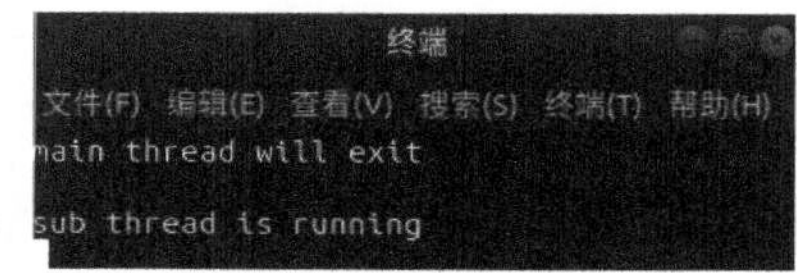

图 12-6

在上面的代码中，我们首先初始化了一个线程属性结构体，然后设置其分离状态为 PTHREAD_CREATE_DETACHED，并用这个属性结构体作为参数传入线程创建函数中。这样创建出来的线程就是可分离的线程。这意味着，该线程结束时，它所占用的任何资源都可以立刻被系统回收。在程序的最后让 main 线程挂起 1 秒，让子线程有机会执行。因为如果 main 线程很早就退出，则会导致整个进程很早退出，子线程就没有机会执行了。

如果子线程执行的时间长，那么 sleep()函数到底应该睡眠多少秒呢？有没有一种机制不用 sleep()函数，而让子线程完整执行完呢？答案是肯定的。对于可连接的线程，主线程可以调用 pthread_join()函数等待子线程结束。对于可分离线程，并没有这样的函数，但是可以先让主线程退出而进程不退出，一直等到子线程退出了才退出进程。也就是说，在主线程中调用函数 pthread_exit()，如果在 main 线程中调用了 pthread_exit()，那么此时终止的只是 main 线程，而进程的资源会为由 main 线程创建的其他线程保持打开的状态，直到其他线程都终止。值得注意的是，如果在非 main 线程（其他子线程）中调用 pthread_exit()，则不会有这样的效果，只会退出当前子线程。重新改写上例，不调用 sleep()，显得更专业一些。

【例 12.7】 创建一个可分离的线程，且 main 线程先退出

（1）启动 Qt Creator 4.8.2，新建一个控制台项目，项目名为 test。

（2）打开 test.cpp，在 test.cpp 中输入如下代码：

```
#include <iostream>
#include <pthread.h>

using namespace std;

void *thfunc(void *arg)
{
    cout<<("sub thread is running\n");
    return NULL;
}

int main(int argc, char *argv[])
{
    pthread_t thread_id;
    pthread_attr_t thread_attr;
    struct sched_param thread_param;
    size_t stack_size;
    int res;

    res = pthread_attr_init(&thread_attr);  //初始化线程结构体
    if (res)
        cout<<"pthread_attr_init failed:"<<res<<endl;

    res = pthread_attr_setdetachstate( &thread_attr,
PTHREAD_CREATE_DETACHED); //设置分离状态
    if (res)
        cout<<"pthread_attr_setdetachstate failed:"<<res<<endl;

    //创建一个可分离的线程
    res = pthread_create(  &thread_id,    &thread_attr, thfunc,
        NULL);
    if (res )
        cout<<"pthread_create failed:"<<res<<endl;
    cout<<"main thread will exit\n"<<endl;

    pthread_exit(NULL);  //主线程退出，但进程不会此刻退出，下面的语句不会再执行
     //此句不会执行
```

```
    cout << "main thread has  exited,this line will not run\n" << endl;
    return 0;
}
```

（3）按 Ctrl+R 快捷键来运行项目，运行结果如图 12-7 所示。

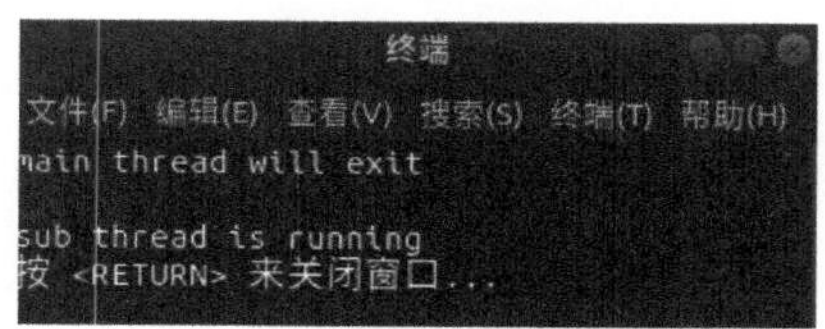

图 12-7

正如我们预料的那样，在 main 线程中调用了函数 pthread_exit()后将退出 main 线程，但进程并不会在此刻退出，而是等到子线程结束后才退出。因为是分离的线程，所以它结束的时候所占用的资源会立刻被系统回收。如果是一个可连接的（joinable）线程，则必须在创建它的线程中调用 pthread_join()函数来等待可连接线程的结束并释放该线程占用的资源。因此，在上面的代码中如果创建的是可连接的线程，则 main()函数不能调用 pthread_exit()函数先退出。在此，我们再总结一下可连接的线程和可分离的线程的重要区别：在任何一个时间点上，线程是可连接的（Joinable），或者是分离的（Detached）。一个可连接的线程在自己退出或 pthread_exit()时都不会释放线程所占用堆栈和线程描述符（总计 8KB 多），需要通过其他线程调用 pthread_join()之后才释放这些资源；一个分离的线程是不能被其他线程回收或杀死的，所占的资源在它终止时由系统自动释放。

除了直接创建可分离的线程外，还能把一个可连接的线程转换为可分离的线程。这样做有一个好处，就是把线程的分离状态转为可分离后，它就可以自己退出或调用 pthread_exit()函数后由系统回收资源。转换方法是调用函数 pthread_detach()。该函数可以把一个可连接的线程转变为一个可分离的线程，这个函数的原型声明如下：

```
int pthread_detach(pthread_t thread);
```

其中，参数 thread 是要设置为分离状态的线程 ID。如果函数调用成功就返回 0，否则返回一个错误码（比如返回 EINVAL，表示目标线程不是一个可连接的线程；或者返回 ESRCH，表示该 ID 的线程没有找到）。需要注意的是，如果一个线程已经被其他线程连接了，则 pthread_detach()函数不会产生作用，并且该线程继续处于可连接的状态。同时，一个线程成功地进行了 pthread_detach 后，再想要去连接时一定会失败。

下面我们来看一个例子。首先创建一个可连接的线程，然后获取其分离状态，把它转换为可分离的线程，再获取其分离状态的属性。获取分离状态的函数是 pthread_attr_getdetachstate()，该函数的原型声明如下：

```
int pthread_attr_getdetachstate(pthread_attr_t *attr, int *detachstate);
```

其中，参数 attr 为属性结构体指针，detachstate 用于返回分离状态。如果函数调用成功就返回 0，否则返回错误码。

【例 12.8】 获取线程的分离状态属性

（1）启动 Qt Creator 4.8.2，新建一个控制台项目，项目名为 test。

（2）打开 test.cpp，在 test.cpp 中输入如下代码：

```
#include <QCoreApplication>

#include <stdio.h>
#include <stdlib.h>
#include <unistd.h>
#include <errno.h>

//输出自定义的错误信息
#define handle_error_en(en, msg) do { errno = en; perror(msg);
exit(EXIT_FAILURE); } while (0)

static void * thread_start(void *arg)
{
    int i,s;
    pthread_attr_t gattr;  //定义线程属性结构体
    //获取当前线程属性结构值，该函数前面讲过了
    s = pthread_getattr_np(pthread_self(), &gattr);
    if (s != 0)
        handle_error_en(s, "pthread_getattr_np");  //打印错误信息
    printf("Thread's detachstate attributes:\n");
    //从属性结构值中获取分离状态的属性
    s = pthread_attr_getdetachstate(&gattr, &i);
    if (s)
        handle_error_en(s, "pthread_attr_getdetachstate");
    printf("Detach state        = %s\n",  //打印当前分离状态的属性
        (i == PTHREAD_CREATE_DETACHED) ? "PTHREAD_CREATE_DETACHED" :
        (i == PTHREAD_CREATE_JOINABLE) ? "PTHREAD_CREATE_JOINABLE" :
        "???");

    pthread_attr_destroy(&gattr);
}


int main(int argc, char *argv[])
{
    QCoreApplication a(argc, argv);
    pthread_t thr;
    int s;
    s = pthread_create(&thr, NULL, &thread_start, NULL);  //创建线程
    if (s != 0)
    {
        handle_error_en(s, "pthread_create");
         return 0;
     }
```

```
    pthread_join(thr, NULL); //等待子线程结束

    return a.exec();
}
```

（3）按 Ctrl+R 快捷键来运行这个项目，运行结果如图 12-8 所示。

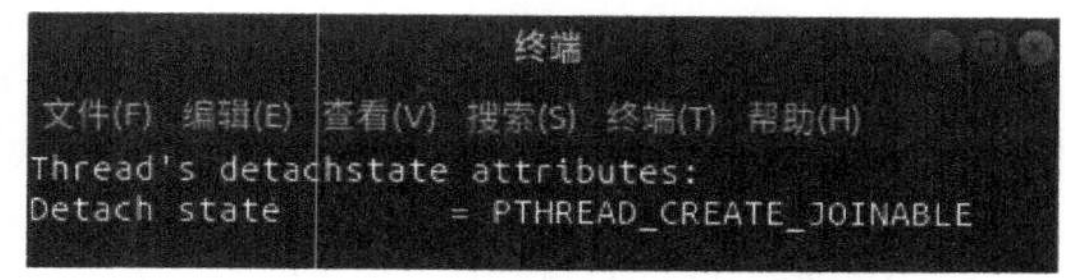

图 12-8

从运行结果可见，默认创建的线程就是一个可连接的线程，即其分离状态的属性是可连接的。下面我们再看一个例子，把一个可连接的线程转换成可分离的线程，并查看其前后的分离状态属性。

【例 12.9】　把可连接的线程转为可分离的线程

（1）启动 Qt Creator 4.8.2，新建一个控制台项目，项目名为 test。

（2）打开 test.cpp，在 test.cpp 中输入如下代码：

```
#include <QCoreApplication>
#include <stdio.h>
#include <stdlib.h>
#include <unistd.h>
#include <errno.h>

static void * thread_start(void *arg)
{
    int i,s;
    pthread_attr_t gattr;

    s = pthread_getattr_np(pthread_self(), &gattr);
    if (s != 0)
        printf("pthread_getattr_np failed\n");

    s = pthread_attr_getdetachstate(&gattr, &i);
    if (s)
        printf(  "pthread_attr_getdetachstate failed");
    printf("Detach state        = %s\n",
        (i == PTHREAD_CREATE_DETACHED) ? "PTHREAD_CREATE_DETACHED" :
        (i == PTHREAD_CREATE_JOINABLE) ? "PTHREAD_CREATE_JOINABLE" :
        "???");

    pthread_detach(pthread_self()); //把线程转换为可分离的线程

    s = pthread_getattr_np(pthread_self(), &gattr);
    if (s != 0)
        printf("pthread_getattr_np failed\n");
    s = pthread_attr_getdetachstate(&gattr, &i);
    if (s)
        printf(" pthread_attr_getdetachstate failed");
```

```
    printf("after pthread_detach,\nDetach state        = %s\n",
        (i == PTHREAD_CREATE_DETACHED) ? "PTHREAD_CREATE_DETACHED" :
        (i == PTHREAD_CREATE_JOINABLE) ? "PTHREAD_CREATE_JOINABLE" :
        "???");

     pthread_attr_destroy(&gattr);  //销毁属性
}

int main(int argc, char *argv[])
{
    QCoreApplication a(argc, argv);
    pthread_t thread_id;
    int s;

    s = pthread_create(&thread_id, NULL, &thread_start, NULL);
    if (s != 0)
    {
        printf("pthread_create failed\n");
        return 0;
    }
    pthread_exit(NULL);//主线程退出，但进程并不马上结束

    return a.exec();
}
```

（3）按 Ctrl+R 快捷键来运行这个项目，运行结果如图 12-9 所示。

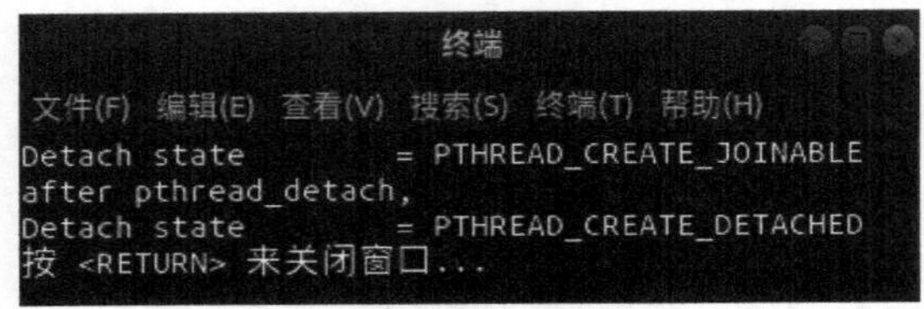

图 12-9

2. 堆栈尺寸

除了分离状态的属性外，线程的另外一个重要属性是堆栈尺寸。这对于我们在线程函数中开设堆栈上的内存空间非常重要。像局部变量、函数参数、返回地址等都存放在堆栈空间里，而动态分配的内存(比如用 malloc)或全局变量等都属于堆栈空间。我们学了堆栈尺寸属性后，要注意，在线程函数中开设局部变量（尤其是数组）不要超过默认堆栈空间的大小。获取线程堆栈尺寸属性的函数是 pthread_attr_getstacksize()，该函数的原型声明如下：

```
int pthread_attr_getstacksize(pthread_attr_t *attr, size_t *stacksize);
```

其中，参数 attr 指向属性结构体；stacksize 用于获得堆栈尺寸（单位是字节），指向 size_t 类型的变量。如果函数调用成功就返回 0，否则返回错误码。

【例 12.10】 获得线程默认的堆栈尺寸和最小尺寸

（1）启动 Qt Creator 4.8.2，新建一个控制台项目，项目名为 test。

（2）打开 test.cpp，在 test.cpp 中输入如下代码：

```
#include <QCoreApplication>
#include <stdio.h>
#include <stdlib.h>
#include <unistd.h>
#include <errno.h>
#include <limits.h>
static void * thread_start(void *arg)
{
    int i,res;
    size_t stack_size;
    pthread_attr_t gattr;
    res = pthread_getattr_np(pthread_self(), &gattr);
    if (res)
        printf("pthread_getattr_np failed\n");
    res = pthread_attr_getstacksize(&gattr, &stack_size);
    if (res)
        printf("pthread_getattr_np failed\n");
    printf("Default stack size is %u byte; \nminimum is %u byte\n", stack_size,
PTHREAD_STACK_MIN);
     pthread_attr_destroy(&gattr);
}

int main(int argc, char *argv[])
{
    QCoreApplication a(argc, argv);
    pthread_t thread_id;
    int s;
    s = pthread_create(&thread_id, NULL, &thread_start, NULL);
    if (s != 0)
    {
        printf("pthread_create failed\n");
        return 0;
    }
    pthread_join(thread_id, NULL); //等待子线程结束
    return a.exec();
}
```

（3）按 Ctrl+R 快捷键来运行这个项目，运行结果如图 12-10 所示。

图 12-10

3. 调度策略

线程的调度策略是线程的另一个重要属性。某个线程肯定有一种策略来调度。进程中有了多个线程后，就要管理这些线程如何去占用 CPU，这就是线程调度。线程调度通常由操作系统来安排，不同操作系统的调度方法（或称调度策略）不同，比如有的操作系统采用轮询法来调度。在理解线程调度之前，先要了解一下实时与非实时。实时就是指操作系统对一些中断等的响应时效性非常高。非实时正好相反。目前 VxWorks 属于实时操作系统，而 Windows 和 Linux 则属于非实时操作系统，也叫分时操作系统。响应实时的表现主要是抢占，抢占是通过优先级来控制的，优先级高的任务优先占用 CPU。

Linux 虽然是一个非实时操作系统，但是它的线程也有实时和分时之分，具体的调度策略可以分为 3 种：SCHED_OTHER（分时调度策略）、SCHED_FIFO（先来先服务调度策略）、SCHED_RR（实时的分时调度策略）。我们创建线程的时候可以指定其调度策略。默认的调度策略是 SCHED_OTHER。SCHED_FIFO 和 SCHED_RR 只用于实时线程。

（1）SCHED_OTHER

SCHED_OTHER 表示分时调度策略（也可称轮转策略），是一种非实时调度策略，系统会为每个线程分配一段运行时间，称为时间片。该调度策略不支持线程优先级，无论获取该调度策略下的最高、最低优先级都是 0。该调度策略有点像排队上买票，前面的人占用了位置，后一个人是轮不上的，而且也不能强行占用（不支持优先级，没有 VIP 特权之说）。

（2）SCHED_FIFO

SCHED_FIFO 表示先来先服务调度策略，是一种实时调度策略，支持优先级抢占，可以算是一种实时调度策略。在 SCHED_FIFO 策略下，CPU 按照创建线程的先后让一个先来的线程执行完再调度下一个线程。线程一旦占用 CPU 就会一直运行，直到有更高优先级的任务到达或原线程放弃。如果有和正在运行的线程具有同样优先级的线程就绪，则必须等待正在运行的线程主动放弃后才可以占用 CPU 投入运行。在 SCHED_FIFO 策略下，可设置的优先级范围是 1 到 99。

（3）SHCED_RR

SHCED_RR 表示时间片轮转（轮询）调度策略，但支持优先级抢占，因此也是一种实时调度策略。在 SHCED_RR 策略下，CPU 会分配给每个线程一个特定的时间片，当线程的时间片用完时，系统将重新分配时间片，并将线程置于实时线程就绪队列的尾部，这样即可保证所有具有相同优先级的线程能够被公平地调度。

下面我们来看一个例子，获取这 3 种调度策略下可设置的最低和最高优先级，主要调用的函数是 sched_get_priority_min()和 sched_get_priority_max()。这两个函数都在 sched.h 中声明，函数原型如下：

```
int sched_get_priority_min(int policy);
int sched_get_priority_max(int policy);
```

这两个函数获取实时线程可设置的最低和最高优先级值。其中，参数 policy 为调度策略，可以取值为 SCHED_FIFO、SCHED_RR 或 SCHED_OTHER。对于 SCHED_OTHER，由于是分时策略，因此返回 0；对于另外两个策略，返回的最低优先级是 1、最高优先级是 99。

【例 12.11】　获取线程在 3 种调度策略下可设置的最低和最高优先级

（1）启动 Qt Creator 4.8.2，新建一个控制台项目，项目名为 test。

（2）打开 test.cpp，在 test.cpp 中输入如下代码：

```
#include <QCoreApplication>
#include <unistd.h>
#include <sched.h>

int main(int argc, char *argv[])
{
  QCoreApplication a(argc, argv);
  printf("Valid priority range for SCHED_OTHER: %d - %d\n",
  sched_get_priority_min(SCHED_OTHER),  //获取 SCHED_OTHER 可设置的最低优先级
  sched_get_priority_max(SCHED_OTHER)); //获取 SCHED_OTHER 可设置的最高优先级
  printf("Valid priority range for SCHED_FIFO: %d - %d\n",
  sched_get_priority_min(SCHED_FIFO),  //获取 SCHED_ FIFO 可设置的最低优先级
  sched_get_priority_max(SCHED_FIFO)); //获取 SCHED_ FIFO 可设置的最高优先级
  printf("Valid priority range for SCHED_RR: %d - %d\n",
  sched_get_priority_min(SCHED_RR), //获取 SCHED_ RR 可设置的最低优先级
  sched_get_priority_max(SCHED_RR)); //获取 SCHED_ RR 可设置的最高优先级

  return a.exec();
}
```

（3）按 Ctrl+R 快捷键来运行这个项目，运行结果如图 12-11 所示。

图 12-11

对于 SCHED_FIFO 和 SHCED_RR 调度策略，由于支持优先级抢占，因此具有高优先级的可运行（就绪状态下的）线程总是先运行。如果出现一个更高优先级的线程就绪，那么正在运行的线程就可能在自己的 CPU 时间片未用完之前就被抢占了，甚至会在未开始其时间片前

就被抢占了，而要按照调度策略等待下一次被选择运行。当 Linux 系统进行线程切换的时候，将执行一个上下文转换的操作，所谓上下文转换就是保存正在运行线程的相关状态，加载另一个线程的状态，开始新线程的执行。

需要说明的是，虽然 Linux 支持实时调度策略（比如 SCHED_FIFO 和 SCHED_RR），但是它依旧属于非实时操作系统，这是因为实时操作系统对响应时间有非常严格的要求，而 Linux 作为一个通用操作系统达不到这一要求（通用操作系统要求能支持一些响应速度较差的硬件，从硬件角度就达不到实时要求）。此外，Linux 的线程优先级是动态的，也就是说即使高优先级线程还没有完成，低优先级的线程还是会得到一定的时间片。宇宙飞船常用的操作系统 VxWorks 就是一个 RTOS（Real-Time Operating System，实时操作系统）。

12.3.3　线程的结束

线程安全退出是编写多线程程序时的一个重要话题。在 Linux 下，线程的结束通常由以下原因所致：

（1）在线程函数中调用 pthread_exit()函数。

（2）线程所属的进程结束了，比如进程调用了 exit()。

（3）线程函数执行结束后（return）返回了。

（4）线程被同一进程中的其他线程通知结束或取消。

和 Windows 下的线程退出函数 ExitThread()不同，函数 pthread_exit()不会导致 C++对象被析构，所以可以放心使用。第二种方式最好不用，因为线程函数如果有 C++对象，则 C++对象不会被销毁。第三种方式推荐使用，线程函数执行到 return 后结束是最安全的方式，应该尽量将线程设计成这种形式，也就是在想让线程终止运行时，用 return 返回。最后一种方式通常用于其他线程要求目标线程结束运行的情况，比如目标线程中执行了一个耗时的复杂科学计算，但用户等不及了，想中途停止它，此时就可以向目标线程发送取消信号。其实，第一种和第三种方式属于线程自己主动终止；第二种和第四种方式属于被动结束，就是自己并不想结束，但外部线程希望自己终止。

一般情况下，进程中各个线程的运行是相互独立的，线程的终止并不会相互通知，也不会影响其他的线程。对于可连接的线程，它终止后所占用的资源并不会随着线程的终止而归还给系统，而是仍为线程的其他进程持有，可以调用 pthread_join()函数来同步并释放资源。

1. 线程主动结束

线程主动结束，一般就是在线程函数中使用 return 语句或调用 pthread_exit()函数。函数 pthread_exit()的原型声明如下：

```
void pthread_exit(void *retval);
```

其中，参数 retval 是线程退出时返回给主线程的值，线程函数的返回类型是 void*。值得注意的是，在 main 线程中调用“pthread_exit(NULL);”的时候将结束 main 线程，但进程并不会立即退出。

下面来看一个线程主动结束的例子。

【例 12.12】　线程终止并得到线程的退出码

（1）启动 Qt Creator 4.8.2，新建一个控制台项目，项目名为 test。

（2）打开 test.cpp，在 test.cpp 中输入如下代码：

```
#include <QCoreApplication>
#include <stdio.h>
#include <string.h>
#include <unistd.h>
#include <errno.h>

#define PTHREAD_NUM    2

void *thrfunc1(void *arg)   //第一个线程函数
{
    static int count = 1;   //这里需要是静态变量
    pthread_exit((void*)(&count));  //通过 pthread_exit 结束线程
}
void *thrfunc2(void *arg)
{
    static int count = 2;
    return (void *)(&count);  //线程函数返回
}

int main(int argc, char *argv[])
{
    QCoreApplication a(argc, argv);
    pthread_t pid[PTHREAD_NUM];  //定义两个线程 id
    int retPid;
    int *pRet1; //注意这里是指针
    int * pRet2;

    //创建第1个线程
    if ((retPid = pthread_create(&pid[0], NULL, thrfunc1, NULL)) != 0)
    {
        perror("create pid first failed");
        return -1;
    }
    //创建第2个线程
    if ((retPid = pthread_create(&pid[1], NULL, thrfunc2, NULL)) != 0)
    {
        perror("create pid second failed");
        return -1;
    }

    if (pid[0] != 0)
```

```
    {
        //注意 pthread_join()函数的第二个参数的用法
        pthread_join(pid[0], (void**)& pRet1);
        printf("get thread 0 exitcode: %d\n", * pRet1); //打印线程返回值
    }
    if (pid[1] != 0)
    {
        pthread_join(pid[1], (void**)& pRet2);
        printf("get thread 1 exitcode: %d\n", * pRet2); //打印线程返回值
    }

    return a.exec();
}
```

（3）按 Ctrl+R 快捷键来运行这个项目，运行结果如图 12-12 所示。

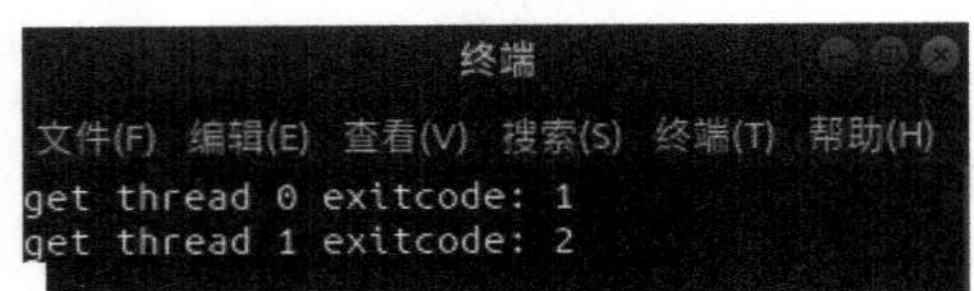

图 12-12

从这个例子可以看到，线程返回值有两种方式：一种是调用函数 pthread_exit()；另一种是直接用 return 返回。此外在这个例子中，用了不少强制转换。首先看函数 thrfunc1()中的最后一句“pthread_exit((void*)(&count));”。我们知道 pthread_exit()函数的参数类型为 void *，只能通过指针的形式，故把整数类型变量 count 转换为整数类型指针，即&count（为 int*类型），这时再与 void*匹配，需要进行强制转换，也就是代码中的“(void*)(&count);”。函数 thrfunc2()中的 return 返回值时，同样也需要进行强制类型转换，线程函数的返回类型是 void*，对于 count 这个整数类型的变量来说，必须转换为 void 型的指针类型（void*），因此要用(void*)((int*)&count)。

说完了返回值的情况，现在来说说接收。接收返回值的函数 pthread_join()有两个作用：其一是等待线程结束；其二是获取线程结束时的返回值。pthread_join()函数的第二个参数类型是 void**二级指针，所以我们把整型指针 pRet1 的地址（int**类型）赋给它，再显式地转换为 void**。

还要注意一点，返回整数值的时候使用了 static 关键字，这是因为必须确定返回值的地址是不变的。如果不用 static，那么对于 count 变量而言，从内存上来讲，属于在堆栈区开设的变量，在调用结束时它占用的内存空间必然是要释放掉的，这时就没有办法找到 count 所代表内容的地址空间了。这就是为什么很多人在看到 swap 交换函数的时候，为什么写成 swap(int,int)没办法进行的原因。所以，如果我们需要修改传过来的参数，就必须使用这个参数的地址，或者是一个变量本身具有不变的内存地址空间，否则要么变量值的修改失败，要么返回值是随机值。把返回值定义成静态变量的话，线程结束后其存储单元依然存在，在 main 线程中就可以通过指针引用到它的值并打印出来。不用静态变量，结果必将不同。还可以试着返回一个字符串，会比返回一个整数更能看出这种差别。

2. 线程被动结束

某个线程可能在执行一项耗时的计算任务，而用户没有耐心，希望结束该线程，此时线程要被动地结束。如何被动结束呢？一种方法是在同进程的另外一个线程中通过函数pthread_kill()发送信号给要结束的线程，目标线程收到信号后退出；另外一种方法是在同进程的其他线程中通过函数 pthread_cancel()来取消目标线程的执行。我们先来看看 pthread_kill()函数。向线程发送信号的函数是 pthread_kill()，注意它不是杀死（kill）线程，而是向线程发信号，因此线程之间交流信息可以用这个函数，需要注意的是，接收信号的线程必须先用sigaction()函数注册该信号的处理函数。函数 pthread_kill()的原型声明如下：

```
int pthread_kill(pthread_t threadId, int signal);
```

其中，参数 threadId 是接收信号的线程 ID；signal 是信号，通常是一个大于 0 的值，如果等于 0，就是用来探测线程是否存在。如果函数调用成功就返回 0，否则返回错误码，若为 ESRCH 则表示线程不存在；若为 EINVAL 则表示信号不合法。

向指定 ID 的线程发送 signal 信号，如果线程代码内不进行处理，则按照信号默认的行为影响整个进程，也就是说，如果给一个线程发送了 SIGQUIT，但线程没有实现 signal 的处理函数，则整个进程退出。所以，如果 int sig 的参数不是 0，那么一定要清楚到底要干什么，最好要实现线程的信号处理函数，否则就会影响整个进程。

【例 12.13】 向线程发送请求结束信号

（1）启动 Qt Creator 4.8.2，新建一个控制台项目，项目名为 test。

（2）打开 test.cpp，在 test.cpp 中输入如下代码：

```
#include <QCoreApplication>
#include <iostream>
#include <signal.h>
#include <unistd.h> //sleep
using namespace std;

static void on_signal_term(int sig) //信号处理函数
{
    cout << "sub thread will exit" << endl;
    pthread_exit(NULL);
}
void *thfunc(void *arg)
{
    signal(SIGQUIT, on_signal_term); //注册信号处理函数

    int tm = 50;
    while (true)     //死循环，模拟一个长时间计算任务
    {
        cout << "thrfunc--left:"<<tm<<" s--" <<endl;
        sleep(1);
```

```
        tm--;          //每过一秒，tm就减一
    }
    return (void *)0;
}

int main(int argc, char *argv[])
{
    QCoreApplication a(argc, argv);
    pthread_t    pid;
    int res;

    res = pthread_create(&pid, NULL, thfunc, NULL); //创建子线程
    sleep(5);  //让出CPU 5秒，让子线程执行
    //5秒结束后，开始向子线程发送SIGQUIT信号，通知其结束
    pthread_kill(pid, SIGQUIT);
    pthread_join(pid, NULL); //等待子线程结束
     cout << "sub thread has completed,main thread will exit\n";

    return a.exec();
}
```

（3）按 Ctrl+R 快捷键来运行这个项目，运行结果如图 12-13 所示。

```
终端
文件(F) 编辑(E) 查看(V) 搜索(S) 终端(T) 帮助(H)
thrfunc--left:49 s--
thrfunc--left:48 s--
thrfunc--left:47 s--
thrfunc--left:46 s--
sub thread will exit
sub thread has completed,main thread will exit
```

图 12-13

在执行子线程的时候，主线程等了 5 秒后开始向子进程发送信号 SIGQUIT。在子线程中已经注册了 SIGQUIT 的处理函数 on_signal_term()。如果没有注册信号 SIGQUIT 的处理函数，则将调用默认的处理程序来结束线程所属的进程。试着把“signal(SIGQUIT, on_signal_term);”注释掉，再运行一下，可以发现在子线程运行 5 秒之后整个进程结束了，“pthread_kill(pid, SIGQUIT);”后面的语句不会再执行。

既然说到了 pthread_kill()函数，顺便再讲一下它还有一种常见的应用，即判断线程是否存活，方法是发送信号 0（一个保留信号），然后根据返回值就可以知道目标线程是否还存活着。请看下例。

【例 12.14】 判断线程是否已经结束

（1）启动 Qt Creator 4.8.2，新建一个控制台项目，项目名为 test。

（2）打开 test.cpp，在 test.cpp 中输入如下代码：

```
#include <QCoreApplication>
#include <iostream>
#include <signal.h>
#include <unistd.h>     //sleep
#include "errno.h"      //for ESRCH
using namespace std;

void *thfunc(void *arg) //线程函数
{
    int tm = 50;
    while (tm>48)        //当 tm 递减到小于等于48时，循环退出
    {
        cout << "thrfunc--left:"<<tm<<" s--" <<endl;
        sleep(1);
        tm--;
    }
    return (void *)0;
}

int main(int argc, char *argv[])
{
    QCoreApplication a(argc, argv);
    pthread_t    pid;
    int res;

    res = pthread_create(&pid, NULL, thfunc, NULL); //创建线程
    sleep(5);
    int kill_rc = pthread_kill(pid, 0);  //发送信号0，探测线程是否存活
    //打印探测结果
    if (kill_rc == ESRCH)
        cout<<"the specified thread did not exists or already quit\n";
    else if (kill_rc == EINVAL)
        cout<<"signal is invalid\n";
    else
        cout<<"the specified thread is alive\n";

    return a.exec();
}
```

（3）按 Ctrl+R 快捷键来运行这个项目，运行结果如图 12-14 所示。

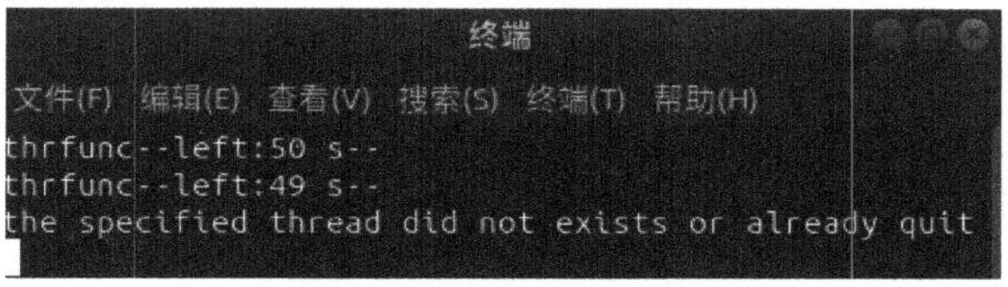

```
终端
文件(F) 编辑(E) 查看(V) 搜索(S) 终端(T) 帮助(H)
thrfunc--left:50 s--
thrfunc--left:49 s--
the specified thread did not exists or already quit
```

图 12-14

在上面的例子中，主线程休眠 5 秒后探测子线程是否存活，结果是活着的，因为子线程一直处于死循环状态。如果要让探测结果为子线程不存在，可以把死循环改为一个可以跳出循环的条件，比如 while(tm>48)。

除了通过函数 pthread_kill()发送信号来通知线程结束，我们还可以通过函数 pthread_cancel()来取消某个线程的执行。所谓取消某个线程的执行，是指发送取消请求，请求线程终止运行。注意，就算发送成功也不一定意味着线程就会停止运行。函数 pthread_cancel()的原型声明如下：

```
int pthread_cancel(pthread_t thread);
```

其中，参数 thread 表示要被取消线程（目标线程）的线程 ID。如果发送取消请求成功，则函数返回 0，否则返回错误码。发送取消请求成功并不意味着目标线程就立即停止运行了，即系统并不会马上关闭被取消线程，只有在被取消线程下次调用一些系统函数或 C 库函数（比如 printf）或者调用函数 pthread_testcancel()让内核去检测是否需要取消当前线程时，才会真正结束线程。这种在线程执行过程中检测是否有未响应取消信号的地方叫作取消点，常见的取消点有 printf、pthread_testcancel、read/write、sleep 等函数调用的地方。如果取消线程成功了，就将自动返回常数 PTHREAD_CANCELED（这个值是-1），可以通过 pthread_join()函数获得这个退出值。

函数 pthread_testcancel()让内核去检测是否需要取消当前线程，该函数的原型声明如下：

```
void pthread_testcancel(void);
```

可别小看了 pthread_testcancel()函数，它可以在线程处于死循环中时让系统（内核）有机会去检查是否有取消请求发送过来，如果不调用 pthread_testcancel()函数，则函数 pthread_cancel()取消不了目标线程。下面我们可以看两个例子：第一个例子不调用函数 pthread_testcancel()，无法取消目标线程；第二个例子调用函数 pthread_testcancel()，取消成功（取消成功的意思就是取消请求不但发送成功了，而且目标线程停止运行了）。

【例 12.15】 取消线程失败

（1）启动 Qt Creator 4.8.2，新建一个控制台项目，项目名为 test。

（2）打开 test.cpp，在 test.cpp 中输入如下代码：

```
#include <QCoreApplication>
#include<stdio.h>
#include<stdlib.h>
#include <unistd.h> //sleep
void *thfunc(void *arg)
{
    int i = 1;
    printf("thread start-------- \n");
    while (1)  //死循环
        i++;
```

```
    return (void *)0;
}

int main(int argc, char *argv[])
{
    QCoreApplication a(argc, argv);
    void *ret = NULL;
        int iret = 0;
        pthread_t tid;
        pthread_create(&tid, NULL, thfunc, NULL);  //创建线程
        sleep(1);

        pthread_cancel(tid); //发送取消线程的请求
        pthread_join(tid, &ret);           //等待线程结束
        if (ret == PTHREAD_CANCELED)       //判断是否成功取消线程
            //打印返回值，应该是-1
            printf("thread has stopped,and exit code: %d\n", ret);
        else
            printf("some error occured");

    return a.exec();
}
```

（3）按 Ctrl+R 快捷键来运行这个项目，运行结果如图 12-15 所示。

终端
文件(F) 编辑(E) 查看(V) 搜索(S) 终端(T) 帮助(H)
thread start--------

图 12-15

从运行结果可以看出，程序打印输出“thread start--------”后就没有反应了，只能通过按 Ctrl+C 快捷键来停止进程。这说明主线程中虽然发送取消请求了，但是并没有让子线程停止运行，因为如果停止运行，pthread_join()函数会返回，然后会打印其后面的语句。下面改进一下这个程序，在 while 循环中加一个函数 pthread_testcancel()。

【例 12.16】 取消线程成功

（1）启动 Qt Creator 4.8.2，新建一个控制台项目，项目名为 test。

（2）打开 test.cpp，在 test.cpp 中输入如下代码：

```
#include <QCoreApplication>
#include<stdio.h>
#include<stdlib.h>
#include <unistd.h> //sleep
void *thfunc(void *arg)
{
    int i = 1;
    printf("thread start-------- \n");
    while (1)
```

```
    {
        i++;
        pthread_testcancel();                              //让系统测试取消请求
    }
    return (void *)0;
}

int main(int argc, char *argv[])
{
    QCoreApplication a(argc, argv);
    void *ret = NULL;
    int iret = 0;
    pthread_t tid;
    pthread_create(&tid, NULL, thfunc, NULL);       //创建线程
    sleep(1);

    pthread_cancel(tid);                    //发送取消线程的请求
    pthread_join(tid, &ret);                //等待线程结束
    if (ret == PTHREAD_CANCELED)            //判断是否成功取消线程
        //打印返回值，应该是-1
        printf("thread has stopped,and exit code: %d\n", ret);
    else
        printf("some error occured");

    return a.exec();
}
```

（3）按 Ctrl+R 快捷键来运行这个项目，运行结果如图 12-16 所示。

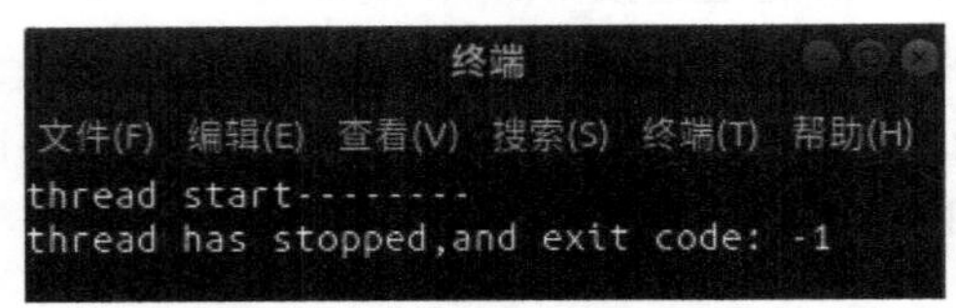

图 12-16

在这个例子中，取消线程成功了：目标线程停止运行，pthread_join()函数返回，并且得到的线程返回值是 PTHREAD_CANCELED。原因就在于我们在 while 死循环中添加了函数 pthread_testcancel()，让系统每次循环都去检查一下有没有取消请求到来。不调用 pthread_testcancel()函数的话，也可以在 while 循环中用 sleep()函数来代替，但是这样会影响 while 的速度。在实际开发中，应该根据具体项目来选择使用。

12.3.4　线程退出时的清理机会

前面讲了线程的结束，其中主动结束可以认为是线程正常终止，是可预见的；被动结束是其他线程要求其结束，是不可预见的，是一种异常终止。不论是可预见的线程终止还是异常终

止，都会存在资源释放的问题。在不考虑因运行出错而退出的情况下，如何保证线程终止时顺利地释放掉自己所占用的资源（特别是加锁资源）是一个必须要考虑解决的问题。最经常出现的情形是资源独占锁的使用：线程为了访问临界资源而为其加上锁，但在访问过程中线程被外界取消了，如果取消成功，则该临界资源将永远处于锁定状态而得不到释放。外界取消线程的操作是不可预见的，因此的确需要一个机制来简化用于资源释放的编程，也就是需要一个在线程退出时执行清理操作的机会。关于锁后面会讲到，这里只需要知道谁上了锁谁就要负责解锁即可，否则会引起程序死锁！我们来看一个场景，比如线程 1 执行一段代码：

```
void *thread1(void *arg)
{
    pthread_mutex_lock(&mutex);  //上锁
    //调用某个阻塞函数，比如套接字的 accept()，该函数等待客户连接
    sock = accept(......);
    pthread_mutex_unlock(&mutex);
}
```

在这个例子中，如果线程 1 执行 accept()函数时阻塞（也就是等在那里，有客户端连接的时候才返回，或者出现其他故障），线程 2 就会发现线程 1 等了很久，它想关掉线程 1，于是调用 pthread_cancel()函数或者类似函数，请求线程 1 立即退出。这时线程 1 仍然在 accept 等待中，当收到线程 2 的 cancel 信号后从 accept 中退出，然后终止线程。注意，这时线程 1 还没有执行解锁函数“pthread_mutex_unlock(&mutex);”，也就是说锁定的资源没有被释放，这样就会造成其他线程的死锁问题，也就是其他在等待这个锁定资源的线程将永远等不到。所以必须在线程接收到 cancel 信号后用一种方法来保证异常退出（也就是线程没到达终点）时可以执行清理操作（主要是解锁资源方面）。

POSIX 线程库提供了函数 pthread_cleanup_push()和 pthread_cleanup_pop()，用于让线程退出时执行一些清理操作。这两个函数采用先入后出的堆栈结构进行管理，前者用于把一个函数压入清理函数栈，后者用于弹出栈顶的清理函数，并根据参数来决定是否执行清理函数。多次调用函数 pthread_cleanup_push()将把当前在栈顶的清理函数往下压，弹出清理函数时在栈顶的清理函数将先被弹出。pthread_cleanup_push()函数的原型声明如下：

```
void pthread_cleanup_push(void (*routine)(void *), void *arg);
```

其中，参数 routine 是一个函数指针，arg 是该函数的参数。用 pthread_cleanup_push()压栈的清理函数在下面 3 种情况下会执行：

（1）线程主动结束时，比如 return 或调用 pthread_exit()函数。

（2）调用函数 pthread_cleanup_pop()，且它的参数为非 0 时。

（3）线程被其他线程取消时，也就是有其他线程对该线程调用了 pthread_cancel()函数。

函数 pthread_cleanup_pop()的原型声明如下：

```
void pthread_cleanup_pop(int execute);
```

其中，参数 execute 用来决定在弹出栈顶清理函数的同时是否执行清理函数，取 0 时表示

不执行清理函数，取非 0 时表示执行清理函数。需要注意的是，函数 pthread_cleanup_pop()与 pthread_cleanup_push()必须成对地出现在同一个函数中，否则就是语法错误。

了解了这两个函数后，可以把上面可能会引起死锁的线程 1 的代码改写一下：

```
void *thread1(void *arg)
{
    pthread_cleanup_push(clean_func,...)     //压栈一个清理函数 clean_func()
    pthread_mutex_lock(&mutex);              //上锁
    //调用某个阻塞函数，比如套接字的 accept()，该函数等待客户连接
    sock = accept(......);

    pthread_mutex_unlock(&mutex);            //解锁
    pthread_cleanup_pop(0);                  //弹出清理函数，但不执行，因为参数是0
    return NULL;
}
```

在上面的代码中，如果 accept 被其他线程取消后线程 1 退出，则会自动调用 clean_func()函数，在这个函数中释放锁资源。如果 accept 没有被取消，那么线程继续执行，当执行到“pthread_mutex_unlock(&mutex);”时，线程自己正确地释放资源，再执行到“pthread_cleanup_pop(0);”时把前面压栈的清理函数 clean_func()弹出栈，不执行（因为参数是 0）。现在的流程就安全了。

【例 12.17】 线程主动结束时候调用清理函数

（1）启动 Qt Creator 4.8.2，新建一个控制台项目，项目名为 test。

（2）打开 test.cpp，在 test.cpp 中输入如下代码：

```
#include <QCoreApplication>
#include <stdio.h>
#include <stdlib.h>
#include <pthread.h>
#include <string.h> //strerror

void mycleanfunc(void *arg) //清理函数
{
    printf("mycleanfunc:%d\n", *((int *)arg));      //打印传进来的不同参数
}
void *thfrunc1(void *arg)
{
    int m=1;
    printf("thfrunc1 comes \n");
    pthread_cleanup_push(mycleanfunc, &m);  //把清理函数压栈
    return (void *)0;          //退出线程
    pthread_cleanup_pop(0); //清理函数弹出栈，虽不会执行，但必须有，否则编译通不过
}
```

```
void *thfrunc2(void *arg)
{
    int m = 2;
    printf("thfrunc2 comes \n");
    pthread_cleanup_push(mycleanfunc, &m); //把清理函数压栈
    pthread_exit(0);          //退出线程
    pthread_cleanup_pop(0); //清理函数弹出栈，虽不会执行，但必须有，否则编译通不过
}
int main(int argc, char *argv[])
{
    QCoreApplication a(argc, argv);
    pthread_t pid1,pid2;
    int res;
    res = pthread_create(&pid1, NULL, thfrunc1, NULL); //创建线程1
    if (res)
    {
        printf("pthread_create failed: %d\n", strerror(res));
        exit(1);
    }
    pthread_join(pid1, NULL); //等待线程1结束

    res = pthread_create(&pid2, NULL, thfrunc2, NULL); //创建线程2
    if (res)
    {
        printf("pthread_create failed: %d\n", strerror(res));
        exit(1);
    }
    pthread_join(pid2, NULL); //等待线程2结束

    return a.exec();
}
```

（3）按 Ctrl+R 快捷键来运行这个项目，运行结果如图 12-17 所示。

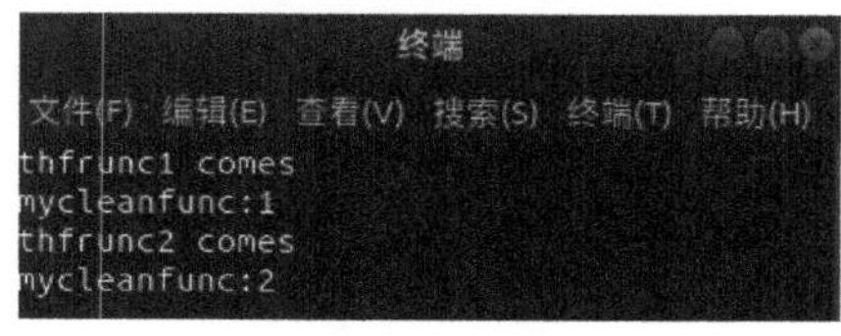

图 12-17

从例子中可以看出，无论是 return 还是 pthread_exit()函数都会调用清理函数的执行。值得注意的是，pthread_cleanup_pop()函数必须和 pthread_cleanup_push()函数成对出现在同一个函数中，否则编译通不过（可以把 pthread_cleanup_pop()函数调用语句注释掉后编译试试）。这个例子是让线程主动调用清理函数，下面是一个由 pthread_cleanup_pop()函数调用并执行清理函数的例子。

【例 12.18】 pthread_cleanup_pop()函数调用清理函数

（1）启动 Qt Creator 4.8.2，新建一个控制台项目，项目名为 test。

（2）打开 test.cpp，在 test.cpp 中输入如下代码：

```
#include <QCoreApplication>
#include <stdio.h>
#include <stdlib.h>
#include <string.h> //strerror

void mycleanfunc(void *arg) //清理函数
{
   printf("mycleanfunc:%d\n", *((int *)arg));
}
void *thfrunc1(void *arg)   //线程函数
{
   int m=1,n=2;
   printf("thfrunc1 comes \n");
   pthread_cleanup_push(mycleanfunc, &m); //把清理函数压栈
   pthread_cleanup_push(mycleanfunc, &n); //再压一个清理函数
   pthread_cleanup_pop(1); //出栈清理函数，并执行
   pthread_exit(0);         //退出线程
   pthread_cleanup_pop(0); //不会执行，仅仅为了成对
}
int main(int argc, char *argv[])
{
   QCoreApplication a(argc, argv);
   pthread_t pid1 ;
   int res;
   res = pthread_create(&pid1, NULL, thfrunc1, NULL); //创建线程
   if (res)
   {
      printf("pthread_create failed: %d\n", strerror(res));
      exit(1);
   }
   pthread_join(pid1, NULL);//等待线程结束

   printf("main over\n");

   return a.exec();
}
```

（3）按 Ctrl+R 快捷键来运行这个项目，运行结果如图 12-18 所示。

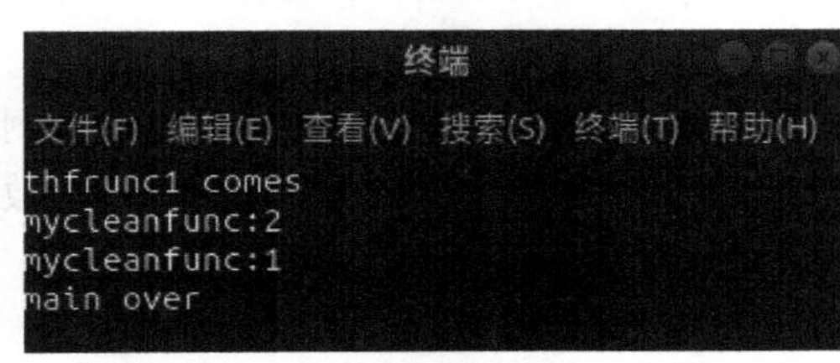

图 12-18

从这个例子中可以看出，我们连续压了两次清理函数入栈，第一次压栈的清理函数为栈底，第二次压栈的清理函数为栈顶，出栈的时候应该是第二次压栈的清理函数先执行，因此“pthread_cleanup_pop(1);”执行的是传 n 进去的清理函数，输出的整数值是 2。pthread_exit()退出线程时，引发执行的清理函数是传 m 进去的清理函数，输出的整数值是 1。下面再看一种情况，即线程被取消时引发清理函数的执行。

【例 12.19】 取消线程时引发清理函数的执行

（1）启动 Qt Creator 4.8.2，新建一个控制台项目，项目名为 test。

（2）打开 test.cpp，在 test.cpp 中输入如下代码：

```
#include <QCoreApplication>
#include<stdio.h>
#include<stdlib.h>
#include <unistd.h> //sleep

void mycleanfunc(void *arg) //清理函数
{
    printf("mycleanfunc:%d\n", *((int *)arg));
}

void *thfunc(void *arg)
{
    int i = 1;
    printf("thread start-------- \n");
    pthread_cleanup_push(mycleanfunc, &i); //把清理函数压栈
    while (1)
    {
        i++;
        printf("i=%d\n", i);
    }
    printf("this line will not run\n"); //这句不会调用
    pthread_cleanup_pop(0); //仅仅为了成对出现

    return (void *)0;
}
int main(int argc, char *argv[])
{
    QCoreApplication a(argc, argv);
    void *ret = NULL;
    int iret = 0;
    pthread_t tid;
    pthread_create(&tid, NULL, thfunc, NULL);  //创建线程
    sleep(1);  //等待一会，让子线程开始 while 循环

    pthread_cancel(tid);          //发送取消线程的请求
```

```
    pthread_join(tid, &ret);     //等待线程结束
    if (ret == PTHREAD_CANCELED) //判断是否成功取消线程
        //打印返回值，应该是-1
        printf("thread has stopped,and exit code: %d\n", ret);
    else
        printf("some error occured");

    return a.exec();
}
```

（3）按 Ctrl+R 快捷键来运行这个项目，运行结果如图 12-19 所示。

图 12-19

从这个例子可以看出，子线程在循环打印 i 的值，直到被取消，由于循环里有系统调用 printf，因此取消成功时，将会执行清理函数，在清理函数中打印的 i 值将是执行很多次 i++后的值，这是因为我们压栈清理函数的时候传给清理函数的是 i 的地址，而执行清理函数的时候 i 的值已经变了，因此打印的是最新的 i 值。

12.4　在 Qt 中使用 C++ 11 线程类

前面讲的线程利用的是 POSIX 线程库，这是传统 C/C++程序员使用线程的方式。在 C++ 11 中，提供了语言层面使用线程的方式。最令人兴奋的是，Qt 已经内置支持 C++ 11，比如新建一个控制台项目后，可以在项目配置文件（.pro）中看到下面这一句：

```
CONFIG += c++11 console
```

这说明 Qt 已经完全从内部支持 C++ 11。

C++ 11 新标准中引入了如下 5 个头文件来支持多线程编程。

- atomic：该头文件主要声明了两个类，即 std::atomic 和 std::atomic_flag，另外还声明了一套 C 语言风格的原子类型和与 C 语言兼容的原子操作函数。

- thread：该头文件主要声明了 std::thread 类，另外 std::this_thread 命名空间也在该头文件中。
- mutex：该头文件主要声明了与互斥量（mutex）相关的类，包括 std::mutex 系列类、std::lock_guard、std::unique_lock 以及其他的类型和函数。
- condition_variable：该头文件主要声明了与条件变量相关的类，包括 std::condition_variable 和 std::condition_variable_any。
- future：该头文件主要声明了 std::promise 和 std::package_task 这两个 Provider 类，以及 std::future 和 std::shared_future 这两个 Future 类，另外还有一些与之相关的类型和函数，比如 std::async 函数。

显然，std::thread 类是非常重要的类，它的常用成员函数如表 12-2 所示。

表 12-2　类 std::thread 的常用成员函数

成员函数	说明（public 访问方式）
thread	构造函数，有 4 种形式
get_id	获得线程 ID
joinable	判断线程对象是否可连接
join	等待线程结束，是阻塞函数
native_handle	用于获得与操作系统相关的原生线程句柄（需要本地库支持）
swap	线程交换
detach	分离线程

12.4.1　线程的创建

在 C++ 11 中，创建线程的方式是用 std::thread 类的构造函数，std::thread 类在 #include<thread> 头文件中声明，因此使用 std::thread 类时需要包含头文件 thread，即#include <thread>。std::thread 类的构造函数有 4 种形式：不带参数的默认构造函数、初始化构造函数、移动构造函数。

虽然 thread 类的初始化可以提供这么丰富和方便的形式，但是其实现的底层依然是创建一个 pthread 线程并运行，有些实现甚至是直接调用 pthread_create()来创建的。

1. 默认构造函数

默认构造函数是不带参数的，声明如下：

```
thread();
```

默认构造函数刚创建的 thread 对象，它的线程是不会马上运行的。

【例 12.20】　批量创建线程

（1）启动 Qt Creator 4.8.2，新建一个控制台项目，项目名为 test。

（2）打开 test.cpp，在 test.cpp 中输入如下代码：

```
#include <QCoreApplication>
#include <stdio.h>
#include <stdlib.h>
#include <chrono>      // std::chrono::seconds
#include <iostream>    // std::cout
#include <thread>      // std::thread, std::this_thread::sleep_for
using namespace std;
void thfunc(int n)     //线程函数
{
    std::cout << "thfunc:" << n  << endl;
}

int main(int argc, char *argv[])
{
    QCoreApplication a(argc, argv);
    std::thread threads[5]; //批量创建5个 thread 对象，但此时这些线程并不会执行
    std::cout << "create 5 threads...\n";
    for (int i = 0; i < 5; i++)
        threads[i] = std::thread(thfunc, i + 1); //这里开始执行线程函数 thfunc()

    for (auto& t : threads) //等待每个线程结束
        t.join();

    std::cout << "All threads joined.\n";

    return a.exec();
}
```

（3）按 Ctrl+R 快捷键来运行这个项目，运行结果如图 12-20 所示。

图 12-20

我们创建了 5 个线程对象，刚创建的时候并不会执行这些线程，然后将初始化构造函数（下面会讲到）的返回值赋给它们。创建的线程都是可连接的线程，所以要调用 join()函数来等待它们结束，这个函数下面也会讲到。执行这个程序多次，可以发现打印的次序并不都一样，这与 CPU 的调度有关。

2. 初始化构造函数

初始化构造函数是指是把线程函数的指针和线程函数的参数（如果有）都传入到线程类的构造函数中。这种形式最常用，由于传入了线程函数，因此定义线程对象的时候就会开始执行线程函数，如果线程函数需要参数。可以在构造函数中传入。初始化构造函数的形式如下：

```
template <class Fn, class... Args>
explicit thread (Fn&& fn, Args&&... args);
```

其中，fn 是线程函数指针；args 是可选的，是要传入线程函数的参数。创建好线程对象后，主线程会继续执行后面的代码，创建的子线程可能还没执行完主线程就结束了，比如控制台程序，主线程结束就意味着进程结束了。在这种情况下，我们需要让主线程等待，等待子线程全部运行结束后再继续执行主线程。还有一种情况，主线程为了统计各个子线程的工作结果而需要等待子线程结束完毕后再继续执行，此时主线程就要等待了。thread 类提供了成员函数 join()来等待子线程结束，即子线程线程函数执行后，join()函数才返回，因此 join()是一个阻塞函数。函数 join()会让主线程挂起（休眠，就是让出 CPU），直到子线程都退出，同时 join()能让子线程所占用的资源得到释放。子线程退出后，主线程会接收到系统的信号，从休眠中恢复。这一过程和 POSIX 类似，只是函数形式不同而已。有了 POSIX 线程方面的基础，理解这里的内容应该不难。成员函数 join()的声明如下：

```
void join();
```

值得注意的是，这样创建的线程是可连接的（Joinable）线程，因此 thread 对象必须在销毁时调用 join()函数，或者将其设置为可分离的（Detached）。

下面我们来看几个通过初始化构造函数来创建线程的例子。

【例 12.21】 创建一个线程，不传参数

（1）启动 Qt Creator 4.8.2，新建一个控制台项目，项目名为 test。

（2）打开 test.cpp，在 test.cpp 中输入如下代码：

```
#include <QCoreApplication>
#include <iostream>
#include <thread>
#include <unistd.h>     //sleep
using namespace std;    //使用命名空间 std

void thfunc()  //子线程的线程函数
{
     cout << "i am c++11 thread func" << endl;
}

int main(int argc, char *argv[])
{
    QCoreApplication a(argc, argv);
    thread t(thfunc);  //定义线程对象，并传入线程函数指针
    sleep(1); //main 线程挂起1秒钟，为了让子线程有机会执行

    return a.exec();
}
```

（3）按 Ctrl+R 快捷键来运行这个项目，运行结果如图 12-21 所示。

值得注意的是，编译 C++11 代码的时候要加上编译命令函数-std=c++11。在这个例子中，首先创建一个线程对象，然后马上执行传入构造函数的线程函数，打印一行字符串后结束。主线程在创建子线程后会等待一秒再结束，这样就不至于因为主线程的过早结束而导致整个进程结束，如果进程结束，子线程就没有机会执行了。如果没有调用等待函数 sleep()，那么子线程的线程函数可能还没来得及执行主线程就结束了，整个应用程序也就退出了。

【例 12.22】 创建一个线程，并传入整数类型的参数

（1）启动 Qt Creator 4.8.2，新建一个控制台项目，项目名为 test。

（2）打开 test.cpp，在 test.cpp 中输入如下代码：

```
#include <QCoreApplication>
#include <iostream>
#include <thread>
using namespace std;

void thfunc(int n)  //线程函数
{
    cout << "thfunc: " << n << "\n";    //这里的 n 是1
}

int main(int argc, char *argv[])
{
    QCoreApplication a(argc, argv);
    thread t(thfunc,1); //定义线程对象 t，并传入线程函数指针和线程函数参数
    t.join();             //等待线程对象 t 结束

    return a.exec();
}
```

（3）按 Ctrl+R 快捷键来运行这个项目，运行结果如图 12-22 所示。

终端
文件(F) 编辑(E) 查看(V) 搜索(S) 终端(T) 帮助(H)
i am c++11 thread func

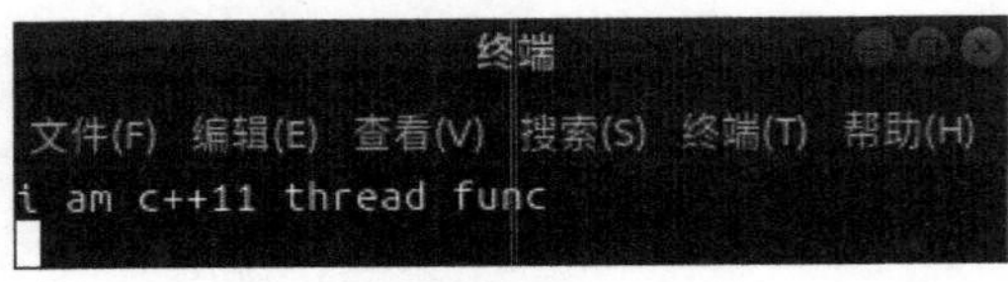

图 12-21

终端
文件(F) 编辑(E) 查看(V) 搜索(S) 终端(T) 帮助(H)
thfunc: 1

图 12-22

这个例子和上面的例子有两点不同：一是创建线程的时候把一个整数作为参数传给构造函数；二是等待子线程结束没有调用 sleep()函数，而是调用 join()。sleep()函数只是等待一个固定的时间，有可能在这个固定的时间内子线程早已结束，或者子线程运行的时间大于这个固定时间，因此用它来等待子线程结束并不精确。用函数 join()则会一直等到子线程结束后才执行该函数后面的代码。

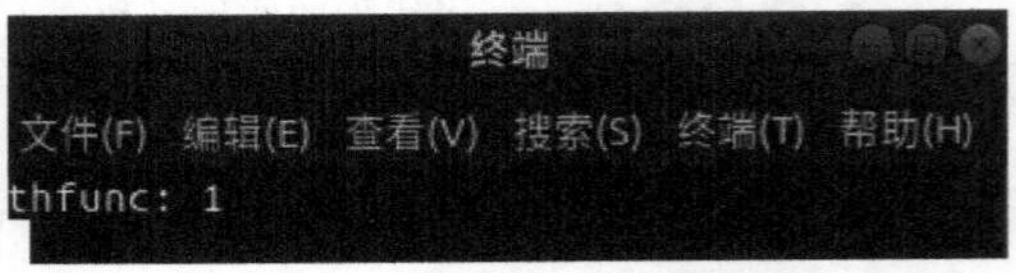

【例 12.23】 创建一个线程，并传递字符串作为参数

（1）启动 Qt Creator 4.8.2，新建一个控制台项目，项目名为 test。

（2）打开 test.cpp，在 test.cpp 中输入如下代码：

```
#include <iostream>
#include <thread>
using namespace std;

void thfunc(char *s)  //线程函数
{
    cout << "thfunc: " <<s << "\n";   //这里 s 就是 boy and girl
}

int main(int argc, char *argv[])
{
    char s[] = "boy and girl";        //定义一个字符串
    thread t(thfunc,s); //定义线程对象，并传入字符串 s
    t.join();            //等待 t 执行结束

    return 0;
}
```

（3）按 Ctrl+R 快捷键来运行这个项目，运行结果如图 12-23 所示。

```
终端
文件(F)  编辑(E)  查看(V)  搜索(S)  终端(T)  帮助(H)
thfunc: boy and girl
```

图 12-23

【例 12.24】 创建一个线程，并传递结构体作为参数

（1）启动 Qt Creator 4.8.2，新建一个控制台项目，项目名为 test。

（2）打开 test.cpp，在 test.cpp 中输入如下代码：

```
#include <QCoreApplication>
#include <iostream>
#include <thread>
using namespace std;

typedef struct           //定义结构体的类型
{
    int n;
    const char *str;     //注意这里要有 const，否则会有警告
}MYSTRUCT;

void thfunc(void *arg)  //线程函数
{
```

```
    MYSTRUCT *p = (MYSTRUCT*)arg;
    //打印结构体的内容
    cout << "in thfunc:n=" << p->n<<",str="<< p->str <<endl;
}

int main(int argc, char *argv[])
{
    QCoreApplication a(argc, argv);
    MYSTRUCT mystruct; //定义结构体
    //初始化结构体
    mystruct.n = 110;
    mystruct.str = "hello world";

    thread t(thfunc, &mystruct);  //定义线程对象t，并传入结构体变量的地址
    t.join();  //等待线程对象t结束

    return a.exec();
}
```

（3）按 Ctrl+R 快捷键来运行这个项目，运行结果如图 12-24 所示。

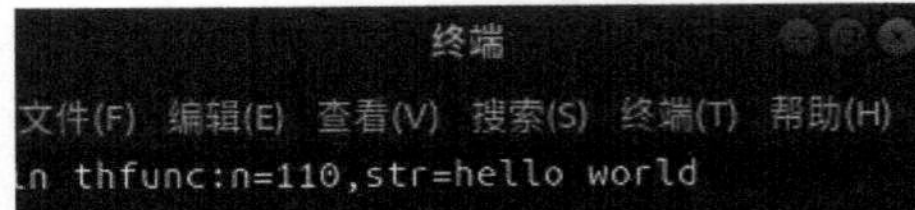

图 12-24

在上面的例子中，我们通过结构体把多个值传给了线程函数，下面不用结构体作为载体，而直接把多个值通过构造函数传给线程函数，其中有一个参数是指针，可以在线程中修改其值。

【例 12.25】 创建一个线程，传多个参数给线程函数

（1）启动 Qt Creator 4.8.2，新建一个控制台项目，项目名为 test。

（2）打开 test.cpp，在 test.cpp 中输入如下代码：

```
#include <QCoreApplication>
#include <iostream>
#include <thread>
using namespace std;

void thfunc(int n,int m,int *pk,char s[])  //线程函数
{
    cout << "in thfunc:n=" <<n<<",m="<<m<<",k="<<* pk <<"\nstr="<<s<<endl;
    *pk = 5000;  //修改* pk
}

int main(int argc, char *argv[])
{
    QCoreApplication a(argc, argv);
```

```
    int n = 110,m=200,k=5;
    char str[] = "hello world";

    thread t(thfunc, n,m,&k,str);  //定义线程对象t，并传入多个参数
    t.join();  //等待线程对象t结束
    cout << "k=" << k << endl;  //此时打印应该是5000

    return a.exec();
}
```

（3）按 Ctrl+R 快捷键来运行这个项目，运行结果如图 12-25 所示。

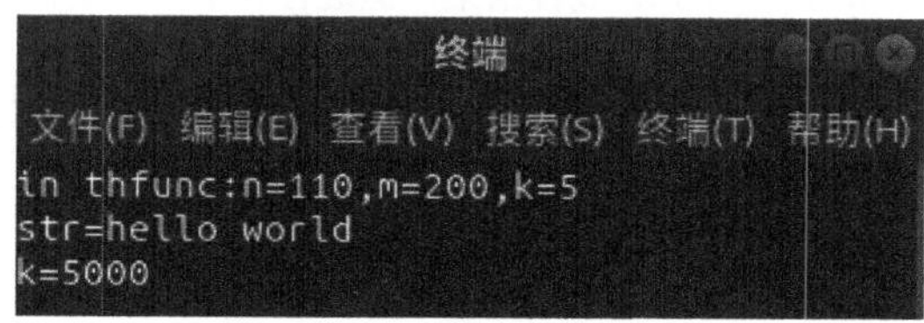

图 12-25

在这个例子中，我们传入了多个参数给构造函数（线程函数也要准备多样的形参），并且其中一个是整书类型的地址（&k）。我们在线程中修改了&k 所指向变量的内容，等子线程结束后，在主线程中打印 k 的值，发现它的值变了。

前面提到，默认创建的线程都是可连接的线程，需要调用 join()函数来等待该线程的结束并释放其占用的资源。除了以调用 join()函数的方式来等待结束外，还可以调用成员函数 detach()把可连接的线程分离。变成可分离的线程后，线程结束后就可以由系统自动回收资源，这样就不需要等待子线程结束，主线程可以自己先行结束。detach()函数的形式如下：

```
void detach();
```

【例 12.26】　把可连接的线程转为分离的线程（C++11 和 POSIX 联合作战）

（1）启动 Qt Creator 4.8.2，新建一个控制台项目，项目名为 test。

（2）打开 test.cpp，在 test.cpp 中输入如下代码：

```
#include <QCoreApplication>
#include <iostream>
#include <thread>
#include <unistd.h> //for sleep
using namespace std;
void thfunc(int n,int m,int *k,char s[])  //线程函数
{
    cout << "in thfunc:n=" <<n<<",m="<<m<<",k="<<*k<<"\nstr="<<s<<endl;
    *k = 5000;
}

int main(int argc, char *argv[])
{
```

```
    QCoreApplication a(argc, argv);
    int n = 110,m=200,k=5;
    char str[] = "hello world";

    thread t(thfunc, n,m,&k,str);    //定义线程对象
    sleep(1);
    t.detach();  //分离线程

    cout << "k=" << k << endl;  //这里输出3
    pthread_exit(NULL); //main 线程结束，但进程并不会结束，下面一句不会执行

    cout << "this line will not run"<< endl;  //这一句不会执行

    return a.exec();
}
```

（3）按 Ctrl+R 快捷键来运行这个项目，运行结果如图 12-26 所示。

图 12-26

为了展示效果，我们在主线程中执行“pthread_exit(NULL);”来结束主线程。如前文所述，在 main 线程中执行“pthread_exit(NULL);”的时候将结束 main 线程，但进程并不会立即退出，要等所有的线程全部结束后进程才会结束，所以能看到子线程中函数打印的内容。主线程会先打印 k 值，这是因为打印 k 值的时候线程还没有切换。从这个例子也可以看出，C++11 可以和 POSIX 联合作战，充分体现了 C++的强大威力。

3. 移动（move）构造函数

通过移动构造函数的方式来创建线程是 C++11 创建线程的另一种常用方式。它通过向 thread()构造函数中传入一个 C++对象来创建线程。这种形式的构造函数定义如下：

```
thread (thread&& x);
```

调用成功之后，x 不代表任何 thread 对象。

【例 12.27】 通过移动构造函数来启动线程

（1）启动 Qt Creator 4.8.2，新建一个控制台项目，项目名为 test。

（2）打开 test.cpp，在 test.cpp 中输入如下代码：

```
#include <QCoreApplication>
#include <iostream>
```

```
#include <thread>

using namespace std;

void fun(int & n)  //线程函数
{
    cout << "fun: " << n << "\n";
    n += 20;
    this_thread::sleep_for(chrono::milliseconds(10));    //等待10毫秒
}

int main(int argc, char *argv[])
{
    QCoreApplication a(argc, argv);
    int n = 0;

    cout << "n=" << n << '\n';
    n = 10;
    thread t1(fun, ref(n)); //ref(n)是取 n 的引用
    thread t2(move(t1));    //t2执行 fun，t1不是 thread 对象
    t2.join();              //等待 t2执行完毕
    cout << "n=" << n << '\n';

    return a.exec();
}
```

（3）按 Ctrl+R 快捷键来运行这个项目，运行结果如图 12-27 所示。

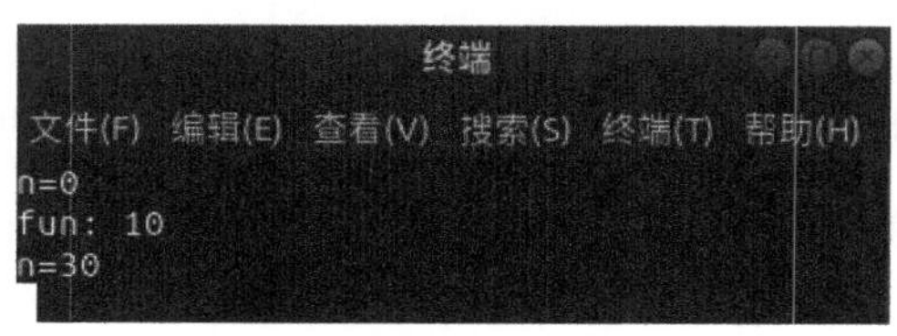

图 12-27

从这个例子可以看出，t1 并不会执行，执行的是 t2，因为 t1 的线程函数移给 t2 了。

12.4.2　线程的标识符

线程的标识符（id）可以用来唯一标识某个 thread 对象所对应的线程，以区别不同的线程。两个标识符相同的 thread 对象是同一个线程，或者还都没有线程。两个标识符不同的 thread 对象代表不同的线程，或者一个 thread 对象有线程、另一个没有。

thread 类提供了成员函数 getid()来获取线程 id，该函数的原型声明如下：

```
thread::id get_id()
```

其中，id 是线程标识符的类型，是 thread 类的成员，用来唯一标识某个线程。

有时候，为了查看两个 thread 对象的 id 是否相同，可以在调试时把 id 打印出来。它们的数值虽然没有什么含义，但是可以比较是否相同，作为调试中的判断依据。

【例 12.28】 线程比较

（1）启动 Qt Creator 4.8.2，新建一个控制台项目，项目名为 test。

（2）打开 test.cpp，在 test.cpp 中输入如下代码：

```
#include <iostream> // std::cout
#include <thread>  // std::thread, std::thread::id, std::this_thread::get_id
using namespace std;

thread::id main_thread_id =  this_thread::get_id(); //获取主线程 id

void is_main_thread()
{
    if (main_thread_id == this_thread::get_id())  //判断是否和主线程 id 相同
        std::cout << "This is the main thread.\n";
    else
        std::cout << "This is not the main thread.\n";
}

int main()
{
    is_main_thread();    // is_main_thread 作为 main 线程的普通函数来调用
    thread th(is_main_thread); // is_main_thread 作为线程函数来调用
    th.join();              //等待 th 结束
    return 0;
}
```

（3）按 Ctrl+R 快捷键来运行这个项目，运行结果如图 12-28 所示。

is_main_thread()函数第一次调用时是 main 线程中的普通函数，等到的 id 肯定和 main_thread_id 相同；第二次是作为一个子线程的线程函数，等到的 id 是子线程的 id，和 main_thread_id 不同。

图 12-28

12.4.3 当前线程 this_thread

在实际的线程开发中，经常需要访问当前线程。C++ 11 提供了一个命名空间 this_thread 来引用当前线程，该命名空间集合了 4 个有用的函数：get_id()、yield()、sleep_until()、sleep_for()。

函数 get_id()和 thread 类的成员函数 get_id()是同一个意思，都是用来获取线程 id 的。

1. 让出 CPU 时间

调用函数 yield()的线程将让出自己的 CPU 时间片，以便其他线程有机会运行，该函数的声明如下：

```
void yield();
```

调用该函数的线程放弃执行，回到就绪态。光看这个函数似乎有点抽象，下面通过一个例子来说明该函数的作用。这个例子实现的功能是创建 10 个线程，在每个线程中让一个变量从 1 累加到 100 万，谁先完成就打印谁的编号，以此排名。为了公平起见，创建线程时先不让它们占用 CPU 时间，一直到 main 主线程改变全局变量值才让各个子线程开始累加。

【例 12.29】　为线程排名次

（1）启动 Qt Creator 4.8.2，新建一个控制台项目，项目名为 test。

（2）打开 test.cpp，在 test.cpp 中输入如下代码：

```
#include <QCoreApplication>

#include <iostream>        // std::cout
#include <thread>          // std::thread, std::this_thread::yield
#include <atomic>          // std::atomic
using namespace std;

atomic<bool> ready(false); //定义全局变量

void thfunc(int id)
{
    while (!ready) //一直等待，直到 main 主线程中重置全局变量 ready
        this_thread::yield(); //让出自己的 CPU 时间片

    for (volatile int i = 0; i < 1000000; ++i) //开始累加到100万
    {}
    //累加完毕后，打印本线程的序号，这样最终输出的才是排名，先完成先打印
     cout << id<<",";
}

int main(int argc, char *argv[])
{
    QCoreApplication a(argc, argv);
    thread threads[10];       //定义10个线程对象
    cout << "race of 10 threads that count to 1 million:\n";
    for (int i = 0; i < 10; ++i)
       //启动线程，把 i 当作参数传入线程函数，用于标记线程的序号
       threads[i] = thread(thfunc, i);
   ready = true;                // 重置全局变量
```

```
    for (auto& th : threads) th.join(); //等待10个线程全部结束
    cout << '\n';

    return a.exec();
}
```

（3）按 Ctrl+R 快捷键来运行这个项目，运行结果如图 12-29 所示。

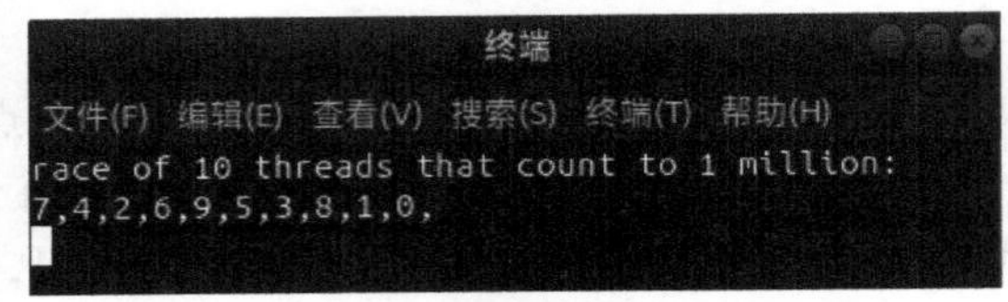

图 12-29

运行此示例程序多次，那么每次的结果是不同的。线程刚刚启动的时候，都一直在 while 循环中让出自己的 CPU 时间，这就是函数 yield()的作用。this_thread 在子线程中使用，代表这个子线程。一旦跳出 while 循环，就开始累加，一直到加到 100 万，最后输出序号，全部序号输出后，得到跑完 100 万的排名。atomic 用来定义在全局变量 ready 上的操作都是原子操作。原子操作（后续章节会讲到）表示在多个线程访问同一个全局资源的时候，确保所有其他的线程都不在同一时间内访问这个相同的全局资源，也就是确保在同一时刻只有唯一的线程对这个全局资源进行访问。这有点类似于互斥对象对共享资源访问的保护，但是原子操作更加接近底层，因而效率更高。

2. 让线程暂停一段时间

函数 sleep_until()和 sleep_for()用来阻塞线程，会让线程暂停执行一段时间。函数 sleep_until()的原型声明如下：

```
template <class Clock, class Duration>
void sleep_until (const chrono::time_point<Clock,Duration>& abs_time);
```

其中，参数 abs_time 表示函数阻塞线程到 abs_time 这个时间点，然后继续执行。

函数 sleep_for()的功能与函数 sleep_until()类似，不过它是挂起线程一段时间，时间长度由参数决定，它的原型声明如下：

```
template <class Rep, class Period>
void sleep_for (const chrono::duration<Rep,Period>& rel_time);
```

其中，参数 rel_time 表示线程挂起的时间段，在这段时间内线程暂停执行。

下面我们通过两个例子来加深对这两个函数的理解。

【例 12.30】 暂停线程到下一分钟

（1）启动 Qt Creator 4.8.2，新建一个控制台项目，项目名为 test。

（2）打开 test.cpp，在 test.cpp 中输入如下代码：

```
#include <QCoreApplication>
#include <iostream>     // std::cout
#include <thread>       // std::this_thread::sleep_until
#include <chrono>       // std::chrono::system_clock
#include <ctime>        // std::time_t, std::tm, std::localtime, std::mktime
#include <time.h>
#include <stddef.h>
using namespace std;

void getNowTime() //获取并打印当前时间
{
    timespec time;
    struct  tm nowTime;
    clock_gettime(CLOCK_REALTIME, &time);  //获取相对于1970到现在的秒数

    localtime_r(&time.tv_sec, &nowTime);
    char current[1024];
    printf(
        "%04d-%02d-%02d %02d:%02d:%02d\n",
        nowTime.tm_year + 1900,
        nowTime.tm_mon+1,
        nowTime.tm_mday,
        nowTime.tm_hour,
        nowTime.tm_min,
        nowTime.tm_sec);
}

int main(int argc, char *argv[])
{
    QCoreApplication a(argc, argv);
    using std::chrono::system_clock;
    std::time_t tt = system_clock::to_time_t(system_clock::now());
    struct std::tm * ptm = std::localtime(&tt);
    getNowTime();        //打印当前时间
    cout << "Waiting for the next minute to begin...\n";
    ++ptm->tm_min;       //累加一分钟
    ptm->tm_sec = 0;     //秒数置0
    //暂停执行到下一个整分的时间点
    this_thread::sleep_until(system_clock::from_time_t(mktime(ptm)));
    getNowTime();        //打印当前时间

    return a.exec();
}
```

（3）按 Ctrl+R 快捷键来运行这个项目，运行结果如图 12-30 所示。

main 主线程到 sleep_until()处开始挂起，然后到了下一个整分的时间（就是分钟加 1，秒钟为 0）再继续执行。

【例 12.31】 暂停线程 5 秒

（1）启动 Qt Creator 4.8.2，新建一个控制台项目，项目名为 test。

（2）打开 test.cpp，在 test.cpp 中输入如下代码：

```
#include <iostream>       // std::cout, std::endl
#include <thread>         // std::this_thread::sleep_for
#include <chrono>         // std::chrono::seconds

int main()
{
    std::cout << "countdown:\n";
    for (int i = 5; i > 0; --i)
    {
        std::cout << i << std::endl;
        std::this_thread::sleep_for(std::chrono::seconds(1));  //暂停一秒
    }
    std::cout << "Lift off!\n";

    return 0;
}
```

（3）按 Ctrl+R 快捷键来运行这个项目，运行结果如图 12-31 所示。

图 12-30

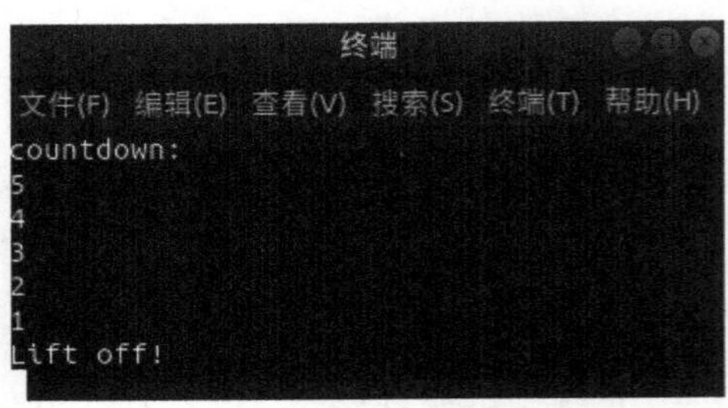

图 12-31

12.5 使用 Qt 自身的线程类

12.5.1 Qthread 类的基本使用

Qt 提供了 QThread 类以进行多任务处理。与多任务处理一样，Qt 提供的线程可以做到单个线程做不到的事情。例如，在网络应用程序中，可以使用线程处理多种连接器。QThread 类提供了一个与平台无关的方式来管理线程。首先用一个类继承 QThread 类，然后重新改写 QThread 类的虚函数 run()。只需要实例该类，然后调用函数 start()，就可以开启新的多线程（run() 函数被自动调用）。除此之外，还有一种方法，即继承 QObject 类，然后调用 moveToThread() 函数开启一个线程槽函数，把要花费大量时间计算的代码放入该线程槽函数中。

我们主要来看第一种方法。注意：只有执行了 run()函数才是新的线程在执行，所有复杂的逻辑都应该放在 run()函数里面。当 run()函数运行完毕后，该线程的生命周期就结束了。run() 函数的原型声明如下：

```
[virtual protected] void QThread::run()
```

我们要做的就是把新线程要执行的操作放到 run()函数（线程函数）中。除了 run()函数之外，表 12-3 所示的几个 QThread 成员函数有时也会用到。

表 12-3 QThread 常用成员函数

公有成员函数	说　明	公有槽函数	说　明
QThread(QObject *parent = nullptr);	构造函数	void quit();	退出线程的事件循环，并给出返回码
void exit(int returnCode = 0);	退出线程的事件循环，并给出返回码	void start(QThread::Priority priority = InheritPriority);	启动线程并执行 run()函数
bool isFinished();	判断线程是否结束，如果结束就返回 true，否则返回 false	void terminate();	终止线程的执行
bool isRunning();	判断线程是否运行，如果运行就返回 true，否则返回 false		
QThread::Priority priority();	返回线程的优先级		
void setPriority(QThread::Priority priority);	设置一个正在运行的线程的优先级		
void setStackSize(uint stackSize);	设置一个线程堆栈的最大尺寸		
uint stackSize();	如果用 setStackSize()设置过，则返回一个线程堆栈的最大尺寸，否则返回 0		
bool wait(unsigned long time = ULONG_MAX);	阻塞线程直到某些条件满足才解除阻塞，比如时间到、线程执行结束		

顺便复习下公有槽函数（Public Slot），槽函数是普通的 C++成员函数，能被正常调用，

它们唯一的特性就是能和信号相关联。当和其关联的信号被发射时，这个槽函数就会被调用。槽函数可以有参数，但槽函数的参数不能有默认值。槽函数是普通的成员函数，因此和其他的函数相同，它们也有存取权限。槽函数的存取权限决定了谁能够和之相关联。与普通的 C++ 成员函数相同，槽函数也分为 3 种类型，即 public slot、private slot 和 protected slot。

我们知道，C/C++程序都是从 main()函数开始执行的。main()函数其实就是主进程的入口，main()函数退出了，则主进程就退出，整个进程也就结束了。对于使用 Qthread 类创建的进程而言，run()函数是新线程的入口，run()函数退出，就意味着线程的终止。

创建多线程的步骤如下：

（1）新建一个 MyThread 了，它的基类为 QThread。

（2）重写 MyThread 类的虚函数 run()，即新建一个函数 protected void run()，然后对其进行定义。

（3）在需要用到多线程的地方实例化 MyThread，然后调用函数 MyThread::start()开启一个线程，自动运行函数 run()。

（4）当停止线程时，调用 MyThread::wait()函数，等待线程结束，并回收线程占用的资源。

比如实现一个复制文件（是一个耗时操作）的功能，用单线程程序的话，程序界面可能会卡死到复制操作结束。其实，可以把复制文件操作放到子线程中进行，这样界面操作依然在主线程中进行，界面也不会被卡死。

自定义一个类，继承自 Qthread 类，比如：

```
CopyFileThread: public QThread
{
    Q_OBJECT
    public:
        CopyFileThread(QObject * parent = 0);

    protected:
        void run(); // 新线程的入口
    // 省略掉一些内容
}
```

在对应的 cpp 文件中定义 run()函数：

```
void CopyFileThread::run()
{
    // 新线程的入口
    // 初始化和操作放在这里
}
```

将 run()函数编写好之后，在主线程的代码中生成一个 CopyFileThread 实例，例如：

```
// mainwindow.h 中
CopyFileThread * m_cpyThread;
```

```
// mainwindow.cpp 中
m_cpyThread = new CopyFileThread;
```

在要开始复制的时候（比如单击“复制”按钮），让这个线程开始执行：

```
m_cpyThread->start();
```

注意，要调用 start()函数来启动子线程，而不是 run()函数。start()函数会自动调用 run()函数。

线程开始执行后，进入 run()函数，执行复制文件的操作。此时，主线程的显示和操作都不会受影响。

如果需要对复制过程中可能发生的事件进行处理，例如界面显示复制进度、出错返回等，应该从 CopyFileThread()函数中发出信号，并事先关联到 mainwindow 的槽函数，由槽函数来处理事件。

【例 12.32】 QThread 类的基本使用

（1）启动 Qt Creator 4.8.2，新建一个控制台项目，项目名为 test。

（2）打开 test.cpp，在 test.cpp 中输入如下代码：

```
#include <QCoreApplication>
#include <QThread>

class MyThread : public QThread
{
    public:
        virtual void run();
};

void MyThread::run()
{
    for( int count = 0; count < 10; count++ ) {
        sleep( 1 );//等待一秒
        qDebug( "ping %d",count );
    }
}

int main(int argc, char *argv[])
{
    QCoreApplication a(argc, argv);
    MyThread thA;

    thA.start();//自动调用 run()函数，否则即使创建了该线程，也是一开始就挂起
    //要等待线程 a 退出
```

```
    thA.wait();
    puts("thread A is over.");
    return a.exec();
}
```

首先从 QThread 类继承了一个自定义类 MyThread，并且实现了 run()函数。然后在 main()主函数中创建 MyThread 类的对象 thA，并调用 QThread 类的 start()函数，该函数将会启动子线程，即 run()函数会执行。此时主线程开始调用了“thA.wait();”，一直在等待子线程结束。子线程结束后主线程才会打印出“thread A is over.”。

（3）保存项目并按 Ctrl+R 快捷键来运行这个项目，运行结果如图 12-32 所示。

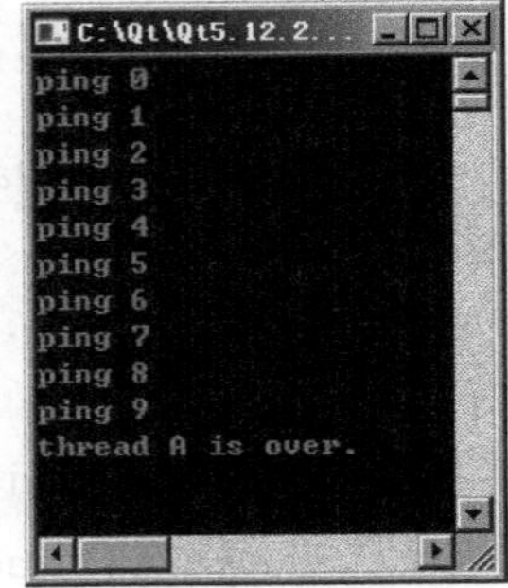

图 12-32

12.5.2 线程间通信

Qt 线程间（数据）通信主要有两种方式：

（1）使用共享内存，也就是使用两个线程都能够共享的变量（如全局变量），这样两个线程都能够访问和修改该变量，从而达到共享数据的目的。

（2）使用信号/槽（Singal/Slot）机制，把数据从一个线程传递到另外一个线程。

第一种方法在各个编程语言中都普遍使用，而第二种方法是 Qt 特有的。这里我们主要介绍第二种方法。我们来看一个例子，子线程发送信号（信号参数是一个整数）给主线程，主线程得到这个信号后显示在标签控件上，子线程每隔一秒就累加一次整数，相当于一个计数器。主线程也可以发送信号给子线程，把计数器重置为 0。这一来一往就实现了子线程和主线程的相互通信。示例程序虽小，但是功能与原理和大示例是一样的。从小示例程序开始，先掌握原理，再扩充就不难了。

【例 12.33】 子线程和主线程之间的双向通信

（1）新建一个对话框项目，项目名为 test。

（2）新建一个子线程类，要先创建头文件和 cpp 文件。切换到项目视图，右击 Headers，然后在弹出的快捷菜单中选择 Add New 选项，添加一个头文件，文件名是 testthread.h，然后输入如下代码：

```
#ifndef TESTTHREAD_H
#define TESTTHREAD_H

#include <QThread>
#include "testthread.h"

class TestThread : public QThread
{
    Q_OBJECT
```

```
public:
    TestThread(QObject *parent = 0); //构造函数

protected:
    void run(); //线程函数

signals:
    void TestSignal(int);

public slots:
    void ResetSlot();
private:
    int number;
};

#endif // TESTTHREAD_H
```

我们定义了子线程类 TestThread，它继承于 Qt 自身的线程类 QThread。在 TestThread 类中，run()是线程函数。信号函数 TestSignal()用于子线程向主线程发送信号。槽函数 ResetSlot()用于处理主线程向子线程发送的信号。私有变量 number 相当于一个计数器，每隔一秒就累加一次。

继续在项目视图中，右击 Sources，然后在弹出的快捷菜单中选择 Add New 选项，添加一个 C++源码文件，文件名是 testthread.cpp，然后输入如下代码：

```
#include "testthread.h"

TestThread::TestThread(QObject *parent) :
    QThread(parent)
{
    number = 0;
}

void TestThread::run()
{
    while(1)
    {
        emit TestSignal(number); //触发信号
        number++;
        sleep(1);
    }
}
void TestThread::ResetSlot()
{
   number = 0;
```

```
    emit TestSignal(number);
}
```

在构造函数 TestThread()中，初始化 number 为 0。在线程函数 run()中，我们用了 while 死循环。在循环中，每隔一秒就触发一次信号函数 TestSignal()，并把当前 number 传送出去（给主线程），这样主线程可以在界面上显示 number 的值。信号函数 TestSignal()所对应的槽函数将在主线程中定义并与信号关联。

槽函数 ResetSlot()的作用是将计数器 number 重置为 0，然后把 number 发送给主线程进行显示。这个槽函数 ResetSlot()所关联的信号将在主线程中定义并建立关联。至此，子线程全部定义完毕。下面我们开始在主线程（界面线程）中添加代码。

（3）在项目视图中，双击 Forms 下的 dialog.ui，打开对话框设计界面，然后放置 3 个按钮和文本标签（TextLabel），如图 12-33 所示。

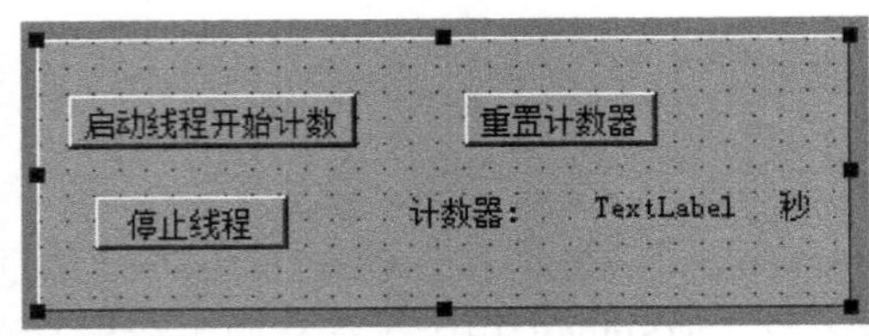

图 12-33

为“启动线程开始计数”按钮添加 clicked 信号的槽函数，代码如下：

```
void Dialog::on_pushButton_clicked()
{
    t->start();  //执行子线程
}
```

其中，t 是指向子线程类 TestThread 对象的指针，是 Dialog 类的私有成员变量。

打开 dialog.h，为 Dialog 类添加私有成员变量：

```
private:
    TestThread *t;   //定义子线程类的指针
```

同时在文件开头添加包含头文件的指令：

```
#include "testthread.h"
```

并在 Dialog 类中定义信号：

```
signals:
    void ResetSignal();
```

这个信号将发给子线程，并将调用子线程的槽函数 ResetSlot()。我们在对话框上单击“重置计数器”按钮将发送该信号。

回到对话框设计界面，为按钮“重置计数器”添加 clicked 信号对应的槽函数：

```
void Dialog::on_pushButton_3_clicked()
{
```

```
    emit ResetSignal();
}
```

该槽函数将发送重置计数器的信号 ResetSignal。

下面在 dialog.cpp 中定义子线程发给主线程的信号 TestSignal 所对应的槽函数：

```
void Dialog::DisplayMsg(int num)
{
    ui->label->setText(QString::number(num));
}
```

该函数用于在标签控件上显示传进来的整数 num。接着，在 dialog.h 中为类添加槽函数的声明：

```
private slots:
    void DisplayMsg(int num);
```

其中，num 是信号 TestSignal 传进来的 number。

（4）打开 dialog.cpp，在构造函数 dialog()末尾添加创建子线程类对象的代码和信号/槽的关联代码：

```
t = new TestThread();
connect(t, SIGNAL(TestSignal(int)), this, SLOT(DisplayMsg(int)));
connect(this, SIGNAL(ResetSignal()), t, SLOT(ResetSlot()));
```

注意，t 必须在 connect()函数调用之前创建。

（5）切换到对话框设计界面，为按钮“停止线程”添加 clicked 信号相关联的槽函数，代码如下：

```
void Dialog::on_pushButton_2_clicked()
{
    t->terminate(); //结束线程
}
```

代码很简单，调用 QThread 类的成员函数 terminate()来结束线程，然后界面上的计数就停止了，因为 run()函数中 while 循环不再工作了。

（6）按 Ctrl+R 快捷键来运行这个项目，然后单击“启动线程开始计数”按钮，可以看到每隔一秒，数字都会累加一次，如图 12-34 所示。

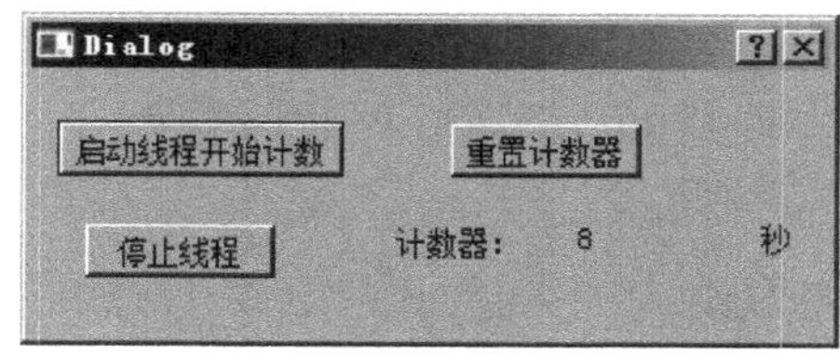

图 12-34

在计数器累加的同时，依然可以拖动对话框，也就是界面没有因为从事某种运算（本例是简单的累加运算）而卡死，如果不用子线程（即在主线程中进行累加运算），那么在累加运算结束之前界面是“假死”状态的。

下面对本例做进一步的优化，使之更符合实际应用。一般专业软件会用一个进度条来表示某种耗时计算的进度，我们可以在界面上增加一个进度条来表示当前的计算进度。

【例 12.34】 用进度条表示子进程中的计算进度

（1）新建一个对话框项目，项目名为 test。

（2）新建一个子线程类，要先创建头文件和 cpp 文件。切换到项目视图，右击 Headers，然后在弹出的快捷菜单中选择 Add New 选项，添加一个头文件，文件名为 testthread.h，再输入如下代码：

```
#ifndef TESTTHREAD_H
#define TESTTHREAD_H

#include <QThread>
#include "testthread.h"
class TestThread : public QThread
{
    Q_OBJECT
    public:
        TestThread(QObject *parent = 0);

    protected:
        void run();

    signals:
        void TestSignal(int);

    private:
        int number;
};

#endif // TESTTHREAD_H
```

我们定义了子线程 TestThread 类，它继承于 Qt 自身的线程类 QThread。在 TestThread 类中，run()是线程函数。信号函数 TestSignal()用于子线程向主线程发送信号。私有变量 number 相当于一个计数器，每隔一秒就累加一次。

继续在项目视图中右击 Sources，然后在弹出的快捷菜单中选择 Add New 选项，添加一个 C++源码文件，文件名为 testthread.cpp，然后输入如下代码：

```
#include "testthread.h"

TestThread::TestThread(QObject *parent) :
    QThread(parent)
{
}
```

```
void TestThread::run()
{
    for(number=0;number<100;number++)
    {
        emit TestSignal(number); //触发信号
        sleep(1);
    }
}
```

这里我们实现了线程函数 run()，它在 for 循环中每隔一秒就发送信号 TestSignal，以此来让界面上的进度条前进一步。至此，子进程定义完毕。下面我们开始在主线程（界面线程）中添加代码。

（3）在项目视图中，双击 Forms 下的 dialog.ui，打开对话框设计界面，然后放置 2 个按钮和 1 个进度条控件，如图 12-35 所示。

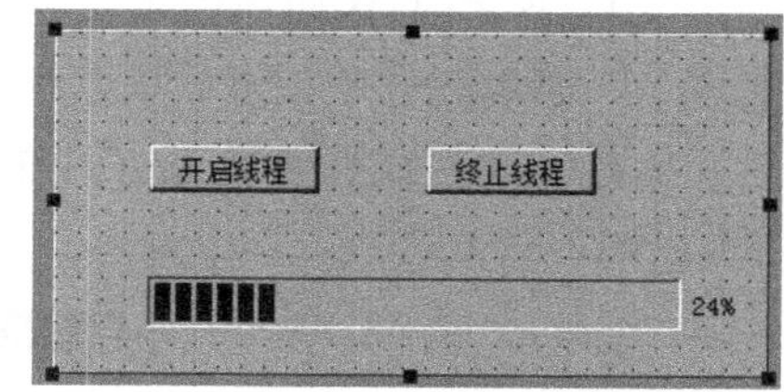

图 12-35

为“开启线程”按钮添加 clicked 信号对应的槽函数，代码如下：

```
void Dialog::on_pushButton_clicked()
{
    t->start();  //执行子线程
}
```

其中，t 是指向子线程类 TestThread 对象的指针，是 Dialog 类的私有成员变量。

打开 dialog.h，为 Dialog 类添加私有成员变量：

```
private:
    TestThread *t;   //定义子线程类的指针
```

同时在文件开头添加保护头文件的指令：

```
#include "testthread.h"
```

下面在 dialog.cpp 中定义子线程发给主线程的信号 TestSignal 所对应的槽函数：

```
void Dialog::DisplayMsg(int num)
{
    ui->progressBar->setValue(num); //设置进度条的当前位置
}
```

并在 Dialog 类中声明该槽函数：

```
private slots:
    void DisplayMsg(int num);
```

接着，在构造函数中添加代码：

```
ui->progressBar->setRange(0,10); //设置进度条的范围
t = new TestThread();
connect(t, SIGNAL(TestSignal(int)), this, SLOT(DisplayMsg(int)));
```

首先设置进度条的范围，和子线程 run()函数里的 for 循环上限一致，这样子线程里的 number 计算完毕，进度条也正好到头。接着，为子线程对象指针 t 分配空间。最后，将信号 TestSignal 和槽函数 DisplayMsg()进行关联，这样一旦触发信号 TestSignal，就可以在槽函数 DisplayMsg()中进行处理，也就是更新进度条的位置。

（4）按 Ctrl+R 快捷键来运行这个项目，然后单击“开启线程”按钮，可以发现进度条向前走了。如果要停止，可以单击“终止线程”按钮，再单击“开启线程”按钮，进度条就会重新开始走，因为线程函数 run()中的 for 循环里 number 初始值设置的是 0。这个项目的运行结果如图 12-36 所示。

图 12-36

第 13 章

Qt多媒体编程

13.1 概　述

Qt 通过 Qt multimedia 模块提供多媒体功能。Qt multimedia 模块基于不同的平台抽象出多媒体接口来实现平台相关的特性和硬件加速。这些多媒体接口功能覆盖了播放视频音频、录制视频音频的功能，包括支持多种多媒体封装格式，它还支持摄像头、耳机、麦克风等设备。下面列举一些通过 multimedia APIs 可以实现的功能：访问音频输入输出设备；播放低延时音效；支持多媒体播放列表；音频视频编码；收音机功能；支持摄像头的预览、拍照、录像等功能；播放 3D positional audio；把音频视频解码到内存或者文件中；获取正在录制或者播放的音频和视频数据。

要想在 Qt 程序中支持多媒体功能，需要在.pro 文件添加如下代码：

```
QT +=multimedia
```

如果要在项目中使用视频播放功能（即使用 QVideoWidget 或 QGraphicsVideoltem 进行视频播放），那么还需要加入下面的一行代码：

```
Qt + multimediawidgets
```

Qt 多媒体模块包括多个类，表 13-1 是一些典型的多媒体应用所需要用到的主要类。

表 13-1　主要的多媒体应用类

媒体模块中的主要类	功　能
QMediaplayer，QMediaPlayList	播放压缩音频（MP3、AAC 等）
QSoundEffect，　QSound	播放音效文件（WAV 文件）
QAudioOutput	播放低延迟的音频
QAudioInput	访问原始音频输入数据
OAudioRecorder	录制编码的音频数据
QAudioDeviceInfo	发现音频设备
QMediaPlayer，QvideoWidget，QGraphics VideoItem	视频播放

（续表）

媒体模块中的主要类	功　能
QMediaPlayer，　QVideoFrame，QAbstract VideoSurface	视频处理
QCamera，QVideoWidget，QGraphicsVideoItem	摄像头取景框
QCamera，QAbstractVideoSurface，QVideoFrame	取景框预览处理
QCamera，QCameraImage Capture	摄像头拍照
QCamera，QMediaRecorder	摄像头录像
ORadioTuner，　ORadioData	收听数字广播

13.2　QMediaPlayer 类

QMediaPlayer 类可以通过调用 setmedia()函数设置播放单个文件，也可以通过调用 setPlayList()函数设置一个 QMediaPlayList 类的实例来表示的播放列表，对列表中的文件进行播放，并且自动播放下一个文件或循环播放等。QMediaPlayer 类播放的文件可以是本地文件，也可以是网络上的媒体文件。

13.2.1　重要的成员函数

QMediaPlayer 类可以播放经过压缩的音频或视频文件，如 mp3、mp4、wmv 等格式的文件, QMediaplayer 类可以播放单个文件，也可以和 QMediaPlayList 类联合作战，对一个播放列表进行播放。

QMediaPlayer 类的主要公有成员函数和槽函数如表 13-2 所示。

表 13-2　QMediaPlayer 的主要公有成员函数和槽函数

主要公有成员函数和槽函数	功　能
qint64 duration()	获取当前文件播放的总时长，单位为毫秒（ms）
void setPosition(qint64 position)	设置当前文件播放的位置，单位为毫秒
void setMuted(bool muted)	设置是否静音
bool isMuted()	返回静音状态，true 表示静音
void setPlaylist(QMediaPlaylist *playlist)	设置播放列表
QMediaPlaylist *playlist()	返回播放列表
QMediaPlayer::State state()	返回播放器的当前状态
void setVolume(int volume)	设置播放的音量，0～100 之间
int volume()	得到播放的音量
void setPlaybackRate(qreal rate)	设置播放的速度，默认是 1，表示正常速度
void setMedia(const QMediaContent &media, QIODevice *stream = nullptr)	设置每天播放的文件
QMediaContent currentMedia()	获取当前播放的媒体文件

（续表）

主要公有成员函数和槽函数	功　　能
void play()	开始播放
void pause()	暂停播放
void stop()	停止播放
getVideoHeight()	得到视频的高度
getVideoWidth()	得到视频的宽度
isLooping()	是否循环播放
isPlaying()	是否正在播放
prepare()	准备（同步）
seekTo(int msec)	指定播放的位置（以毫秒为单位的时间）
setLooping(boolean looping)	设置是否循环播放

13.2.2 重要信号

通过 QMediaPlayer 类播放媒体文件时，有几个有用的信号可以反映播放状态或文件信息。

（1）state Changed(Mediaplayer::State state)信号：在调用 play()、pause()和 stop()函数时发射，可以反映播放器当前的状态。状态用枚举类型 QMediaPlayer: State 来表示，有以下 3 种取值：

- QMediaPlayer::StoppedState：媒体播放器未播放内容，将从当前曲目的开头开始播放。
- QMediaPlayer::PlayingState：媒体播放器当前正在播放内容。
- QMediaPlayer::PausedState：媒体播放机已暂停播放，当前曲目的播放将从播放器暂停的位置恢复。

（2）duration Changed(qint64 duration)信号：在文件的时间长度变化时发射，一般在切换播放文件时发射。

（3）position Changed(qint64 position)信号：当前文件播放位置变化时发射，可以反映文件的播放进度。

13.2.3 播放音频

播放音频文件的步骤如下：

（1）创建 QMediaPlayer 类的对象：

```
QMediaPlayer  *player = new QMediaPlayer;
```

（2）通过成员函数 setMedia()设置媒体文件：

```
player->setMedia(QUrl::fromLocalFile("/****/test.mp3"));
```

（3）设置音量：

```
player->setVolume(50);
```

（4）进行播放：

```
player->play();
```

【例 13.1】 控制台播放 MP3 歌曲

（1）启动 Qt Creator 4.8.2，新建一个控制台项目，项目名为 test。

（2）把本例源码目录下的“梦里水乡.mp3”复制到 D 盘根目录下。

（3）在项目中打开 test.cpp，并输入如下代码：

```
#include <QCoreApplication>
#include <QMediaPlayer>
#include <qDebug>
#pragma execution_character_set("utf-8") //支持中文歌曲名
int main(int argc, char *argv[])
{
    QCoreApplication a(argc, argv);

    QMediaPlayer* player = new QMediaPlayer;
    //设置 MP3文件
    player->setMedia(QUrl::fromLocalFile("d:\\梦里水乡.mp3"));
    player->setVolume(50);  //设置音量
    player->play();         //启动播放
    qDebug()<<"正在播放 梦里水乡...";
    return a.exec();
}
```

我们用最简洁的代码播放了一个 MP3 歌曲。首先创建 QMediaPlayer 对象，然后设置 MP3 文件，再设置音量，最后播放。

（4）按 Ctrl+R 快捷键来运行这个项目，运行结果如图 13-1 所示。

图 13-1

当文字出现的时候，音乐随之响起。这个例子说明控制台程序也是可以播放歌曲的。

13.2.4 播放视频

QMediaPlayer 类除了可以播放音频外，还可以播放视频。在播放视频的时候，QMediaPlayer 类的主要作用是对视频文件进行解码，解码后的帧需要在界面组件上显示出来，从而达到播放视频的效果。视频显示的界面组件有 QVideoWidget 类或 QGraphicsVideoItem 类，可以直接使用，也可以从这两个类继承来自定义视频显示组件。另外，QMediaPlayer 类也可以结合 QMediaPlayList 类实现视频文件列表的播放。

值得注意的是，要在 Qt 程序中播放视频（比如 MP4），需要预先在操作系统中安装视频解码工具，推荐安装 LAVFilters-0.65.exe（可以去网上下载）。

这里，我们使用 QVideoWidget 类作为视频显示的界面组件。要在项目中使用 QVideoWidget 类，需要在.pro 文件中添加“QT+=multimediawidgets”这行语句。另外，我们还需要使用 QMediaPlayer 类，因此可以组合成“QT += multimedia multimediawidgets”语句。

QVideoWidget 类是一个用来展示视频、播放视频的控件，可以理解为 QMediaPlayer 类的一个输出端。使用 QVideoWidget 类时，需要先创建一个 QMediaPlayer 对象，然后将 QMediaPlayer 的 VideoOutput 设置为 QVideoWidget 对象，比如：

```
player = new QMediaPlayer;
//播放网络上的视频文件
player->setMedia(QMediaContent(QUrl("http://example.com/myclip2.mp4")));
/*
//播放本地的视频
player->setMedia(QUrl::fromLocalFile("d:\\上海新闻.mp4"));
*/
videoWidget = new QVideoWidget;
player->setVideoOutput(videoWidget);
videoWidget->show();
player->play();
```

【例 13.2】 在控制台播放 MP4 视频

（1）启动 Qt Creator 4.8.2，新建一个控制台项目，项目名为 test。

（2）把本例源码目录下的“上海新闻.mp4”复制到 D 盘根目录下。

（3）在项目中打开 test.cpp，并输入如下代码：

```
#include <QApplication>  //注意，这里是 QApplication
#include <QFile>
#include <QWidget>
#include <QUrl>
#include <QVBoxLayout>
#include <QMediaPlayer>
#include <QVideoWidget>
#pragma execution_character_set("utf-8") //支持中文的文件名
int main(int argc, char *argv[])
{
    QApplication a(argc, argv);  //注意，这里是 QApplication
    QWidget *widget = new QWidget;
    widget->resize(400, 300);   //调整控件大小

    QVBoxLayout *layout = new QVBoxLayout;
    QMediaPlayer* player = new QMediaPlayer;
    QVideoWidget* vw = new QVideoWidget;

    layout->addWidget(vw);
    widget->setLayout(layout);
    player->setVideoOutput(vw);
```

```
    QFile file("d:\\上海新闻.mp4");
    if(!file.open(QIODevice::ReadOnly)) //判断视频文件是否能打开
    {
        qDebug() << "Could not open file";
        return -1;
    }

    player->setMedia(QUrl::fromLocalFile("d:\\上海新闻.mp4")); //设置视频文件
    player->play();       //开始播放
    widget->show();       //显示控件窗口

    return a.exec();
}
```

因为使用小控件需要预先创建 QApplication 类的对象，所以开始就创建了 QApplication 类的对象 a，然后创建了布局 QVBoxLayout 类的对象，并把 QVideoWidget 对象加入布局中，接着调用 QWidget::setLayout())把布局设置到控件中，这样视频就可以在小控件上播放了。

最后在 test.pro 中加入“QT += widgets”。

（4）按 Ctrl+R 快捷键来运行这个项目，运行结果如图 13-2 所示。

图 13-2

前面我们用简洁的代码演示了如何播放一个 MP4 视频文件，虽然程序功能很小，但是对于教学和学习来说，刚开始接触时，越简洁的例子越合适，一上来就实现一个功能完备的例子往往会让初学者顾此失彼，抓不着重点。在掌握简单的核心代码的基础上再慢慢拓展新的功能，这样的学习效果会更好，比如下面我们将稍微扩展一点功能。

【例 13.3】 我的视频播放器

（1）启动 Qt Creator 4.8.2，新建一个对话框项目，项目名为 test。

（2）双击 dialog.ui 打开该界面文件，在对话框中放置一个 Widget 控件、一个标签和 4 个按钮，设计后的界面如图 13-3 所示。

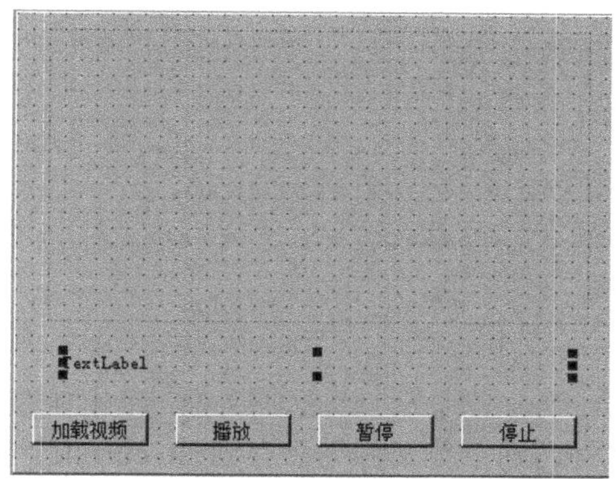

图 13-3

其中，Widget 控件将显示播放的视频，标签 TextLabel 将显示当前加载的视频之文件名。

（3）打开 dialog.h，在文件开头添加包含头文件的指令：

```
#include <QMediaPlayer>
#include <QVideoWidget>
```

并为 Dialog 类添加 3 个私有成员变量：

```
QMediaPlayer *m_player;
QVideoWidget *m_videoWidget;
QString m_curFile;
```

其中，m_curFile 用于保存当前加载的视频之文件名（带路径）。

（4）打开 dialog.cpp，在构造函数 Dialog()的末尾输入如下代码：

```
QVBoxLayout *layout = new QVBoxLayout;
m_player = new QMediaPlayer;
m_videoWidget = new QVideoWidget;
layout->addWidget(m_videoWidget);
ui->widget->setLayout(layout); //把布局设置到 widget 控件
```

先创建一个布局，然后加入 m_videoWidget，最后把布局设置到 Widget 控件中。

（5）双击 dialog.ui 打开该界面文件，为"加载视频"按钮添加 clicked 信号对应的槽函数，代码如下：

```
void Dialog::on_pushButton_4_clicked()
{
    QString curPath=QDir::homePath();   //获取系统当前的目录
    QString dlgTitle="选择视频文件";       //对话框标题
    QString filter="wmv 文件(*.wmv);;mp4文件(*.mp4);;所有文件(*.*)"; //文件过滤器
    QString aFile=QFileDialog::getOpenFileName(this,dlgTitle,curPath,
filter);

    if (aFile.isEmpty())
        return;
```

```
    QFileInfo   fileInfo(aFile);
    ui->label->setText(aFile);
    m_curFile = aFile;
    m_player->setVideoOutput(m_videoWidget);          //设置视频输出
    m_player->setMedia(QUrl::fromLocalFile(aFile));//设置播放文件
    m_player->play();
}
```

该按钮是所有操作的第一步，必须先加载视频文件。单击该按钮时，将出现文件选择对话框。接着选择不同的视频文件，然后把文件名保存到 m_curFile。而后设置视频输出和播放文件，最后开始播放。

为“播放”按钮添加 clicked 信号对应的槽函数，代码如下：

```
void Dialog::on_pushButton_clicked()
{
    if(m_curFile.isEmpty())
    {
        QMessageBox::information(this,"注意","请先加载视频文件");
        return;
    }
    QFile file(m_curFile); //判断是否可读
    if(!file.open(QIODevice::ReadOnly))
    {
        QMessageBox::information(this,"error","open file failed");
        qDebug() << "Could not open file";
        return;
    }

    m_player->setVideoOutput(m_videoWidget);    //设置视频显示对象
    m_player->setMedia(QUrl::fromLocalFile(m_curFile));//设置视频文件
    m_player->play(); //开始播放
}
```

在单击“停止”按钮后，如果需要再次播放当前文件，就可以单击“播放”按钮进行播放了。先判断视频文件有没有加载过，然后判断是否可读，这样就知道文件是否存在了。最后设置视频显示对象和视频文件，而后开始播放。

为“暂停”按钮添加 clicked 信号对应的槽函数，代码如下：

```
void Dialog::on_pushButton_2_clicked()
{
    if(m_player->state()==QMediaPlayer::PausedState)
    {
        m_player->setPosition(m_player->position());  //设置播放进度到当前进度
        m_player->play();    //开始播放
        ui->pushButton_2->setText("暂停");
```

```
    }
    else if(m_player->state()==QMediaPlayer::PlayingState)
    {
        m_player->pause();  //暂停播放
        ui->pushButton_2->setText("继续");
    }
}
```

首先判断当前播放状态是否为暂停（QMediaPlayer::PausedState），如果是，则设置播放进度（位置）到当前的进度，然后开始播放，并修改该按钮标题为“暂停”。如果当前播放状态是正在播放（QMediaPlayer::PlayingState），则调用函数 pause()暂停播放，并修改按钮标题为“继续”。

为“停止”按钮添加 clicked 信号对应的槽函数，代码如下：

```
void Dialog::on_pushButton_3_clicked()
{
    m_player->stop();
}
```

停止就简单了，直接调用成员函数 stop()即可。

（6）按 Ctrl+R 快捷键来运行这个项目，运行结果如图 13-4 所示。

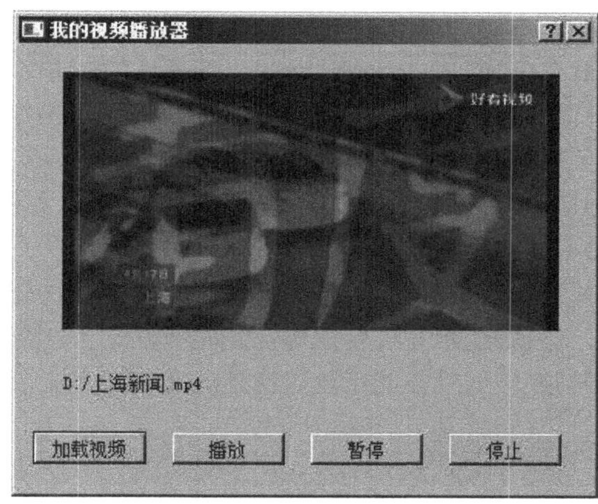

图 13-4

第 14 章

Qt网络编程

本章讲述 Qt 网络编程。网络编程是一个很广的话题，如果要全面论述，一本厚厚的书都不够，根本不可能在一章里讲完。本章将首先讲述因特网所采用的 TCP/IP 协议的基本概念，然后讲述基本的 Qt 套接字（Socket）编程。在本书的后续学习书籍中，笔者将出版一本专门讲述 Qt 网络编程知识的图书。

14.1 TCP/IP 协议

14.1.1 基本概念

TCP/IP（Transmission Control Protocol/Internet Protocol，传输控制协议/因特网互联协议）又名网络通信协议，是 Internet 最基本的协议、Internet 国际互联网络的基础。TCP/IP 协议不是指一个协议，也不是 TCP 和 IP 这两个协议的合称，而是一个协议簇，包括多个网络协议，比如 IP、IMCP、TCP、HTTP、FTP、POP3 等。TCP/IP 定义了计算机操作系统如何连入因特网以及数据如何在不同设备之间传输的标准。

TCP/IP 协议是为了解决不同系统的计算机之间的传输通信而提出的一个标准。不同系统的计算机采用了同一种协议后就能相互进行通信，从而建立网络连接、实现资源共享和网络通信。就像两个讲不同语言的人，如果都能用英语说话就能相互交流了。

14.1.2 TCP/IP 协议的分层结构

TCP/IP 协议簇按照层次由上到下，可以分成 4 层，分别是应用层、传输层、网际层和网络接口层。

应用层（Application Layer）包含所有的高层协议，比如虚拟终端协议（TELecommunications NETwork，TELNET）、文件传输协议（File Transfer Protocol，FTP）、电子邮件传输协议（Simple Mail Transfer Protocol，SMTP）、域名服务（Domain Name Service，DNS）、网上新闻传输协议（Net News Transfer Protocol，NNTP）和超文本传送协议（HyperText Transfer Protocol，HTTP）等。TELNET 允许一台计算机上的用户登录到远程计算机上，并进行工作；FTP 提供将文件有效地从一台计算机移到另一台计算机上的方法；SMTP 用于电子邮件的收发；DNS 用于把主机名映射到网络地址；NNTP 用于新闻的发布、检索和获取；HTTP 用于在 WWW 上获取主页。

应用层的下面一层是传输层（Transport Layer），著名的 TCP（Transmission Control Protocol，传输控制协议）和 UDP（User Datagram Protocol，用户数据报协议）就在这一层。TCP 是面向连接的协议，提供可靠的报文传输和对上层应用的连接服务。为此，除了基本的数据传输外，它还有可靠性保证、流量控制、多路复用、优先权和安全性控制等功能。UDP 是面向无连接的不可靠传输协议，主要用于不需要 TCP 的排序和流量控制等功能的应用程序。

传输层下面的一层是网际层（Internet Layer，也称 Internet 层或互联网络层），是整个 TCP/IP 体系结构的关键部分，功能是使主机可以把分组发往任何网络，并使分组独立地传向目标。这些分组可能经由不同的网络，到达的顺序和发送的顺序也可能不同。网际层使用的协议有 IP（Internet Protocol，因特网协议）。

最底层是网络接口层（Network Interface Layer，或称数据链路层），是整个体系结构的基础部分，负责接收 IP 层的 IP 数据包，通过网络向外发送；或接收处理从网络上来的物理帧，抽出 IP 数据包，向 IP 层发送。该层是主机与网络的实际连接层。

不同层包含不同的协议，可以用图 14-1 来表示各个协议及其所在的层。

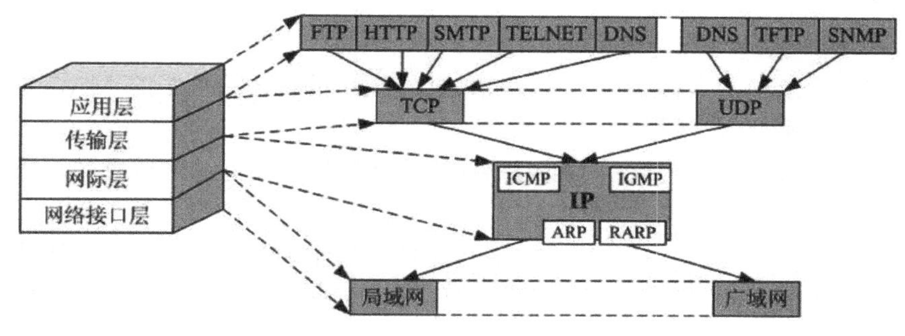

图 14-1

在主机发送端，从传输层开始，会把上一层的数据加上一个报头形成本层的数据，这个过程叫作数据封装；在主机接收端，从最下层开始，每一层数据会去掉报头的信息，这个过程叫作数据解封，如图 14-2 所示。

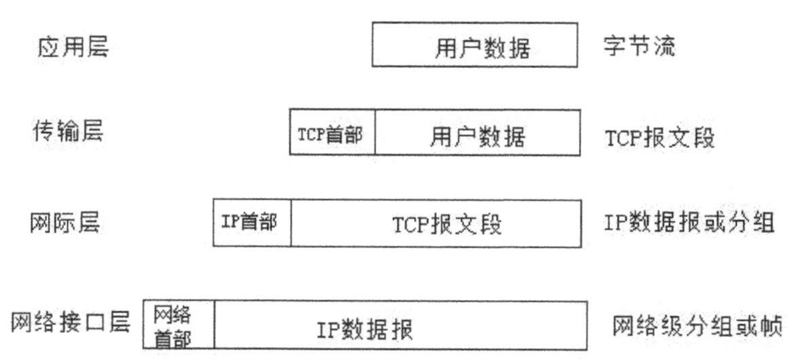

图 14-2

下面以浏览某个网页为例，看看在浏览网页的过程中 TCP/IP 各层做了哪些工作。

发送方：

（1）打开浏览器，输入网址 www.xxx.com，按回车键，访问网页（访问 Web 服务器上的网页），在应用层采用的协议是 HTTP 协议，浏览器将网址等信息组成 HTTP 数据，并将数据送给下一层（传输层）。

（2）传输层在数据前面加上 TCP 报头（Header），并把端口标记为 80（Web 服务器默认的端口），并将这个数据段传给下一层（网络层）。

（3）网络层在数据段前面加上本机的 IP 和目的 IP（这个段被称为 IP 数据包，也可以称为报文），并将 IP 包传给下一层（网络接口层）。

（4）网络接口层先在 IP 数据包前面加上本机的 MAC 地址以及目的 MAC 地址（这时的数据称为帧），再通过物理网卡将帧以比特流的方式发送到网络上。

因特网上有路由器，它会读取比特流中的 IP 地址以进行选路（选择路径），到达正确的网段之后，这个网段的交换机读取比特流中的 MAC 地址，找到对应要接收的设备或计算机。

接收方：

（1）网络接口层用网卡接收比特流，读取比特流中的帧，将帧中的 MAC 地址去掉，就成为 IP 数据包，传递给上一层（网络层）。

（2）网络层接收到下层传来的 IP 数据包，将 IP 数据包前面的部分拿掉，取出带有 TCP 的数据（数据段）交给传输层。

（3）传输层拿到了数据段后，看到 TCP 标记的端口是 80 端口，说明应用层协议是 HTTP 协议，之后将 TCP 报头去掉并将数据交给应用层，告诉应用层对方请求的是 HTTP 数据。

（4）应用层发送方请求的是 HTTP 数据，就调用 Web 服务器程序把 www.xxx.com 的首页文件发送回去。

14.2　获取主机的网络信息

在网络应用中，经常需要用到本机的主机名、IP 地址、MAC 地址等网络信息，通常通过打开命令行窗口再输入 ipconfig（Windows）或者 ifconfig（Linux）命令就可以查看到相关的信息了。在这里我们利用 Qt 实现一个可以查询的界面，为后面的网络编程打下的基础。值得注意的是，要在 Qt 程序中启用网络模块需要在.pro 文件中添加“QT += network”语句，表示启用了 Qt 的网络功能。

Qt 中提供了几个用于获取主机网络信息的类，包括 QHostInfo、QHostAddress、QNetworkInterface 以及 QNetworkAddress。

14.2.1　QHostInfo 类

QHostInfo 类提供了一系列用于主机名查询的静态函数。QHostInfo 类利用操作系统所提供的查询机制来查询与特定主机名相关联的主机的 IP 地址，或者与一个 IP 地址相关联的主机名。该类常用的成员函数如表 14-1 所示。常用的公有静态函数如表 14-2 所示。

表 14-1　QHostInfo 类常用的公有函数

公有函数	说　明
QHostInfo::HostInfoError error()	当发生错误时，返回错误类型
QString errorString()	返回错误信息
QString hostName()	返回主机名称
int lookupId()	返回本次查询的 ID
void setAddresses(const QList<QHostAddress> &addresses)	设置 QHostInfo 中的地址列表
void setError(QHostInfo::HostInfoError error)	设置错误类型
void setHostName(const QString &hostName)	设置主机名

表 14-2　QHostInfo 类常用的公有静态函数

公有静态函数	说　明
QHostInfo fromName(const QString &name)	通过给定的主机名查询 IP 地址信息
QString localDomainName()	返回主机的 DNS 域名
QString localHostName()	返回主机名

14.2.2　查询本机的主机名

通过函数 hostName()可以查询本机的主机名。

【例 14.1】　查询本机的主机名

（1）启动 Qt Creator 4.8.2，新建一个控制台项目，项目名为 test。

（2）在 test.pro 文件的开头添加如下代码：

```
QT += network
```

接着，在 main.cpp 中输入如下代码：

```
#include <QCoreApplication>
#include <QHostInfo>
#include <qDebug>

int main(int argc, char *argv[])
{
    QCoreApplication a(argc, argv);

    QString strLocalHostName = QHostInfo::localHostName();
    qDebug() << "Local Host Name:" << strLocalHostName;

    return a.exec();
}
```

很简单，通过 QHostInfo::localHostName 直接返回主机名的字符串，然后输出。

（3）按 Ctrl+R 快捷键来运行这个项目，运行结果如图 14-3 所示。

图 14-3

14.2.3 查询本机的 IP 地址

QHostInfo 类利用操作系统所提供的查询机制来查询与特定主机名相关联的主机的 IP 地址，或者与一个 IP 地址相关联的主机名。这个类提供了两个静态的成员函数：一个以阻塞方式工作，并且最终返回一个 QHostInfo 对象；另一个工作在异步方式下，并且一旦找到主机就发射一个信号。

1. 阻塞方式

如果想要使用阻塞方式查询，可以使用静态函数 QHostInfo::fromName()，该函数的原型声明如下：

```
QHostInfo QHostInfo::fromName(const QString &name);
```

其中，参数 name 是主机名。返回 QHostInfo 对象，从而查询到给定主机名对应的 IP 地址。此函数在查询期间将阻塞，这意味着程序执行期间将挂起，直到返回查询到的结果。返回的查询结果存储在一个 QHostInfo 对象中。

如果传递一个字面 IP 地址给 name 来替代主机名，QHostInfo 将搜索这个 IP 地址对应的域名（ie. QHostInfo 将执行一个反向查询）。如果成功，则返回的 QHostInfo 对象中将包含对应主机名的域名和 IP 地址。

【例 14.2】 以阻塞方式获取百度网站的 IP 地址

（1）启动 Qt Creator 4.8.2，新建一个控制台项目，项目名为 test。

（2）在 test.pro 文件的开头添加如下代码：

```
QT += network
```

接着在 main.cpp 中输入如下代码：

```
#include <QCoreApplication>
#include <QHostInfo>
#include <qDebug>

int main(int argc, char *argv[])
{
    QCoreApplication a(argc, argv);
    QHostInfo info = QHostInfo::fromName("www.baidu.com");
```

```
    qDebug() << info.addresses();  //一次输出全部

    //或者用循环输出
    const auto addresses = info.addresses();
        for (const QHostAddress &address : addresses)
            qDebug() << "Found address:" << address.toString();

    return a.exec();
}
```

我们用静态函数 fromName()来得到主机信息，其中包括 IP 地址，可以通过 addresses()函数来得到 IP 地址的列表，随后将它们输出。注意，有些主机会有多个 IP 地址。

（3）按 Ctrl+R 快捷键来运行这个项目，运行结果如图 14-4 所示。

图 14-4

2. 异步方式

要使用异步方式查询主机的 IP 地址，调用 lookupHost()函数，该函数的原型声明如下：

```
    int QHostInfo::lookupHost(const QString &name, const QObject *receiver,
PointerToMemberFunction function);
```

其中，参数 name 是主机名或 IP 地址；receiver 是接收对象；function 是接收的槽函数。该函数返回一个查询 ID。我们可以通过调用 abortHostLookup()函数来中止查询（这个函数的需要提供查询 ID 为参数）。

当得到查询结果后就会调用此槽函数 function，查询结果会被存储到一个 QHostInfo 对象中。可以通过调用 addresses()函数来获得主机的 IP 地址列表，同时可以调用 hostName()函数来获得查询的主机名。

如果查询失败，error()函数就返回发生错误的类型。errorString()函数会给出关于查询错误的描述。

【例 14.3】　以异步方式查询网易网站的 IP 地址

（1）启动 Qt Creator 4.8.2，新建一个 MainWindow 项目，项目名为 test。

（2）在 test.pro 文件的开头添加如下代码：

```
QT += network
```

双击 mainwindow.ui 打开该界面文件，在窗口上放置一个 listWidget 控件和一个按钮控件，并把按钮的标题设置为“查询网易 IP 地址”，然后为该按钮添加 clicked 信号关联的槽函数：

```
    void MainWindow::on_pushButton_clicked()
    {
        int nID = QHostInfo::lookupHost("163.com", this,
SLOT(prtRes(QHostInfo)));
    }
```

其中，函数 prtRes()是槽函数，将在该槽函数中获得查询的结果。该槽函数的定义如下：

```
    void MainWindow::prtRes(const QHostInfo &host)
    {
        if (host.error() != QHostInfo::NoError) {
            qDebug() << "Lookup failed:" << host.errorString();
            return;
        }

        foreach (const QHostAddress &address, host.addresses()) {
            // 输出 IPv4、IPv6地址
            if (address.protocol() == QAbstractSocket::IPv4Protocol)
           {
                ui->listWidget->addItem( "Found IPv4 address:" +
address.toString());
                qDebug() << "Found IPv4 address:" << address.toString();
            }
            else if (address.protocol() == QAbstractSocket::IPv6Protocol)
            {
                 ui->listWidget->addItem( "Found IPv4 address:" +
address.toString());
                qDebug() << "Found IPv6 address:" << address.toString();
            }
            else
             {
                 ui->listWidget->addItem( "Found IPv4 address:" +
address.toString());
                qDebug() << "Found other address:" << address.toString();
            }
        }
    }
```

我们把查到的结果用循环分别放到 listWidget 控件中。

最后在 mainwindow.h 中添加槽函数的声明：

```
    private slots:
        void prtRes(const QHostInfo &host);
```

（3）按 Ctrl+R 快捷键来运行这个项目，运行结果如图 14-5 所示。

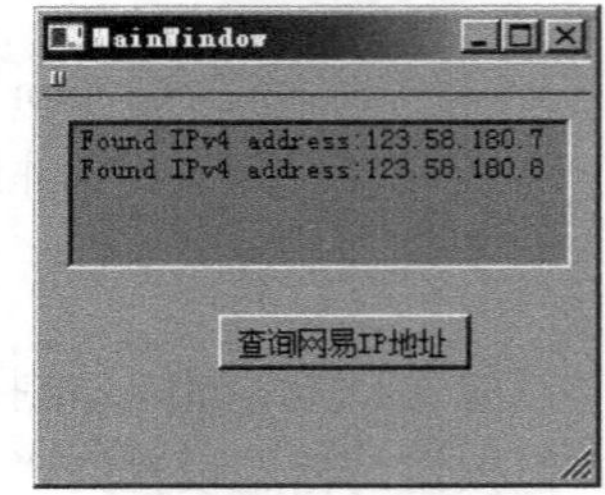

图 14-5

14.3　TCP 编程

TCP 的连接是在服务器和客户端之间进行的，首先要建立起一个网络连接，然后进行数据通信，通信完毕就关闭这个连接。

Qt 和 Windows 中的网络编程基本步骤是一样的。服务器有两个套接字，一个负责监听（QTcpServer），一个负责和客户端通信（QTcpSocket）；客户端只有一个负责通信的套接字（QTcpSocket）。

服务器和客户端通信的基本步骤如下：

（1）QTcpServer 类的对象负责监听是否有客户端连接此服务器。它是通过函数 listen()进行监听的，该函数的原型声明如下：

```
bool listen(const QHostAddress &address = QHostAddress::Any, quint16 port = 0)
```

其中，参数 address 为服务器监听的地址；port 为监听的网络端口。如果监听成功就返回 true，否则返回 false。

比如监听本机的所有网口，监听端口是 8888：

```
QTcpServer * tcpserver;
bool res =  tcpserver->listen(QHostAddress::Any, 8888);
```

（2）如果服务器监听到有客户端和它进行连接，服务器就会触发 newConnection 信号。同时客户端一旦和服务器连接成功，就会触发 connected 信号，表示已经成功和服务器连接。

（3）在两者建立好连接之后，服务器需要返回一个 QTcpSocket 类的对象来和客户端进行通信，通常通过这个函数来返回一个建立好连接的套接字，比如：

```
tcpsocket = tcpserver->nextPendingConnection();
```

（4）通过通信套接字来完成通信。一端发送成功之后，接收方就会触发一个 readyRead 信号，而后就能够读取套接字中的内容了。

（5）断开连接的时候调用函数 disconnectFromHost()，比如：

```
tcpsocket->disconnectFromHost();
```

下面通过 Qt Creator 来实现客户端和服务器之间的通信。

【例 14.4】　服务器和客户端的通信

（1）启动 Qt Creator 4.8.2，新建一个 Widget 项目，作为服务器，项目名为 test。

（2）打开 test.pro，在文件开头添加“QT += network”，用于支持网络功能。打开 widget.h，为 Widget 添加私有成员变量：

```
private:
    QTcpServer *tcpserver;  //用于监听
```

```
    QTcpSocket *tcpsocket;  //用于和客户端交互
```

并在文件开头添加包含头文件的指令：

```
#include <QTcpServer>
#include <QTcpSocket>
```

接着添加 2 个槽函数的声明：

```
public slots:
    void ConnectToClient();
    void ReadInformation();
```

其中，槽函数 ConnectToClient()将在连接建立时被执行，用来处理连接后的一些操作。槽函数 ReadInformation()将在收到客户端数据时被执行，用来处理收到数据后的一些操作。

（3）双击 widget.ui 打开该界面文件，在窗口上放置 2 个编辑框（Text Edit）、2 个标签和 3 个按钮，最终的设计界面如图 14-6 所示。

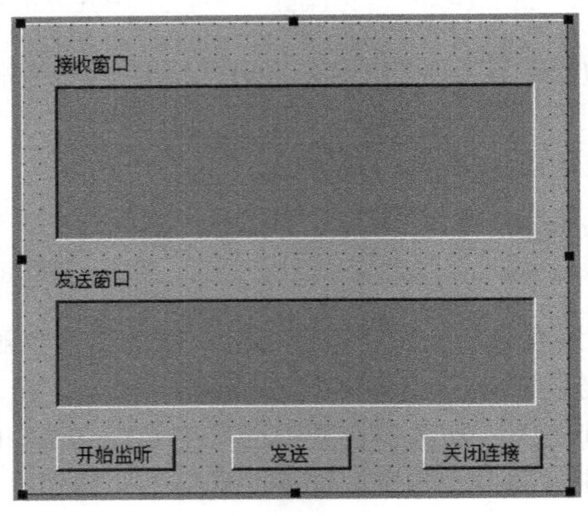

图 14-6

其中，“发送”按钮的 objectName 属性为 btnSend，“关闭连接”按钮的 objectName 属性为 btnClose，上面编辑框的 objectName 为 textEditRead，下面编辑框的 objectName 为 textEditWrite。

为按钮“开始监听”添加 clicked 信号关联的槽函数：

```
void Widget::on_pushButton_clicked()
{
    bool res = tcpserver->listen(QHostAddress::Any, 8888);
    if(res)
    {
      connect(tcpserver, &QTcpServer::newConnection, this,
&Widget::ConnectToClient);
      QMessageBox::information(this,"注意","监听成功");
    }
```

```
    else QMessageBox::information(this,"注意","监听失败");
}
```

QTcpServer 类的对象 tcpserver 通过成员函数 listen()来监听是否有客户端连接此服务器。在这个 listen()函数中，第一个参数表示服务器监听的地址，如果是 Any，就表示监听本机的所有网口；第二个参数表示监听的网络端口。如果服务器监听到有客户端要进行连接，就会触发 newConnection 信号，所以我们把 ConnectToClient 信号关联到槽函数 ConnectToClient()，以便对新来的连接进行处理。

另外，客户端一旦和服务器连接成功，就会触发 connected 信号，表示已经成功和服务器连接。

槽函数 ConnectToClient()的定义如下：

```
void Widget::ConnectToClient()
{
    //取出建立好的套接字
    tcpsocket = tcpserver->nextPendingConnection();
    //获取对方的端口号和 IP 地址，并且显示在文本编辑框中
    QString ip = tcpsocket->peerAddress().toString().split("::ffff:")[1];
    qint16 port = tcpsocket->peerPort();
    ui->textEditRead->setText(QString("[%1:%2]连接成功").arg(ip).arg(port));
    ui->btnSend->setEnabled(true);
    ui->btnClose->setEnabled(true);
    //必须获取连接后再关联的信号
    connect(tcpsocket, &QTcpSocket::readyRead, this, &Widget::ReadInformation);
}
```

在两者建立好连接之后，服务器需要返回一个 QTcpSocket 类的对象来和客户端进行通信，通常通过函数 nextPendingConnection()来返回一个建立好连接的套接字。然后获取对方的端口号和 IP 地址，并显示在文本编辑框中，并把“发送”按钮和“关闭连接”设置为可用。接着把 readyRead 信号关联到槽函数 ReadInformation()，收到数据后触发信号 readyRead。最后将这个信号和对应的槽函数 ReadInformation()绑定。这个槽函数需要自己编写，定义如下：

```
void Widget::ReadInformation()
{
    //获取套接字中的内容
    QByteArray temp = tcpsocket->readAll();
    ui->textEditRead->append(temp);
}
```

读取全部可读的数据，然后添加到编辑框中显示出来。

为“发送”按钮添加 clicked 信号对应的槽函数：

```
void Widget::on_btnSend_clicked()
{
    if(tcpsocket)
```

```
    {
        QString str = ui->textEditWrite->toPlainText();
        tcpsocket->write(str.toUtf8().data());
    }
}
```

获取发送编辑框中的内容，调用发送数据函数 QTcpSocket::write()进行发送。注意，要把字符串 QString 转为 toUtf8 数据后再发送。

为“关闭连接”按钮添加 clicked 信号关联的槽函数：

```
void Widget::on_btnClose_clicked()
{
    tcpsocket->disconnectFromHost();//主动和客户端断开连接
    tcpsocket->close();
    tcpsocket = NULL;
}
```

要关闭连接，直接调用函数 QTcpSocket::disconnectFromHost()即可。

（4）在构造函数 Widget()的末尾添加初始化代码：

```
    tcpserver = new QTcpServer(this);
    tcpsocket = new QTcpSocket(this);         //实例化 tcpClient
    tcpsocket->abort();                       //取消原有连接
    ui->btnSend->setEnabled(false);           //设置“发送”按钮不可用
    ui->btnClose->setEnabled(false);          //设置“关闭连接”按钮不可用
```

最后在文件开头添加包含头文件的指令和支持中文的宏：

```
#include <QHostAddress>
#include <QMessageBox>
//支持中文
#pragma execution_character_set("utf-8")
```

（5）按 Ctrl+R 快捷键来运行这个项目，运行结果如图 14-7 所示。至此，服务端的程序实现完毕，下面开始设置客户端程序。

（6）启动另外一个 Qt Creator 4.8.2，然后新建一个 Widget 项目，作为客户端，项目名为 myclient。

（7）打开 test.pro 文件，在文件开头添加“QT += network”，用于支持网络功能。打开 widget.h 文件，为 Widget 添加私有成员变量：

```
private:
    QTcpSocket * tcpClient;  //用于和客户端交互
```

并在文件开头添加包含头文件的指令：

```
#include <QTcpSocket>
```

接着添加 2 个槽函数的声明：

```
public slots:
    void connectToServer();
    void ReadInformation();
```

其中，槽函数 connectToServer()将在连接建立时被执行，用来处理连接后的一些操作。槽 ReadInformation()将在收到客户端数据时被执行，用来处理收到数据后的一些操作。

（8）双击 widget.ui 以打开该界面文件，在窗口上放置 2 个行编辑框（Line Edit）、2 个编辑框（Text Edit）、2 个标签和 2 个按钮，最终的设计界面如图 14-8 所示。其中，上方的行编辑器用于输入服务器的 IP 地址，objectName 属性为 lineEditIpAddress；下面的行编辑器用于输入服务器的监听端口号，objectName 属性为 lineEditPort；标签“接收窗口”下的编辑框用于显示从服务端收到的数据，objectName 属性为 textEditRead；标签“发送窗口”下的编辑框用于输入要发送的数据，objectName 属性为 textEditWrite；“发送”按钮的 objectName 属性为 btnSend。

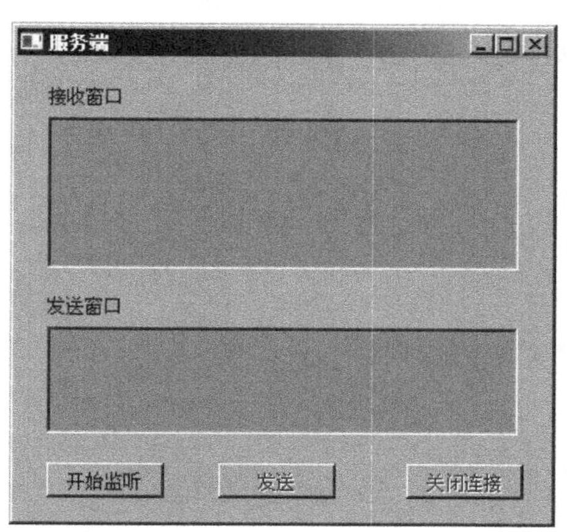

图 14-7

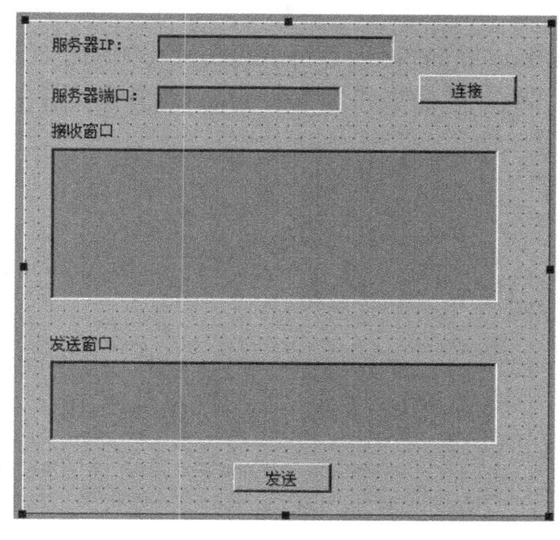

图 14-8

为“连接”按钮添加 clicked 信号关联的槽函数：

```
void Widget::on_btnConnect_clicked()
{
    QString ip = ui->lineEditIpAddress->text();              //获取服务器 IP 地址
    qint16 port = ui->lineEditPort->text().toInt();          //获取服务器端口号
    if(tcpClient->state()==QAbstractSocket::UnconnectedState)
   {
        //主动和服务器进行连接
        tcpClient->connectToHost((QHostAddress)ip, port);
        if (tcpClient->waitForConnected(1000))               // 连接成功则进入 if{}
        {
            ui->btnConnect->setText("断开");
            ui->btnSend->setEnabled(true);
```

```
        }
    }
    else {
        tcpClient->disconnectFromHost();
        //已断开连接则进入 if{}
        if (tcpClient->state() == QAbstractSocket::UnconnectedState \
                || tcpClient->waitForDisconnected(1000))
        {
            ui->btnConnect->setText("连接");
            ui->btnSend->setEnabled(false);
        }
    }
}
```

如果当前状态是未连接状态，则调用函数 connectToHost()发起连接，并且调用函数 waitForConnected()等待 1000 毫秒。如果已经连接，则调用函数 disconnectFromHost()断开连接。

为“发送”按钮添加 clicked 信号关联的槽函数：

```
void Widget::on_btnSend_clicked()
{
    QString str = ui->textEditWrite->toPlainText();
    tcpClient->write(str.toUtf8().data());
}
```

调用 write()函数进行数据发送，发送的是 char*类型的数据。

（9）在构造函数末尾添加初始化代码：

```
    ui->lineEditIpAddress->setText("127.0.0.1");
    ui->lineEditPort->setText("8888");

    ui->btnSend->setEnabled(false);
    //初始化 TCP 客户端
    tcpClient = new QTcpSocket(this);        //实例化 tcpClient
    tcpClient->abort();                      //取消原有连接
    connect(tcpClient, &QTcpSocket::connected, this, &Widget::connectToServer);
    connect(tcpClient, &QTcpSocket::readyRead, this, &Widget::ReadInformation);
```

因为服务器和客户端都在本机，所以设置 IP 为 127.0.0.1；如果是位于不同的主机上，则要设置服务器主机的 IP。端口号 8888 则要设置为和服务端程序设置的端口号一致。然后实例化 QTcpSocket 类的对象，用于和服务器通信。

然后关联两个信号的槽函数。第一个信号 connected 将在连接建立成功后触发。在槽函数 connectToServer()中添加显示连接成功的提示，该槽函数函数的定义如下：

```
void Widget::connectToServer()
{
```

```
    ui->textEditRead->setText("成功和服务器进行连接");
}
```

第二个信号 readyRead 将在客户端收到数据时触发。在槽函数 ReadInformation()中对收到的数据进行处理，该槽函数的定义如下：

```
void Widget::ReadInformation()
{
    //获取套接字中的内容
    QByteArray temp = tcpClient->readAll();
    if(!temp.isEmpty())
        ui->textEditRead->append(temp);
}
```

这里直接调用 readAll()读取全部可读的数据，并添加到编辑框中显示出来。

最后在文件开头添加包含头文件的指令和支持中文的宏：

```
#include <QHostAddress>
#pragma execution_character_set("utf-8") //支持中文
```

（10）按 Ctrl+R 快捷键来运行这个项目，先在服务器程序上单击“开始监听”按钮，稍等片刻，提示“监听成功”，再到客户端程序上单击“连接”按钮，随后就可以输入数据相互发送了，如图 14-9 和图 14-10 所示。

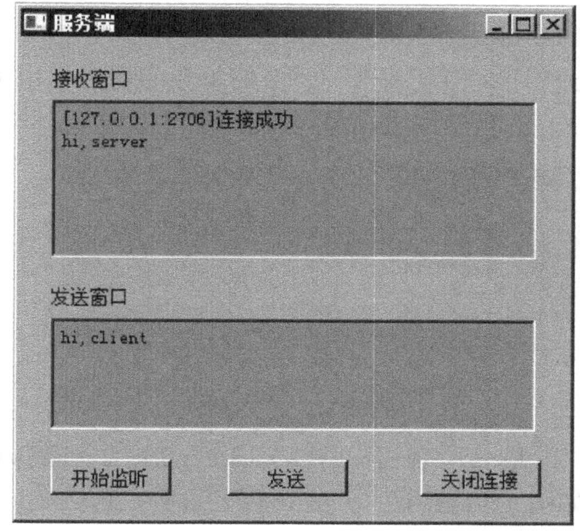

图 14-9

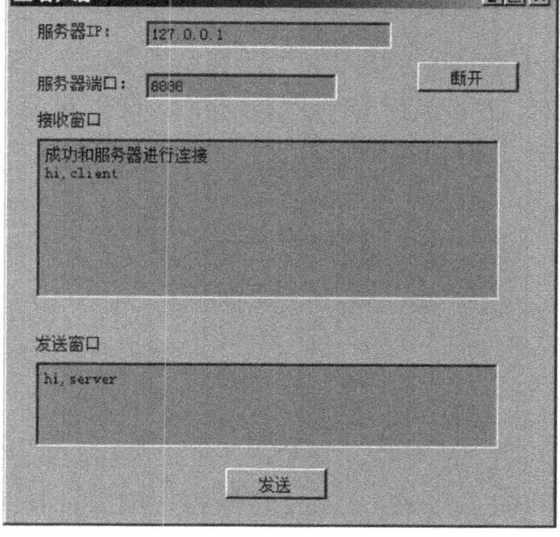

图 14-10

第 15 章

Qt应用程序发布

Qt 官方开发环境使用的动态链接库方式，在发布生成的 exe 程序时需要复制一大堆 dll 文件，如果自己去复制这些 dll 文件，就很可能会丢三落四，从而导致 exe 程序在别的计算机里无法正常运行。为此，Qt 官方开发环境自带了一个工具 windeployqt.exe（在 Qt 安装目录的 bin 文件下可以找到）。下面以官方 Qt 5.12.0+VC2017 开发环境为例，说明 Qt WidgetsApplication 的发布。

【例 15.1】 发布一个 Qt 应用程序

（1）启动 Qt Creator 4.8.2，新建一个 MainWindow 项目，项目名为 test。

（2）准备以 Release 方式生成 exe 程序文件。在左边工具栏上单击“项目”，然后在右边的“构建设置”下把“编辑构建配置”设置为“Release”，如图 15-1 所示。

按 Ctrl+R 快捷键来运行这个程序，将在 15.1\build-test-Desktop_Qt_5_12_2_MSVC2017_64bit-Release\release 下生成 test.exe。将这个 exe 程序文件复制到一个新的单独的目录中用于发布，比如放在 D:\zcb\目录中，直接双击 test.exe，就会出现错误提示，如图 15-2 所示。

图 15-1

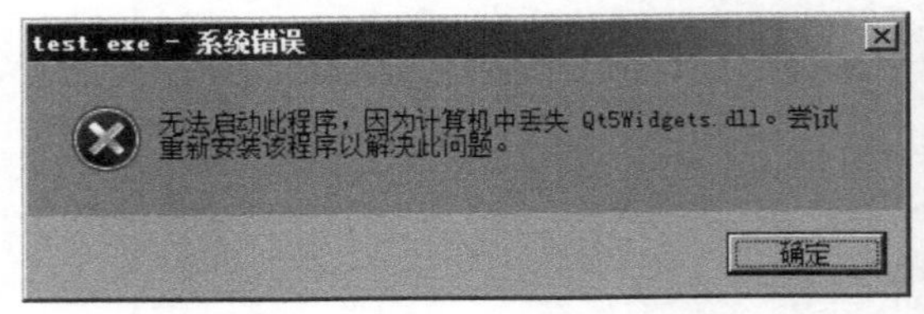

图 15-2

（3）从开始菜单打开 Qt 命令行，依次选择“开始→所有程序→Qt5.12.2→5.12.2→MSVC 2017 (64-bit)→Qt 5.12.2 (MSVC 2017 64-bit)”，如图 15-3 所示。

输入命令 cd /d D:\zcb，然后使用 windeployqt 工具命令继续输入命令：

```
windeployqt test.exe
```

接着可以在 D:\zcb 文件夹里看到 windeployqt 工具自动复制的插件目录、dll 文件和 qm 文件。这时得到了完整的 exe 程序发布集合，依赖关系也都解决好了，如图 15-4 所示。

双击 test.exe，若运行成功，就如图 15-5 所示。这样把 D:\zcb 目录打包就可以发布了，不用自己一个个找 dll 文件。D:\zcb 目录中的 qm 文件是多国语言翻译文件，不需要可以删除，其他的都保留。

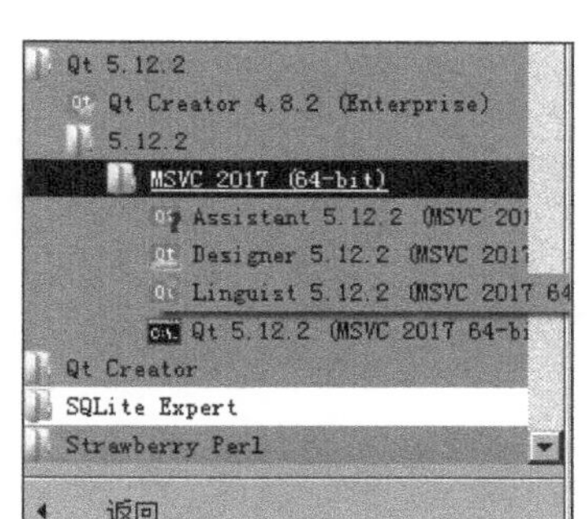

图 15-3

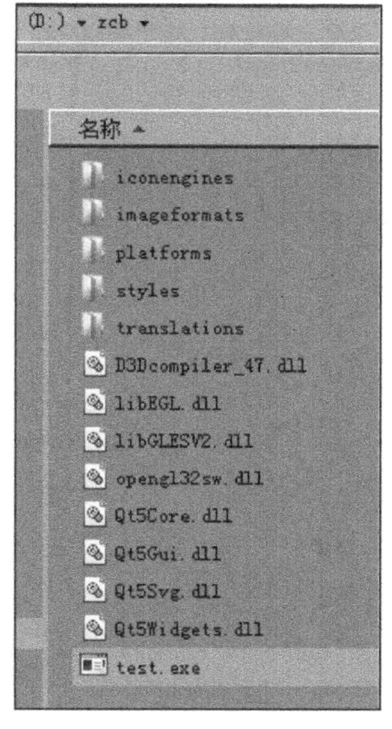

图 15-4

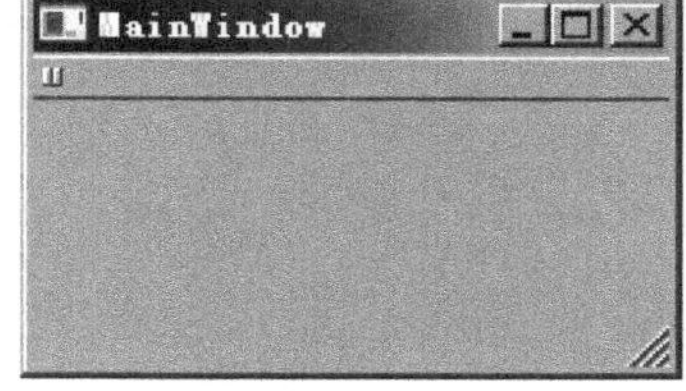

图 15-5

如果我们把 zcb 目录放到一个干净的系统（没有安装 Qt 开发环境）中，发现也可以成功运行 test.exe 程序，就说明打包成功了。